图解·一学就会系列

数控车床加工编程与操作图解

第2版

陈为国　陈　昊　编　著

机　械　工　业　出　版　社

本书以 FANUC 0i mate-TC 数控车削系统为对象，以数控车削加工为目标，以图解形式为表现手法，介绍了数控车削加工的手工编程、加工工艺及自动编程等基本理论，并详细介绍了数控车床的操作方法。最后还提供了数控车削操作示例供实际练习与应用。

书中的操作画面与实际的数控系统画面完全一致，读者按照书中的操作图解提示，结合数控机床及其数控系统，可一步一步地进行练习，快速掌握数控车床的操作。对于有一定基础的读者，可直接学习第 4 章和第 5 章的内容，迅速提高数控车削编程与操作水平。

本书适合从事数控工作的技术人员学习，也可作为应用型本科、高等职业技术院校数控技术专业学生参考。

图书在版编目（CIP）数据

数控车床加工编程与操作图解/陈为国，陈昊编著. —2 版.
—北京：机械工业出版社，2016.12（2019.8 重印）
（图解• 一学就会系列）
ISBN 978-7-111-55531-5

Ⅰ. ①数…　Ⅱ. ①陈…　②陈…　Ⅲ. ①数控机床—车床—程序设计—图解
②数控机床—车床—操作—图解　Ⅳ. ①TG519.1-64

中国版本图书馆 CIP 数据核字（2016）第 287365 号

机械工业出版社（北京市百万庄大街 22 号　邮政编码 100037）
策划编辑：周国萍　　责任编辑：周国萍
责任校对：张　薇　　封面设计：路恩中
责任印制：孙　炜
北京玥实印刷有限公司印刷
2019 年 8 月第 2 版第 4 次印刷
184mm×260mm • 21.75 印张 • 529 千字
5401—6400 册
标准书号：ISBN 978-7-111-55531-5
定价：69.00 元

凡购本书，如有缺页、倒页、脱页，由本社发行部调换
电话服务　　网络服务
服务咨询热线：010-88361066　　机 工 官 网：www.cmpbook.com
读者购书热线：010-68326294　　机 工 官 博：weibo.com/cmp1952
010-88379203　　金 书 网：www.golden-book.com
封面无防伪标均为盗版　　教育服务网：www.cmpedu.com

前　言

本书第 1 版出版近 5 年，获得了很好的社会效益，对推广和普及数控加工技术起到了较好的效果，但在使用中也发现了一些问题与不足。针对这种情况，现修订出版第 2 版。

本书在保持第 1 版结构体系与图解风格的基础上，对其部分内容与章节做了修订，主要修订思想包括对书中涉及的国家标准内容，参照最新标准进行了修订；对于涉及自动编程部分的软件内容，按更新版本进行修订

本书以图解手法表现数控车削加工编程与数控车床操作技术，全书共分 5 章。

第 1 章数控车床基础知识，介绍了学习数控车削加工必需的数控车床基础知识与数控车削编程指令的基础知识，重点修订了固定循环指令 G71 和 G72 的内容，并根据数控加工的特性修订了部分插图表述。这一章是学习数控车削加工的必备基础。

第 2 章数控车削的加工工艺，介绍了数控车削加工工艺与刀具方面的知识，基于最新标准 GB/T24740－2009 修改了数控加工常用定位支承与夹紧符号以及常见装置符号部分内容。

第 3 章数控车床的基本操作，详细介绍了 FANUC 0i mate-TC 数控系统及其数控车床的操作方法，所有涉及的操作画面均来自于数控系统的画面“截屏”，操作画面与数控车床的数控系统完全一致。本章主要修订了第 1 版中的不足与错误部分，并对部分插图进行了更新。

第 4 章计算机辅助编程（CAM）基础。学习数控加工技术的人都知道，手工编程是学习数控加工的基础，一定必须掌握，而自动编程是数控加工实际应用的主要手段，学好自动编程是解决设计问题的可靠保证。本章由原来基于 Mastercam X4 版的内容更新为 Mastercam X9 版，并对其内容进行了修订，以更好地满足读者的需要。

第 5 章数控车床的典型操作示例分析，以作者最近几年的学习与教学体会，更新了部分操作示例，供读者检查自身的学习水平。

本书适合从事数控工作的技术人员学习，也可作为应用型本科、高等职业技术院校数控技术专业学生参考。图解的编排风格非常适合实际生产现场的学习，使读者实现“一书在手，一学就会”。

本书在编写过程中得到了南昌航空大学科技处、教务处和航空制造工程学院等部门领导的关心和支持，得到了航空制造工程学院数控技术实验室和工程训练中心数控教学部等部门相关老师的指导与帮助，在此表示衷心的感谢。

此次修订，虽然作者认真努力，但是限于水平，书中仍然不可避免地存在错误和不足之处，敬请读者和同仁提出宝贵意见。

编　者

2017 年

目　录

第1章 数控车床基础知识

数控机床是指采用数控技术进行控制的机床。

NC 指的是英文 Numerical Control 的缩写，其直译为数控，但也可广义地理解为数控技术。NC 是数控技术刚出现时给出的定义，现在一般将其指定为早期的以硬件逻辑电路构成的数控系统时代的数控技术。

CNC 指的是英文 Computer Numerical Control 的缩写，直译为计算机数控技术。随着计算机技术的发展，近年来的数控系统几乎均是采用软件程序代替硬件逻辑电路构成的数控系统，即 CNC 系统。

如果粗略来理解，NC 和 CNC 的含义基本相同。

1.1 数控车床的结构、组成与工作原理

数控车床是数控机床家族中重要的金属切削机床之一，广泛用于回转体类零件的加工，包括外圆、内孔、端面、切断、切槽、钻中心孔、铰孔、锪孔、车螺纹、车锥面、车型面、滚花、攻螺纹等。图 1-1 所示为部分典型车削加工示意图。

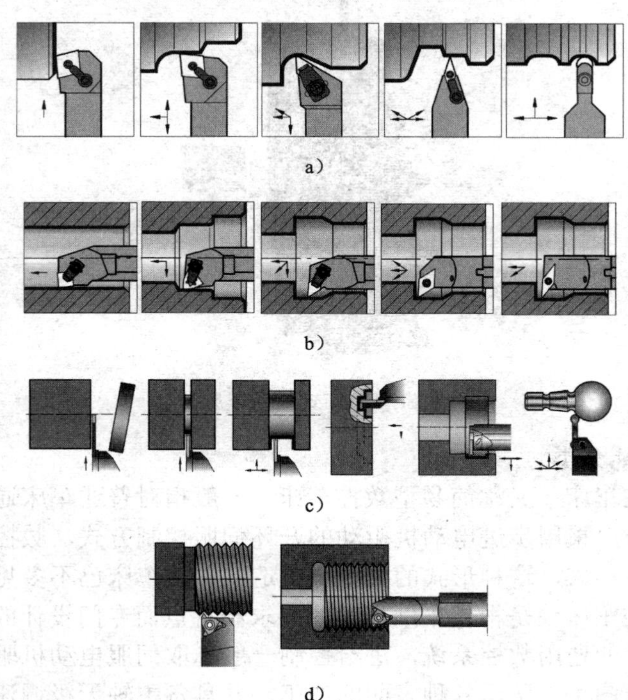

图 1-1 部分典型车削加工示例

a）端面与外圆车加工 b）内孔车加工 c）切断与切槽车加工 d）外、内螺纹车加工

1.1.1 数控车床的分类

数控车床种类繁多，规格不一。其分类方法主要有以下几种。

1. 按车床主轴位置分类

（1）卧式数控车床 其主轴轴线水平布置，分为平床身和斜床身两种，如图 1-2 所示。

a）

b）

图 1-2 卧式数控车床

a）平床身 b）斜床身

（2）立式数控车床 其主轴轴线垂直布置，如图 1-3 所示。主轴端面有一个很大的圆形工作台用于装夹工件，主要用于加工尺寸或重量较大、长径比较小的零件。

图 1-3 立式数控车床

2. 按车床的功能分类

（1）经济型数控车床 又称简易型数控车床，一般指对普通车床通过数控化改造后的车床，其进给控制一般采用步进电动机驱动的开环伺服控制方式，数控系统多采用单片机为主体构造而成。近年来，这种形式的数控化改造的数控车床已不多见。

（2）普通型数控车床 是根据车削加工的要求和特点而专门设计的数控车床，其控制系统多选取功能齐备的通用数控系统，进给控制一般选取伺服电动机驱动的闭环或半闭环控制方式，其可完成图 1-1 所示各种表面的加工，并具备主轴无级调速、刀尖圆弧半径补偿、恒线速度控制、固定循环功能、宏程序等先进功能。普通型数控车床一般控制两个坐标轴，即 X 和 Z 轴。

（3）数控车削中心　数控车削中心的主体仍然是数控车床，但相对于普通型数控车床而言，其增加了C轴和动力刀架，其刀架上的刀位数量也更多，甚至还带有刀库和机械手等。数控车削中心控制的坐标轴一般为三轴，包括X、Z和C轴。其加工功能大大增强，除可进行车削加工外，还可以进行径向和轴向铣削、曲面铣削、中心线不在零件回转中心的孔和径向孔的钻削等加工。数控车削中心一般均采取斜床身结构，图1-4为数控车削中心加工案例。

图1-4　数控车削中心加工案例

3．其他形式的数控车床

除了上面常见的数控车床外，还有一些其他形式的数控车床，如双刀架数控车床、双主轴数控车床等。此外，还有按特殊要求或专门工艺设计的数控车床，如螺纹数控车床、活塞数控车床、曲轴数控车床等。

1.1.2　数控车床的结构与组成

数控车床与普通车床相比，在结构上仍然具有主轴箱、刀架、进给传动系统、床身、冷却系统、润滑系统和液压系统等，并增加了数控系统（CNC）。

1．数控车床的组成

数控车床是指采用数控技术进行控制的车床，数控车床包括数控系统与机床本体两大部分，如图1-5所示。

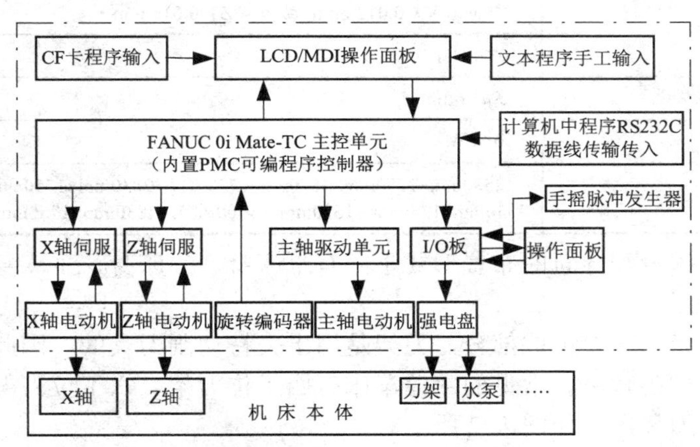

图1-5　数控机床的组成

FANUC 0i 系列数控系统主控单元中内置了 PMC（可编程序控制器），程序的输入方法有三种——手工键盘输入、CF 卡复制输入和数据线传输输入，主轴驱动有伺服驱动与变频器驱动两种，主轴电动机联动一个旋转编码器反馈给主控单元，进给轴的反馈有半闭环与闭环两种，PMC 主要用于机床上开关量的控制。

2．数控机床的结构

图 1-2a 所示是大连机床厂生产的 CKA6150 型数控车床，该数控车床为两坐标连续控制的卧式车床，选配了典型的 FANUC 0i 数控系统（根据用户的要求也可选用其他数控系统）。该机床的纵（Z）、横（X）向运动轴采用伺服电动机驱动、精密滚珠丝杠副和高刚性精密复合轴承传动，以及高分辨率位置检测元件（脉冲编码器）构成半闭环 CNC 控制系统。导轨副采用国际流行的高频淬火（硬轨）加“贴塑”工艺，各运动轴响应快、精度高、寿命长。主轴转速控制可采用手动换档变频型（手动三档，档内无级调速）及自动换档变频型（自动三档，档内无级调速）。配有集中润滑器对滚珠丝杠及导轨结合面进行强制自动润滑。采用内喷淋式不抬起刀架冷却，更有利于提高工件表面质量及防止切削液飞溅。机床标准配置采用立式四工位刀塔。可根据要求配置手动、气动、液压卡盘或手动、气动、液压尾座等。其主要技术参数和系统功能见表 1-1。

表 1-1　CKA6150 型数控车床的主要技术参数

最大工件回转直径	500 mm
最大工件长度	750 mm/1000 mm/1500 mm/2000 mm
主轴通孔直径	48 mm
主轴转速范围	手动三档变频型（手动换档或档内无级变速），7～2200 r/min（低档：7～135 r/min；中档：30～550 r/min；高档：110～2200 r/min）
X 向（横向）快速移动速度	6000 mm/min
Z 向（纵向）快速移动速度	10000 mm/min
切削进给范围	0.01～500 mm/r
自动回转刀架工位数	4/6（可选）
定位精度	横向（X）0.03 mm；纵向（Z）0.04 mm
重复定位精度	横向（X）0.012 mm；纵向（Z）0.016 mm
工件加工精度	IT6～IT7
工件表面粗糙度	*Ra*1.6μm
主电机功率	6.5kW
机床外形尺寸（长×宽×高）	2580mm×1750mm×1620mm（750 型），2830mm×1750mm×1620mm（1000 型），3330mm×1750mm×1620mm（1500 型），3830mm×1750mm×1620mm（2000 型）

数控车床根据床身和导轨的布置形式不同有平床身、斜床身、平床身斜滑块和立床身四种，如图 1-6 所示。

刀架是数控车床的重要组成部分，刀架是用于夹持切削刀具的，因此其结构直接影响机床的切削性能和切削效率。常见的数控车床有四工位刀架、六工位刀架、排式刀架、回转式刀架以及动力刀架等，如图 1-7 所示。

数控车床的主轴有手动有级调速、手动换档无级调速（手动有级换档、档内无级调速）

及无级调速三种形式。手动有级调速一般用于普通车床数控化改造后的经济型数控车床。数控车床的主轴一般设置了一个同步带联结有一个主轴旋转编码器，用于检测主轴的运动信号，一方面可以实现主轴调速的数字反馈，另一方面也可用于进给运动的精确控制，实现车螺纹时主轴转速与刀架移动之间的精确运动关系。数控车床的主轴根据需要可配备液压卡盘，实现自动化程度较高的工件夹紧与松开的动作。

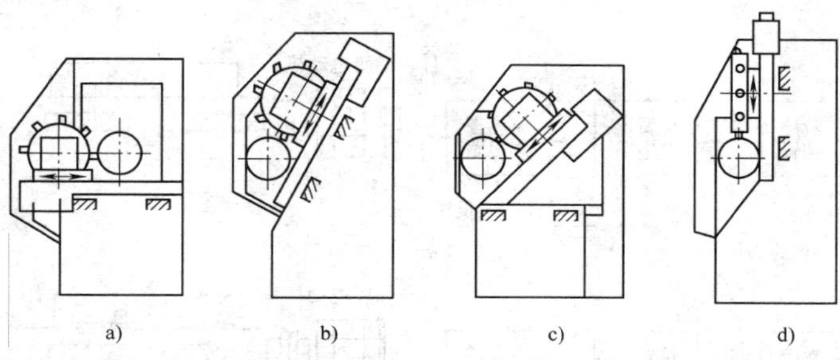

图 1-6　数控车床的布局形式

a）平床身　b）斜床身　c）平床身斜滑块　d）立床身

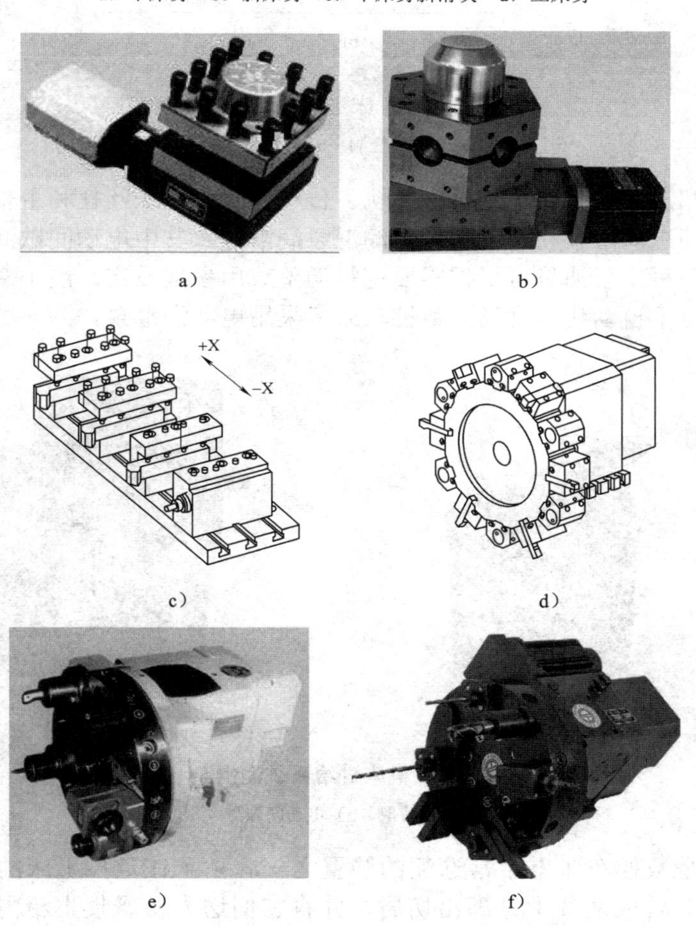

图 1-7　刀架的种类

a）四工位刀架　b）六工位刀架　c）排式刀架　d）回转式刀架　e、f）动力刀架数控车床的进给传动系统是控制 X、Z 坐标轴精确移动的主要组成部分，其与普通车床相比有很大的不同。数控车床的进给系统每一坐标轴有一个伺服电动机为动力，通过高精度的滚珠丝杠—螺母传动副将旋转运动转化为刀架的直线运动。普通型数控车床的进给系统一般采取闭环与半闭环控制方式，如图 1-8 所示。对于采用半闭环控制的进给系统，机床开机启动后必须执行返回坐标参考点操作。

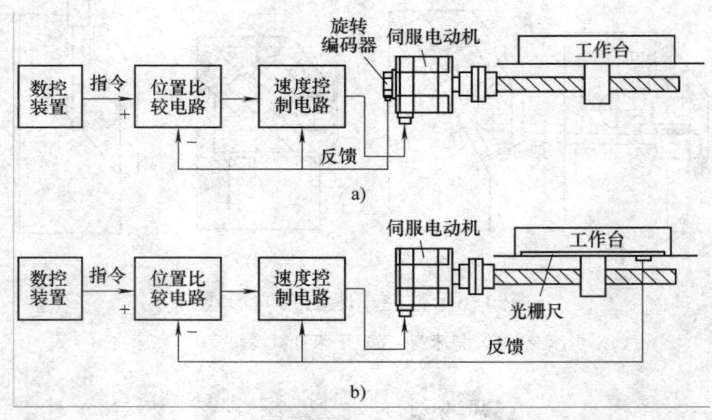

图 1-8 数控车床进给传动控制系统

a）半闭环控制 b）闭环控制

数控车床的润滑系统主要包括机床导轨、传动齿轮、滚珠丝杠和主轴箱等的润滑。其润滑形式有电动间歇润滑泵和定量式集中润滑泵润滑等。其中电动间歇润滑泵用得较多，其自动润滑时间和每次泵油量可根据需要进行调整或用参数设定。图 1-9 为机床进给系统常用的润滑泵，对于自动化程度高的数控车床多采用电动润滑泵。

图 1-9 机床进给系统润滑泵

a）手动型 b）电动间隙型

排屑系统也是数控车床上常常选配的装置之一。由于在数控机床的切屑中往往混合着切削液，排屑装置应从其中分离出切屑，并将它们送入切屑收集箱内，而切削液则被回收到切削液箱。常见的排屑装置有平板链式、刮板式、螺旋式排屑装置，如图 1-10 所示。

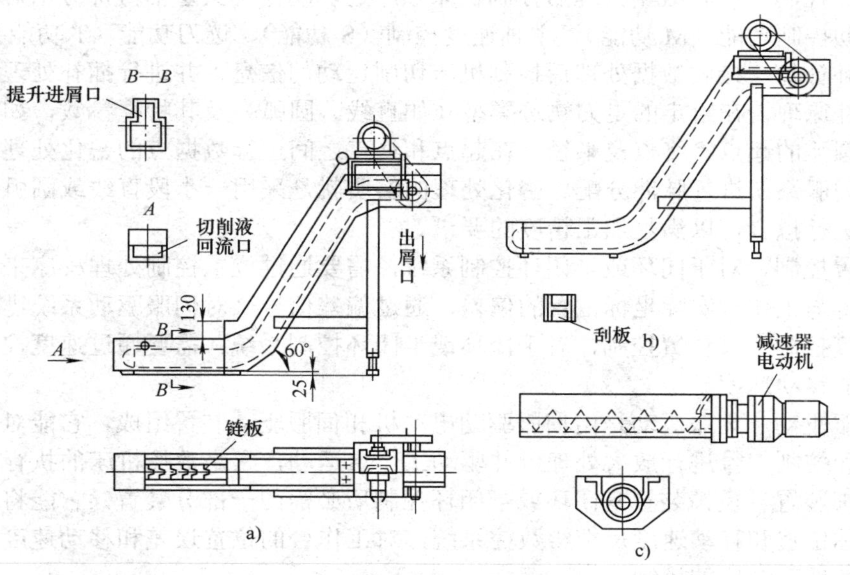

图 1-10 数控车床的排屑装置

a）平板链式 b）刮板式 c）螺旋式

1.1.3 数控车床的工作原理

数控车床通过对数控程序的读入与处理，然后驱动主轴旋转、进给轴移动以及切削液的开关等动作，对零件进行预定的加工。数控车床加工的工作流程可用图 1-11 表示。

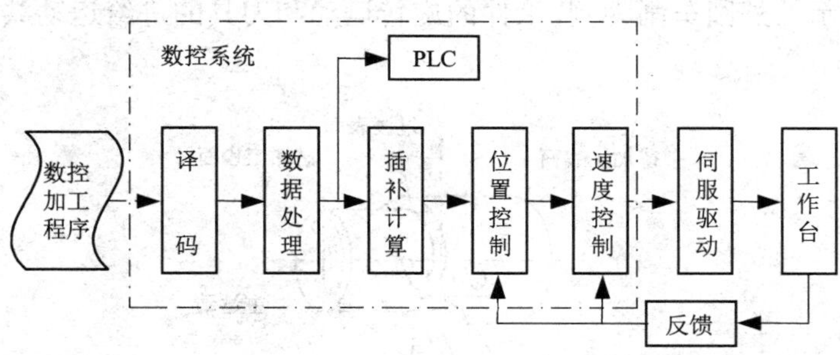

图 1-11 数控机床的工作原理

（1）加工程序输入 将零件加工程序以及补偿数据等通过键盘输入、通信传输和在线加工等方式输入机床的数控系统中。

（2）译码 数控系统通过译码程序来识别输入的内容，将加工程序翻译成计算机内部能够识别的信息。

（3）数据处理 数据处理就是处理译码信息，数控系统的数据处理部分一般设置有若干缓冲区，每读入一个程序段，并对其进行译码处理，将译码处理的数据存入一个缓冲区，同时继续读入下一个程序段，以此类推。译码数据处理包括刀补处理、速度预处理、控制机床顺序逻辑动作的开关量信号等。

（4）PLC 控制　接收数据处理后控制机床顺序逻辑动作开关量信号部分信息，并用于控制各种辅助控制功能（M 功能）、主轴速度控制（S 功能）、选刀功能（T 功能）等。

（5）插补计算　接收数据处理后控制机床切削运动的信息，并进行插补处理。插补处理是依据插补原理，在给定的走刀轨迹类型（如直线、圆弧）及其特征参数，如直线的起点和终点，圆弧的起点、终点及半径，在起点和终点之间进行数据点的密化处理，并给相应坐标轴的伺服系统进行脉冲分配。密化处理的实质就是采用一小段直线或圆弧去对实际的轮廓曲线进行拟合，以满足加工精度的要求。

（6）位置控制　对于闭环或半闭环控制系统，需要通过位置控制处理程序来计算理论指令坐标位置与工作台实际坐标位置的偏差，通过偏差信号来对伺服驱动系统进行控制。

（7）速度控制　同位置控制，对于闭环或半闭环控制系统，需要通过速度控制来控制工作台实际的移动速度。

（8）伺服驱动　伺服驱动是由伺服驱动电动机和伺服驱动装置组成，它能对数控系统输出的位置和控制信号进行放大处理，并驱动工作台运动，它是数控机床的执行部分。

（9）反馈装置　反馈装置是闭环或半闭环控制所必需的一部分装置，它能将数控机床工作台的实际位置和移动速度反馈给数控系统，对工作台的位置误差和移动速度的误差进行修正，以实现高精度的控制。

1.2　数控车削刀具工作部分结构分析

1.2.1　数控车削刀具工作部分的基本概念与结构

1．车削加工的基本运动和加工表面

以图 1-12 所示的外圆车削为例，工件的旋转运动和刀具的进给运动共同作用完成了外圆的车削加工。

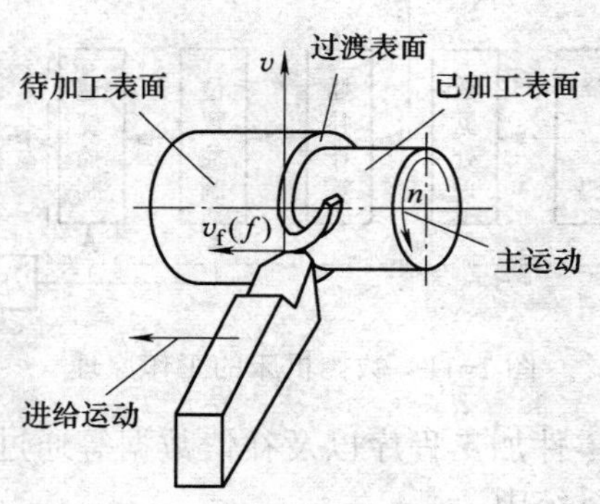

图 1-12　外圆车削切削运动与切削表面

基本运动：

（1）主运动　工件旋转运动，是外圆车削的基本运动，其消耗的功率最大。主运动转速用 n 表示，单位为 r/s 或 r/min，车削加工常用 r/min。

（2）进给运动　刀具的连续移动，是刀具连续去除材料的保证，其消耗的功率远小于主运动。

切削表面：

（1）已加工表面　切削后在工件上形成的新表面，加工过程中逐渐扩大。

（2）待加工表面　工件上待切除切削层的表面，加工过程中逐渐缩小。

（3）过渡表面　切削刃正切削的表面，是已加工表面与待加工表面之间的过渡表面，加工过程中不断变化。

2．**切削用量**

切削用量是指切削速度、进给速度和背吃刀量三加工参数的总称，所以又称为切削用量三要素，如图 3-13 所示。

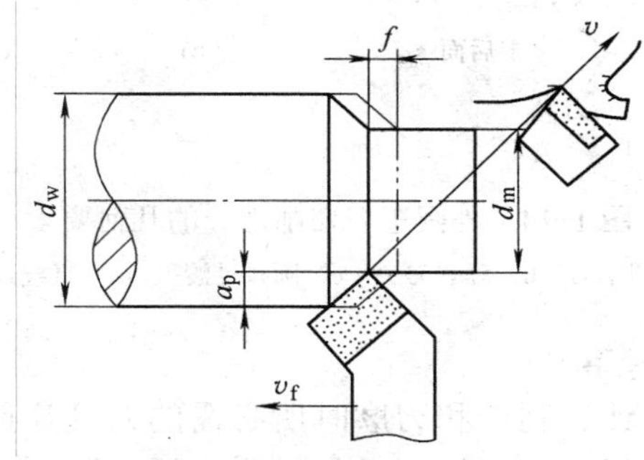

图 1-13　切削用量三要素

1）切削速度是切削刃上选定点的线速度，用 v_c 表示，单位为 m/min。

$$v_c = \frac{\pi dn}{1000}$$

2）进给速度有分进给（mm/min）与转进给（mm/r）两种，两者关系为

$$v_f = nf$$

3）已加工表面与待加工表面的垂直距离，用 a_p 表示，单位为 mm。

$$a_p = \frac{d_w - d_m}{2}$$

3．**车刀切削部分的几何要素**

所有的车削刀具都是由刀柄（刀体）和刀头（刀齿）组成，如图 4-14 所示。刀柄（刀体）用于夹持刀具，刀头或刀齿构成刀具的切削部分，承担着切削的工作。所谓几何要素即构成几何体的点、线、面。

刀具切削部分的几何要素可归纳为三个刀面、两条切削刃和一个刀尖，具体如下：

（1）前面 A_γ　切屑流出的表面。

（2）主后面 A_α　与过渡表面相对的表面。

（3）副后面 A'_α　与已加工表面相对的表面。

（4）主切削刃 S　前面与主后面的交线。

（5）副切削刃 S'　前面与副后面的交线。

（6）刀尖　主切削刃与副切削刃的交点。

理论上刀尖是一个几何点，实际上刀尖不可能绝对的“尖”。另外，根据切削加工的需要，有时人为将刀尖磨成一定的形状——过渡刃。

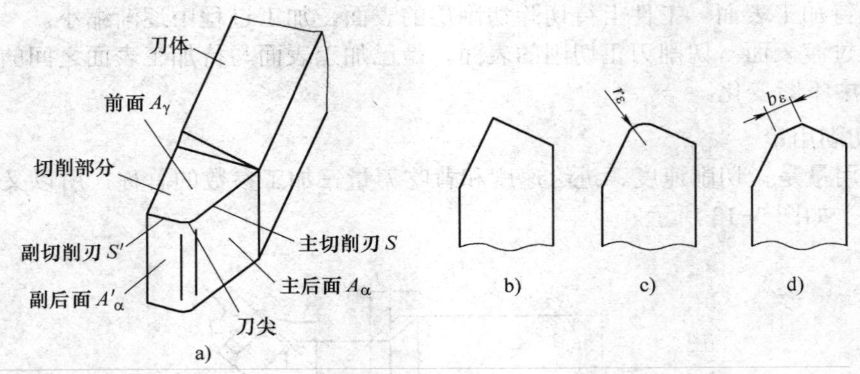

图 1-14　外圆车刀切削部分的几何要素

a）外圆车刀　b）理想刀尖　c）圆弧过渡刃　d）直线过渡刃

4. 刀具标注角度的参考系

刀具标注角度是刀具设计、制造和刃磨时所必需的刀具几何参数。刀具角度的标注必须在一定的参考坐标系中进行。常用的刀具参考系有正交平面参考系、法平面参考系及背平面和假定工作平面参考系，如图 1-15 所示。

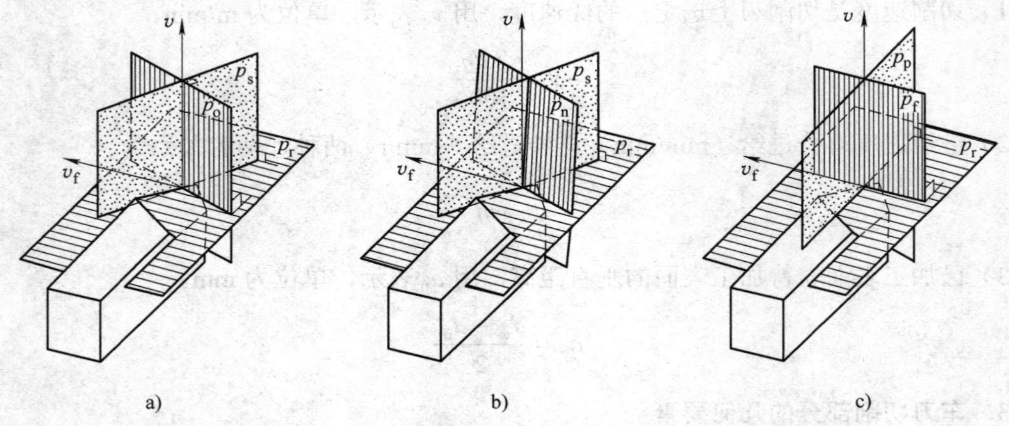

图 1-15　刀具标注角度参考系

a）正交平面参考系　b）法平面参考系　c）背平面、假定工作平面参考系

（1）刀具标注角度参考系涉及的基准平面　主要有以下五个。

1）基面 p_r：通过切削刃上的选定点并与该点主运动切削速度 v_c 向量垂直的平面。

2）切削平面 p_s：通过切削刃上的选定点与切削刃相切且垂直于基面的平面。

3）正交平面 p_o：通过切削刃上的选定点并同时垂直于基面与切削平面的平面。

4）法平面 p_n：通过切削刃上的选定点并垂直于主切削刃（或切线）的平面。

5）背平面 p_p 和假定工作平面 p_f：背平面是通过切削刃上的选定点，平行于刀杆轴线并垂直于基面的平面；假定工作平面是通过切削刃上的选定点，同时垂直于刀杆轴线和基面的平面。

（2）刀具标注角度参考系　主要有以下三个，见图 1-15。

1）正交平面参考系：基面 p_r、切削平面 p_s 和正交平面 p_o 构成的参考系。

2）法平面参考系：基面 p_r、切削平面 p_s 和法平面 p_n 构成的参考系。

3）背平面和假定工作平面参考系：基面 p_r、背平面 p_p 和假定工作平面 p_f 构成的参考系。

5．刀具标注角度

刀具主要的标注角度如图 1-16 所示。

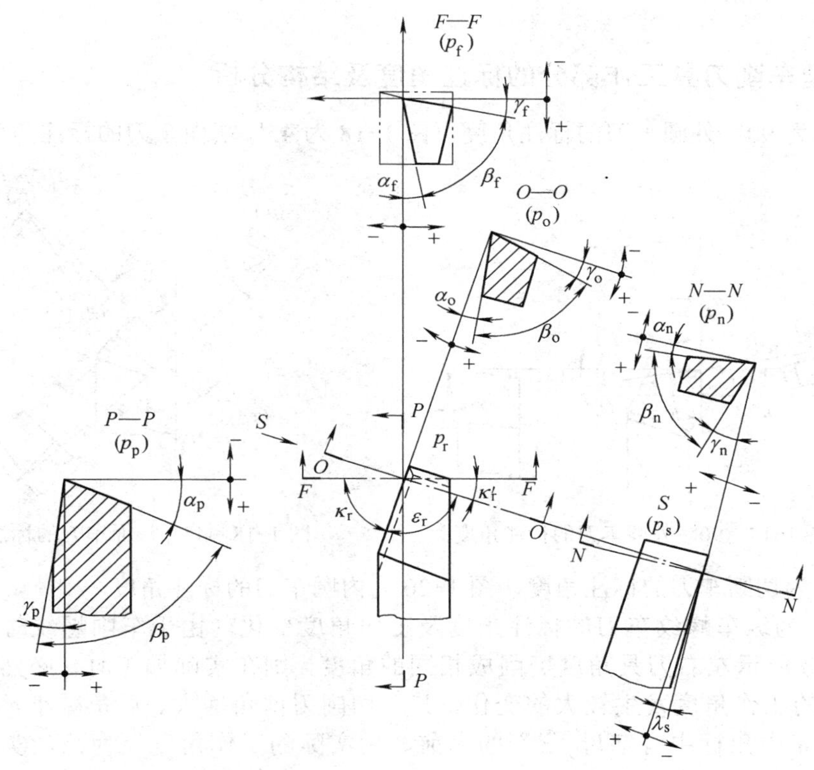

图 1-16　刀具标注角度参考系及其角度

研读图 1-16 时注意联系前面谈到的刀具切削部分的几何要素、参考平面和坐标参考系方面的知识，并注意下面谈到的标注角度的定义，特别提醒的是要注意各种角度的正、负方向。

刀具的标注角度主要包括：

（1）在正交平面 p_o 中标注的角度　主要有以下三个。

1）前角 γ_o：在正交平面 p_o 中度量的前面与基面之间的夹角。

2）后角 α_o：在正交平面 p_o 中度量的主后面与切削平面之间的夹角。

3）楔角 β_o：在正交平面 p_o 中度量的前面与主后面之间的夹角，$\beta_o = 90° - (\gamma_o + \alpha_o)$。

（2）在基面 p_r 中标注的角度　主要有以下三个。

1）主偏角 κ_r：在基面 p_r 中度量的主切削刃的投影与进给运动方向间的夹角。

2）副偏角 κ_r'：在基面 p_r 中度量的副切削刃的投影与进给运动方向间的夹角。

3）刀尖角 ε_r：在基面 p_r 中度量的主切削刃和副切削刃投影间的夹角，$\varepsilon_r = 90° - (\kappa_r + \kappa_r')$。

（3）在切削平面 p_s 中标注的角度 一般用于标注刃倾角。

刃倾角 λ_s：在切削平面 p_s 中，主切削刃与基面间的夹角。

（4）在法平面 p_n 中，标注的角度 与在正交平面中度量的角度类似，有法前角 γ_n、法后角 α_n 和法楔角 β_n，见图 1-16 中 N—N 剖面图。

（5）在背平面 p_p 和假定工作平面 p_f 中标注的角度 与前述类似，有背前角 γ_p、背后角 α_p、背楔角 β_p 和侧前角 γ_f、侧后角 α_f、侧楔角 β_f 等，参见图 1-16 中的 P—P 剖面图和 F—F 剖面图。

1.2.2 典型车削刀具工作部分的标注角度及结构分析

图 1-17 为 90° 外圆车刀的标注角度，图 1-18 为 45° 端面车刀的标注角度。

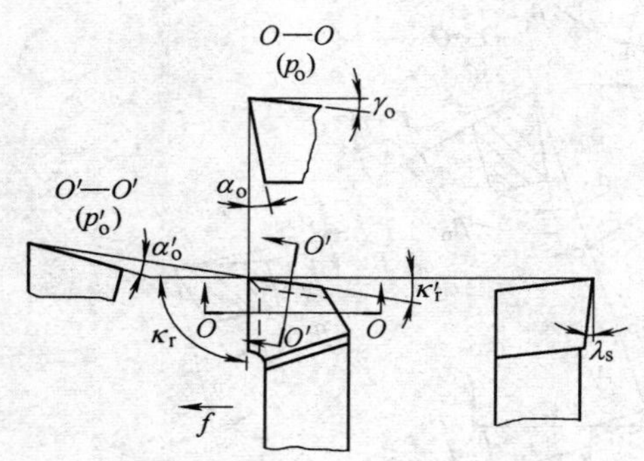

图 1-17 90° 外圆车刀的标注角度

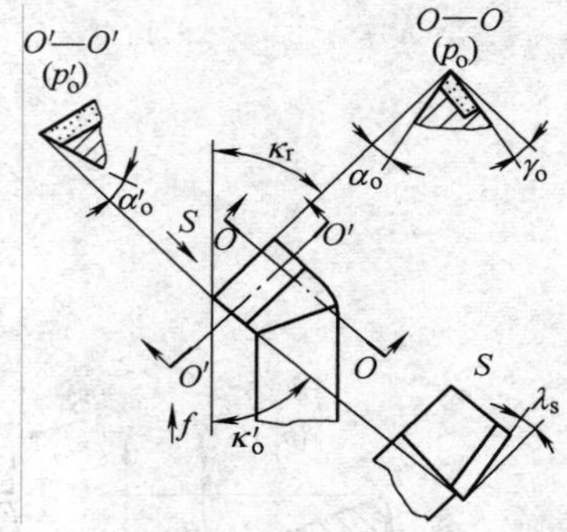

图 1-18 45° 端面车刀的标注角度

图 1-19 为切断车刀的标注角度，图 1-20 为内圆车刀的标注角度。

图 1-21 为纵车螺纹车刀的标注角度及工作角度变化。由于车削螺纹时进给量 f 较大，若按图 b 所示左右刀具角度磨削成相同的角度，则在实际加工时，必然造成左、右切削刃实际的工作角度发生较大的变化，其左切削刃前角增大、后角减小，右切削刃则相反。如图 a 中角标中有字母“e”的为前、后实际的工作角度。为此，实际中常将刀具切削部分预先磨成图 c 所示左、右切削刃前后角不相等的情况，保证实际加工时的前、后工作角度相等。

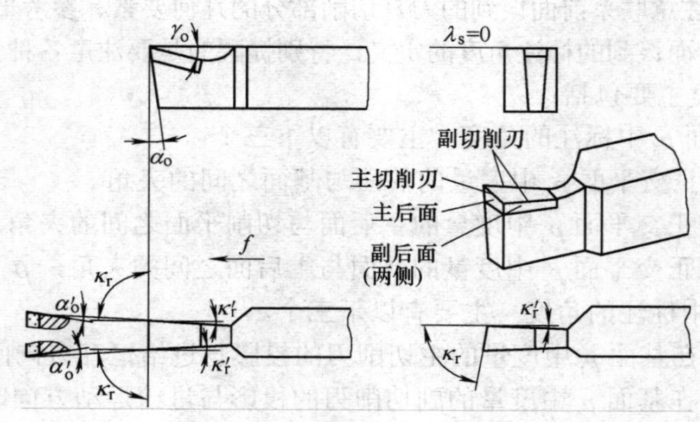

图 1-19 切断车刀的标注角度

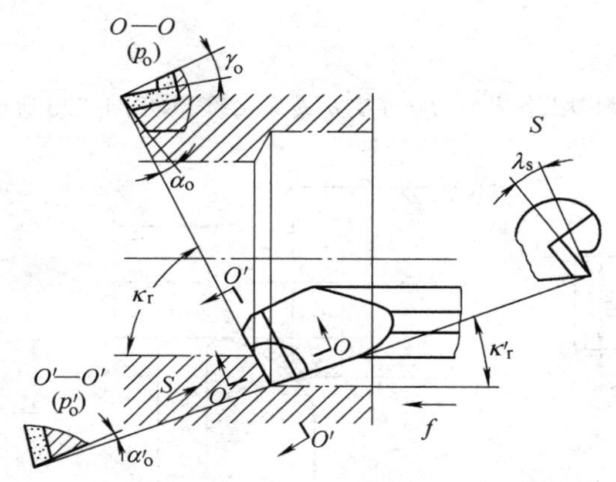

图 1-20　内圆车刀的标注角度

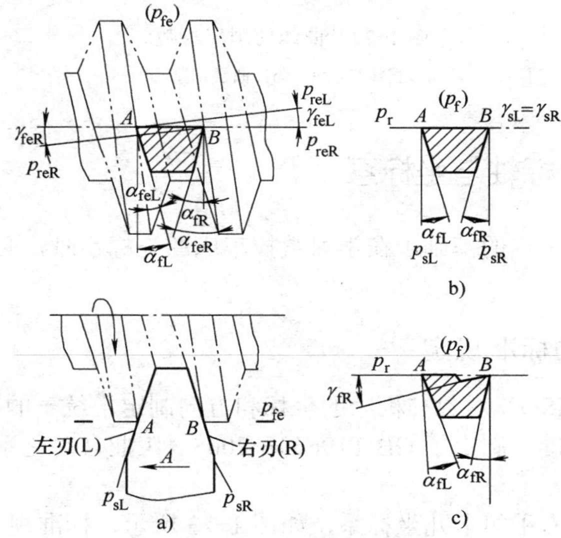

图 1-21　纵车螺纹车刀的标注角度及工作角度变化

a）刀具切削示意图　b）$\alpha_{fL}=\alpha_{fR}$　c）$\alpha_{fL}>\alpha_{fR}$

1.2.3　车削加工切削层参数

切削层参数包括切削厚度 a_c、切削宽度 a_w 和切削面积 A_c 三项，如图 1-22 所示。

（1）切削厚度 a_c　在主切削刃选定点的基面内垂直于过渡表面度量的切削层的尺寸。其计算式为

$$a_c = f\sin\kappa_r$$

（2）切削宽度 a_w　在主切削刃选定点的基面内平行于过渡表面度量的尺寸。其计算式为

$$a_w = \frac{a_p}{\sin\kappa_r}$$

（3）切削面积 A_c　在主切削刃选定点的基面内切削层截面面积。其计算式为

$$A_c = a_c a_w = f a_p$$

当切削刃为曲线时，切削刃上各点的切削厚度 a_c 是变化的，如图 1-22b 所示。

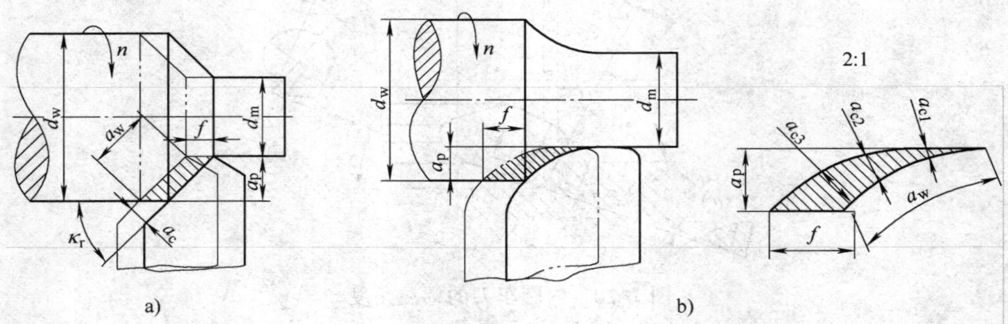

图 1-22 曲线切削层参数

a）直线切削刃 b）曲线切削刃

1.3 数控车床的坐标轴与坐标系

坐标系是数控机床工作的基础，在学习数控车床的坐标系时，必须了解以下几个坐标系及其相关知识。

1.3.1 机床坐标系的标准规定

国际标准化组织（ISO）对数控机床的坐标和方向制定了统一的标准（ISO841:2001）。我国等效采用了这个标准，制定了 GB/T19660—2005《工业自动化系统与集成 机床数值控制坐标系和运动命名》。

机床坐标系为一个右手笛卡儿坐标系，如图 1-23 所示，标准规定如下。

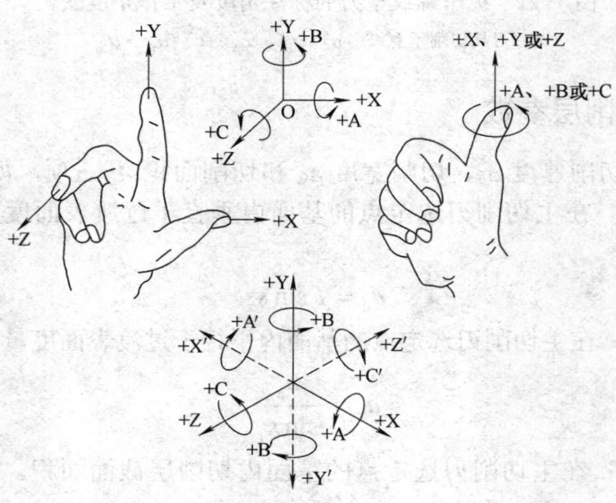

图 1-23 右手笛卡儿坐标系

1）基本的直线运动坐标轴用 X、Y、Z 表示，围绕 X、Y、Z 轴旋转的圆周进给坐标轴分别用 A、B、C 表示。

2）空间直角坐标系的 X、Y、Z 三者的关系及其方向由右手定则判定，拇指、食指、中指分别表示 X、Y、Z 轴及其方向，A、B、C 的正方向分别用右手螺旋法则判定。

3）以上规则适用于工件固定不动，刀具移动的情形。若工件移动，刀具固定不动时，正方向反向，并加“′”表示。

4）机床坐标系原定位置由机床制造厂规定。

以上规定，让编程人员在编程时可以不考虑具体的机床是工件不动还是工件移动，便于将更多的精力集中在编程上。

1.3.2 坐标轴及其方向

按照标准的相关规定，卧式数控车床的机床坐标系及其方向如图 1-24 所示。

（1）Z 轴　平行于机床主轴，方向指向尾架方向。

（2）X 轴　径向且平行于横刀架，方向远离旋转主轴轴线。

（3）C 轴　数控车削中心一般还有一个 C 轴，按照标准规定，C 轴为绕主轴旋转的坐标轴，其方向按照右手螺旋法则判定。

（4）机床坐标系原点　从机床总体结构设计角度，其基准多选择机床主轴轴线与主轴端面的交点，故其是机床坐标系原点的设置之一。从数控系统参考点调试与设置的习惯而言，实际中更多的是设置在 X 轴和 Z 轴正方向的最大位置。

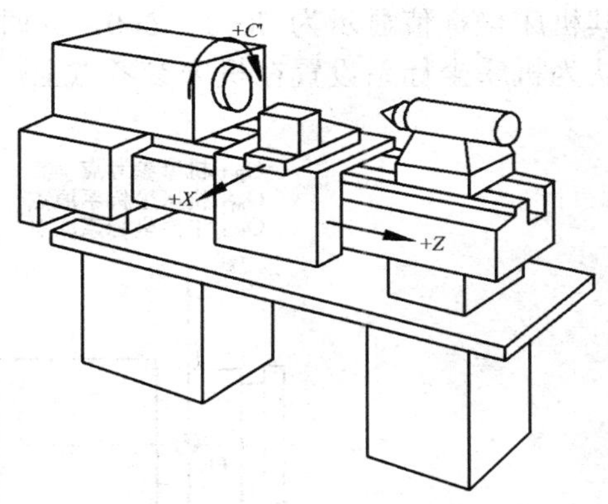

图 1-24　卧式数控车床的坐标轴及其方向

1.3.3 机床参考点与坐标系

1．机床参考点

机床参考点是数控车床坐标系原点设置的基础，其需通过数控系统等设置，通过机床各坐标轴位置体现。数控车床坐标轴的位置检测元件有相对检测元件与绝对检测元件两种。

对于采用相对位置检测元件的数控车床，数控装置通电后并不知道机床坐标系原点的位置。为此，常在每个坐标轴的移动范围内设置一个电气行程开关作为参照点（数控车床一般在 X 轴和 Z 轴的正向最大行程处向负方向偏移一小段距离），机床开机后，通过手动或自动返回参考点操作，控制刀架移动至压下行程开关，然后偏移一小段距离停止，以建立机床参考点。

对于采用绝对位置检测元件的数控车床，其参考点的位置是通过调试确定的，即手动将刀架移动至预设置机床参考点的位置，然后通过数控系统的设置，记住该点位置作为机床参考点。这种机床数控系统中装有电池，确保机床断电后仍能记住机床参考点位置，因此，其下次开机后能调用并建立机床参考点，而不需执行返回坐标点操作。当然，一旦电池电源耗尽，必须及时更换电池，否则参考点丢失，需要重新设置。

2. 机床参考点的设置

数控车床的参考点一般可设置多个，其第一参考点多用于设置机床坐标系，第一参考点常常简称为参考点。FANUC 0i mate-TC 数控系统允许设置 4 个参考点，其中第一参考点简称为参考点，其余的参考点分别称为第 2、3、4 参考点。常用于设置换刀点等。机床参考点可由数控系统的参数 1240～1243 设定。

机床参考点位置一般由机床厂家或专业人员设定，操作者不宜随便改变。机床参考点仅仅是刀架移动至参考点的位置，具体的点取决于对刀设置，可以在刀架中心或刀尖点上。

3. 数控车床机床坐标系设置分析

图 1-25 所示为数控车床常见坐标系关系简图。按数控车床的调试习惯，参考点 O_R 多设置在右上角所示 X 轴和 Z 轴的最大位置处，该点的坐标值设置在系统参数中，如 FANUC 0i 数控系统的参数 1240 中，假设参数 1240 设置为 X=0、Z=0，则返回坐标参考点 O_R 后其机床坐标值显示为 X=0、Z=0，此时，可认为机床坐标系原点与机床参考点重合，即可认为机床坐标系设置在机床参考点上。

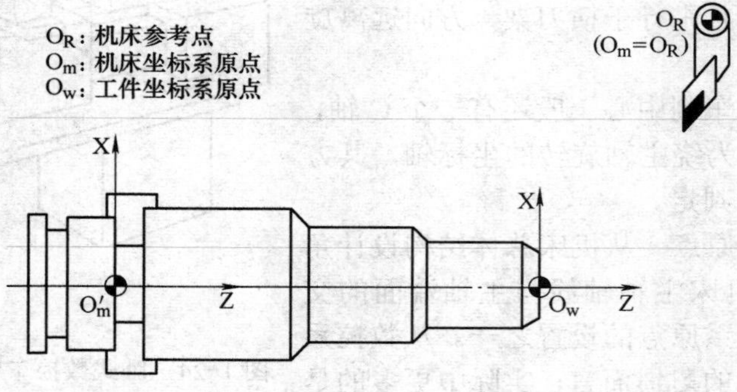

图 1-25 数控车床常见坐标系关系

按此原理，若参数 No.1240 的 X 和 Z 设置为参考点 O_R 相对于主轴端面中心点 O'_m 的坐标，则机床返回坐标参考点 O_R 后刀架的位置为坐标原点 O'_m 坐标系的坐标位置，即可认为机床坐标系原点为 O'_m 点，或说机床坐标系设置在主轴端面中心处。

读到此处，应该理解 GB/T19660—2005 中关于机床坐标系原点由机床厂规定的含义了。

实际生产中，大部分数控车床均是将机床坐标系设置在机床参考点位置上，这时，若执行返回坐标点操作后的机床坐标显示值为 X=0、Z=0，这也就是为什么数控机床的返回坐标参考点操作俗称“回零”的原因。

数控车削加工时，工件坐标系一般设置在工件端面中心处，如图 1-25 中 O_w 点为原点的坐标系。工件坐标系的设定实质是确定工件坐标系在机床坐标系中的位置。以 G54 指令建立工件坐标系为例，其是将工件坐标系原点 O_w 相对于机床坐标系 O_m 的坐标值预先存入工件坐标系 G54 存储器中。因此，机床坐标系原点设置在什么位置并不影响工件坐标系的位置，仅仅表现为显示坐标值的不同。

4. 应用说明

应用机床坐标系应该注意以下事项：

1）采用相对位置检测元件的数控机床，通电后执行手动返回参考点操作可设定机床坐标系。

2）采用绝对位置检测元件的数控机床，通电后会自动建立工件坐标系，故不需执行“回零”操作。

3）机床坐标系一经设定，即保持不变直至断电。

4）G28 指令是自动返回机床参考点指令，因此其也可称为自动“回零”操作。注意，其在手动返回坐标点操作完成前后的运行速度一般不同。

1.3.4 工件坐标系

工件坐标系是与工件加工编程相关的坐标系，其可细分为编程坐标系与加工坐标系，两者可以通称为工件坐标系。工件坐标系是由机床坐标系平移获得。一般情况下，加工坐标系与编程坐标系是重合的。

在编程时，编程人员可以不考虑机床坐标系，而根据图样的工艺特点和编程的方便性而自行确定编程时的坐标系及编程原点，这种坐标系称为编程坐标系。编程坐标系是基于图样编程时称呼的坐标系。

加工时，由于装夹位置的不确定性，每一次装夹工件的位置并不完全相同，数控系统提供了专门的坐标系选择和设置指令，可以在机床坐标系中任意地确定加工坐标系原点而建立加工坐标系，这种坐标系称为加工坐标系。加工坐标系是基于加工时称呼的坐标系。

确定工件坐标系原点在机床中位置的过程称为“对刀”。这个过程实质上是确定工件坐标系原点在机床坐标系中的坐标偏移值，并存入数控系统的相应位置，数控机床运行时会根据相应的指令调用这些偏移值并建立加工坐标系。

图 1-26 所示为数控车削加工工件坐标系设置示例。工件坐标系原点可取在工件的右端面、左端面和卡盘前端面的主轴中心线上，若端面留有加工余量，则实质上是右端面偏材料内侧一段加工余量。建议取在工件的右端面上。

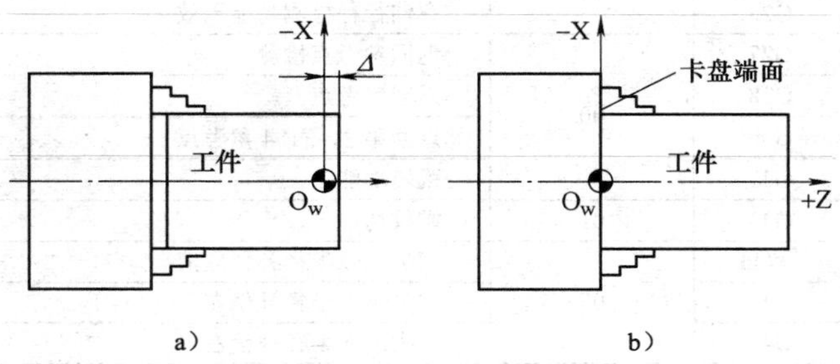

图 1-26 数控车削加工工件坐标系的设置示例

a）设在右端面 b）设在左端面（卡盘端面）

1.4 FANUC 0i mate-TC 数控系统指令

数控车床是按照一定的数控指令进行工作的。不同的数控系统，其功能指令有较大的差异，即使是同一品牌的数控系统，其不同版本的数控指令也是略有差异的。要学习数控车床的操作，首先必须明确所使用数控车床的指令系统，一般可参照机床厂家提供的编程和操作手册进行学习。

1.4.1 G 指令

G 指令又称为准备功能指令，其字地址符是 G，所以又称为 G 功能或 G 代码。它的定义是建立机床或控制系统工作方式的一种命令。G 指令中的后续数字大多为两位正整数(包括 00)。不少机床此处的前置“0”允许省略，即能够辨识 G1 就是 G01 等。表 1-2 所示为应用较为广泛的 FANUC 0i Mate-TC 数控系统的 G 指令。

表 1-2 FANUC 0i Mate-TC 数控系统的 G 指令

G 代码			组	功 能
A	B	C		
◤**G00**	◤**G00**	◤**G00**	01	快速定位（快速运动）
G01	G01	G01		直线插补（切削进给）
G02	G02	G02		顺时针圆弧插补（切削进给）
G03	G03	G03		逆时针圆弧插补（切削进给）
G04	G04	G04	00	暂停
G07.1 (G107)	G07.1 (G107)	G07.1 (G107)		圆柱插补
G10	G10	G10		可编程数据输入
G11	G11	G11		可编程数据输入方式取消
G12.1 (G112)	G12.1 (G112)	G12.1 (G112)	21	极坐标插补方式
◤**G13.1** ◤**(G113)**	◤**G13.1** ◤**(G113)**	◤**G13.1** ◤**(G113)**		极坐标插补取消方式
◤**G18**	◤**G18**	◤**G18**	16	ZpXp 平面选择
G20	G20	G70	06	英寸输入
G21	G21	G71		毫米输入
◤**G22**	◤**G22**	◤**G22**	09	存储行程检测功能有效
G23	G23	G23		存储行程检测功能无效
G27	G27	G27	00	返回参考点检测
G28	G28	G28		返回参考点
G30	G30	G30		返回第 2、3、4 参考点
G31	G31	G31		跳转功能
G32	G33	G33	01	螺纹切削
◤**G40**	◤**G40**	◤**G40**	07	刀尖圆弧半径补偿取消
G41	G41	G41		刀尖圆弧半径补偿左
G42	G42	G42		刀尖圆弧半径补偿右
G50	G92	G92	00	坐标系设定或最大主轴转速钳制
G50.3	G92.1	G92.1		工件坐标系预设
G52	G52	G52		局部坐标系设定
G53	G53	G53		机床坐标系选择
◤**G54**	◤**G54**	◤**G54**	14	选择工件坐标系 1
G55	G55	G55		选择工件坐标系 2
G56	G56	G56		选择工件坐标系 3
G57	G57	G57		选择工件坐标系 4
G58	G58	G58		选择工件坐标系 5
G59	G59	G59		选择工件坐标系 6
G65	G65	G65	00	宏程序调用

（续）

G代码			组	功　能
G66	G66	G66	12	宏程序模态调用
▼**G67**	▼**G67**	▼**G67**		宏程序模态调用取消
G70	G70	G72	00	精加工循环
G71	G71	G73		车削中刀架移动
G72	G72	G74		端面加工中刀架移动
G73	G73	G75		图形重复
G74	G74	G76		端面深孔钻
G75	G75	G77		外径/内径钻
G76	G76	G78		多头螺纹循环
▼**G80**	▼**G80**	▼**G80**	10	固定钻循环取消
G83	G83	G83		平面钻孔循环
G84	G84	G84		平面攻螺纹循环
G85	G85	G85		正面镗循环
G87	G87	G87		侧钻循环
G88	G88	G88		侧攻螺纹循环
G89	G89	G89		侧镗循环
G90	G77	G20	01	外径/内径切削循环
G92	G78	G21		螺纹切削循环
G94	G79	G24		端面车循环
G96	G96	G96	02	恒表面速度控制
▼**G97**	▼**G97**	▼**G97**		恒表面速度控制取消
G98	G94	G94	05	每分钟进给
▼**G99**	▼**G95**	▼**G95**		每转进给
—	▼**G90**	▼**G90**	03	绝对值编程
—	G91	G91		增量值编程
—	G98	G98	11	返回初始点
—	G99	G99		返回R点

注：

1．表中有三种G代码系统——A、B、C。数控系统可通过参数（参数号3401）设置来进行选择，默认的选择是G代码系统A，本书主要介绍系统A。这种系统的绝对/增量坐标分别采用地址符（X、Z）/（U、W）区别表示，适用于单一刀架的机床。

2．G代码分为模态和非模态指令两种。所谓模态指令是指该指令具有续效性，在后续的程序段中，在同组其他G指令出现之前一直有效。而非模态指令不能续效，只在所出现的程序段中有效，下一个程序段需要时，必须重新写出。例如01组的G指令有G00、G01、G02和G03四个，若在某一个程序段中用到了G01，则后续的程序段中若没有用到G00、G02和G03，则程序段中可以不写G01。表中除了G10和G11外，00组的G指令都是非模态G指令，而其余组的G指令便是模态指令。

3．不同组的G指令，在同一程序段中可指定多个。如果在同一程序段中指定了两个或两个以上同组的G指令，则只有最后的G指令有效。如果在程序中指定了G指令表中没有列出的G代码，则系统会报警。

4．表中指令左上角带有“▼”符号的G指令为初始状态G指令，又称默认G指令，即数控系统的电源接通或复位时CNC进入清除状态时的G指令。一般情况下，每一组默认G代码中只有一个。G20和G21初始指令为断电前的状态。是否保持初始状态，G代码可以通过参数3402设置改变，表中所列为出厂时的默认状态。G00和G01、G22和G23、G91和G90可以单独用参数3402和3401设置。

5．如果在固定循环中指定了01组的G代码，就像指定了G80指令一样取消固定循环。指令固定循环的G代码不影响01组G代码。

6．当G代码系统A用于钻孔固定循环时，返回点只有初始平面。即直接返回初始平面，不存在参考平面（R点平面），这实际上是符合车床钻孔的特点的。

7．表中的G代码按组号显示。

1.4.2 M 指令

M 指令又称辅助功能指令，主要用于控制机床加工过程中的一些辅助动作。辅助功能指令一般由地址符 M 及其后面的两位数字组成。常见的 M 指令见表 1-3。

表 1-3 常用 M 指令

M 指令	功 能	附 注	M 指令	功 能	附 注
M00	程序暂停	非模态	M06	换刀	非模态
M01	程序计划暂停	非模态	M08	切削液开启	模 态
M02	程序结束	非模态	M09	切削液关闭	模 态
M03	主轴正转	模 态	M30	程序结束并返回	非模态
M04	主轴反转	模 态	M98	子程序调用	模 态
M05	主轴停止	模 态	M99	子程序结束并返回	模 态

注：

1. 通常，一个程序段中只能有一个 M 代码有效（即最后一个 M 代码）。
2. 除数控系统指定了功能外（如 M98、M99 等），其余 M 代码一般由机床制造厂家决定和处理。具体见机床制造厂家的使用说明书。

常用 M 指令功能说明：

1．程序暂停（M00）和计划暂停指令（M01）

M00 指令用于程序暂停。暂停期间，系统保存所有模态信息，仅停止主轴（注：有的机床不停主轴）、切削液。当按下**循环启动**按钮，系统继续执行。

M01 指令用于计划停止，又称选择暂停。当按下操作面板上的**选择暂停**按钮时，其功能与 M00 相同，否则，M01 被跳过执行。

M00 主要应用于工件尺寸的测量、工件的调头、手动变速、排屑等。M01 可实行计划抽检等。

对于 M00 和 M01 指令不停主轴的机床，必须在程序中使用 M05 停止主轴。

2．主轴起动与停止指令（M03、M04、M05）

主轴起动指令包括主轴正、反转指令 M03、M04 和主轴停止指令 M05。其中，M03 应用广泛，几乎每一个数控程序都要用到。

M02 和 M30 均具有主轴停转的功能，所以有的程序不出现 M05 指令。

3．程序结束指令（M02、M30）

M02 指令常称为程序结束指令，而 M30 指令常称为程序结束并返回指令。程序结束指令执行后，机床的主轴、进给、切削液等全部停止，所有的模态参数取复位状态。

M02 和 M30 的差异性分析：过去使用纸带记录和运行数控程序时，M02 仅表示程序执行结束，但纸带并不倒带，纸带处于程序执行完成的状态，下一次执行该指令时必须首先将程序纸带倒带，回到程序开始处。而 M30 指令则表示程序执行完成后纸带倒带回到程序开始处，如果是在加工同一个零件，则只需按下循环启动按钮，就可以立即执行程序。近年来，数控系统的程序均是记录在计算机的存储器中，其不存在纸带倒带，而程序的光标（又称指针）在 CNC 系统中返回程序开头非常迅速，所以现代的 CNC 数控系统其 M02 和 M30 的功能往往设计成功能相同。

在 FANUC 0i 系统中，可以通过参数 3404 设置 M02 和 M30 指令在主程序结束后是否将程序自动返回程序的开头。

4．切削液开关指令（M07、M08、M09）

常用的切削液开关指令是开启指令 M08 和关闭指令 M09。对于有两个切削液的数控车床，用 M07 控制 2 号切削液的开启。

1.4.3　T 指令

T 指令又称刀具指令，FANUC 0i mate-TC 系统的刀具功能指令具有两种功能：一种是刀具选择和换刀功能，另一种是刀具寿命管理功能。这里主要介绍刀具选择和换刀功能。一个程序段只能指定一个 T 代码。

FANUC 0i 数控系统的车床 T 指令一般用地址符 T 及其后面四位数字的格式指定（参数 5002 的第 0 位 LD1=0），即 T（2+2）格式指令，前两位表示刀具号，后两位表示刀具补偿号（刀补号），其指令格式如下：

T××××
- 后两位 ×× ——刀具补偿号
- 前两位 ×× ——刀具号

说明：

1）当刀具号为 00 时，则不选择刀具。当刀具补偿号为 00 时，其补偿值为 0，即相当于取消刀具补偿。

2）同一把刀具可以调用不同的补偿号。一般来说，刀具的补偿存储器的数量远大于刀具数，如 FANUC 0i 系统的刀具补偿号存储器共有 64 个。

3）刀具指令执行后，其位置补偿值 X、Z 立即生效，其表现为后续的刀具移动位置是指令中指定的坐标值与相应位置补偿值的代数和。而刀尖圆弧半径补偿值 R、T 则必须与 G41、G42 指令合作才能生效。

1.4.4　S 指令

S 指令又称主轴速度功能指令，用地址符 S 及其后面的数值指令。

对于无级变速的机床，主轴转速可以用地址符 S 和其后的数值直接指令主轴的转速。

对于机械换档与变频无级变速的方式，一般采用机械换档分段预调，然后由地址符 S 和其后的数值控制变频器来进行主轴转速控制。若要在程序中进行换档，则可采用暂停指令 M00 配合实现机械变速。例图 1-2a 所示的数控车床，机械三档（S25～S135、S105～S545 及 S545～S2200），三档内无级变速。

对于 M00 不能停止转动主轴的机床，必须在程序中通过 M05 停转主轴，然后再暂停系统，才能实现手工换档，别忘了后面的 S 指令要用 M03 重新起动主轴。其典型程序示例为：

```
……
M05;            主轴停转
M00;            系统暂停，手动换档
S_ M03;         改变主轴转速，起动主轴
……
```

1.5 数控车削加工程序的结构图解与构成分析

1.5.1 数控车削加工程序的格式分析

数控车削加工程序的一般格式如图 1-27 所示，程序中的每一行称为程序段。

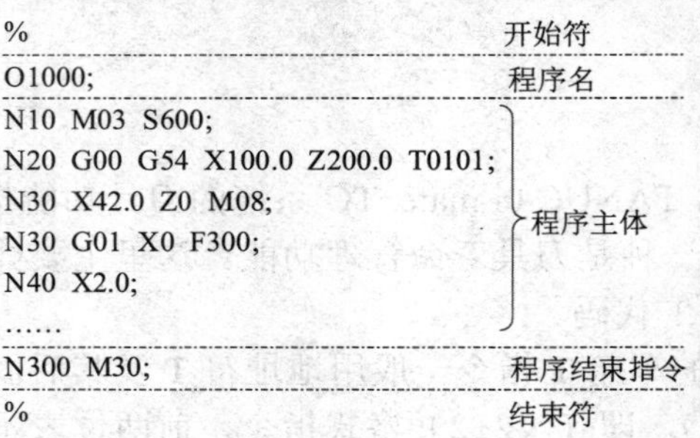

图 1-27 数控车削加工程序的一般格式

说明：

1）程序开始符和结束符“%”，单列一段。这个符号手工输入程序时会自动生成，外部传输输入 CNC 系统时一定要写。

2）FANUC 系统的程序名规定由英文字母 O 和四位数字组成，单列一段，即 O××××。数字前零可以省略。

3）程序主体是程序的主要部分，各程序差异主要集中在这一部分。

4）程序结束一般用 M30 或 M02 指令，实际使用时依各人习惯，一般用 M30 较多。

1.5.2 数控车削加工程序段的一般格式

对于以地址符区分绝对/增量坐标的数控车削控制系统而言，其程序段的基本格式为

$$N\_\ G\_\begin{Bmatrix} X\_\ Z\_ \\ U\_\ W\_ \end{Bmatrix}\begin{Bmatrix} I\_\ K\_ \\ R\_ \end{Bmatrix} T\_\ F\_\ S\_\ M\_;$$

其中，G_为准备功能指令，表 1-2 的 G00～G99；X_、Z_为刀具移动终点的绝对坐标值；U_、W_为刀具移动终点相对于起点的增量坐标值，实质是刀具移动的距离；I_、K_ /R_为圆弧插补时圆心相对于圆弧起点的坐标值/圆弧半径值；T_为刀具指令，一般为 T（2+2）格式；F_为进给速度指令；S_为主轴转速指令；M_为辅助功能指令；;为程序段结束符。

说明：

1）程序段的一般格式为：程序号字，各种功能字，数据字，程序段结束符（;）。

2）一个程序段由若干个可作为具有特定操作的信息单元存储的“字”组成，每个字由“地址符（英文字母）+数字”组成。

3）程序段序号用 N 后跟一个不超过 5 位的数值（1～99999）组成。顺序号可以随意指定，也可以没有顺序号。

4）程序段是可作为一个单位来处理的、连续的字组，包含一组的操作，是数控加工程序中的一条语句。

5）程序段一般使用字地址可变程序段格式，每个字长不固定，各个程序段中的长度和

功能字的个数都是可变的。

6）地址可变程序段格式中，在上一程序段中写明的、本程序段里又不变化的那些字仍然有效，可以不再重写。这种功能字称为续效字。

7）虽然是地址可变程序段格式，但为了书写、输入、检查和校对方便，各功能字在程序段中的位置习惯按以上的顺序排列。

例：某一数控车削程序段格式如下：N10 G03 X28.0 W-15.0 R5.0 F50 T0101 S1000 M03;，它等同于下述程序段：N10 M03 S1000 T0101 F50 G03 X28.0 W-15.0 R5.0;。

1.6　数控车削基本编程指令图解与分析

1.6.1　坐标系指令

1．机床坐标系指令（G53）

指令格式：G53 X_ Z_;

其中，X_、Z_为刀具在机床坐标系中的绝对坐标值。

执行 G53 指令后，不管刀具在什么位置（例如图 1-28 中的 *B* 点或 *C* 点），均会快速移动至机床坐标系中指令指定的位置（例如图 1-28 中的 *A* 点）。

1）G53 指令是非模态指令，仅在程序段中有效，其尺寸字必须是绝对坐标，若指令了增量坐标，则 G53 被忽略。

2）执行 G53 指令之前必须执行手动操作或 G28 指令自动返回坐标参考点建立机床坐标系。

3）对于采用绝对位置检测元件的数控车床，开机启动后即会自动建立工件坐标系。

程序示例 1（以图 1-28 为例）：

```
G28 U1.0 W1.0;              返回机床参考点（B 点），建立机床坐标系
G53 X-α  Z-γ;               刀具快速移动至 A 点
……;
```

程序示例 2（以图 1-28 为例）：

```
……
G01 X82.0 Z-58.0;           刀具移动至 C 点
G53 X-α  Z-γ;               刀具快速移动至 A 点
……
```

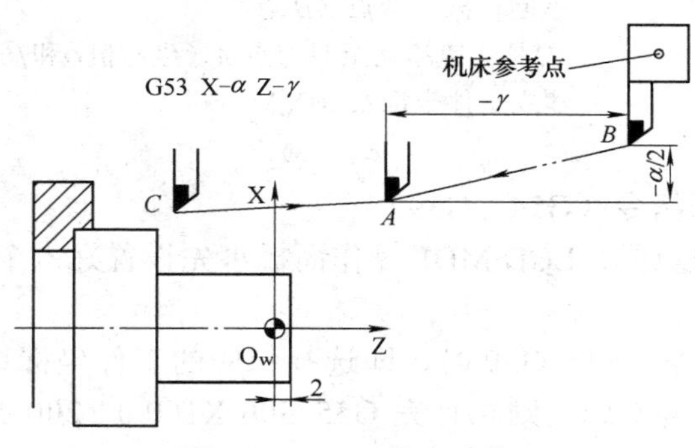

图 1-28　G53 指令动作

2．工件坐标系设定指令 G50（图 1-29）

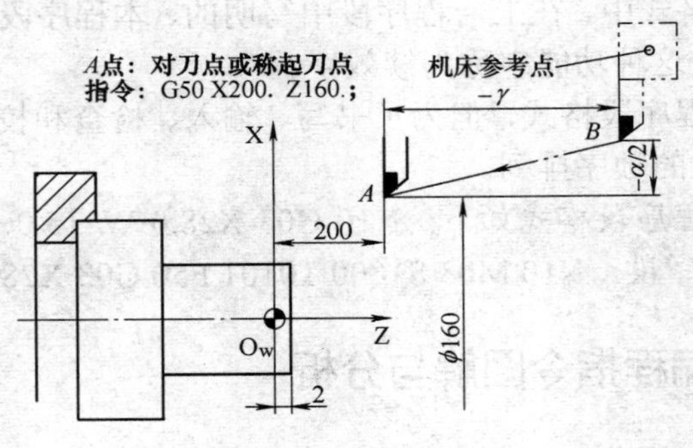

图 1-29　G50 指令动作

指令格式：G50 X_ Z_；

作用：基于指令中的坐标值设定工件坐标系。

注意

1）指令中，X_、Z_为刀位点在欲设定工件坐标系中的绝对坐标值。

2）G50 指令建立的工件坐标系与刀具当前位置有关。

3）执行 G50 指令设定工件坐标系之前，必须将刀具移至工件坐标系中指令指定的位置。

说明：

1）数控系统执行到 G50 指令时，刀具本身不会做任何移动，但数控系统会根据刀具的当前位置和 G50 指令的指定值建立起工件坐标系，后续有关刀具移动的指令执行过程中尺寸字的绝对值就是以该坐标系为基准的。

2）G50 指令设定工件坐标系后，刀具当前位置的绝对坐标即为指令中指定的坐标值（工件坐标系中的坐标值），但其机床坐标系中的坐标值（图 1-29 中的坐标值α和β）仍然不变，可在数控系统中查询到。

3）以图 1-29 为例，起刀点位置为 *A* 点，若执行完 G50 X160.0 Z200.0;指令后，则建立起图示坐标原点为 O_w 的工件坐标系。

分析：G50 指令建立工件坐标系的加工程序，在程序结束之前，一般要将刀具返回对刀点 *A*，否则，再次执行时会改变工件坐标系的位置。但若与 G53 指令巧妙组合，则可具备 G54～G59 指令的功效。读者可仔细品味以下程序。

```
/G28 U1.0 W1.0;          返回机床参考点（B 点）
/G53 X−α Z−γ;            刀具快速移动至对刀点 A（坐标值α和β可在对刀时查得）
G50 X160.0. Z200.0.;     建立工件坐标系 XO_wY
……
```

3．工件坐标系选择指令（G54～G59）

在数控系统中，可以通过 LCD/MDI 操作面板事先设置好六个不同的工件坐标系，如图 1-30 所示。

当程序段中出现指令 G54～G59 时，即选择相应的工件坐标系。以图 1-29 为例，若工件坐标系 XO_wY 设置为 G55，则执行完 G55 G00 X160.0 Z200.0；指令后刀具快速定位至 *A* 点。

用 G54～G59 指令建立的工件坐标系与刀具当前位置无关。

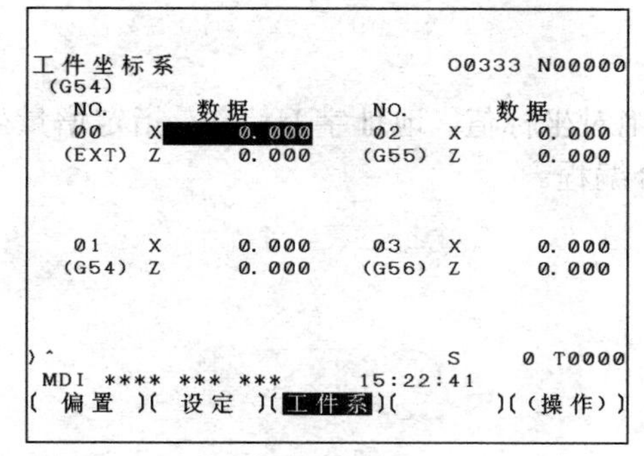

a）

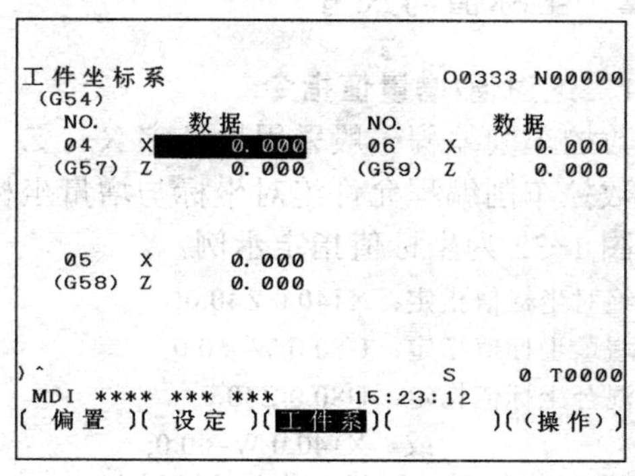

b）

图 1-30 工件坐标系设定画面

a）G54～G56 b）G57～G59

4. 刀具几何偏置设定工件坐标系

刀具偏置值必须通过刀具指令 T 调用。刀具偏置包括几何偏置（FANUC 0i 系统的简体中文偏置画面中称之为外形，下同）与磨损偏置两部分，利用 T 指令调用几何偏置亦可以建立工件坐标系。

在图 1-31a 中，若将工件坐标系原点 O_W 相对于机床参考点的坐标（G_x 和 G_z）事先输入 CNC 系统的刀具几何偏置存储器中，参见图 1-31b 所示，则程序执行时，通过刀具指令调用该几何偏置即可建立工件坐标系。

以图 1-31a 为例，假设 O_W 点相对于机床参考点的坐标输入在 NO.01 号刀具偏置存储器中，则以下程序执行至 N20 段刀具会快速定位至图 1-31a 中的程序起点 *A*。

N010 M03 S300;	主轴正转，转速为 800r/min
N020 G00 X160.0 Z200.0 T0101;	调用 01 号刀及 01 号刀补，建立工件坐标系，快速定位至 *A* 点
N030 G00 X60 Z0;	刀具快速定位至工件端面上
N040 G01 X0 Z0 F0.2;	车端面，进给速度为 0.2mm/r
……	……

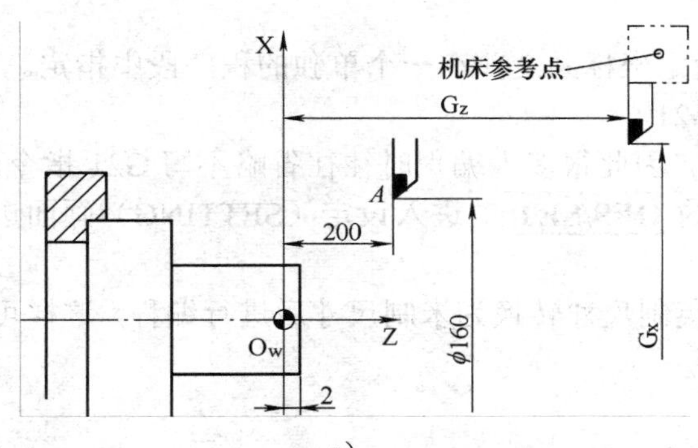

a）

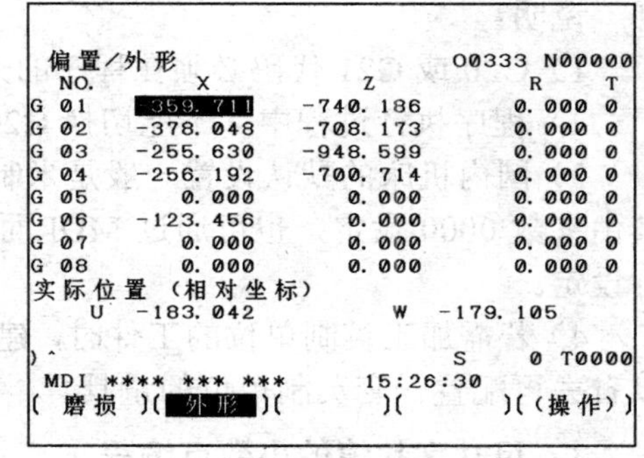

b）

图 1-31 刀具几何偏置建立工件坐标系

a）图例 b）几何偏置设置画面

1.6.2 坐标值与尺寸

1. 绝对值/增量值指令

数控车削编程一般采用地址字 X_、Z_指定绝对坐标值，地址字 U_、W_指定增量坐标值。数控车削编程允许绝对坐标与增量坐标混合编程。

图 1-32 为坐标值指定示例。

绝对坐标值指定：X140.0 Z40.0;

增量坐标值指定：U80.0 W-60.0;

混合坐标值指定：U80.0 Z40.0;

或 X140.0 W-60.0;

图 1-33 所示为坐标值编程示例。

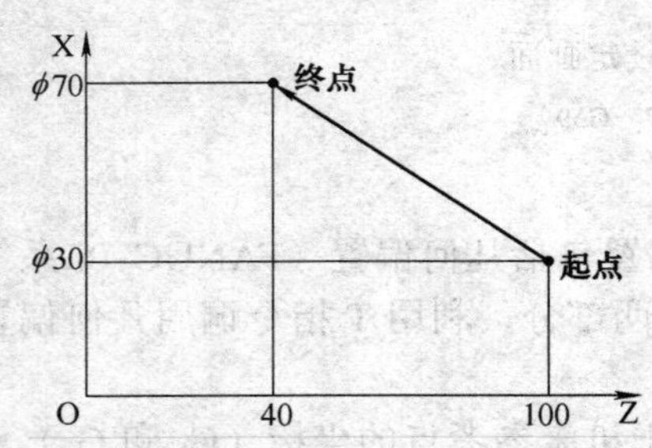

图 1-32 绝对值/增量值编程

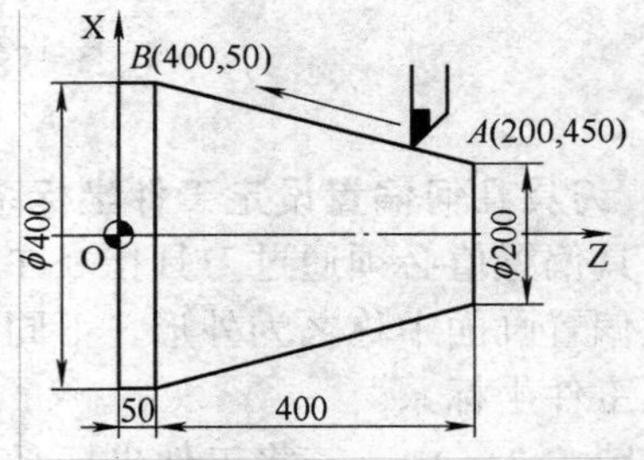

图 1-33 绝对值/增量值编程示例

绝对坐标值编程：G01 X400.0 Z50.0 F200;

增量坐标值编程：G01 U200.0 W-400.0 F200;

混合坐标值编程：G01 X400.0 W-400.0 F200;

或 G01 U200.0 Z50.0 F200;

2. 英制/米制转换指令（G20/G21）

数控程序中 G 代码数值的单位可以是英制或米制，具体如下：

英制单位指令：G20，单位为 in（英寸）。

米制单位指令：G21，单位为 mm（毫米）。

说明：

1）G20 或 G21 代码必须在程序的开始设定坐标系之前在一个单独的程序段中指定。

2）程序执行过程中，不能切换 G20 和 G21。

3）国内机床的默认设置一般是米制单位，因此很多人编程时往往省略不写 G21 指令。其由参数 0000 设定，也可通过 MDI 面板上的 **OFS/SET** 键进入设定（SETTING）画面进行设定。

4）若需加工英制单位的工件时，建议将英制尺寸转换为米制尺寸后进行编程，这样可以省去再配置一套英制单位的量具。

3. 尺寸字数值的小数点编程

尺寸字也叫尺寸指令，由“尺寸字地址符+尺寸数字”组成，包括 X_、Z_、U_、W_、I_、K_、R_等。数控系统中输入尺寸字数字的小数点省略后，其数值单位有两种表示方法：计算器型和标准型，见表 1-4。

表 1-4 尺寸字数字小数点的作用

程序指令	计算器型小数点输入	标准型小数点输入
X1000	1000 mm	1 mm
X1000	1000 mm	1000 mm

说明：

1）采用计算器型还是标准型小数点输入法可由参数 3401 的第 0 位（DPI）确定。

2）标准型小数点输入法尺寸字后的数值单位是最小输入增量单位，一般为 0.001mm 单位。

3）当控制系统设置为标准型小数点输入时，若忽略小数点，则将指令值变为 1/1000，此时若加工，则有可能出现事故。因此建议编程者书写尺寸字后的数字时养成书写小数点（如 X1000.）的习惯。

4. 直径编程与半径编程

数控车床的数控系统在表示径向尺寸字（X 地址符）时被设计成两种指定方法，即直径指定与半径指定，如图 1-34 所示。

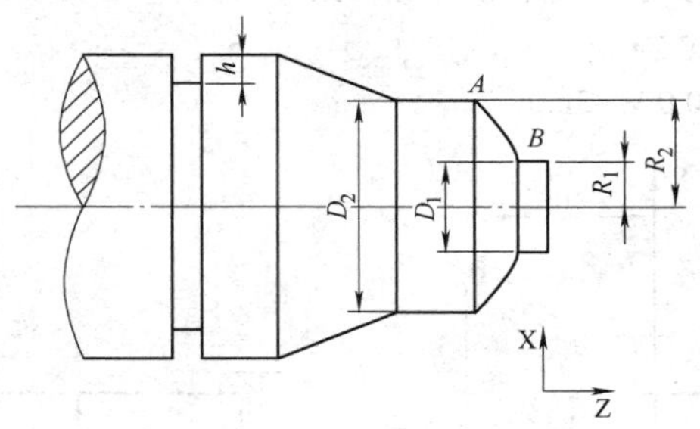

图 1-34 直径指定与半径指定

说明：

1）用直径指定时，叫作直径编程，如图 1-34 中的 D_1、D_2；用半径指定时，叫作半径编程，如图 1-34 中的 R_1、R_2。

2）直径或半径编程由参数 1006 的第 3 位（DIA_x）设定。

3）一般常设置成直径编程。此时注意图中切槽加工时的槽深 h 编程时为 $2h$。

4）增量指令时（用尺寸字 U 指定）仍为直径编程。轨迹 B 到 A 用 D_2 减 D_1 指定。但半径尺寸字 I_、K_、R 用半径编程。

5）LCD 面板上的 X 轴位置亦按直径值显示。

1.6.3 插补功能指令

1. 快速定位指令（G00）

指令格式：G00 X(U)_ Z(W)_;

其中，X(U)_、Z(W)_指定的是终点位置的绝对（增量）坐标值，为续效字（下同），X_、Z_为绝对值指令；U_、W_为增量值指令，同一程序段中允许混合使用。

图 1-35 所示为快速定位指令动作图解，相关说明如下：

1）快速定位移动轨迹有直线插补（AC）与非直线插补（ABC）两种，由参数 1401

的第1位（LRP）设置。

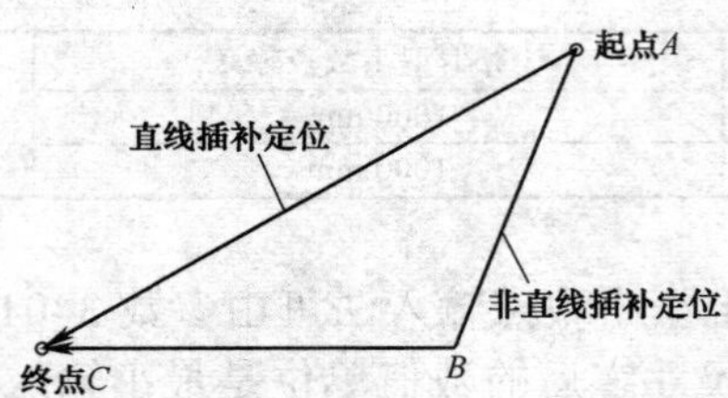

图1-35　G00指令移动轨迹

2）快速定位指令各轴移动的速度是固定的，各轴快速移动速度由参数1420设定，各轴快速移动倍率F0的速度由参数1421设定。

3）快速定位指令G00主要用于定位，指令刀具以快速移动速度移动到指令位置。

4）对于设定为非线性插补快速移动的数控机床，由于刀具移动轨迹常常为折线，所以要注意出现干涉而打坏刀具或损坏机床。

图1-36所示加工示例，直径编程，加工指令如下，但刀具轨迹不同。

绝对坐标编程：G00 X40.0 Z4.0;

增量坐标编程：G00 U-60.0 W-36.0;

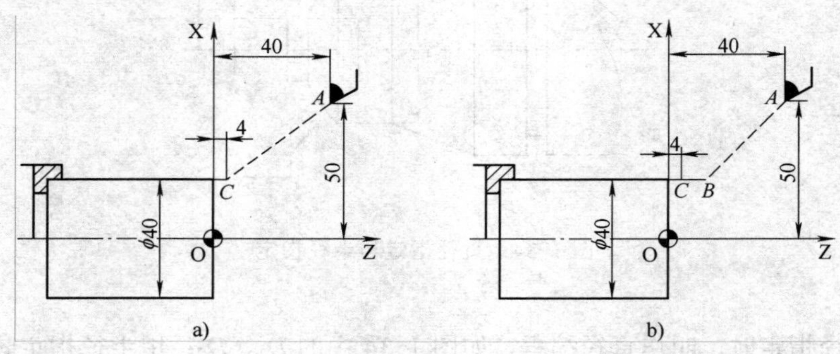

图1-36　快速定位指令G00举例

a）线性插补定位　b）非线性插补定位

2．**直线插补指令**（G01）

指令格式：G01 X(U)_ Z(W)_ F_；

其中，X(U)_、Z(W)_指令的是终点位置的绝对（增量）坐标值，X_、Z_为绝对值指令，U_、W_为增量值指令，同一程序段中允许混合使用；F代码指定刀具移动的进给速度（为续效字，下同），可为每分钟进给或每转进给。

直线插补指令的移动轨迹为直线，如图1-37所示，假设直线插补指令为G01 XαZβ Ff；（f为进给速度，mm/min），则各坐标轴的进给速度为

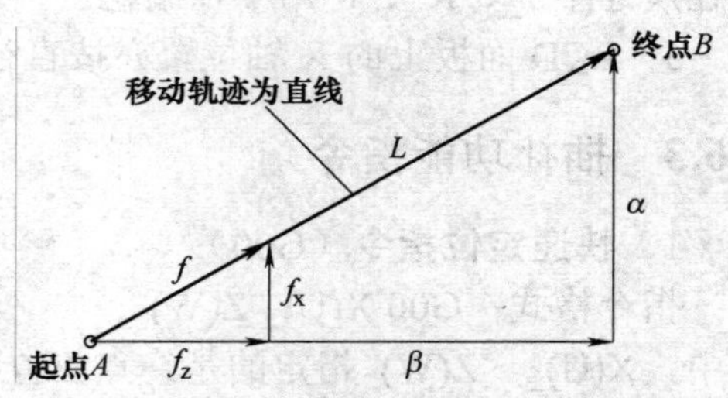

图1-37　G01移动轨迹与X、Z轴进给速度

$$f_x = \frac{\alpha}{L} f \qquad f_z = \frac{\beta}{L} f$$

式中，$L = \sqrt{\alpha^2 + \beta^2}$。

说明：

1）直线插补指令刀具移动轨迹为刀具当前点与终点之间的直线。

2）指令 F 指定的是刀具进给移动的直线速度。

3）进给速度由指令 G98/G99 指定为分进给（mm/min）/转进给（mm/r）。

4）直线插补指令主要用于切削加工。

3．圆弧插补指令（G02/G03）

指令格式：$\mathrm{G18}\begin{Bmatrix}\mathrm{G02}\\\mathrm{G03}\end{Bmatrix}\mathrm{X(U)\_\ Z(W)\_}\begin{Bmatrix}\mathrm{I\_\ K\_}\\\mathrm{R\_}\end{Bmatrix}\mathrm{F\_}$；

其中，G18 为指定 ZX 平面为工作平面，是数控车削系统的默认设置，可以不写；G02/G03 为指定圆弧插补的运动方向，分别表示顺时针/逆时针圆弧插补；X(U)_、Z(W)_为指令圆弧终点的位置坐标，X_、Z_为终点位置的绝对坐标值，U_、W_为终点位置的增量坐标值，可以混合编程；I_、K_为指令圆心位置，具体为圆弧起点到圆弧中心的矢量在相应坐标轴上的分量，非续效字；R 为指令圆心位置，为不带符号的圆弧半径，非续效字；F 为沿圆弧插补方向的进给速度，同直线插补指令的要求。

说明：

1）圆弧插补方向的判别如图 1-38 所示。注意后置刀架与前置刀架车床的区别。

2）圆弧指令的编程方法有两种，分别是圆心坐标编程（又称 I、K 编程）和圆弧半径编程（又称 R 编程）。

3）圆心坐标编程时，尺寸字 I、K 为圆弧起点至圆心的增量坐标值，如图 1-39 所示。尺寸字 I0、K0 可以省略。

4）圆弧半径编程适用于圆心角小于 180° 的圆弧，否则改为圆心坐标编程。

5）同时指定了 I、K 和 R，则 R 有效，I、K 无效。若 I、K 和 R 均未指定，则执行 G01 动作。

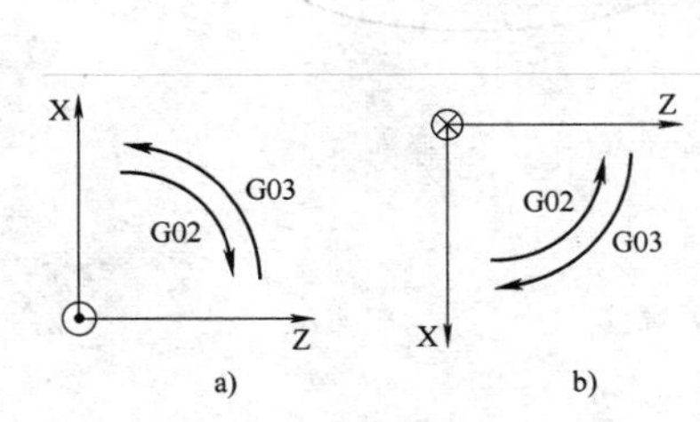

图 1-38 圆弧插补方向判断

a）后置刀架 b）前置刀架

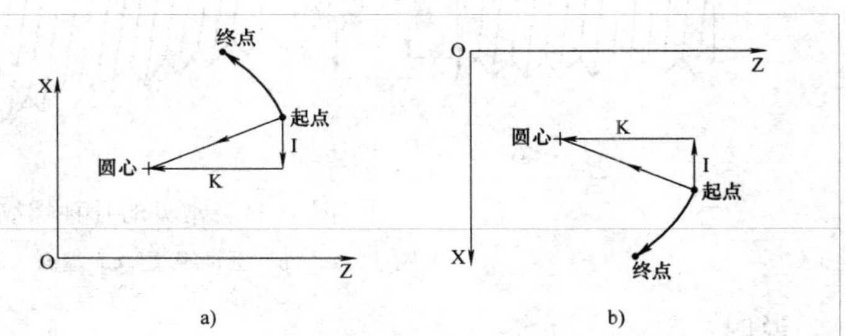

图 1-39 圆心坐标编程

a）后置刀架 b）前置刀架

6）后置刀架与前置刀架所编程序相同，即程序编制与后置刀架还是前置刀架无关。以图 1-40 所示图形为例，图中加工轨迹及方向为 $A \rightarrow B$，直径编程，进给速度为 0.3mm/r。

可以看出后置刀架与前置刀架编写出的加工程序是相同的。

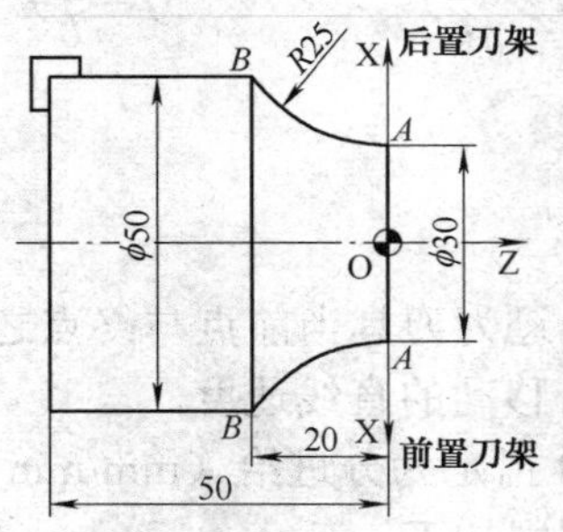

图 1-40 圆弧加工示意图

①用后置刀架编程：

绝对坐标值圆心坐标编程：

G02 X50.0 Z–20.0 I25.0 K0 F0.3;

或 G02 X50.0 Z–20.0 I25.0 F0.3;

增量坐标值圆心坐标编程：

G02 U20.0W–20.0 I25.0 K0 F0.3;

或 G02 U20.0W–20.0 I25.0 F0.3;

绝对坐标值圆弧半径编程：

G02 X50.0 Z–20.0 R25.0 F0.3;

增量坐标值圆弧半径编程：

G02 U20.0W–20.0 R25.0 F0.3;

②用前置刀架编程：

绝对坐标值圆心坐标编程：

G02 X50.0 Z–20.0 I25.0 K0 F0.3;

或 G02 X50.0 Z–20.0 I25.0 F0.3;

增量坐标值圆心坐标编程：

G02 U20.0W–20.0 I25.0 K0 F0.3;

或 G02 U20.0W–20.0 I25.0 F0.3;)

绝对坐标值圆弧半径编程：

G02 X50.0 Z–20.0 R25.0 F0.3;

增量坐标值圆弧半径编程：

G02 U20.0W–20.0 R25.0 F0.3;

4．等螺距螺纹切削指令（G32）

指令格式：G32 X(U)_ Z(W)_ F_；

其中，X(U)_、Z(W)_为螺纹切削结束点的坐标；F 为螺纹导程，进给速度单位为 mm/r。

常见的螺纹有圆柱螺纹、圆锥螺纹和端面（涡形）螺纹，如图 1-41 所示。

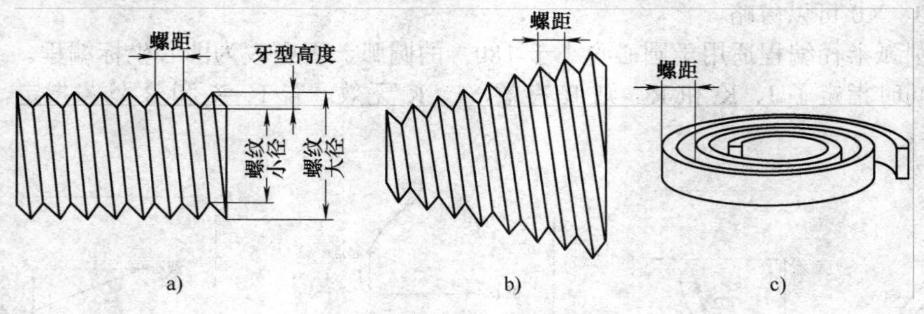

图 1-41 常见的几种螺纹

a）圆柱螺纹 b）圆锥螺纹 c）端面（涡形）螺纹

说明：

1）当程序段中的 X(U)值不变（程序中可以不写），则为车削圆柱螺纹；当程序段中的 Z(W)值不变（程序中可以不写），则为车削端面螺纹（涡形螺纹，如自定心卡盘内的驱动卡爪盘）；当程序段中的 X(U)、Z(W)值均存在，则为车削圆锥螺纹（如管螺纹）。

2）螺纹的牙型属成形切削，一般要经过多次加工完成。常用螺纹切削的进刀次数及每次背吃刀量参见表 1-5。

表 1-5 常用螺纹切削的进刀次数及每次背吃刀量 （单位：mm）

螺距		1.0	1.5	2.0	2.5	3.0	3.5	4.0
牙型高度（半径值）		0.649	0.974	1.299	1.624	1.949	2.273	2.598
进给次数及背吃刀量（直径值）	1 次	0.70	0.80	0.90	1.00	1.20	1.50	1.50
	2 次	0.40	0.60	0.60	0.70	0.70	0.70	0.80
	3 次	0.20	0.40	0.60	0.60	0.60	0.60	0.60
	4 次	—	0.16	0.40	0.40	0.40	0.60	0.60
	5 次	—	—	0.10	0.40	0.40	0.40	0.40
	6 次	—	—	—	0.15	0.40	0.40	0.40
	7 次	—	—	—	—	0.20	0.20	0.40
	8 次	—	—	—	—	—	0.15	0.30
	9 次	—	—	—	—	—	—	0.20

3）数控车削螺纹的切入、切出距离（图 1-42）按以下经验选取：

$$\delta_1 \geqslant 2 \times \text{导程}；\ \delta_2 \geqslant (1 \sim 1.5) \times \text{导程}$$

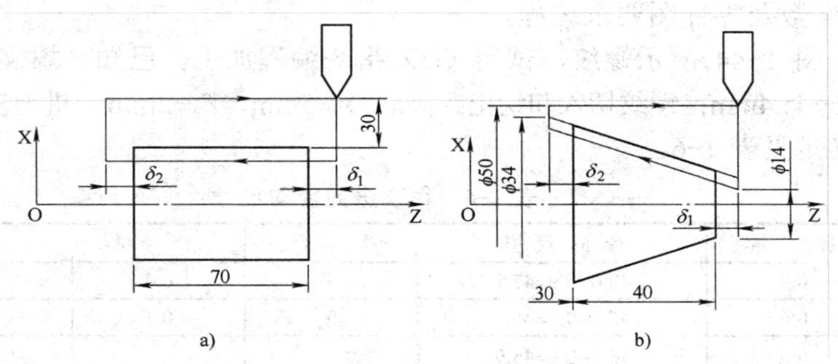

图 1-42 螺纹加工的切入、切出

a）圆柱螺纹 b）圆锥螺纹

4）考虑到螺纹切削时金属的塑性变形，螺纹切削前的坯料直径可比公称直径略小。对于高速切削三角形螺纹时，当螺距在 1.5～3.5mm 时，大径一般可以小 0.15～0.25mm。

5）G32 指令切削一次螺纹需要四个动作：进刀①—切削②—退刀③—返回④，四个动作均需单独由程序完成，其中动作②为 G32，其余为 G00，如图 1-43 所示。

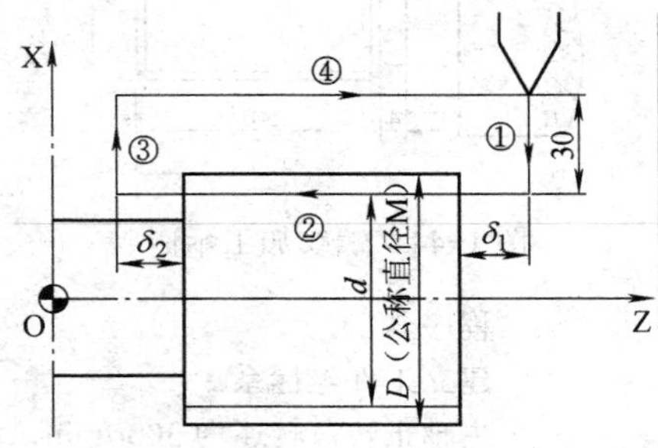

图 1-43 G32 圆柱螺纹切削

6）螺纹切削过程中，主轴速度和进给速度倍率无效（固定在 100%）。

7）螺纹切削时，主轴转速必须采用恒转速控制 G97。

8）当前面的程序段是螺纹切削，当前程序段也是螺纹切削时，无须等待检测一转信号而立即开始当前段的切削。例：

```
G32 Z_ F_;
Z_;                 在此程序段前不检测一转信号 A
G32;                认作螺纹切削程序段
Z_ F_;              也不检测一转信号
```

螺纹切削的编程步骤：

1）螺纹小径的确定。螺纹小径 d 的简单算法（普通三角形螺纹）是：

$$d=D-1.3P$$

式中，D 为螺纹大径；P 为螺距。

2）螺纹切入、切出行程δ_1和δ_2的确定。按前述经验公式确定。

3）编程径向尺寸的确定。根据表 1-5 确定切削次数及每次的背吃刀量，计算确定每次切削的径向尺寸，即：螺纹大径-每次进刀的累积深度（详见后面的编程举例）

4）按确定参数及零件图要求编程。

编程举例：图 1-44 所示螺纹，试用 G32 指令编程加工。已知：螺纹大径 $d=D-1.3P=(48-1.3\times2)\text{mm}=45.4\text{mm}$；螺纹切入和切出距离取 $\delta_1=5\text{mm}$、$\delta_2=2\text{mm}$；进刀次数、背吃刀量及径向尺寸的确定见表 1-6。

表 1-6　每次进刀径向尺寸　（单位：mm）

次　数	余　量	径 向 尺 寸	次　数	余　量	径 向 尺寸
1	0.9	48.0–0.9=47.1	4	0.4	45.9–0.4=45.5
2	0.6	47.1–0.6=46.5	5	0.1	45.5–0.1=45.4
3	0.6	46.5–0.6=45.9			

图 1-44 螺纹的加工程序如下。

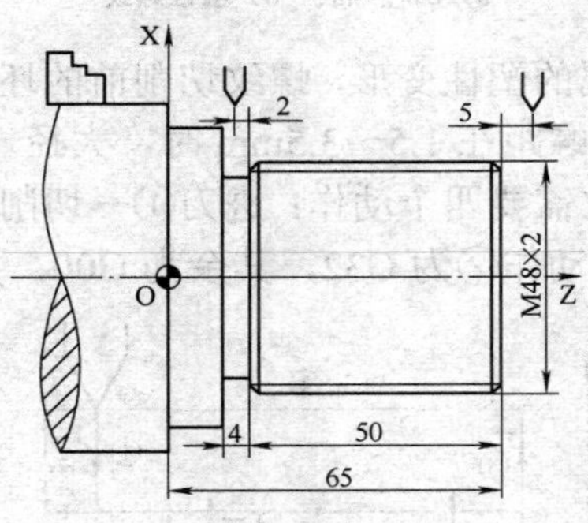

图 1-44　螺纹加工示例

```
O0144;                      程序名
N10 G50 X100. Z100.;        建立工件坐标系
N20 S300 M03 T0101;         主轴正转，转速为 300r/min，调用 01 号刀及 01 号刀补
N30 G00 X58. Z70.;          进刀至起点
N40 X47.1;                  第 1 次进刀 0.9mm
N50 G32 Z13. F2.;           切削螺纹
N60 G00 X58.;               退刀
```

```
N70 Z70.;                    返回进刀起点
N80 X46.5;                   第 2 次进刀 0.6mm
N90 G32 Z13. F2.;
N100 G00 X58.;
N110 Z70.;
N120 X45.9;                  第 3 次进刀 0.6mm
N130 G32 Z13. F2.;
N140 G00 X58.;
N150 Z70.;
N160 X45.5;                  第 4 次进刀 0.4mm
N170 G32 Z13. F2.;
N180 G00 X58.;
N190 Z70.;
N200 X45.4;                  第 5 次进刀 0.1mm
N210 G32 Z13. F2.;
N220 G00 X100.;
N230 Z100.;                  快速退刀至起刀点
N240 T0100;                  取消刀补
N250 M30;                    程序结束并复位
```

1.6.4 进给功能

1．快速移动

1）快速移动的速度由参数 1420 指定。

2）快速移动的轨迹设定由参数 1401 设定，包括非直线插补型定位（各轴分别快速移动）和直线插补型定位（刀具运动轨迹为直线），参见图 1-36。

3）快速进给移动速度可由机床操作面板上的快速移动速度修调按钮进行速度修调，如图 1-45 所示。其中，①F0 速度由参数 1421 设定；②100%的速度由参数 1420 设定；③25%和 50%倍率速度为 100%速度的 0.25 和 0.5。

4）快速移动的加、减速运动曲线可由参数 1610 设定，有指数型和直线型等。图 1-46 为直线型曲线，加、减速时间常数 T_R 由参数 1620 设定。

图 1-45　快速移动速度修调按钮

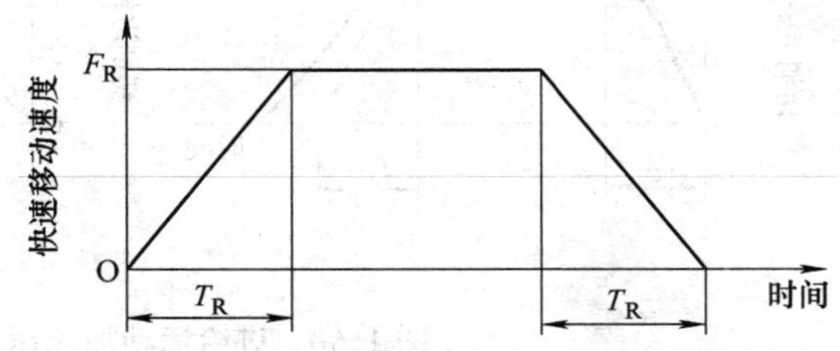

图 1-46　快速移动速度曲线——直线型

F_R—快速移动速度　T_R—加、减速时间常数

2．切削进给速度

（1）切削进给速度是刀具移动的瞬时速度　如图 1-47 所示，切削进给速度是两坐标轴移动速度的合成，即 $F=\sqrt{F_X^2+F_Y^2}$，切削进给速度的方向为刀位点的切线方向。

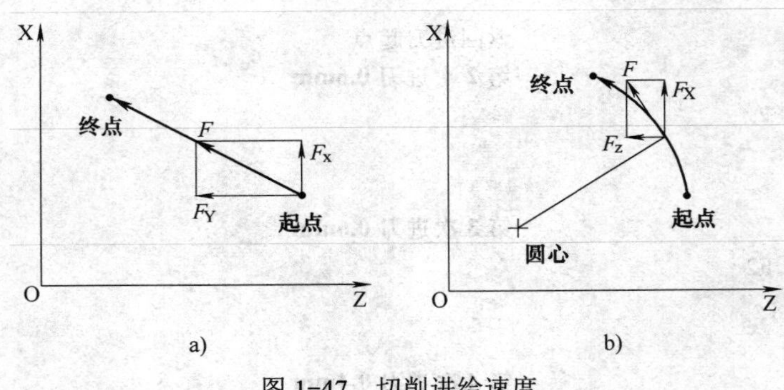

图 1-47 切削进给速度

a）直线插补 b）圆弧插补

（2）进给速度控制指令（G98/G99） 其含义如图 1-48 所示。

说明：

1）CNC 系统通电后的进给方式由参数 3402 的第 4 位（FPM）设定，一般设定为每转进给方式。

2）G98/G99 指令是同组模态指令。

3）进给速度可用机床操作面板上的进给速度倍率旋钮进行调节，如图 1-49 所示。

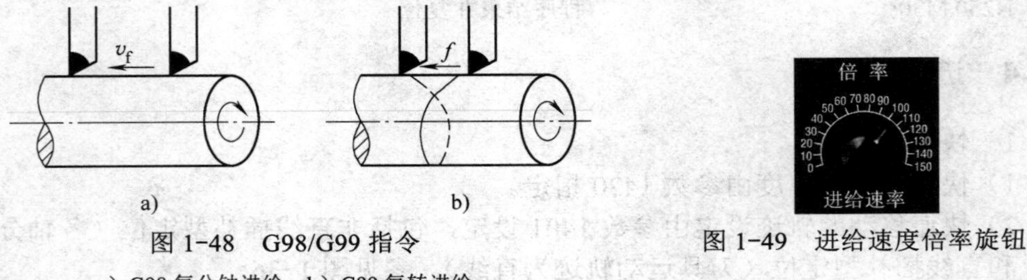

图 1-48 G98/G99 指令

a）G98 每分钟进给 b）G99 每转进给

图 1-49 进给速度倍率旋钮

4）切削进给速度的加减速曲线可由参数 1610 设定，有直线型（图 1-46）、指数型和铃型（图 1-50），其加、减速时间常数 T_C 由参数 1620 设定。

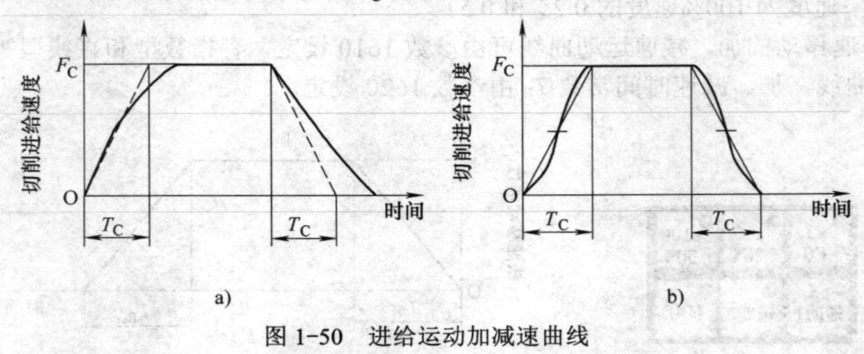

图 1-50 进给运动加减速曲线

a）指数型加减速曲线 b）铃型加减速曲线

3．进给速度的钳制

CNC 系统可以对最大切削进给速度进行钳制，防止切削进给速度过大。

1）参数 1422 设定的是合成的最大切削进给速度。

2）参数 1430 设定的是各轴的最大切削进给速度。

4．每分钟进给与每转进给的关系

$$v_f = fn$$

式中，v_f为每分钟进给的移动速度（mm/min）；f为每转进给的移动速度（mm/r）；n为主轴转速（r/min）。

5．暂停指令（G04）

暂停指令的用法见表1-7。

表1-7　暂停指令的用法

指令格式	暂停单位	指令值范围	备　注
G04 X_;	s	0.001～99999.999	允许小数点指定时间
G04 U_;	s	0.001～99999.999	允许小数点指定时间
G04 P_;	ms （0.001s）	1～99999999	不允许小数点指定时间

说明：

1）参数3405的第1位（DEL）可对每转进给方式（G99）设定按转数暂停。

2）暂停指令可用于转角、切槽槽底和镗孔孔底处，保证转角、槽底或孔底的加工精度。

1.6.5　主轴速度功能指令

1．主轴速度的代码指定与直接指定

主轴速度指令由地址符“S”加后面的数值指定，有代码指定与直接指定两种，常用的为后者。

指令格式：S_;

2．恒表面切削速度指令G96（即恒线速度控制）

指令格式：G96 S_;

其中，S为指令的线速度，单位为m/min。

说明：

1）恒表面切削速度即恒线速度。切削过程中保持切削速度恒定，如图1-51所示。因此，当切削直径发生变化时主轴转速会发生变化，如图1-52所示。

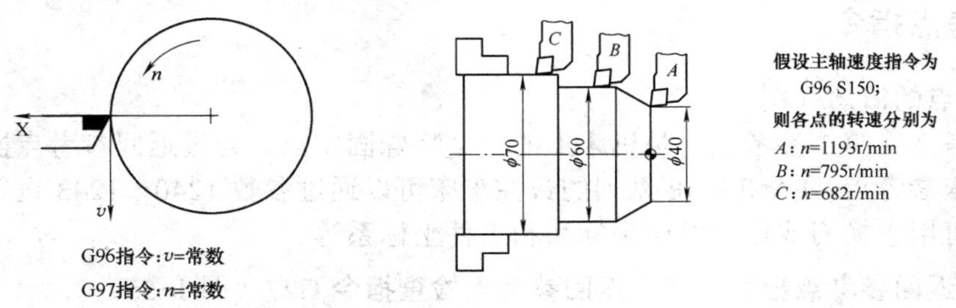

图1-51　G96/G97指令　　　图1-52　恒表面切削速度时转速的变化

2）恒线速度切削有利于提高表面加工质量。

3）恒线速度控制必须与最大主轴速度钳制指令G50相配合，以确保安全。

3．恒表面切削速度取消指令G97（即恒转速控制）

指令格式：G97 S_;

其中，S 为指令的主轴转速，单位为 r/min。

说明：

1）切削过程中保持主轴转速恒定，如图 1-51 所示。

2）G96 和 G97 为同组的模态指令。

3）数控车床的开机默认设置一般为 G97。

4．最大主轴转速钳制指令 G50 S_

指令格式：G50 S_;

其中，S_为指令恒表面切削速度控制时的最高允许主轴转速，单位为 r/min。

指令动作说明：以图 1-53 所示车端面加工为例。

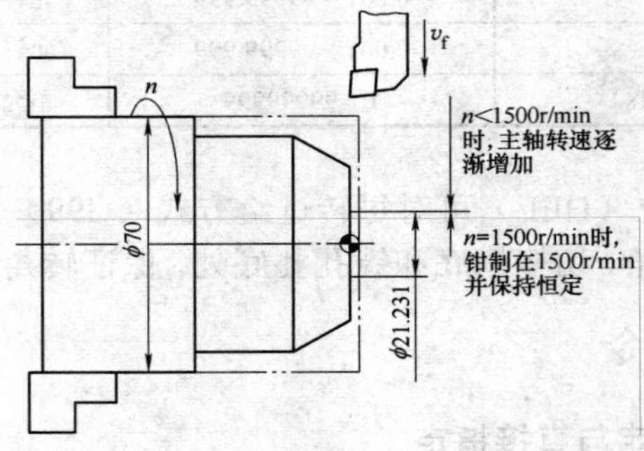

图 1-53　G50 指令钳制主轴转速

参考加工程序如下：

```
G50 S1500;
G96 S100;
……
G01 X0;
```

说明：在 G96 控制状态下，若主轴转速大于 G50 S_ ；指令中指定的最高转速，则被限制在这个最高转速上，如图 1-53 所示。这个指令对于切断、切端面等具有直径较小部位加工的工件特别有效。

1.6.6　参考点指令

1．参考点的概念（图 1-54）

机床参考点（第 1 参考点）是机床上的一个特殊固定点。通过返回参考点操作可以方便地确定机床参考点。FANUC 0i 系列的数控车床可以通过参数 1240～1243 设置 4 个参考点。参考点可用于换刀或设定机床坐标系和工件坐标系等。

2．自动返回参考点指令 G28、返回参考点检查指令 G27（图 1-55）

指令格式：G28 X(U)_ Z(W)_;

G27 X(U)_ Z(W)_;

其中，X(U)_、Z(W)_为返回参考点时途径的中间点坐标值，坐标值可以是绝对值或增量值。

若写成以下格式表示取消刀补：

G28 X(U)_ Z(W)_ T0000;

G27 X(U)_ Z(W)_ T0000;

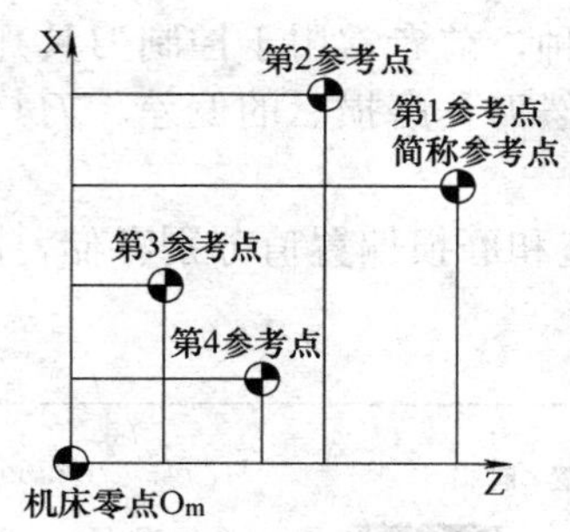

图 1-54 机床坐标系和参考点

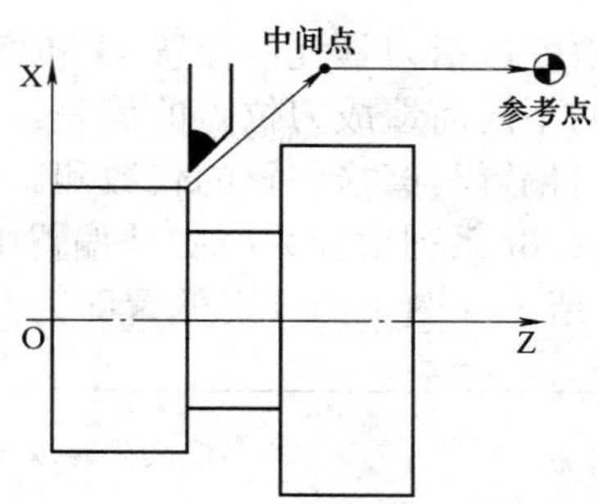

图 1-55 返回参考点指令的轨迹

说明：

1）G28 指令为自动返回参考点，其返回参考点的作用同手动返回参考点，可用于建立机床坐标系。

2）G27 指令仅检查 X、Z 轴是否返回参考点。若正确，则参考点指示灯点亮；否则，报警。

3）执行 G27 指令之前，机床必须在通电后返回过一次参考点。而 G28 指令无此要求。

4）执行完 G28 或 G27 指令后，机床继续执行下一条程序段。若要机床停止，必须借助于 M00 指令。

5）执行返回参考点指令时，必须取消刀具补偿（T××00）。

3．返回第 2、3、4 参考点指令（G30）

指令格式：G30 Pn X(U)_ Z(W)_;

其中，n=2、3、4，表示第 2、3、4 参考点。若省略不写，则表示返回第 2 参考点。指令的执行过程和动作轨迹与 G28 相同，仅是返回的参考点位置不同。

1.6.7 刀具偏置（补偿）

1．刀具外形偏置概念

刀具偏置与刀具补偿含义相同。刀具偏置可用于补偿实际刀具（非基准刀）与编程的理想刀具（又称基准刀）的位置偏差，如图 1-56 所示。

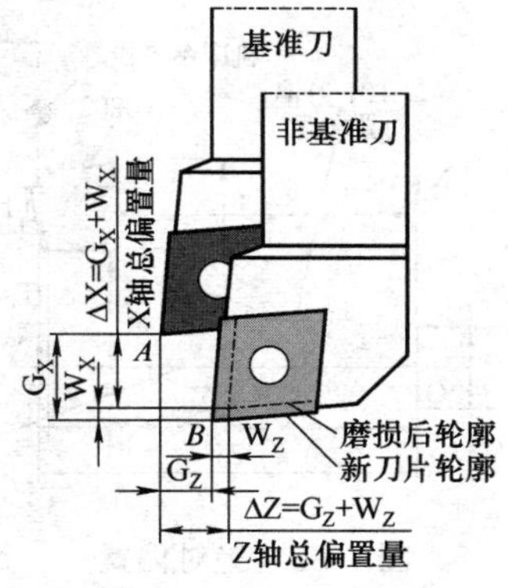

图 1-56 刀具偏置的概念

G_X、G_Z—刀具 X 和 Z 轴的几何偏置

W_X、W_Z—刀具 X 和 Z 轴的磨损偏置

ΔX、ΔZ—刀具 X 和 Z 轴的总偏置

刀具偏置包括刀具几何偏置 G 和磨损偏置 W 两种，前者常用于控制刀具几何形状和安装位置的不同而造成刀位点的偏差，后者多用于补偿刀具磨损后的偏差。刀具总的偏置量等于几何偏置与磨损偏置的代数和。参见图 1-56。

FANUC 0i 系列数控系统的外偏置中的几何偏置值和磨损偏置值分别存储，同时调用，如图 1-57 所示（图中的外形偏置即为几何偏置）。

偏置/外形　　O0333 N00000

NO.	X	Z	R	T
G 01	-359.711	-740.186	0.000	0
G 02	-378.048	-708.173	0.000	0
G 03	-255.630	-948.599	0.000	0
G 04	-256.192	-700.714	0.000	0
G 05	0.000	0.000	0.000	0
G 06	0.000	0.000	0.000	0
G 07	0.000	0.000	0.000	0
G 08	0.000	0.000	0.000	0

实际位置（相对坐标）
U -183.042　　W -179.105
)^　　S 0 T0000
MDI **** *** ***　　15:26:30
[磨损][外形][ ][ ][(操作)]

a）

偏置/磨损　　O0333 N00000

NO.	X	Z	R	T
W 01	0.000	0.000	0.000	0
W 02	0.000	0.000	0.000	0
W 03	0.000	0.000	0.000	0
W 04	0.000	0.000	0.000	0
W 05	0.000	0.000	0.000	0
W 06	0.000	0.000	0.000	0
W 07	0.000	0.000	0.000	0
W 08	0.000	0.000	0.000	0

实际位置（相对坐标）
U -183.042　　W -179.105
)^　　S 0 T0000
MDI **** *** ***　　15:26:55
[磨损][外形][ ][ ][(操作)]

b）

图 1-57　刀具偏置设置界面

a）几何偏置　b）磨损偏置

刀具偏置方法分为绝对偏置与相对偏置两种。

绝对偏置是将处于机床参考点位置的刀具向某一固定点偏置，其偏置矢量是机床参考点处刀具刀位点指向固定点矢量，其 X 和 Z 轴分矢量便是存入图 1-57 所示的刀具偏置存储器的值。以图 1-58 为例，返回机床参考点时 T0101 刀具刀位点指向工件端面中心 O_W 绝对偏置矢量为 T_1，其分矢量分别为 T_{1x} 和 T_{1z}，这两个分矢量实际上是 O_W 点相对于刀位点的坐标值 Z_1 和 X_1（直径编程），若将分矢量 T_{1x} 和 T_{1z} 事先存入 NO.01 几何偏置存储器中，执行 T0101 偏置生效，再执行 G01 X0 Z0，则刀具实际到达的位置为点 O_W。依据机床坐标值 Z_2、X_2 和 Z_3、X_3 自然可求得 T0202 和 T0303 刀具的偏置矢量。绝对偏置常用于数控车床设置工件坐标系。

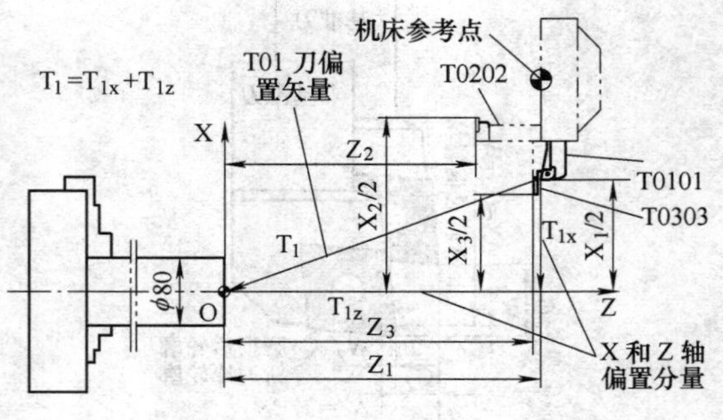

图 1-58　绝对偏置

绝对偏置建立工件坐标系，每次使用刀具时必须调用刀具补偿，用完刀具后尽量取消刀具补偿。

相对偏置一般先确定一把基准刀（又称标准刀），并以其刀位点为基准点建立工件坐标系，然后将其他刀具（又称非标准刀）处于工作位置时的刀位点向基准刀基准点偏置，其偏置矢量为非标准刀刀位点指向基准刀基准点的有向矢量。相对偏置常用于以基准刀用G50或G54～G59建立工件坐标系时，非基准刀偏离基准刀的位置补偿。以图1-59为例，以T01号刀为基准刀，并用G50建立工件坐标系时，T02和T03相对于T01刀位置偏差采用相对位置偏置矢量T_2和T_3进行补偿。

相对偏置时，基准刀的刀具几何偏置必须设置为0。每次使用非标准刀具时必须调用刀具补偿，使用完成后必须取消刀具偏置。

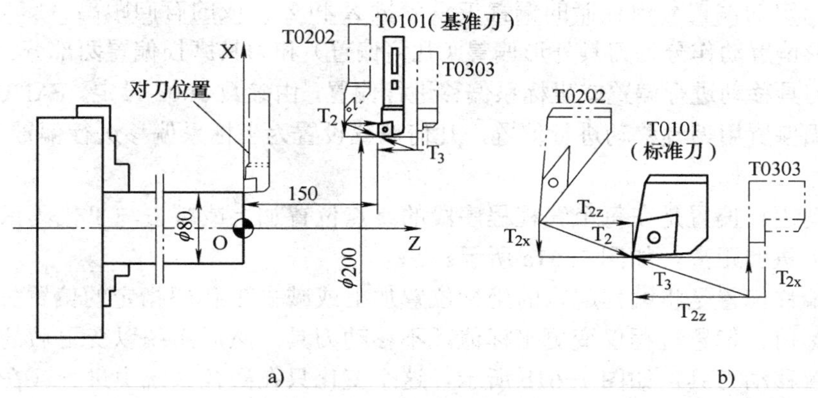

图1-59　G50多刀加工工件坐标系设置示意图

a）标准刀G50建立工件坐标系　b）相对偏置非标准刀矢量放大图

2. 刀具偏置指定——T指令

数控车床的刀具偏置没有专门的G指令，而是由刀具T指令指定，详见1.4.3及图1-60。

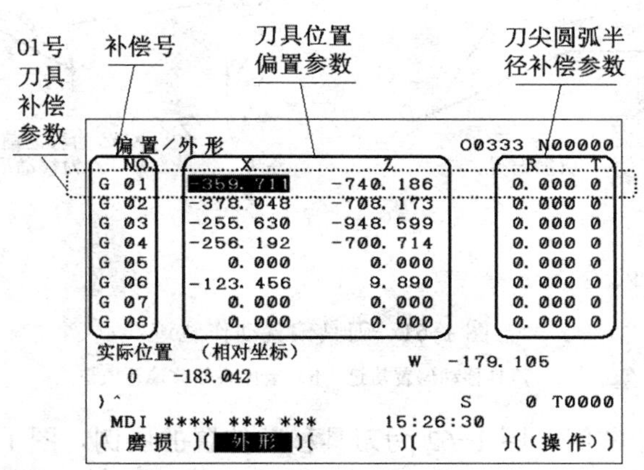

图1-60　刀具几何偏置画面

说明：

1）刀具几何偏置参数与刀具磨损偏置参数分别在不同的偏置存储器中，按下部的[外形]或[磨损]软键可进行切换，内容排列基本相同。

2）第1列为偏置号，G表示外形（几何），W表示磨损。

3）第2、3列分别为刀具位置（X和Z轴）偏置参数。

4）第4、5列分别为刀尖圆弧半径补偿参数。

5）每一行对应一个偏置号的一组偏置参数。

6）T指令中同一把刀具可以分别调用不同的偏置号。

3. 刀具外形偏置动作分析

（1）刀具外形偏置动作　分析偏置动作用到偏置矢量的概念。偏置矢量是指由T指令后两位数字指定的偏置号内存储的偏置矢量分量X和Z构成的有向距离。

刀具外形偏置动作分为刀具外形偏置（几何偏置）和刀具磨损偏置两部分。刀具的偏置动作可以用刀具移动进行偏置或坐标系偏移进行偏置，由参数5002设定。FANUC 0i系统一般设置为磨损偏置用刀具移动进行偏置，几何偏置设置为坐标系偏移进行偏置，如图1-61所示。

刀具移动进行偏置是在每个编程程序段的终点位置加上或减去与T代码指定的偏置号对应的偏置矢量的距离，如图1-61a所示。

坐标系偏移偏置是将编程起点的坐标位置加上或减去T代码指定的偏置矢量，变更为偏置后的坐标值。偏置过程仅变更坐标值，不移动刀具。然后系统以变更后的坐标值从刀具的当前位置移动刀具，如图1-61b所示，这个变化只在数控系统中进行（在显示器上可以看到这种变化）。

刀具外形偏置过程一般包括启动偏置、偏置方式移动和取消偏置三部分。

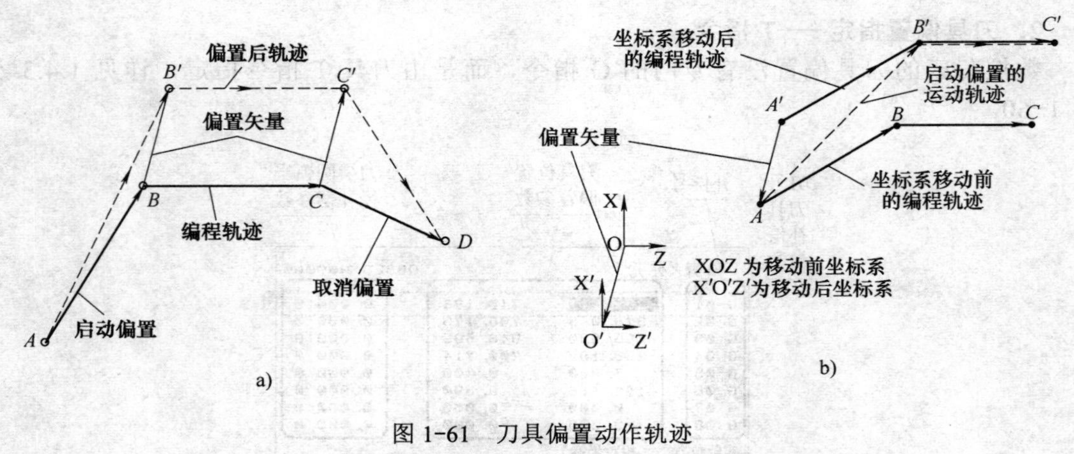

图1-61　刀具偏置动作轨迹

a）刀具移动偏置轨迹　b）坐标系偏移偏置轨迹

（2）刀具偏置动作图例　图1-62为刀具移动偏置的图例，图1-63为坐标系偏移偏置的图例，参考程序如下。

图 1-62 参考程序：

N1 X50.0 Z100.0 T0202;　02 号刀及 02 号刀补

N2 X200.0;　偏置状态直线移动

N3 X100.0 Z250.0 T0200; 取消 02 号刀偏置

图 1-63 参考程序：

N1 X100.0 Z50.0 T0202;　02 号刀及 02 号刀补

N2 Z200.0;　偏置状态直线移动

N3 X200.0 Z250.0 T0200; 取消偏置

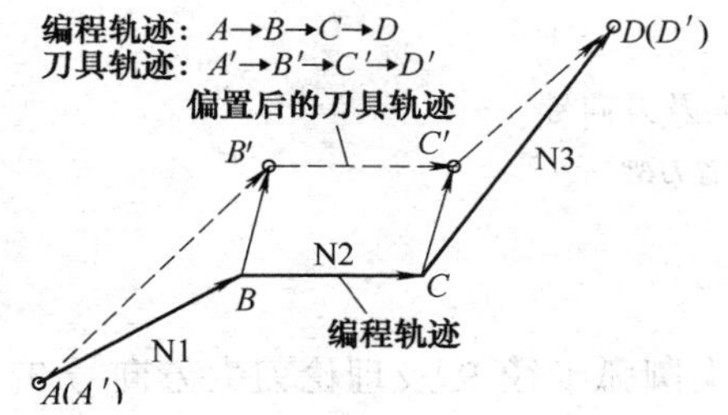

图 1-62　刀具移动偏置图例

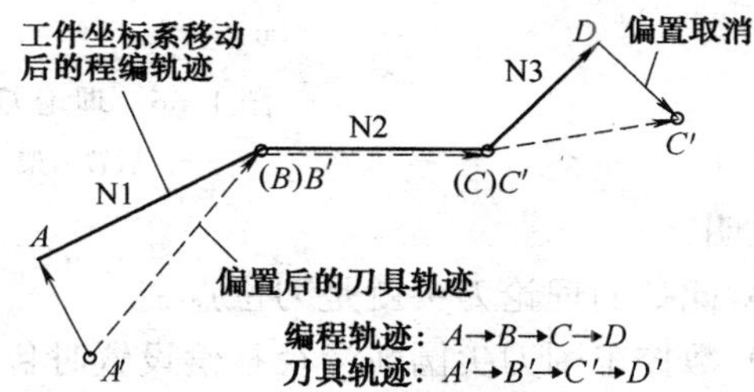

图 1-63　坐标系偏移偏置图例

1.6.8　刀尖圆弧半径补偿指令（G41/G42/ G40）

1．数控车刀刀位点的概念（图 1-64）

1）刀位点是描述编程轨迹的一个理论点，对于实际的刀具可能是一个虚拟点。

2）为对刀方便，一般选择与刀尖圆弧相切且平行于坐标轴的两直线的交点为刀位点。

3）刀位点与刀尖点的概念是不同的，刀位点是不等于刀尖点的。

4）不同形式的车刀，刀位点是不同的，参见图 1-66。

2．问题的引出

按图 1-64 所示刀位点编程在加工锥面或圆弧面时必然存在欠切或过切现象，如图 1-65 所示，造成加工误差，为此必须引入刀尖圆弧半径补偿消除欠切或过切误差。

由图 1-65 中可见，加工等径外圆或垂直端面时不存在误差；加工误差的大小与刀尖圆弧半径有关，对于圆弧半径较小且加工精度要求不高时，可以不考虑半径补偿。

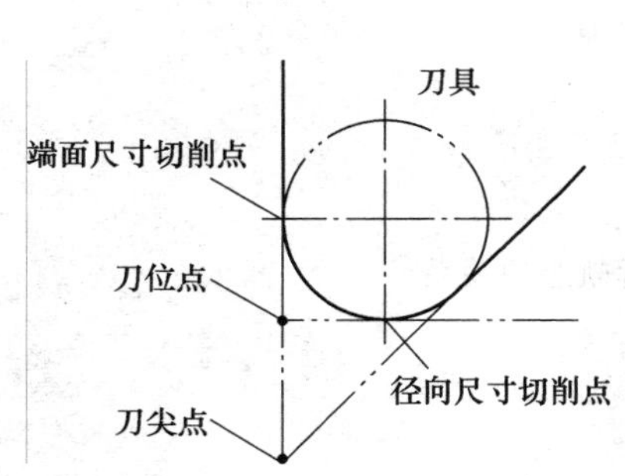

图 1-64　车刀刀尖部分的形状

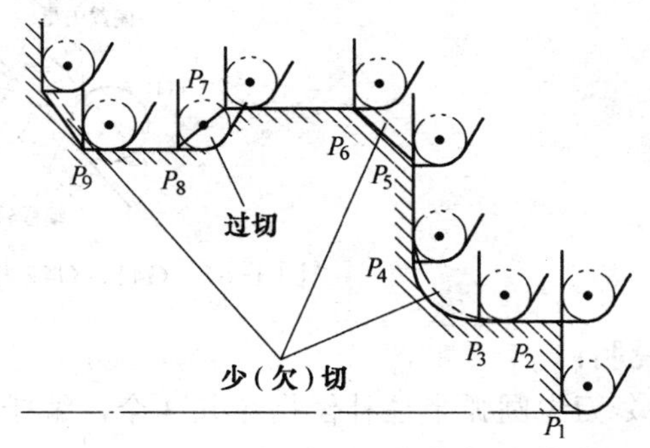

图 1-65　车削加工的过/欠切现象

3．理论刀尖方向及方向号（图 1-66）

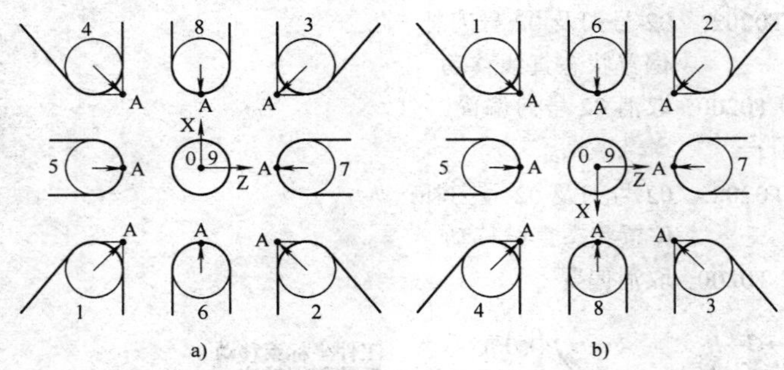

图 1-66 理论刀尖方向及方向号

a）后置刀架 b）前置刀架

说明：

1）此处的理论刀尖就是刀位点。

2）数控车削刀尖圆弧半径补偿设置时包含刀尖圆弧半径 R 及理论刀尖方向号 T 两个参数，如图 1-57 所示。

3）不同刀头的理论刀尖位置是不同的，这主要是基于数控车削的对刀特点等而定的。

4）前置刀架与后置刀架的数控车床，若注意到隐含的 Y 轴位置的变化，其刀位点实质上是相同的。例如 3 号刀尖均是加工外轮廓的刀具。

5）分析时注意将各种理论刀尖与加工表面进行联系。

4．刀尖圆弧半径补偿参数及设定

刀尖圆弧半径补偿参数包括刀尖圆弧半径 R 与理论刀尖方向号 T 两项，其分别按形状和磨损两部分存储，刀尖圆弧半径总补偿值等于形状补偿值与磨损补偿值的代数和。刀尖圆弧半径补偿参数一般在程序加工之前由操作者通过 MDI 面板输入，输入画面如图 1-57 所示。

5．刀尖圆弧半径补偿指令（G41/G42/ G40）

图 1-67 所示为刀尖圆弧半径补偿指令与编程轨迹之间的关系。

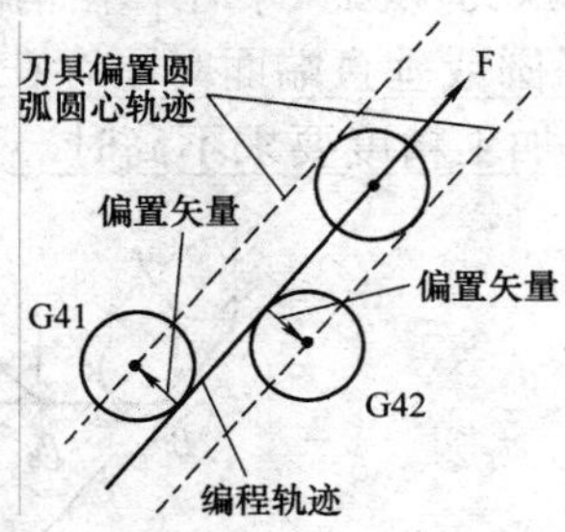

图 1-67 G41、G42 指令与编程轨迹的关系

说明：

1）刀尖圆弧半径补偿指令共 3 个，编排在 07 组。

2）各指令的功能如下：

G40：刀尖圆弧半径补偿取消；

G41：刀尖圆弧半径左补偿；

G42：刀尖圆弧半径右补偿。

对于数控车削而言，不管是前置或后置刀架型数控车床，其加工外轮廓均为刀尖圆弧半径右补偿 G42，而加工内轮廓均为刀尖圆弧半径左补偿 G41，如图 1-68 所示。

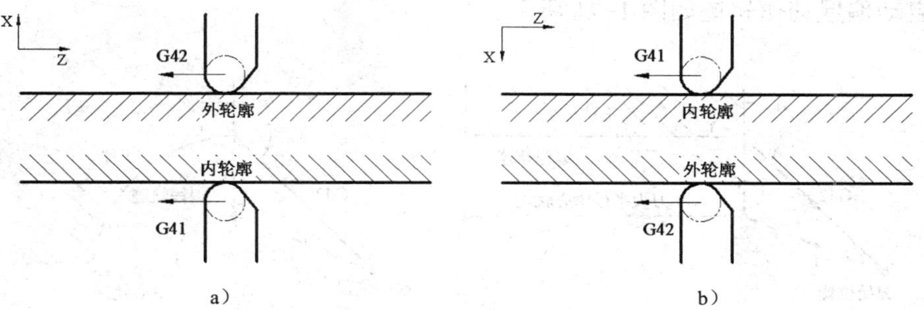

图 1-68　刀尖圆弧半径补偿指令 G41 和 G42 与加工轮廓的应用

a）后置刀架　b）前置刀架

经过刀尖圆弧半径补偿后，可解决图 1-65 呈现的加工误差问题。如图 1-69 所示，图中刀尖圆弧始终与工件相切，刀心运动轨迹与工件轮廓间的距离始终等于刀尖圆弧半径。

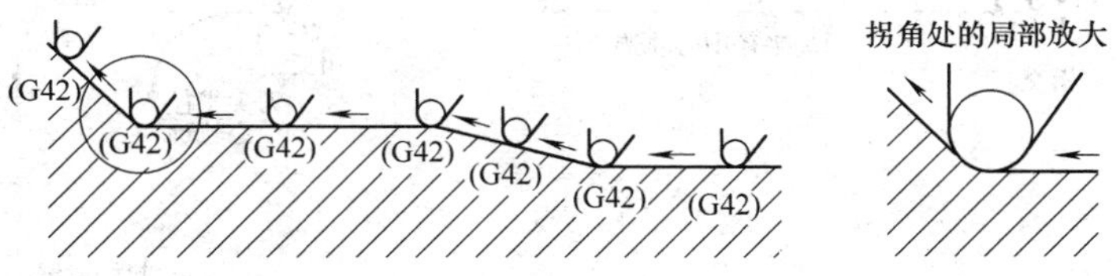

图 1-69　刀尖与工件表面的关系 1

6．刀尖圆弧半径补偿动作分析

（1）刀尖圆弧半径补偿动作　如图 1-70 所示。

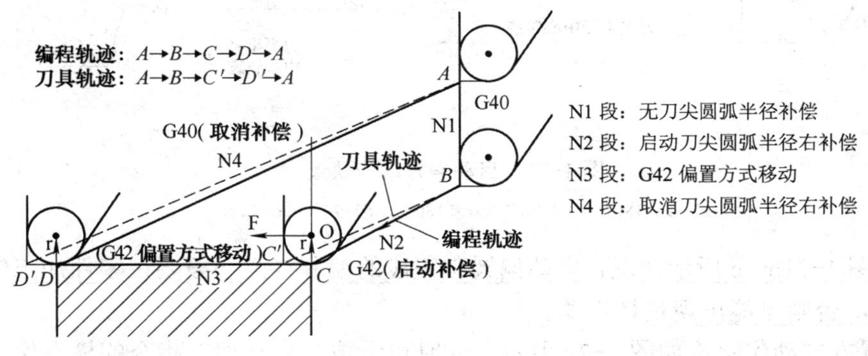

图 1-70　刀尖与工件表面的关系 2

1）刀尖圆弧半径补偿动作包括启动偏置、偏置方式移动和取消偏置三个动作。

2）启动偏置与取消偏置必须在G00或G01程序段中进行。

（2）刀尖圆弧半径补偿动作轨迹分析　刀尖圆弧半径中心偏置矢量是一个长度等于T代码指定的偏置值的一个两维矢量，其方向按一定规则确定，具体由系统确定，图中用一个箭头表示，并用字母标识。

1）启动偏置动作轨迹如图1-71所示。

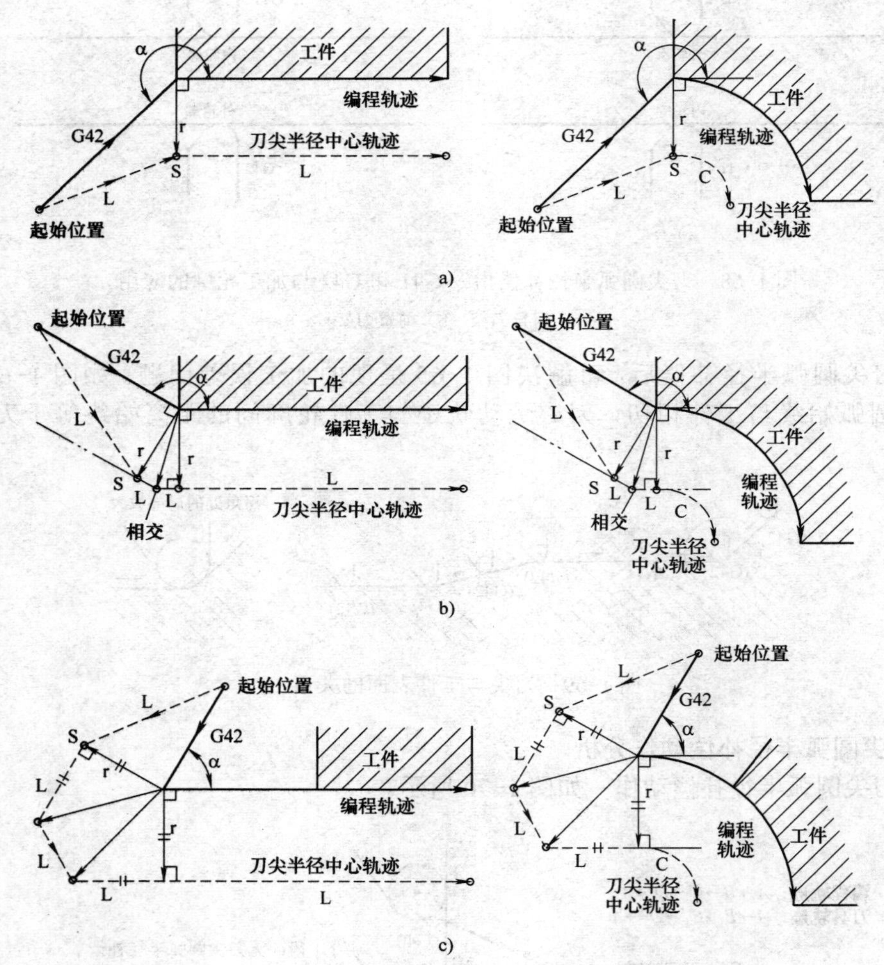

图1-71　启动偏置动作轨迹

a）α≥180°　b）90°≤α<180°　c）90°≤α<180°

分析：图1-71b、c所示情况，启动偏置程序段的编程终点一般要在零件加工轮廓起点的延长线上，否则可能出现过切现象。

2）偏置方式动作轨迹如图1-72所示，此时可看成是启动偏置指令的模态保持状态。

3）取消偏置动作轨迹如图1-73所示。

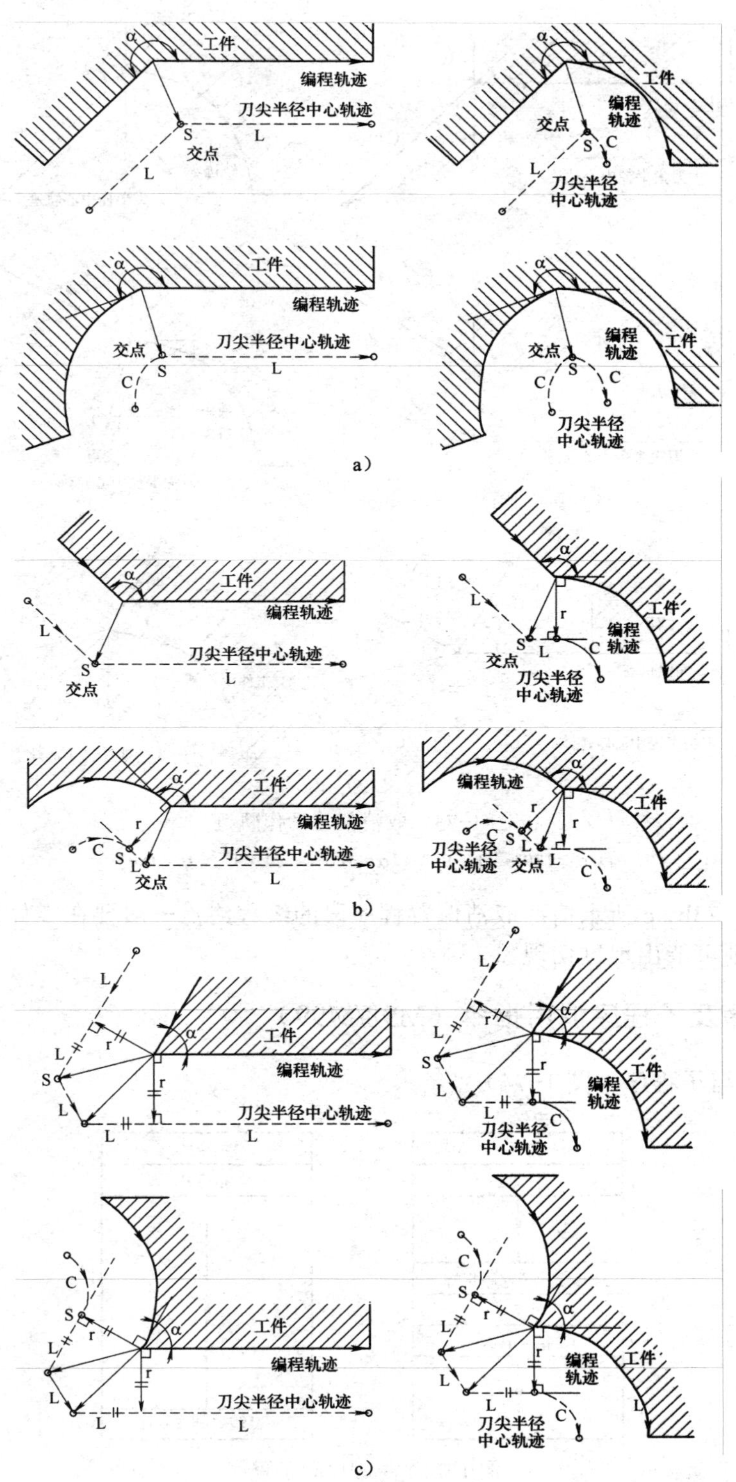

图 1-72 偏置方式动作轨迹

a）α≥180° b）90° ≤α<180° c）90° ≤α<180°

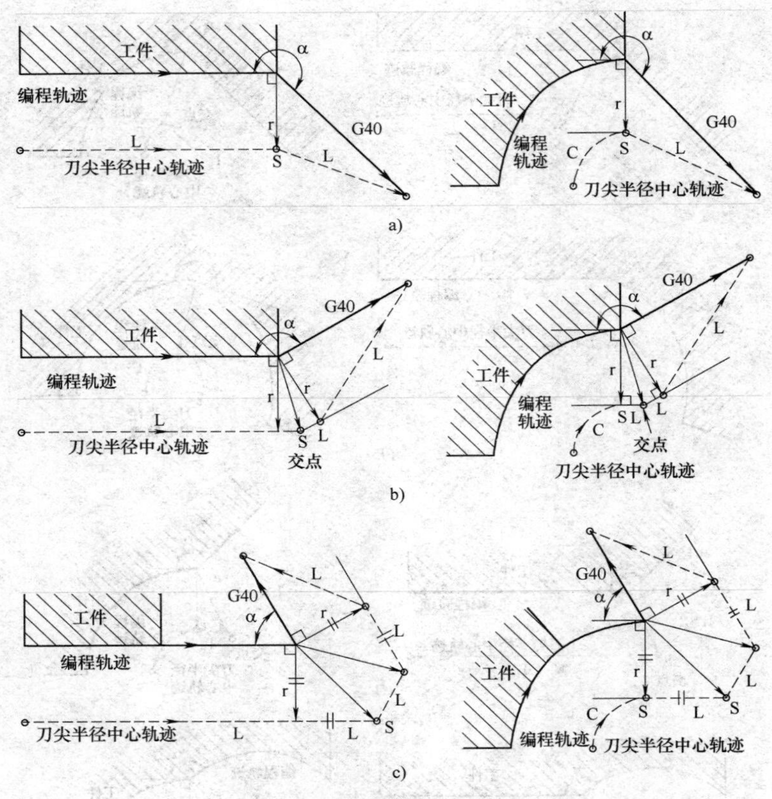

图 1-73 取消偏置动作轨迹

a）α≥180° b）90° ≤α<180° c）90° ≤α<180°

分析：图 1-73b、c 所示情况取消偏置程序段的编程终点一般要在零件加工轮廓终点的延长线上，否则可能出现过切现象。

1.6.9 子程序及子程序调用指令（M98/M99）

1. 主程序与子程序（图 1-74）

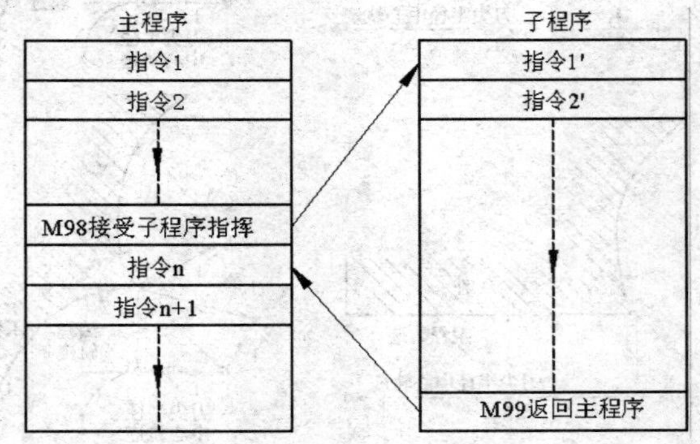

图 1-74 主程序和子程序

说明

1）主程序以 M30 或 M02 结束。

2）子程序通过主程序用 M98 调用，用 M99 结束返回主程序。

2．子程序调用

指令格式：M98　P△△△　○○○○

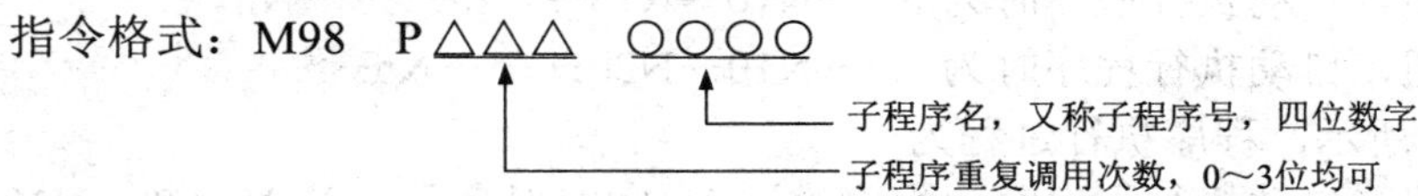

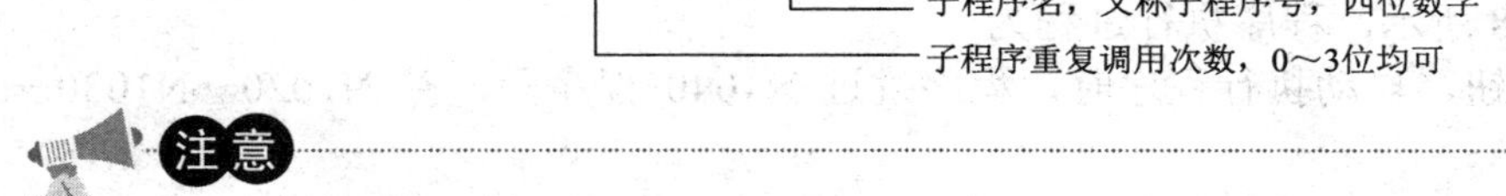

注意

当不指定调用次数时，则只调用一次。

3．子程序嵌套

当主程序调用子程序时，被当作一级子程序调用，其还可以调用子程序，这称为子程序嵌套。FANUC 0i Mate-TC 系统的子程序调用最多可嵌套 4 级，如图 1-75 所示。

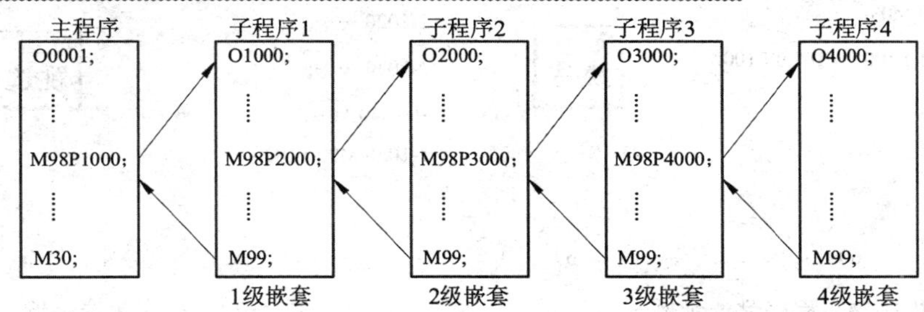

图 1-75　子程序嵌套

4．子程序调用示例（图 1-76）

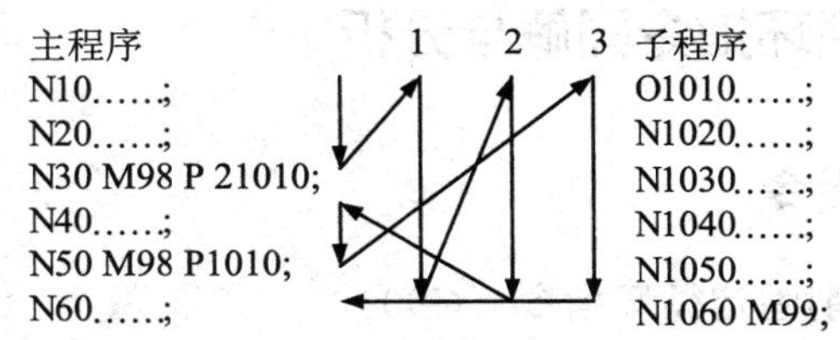

图 1-76　子程序调用示例

1.6.10　跳过任选程序段

1．程序段跳选的概念及注意事项

跳过任选程序段符号是一个斜杠“/”符号，其与机床操作面板上的程序段跳过开关（有的简称跳选按钮）配合实现部分程序段的跳过执行。

注意

1）跳选程序段符号“/”必须在程序段的开头指定。如果斜杠放在其他位置，从斜杠到 EOB 代码（；）前面的信息被忽略。

2）跳选任选程序段在“自动”工作方式下有效。

3）程序段跳选功能可用于程序的调试等。

2．应用示例

示例1：图1-77所示，程序执行过程为

1）释放**跳选**按钮，自动执行程序时为N5→N10→N15→N20→…→Nn。

2）按下**跳选**按钮，自动执行程序时为N5→N10→N20→…→Nn。

示例2：图1-78所示，程序执行过程为

1）按下**跳选**按钮，自动执行程序时，程序跳过N1040程序段，并N1020→N1030→1050无限循环。

2）释放**跳选**按钮，自动执行程序时，程序执行到N1040程序段并停止运行。

3）该程序可用于考机运行。

程序示例：

```
N5 G54 G98 G21;
N10 S800 M03;
/N15 G00 X100.0 Z100.0 F100;
N20 ……;
……
Nn M30;
```

a）

b）

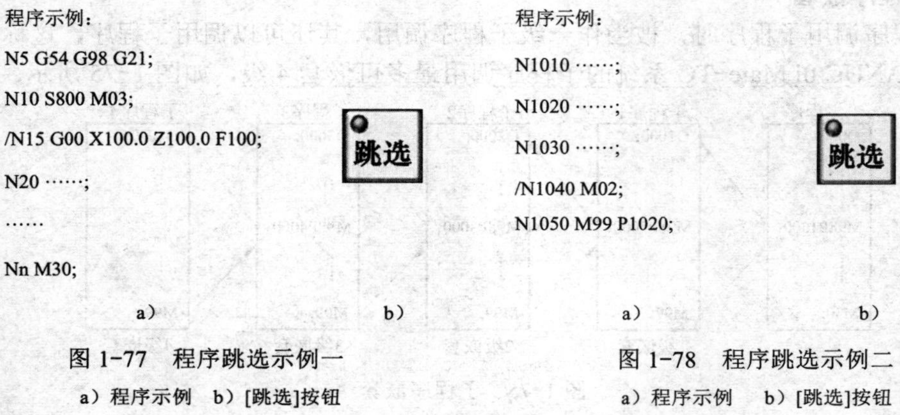

图1-77　程序跳选示例一

a）程序示例　b）[跳选]按钮

程序示例：

```
N1010 ……;
N1020 ……;
N1030 ……;
/N1040 M02;
N1050 M99 P1020;
```

a）

b）

图1-78　程序跳选示例二

a）程序示例　b）[跳选]按钮

1.7 数控车削固定循环指令图解与分析

1.7.1 简单固定循环指令

1．外/内侧回转面车削固定循环指令（G90）

（1）圆柱面车削固定循环指令　以轴向切削为主，如图1-79所示。

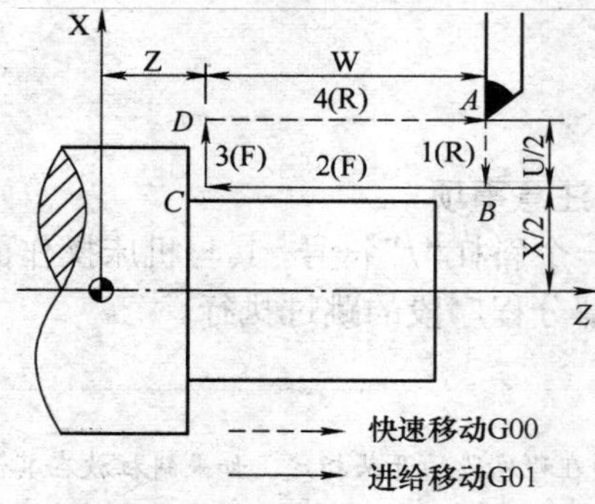

图1-79　圆柱面车削固定循环

指令格式：G90 X(U)_ Z(W)_ F_;

其中，X_、Z_为圆柱面切削终点*C*的绝对坐标值；U_、W_为圆柱面切削终点*C*相对于循

环起点 *A* 的增量坐标值；F 为切削加工进给速度。

图 1-79 说明：

1）虚线表示快速移动，用（R）表示，其动作相当于 G00 指令。实线表示按指令中的 F 指定的速度切削进给，用（F）表示，其动作相当于 G01 指令。

2）在[自动]运行方式下，刀具的动作循环可为：1（R）→2（F）→3（F）→4（R）。

3）在[单段]方式下，每按一次**循环启动**按钮，机床仅完成以上四个动作返回起点 *A*。

4）*C* 点的坐标在 *A* 点左上角时为内圆柱孔加工。

（2）外/内圆锥车削固定循环　圆柱车削固定循环指令的拓展，如图 1-80 所示。

指令格式：G90 X(U)_ Z(W)_ R_ F_;

其中，X_、Z_为圆锥面切削终点 *C* 的绝对坐标值；U_、W_为圆锥面切削终点 *C* 相对于循环起点 *A* 的增量坐标值；F 为切削加工进给速度；R 为圆锥面的切削始点 *B* 与切削终点 *C* 的半径差，且|R|≤|U/2|。

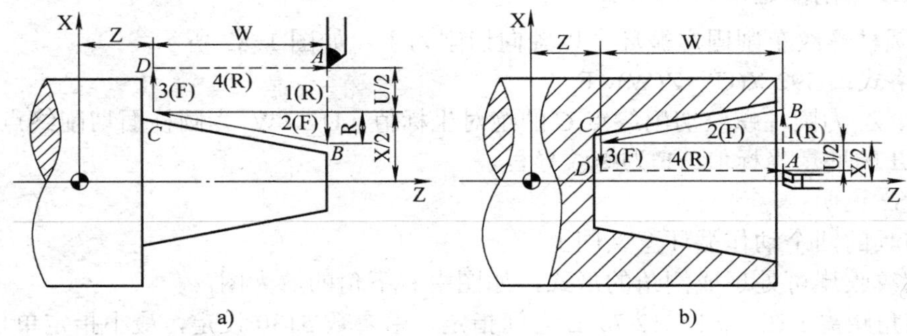

图 1-80　外/内圆锥车削固定循环 1

a）外圆锥面　b）内圆锥孔

图 1-80 说明：

1）虚线表示快速移动，用（R）表示，其动作相当于 G00 指令。实线表示按指令中的 F 指定的速度切削进给，用（F）表示，其动作相当于 G01 指令。

2）在[自动]运行方式下，刀具的动作循环可为：1（R）→2（F）→3（F）→4（R）。

3）在[单段]方式下，每按一次**循环启动**按钮，机床仅完成以上四个动作返回起点 *A*。

4）*C* 点的坐标在 *A* 点左上角时为内锥孔加工。

若采取增量值编程，地址 U、W 和 R 后的数值符号与刀具轨迹之间的关系如图 1-81 所示。

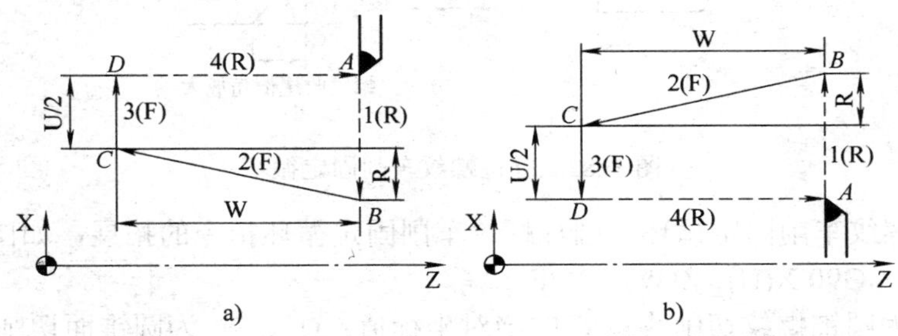

图 1-81　外/内圆锥车削固定循环 2

a）加工外圆正锥（U<0，W<0，R<0）　b）加工内圆正锥（U>0，W<0，R>0）

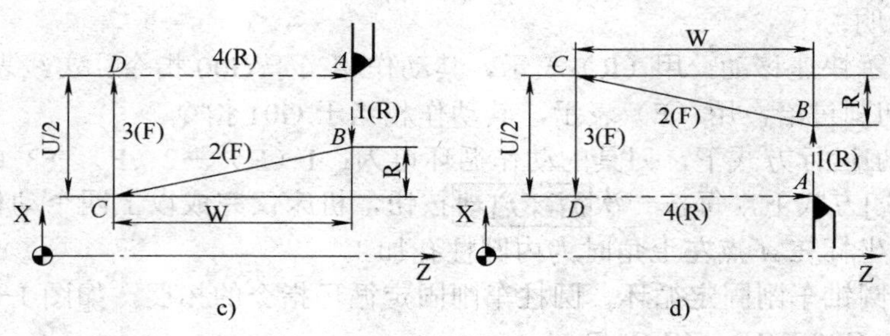

图 1-81　外/内圆锥车削固定循环 2（续）

c）加工外圆倒锥（U<0，W<0，R>0 且|R|≤|U/2|）　d）加工内圆倒锥（U>0，W<0，R<0 且|R|≤|U/2|）

2．螺纹车削固定循环（G92）

（1）圆柱螺纹车削固定循环　以轴向切削为主，如图 1-82 所示。

指令格式：G92 X(U)_ Z(W)_ F_;

其中，X_、Z_为圆柱螺纹切削终点 *C* 的绝对坐标值；U_、W_为圆柱面切削终点 *C* 相对于循环起点 *A* 的增量坐标值；F 为螺纹导程。

图 1-82 说明：

1）刀具的四个动作循环意义同上。

2）螺纹收尾可处理成倒角的形式，如图中右下角的放大图。

3）倒角距离 r 在（0.1～12.7）L 之间指定，由参数 5130 设定，最小指定单位为 0.1L，倒角角度在 1°～89°范围内由参数 5131 设定。

4）G92 指令与 G32 指令加工螺纹的动作基本相同，只是将 4 个动作合并为一个指令，

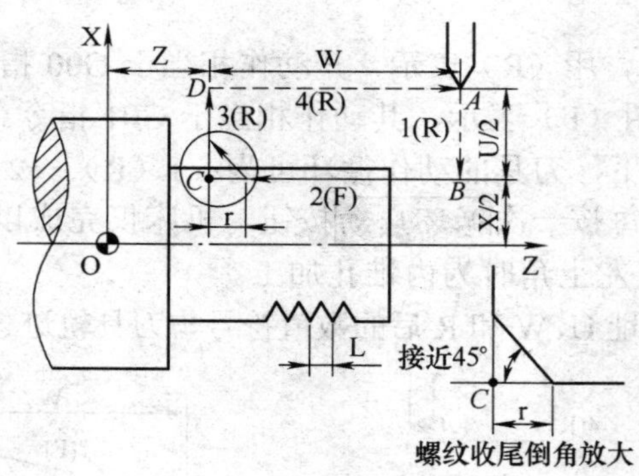

图 1-82　圆柱螺纹车削固定循环

（2）圆锥螺纹车削固定循环　圆柱螺纹车削固定循环指令的拓展，如图 1-83 所示。

指令格式：　G90 X(U)_ Z(W)_ R_ F_;

其中，X_、Z_为圆锥螺纹切削终点 *C* 的绝对坐标值；U_、W_为圆锥面切削终点 *C* 相对于循环起点 *A* 的增量坐标值；F 为螺纹导程；R 为 R 的含义与 G90 相同，即圆锥面的切削始点 *B* 与切削终点 *C* 的半径差，且|R|≤|U/2|。

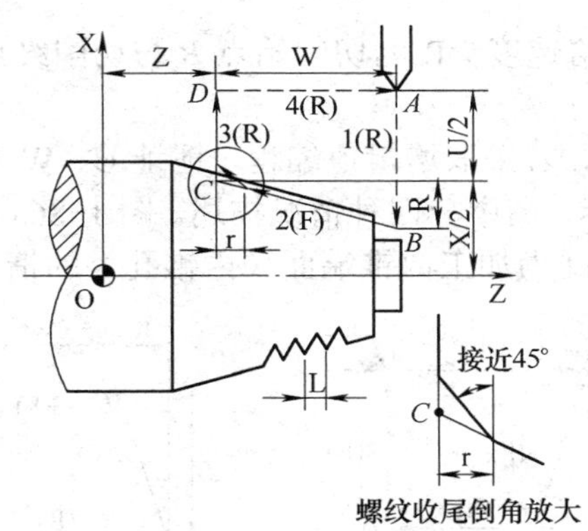

图 1-83　圆锥螺纹车削固定循环

图 1-83 说明：

1）刀具的四个动作循环意义同上。

2）螺纹收尾可处理成倒角的形式，如图中右下角的放大图。

3）倒角距离 r 在（0.1～12.7）L 之间指定，由参数 5130 设定，最小指定单位为 0.1L。倒角角度在 1°～89°范围内由参数 5131 设定。

4）G92 指令与 G32 指令加工螺纹的动作基本相同，只是将 4 个动作合并为一个指令。

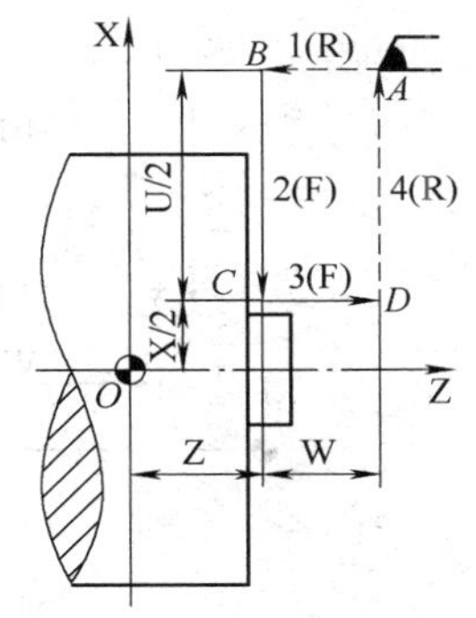

图 1-84　平端面车削固定循环

3．端面车削固定循环指令（G94）

（1）平端面车削固定循环　以径向切削为主，如图 1-84 所示。

指令格式：G94 X(U)_ Z(W)_ F_;

其中，X_、Z_为切削终点 *C* 的绝对坐标值；U_、W_为切削终点 *C* 相对于循环起点 *A* 的增量坐标值；F 为切削加工进给速度。

（2）锥端面车削固定循环　平端面车削固定循环指令的拓展，如图 1-85 所示。

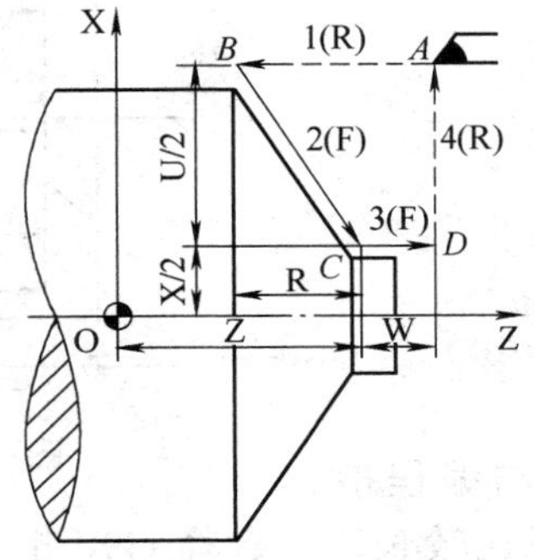

图 1-85　锥端面车削固定循环

指令格式：G94 X(U)_ Z(W)_ R_ F_;

其中，X_、Z_为切削终点 *C* 的绝对坐标值；U_、W_为切削终点 *C* 相对于循环起点 *A* 的增

量坐标值；F 为切削加工进给速度；R 为切削始点 B 与切削终点 C 在 Z 方向的长度差，且 |R|≤|W|。

同圆柱面固定循环一样，若采取增量值编程，地址 U、W 和 R 后的数值符号与刀具轨迹之间的关系如图 1-86 所示。图中分四种情况描述。图 1-86a 和图 1-86c 为加工外锥端面的情形。图 1-86b 和图 1-86d 为加工内锥端面（内锥孔）的情形。

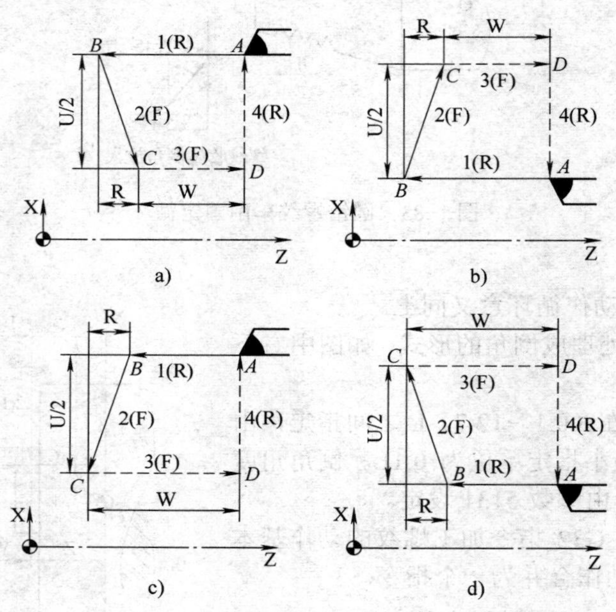

图 1-86 锥端面车削固定循环

a）U<0，W<0，R<0 b）U>0，W<0，R<0

c）U<0，W<0，R>0 且|R|≤|W| d）U>0，W<0，R<0 且|R|≤|W|

4. 简单固定循环指令应用时的注意事项

（1）固定循环指令 G90、G92 和 G94 是同组（01 组）模态指令，可简化编程，参考程序如下，刀具轨迹如图 1-87 所示。

```
……
N030 G90 U-8.0 W-66.0 F0.4;
N031 U-16.0;
N032 U-24.0;
N033 U-32.0;
……
```

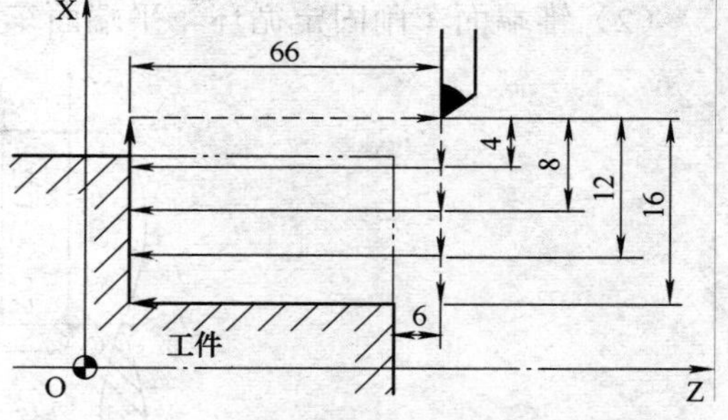

图 1-87 简单固定循环指令举例

（2）圆柱毛坯、圆柱工件与编程指令的处理（图 1-88） 当工件的长径比较长时，选择 G90 指令，等厚度分层进行加工，指令格式为 G90 X(U)_ Z(W)_ F_;，编程时仅需改变 X(U)_值即可。当工件的长径比较小时，选择 G94 指令，等厚度分层进行加工，指令格式为 G94 X(U)_ Z(W)_ F_;，编程时仅需改变 Z(U)_值即可。

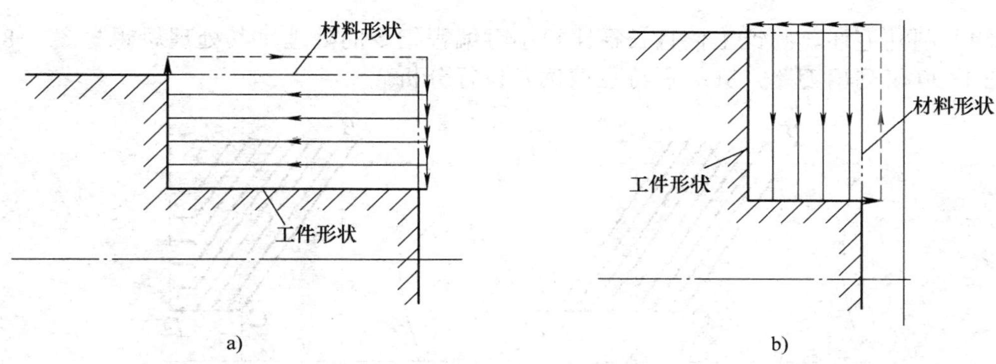

图 1-88　圆柱毛坯、圆柱工件与编程指令的处理
a）长径比较大　b）长径比较小

（3）圆柱毛坯、圆锥工件且长径比较大时编程指令的处理　图 1-89a 为 G90 指令圆锥车削固定循环，等厚度分层加工，指令格式为 G90 X(U)_ Z(W)_ R_ F_;，编程时仅需改变 X(U)_值即可。这种加工方式前面几层切削时空行程较多。图 1-89b 所示刀路为 G90 指令圆锥车削固定循环，等厚度分层加工的改进，指令格式仍为 G90 X(U)_ Z(W)_ R_ F_;，但为了减少空刀而将初始几刀改变了终点坐标，增加了编程计算工作量。图 1-89c 所示是等厚度圆柱+变厚度圆锥切削组合加工，即首先运用 G90 指令圆柱车削固定循环加工，然后改为 G90 指令变厚度圆锥车削固定循环，其圆锥切削编程时必须合理分配锥度参数 R_。图 1-89d 所示是变厚度+等厚度圆锥切削组合加工，即首先运用 G90 指令变厚度圆锥车削固定循环加工，然后改为 G90 指令等厚度圆锥车削固定循环，其锥度参数的改变放在前期。

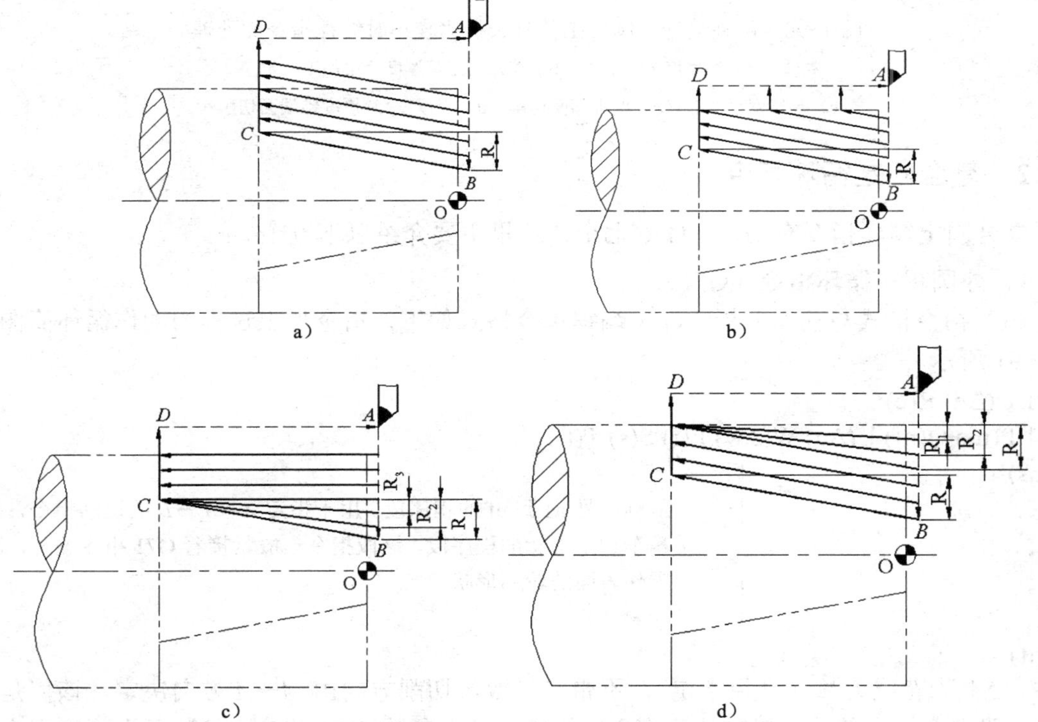

图 1-89　圆柱毛坯、圆锥工件且长径比较大时编程指令的处理
a）等厚度分层加工　b）缩减空刀等厚度分层加工　c）等厚度圆柱+变厚度圆锥切削　d）变厚度+等厚度圆锥切削

（4）圆柱毛坯、圆锥工件且长径比较小时编程指令的处理　其处理思想与图 1-89 类似。图 1-90 仅列出刀路，其编程特点请读者自行分析。

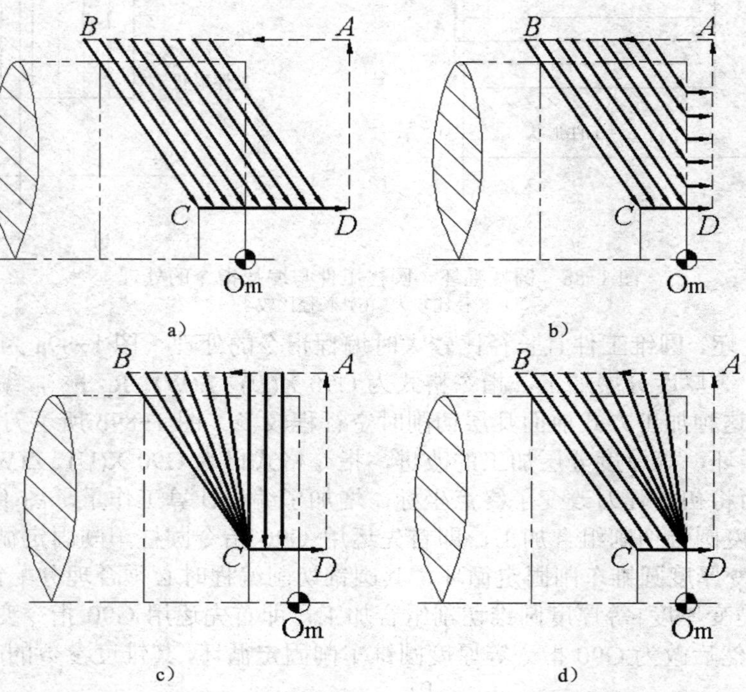

图 1-90　圆柱毛坯、圆锥工件且长径比较小时编程指令的处理

a）等厚度分层加工　b）缩减空刀等厚度分层加工

c）等厚度平端面+变厚度锥端面切削　d）变厚度+等厚度锥端面切削

1.7.2　复合固定循环指令

复合固定循环指令有 G70～G76 七个，这里主要介绍以下五个。

1．外圆粗车循环指令（G71）

（1）指令格式与动作分析　G71 编程指令格式如下，指令加工过程的动作循环简图如图 1-91 所示。

```
G71 U(Δd) R(e);
G71 P(ns) Q(nf) U(Δu) W(Δw) F(f) S(s) T(t);
N(ns)……;
……;
F_;
S_;
T_;
N(nf)……;
```

从顺序号 ns 到 nf 的程序段，用于指定 $A \to A' \to B$ 的运动指令，也是精车加工形状的程序段，这段指令一般紧接着 G71 指令编写，描述零件表面的轮廓形状

其中，Δd 为背吃刀量（半径指定），不带符号数，切削方向由 $A \to A'$ 方向决定，该值是模态的，即直到指定其他值以前一直有效，其值可以由参数 5132 设定，参数可由程序指令改变；e 为退刀量，是模态的，直到其他值指定前不会改变，其值可以由参数 5133 设定，也

可由程序指令指定；ns 为精车加工程序第一个程序段的顺序号；nf 为精车加工程序最后一个程序段的顺序号；Δu 为 X 方向精加工余量（双面余量）的距离和方向；Δw 为 Z 方向精加工余量的距离和方向；F、s、t 为 G71 指令粗车循环过程中的 F、S 或 T 功能，包含在 ns 到 nf 程序段中的任何 F、S 或 T 功能在循环中被忽略。

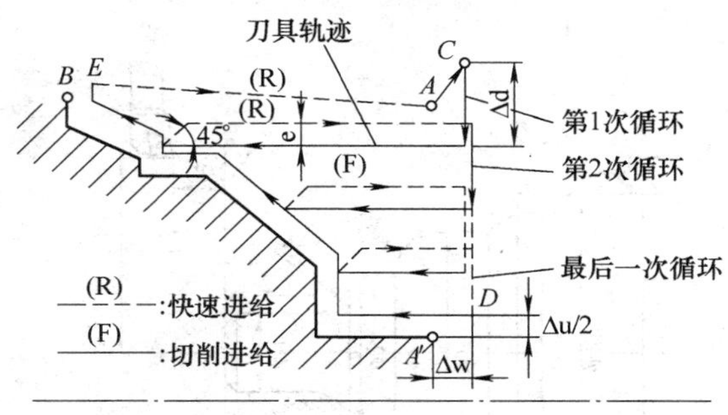

图 1-91　G71 指令的动作循环

说明：

1）G71 指令适合加工长径比较大的轴类零件。

2）零件的 X 轴数值沿 Z 的方向必须单向递增或递减。如图 1-92 所示，有四种切削方式，各种切削方式的Δu 和Δw 的符号在图中已有描述。

图 1-92 中，上面两图为加工外形表面的运动轨迹，下面两图为加工内形表面的运动轨迹。

3）*A* 和 *A*′ 之间的刀具轨迹是在顺序号为“ns”的程序段中指定的 G00 或 G01 指令，该程序段不能进行 Z 轴的移动，如果需要的话，必须另起一个程序段指定。当 *A* 和 *A*′ 之间的刀具轨迹用 G00 或 G01 编程时，沿 *AA*′ 的切削是在 G00 或 G01 方式下完成的，一般以 G00 为好，可提高加工效率。

4）*C* 点的坐标，G71 指令中没有直接给出具体坐标值，数控系统根据 *A*′ 和 *B* 点坐标值、Δu、Δw 和Δd 自动计算并确定其坐标值。

5）外圆粗车加工循环由带有地址 P 和 Q 的 G71 指令实现。在 ns 至 nf 程序段指令中指定的 F、S 和 T 功能无效。但是，在 G71 程序段或前面程序段中（当 G71 指令中未指定 F、S 和 T 时）指定的 F、S 和 T 功能有效。

当用恒表面切削速度控制时，在 ns 至 nf 程序段指令中指定的 G96 或 G97 无效，而在 G71 程序段或以前的程序段中指定的 G96 或 G97 有效。

6）顺序号“ns”和“nf”之间的程序段不能调用子程序。

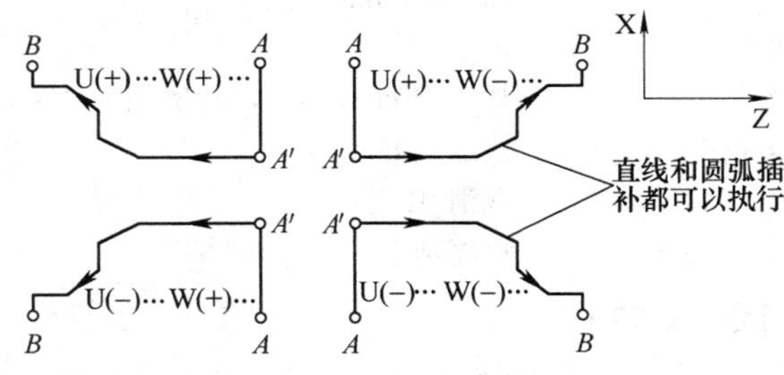

图 1-92　G71 的四种切削方式

（2）加工示例　以图 1-93 所示图形为例。已知条件：毛坯外圆 ϕ40mm，工件坐标系建在零件右端面中心，采用 T0101 号车刀，主轴转速为 600r/min，进给速度为 0.3mm/r，端面进给速度为 0.2mm/r，起刀点坐标为（200，100），循环起始点坐标为（42，2），背吃刀量为 2.0mm，退刀量为 1.0mm，X 方向的精加工余量为 0.5mm，Z 方向的精加工余量为 0.25mm。加工程序如下。

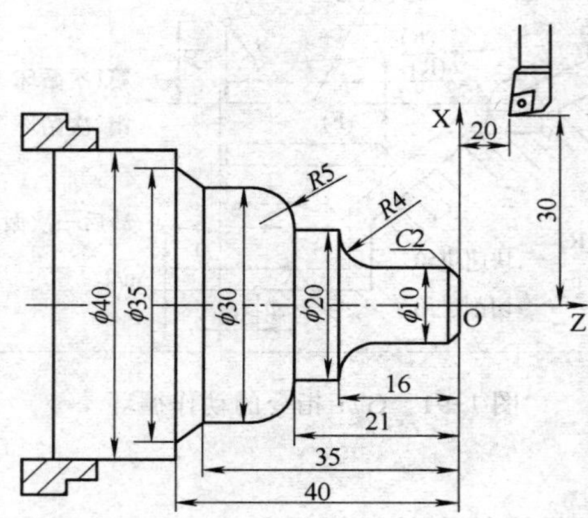

图 1-93　G71 指令加工示例零件图

参考程序：

O0193	程序名
N10 G50 X200. Z100.;	建立工件坐标系
N20 T0101 S600 M03;	选择 01 号刀，调用 01 号刀补，主轴正转，转速为 600r/min
N30 G00 X42. Z2. M08;	快速移动到循环起始点，切削液开
N40 G71 U2. R1.;	G71 固定循环指令开始
N50 G71 P60 Q170 U0.5 W0.25 F0.3;	设置固定循环起、止段号及参数
N60 G00 X0 F0.2;	轮廓加工起始行（注：不得有 Z 轴移动指令 Z(W)_）
N70 G01 Z0;	加工端面
N80 X6.;	加工端面
N90 X10. Z-2.;	加工倒角
N100 Z-12.;	加工 ϕ10mm 外圆
N110 G02 X18. Z-16. R4.;	加工 *R*4mm 圆弧
N120 G01 X20.;	加工 ϕ20mm 端面
N130 Z-21.;	加工 ϕ20mm 外圆
N140 G03 X30. Z-26. R5.;	加工 *R*5mm 圆弧
N150 G01 Z-35.;	加工 ϕ30mm 外圆
N160 X35. Z-40.;	加工倒角
N170 X40. M09;	加工 ϕ40mm 端面，轮廓加工结束，切削液关
N180 G00 X200.0 Z100.0;	快速退回起刀点
N190 T0100;	取消 01 号刀补
N200 M30;	程序结束

2．端面粗车循环指令（G72）

（1）指令格式与动作分析　G72 编程指令格式如下，指令加工过程的动作循环简图如

图 1-94 所示。

```
G72 W(Δd) R(e);
G72 P(ns) Q(nf) U(Δu) W(Δw) F(f) S(s) T(t);
N(ns)……;
……;
F_;
S_;
T_;
N(nf)……;
```

从顺序号 ns 到 nf 的程序段，用于指定 $A \to A' \to B$ 的运动指令，也是精车加工形状的程序段，这段指令一般紧接着 G72 指令编写，描述零件表面的轮廓形状

其中，Δd 为背吃刀量，不带符号数，切削方向由 $A \to A'$ 方向决定，该值是模态的，即直到指定其他值以前一直有效，其值可以由参数 5132 设定，参数可由程序指令改变；e 为退刀量，是模态的，直到其他值指定前不会改变，其值可以由参数 5133 设定，也可由程序指令指定；ns 为精车加工程序第一个程序段的顺序号；nf 为精车加工程序最后一个程序段的顺序号；Δu 为 X 方向精加工余量（双面余量）的距离和方向；Δw 为 Z 方向精加工余量的距离和方向；F、s、t 为 G71 指令的粗车循环过程中的 F、S 或 T 功能，包含在 ns 到 nf 程序段中的任何 F、S 或 T 功能在循环中被忽略。

由上述介绍可以看出，G72 除进给运动方向是与 X 轴平行外，其他参数的含义与 G71 基本相同。G72 指令加工过程的动作循环简图如图 1-94 所示。

说明：

1）G71 指令适合加工长径比较短的盘类零件。

2）零件的 Z 轴数值沿 X 的方向必须单向递增或递减。如图 1-95 所示，有四种切削方式。图中，上面两图为加工外形表面的运动轨迹，下面两图为加工内形表面的运动轨迹。

3）A 和 A' 之间的刀具轨迹是在顺序号为“ns”的程序段中指定的 G00 或 G01 指令，该程序段不能进行 X 轴的移动，其余同 G71 循环。

4）C 点的坐标由系统自动计算，同 G71 循环。

5）G72 指令中指定的 F、S 和 T 功能及 G96/G97 的有效性同 G71 指令。

6）顺序号“ns”和“nf”之间的程序段不能调用子程序，同 G71 指令。

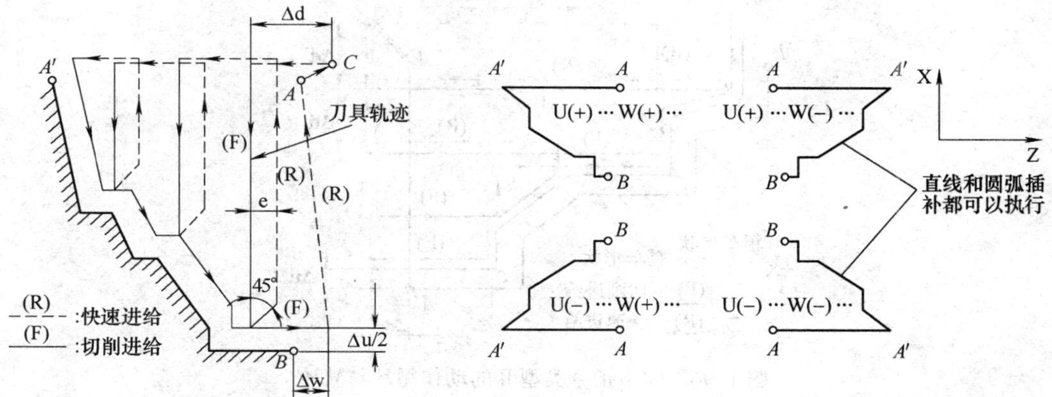

图 1-94　G72 指令的动作循环　　图 1-95　G72 的四种切削方式

3. 关于G71与G72指令粗车循环类型的讨论

（1）粗车循环G71与G72指令的循环类型　以上介绍的G71与G72粗车循环指令是FANUC 0i mate-TC车削系统的指令，G71/G72指令的“X/Z轴数值沿Z/X的方向必须单向递增或递减”的要求约束了该指令的应用范围。而在FANUC 0i TC及其后续的FANUC 0i TD车削系统中，则可减少该约束条件。

以G71指令为例，FANUC 0i TC车削系统的粗车加工循环有类型Ⅰ和类型Ⅱ两种。

类型Ⅰ：X轴数值沿Z的移动方向必须单调递增或递减。

类型Ⅱ：仅需Z轴的移动方向必须单调递增或递减。

显然，类型Ⅰ即相当于FANUC 0i mate-TC的粗车循环。而类型Ⅱ则可表述为在Z轴的移动方向单调递增或递减的条件下，X轴数值允许非单调递增或递减（最多允许10个凹槽）。

（2）粗车循环G71与G72指令的循环类型的指定方法　系统通过循环指令中精车形状程序的开头程序段ns的指令格式来选择类型Ⅰ和类型Ⅱ。以下以G71指令为例，其指令格式见表1-8。

表1-8　FANUC 0i TC系统G71指令循环类型的指定方法

类　型　Ⅰ	类　型　Ⅱ
G71 U(Δd) R(e); G71 P(ns) Q(nf) U(Δu) W(Δw)……; N(ns) G00/G01 X(U)__; （指定类型Ⅰ） ……; N(nf)……;	G71 U(Δd) R(e); G71 P(ns) Q(nf) U(Δu) W(Δw)……; N（ns）G00/G01 X(U)__ Z(W)__; （指定类型Ⅱ） ……; N（nf）……;

从表1-8可见，类型Ⅰ的指令格式与FANUC 0i mate-TC的粗车循环相同，其N(ns)程序段不得有Z轴的移动指令；而类型Ⅱ的指令格式必须指定X(U)和Z(W)两个轴移动指令，即使Z轴不出现实际的移动也必须指定（如指定W0）。

（3）G71指令的粗车循环类型Ⅱ的切削路径　如图1-96所示，其精车形状描述（ms→nf）仍然为*A*→*A′*→*B*，粗车轮廓形状仍然是精车形状留出精车余量Δu/2和Δw后的形状，但注意其执行Z轴方向切削后并未立即退刀，而基本是沿着形状切削，因此，也就不需要类型Ⅰ的最后沿粗车轮廓切削一刀的轨迹。

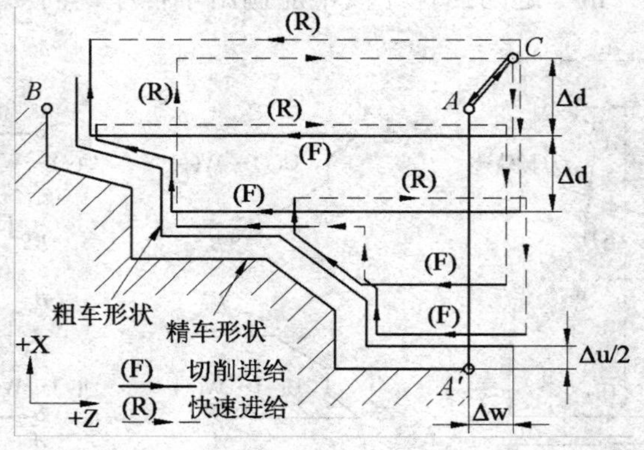

图1-96　G71指令类型Ⅱ的动作循环与轨迹

（4）G71指令的粗车循环类型Ⅱ与类型Ⅰ相比的差异分析　主要体现在以下几点。

1）需要在顺序号 ns 的程序段中指定两个轴（X(U)、Z(W)轴）的移动指令，即使 Z 轴没有实际移动，也必须指定 Z 轴移动指令（如指定 W0）。

2）Z 轴方向必须单调变化，而 X 轴方向允许非单调增加或减少，即可加工凹槽。

3）*A'*起点的零件初始形状可以不是 Z 轴方向，即可以从凹槽处直接切入。

4）Z 轴方向切削后，刀具先沿着工件轮廓形状切削退刀（径向尺寸为背吃刀量 Δd），然后径向空刀退刀量（退刀量 e），如图 1-97 所示。若刀具切削完槽底时，前端沿轮廓切削退刀不变，但空刀退刀方向为 45° 方向，如图 1-98 所示。

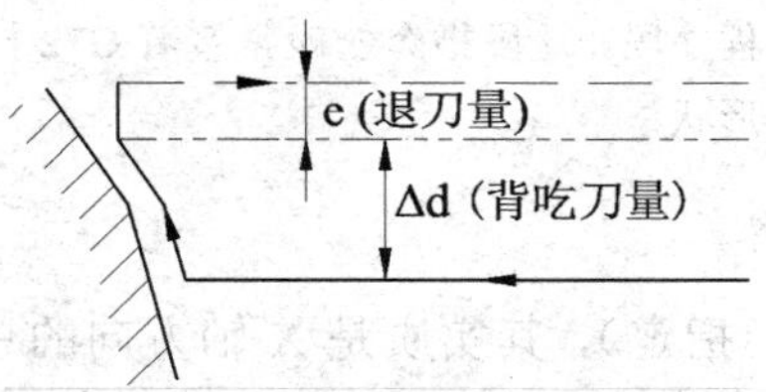

图 1-97　沿着工件轮廓切削退刀

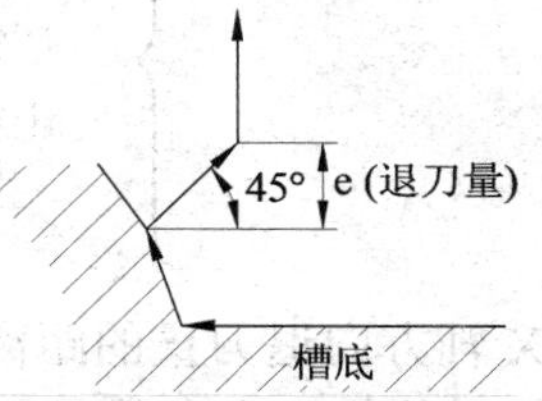

图 1-98　槽底切出沿 45°方向退刀

5）精车轮廓形状中与 Z 轴平行的程序段被视为槽底。

6）粗车循环过程中，槽孔凹陷部分按 Z 轴的变化方向逐个顺序切除。

7）槽孔粗车结束后的详细动作，如图 1-99 所示（仅 FANUC 0i TD 车削系统）。图中 g 为 G71 和 G72 指令中的至切削进给起始点的空程量，由系统参数 5134 设定。

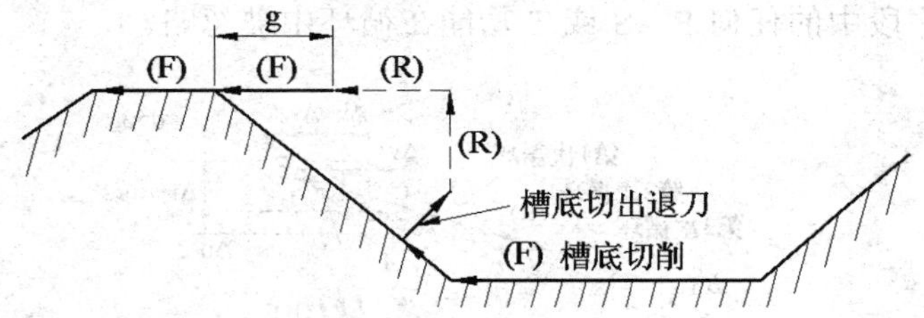

图 1-99　槽孔粗车结束后动作

图 1-100 为某粗车循环类型 II 刀具轨迹示例，其包含有以上 7 条。

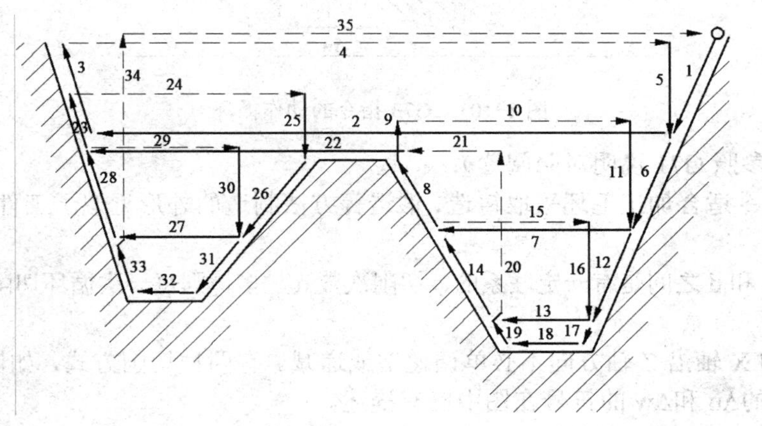

图 1-100　粗车循环类型 II 刀具轨迹示例

4．型面粗车循环指令（G73）

（1）指令格式与动作分析　G73 编程指令格式如下，指令加工过程的动作循环简图如图 1-101 所示。

```
G73 U(Δi) W(Δk) R(d);
G73 P(ns) Q(nf) U(Δu) W(Δw) F(f) S(s) T(t);
N(ns)……;
……;
F_；
S_；
T_；
N(nf)……;
```

从顺序号 ns 到 nf 的程序段，用于指定 $A \rightarrow A' \rightarrow B$ 的运动指令，也是轮廓加工形状的程序段，这段指令一般紧接着 G72 指令编写，描述零件表面的轮廓形状

其中，Δi 为 X 轴方向退刀量的距离和方向（半径指定），其实质是 X 轴方向的总加工余量。该值是模态的。其值可由参数 5135 指定或由程序指令改变；Δk 为 Z 轴方向退刀量的距离和方向，其实质是 Z 轴方向的总加工余量，该值是模态的，其值可由参数 5136 指定或由程序指令改变；d 为分割数，即粗车循环次数，该值是模态的，可由参数 5137 指定或由程序指令改变；ns 为精车加工程序第一个程序段的顺序号；nf 为精车加工程序最后一个程序段的顺序号；Δu 为在 X 轴方向的精加工余量（双面余量）的距离和方向；Δw 为在 Z 轴方向的精加工余量的距离和方向；F、s、t 为 G73 指令的粗车循环过程中的 F、S 或 T 功能，包含在 ns 到 nf 程序段中的任何 F、S 或 T 功能在循环中被忽略。

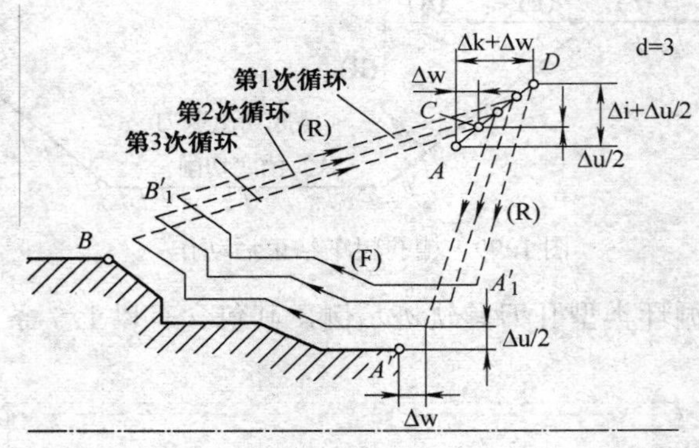

图 1-101　G73 指令的动作循环

说明（可参照 G71 说明对照阅读）：

1）G73 指令适合加工毛坯采取铸造、锻造等方法制造的外形近似于工件精加工后形状的零件。

2）Δi、Δz 和 d 之间是有一定联系的，切削次数 d 越多，则每一次循环切削的背吃刀量就越小。

3）零件的 X 轴沿 Z 轴方向不必单调递增或递减。有四种切削方式，如图 1-102 所示，各种切削方式的Δu 和Δw 的符号在图中已有描述。

图 1-102 中，上面两图为加工外形表面的运动轨迹，下面两图为加工内形表面的运动轨迹。

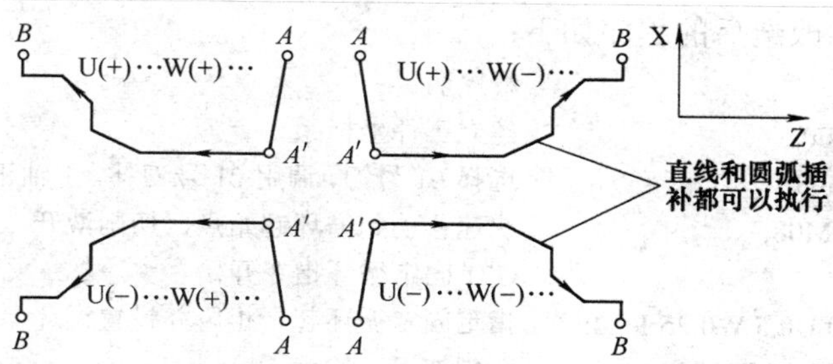

图 1-102 G73 的四种切削方式

4）*A* 和 *A′* 之间的刀具轨迹是在顺序号为“ns”的程序段中指定的 G00 或 G01 指令，G73 指令允许该程序段同时有 X 和 Z 轴移动指令。当 *A* 和 *A′* 之间的刀具轨迹用 G00 或 G01 编程时，沿 *AA′* 的切削是在 G00 或 G01 方式下完成的，一般以 G00 为好，可提高加工效率。

5）*C* 点和 *D* 点的坐标，G73 指令中没有直接给出具体坐标值，数控系统根据 *A* 点坐标值Δu、Δw 和Δi、Δk 自动计算并确定其坐标值。

6）型面粗车加工循环由带有地址 P 和 Q 的 G73 指令实现。在 ns 至 nf 程序段指令中指定的 F、S 和 T 功能无效。但是，在 G71 程序段或前面程序段中（当 G71 指令中未指定 F、S 和 T 时）指定的 F、S 和 T 功能有效。

当用恒表面切削速度控制时，在 ns 至 nf 程序段指令中指定的 G96 或 G97 无效，而在 G71 程序段或以前的程序段中指定的 G96 或 G97 有效。

7）顺序号“ns”和“nf”之间的程序段不能调用子程序。

5. 精车循环指令（G70）

G70 指令是专门设计与 G71/G72/G73 指令配合进行精加工的指令。在这三个粗加工循环指令的 nf 程序段后接一个 G70 指令，即可按 ns→nf 的程序段切出 G71/G72/G73 三指令留下的精加工余量，进行零件的精车加工。

（1）指令格式及说明　编程格式如下：

G70 P(ns) Q(nf);

其中，ns 为精加工程序第一个程序段的顺序号；nf 为精加工程序最后一个程序段的顺序号。

说明：

1）精加工指令中的 ns 和 nf 已在相应的粗加工循环指令中写出，这里要与其呼应。

2）在 G71、G72、G73 程序段中规定的 F、S 和 T 功能无效，但在执行 G70 时顺序号“ns”和“nf”之间指定的 F、S 和 T 有效。

3）G70 到 G73 中 ns 到 nf 间的程序段不能调用子程序。

4）G70 循环指令运行结束后，系统执行 G70 程序段的下一个程序段。

5）G70 循环指令的动作循环是，在 G71/G72/G73 指令结束后，刀具移动至循环起始点 *A*，精车循环指令的动作是 *A*→*A′*→*B*→*A*，其中 *A′*→*B* 段为精加工切削动作，其余为相当于 G00 的快速运动。

（2）加工示例　以下列举两例进行介绍。

1）加工示例 1：将图 1-93 所示零件的加工程序增加 G70 指令改造成为外圆粗、精车固定循环加工程序。改造后的程序如下：

O1931	程序名
N10 G50 X200. Z100.;	建立工件坐标系
N20 T0101 S600 M03;	选择 01 号刀，调用 01 号刀补，主轴正转，转速为 600r/min
N30 G00 X42. Z2. M08;	快速移动到循环起始点，切削液开
N40 G71 U2. R1.;	G71 固定循环指令开始
N50 G71 P60 Q170 U0.5 W0.25 F0.3;	指定固定循环起、止段并设置循环参数
N60 G00 X0 F0.2 F0.15 S1000;	轮廓加工起始行
N70 G01 Z0;	加工端面
N80 X6.;	加工端面
N90 X10. Z-2.;	加工倒角
N100 Z-12.;	加工ϕ10mm 外圆
N110 G02 X18. Z-16. R4.;	加工 R4mm 圆弧
N120 G01 X20.;	加工ϕ20mm 端面
N130 Z-21.;	加工ϕ20mm 外圆
N140 G03 X30. Z-26. R5.;	加工 R5mm 圆弧
N150 G01 Z-35.;	加工ϕ30mm 外圆
N160 X35. Z-40.;	加工倒角
N170 X40. M09;	加工ϕ40mm 端面，轮廓加工结束，切削液关
N180 G70 P60 Q170;	轮廓精车，主轴转速和进给量按 N60 程序段执行
N190 G00 X200. Z100.;	快速退回起刀点
N200 T0100;	取消 01 号刀补
N210 M30;	程序结束

2）加工示例 2：G73 与 G70 配合的加工示例，如图 1-103 所示。已知条件：模锻件毛坯，X 和 Z 轴方向的单面精加工余量均为 0.5mm，工件坐标系建在零件右端面中心，采用 T0101 号车刀，主轴转速为 800r/min，进给速度为 150mm/min，起刀点坐标为（300，150），循环起始点坐标为（220，50），X 方向的加工余量为 10mm，Z 方向的加工余量为 4mm，X 方向的精加工余量为 0.4mm，Z 方向的精加工余量为 0.2mm。参考程序如下。

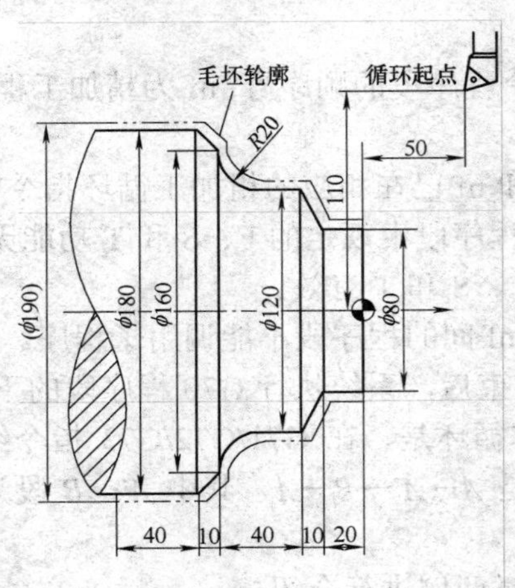

图 1-103　G73 与 G70 指令加工示例零件图

O1103	程序名
N10 G50 X300. Z150.;	建立工件坐标系
N20 T0101 S800 M03;	选择 01 号刀，调用 01 号刀补，主轴正转，转速为 800r/min
N30 G97 G98;	恒转速加工，指定走刀方式为每分钟进给（mm/min）
N40 G00 X195. Z0 M08;	快速定位至切削端面的起点，切削液开
N50 G01 X0 F150;	切削端面
N60 G00 X220. Z50.;	快速移动到循环起始点
N70 G73 U10. W4. R5;	G73 固定循环指令开始，循环切削 5 刀
N80 G73 P90 Q150 U0.4 W0.2 F150;	循环程序段 N90～N150
N90 G00 X80. Z1. F100 S1200;	精车轮廓 ns 程序段，快速定位
N100 G01 Z–20.;	加工ϕ80mm 外圆
N110 X120. Z–30.;	加工锥面
N120 Z–50.;	加工ϕ120mm 外圆
N130 G02 X160. Z–70. R20.;	加工 R20mm 圆弧
N140 G01 X180. Z–80.;	加工锥面
N150 Z–120.;	精车轮廓 nf 段，加工ϕ180mm 外圆
N160 G70 P90 Q150;	轮廓精车，主轴转速和进给量按 N90 程序段执行
N170 G00 X300. Z150.;	快速退回起刀点位置
N180 T0100;	取消 01 号刀补
N190 M30;	程序结束

6．螺纹车削重复循环指令（G76）

FANUC 0i Mate-TC 系统共提供了三个螺纹的加工指令。前面已经介绍了两个螺纹加工指令——G32 和 G92，这里介绍第三个螺纹加工指令——螺纹车削重复循环指令 G76。

G76 指令的切削方式采取的是单侧刃切入加工的方法，如图 1–104 所示。

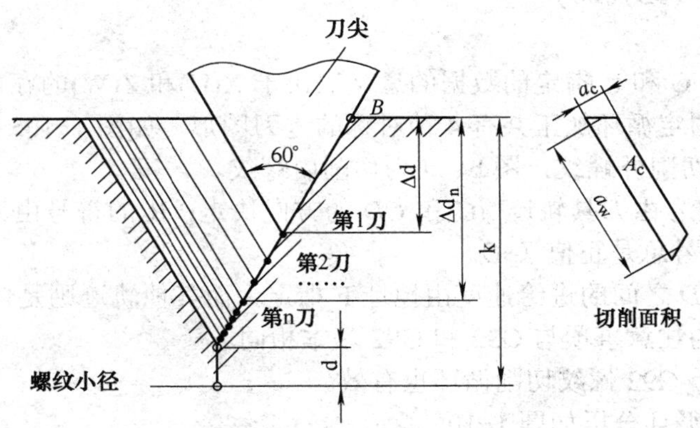

图 1–104 单侧刃切入加工方式

说明：

1）单侧切入，最后一刀双刃切削。

2）为保证每一次的切削面积 A_C 不变，第 n 次的切入量等于第一次切入量 Δd 的 $\sqrt{n}$ 倍，即 $\Delta d_n=\sqrt{n}\Delta d$。

3）除第一次背吃刀量外，其余各次背吃刀量及切削次数 n 由系统自动计算。

G76 指令的编程格式：

G76 P(m)(r)(a) Q(Δd_{min}) R(d);

G76 X(U)_ Z(W)_ R(i) P(k) Q(Δd) F(L);

其中，m 为重复次数（1～99），其值是模态的，可用参数 5142 设定，也可由程序指令改变；r 为螺纹尾部倒角量，由两位数（00～99）指定，当螺纹导程由 L 表示时，数据单位为 0.1L，倒角量可以设定在 0.0L～9.9L。该值是模态的，可用参数 5130 设定，也可由程序指令改变，倒角方向为45° 方向；a 为刀尖角度，可以选择 80°、60°、55°、30°、29° 和 0° 六种中的一种，由 2 位数规定，其值是模态的，可用参数 5130 设定，也可由程序指令改变；Δd_{min} 为最小背吃刀量，单位为 μm，由 X 轴方向的半径值编程指定，当一次循环运行的背吃刀量（$\Delta d\sqrt{n}-\Delta d\sqrt{n-1}$）小于$\Delta d_{min}$ 时，背吃刀量钳制在此值，其值是模态的，可用参数 5140 设定，也可由程序指令改变；d 为精加工余量，单位为 μm，由 X 轴方向的半径值编程指定。其值是模态的，可用参数 5141 设定，也可由程序指令改变；X(U)、Z(W)为螺纹切削终点的绝对（增量）坐标值，其中 X_相当于螺纹的小径；i 为锥度螺纹半径差，由 X 轴方向的半径值编程指定，如果 i=0，则表示为圆柱螺纹，可省略；k 为螺纹牙高（X 轴方向的高度），单位为 μm，由 X 轴方向的半径值编程指定，螺纹的牙高可按经验公式 k=0.6495P 计算（P 为螺距）；Δd 为第一刀背吃刀量，单位为 μm，由 X 轴方向的半径值编程指定；L 为螺纹导程（指 Z 轴方向的螺纹导程）。

m、r 和 a 三个参数用地址 P 同时指定，例当 m=2，r=1.2L，a=60°，指定如下（L 是螺纹导程）：$P\left(\dfrac{m}{02}\right)\left(\dfrac{r}{12}\right)\left(\dfrac{a}{60}\right)$。

说明：

1）由地址 P、Q 和 R 指定的数据的意义取决于 X(U)和 Z(W)的存在。

2）G76 指令固定循环加工共有 4 种对称的进刀图形，如图 1-105 所示。说明如下：

① 图 a、c 为切削外螺纹，图 b、d 为切削内螺纹。

② U、W 的符号由刀具轨迹 *AC* 和 *CD* 的方向决定；R 的符号由刀具轨迹 *AC* 的方向决定；P 和 Q 的符号总是正值（+）。

3）*B*（*C*）和 *D* 之间的进给速度由地址 F 指定，而其他轨迹则是快速移动。

4）螺纹切削的注意事项与 G32 和 G92 基本相同。

5）倒角值对于 G92 螺纹切削循环也有效。

G76 指令动作循环分析如图 1-106 所示。

1）循环动作可描述为 1（R）→2（F）→3（R）→4（R）。

2）*B*（*C*）点是一个理想位置点，刀尖到达的实际点与切削循环的刀数有关，*A*→*B*（*C*）轨迹实际上是一条折线。

3）切削运动轨迹 *B*（*C*）→*D* 简称为 *C*→*D* 轨迹，也是随循环参数 r（螺纹尾部倒角量）的设置不同而变化的。

4）动作 *D*→*E*→*A* 是快速退刀动作，其轨迹是两段直线运动。

G76 指令加工示例（图 1-107）。

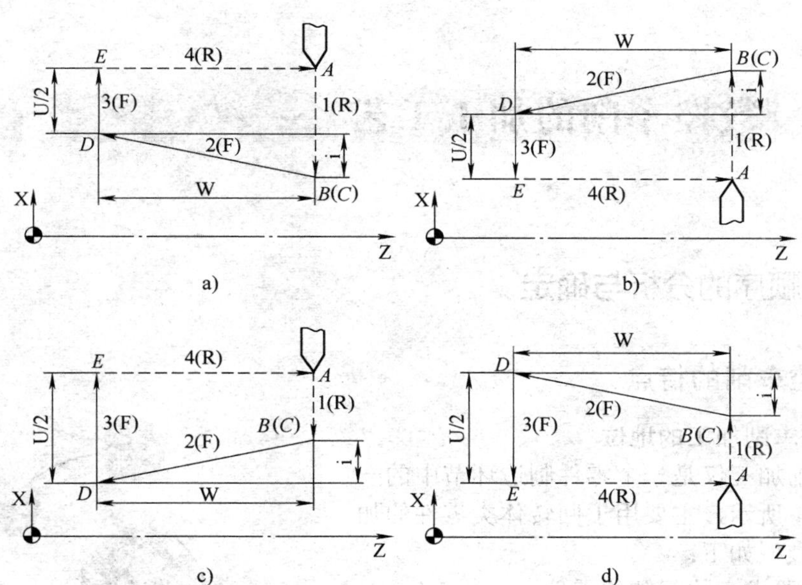

图 1-105 G76 螺纹切削重复循环

a）$U<0$，$W<0$，$i<0$ b）$U>0$，$W<0$，$i>0$

c）$U<0$，$W<0$，$i>0$ 且 $|i| \leqslant |U/2|$ d）$U>0$，$W<0$，$i<0$ 且 $|i| \leqslant |U/2|$

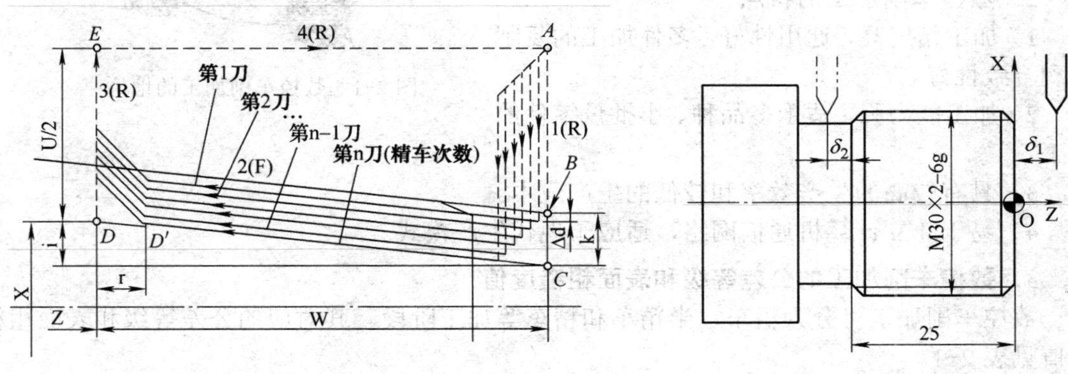

图 1-106 螺纹车削重复循环刀具轨迹　　图 1-107 G76 指令加工示例

```
O1102;
N10 T0303;
N20 G97 S400 M03;
N30 G00 X32.0 Z4.0 M08;
N40 G76 P010060 Q100 R100;
N50 G76 X27.4 Z–27.0 R0 P1300 Q450 F2.0;
N60 G00 X200.0 Z100.0 M09;
N70 T0300 M05;
N80 M30;
```

第2章 数控车削的加工工艺

2.1 加工顺序的分析与确定

2.1.1 数控车削的特点

1．数控车削加工的地位

数控车削加工仅是一个零件制造环节中的一环，如图 2-1 所示，主要用于回转体类零件的加工，其加工类型如下：

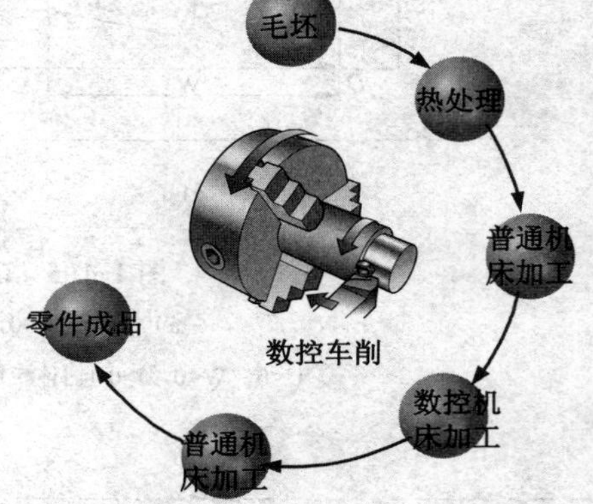

图 2-1　数控车削加工的地位

1）精度要求高的回转体零件。

2）轮廓形状特别复杂的回转体零件。

3）表面质量要求高的回转体零件。

4）带特殊螺纹的回转体零件。

2．数控车削加工的特点

1）加工精度高，通用性好，多件加工的复制性和一致性好。

2）加工能力强，适于多品种、小批量零件的加工。

3）具有较高的生产效率和较低的生产成本。

4）易于建立计算机通信网络，适应于现代生产模式。

3．数控车削加工的公差等级和表面粗糙度值

数控车削加工可分为粗车、半精车和精车等加工阶段。其对应的公差等级和表面粗糙度值见表 2-1。

表 2-1　数控车削加工的公差等级和表面粗糙度值

加 工 阶 段	公 差 等 级	表面粗糙度 *Ra*/μm
粗车	IT11～IT12	12.5～25
半精车	IT9～IT10	3.2～6.4
精车	IT7～IT8	0.8～1.6

2.1.2 加工方案的分析与确定

数控车削加工方案的确定，必须考虑零件的加工精度、表面粗糙度、结构形状和生产类型等。

1．外圆加工

外圆车削加工的加工精度如下：

1）加工精度为 IT12～IT13，表面粗糙度值为 *Ra*6.3～12.5μm 的外轮廓表面，可以一次车削实现。

2）加工精度为 IT11，表面粗糙度值为 *Ra*6.3～12.5μm 的外轮廓表面，零件较长时可采用粗车–半精车实现；零件较短时，也可以一次车削实现。

3）加工精度为 IT8～IT10，表面粗糙度值为 *Ra*3.2～6.3μm 的外轮廓表面，可采取粗车–半精车的方法实现。

4）加工精度为 IT6～IT8，表面粗糙度值为 *Ra*1.6～3.2μm 的外轮廓表面，可采取粗车–半精车–精车的方法实现。

5）加工精度为 IT5～IT6，表面粗糙度值为 *Ra*0.8～1.6μm 的外轮廓表面，可采取粗车–半精车–精车–细车的方法实现。

6）加工精度高于 IT5～IT6，表面粗糙度值高于 *Ra*0.4～0.8μm 的外轮廓表面，建议最后一道工序转用磨削加工。

7）对于淬火钢等难加工材料，可考虑淬火前粗车–半精车的方法，淬火后磨削的加工方法。

8）对于有色金属，如铝合金加工，采用金刚石车刀精细车，其加工精度可达 IT5，表面粗糙度值可达 *Ra*0.8μm。

2．内孔加工

内孔加工难度稍大于外圆加工，因此，精度和表面粗糙度一般相差一级。具体为

1）加工精度为 IT12～IT13，表面粗糙度值为 *Ra*12.5～50μm 的内孔表面，可一次钻孔获得。

2）加工精度为 IT11，表面粗糙度值为 *Ra*12.5～25μm 的内孔表面，可采取钻孔–扩孔（或粗车孔）的方法获得。

3）加工精度为 IT8～IT10，表面粗糙度值为 *Ra*6.3～12.5μm 的内孔表面，可采取钻孔–粗车孔–半精车孔的方法获得。

4）加工精度为 IT6～IT8，表面粗糙度值为 *Ra*1.6～6.3μm 的内孔表面，可采取粗车–半精车–精车的方法实现。

5）对于淬火钢等难加工材料，可考虑淬火前粗车–半精车的方法，淬火后采取磨削的方法。

6）对于有色金属，如铝合金加工，采用金刚石车刀精细车，其加工精度可达 IT5，表面粗糙度值达 *Ra*0.8μm。

7）孔径较小、不便加工的内孔表面，可采取钻孔–铰孔或钻孔–扩孔–铰孔的方法获得。

3．端面加工

端面加工的经济精度与表面粗糙度稍低于外圆加工。

2.1.3 工序划分的原则与方法

1．工序划分的原则

（1）工序集中原则　适合于工序较少，单件、小批量生产的零件。

（2）工序分散原则　适合于工序较多，结构复杂，有一定批量生产的零件。工序分散时划分工序的原则是：

1）先基准面后其他表面。

2）先粗加工后精加工。

3）先主要表面后次要表面。

2．数控车削加工工序的划分方法

（1）按安装次数划分工序　以每一次装夹作为一道工序，适用于加工内容不多的零件加工。

（2）按加工部位划分工序　按零件的结构特点分成几个加工部位，每一部位作为一道工序。

（3）按所用刀具划分工序　即按所用刀具或同类刀具划分工序，适用于工件切削过程中变形不大、退刀空间足够大的情况。此时可着重考虑加工效率、减少换刀时间和尽可能缩短走刀路径。

（4）按粗、精加工划分工序　适用于易变形或精度要求较高，或有一定生产批量的零件加工。

2.1.4　工序划分的注意事项

1）选择适合在数控车床上加工的零件或工序内容。

2）注意数控车削加工工序与上、下道工序的联系，不能出现相互干扰的现象。

3）尽可能按刀具划分工序，提高工作效率。

4）同一次安装过程中，应先进行对工件刚性影响较小的工序加工。

5）先孔后外表面的加工。

6）注意工件坐标系、对刀点、换刀点及刀具路径的考虑。

2.2　加工路线的分析与确定

2.2.1　加工路径的划分原则

（1）先近后远　这里说的近和远，是按加工部位相对于对刀点的距离大小而言的。一般情况下，特别是粗加工时，通常先安排离对刀点近的部位先加工，离对刀点远的部位后加工，以便缩短刀具移动距离，减少空行程时间。

（2）先内后外　对于既有内表面（孔）又有外表面需要加工的零件，应先进行内孔加工，后进行外圆表面的加工。

（3）精加工余量尽可能均匀　粗加工的目的是去除材料，为精加工做准备，粗加工所留下的精加工余量越均匀，精加工的走刀数就越少和越精确，甚至只需一刀即可完成精车。

（4）走刀路径最短　走刀路径的确定是数控编程的重要工作之一，其主要在于确定粗加工及空行程的走刀路径，精加工的走刀路径基本上没有太多的变化。数控编程时，在保证加工质量的前提下，应尽可能使刀具路径最短，以节省程序执行时间，减少机床及功率的消耗。

（5）程序段最少　程序段是数控程序执行时的基本单位，程序段的减少有利于简化整个加工程序，这对手动编程尤为重要。程序段少，则程序编写方便，检查容易，输入快捷。合理地使用固定循环指令和子程序编程对减少程序段有极大的帮助。

（6）避免在一次走刀过程中出现切削力方向的突变　对于存在间隙的传动丝杠，由于切削力方向的突变造成的危害是显而易见的。数控机床的传动丝杠虽然一般不存在间隙，但传动系统的刚性相对较弱，切削力造成的变形和突变同样会在加工表面上留下痕迹。另外，切削力的突变较大时可能造成打坏刀具的现象。

（7）避免在加工表面上出现刀具路径的转折　若在工件表面上出现刀具路线的转折突变，有可能在零件表面上留下刀痕。

2.2.2　加工路径的划分图例

下面通过一些图例，介绍和分析数控加工刀具路径的确定方法，供参考，见表 2-2。

表 2-2　加工路径图例

序　号	图　例	分析与说明
1	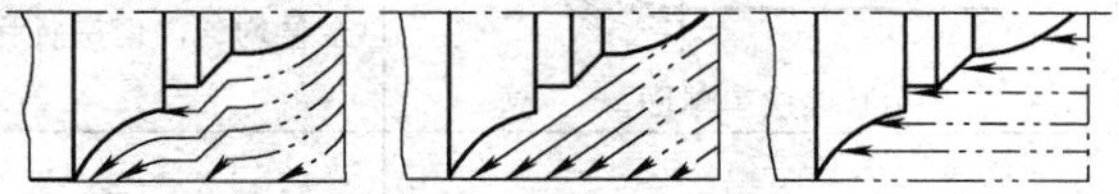 a）G73 编程　b）G90 编程　c）G71 编程	先粗后精加工，不同的编程指令其粗加工的走刀路径不同，其分别对应 G73、G90 和 G71 等
2	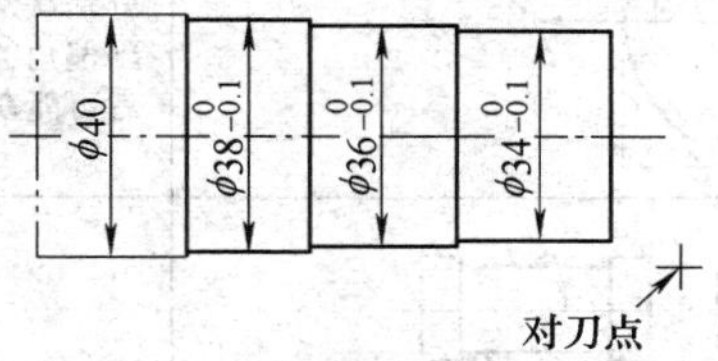 $\phi40$　$\phi38_{-0.1}^{\ 0}$　$\phi36_{-0.1}^{\ 0}$　$\phi34_{-0.1}^{\ 0}$　对刀点	先近后远原则，其加工顺序为 ϕ34mm→ ϕ36mm→ ϕ38mm 圆柱面
3	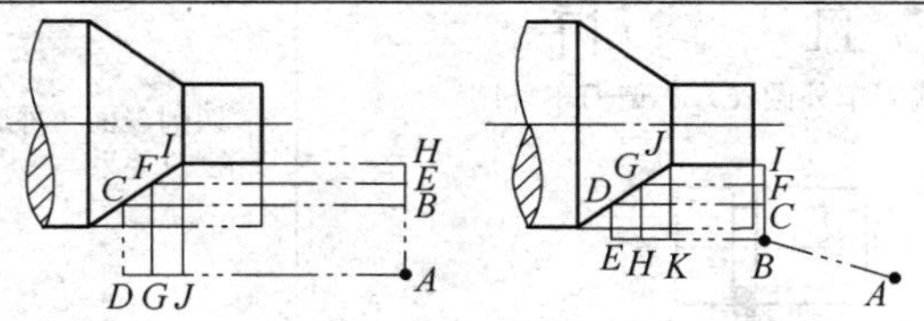 a）起（退）刀点与换刀点重合　b）增加一个起（退刀点）	走刀路径最短原则 图 a 起（退）刀点与换刀点（对刀点）重合，空行程较多 图 b 增加了一个起（退）刀点 *B*，空行程可大大减少
4	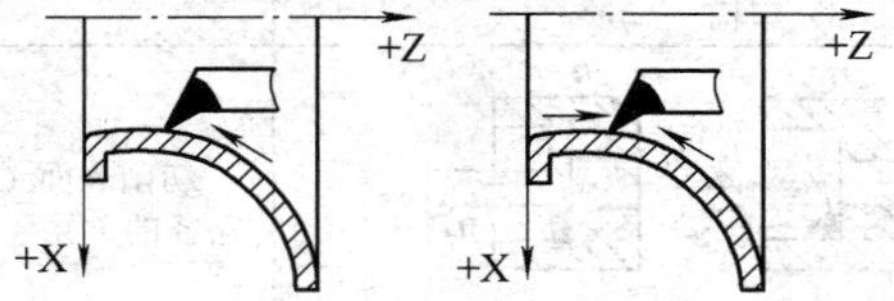 a）单向走刀　b）双向走刀 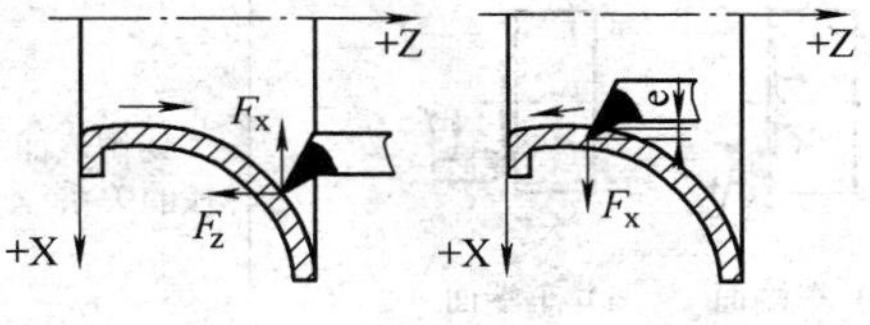 c）刀具受力分析　d）出现扎刀现象	刀具路径的选择对切削力方向变化的影响 图 a 和图 b 表明两种走刀路径 图 c 为刀具上的受力分析 图 d 说明按照图 a 的刀具路径走过最高点后切削力 F_x 的方向发生了变化而出现扎刀现象
5	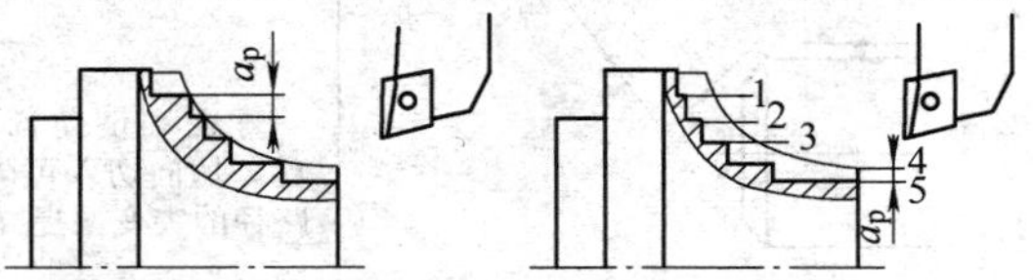 a）等背吃刀量加工　b）变背刀量加工	精加工余量尽可能均匀 图 a 为等背吃刀量粗切，加工后留下的余量不均匀 图 b 为变背吃刀量粗切，可灵活调整背吃刀量，加工后留下的余量较均匀

（续）

序　号	图　例	分析与说明
6	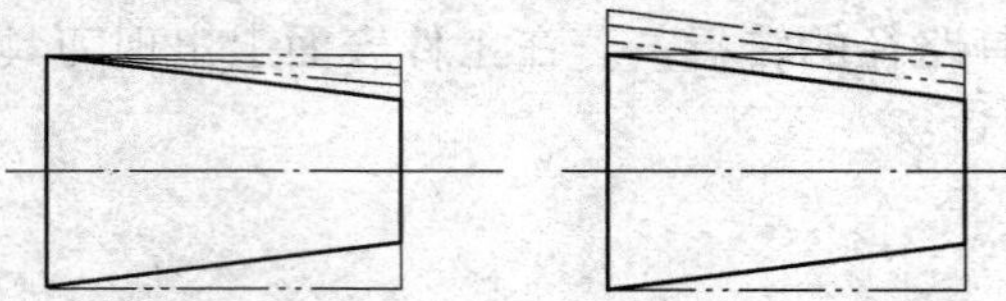 a）变厚度车锥法　b）等厚度车锥法	车锥面的两种推荐轨迹 图a为变厚度车锥法。行程稍短 图b为等厚度车锥法 在用G90固定循环加工时，图a只需改变半径差R即可，而图b则需改变X值
7	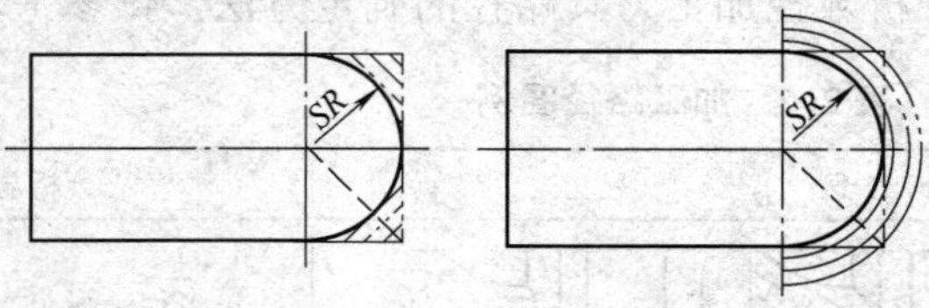 a）车锥度法逼近球面　b）逐层车球面	半球圆弧面粗车路线 图a采取车锥度法逼近球面，简化了编程，但精加工余量均匀性略差 图b直接逐层车球面，虽然精车余量均匀，但空行程较多
8	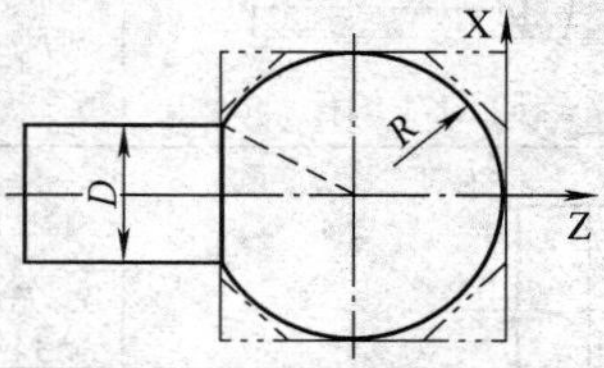	圆球面车削路径。粗车路径为折线，简化编程。精车路径可用左、右偏刀分别从两边向中间车球面或选择合适副偏角的车刀一刀车出整个球面。前者可能在球面上留下接痕
9	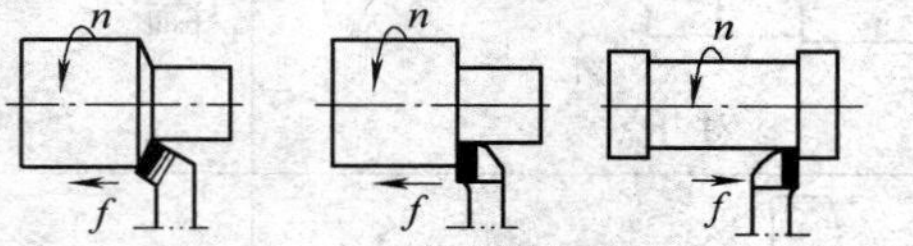 a）车外圆　b）左偏刀车外圆　c）右偏刀车外圆 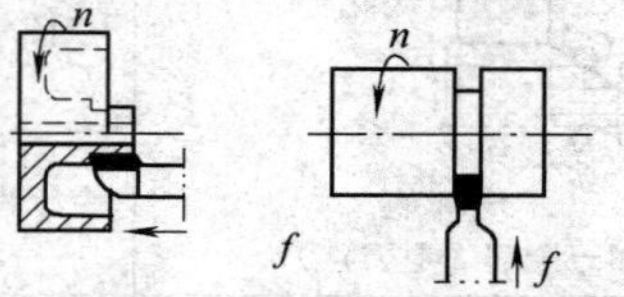 d）车内部外圆　e）车槽	切削表面（外表面）、刀具和切削路径的关系
10	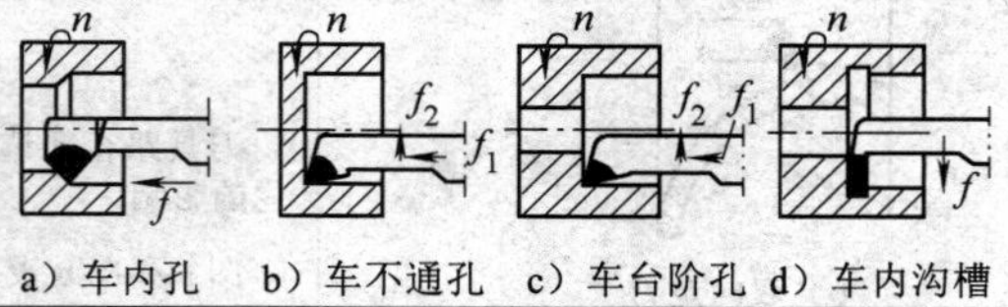 a）车内孔　b）车不通孔　c）车台阶孔　d）车内沟槽	切削表面（内表面）、刀具和切削路径的关系
11	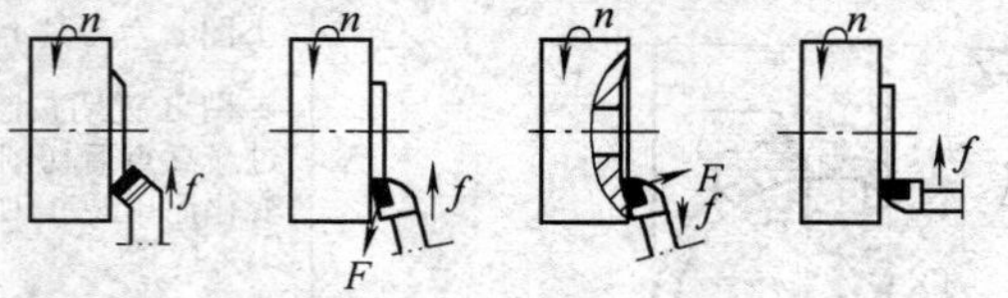 a）车端面（45°偏刀）　b）车端面（外至内）　c）车端面（内至外）　d）车端面（右偏刀）	切削表面（端面）、刀具和切削路径的关系
12	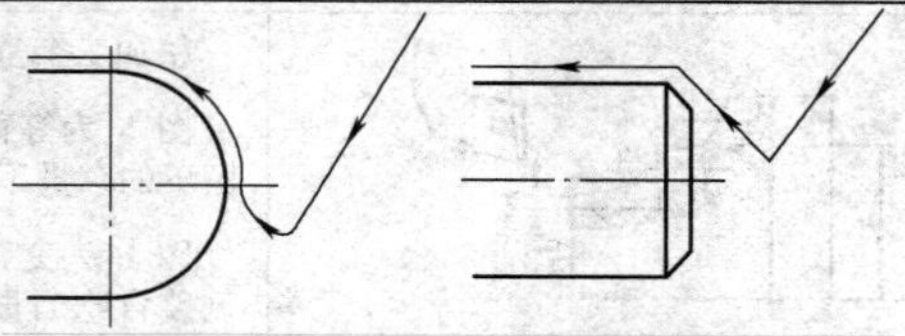 a）球面切线切入　b）倒角切线切入	球面和倒角部分精车路径的处理。切向切入可防止加工面上刀具路径的突变，提高表面质量

（续）

序 号	图 例	分析与说明
13	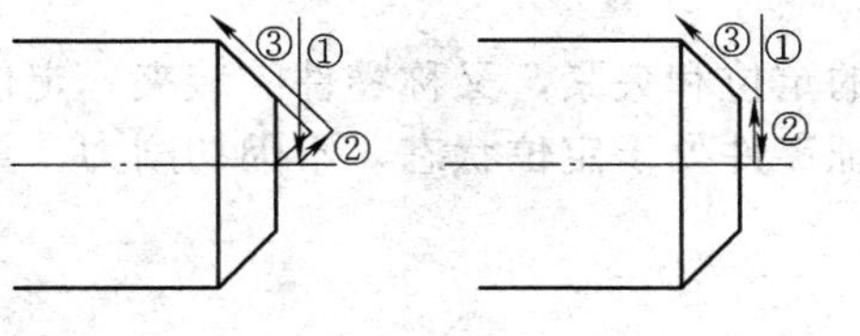 ③ ① ② ③ ① ② a）好 b）不好	切端面与刀具路径结合的处理。图 a 切完端面后退刀至倒角延长线上起刀，切除的倒角表面质量较好；图 b 的动作②刀具易磨损
14	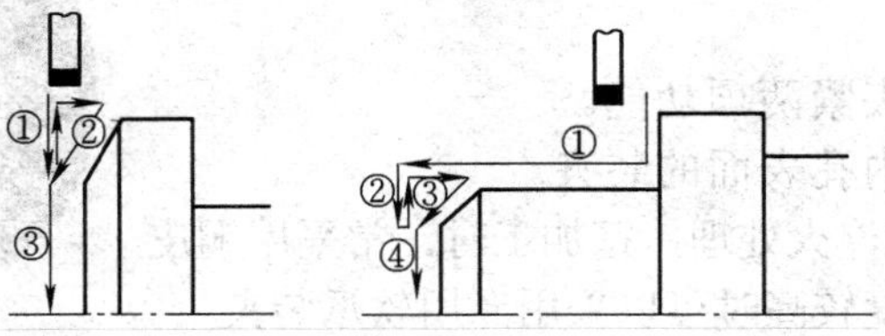 ① ② ③ ① ② ③ ④ a）切断与倒角组合 b）精车、倒角与切断组合	切断与倒角的处理 图 a 为切断与倒角组合，刀具路径为切槽①→倒角②→切断③ 图 b 为精车、倒角与切断组合，刀具路径为精车端面和外圆①→切槽②→倒角③→切断④。要注意刀具的选择，保证能够精车外圆
15	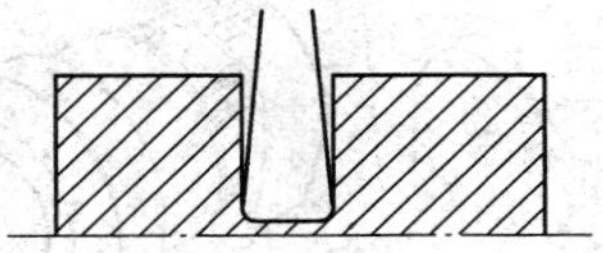 a) 刀位点距离轴线有一小段距离 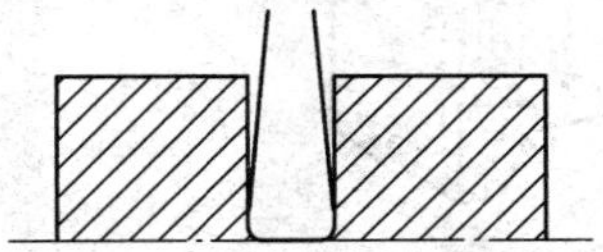 b) 刀位点刚好切至轴线 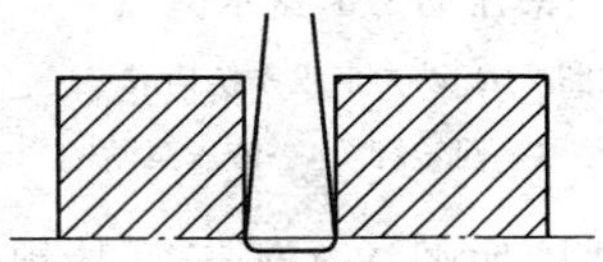 c) 刀位点切过轴线	切断终点的处理有三种方式 1）切断刀刀位点距离轴线一小段距离，见图 a。当距离足够小时，工件自然断裂。适用于需要后续切端面的场合 2）切断刀刀位点刚好切至轴线，见图 b。实际上工件已先切下，但毛坯端面仍留下一个小点（因为刀尖圆角的关系） 3）切断刀刀位点切过中心，保证切点刚好至轴线，见图 c。毛坯端面质量好，但很难控制，且一旦过了中点容易使刀尖崩刃 本分析同样适合于切端面
16	 ①G75 ②G01 G01 a) G75+G01切槽 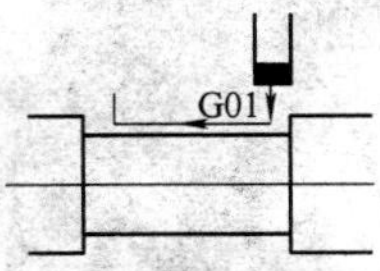 b) G01切浅槽 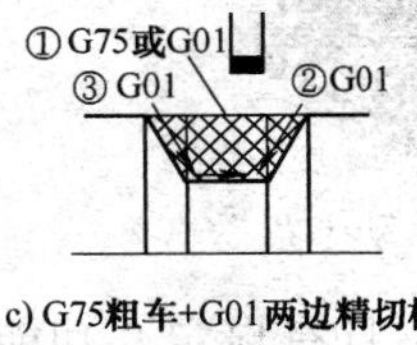 ①G75或G01 ③G01 ②G01 c) G75粗车+G01两边精切槽	切槽刀具路径 图 a 若只用 G75 切槽，则槽底部表面质量差，加入 G01 轮廓精车后表面质量得到改善 图 b 只用 G01 切槽，适用于浅槽加工，表面质量较好 图 c 先用 G75 切槽，然后从两边用 G01 轮廓精车，其中一条精车轨迹必须转折并精车槽底

2.3 工件的装夹方式分析与确定

1．装夹的概念

零件安装的具体内容包括零件的定位和夹紧，又称零件的装夹。定位是保证零件在机床上有一个准确的位置，夹紧是保证零件处于定位状态，不因切削力、重力、离心力等外力而偏离原来的位置。

2．常见的装夹方式

（1）自定心卡盘装夹　自定心卡盘的外形结构如图 2-2 所示，其相关说明如下：

图 2-2　自定心卡盘

1）自定心卡盘具有自定心与夹紧两项功能。

2）自定心卡盘可用于外圆和内孔表面的装夹。

3）自定心卡盘的卡爪一般经过淬火处理，精加工时，常采用铜皮包裹零件表面装夹，批量较大且精度较高时可以采用专用软爪装夹。

4）大批量生产时可采用液压动力卡盘装夹，如图 2-3 所示。

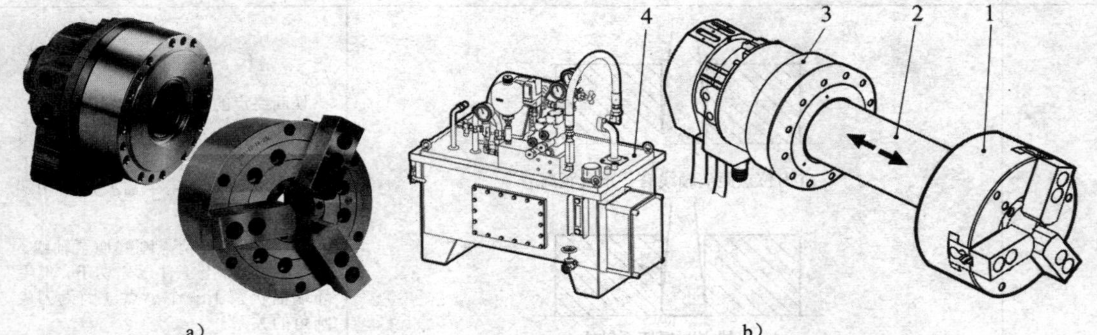

图 2-3　三爪中空液压动力卡盘示例

a）回转缸与卡盘实物图　b）动力卡盘系统构成

1—动力卡盘　2—拉杆　3—回转缸　4—液压泵站

（2）单动卡盘装夹　单动卡盘的外形结构如图 2-4 所示，其相关说明如下：

图 2-4　单动卡盘

1）单动卡盘上各个卡爪是独立操作的，不具有自定心功能。

2）单动卡盘可用于不规则、不对称、非圆形零件的装夹。

3）加工过程中一般通过找正装夹。

（3）借助于顶尖的装夹　如下所述。

1）顶尖结构如图 2-5 所示，其定位部分是一种具有 60° 锥角的圆锥体，其工件上对应的定位面是锥面（中心孔等）。顶尖的形式有固定顶尖、回转顶尖、伞形顶尖（定位部分为锥面）等。

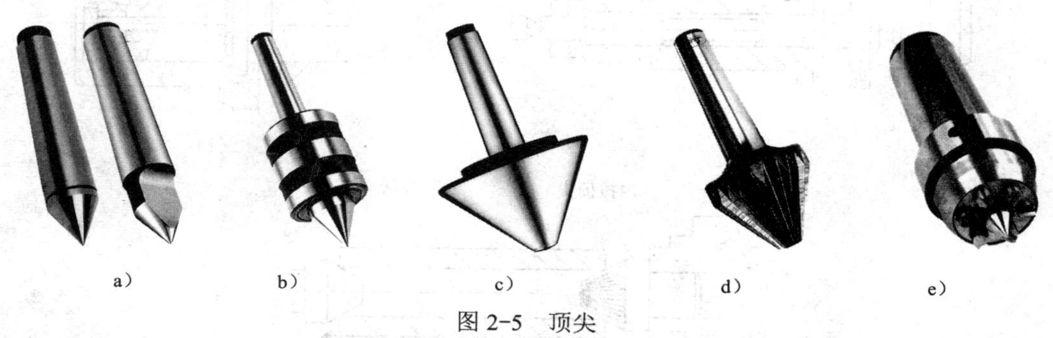

图 2-5　顶尖

a）固定顶尖　b）回转顶尖　c）伞形顶尖　d）内拨顶尖　e）端面拨动顶尖

2）应用顶尖的装夹方式，如图 2-6 所示，其相关说明如下：

① 自定心卡盘 - 尾顶尖装夹，见图 2-6a。适合于较长的工件加工，这里以自定心卡盘装夹为主，尾顶尖为辅。借用尾顶尖可有效提高工艺系统的刚性。

② 双顶尖对顶装夹，见图 2-6b、c。也是细长轴类零件常见的装夹方式之一，特别是后续还需磨削的工件。主轴端顶尖可以装在自定心卡盘上或是车床主轴上。一般通过拨杆（俗称鸡心夹头）拨动工件旋转。这种装夹方式的外圆与轴线的同轴度较好。

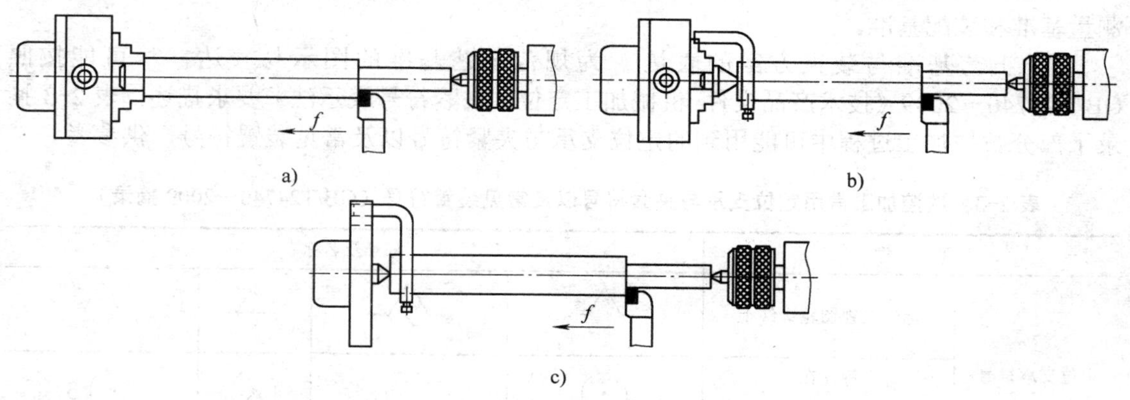

图 2-6　应用顶尖的装夹方式

a）自定心卡盘–尾顶尖装夹　b、c）双顶尖对顶装夹

（4）套类零件装夹　除可以用自定心卡盘直接装夹外，还常常采用心轴装夹和顶尖装夹，如图 2-7 所示。

图 2-7a 为较长套类零件的装夹，采用心轴装夹，心轴用双顶尖对顶装夹。

图 2-7b 为较短套类零件的装夹，采用弹性心轴装夹，定位与夹紧合一。心轴装夹可较

好地保证内孔与外圆的同轴度要求。

图 2-7c 所示为双顶尖装夹，左边为内拨顶尖（又称梅花顶尖），右边为伞形顶尖。该装夹结构简单，装夹方便，适用于套类零件且内表面已经加工后的表面，可较好地保证内、外圆的同轴度。

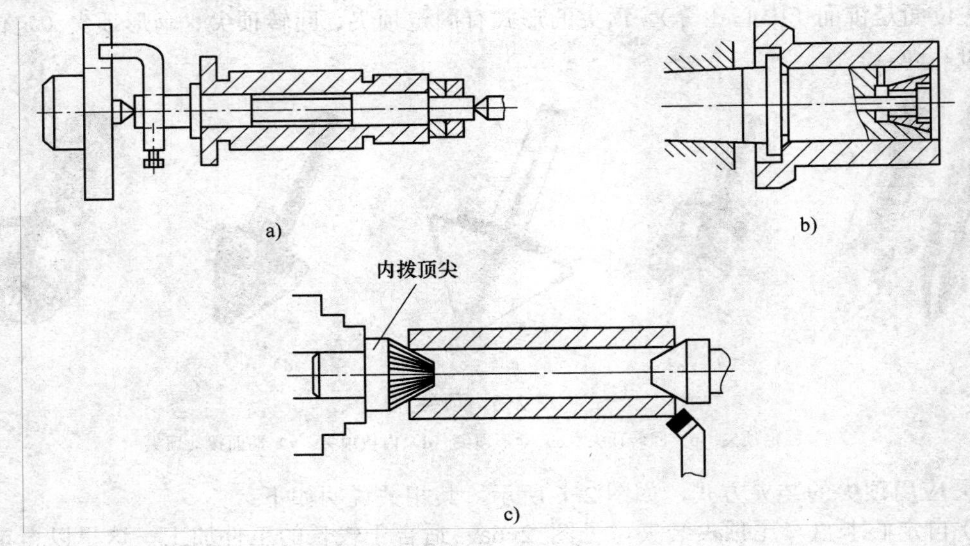

图 2-7 心轴定位装夹

a）双顶尖心轴 b）弹性心轴 c）双顶尖装夹

3．工艺基准与装夹方案的表达

1）工艺基准的概念　工艺基准为工艺过程中采用的基准，包括工序基准、定位基准、测量基准和装配基准。

2）工艺基准与装夹方案的表达　为规范工艺基准的图示与表达，尽可能按照 GB/T24740－2009《技术产品文件 机械加工定位、夹紧符号表示法》要求描述，表 2-3 摘录了部分数控加工过程中可能用到的定位支承与夹紧符号以及常见装置符号，供参考。

表 2-3 数控加工常用定位支承与夹紧符号以及常见装置符号（GB/T24740—2009 摘录）

类型		符号及名称			
定位支承符号	标注在视图轮廓线上				3
	标注在视图正面				3
	符号名称	固定式定位支承	活动式定位支承	辅助支承	限制自由度表达
夹紧符号	标注在视图轮廓线上		Y	Q	D
	标注在视图正面		Y	Q	D
	符号名称	手动夹紧	液压夹紧	气动夹紧	电磁夹紧

（续）

类型		符号及名称						
顶尖符号	符号							
	名称	固定顶尖	内顶尖	回转顶尖	浮动顶尖	内拨顶尖	外拨顶尖	伞形顶尖
心轴符号	符号							
	名称	圆柱心轴	螺纹心轴	弹性心轴或弹簧夹头	锥度心轴			
常见装置符号	符号							
	名称	自定心卡盘	软爪	单动卡盘	圆柱衬套	螺纹衬套	拨杆	
	符号							
	名称	垫铁	压板	平口钳	V 形铁（块）	可调支承	角铁	

表 2-4 列举了部分常见数控车削装夹组合表达方式，供参考。

表 2-4　数控车削加工部分常见装夹方案示例与分析

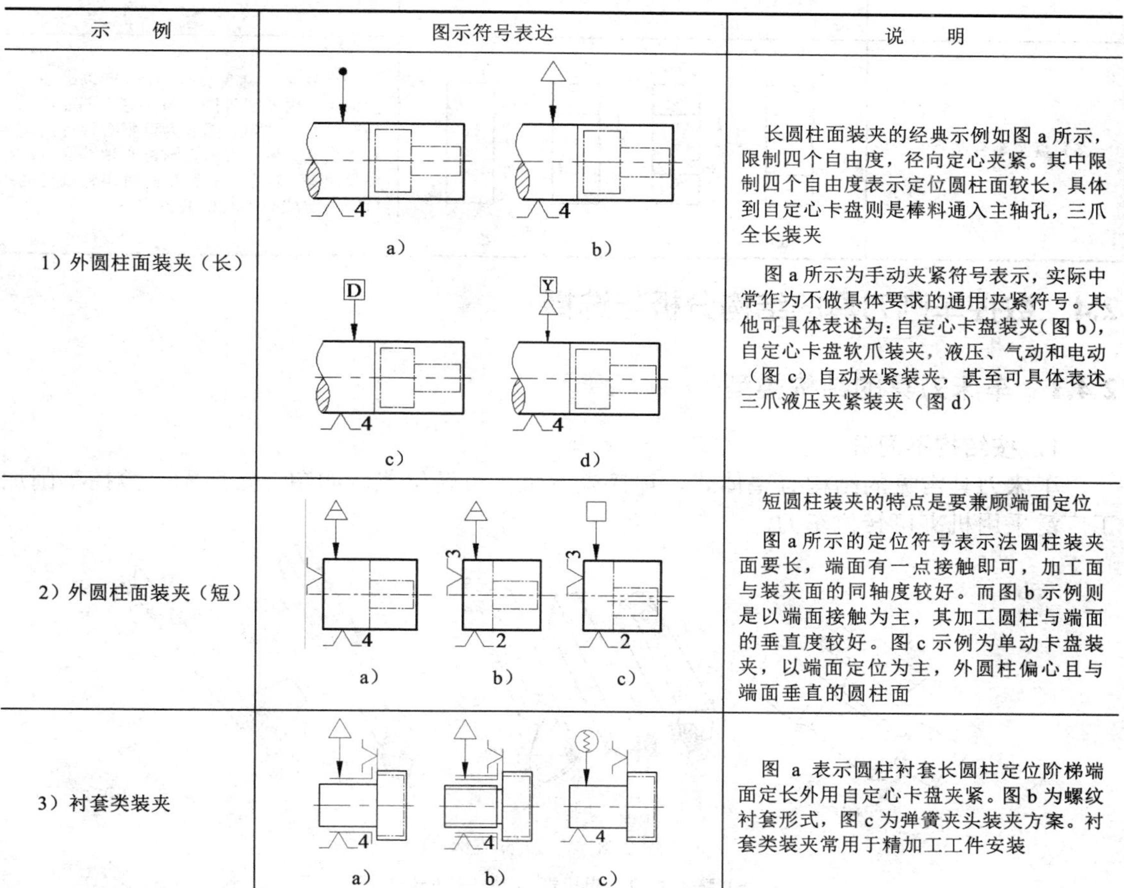

示　例	图示符号表达	说　明
1）外圆柱面装夹（长）	a）　b）　c）　d）	长圆柱面装夹的经典示例如图 a 所示，限制四个自由度，径向定心夹紧。其中限制四个自由度表示定位圆柱面较长，具体到自定心卡盘则是棒料通入主轴孔，三爪全长装夹 图 a 所示为手动夹紧符号表示，实际中常作为不做具体要求的通用夹紧符号。其他可具体表述为：自定心卡盘装夹（图 b），自定心卡盘软爪装夹，液压、气动和电动（图 c）自动夹紧装夹，甚至可具体表述三爪液压夹紧装夹（图 d）
2）外圆柱面装夹（短）	a）　b）　c）	短圆柱装夹的特点是要兼顾端面定位 图 a 所示的定位符号表示法圆柱装夹面要长，端面有一点接触即可，加工面与装夹面的同轴度较好。而图 b 示例则是以端面接触为主，其加工圆柱与端面的垂直度较好。图 c 示例为单动卡盘装夹，以端面定位为主，外圆柱偏心且与端面垂直的圆柱面
3）衬套类装夹	a）　b）　c）	图 a 表示圆柱衬套长圆柱定位阶梯端面定长外用自定心卡盘夹紧。图 b 为螺纹衬套形式，图 c 为弹簧夹头装夹方案。衬套类装夹常用于精加工工件安装

（续）

示　　例	图示符号表达	说　　明
4）细长轴类工件和管件顶尖装夹	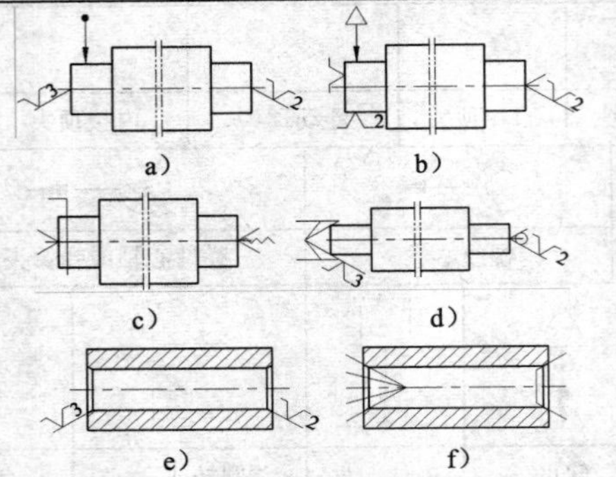 a） b） c） d） e） f）	长轴工件加工刚性是主要矛盾，常通过预钻中心孔定位装夹。图a所示为经典的双顶尖装夹示例。其夹紧符号表示能传递转矩 图b所示为自定心卡盘装夹，图c所示为拨杆（俗称鸡心夹头）传递转矩，图d所示为外拨顶尖传递转矩。右端的顶尖可考虑固定顶尖、浮动顶尖和回转顶尖的方案 图e所示为管件双顶尖装夹示例，其与图a的差异是利用管件内孔倒角模拟中心孔，同时顶尖形式变化为内拨顶尖定位并传力，另一端伞形顶尖
5）心轴内孔装夹	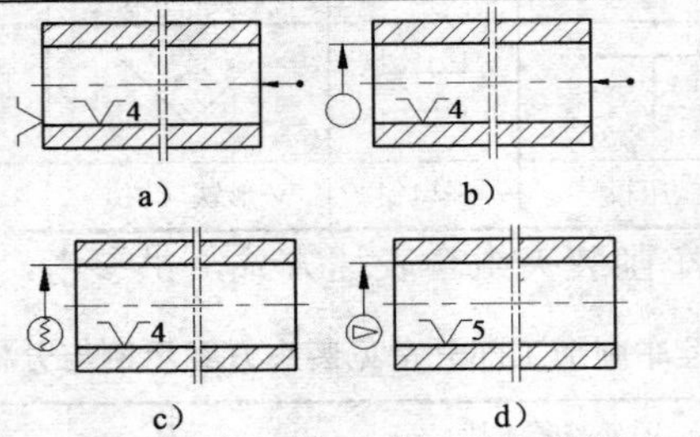 a） b） c） d）	基于空心管件内孔定位也是实际中常见的装夹方法。图a所示为其基本的定位夹紧方法表述 图b所示为长圆柱心轴定位，心轴端面螺母夹紧示例。图c所示为弹性可胀长心轴装夹，可消除图b圆柱心轴间隙的定位误差。图d所示为小锥度心轴定位夹紧方案，其加工的外圆柱面与内孔的同轴度精度最高
6）盘类零件装夹	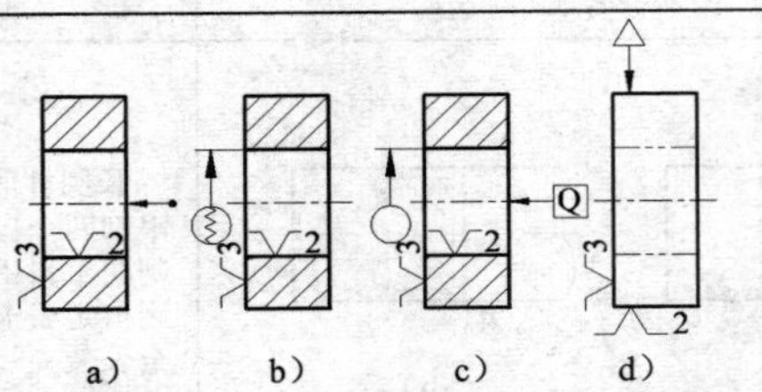 a） b） c） d）	短回转体又称盘类零件，一般以端面定位为主，内孔或外圆定位为辅。图a所示为典型装夹方案。图b为可胀心轴径向定心并夹紧，图c所示为圆柱心轴端面气动夹紧装夹，若无内孔可用时可用外圆柱面自定心定位与夹紧的装夹方案

2.4　数控车削刀具的结构分析与选择

2.4.1　车床刀具的结构类型

1. 按结构不同分

车床刀具常见的结构有整体式、焊接式及机夹可转位式，如图2-8所示。数控车削加工广泛采用机夹可转位车刀。

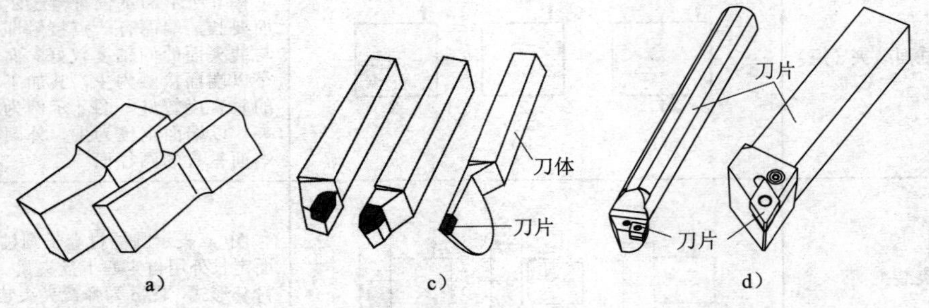

图2-8　车刀的结构

a）整体式　b）焊接式　c）机夹可转位式

2．按加工表面的特征分

机夹可转位车刀按加工面的特征不同可分外圆与端面、内孔、切断与切槽和螺纹四种类型，见图 2-9 所示。

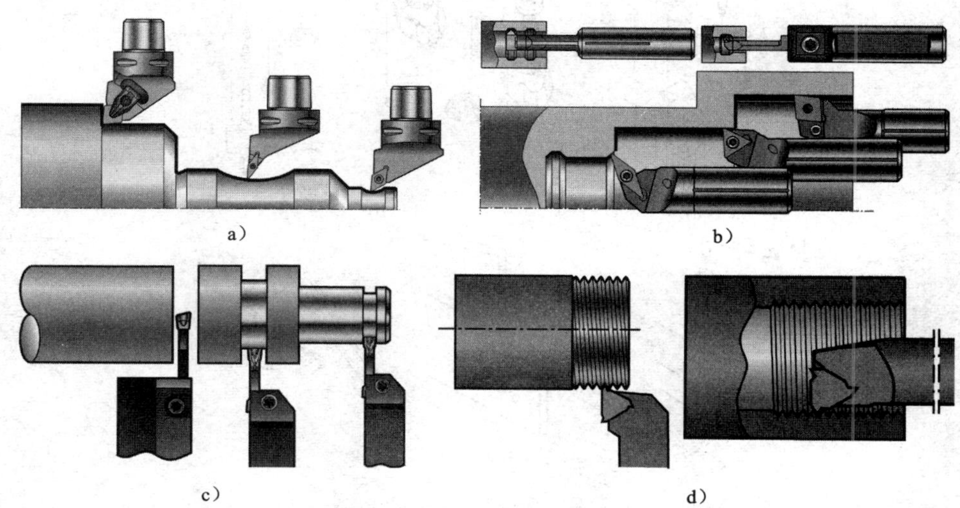

图 2-9　机夹可转位车刀的类型

a）外圆与端面　b）内孔　c）切断与切槽　d）螺纹

3．车刀刀片的材料简介

除高速钢制造的整体刀具外，其他车刀的刀片均采用与刀体不同的材料制作。数控车床的刀片材料主要有硬质合金、涂层硬质合金、陶瓷、立方氮化硼（CBN）和聚晶金刚石（PCD）等。其中，硬质合金刀片应用广泛。按照化学成分的不同，硬质合金可分为钨钴类硬质合金（代号为 YG）、钨钴钛类硬质合金（代号为 YT）和在上述两种硬质合金基础上添加钽和铌的通用硬质合金（代号为 YW），其对应于 ISO 标准的 K、P、M 类硬质合金。TG 类硬质合金适合加工铸铁及有色金属材料，YT 类硬质合金适合加工碳素钢或合金钢类材料，而 YW 类硬质合金适合加工铸铁、有色金属和碳素钢等。涂层硬质合金刀片的表面涂层材料常见的有 Al_2O_3、TiC、TiN 及其他的镀覆材料，硬质合金刀片表面镀覆涂层后其刀具寿命可提高数倍。

2.4.2　机夹可转位车刀

1．机夹可转位车刀的概念

机夹可转位车刀的刀片是用机械夹固的方法夹紧在刀体上，其刀片具有多个切削刃，当某一个切削刃磨钝后，可更换另一个新切削刃进行加工，所有切削刃磨钝后更换新的刀片，更换下来的刀片一般不重磨。

2．机夹可转位车刀刀片的夹固方式

机夹可转位车刀刀片的夹紧方式主要有压板压紧式、复合压紧式、杠杆压紧式和螺钉压紧式。

（1）压板压紧夹固方式　采用螺钉-压板夹固的方式夹紧刀片，如图 2-10 所示。

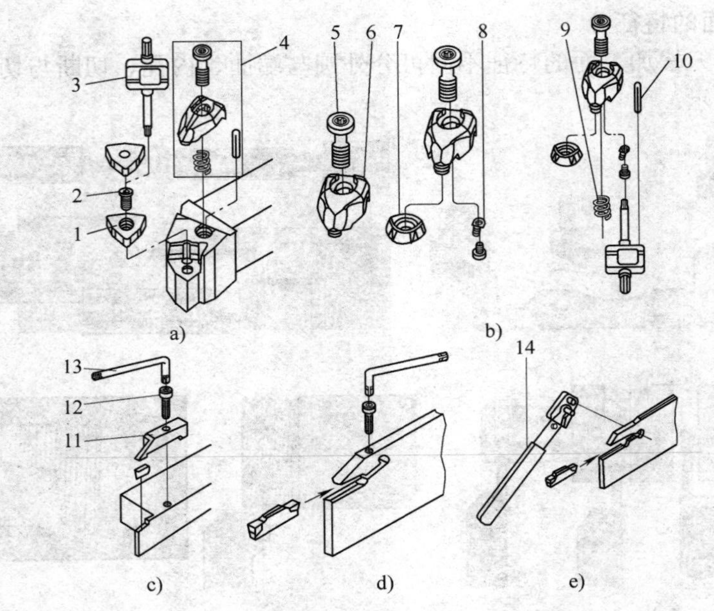

图 2-10 压板压紧夹固方式

a）外圆车刀压板夹紧 b）夹紧组件 c）、d）、e）切断与切槽刀

1—刀垫 2—刀垫螺钉 3—刀垫螺钉扳手 4—夹紧组件 5—螺钉 6、11—压块 7—压板 8—钩 9—弹簧 10—销 12—夹紧螺钉 13—扳手 14—刀片扳手

（2）复合压紧夹固方式 所谓复合压紧是指用两种或两种以上的夹紧方式夹固刀片，如图 2-11 所示。其中，图 2-11a、b 所示分别为外圆和内孔的螺钉+压块复合夹紧夹固方式，这里锁销 2 的作用有两个，一是压紧刀垫，二是利用上部的圆柱销固定刀片，并承受一定的横向力，且在压块的作用下夹紧刀片；图 2-11c、d 所示为销+楔块复合夹紧夹固方式，两者仅销的紧固方式不同，这里，销 8 的作用与图 2-11a、b 中的锁销 2 的效果基本相同。

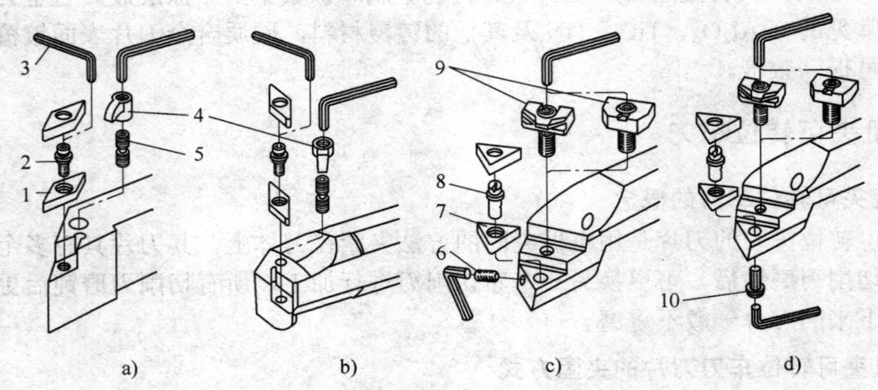

图 2-11 复合压紧夹固方式

a)、b）螺钉+压块复合夹紧夹固 c)、d）销+楔块复合夹紧夹固

1、7—刀垫 2—锁销 3—扳手 4—压板 5—夹紧螺钉 6、10—螺钉 8—销 9—夹紧组件

（3）杠杆压紧夹固方式　采用杠杆原理夹紧刀片，如图2-12所示。

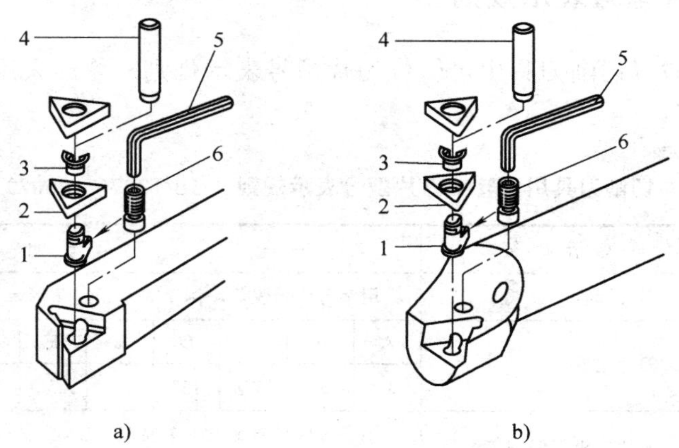

图2-12　杠杆压紧夹固方式

a）外圆车刀　b）内孔车刀

1—杠杆　2—刀垫　3—刀垫销　4—刀垫销冲子　5—扳手　6—螺钉

（4）螺钉压紧夹固方式　采用螺钉压紧的方式夹紧刀片，如图2-13所示。其中，图2-13a、b分别为螺钉压紧式外圆与内孔车刀的刀片夹固方式，图中刀片螺钉扳手5是扭矩扳手，必须配套使用；图2-13c为切断或切槽车刀的螺钉压紧方式；图2-13d为内孔切槽车刀的螺钉压紧方式。

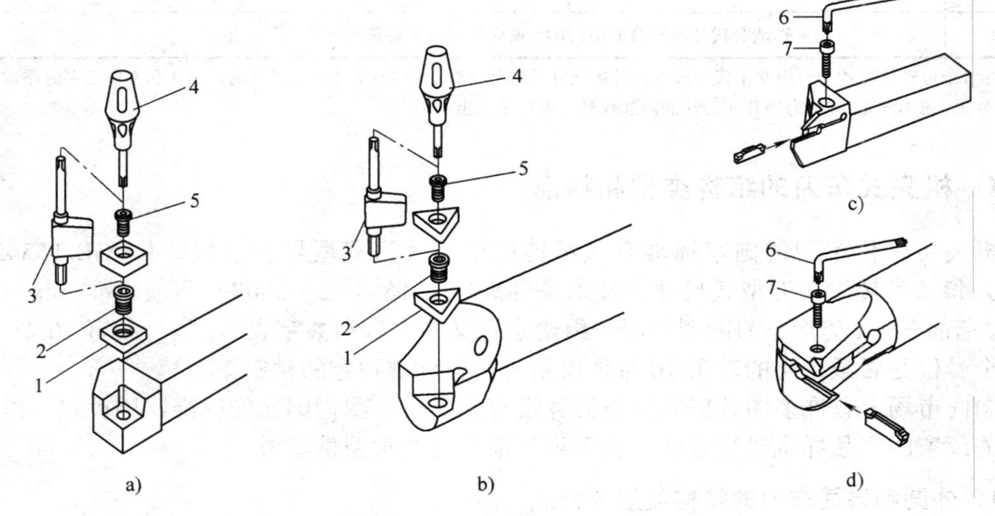

图2-13　螺纹压紧夹固方式

a）外圆车刀　b）内孔车刀　c）切断与切槽　d）内孔切槽

1—刀垫　2—刀垫螺钉　3—刀垫螺钉扳手　4—刀片螺钉

5—刀片螺钉扳手　6—压紧螺钉　7—压紧螺钉

2.4.3 可转位刀片型号表示规则

GB/T2076—2007《切削刀具用可转位刀片型号表示规则》修改采用了ISO国际标准，其编号规则见表2-5。

表2-5 切削刀具用可转位刀片型号表示规则（GB/T2076—2007）摘录

<table>
<tr><th>号位</th><th>示例</th><th>表示特征</th><th colspan="10">代号说明</th></tr>
<tr><td>1</td><td>T</td><td>刀片形状</td><td colspan="10">用字母代号表示，例T表示正三角形</td></tr>
<tr><td rowspan="2">2</td><td rowspan="2">P</td><td rowspan="2">刀片法后角</td><td>A</td><td>B</td><td>C</td><td>D</td><td>E</td><td>F</td><td>G</td><td>N</td><td>P</td><td>O</td></tr>
<tr><td>3°</td><td>5°</td><td>7°</td><td>15°</td><td>20°</td><td>25°</td><td>30°</td><td>0</td><td>11°</td><td>特殊</td></tr>
<tr><td>3</td><td>G</td><td>刀片的极限偏差等级</td><td colspan="10">用字母代号表示三个主要刀片参数（d、m、s）的极限偏差，例G表示d=±（0.08～0.25）mm，m=±（0.13～0.38）mm，s=0.13mm</td></tr>
<tr><td>4</td><td>N</td><td>夹固形式及有无断屑槽</td><td colspan="10">用字母代号表示，例N表示无固定孔及无断屑槽</td></tr>
<tr><td>5</td><td>16</td><td>刀片边长</td><td colspan="10">用数字代号表示，例16表示刀片边长省略小数部分后为16mm</td></tr>
<tr><td>6</td><td>03</td><td>刀片厚度</td><td colspan="10">用数字代号表示，例03表示刀片厚度省略小数部分后为3mm（不足两位数字前加0）</td></tr>
<tr><td>7</td><td>08</td><td>刀尖角形状</td><td colspan="10">用数字代号表示，例08表示刀尖圆角为0.8mm（不足两位数字前加0，00表示尖角）</td></tr>
<tr><td>8</td><td>E</td><td>切削刃截面形状</td><td colspan="10">用字母代号表示，为可选代号，例E表示倒圆切削刃</td></tr>
<tr><td>9</td><td>N</td><td>切削方向</td><td colspan="10">用字母代号表示，为可选代号，有右切、左切及双向三种，例N表示双向切削方式</td></tr>
<tr><td>13</td><td>…</td><td colspan="11">制造商代号或符合GB/T2075规定的切削材料表示代号</td></tr>
</table>

注：1. 可转位刀片一般用9个代号表示刀片的尺寸及其他特性，第1～7号位是必需的，第8和9在需要时添加。
2. 第10～12号位为镶片式刀片的附加代号，表中未列出。

2.4.4 机夹式车刀的结构类型和特点

机夹可转位车刀的国家标准有《可转位车刀及刀夹型号表示规则》（GB/T5343.1—2007）和《可转位车刀型式尺寸和技术条件》（GB/T5343.2—2007）两项标准，将可转位外圆、端面车刀、仿形车刀的型号用一组给定意义的字母和数字表示。型号共有10个号位，前9个号位是必须使用的，第10号位仅用于符合标准规定的精密车刀。

国内市场上有许多国外厂家的车刀并没有完全采用我们国家的标准，因此选用时可参阅相关厂家的产品样本进行查阅。以下列举部分结构类型供参考。

1. 外圆和端面车刀的结构类型与特点

图2-14所示为复合压紧式外圆和端面可转位车刀的类型与切削面。复合压紧式车刀能承受较大的切削负荷和冲击，适用于重负荷、断续车削和粗加工等。

图2-15所示为螺钉压紧式外圆和端面可转位车刀的类型与切削面。螺纹压紧式车刀结构简单，切屑流动比较通畅，适用于轻载加工的精加工场合。

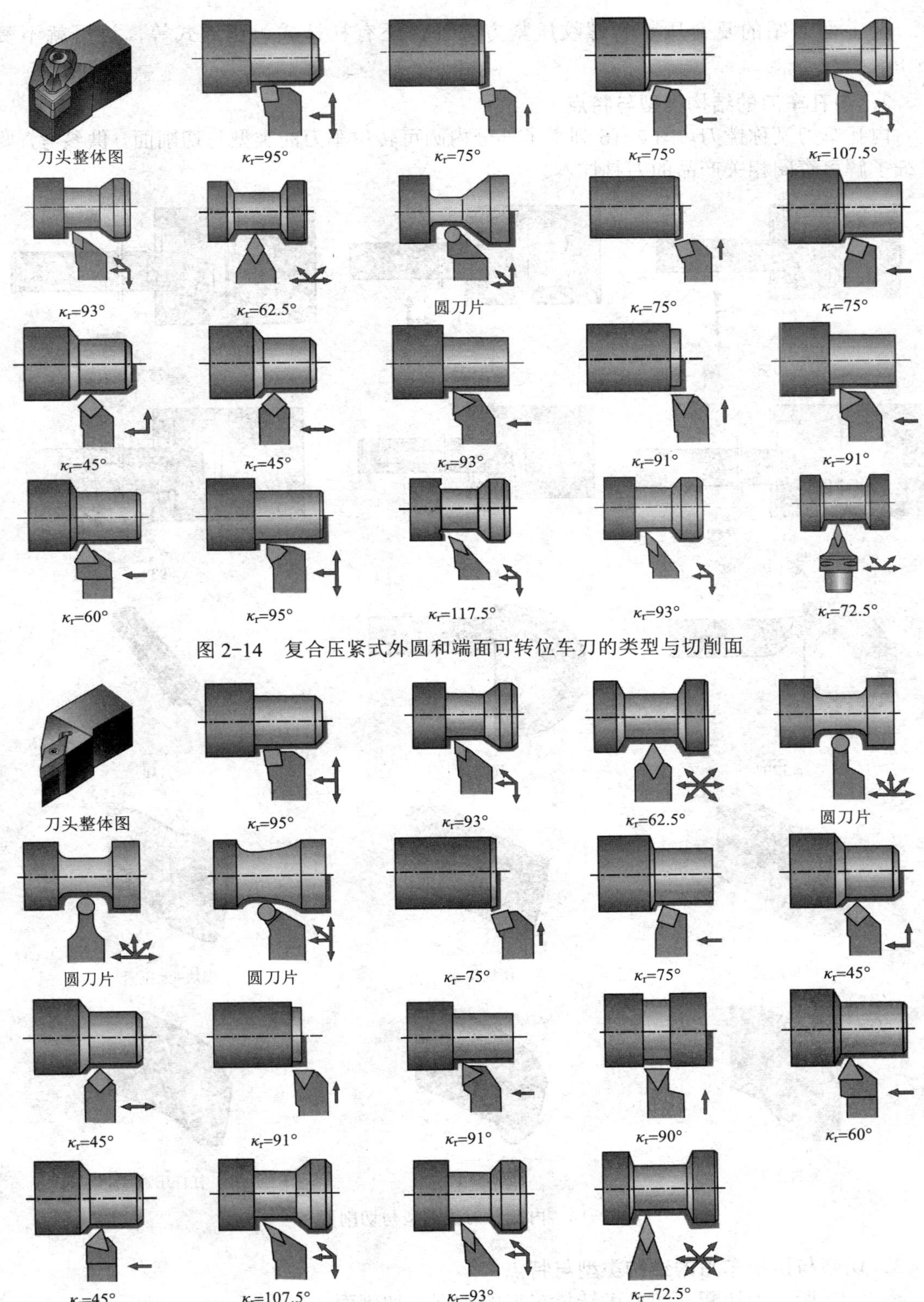

图 2-14　复合压紧式外圆和端面可转位车刀的类型与切削面

图 2-15　螺纹压紧式外圆和端面可转位车刀的类型与切削面

除上面介绍的复合压紧和螺纹压紧方式外，还有杠杆式、压板式等，这里就不赘述了。

2. 内孔车刀的结构类型与特点

内孔车刀又称镗刀。图 2-16 列举了部分内圆可转位车刀的类型与切削面，供参考，要详细了解可查阅相关产品的刀具样本。

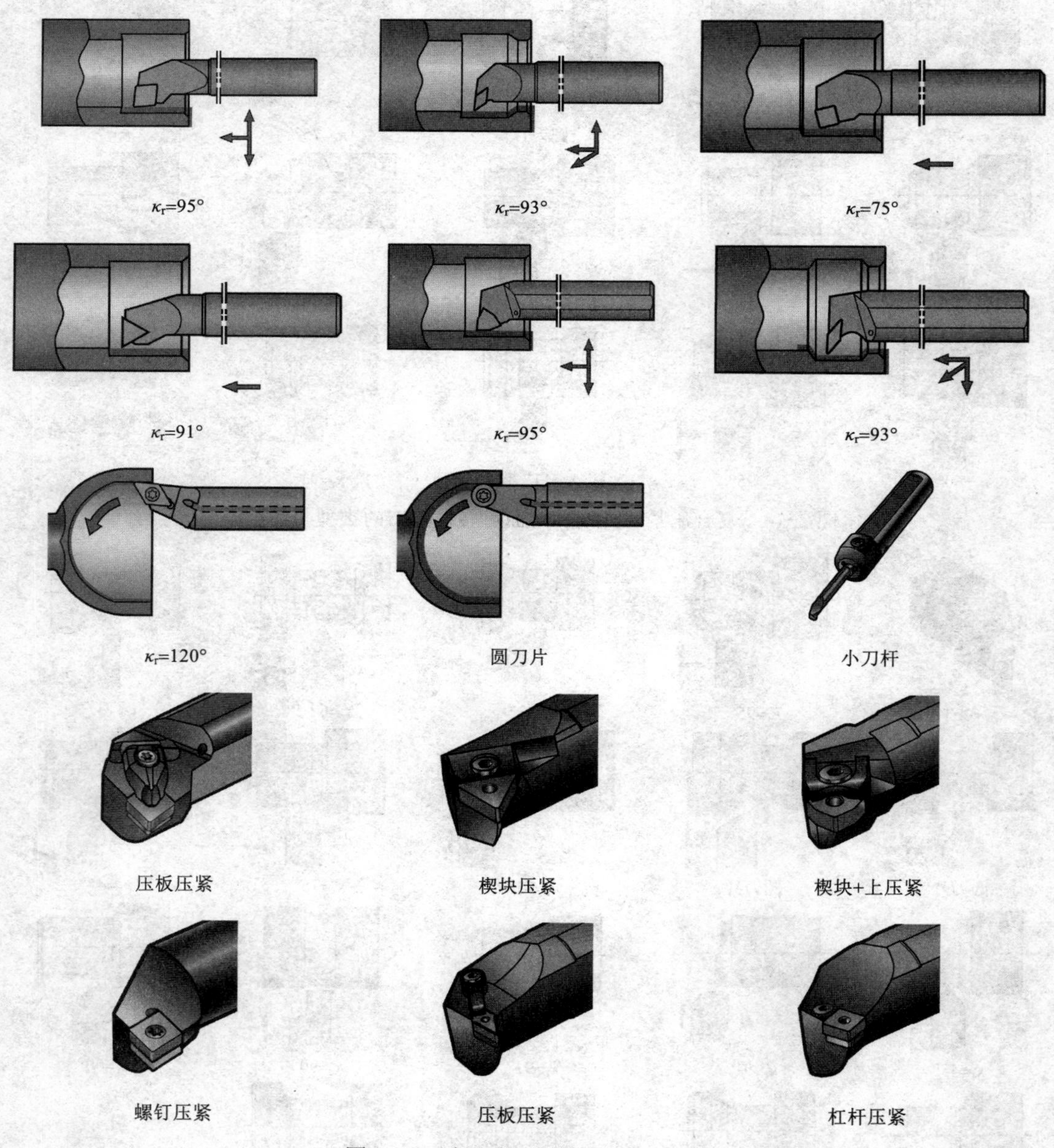

图 2-16 内孔车刀的类型与切削面

3. 切断与切槽车刀的结构类型与特点

图 2-17 所示为切断与切槽可转位车刀的类型与切削面。

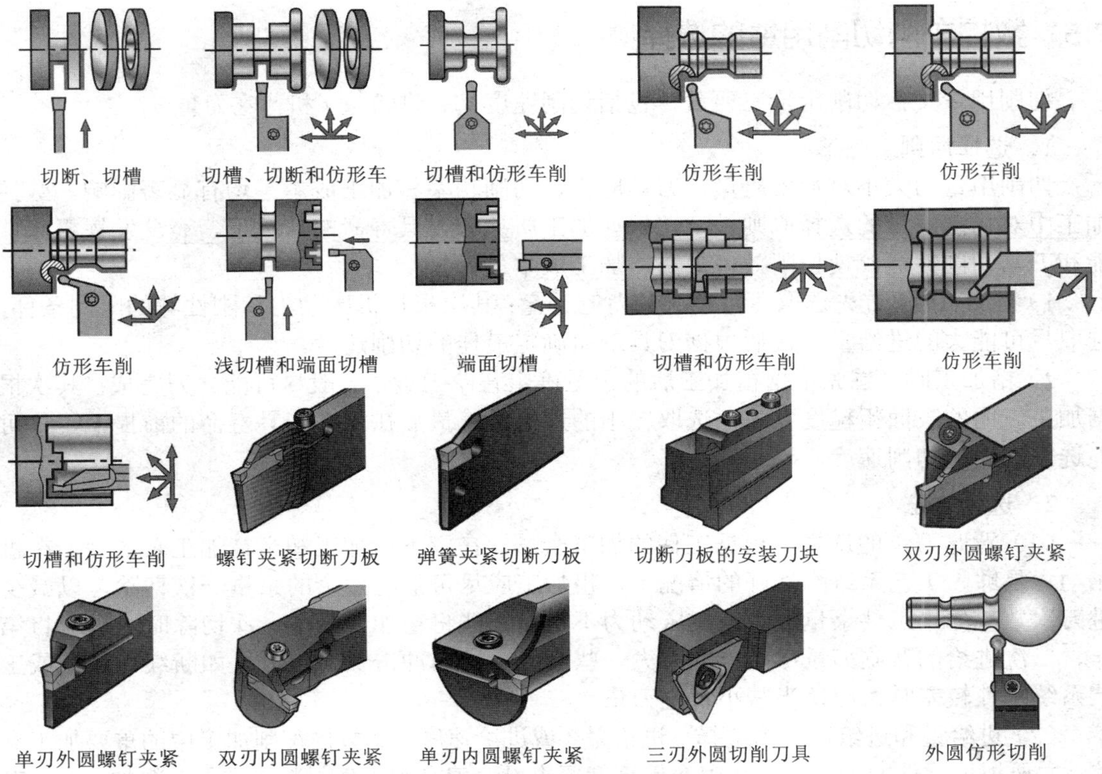

切断、切槽　切槽、切断和仿形车　切槽和仿形车削　仿形车削　仿形车削

仿形车削　浅切槽和端面切槽　端面切槽　切槽和仿形车削　仿形车削

切槽和仿形车削　螺钉夹紧切断刀板　弹簧夹紧切断刀板　切断刀板的安装刀块　双刃外圆螺钉夹紧

单刃外圆螺钉夹紧　双刃内圆螺钉夹紧　单刃内圆螺钉夹紧　三刃外圆切削刀具　外圆仿形切削

图 2-17　切断与切槽可转位车刀的类型与切削面

4. 螺纹车刀的结构类型与特点

图 2-18 所示为可转位螺纹车刀的类型与切削方式。

图 2-18　可转位螺纹车刀的类型与切削方式

2.5 数控车削切削用量的选择

切削用量又称切削用量三要素，包括切削速度 v_c、进给量 f 和背吃刀量 a_p。

1. **选择原则**

切削用量的大小对加工质量、刀具磨损、切削功率和加工成本等均有显著影响。数控加工中对切削用量的选择原则是，在保证加工质量和刀具寿命的前提下，充分发挥机床性能和刀具切削性能，使切削效率最高，加工成本最低。

1）粗加工时，首先选取尽可能大的背吃刀量；其次根据机床动力和刚性等的限制条件，选取尽可能大的进给量；最后根据刀具寿命确定最佳的切削速度。

2）精加工时，首先根据粗加工后的余量确定背吃刀量，一般尽可能一刀完成；其次根据加工表面的表面粗糙度要求，选取较小的进给量；最后在保证刀具寿命的前提下，尽可能选取较高的切削速度。

2. **选择方法**

（1）背吃刀量的选择　根据工件的加工余量，在留下精加工和半精加工余量后，在机床动力足够、工艺系统刚性好的情况下，粗加工应尽可能将剩余的余量一次切除，以减少进刀次数。如果工件余量过大或机床动力不足而不能将粗加工余量一次切除时，也应将第一、二次进给的背吃刀量尽可能取得大一些。另外，当冲击负荷较大（如断续切削）或工艺系统刚性较差时，应适当减小背吃刀量。

（2）进给量和进给速度的选择　进给量（或进给速度）是数控车削加工中的重要加工参数，主要根据零件的加工精度和表面粗糙度要求以及刀具和工件材料来选择。粗加工时，对加工表面质量要求不高，进给量（或进给速度）可以选择得大一些，以提高生产效率。而半精加工及精加工时，表面质量要求高，因此进给量（或进给速度）应选择得小一些。

最大进给速度受机床刚性和进给系统性能等限制。一般数控机床进给速度是连续可调的，并可在加工过程中通过机床操作面板上的进给速度倍率开关在一定范围内进行人工修调。

（3）切削速度的选择　切削速度对刀具寿命的影响最大，其选择时主要考虑刀具和工件材料以及切削加工的经济性，必须保证刀具的经济使用寿命。同时切削负荷不能超过机床的额定功率。在选择切削速度时还应考虑以下因素：

1）要注意避开生成积屑瘤的速度范围，精加工速度应该适当提高。

2）加工带硬皮的工件或断续切削的工件时，为减小冲击和热应力，应适当降低切削速度。

3）加工大件、细长件时，应适当降低切削速度，提高刀具寿命，保证一刀能够将工件表面加工完成，避免中途换刀。

车削加工常用转速来表示切削速度的快慢，切削速度和主轴转速的关系如下：

$$n=\frac{1000v_c}{\pi d}$$

式中　v_c——主轴转速（r/min）；

v——切削速度，约等于切削点处的线速度（m/min）；

d——工件直径（一般取最大切削直径）（mm）。

从上式可见，在保证切削速度不变的情况下，直径越大，转速越低；直径越小，转速越高。这就是为什么在采用恒线速度切削时（G96），一般配合采用 G50 S_；指令钳制最大

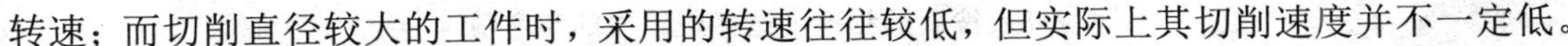

转速；而切削直径较大的工件时，采用的转速往往较低，但实际上其切削速度并不一定低。

3．切削用量的选择推荐表

表 2-6～表 2-10 列举了部分切削用量选择数据，供编程时参考。

表 2-6　硬质合金刀具切削用量参考值

工件材料	热处理状况	a_p=0.3～2mm f=0.08～0.3 mm/r	a_p=2～6 mm f=0.3～0.6 mm/r	a_p=6～10 mm f=0.6～1 mm/r
		v_c/（m/min）		
低碳钢 易切钢	热轧	140～180	100～120	70～90
中碳钢	热轧 调质	130～160 100～130	90～110 70～90	60～80 50～70
合金结构钢	热轧 调质	100～130 80～110	70～90 50～70	50～70 40～60
工具钢	退火	90～120	60～80	50～70
灰铸铁	<190HBW =190～225HBW	90～120 80～110	60～80 50～70	50～70 40～60
高锰钢（w_{Mn}=13%）		—	10～20	—
铜及铜合金		300～250	120～180	90～120
铝及铝合金		300～600	200～400	150～200
铸铝合金		100～180	80～150	60～100

注：切削钢及灰铸铁时刀具寿命为 60min。

表 2-7　数控车床切削用量简表

工件材料	加工方式	背吃刀量 a_p/mm	切削速度 v_c/（m/min）	进给量 f/（mm/r）	刀具材料
碳素钢 σ_b>600MPa	粗加工	5～7	60～80	0.2～0.4	YT 类
		2～3	80～120	0.2～0.4	
	精加工	0.2～0.3	120～150	0.1～0.2	
	车螺纹	—	70～100	导程	
	钻中心孔	—	500～800r/min	—	W18Cr4V
	钻孔	—	1～30	0.1～0.2	
	切断（宽度<5mm）	—	70～110	0.1～0.2	YT 类
合金钢 σ_b=1470MPa	粗加工	2～3	50～80	0.2～0.4	YT 类
	精加工	0.1～0.15	60～100	0.1～0.2	
	切断（宽度<5mm）	—	40～70	0.1～0.2	
铸铁 硬度<200HBW	粗加工	2～3	50～70	0.2～0.4	YG 类
	精加工	0.1～0.15	70～100	0.1～0.2	
	切断（宽度<5mm）	—	50～70	0.1～0.2	
铝	粗加工	2～3	600～1000	0.2～0.4	
	精加工	0.2～0.3	800～1200	0.1～0.2	
	切断（宽度<5mm）	—	600～1000	0.1～0.2	
黄铜	粗加工	2～4	400～500	0.2～0.4	
	精加工	0.1～0.15	450～600	0.1～0.2	
	切断（宽度<5mm）	—	400～500	0.1～0.2	

表 2-8　按表面粗糙度选择进给量的参考值

工件材料	表面粗糙度 Ra / μm	切削速度 v_c/（m/min）	刀尖圆弧半径 $r_ε$/mm 0.5	1.0	2.0
			进给量 f /（mm/r）		
铸铁、青铜、铝合金	>5～10	不限	0.25～0.40	0.40～0.50	0.50～0.60
	>2.5～5		0.15～0.25	0.25～0.40	0.40～0.60
	>1.25～2.5		0.10～0.15	0.15～0.20	0.20～0.35
碳素钢及合金钢	>5～10	<50	0.30～0.50	0.45～0.60	0.55～0.70
		>50	0.40～0.55	0.55～0.65	0.65～0.70
	>2.5～5	<50	0.18～0.25	0.25～0.30	0.30～0.40
		>50	0.25～0.30	0.30～0.35	0.30～0.50
	>1.25～2.5	<50	0.10	0.11～0.15	0.15～0.22
		50～100	0.11～0.16	0.16～0.25	0.25～0.35
		>100	0.16～0.20	0.20～0.25	0.25～0.35

注：$r_ε$=0.5mm，12mm×12mm 以下刀杆；$r_ε$=1.0mm，30mm×30mm 以下刀杆；$r_ε$=2.0mm，30mm×45mm 以下刀杆。

表 2-9　按刀杆尺寸和工件直径选择进给量的参考值

工件材料	车刀刀杆尺寸 $\frac{B}{mm}\times\frac{H}{mm}$	工件直径 d_w/mm	背吃刀量 a_p/mm ≤3	>3～5	>5～8	>8～12	>12
			进给量 f /（mm/r）				
碳素结构钢、合金结构钢及耐热钢	16×25	20	0.3～0.4	–	–	–	–
		40	0.4～0.5	0.3～0.4	–	–	–
		60	0.6～0.9	0.4～0.6	0.3～0.5	–	–
		100	0.6～0.9	0.5～0.7	0.5～0.6	0.4～0.5	–
		400	0.8～1.2	0.7～1.0	0.5～0.8	0.5～0.6	–
	20×30 25×25	20	0.3～0.4	–	–	–	–
		40	0.4～0.5	0.3～0.4	–	–	–
		60	0.5～0.7	0.5～0.7	0.4～0.6	–	–
		100	0.8～1.0	0.7～0.9	0.5～0.7	0.4～0.7	–
		400	1.2～1.4	1.0～1.2	0.8～1.0	0.6～0.9	0.4～0.6
铸铁及铜合金	16×25	40	0.4～0.5	–	–	–	–
		60	0.5～0.9	0.5～0.8	0.4～0.7	–	–
		100	0.9～1.3	0.8～1.2	0.7～1.0	0.5～0.7	–
		400	1.0～1.4	1.0～1.2	0.8～1.0	0.6～0.8	–
	20×30 25×25	40	0.4～0.5	–	–	–	–
		60	0.5～0.9	0.5～0.8	0.4～0.7	–	–
		100	0.9～1.3	0.8～1.2	0.7～1.0	0.5～0.8	–
		400	1.2～1.8	1.2～1.6	1.0～1.3	0.9～1.1	0.7～0.9

注：1．加工断续表面及有冲击的工件时，表内进给量应乘以系数 k=0.75～0.85。

2．在小批量生产时，表内进给量应乘系数 k=1.1。

3．加工耐热钢及合金钢时，进给量≤1mm/r。

4．加工淬硬钢时，进给量应减小，当钢的硬度为 44～56HRC 时乘以系数 k=0.8；当钢的硬度为 57～62HRC 时乘以系数 k=0.3。

表 2-10　切断及切槽的进给量

工件直径	切刀宽度	加工材料	
		碳素结构钢、合金结构钢及钢铸件	铸铁、铜合金及铝合金
		进给量 f/（mm/r）	
≤20	3	0.06～0.08	0.11～0.14
>20～40	3～4	0.10～0.12	0.16～0.19
>40～60	4～5	0.13～0.16	0.20～0.24
>60～100	5～8	0.16～0.23	0.24～0.32
>100～150	6～10	0.18～0.26	0.30～0.40
>150	10～15	0.28～0.36	0.40～0.55

注：1．在直径大于 60mm 的实心材料上切断，当切刀接近零件轴线 0.05mm 时，表中进给量应减少 40%～50%。

2．加工淬硬钢时，表内进给量应减小 30%（当硬度<50HRC 时）或 50%（当硬度>50HRC 时）。

第3章　数控车床的基本操作

数控编程与机床操作是密不可分的关系，要想成为一位好的编程人员，必定要对数控机床的基本操作有较深刻的了解，甚至有些编程的内容本身就需在操作中最终操作完成，如工件坐标系的建立、刀具位置补偿和刀尖半径补偿等。

3.1　机床数控系统操作面板的组成

机床数控系统操作面床的组成及 CKA6150 型卧式数控车床机床操作面板的布局如图 3-1 所示。

机床数控系统的操作面板一般包括两部分，即数控系统的 LCD/MDI 操作面板及机床操作面板，前者是数控系统的生产厂家提供，同一系统的数控机床均是相同的；而后者则是由生产厂家设计制造的，不同厂家的机床操作面板布局上差异是比较大的，但功能基本相同。

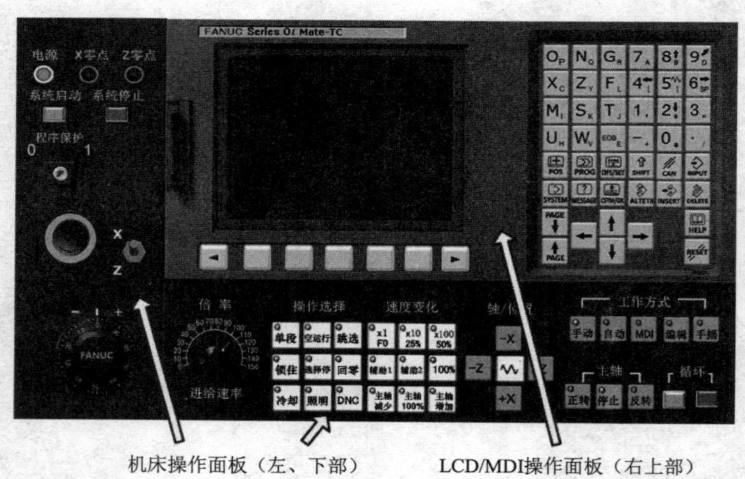

图 3-1　数控车床的操作面板

FANUC 0i mate-TC 数控系统的 LCD/MDI 操作面板介绍如下：

1. LCD/MDI 操作面板

LCD/MDI 操作面板（图 3-2）是数控系统（CNC）操作面板，包括显示与操作键盘两部分，近年出品的数控系统以液晶显示器（Liquid Crystal Display，缩写为 LCD）居多。MDI 是手动数据输入（Manual Data Input）的英文缩写，是各种参数设置，程序输入、编辑和修改，显示页面的切换等的设定区域，其实质上是一个由各种按键构成的键盘操作区。

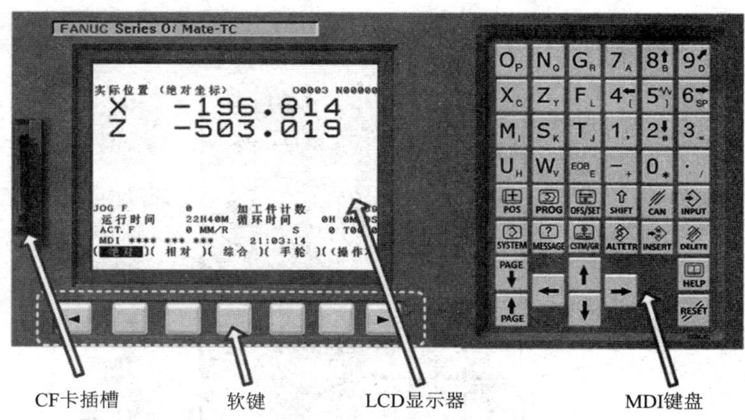

图 3-2　FANUC 0i mate-TC 数控系统 LCD/MDI 操作面板

2．外部数据输入/输出设备接口

FANUC 0i mate-TC 数控系统外部输入/输出接口主要有 CF 卡插槽及 RS232C 数据传输口，如图 3-3 所示。

使用 CF 卡传输程序方便可靠，不存在烧坏电路板的问题，推荐采用。

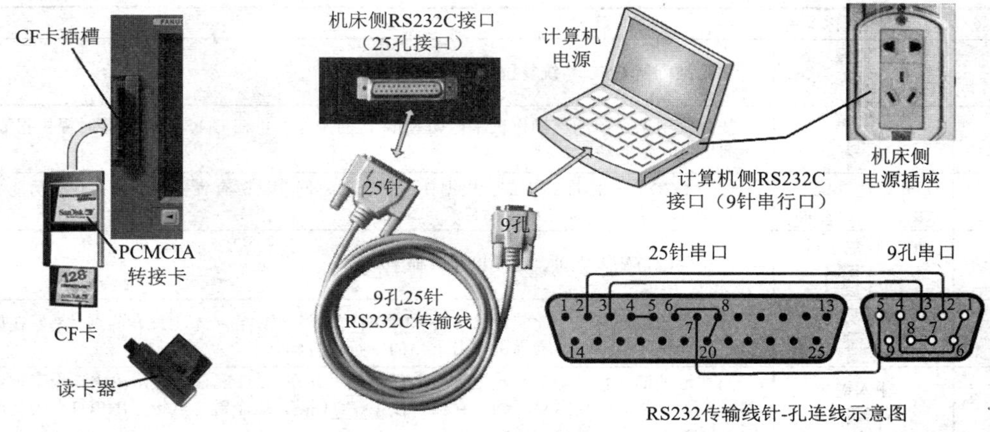

图 3-3　FANUC 0i mate-TC 数控系统输入/输出设备接口

使用 RS232C 接口传输程序时，必须将计算机机壳与机床地线可靠相连，或直接采用机床上提供的电源插座，传输线必须在断电状态下插拔，否则可能烧坏 RS232C 接口电路。RS232 传输线接口主要针-孔功能参见表 3-1。

表 3-1　RS232C 传输线接口主要针-孔功能

25 针串口	9 孔串口	功　　能	说　　明
2	3	发送数据（TXD）	1）FANUC 0i 系统多采用软件应答，且用相同的波特率等，因此 25 针串口的针 4、5 短接，针 6、8、20 短接；9 孔的孔脚 7、8 短接，孔脚 1、4、6 短接 2）未提及的针、孔悬空不管 3）为防止信号干扰，宜选用带屏蔽的多芯连接线，且屏蔽层的两段与插头的金属焊接相连 4）传输线长度不宜太长，一般不超过 12m
3	2	接收数据（RXD）	
4	7	请求发送（RTS）	
5	8	清除发送（CTS）	
6	6	数据准备好（DSR）	
7	5	信号地线（SG）	
8	1	载波检测（DTR）	
20	4	数据终端准备好（DTR）	

注：近年来很多 PC 未配置 9 孔串行口，此时，可借 USB－RS232C 转接线，借用通用的 USB 口传输程序，详见参考文献[24]。

3. MDI单元的键盘布局（图3-4）

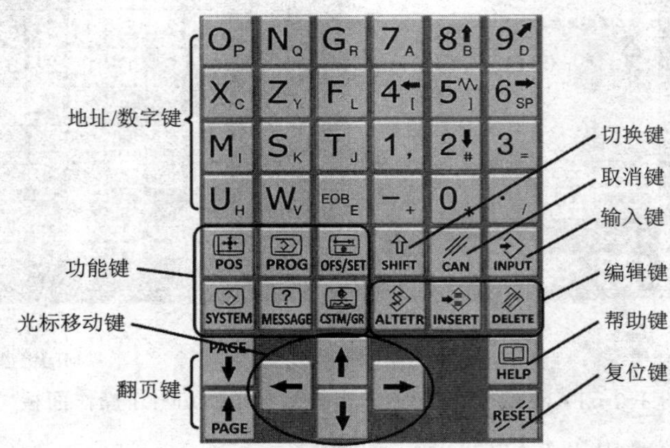

图3-4 MDI单元键盘布局

4. MDI单元键盘各按键的名称及功能详述（表3-2）

表3-2 MDI键盘按键功能说明

序　号	名　称	功　能
1	复位键	按此键可使CNC系统复位，用以消除报警等
2	帮助键	按此键用来显示如何操作机床，如MDI键的操作，可在CNC发生报警时提供报警的详细信息（帮助功能）
3	软键选择键	位于LCD显示画面的下部，根据使用场合的不同，软键有各种功能，各软键功能显示在LCD显示屏的底部（用方括号括起来的）
4	地址和数字键	按这些键可输入字母、数字以及其他字符
5	换档键（切换键）	有些键的顶部有二个字符，按 **SHIFT** 键来选择字符，当一个上三角符号“^”在屏幕的输入缓冲区显示时，表示键面右下角的字符可以输入
6	输入键	当按地址键或数字键后，数据被输入缓冲器，并在LCD屏幕上显示出来，为了把键入到输入缓冲器中的数据复制到寄存器，按 **INPUT** 键，这个键与软键［INPUT］的功能相同，按这两键的结果是一样的
7	取消键	按此键可删除已输入缓冲区的最后一个字符或符号 例：当显示键入缓冲器的数据为:〉N001×100Z_时，按 **CAN** 键，则字符Z被取消，显示为:〉N001×100_
8	程序编辑键	当编辑程序时，按这些键 ALTETR：替换。用输入缓冲区的字等替换光标所在位置的字 INSERT：插入。将输入缓冲区的字等插入光标所在位置字的后面 DELETE：删除。删除光标所在位置的字等
9	功能键	当编辑程序时，按这些键 POS：显示位置画面 PROG：显示程序画面 OFS/SET：显示偏置/设定画面 SYSTEM：显示系统画面 MESSAGE：显示信息画面 CSTM/GR：显示用户宏画面（会话式宏画面）或显示图形画面

（续）

序　号	名　称	功　能
10	光标移动键 ← ↑ ↓ →	这是四个不同方向的光标移动键 →：用于将光标朝右或前进方向移动。在前进方向，光标按一段短的单位移动 ←：用于将光标朝左或倒退方向移动。在倒退方向，光标按一段短的单位移动 ↓：用于将光标朝下或前进方向移动。在前进方向，光标按一段大尺寸单位移动 ↑：用于将光标朝上或倒退方向移动。在倒退方向，光标按一段大尺寸单位移动
11	翻页键 PAGE↑ PAGE↓	PAGE↑：用于在屏幕上朝前翻一页 PAGE↓：用于在屏幕上朝后翻一页

5．**软键**（图 3-5）

软键与功能键关系密切，例如按下图 3-5a 中的功能键 **OFE/SET**，可进入图 3-5b 所示的偏置画面。

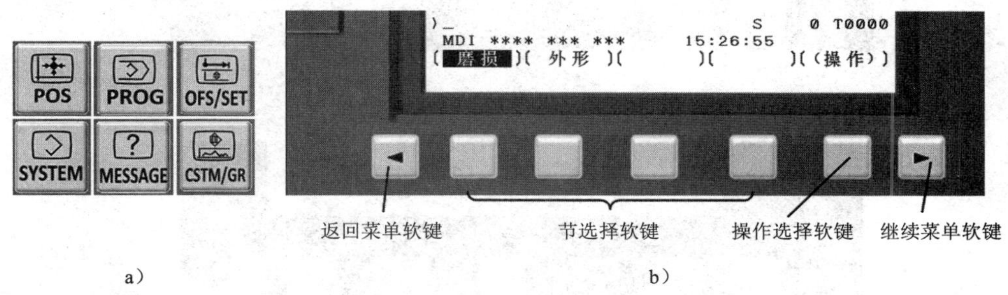

图 3-5　功能键与软键

a）功能键　b）软键

说明：

1）中间的五个软键对应显示画面下部方括号中的功能菜单。一般最后一个操作选择软键用于相应节的操作设置。

2）如果把每个功能键进入的画面比作“章”的话，那么按下功能键进入的画面就相当于章。而按各节选择软键进入的画面就相当于进入了方括号内菜单指定的“节”。

3）每一章中的“节”可能比较多，一页显示不下，这时按“继续菜单软键”就相当于向后翻页（画面），而对应的“返回菜单软键”就相当于向前翻页（画面）。

示例：以功能键 **OFS/SET**（偏置/设定）操作为例（图 3-6）。

示例 1：开机后，按功能键 **OFS/SET**，进入“偏置/设定”画面，如图 3-6a 所示。可以看出其有三个节——偏置、设定和工件系。

示例 2：在“偏置”画面中按 [偏置] 选择软键，进入“偏置/磨损（或外形）”查询画面，如图 3-6b 的“偏置/磨损”画面。在此画面中，按 [外形] 选择软键可进入“偏置/外形”画面。

示例 3：在“偏置/磨损”或“偏置/外形”画面中按 [（操作）] 选择软键，可进入“偏置/磨损”或“偏置/外形”的操作画面，如图 3-6c 所示，在此画面中可进行“外形”或“磨损”偏置号的搜索和偏置值的设置。

示例4：在图3-6a所示的偏置画面中，按下继续菜单软键►，可进入图3-6d所示的继续操作画面。

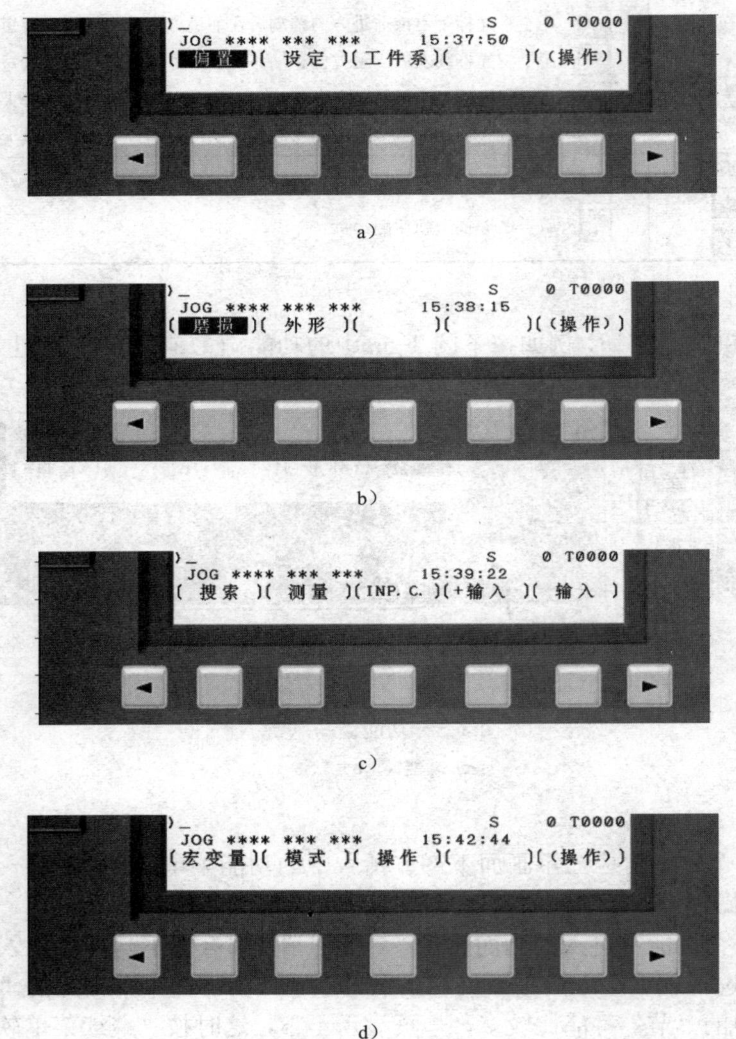

a)

b)

c)

d)

图3-6 **OFS/SET** 功能键及其软键操作示例

a)“偏置/设定”画面 b)“偏置磨损”画面 c）偏置操作画面 d）偏置继续画面

软键的操作千变万化，需要读者通过阅读数控系统操作说明书中的相应章节，并通过不断的实践逐渐掌握。

3.2 CKA6150型卧式数控车床操作面板

前面谈到，不同厂家数控车床的机床操作面板布局上存在较大的差异，但功能基本相同，表3-3所示为CKA6150型卧式数控车床操作面板各按键功能说明。

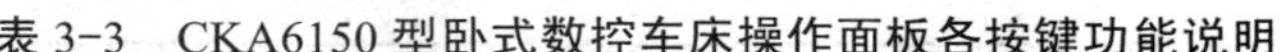

表 3-3　CKA6150 型卧式数控车床操作面板各按键功能说明

序　号	名　称	功　能
1	系统启动/停止 系统启动　系统停止	按下系统启动按钮，10～20s 后，LCD 显示初始画面，等待操作。若急停键为按下状态，则 LCD 将显示报警。放开急停键，系统启动，机床处于自检状态，并向机床润滑、冷却等机械部件供电 按下系统停止键，系统断电，LCD 将立即关闭显示，并且系统断电 系统启动/停止键主要用于 CNC 系统的通电和断电。要注意其与机床总电源的开/关顺序
2	紧急停止键	紧急停止键按下时，LCD 显示报警，顺时针旋转键释放，报警将从 LCD 消失。要强调的是，当机床超过行程，压下限位开关（选项）时，在 LCD 上也显示报警
3	电源指示灯 电源	机床通电后，指示灯点亮
4	回零指示灯 X零点　Z零点	本数控车床的回零指示灯有两个： X 轴回零指示灯：在手动方式下，回零状态下，按+X键，机床沿着+X 方向回到参考点，回到参考点后，X 零点指示灯亮。在其他方式下，离开参考点，指示灯熄灭 Z 轴回零指示灯：功能同上，这里仅是按+Z键控制 Z 轴返回参考点 注意：坐标轴采用绝对位置检测元件时，无须手动回零操作
5	程序保护锁 程序保护 0　1	程序保护锁用于防止加工程序、偏置值、参数和存储的设定数据等被错误地存储、修改或清除。在编辑方式下，通过钥匙将开关接通（状态 1），就可以编辑、修改加工程序。在执行加工程序之前，必须关断程序保护开关（状态 0）
6	单段 单段	单段键仅对自动方式有效。按下单段键，指示灯亮，系统处于单段执行状态。每按下一次循环启动键，系统将执行一个程序段并暂停，再次按下循环启动键，系统再执行一个程序段并暂停。采用这种方式可对程序及操作进行检查
7	空运行 空运行	空运行键仅对自动方式有效。按下空运行键，指示灯亮，系统处于空运行执行状态。此时，机床以参数 1410 设定的恒定进给速度运行而不检查程序中所指定的进给速度。该功能主要用于机床不装夹工件的情况下检查刀具的运动轨迹。通常在编辑加工程序后，试运行程序时使用
8	跳选 跳选	跳选键仅对自动方式有效。按下跳选键，指示灯亮，系统处于跳选执行状态。系统将跳过程序段前加有斜杠“/”符号的程序段
9	机床锁住 锁住	按下锁住键，指示灯亮，系统处于机床锁住执行状态。此时，机床进给运动轴被锁住，在手动运行或自动运行时，停止向伺服电动机输出脉冲，但依然在进行指令分配，绝对坐标和相对坐标也得到更新，操作者可以通过观察 LCD 显示屏上的位置坐标变化来检查指令编制是否正确。该功能常用于加工程序的指令和位移的检查
10	选择停止 选择停	选择停键仅对自动方式有效。按下选择停键，指示灯亮，系统处于选择停止执行状态。此时，系统在自动运行方式下执行到程序中出现“M01”指令的程序段时将停止执行，此时，主轴功能、冷却功能等也将停止，再次按下循环启动键，系统将继续执行“M01”以后的程序。该功能常常用于加工过程中的不定期检查，如尺寸测量、调整和排屑等
11	回零（选项） 回零	使用相对位置检测元件的数控机床，回零键才有用 机床工作前，必须做返回参考点操作，按+X、+Y键后，用快速移动速度移动回零点之后，用一定速度移向参考点。机床回零操作时，一般先 X 轴回零，然后再 Z 轴回零，防止刀台等碰撞尾架 回零键按下时，回零指示灯点亮，回零方式有效。可以用自动、编辑、MDI、JOG、手摇等方式取消回零方式 使用绝对位置检测元件的数控机床，无须手动回零操作

（续）

<table>
<tr><th>序号</th><th>名称</th><th colspan="2">功能</th></tr>
<tr><td>12</td><td>冷却
冷却</td><td colspan="2">CNC 启动后，可通过冷却键控制冷却的开与停</td></tr>
<tr><td>13</td><td>照明
照明</td><td colspan="2">CNC 启动后，可通过照明键控制照明的开与关</td></tr>
<tr><td>14</td><td>DNC
DNC</td><td colspan="2">DNC 运行方式是自动运行方式的一种，它是直接读取输入/输出设备上的程序使系统运行。例如在 DNC 运行方式下，可利用通信电缆连接计算机和数控系统的 RS232 接口，通过 DNC 软件把计算机上的加工程序一部分、一部分地传递给数控系统，机床运行完一部分程序后，会请求计算机再发送一部分
该功能通常用于加工程序很长，不能存储在 CNC 系统存储器中的加工程序
要实现 DNC 运行，必须预先对通信口等进行设置，详见数控系统随机附带的操作说明书以及数控机床生产厂家的使用说明书等。另外，还需要一个 DNC 传输软件</td></tr>
<tr><td rowspan="6">15</td><td rowspan="6">工作方式选择
手动 自动 MDI
编辑 手摇</td><td colspan="2">数控系统共有五种工作方式，可用工作方式选择开关或键选择，本机采用触摸面板的单选键，一次只能选择一种方式，每按下所需键，键上的指示灯点亮，选择的工作方式有效，先前选择的键自然取消</td></tr>
<tr><td>手动</td><td>手动工作方式又叫 JOG 方式。通过 X、Z 轴进给方向移动键，实现两轴各自的手动连续进给移动（进给速度由参数 1423 设定），并可通过进给倍率调节旋钮在 0～150%连续可调。而且还可以按下快速键，实现快速移动（速度由参数 1424 设定）</td></tr>
<tr><td>自动</td><td>自动工作方式又称存储器工作方式。该方式运行时，加工程序预先编辑并储存在存储器中，当选择好要运行的加工程序，设置好刀具偏置值等时，在防护门关闭的前提下，按下循环启动键，机床就按加工程序运行
在自动运行期间，若按下循环停止键，自动运行暂停，再次按下循环启动键后，自动运行恢复。当按下 MDI 面板上的复位键 RESET 后，自动运行结束并进入复位状态</td></tr>
<tr><td>MDI</td><td>MDI 工作方式也叫手动数据输入方式，它具有从 LCD/MDI 操作面板上输入少量程序段并执行该程序段的功能。该系统最多可输入 10 行程序段
MDI 方式可用于简单的测试操作，或开机后执行“S500 M03”指令起动主轴</td></tr>
<tr><td>编辑</td><td>在程序保持开关通过钥匙接通的条件下，可以编辑、修改、删除或传输工件的加工程序</td></tr>
<tr><td>手摇</td><td>手摇工作方式可实现手轮/单步方式工作
在手摇键按下后，手摇脉冲发生器（手轮）有效，通过轴选开关选择进给轴（X、Z 轴），再选择好移动步长的倍率（×1、×10、×100），转动手摇脉冲发生器，可移动所选坐标轴
在这种方式下，也能实现单步移动功能，在设置好移动轴和移动倍率后，通过 X、Z 轴的方向移动键，实现所选轴按所设最小输入增量单位的倍数值移动</td></tr>
<tr><td>16</td><td>轴选开关
X Z</td><td colspan="2">轴选开关是一个手拨开关，具有两个工作位置，对应于所选的坐标轴，用于手摇工作方式时的 X、Z 坐标轴的选择</td></tr>
<tr><td>17</td><td>速度调节键
x1 F0　x10 25%　x100 50%　100%</td><td colspan="2">速度调节键可对手摇方式下的手轮脉冲最小移动距离和手动进给方向移动键的增量距离进行调节，还可对快速移动速度进行倍率调节
在手摇工作方式下，手轮脉冲最小移动距离和手动进给方向移动键的增量距离的倍率有 3 个，分别为×1、×10、×100。其中，×1 键对应的是最小输入增量单位（默认设置是 0.001mm），而×10 或×100 键按下后，手轮脉冲最小移动距离和手动进给方向移动键的增量距离被扩大 10 倍或 100 倍，即移动距离为 0.01mm 或 0.1mm
快速移动倍率调节键有四个，分别为 F0、25%、50%、100%，其中 F0 键的移动速度由参数 1421 设定，而 25%、50%、100%键可对 G00 移动、手动快速移动等快速移动速度进行倍率调节。该功能常用于程序试切检查期间的速度调整</td></tr>
</table>

（续）

序　号	名　称	功　能
18	进给方向键 -X -Z　∿　+Z +X	进给方向键共有 X 和 Z 两个轴四个移动方向键，中间还有一个快速移动键 进给方向键在手动工作方式下可实现手动连续进给移动和手动快速移动，在手摇工作方式下可实现增量进给 在手动工作方式下，若未按下快速移动键，仅按住任一方向键，可实现指定轴指定方向的手动连续进给移动（进给速度由参数 1423 设定），移动速度可由进给速率调节旋钮调节；当同时按住快速键∿和任一方向键，可实现指定轴指定方向的快速移动（进给速度由参数 1424 设定） 在手摇工作方式下，每按一次方向移动键，可实现指定轴指定方向移动一个增量距离，一个增量距离为最小增量输入单位（一般为 0.001mm）乘以速度调节键（×1、×10、×100）
19	进给倍率调节旋钮 倍率 0 10 20 30 40 50 60 70 80 90 100 110 120 130 140 150 进给速率	进给倍率调节旋钮可对手动工作方式下的连续移动速度和自动工作方式下程序指定的进给速度 F 进行调节 进给倍率的调节范围为 0～150%连续可调。当进给倍率调节至“0”时，LCD 上将出现“FEED ZERO”的报警信息 对于手动工作方式，倍率为 100%时的移动速度由参数 1423 设定，默认设置为 1500mm/min，可根据客户要求适当调节，但最好不要大于 1500mm/min。当参数 1423 设置的移动为 1500mm/min 时，手动连续移动速度的调节范围是 0～2250mm/min 对于自动工作方式，可对自动运行程序中所指定的进给速度 F 进行倍率调整 进给倍率允许在程序运动期间调节
20	手摇脉冲发生器 － ＋ FANUC	手摇脉冲发生器又叫手轮，用于产生脉冲信号，手摇脉冲发生器必须与轴选开关和进给调节键配合使用，在手摇工作方式下实现对工作轴的微量进给 手摇脉冲发生器上有 100 个小刻度，每摇过 1 格发出以一个脉冲，每个脉冲移动的距离与进给调节键×1、×10、×100有关。在手摇工作方式下，按×1键，手轮的进给单位为最小输入增量×1，一般最小输入单位设置为 0.001mm，所以，×1表示手轮旋转一个刻度时轴的机械位移为 0.001mm。同理，按×10和×100键，表示手轮旋转一个刻度时轴的移动距离分别为 0.01mm 和 0.1mm。 手轮可正、反方向旋转，实现工作轴两个方向的移动 手摇脉冲发生器的操作步骤为；先用轴选开关选择工作轴，然后通过进给速度调节键设置一个脉冲的移动距离，最后通过观察 LCD 屏幕上的位置坐标值摇动手轮调节工作轴精确移动
21	循环启动/停止 循环	在自动工作方式下，按循环启动键，CNC 开始执行一个加工程序或单段指令 在循环启动状态下，按循环停止键，程序运行及刀具运行将处于暂停状态，其他功能如主轴转速、冷却等保持不变，再次按循环启动键，机床重新进入自动运行状态
22	主轴正转/停止/反转 主轴 正转　停止　反转	控制主轴的正转、停止和反转 注意：机床通电后，必须首先执行返回参考点操作，并按手动换刀转动刀位，确认刀具后，手动转速调整旋钮及主轴正转/停止/反转键才有效 由于本型号的机床操作面板上无手动换刀键，对于绝对值编码器的机床又无须回零操作，因此机床通电后主轴正转/停止/反转键是无效的，只有在 MDI 方式下执行一次换刀指令，一般可执行“S300 T0100 M03”，并换一次刀，这样，主轴转速调整键和主轴正转/停止/反转键才有效
23	主轴转速调整键 主轴减少　主轴100%　主轴增加	主轴转速调整键有三个：主轴减小、主轴 100%、主轴增加，可实现主轴转速的倍率调整 在主轴旋转期间，每按一次主轴增加键可使主轴转速增加 10%；同样，每按一下主轴减少键，可使主轴转速减少 10%；按主轴 100%按钮，执行 S 指令的主轴转速。在加工过程中，也可对程序中指定的转速进行调节 主轴减速的调节范围为 50%～120%，主轴增加的调节范围可达执行 S 指令转速的 120% 注意：同主轴正转/停止/反转键一样，主轴转速必须预先执行 S 代码，待系统确认后，主轴转速调整键才有效。因此，机床通电后，在 MDI 方式下，执行一次“S300 T0100 M03”指令即可

3.3 数控车床的基本操作

3.3.1 开机与关机

数控车床开/关机操作与其他数控机床基本相同，其操作步骤如下。

1. **开机**（图 3-7）

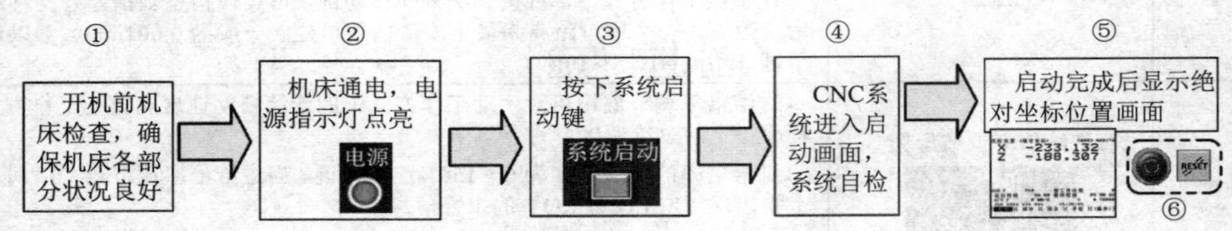

图 3-7 数控车床开机步骤

说明：

1）若开机进入的位置画面中显示闪烁的“**ALM**”报警提示，一般是由于关机时按下了急停键，这时可按急停键上的箭头指示方向（一般为顺时针方向）旋转，释放急停键，并按下 **RESET** 键取消报警提示，如图 3-7 中的步骤⑥。

2）系统启动自检期间，不要去碰操作面板上的任何键，否则可能出现意想不到的情况。

2. **关机**（图 3-8）

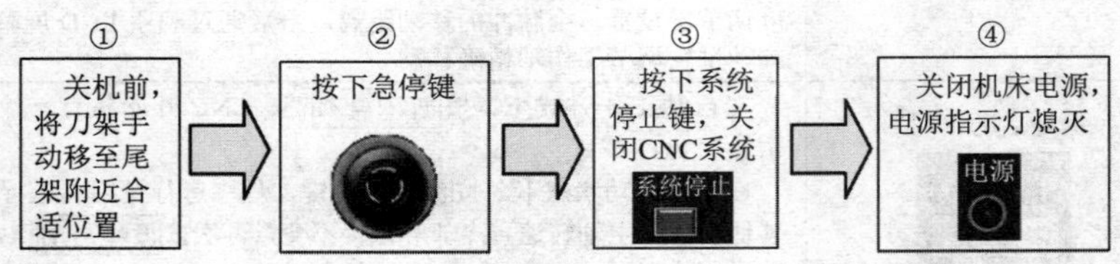

图 3-8 数控车床关机步骤

说明：关机前要进行机床工作状态检查，包括使机床的所有可移动部件都处于停止状态；循环启动键处于停止状态；关闭所有 CNC 的外部输入输出设备；刀架移至合适位置等。

3.3.2 手动返回参考点

对于采用了绝对位置检测元件的数控机床，不必执行手动返回参考点操作。对于采用相对位置检测元件的数控机床，CNC 系统通电后，必须执行手动返回参考点操作。图 3-9 所示为手动返回参考点操作步骤。

（1）手动返回参考点操作步骤 如图 3-9a 所示。

1）按机床操作面板上的**回零**键，指示灯亮，回零方式有效。

2）选择返回参考点的移动速度。

3）按+X键，X轴返回参考点后，X零点指示灯亮，表示X轴返回参考点成功。

4）按下+Z键，Z轴返回参考点后，Z零点指示灯亮，表示Z轴返回参考点成功。

（2）相关说明 如下所述。

1）参数1006第5位（ZMIx）可设定各轴返回参考点方向。

2）参数1002第0位（JAX）可设定各轴单独返回还是同时返回参考点。默认设置是两轴分别返回参考点。

3）为保证安全，一般先X轴返回参考点，然后再Z轴返回参考点。

4）**100%**键为快速移动速度，由参数1420设定，**25%**、**50%**为快速移动速度的倍率。**F0**键的移动速度由参数1421设定。

5）执行急停后，必须重新执行返回参考点操作。

6）返回参考点后，按下回零键，按键指示灯熄灭，回零方式无效，进入手动操作移动机床状态。

7）一旦离开参考点，回零指示灯就熄灭。另外，进入急停状态时回零指示灯也会熄灭。

8）手动返回参考点操作必须在手动工作方式下进行，但是一般CNC系统通电后的默认状态就是手动方式，所以手动返回参考点操作步骤中没谈到这一步。

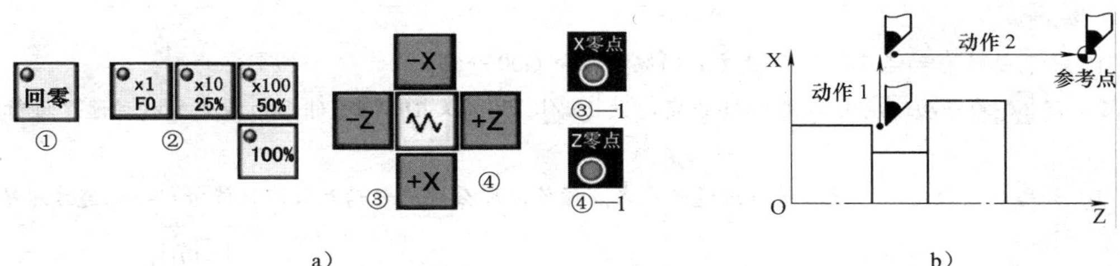

图3-9 手动返回参考点操作

a）手动返回参考点操作步骤 b）返回参考点操作路径

3.3.3 手动进给、增量进给与手轮操作

1．手动进给和快速移动

手动进给又称手动连续进给或JOG进给，是数控机床的工作方式之一。手动进给可实现工作轴的手动连续进给移动和手动快速移动。手动连续进给可用于人工操纵加工、刀具位置移动与粗调等场合。手动快速移动可用于刀具快速移动，缩短辅助时间，两种进给方式均应用广泛。

（1）手动连续进给操作步骤 如图3-10所示。

1）按手动方式键，指示灯亮，手动工作方式有效。

2）手动调节进给倍率旋钮，选择移动速度倍率。

3）按住某一工作轴的进给方向键，机床工作轴按指定轴指定方向连续进给移动。

注意

1）手动进给速度默认设置是每分钟进给，也可由参数1402第4位（JRV）设置为每转进给。

2）进给倍率为100%时的进给速度由参数1423设定。

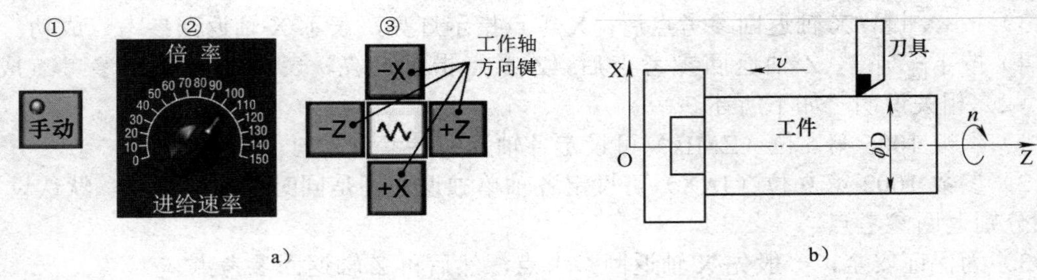

图 3-10 手动连续进给及操作步骤

a）操作步骤 b）手动连续进给示意图

（2）手动快速移动操作步骤 如图 3-11 所示。

1）按手动方式键，指示灯亮，手动工作方式有效。

2）按快速移动速度键 F0、25%、50%或 100%，选择快速移动速度。

3）同时按住中间的快速移动键和某一工作轴的进给方向键，机床工作轴按指定轴指定方向快速移动。

1）手动快速移动速度的加/减速方式同编程指令 G00 一样。

2）键 F0 的移动速度由参数 1421 设定，键 25%、50%及 100%可对 G00 设定的移动速度进行倍率调节。

3）如果在电源接通后没有进行过返回参考点操作，那么快速移动无效，只能进行手动连续进给。

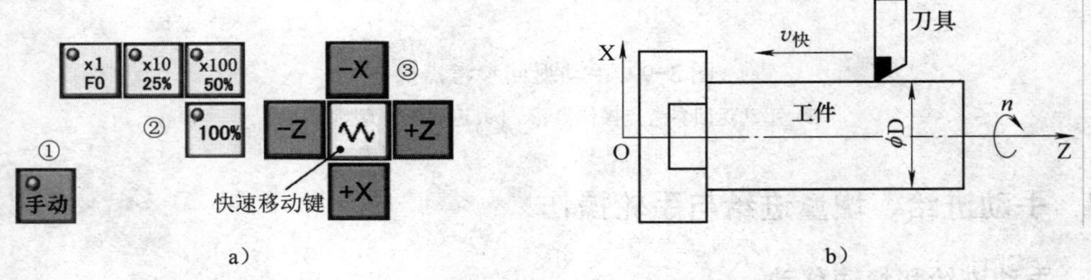

图 3-11 手动快速移动及操作步骤

a）操作步骤 b）手动快速移动示意图

2. 增量进给

增量进给是使工作轴实现单个脉冲的单步移动，每一个脉冲的步距可调。增量进给与手轮进给相似，只是脉冲发生的方式不同，增量进给采用的是进给方向键选择工作轴并发生脉冲。

（1）增量进给操作步骤 如图 3-12 所示。

1）按手摇方式键，指示灯亮，手摇工作方式有效。

2）按增量调节键×1、×10 或×100，选择合适的移动倍率，确定移动步距。

3）按待移动工作轴及进给方向键一次，机床工作轴按指定轴指定方向移动一个步距。不断按下进给方向键，观察 LCD 显示屏上的工作轴位置坐标，直至满足要求为止。

（2）注意事项 如下所述。

1）默认情况下增量调节键× 1 对应的步距为 0.001mm。同理，增量调节键×10、×100

对应的步距等于最小输入增量的 10 倍和 100 倍，即 0.01mm 和 0.1mm。

2）在增量工作方式下，同时按住快速移动键和某一工作轴的进给方向键，同样可以实现工作轴的快速移动。

3）增量进给的工作轴移动与手轮进给一样，可实现坐标轴工作位置的精确调整。

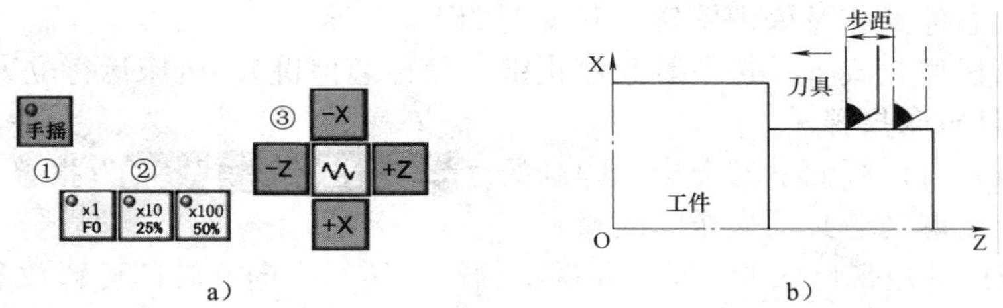

图 3-12　增量进给及操作步骤

a）操作步骤　b）增量进给示意图

3．手轮进给

手轮进给是指用手摇脉冲发生器发出的脉冲信号驱动工作轴的移动。手摇脉冲发生器上有一个手轮，旋转手轮可发出脉冲信号，将 360° 分成了 100 个刻度，每旋转 1 个刻度发出一个脉冲，驱动工作轴移动一个步距。手轮上每一个脉冲移动的步距设置同增量进给。

（1）手轮进给操作步骤　如图 3-13 所示。

1）按**手摇**方式键，指示灯亮，手摇工作方式有效。

2）拨动轴选开关，选择要移动的工作轴。

3）按增量调节键**×1**、**×10**或**×100**，选择合适的移动倍率，确定移动步距。

4）手摇脉冲发生器驱动工作轴移动，手轮每转过一个刻度工作轴移动一个步距，手轮正/反转，确定了工作轴移动方向的变化，连续不断地旋转手轮，可驱动工作轴连续不断的移动。

（2）注意事项　如下所述。

1）默认情况下增量调节键**×1**对应的步距为 0.001mm。同理，增量调节键**×10**、**×100**对应的步距为 0.01mm 和 0.1mm。

2）摇动手轮时可凭手感，但更多的应该观察 LCD 显示屏上的工作轴位置坐标值的变化。

3）手轮进给的工作轴移动与增量进给一样，可实现坐标轴工作位置的精确调整。但手轮的使用比按键增量控制更方便，因此应用更广泛。

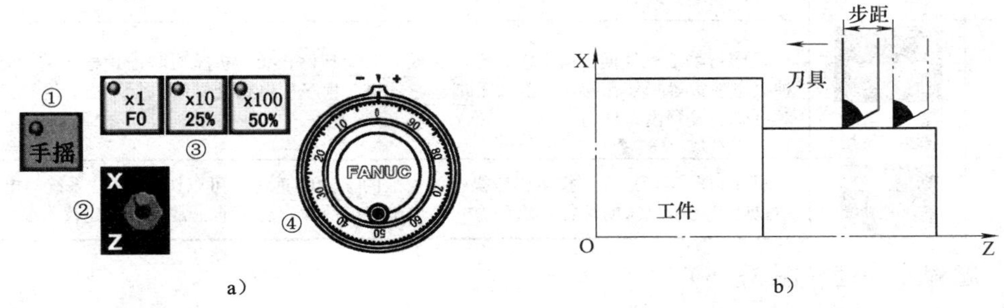

图 3-13　手轮进给及操作步骤

a）操作步骤　b）手轮进给示意图

3.3.4 机床的急停与超程处理

1. 紧急停止与处理

（1）急停键 急停（EMERGENCY STOP）是为应付紧急情况而设置的一个特殊功能，图 3-14 所示为急停操作及处理图解，其说明如下。

1）机床在任何方式下，按下紧急停止键（简称急停键），机床运行立即停止，所有的输出全部关闭且机床报警。

2）急停报警时，画面下部会出现闪烁的“**——EMG—— ALM**”报警提示。

3）在释放按键之前必须先排除故障。

4）紧急停止键是带自锁的，朝急停键上的箭头所示方向旋转即可释放急停锁住，释放后可解除报警，但所有的操作都需重新起动，包括返回机床参考点操作。

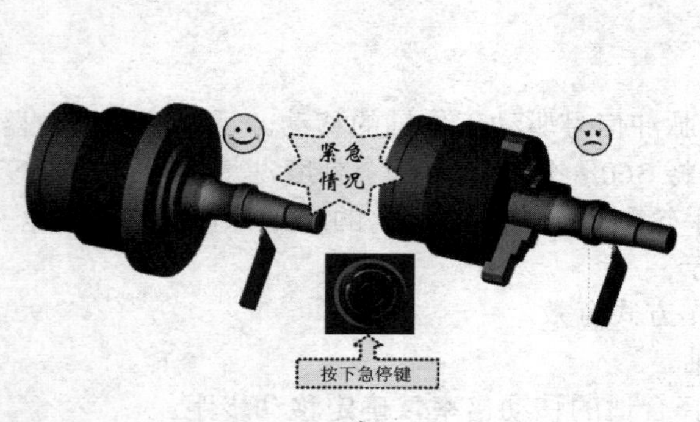

a)

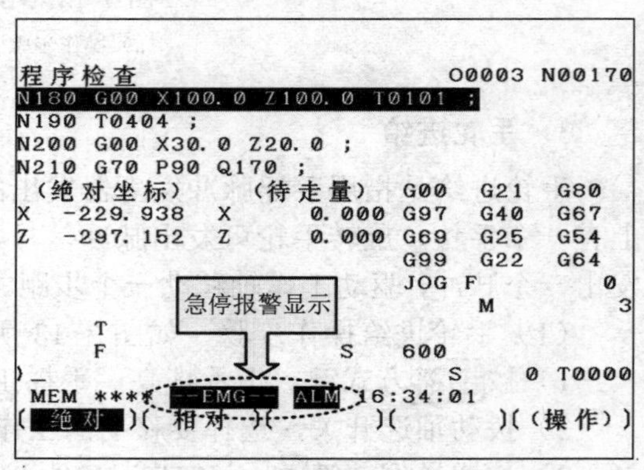

b)

图 3-14 急停操作及处理

a）操作步骤 b）显示画面报警提示

（2）其他急停方式见表 3-4。

表 3-4 其他急停方式

方 式	操作按键	说 明
1	RESET（复位键）	机床自动运行期间，按下 MDI 面板上的复位键 **RESET**，机床的全部操作均停止，且光标回到程序头。因此可以用此键完成紧急停车操作。复位键停车后不需执行返回参考点操作，但有可能重新对刀
2	循环 循环起动 循环停止	机床自动运行期间，按下机床操作面板上的**循环停止**键，机床暂时停止程序的运行，但各种模态参数等仍然保持，再次按下**循环起动**键，程序从停止处继续执行下去。这种停止方式对机床的设置没有任何影响
3	系统停止	机床自动运行期间，按下机床操作面板上的**系统停止**键，可以切断 CNC 系统的电源，当然也就停止了机床的运行。这种方式相当于停电故障，属于非正常停机，建议不要采用

2. 超程及处理（图 3-15）

超程的概念：当机床试图移到由机床限位开关设定的行程终点的外面时，由于碰到限位开关，机床减速并停止，如图 3-15a 所示。同时在显示画面中出现闪烁的“**ALM**”报警，这时按下MASSAGE键可查找报警信息，如图3-15b所示。

解除超程：手动操作使刀具朝安全方向移动一段距离，然后按RESET键解除报警，操作图解如图3-15c所示。

有关说明如下。

（1）自动运行期间超程　自动运行期间当机床沿一个轴运动碰到限位开关时，刀具沿所有轴都要减速和停止，并显示超程报警。

（2）手动操作期间超程　在手动操作时，仅仅是刀具碰到限位开关的那个轴减速并停止，刀具仍可沿其他轴移动。

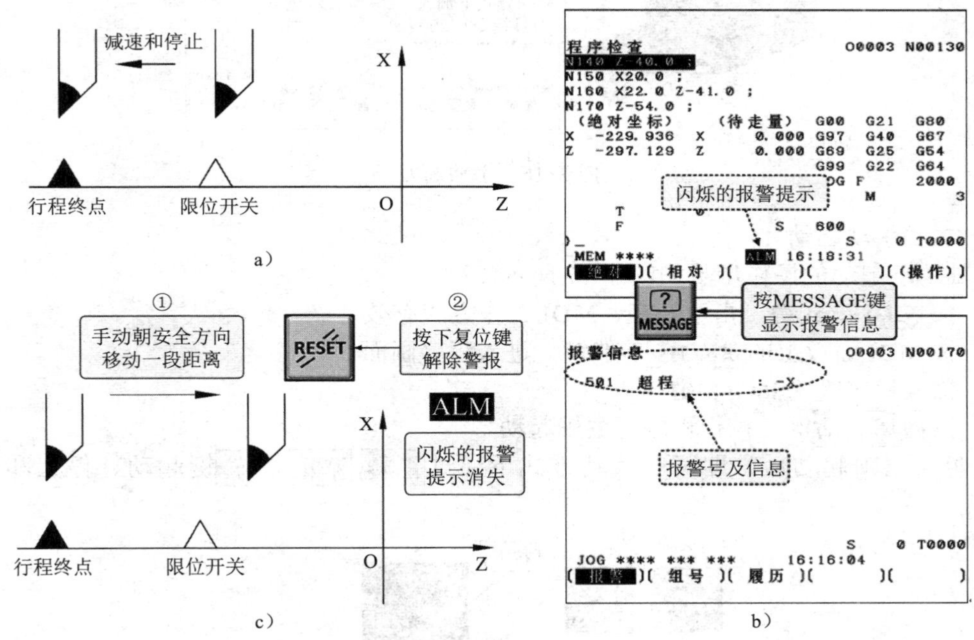

图3-15　超程及解除超程处理

a）超程的概念　b）超程报警画面及报警信息查询　c）解除超程步骤

3.3.5　数控车床的手动选刀与主轴手动起动

从前面介绍的机床操作面板上可以看到，CKA6150型卧式数控车床本身并没有手动换刀键，且机床及数控系统通电后主轴的正转/停止/反转键也不会立即生效，原因是数控系统通电启动后，CNC存储器中的T指令和S指令都是空的。但注意到T指令和S指令均是模态指令，只要运行一次，便一直有效，直到下一个新的S指令出现之前。基于这个特点，数控车床的手动选刀与主轴起动均可在MDI方式下进行。

1．手动选刀

手动选刀操作步骤如图3-16所示。

1）按MDI方式键，指示灯亮，MDI工作方式有效。

2）按MDI面板上的PROG功能键，进入程序画面。

3）输入程序段“T0200”。

4）按循环启动键，执行程序，完成2号刀的选刀与换刀，即将2号刀旋转至工作位置。

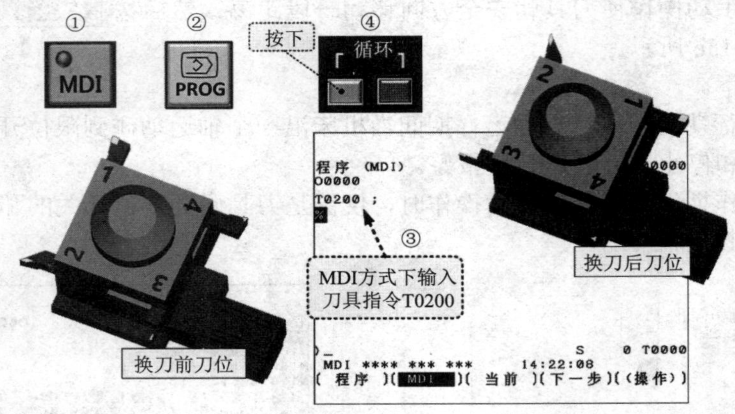

图3-16 手动选刀

2．主轴手动起动

主轴手动起动的操作步骤如图3-17所示。

1）按**MDI**方式键，指示灯亮，MDI工作方式有效。

2）按MDI面板上的**PROG**功能键，进入程序画面。

3）输入程序段“S600 M03”。

4）按循环启动键，执行程序，主轴起动。

说明：主轴起动后，即可在手动方式下通过正转/停止/反转键起动、停止和反转主轴。

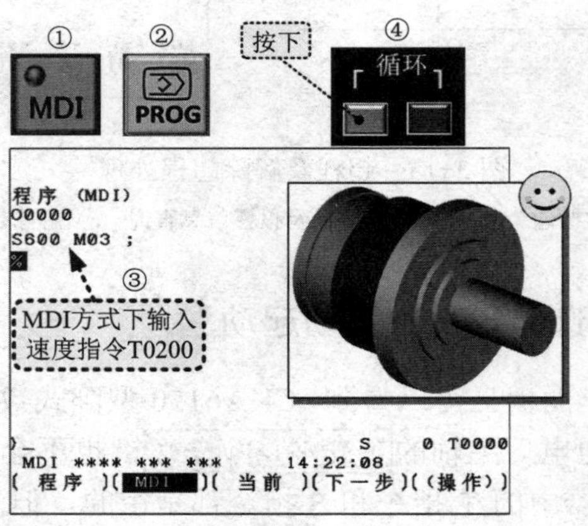

图3-17 机床主轴的手动起动

3.4 数控车床的运行方式

3.4.1 存储器运行

存储器运行指直接运行预先存储在CNC系统存储器中的加工程序。

1. 自动方式下运行

图 3-18 所示为运行程序“O0016”的操作步骤。

（1）存储器运行操作步骤　程序运行前必须确保程序已存在于存储器中。

1）按自动方式键。

2）按 PROG 程序键，显示上一次使用过的程序画面，如图 3-18 中的 O0023。

3）按 O 地址键（字母键）输入字母 O，用数字键输入待加工程序的程序号。

4）按 ↓ 光标移动键或［O 搜索］软键，即可调出待加工程序。

5）按机床操作面板上的循环启动键，自动运行启动，而且循环启动键指示灯亮。当自动运行结束时，循环启动键指示灯熄灭。

（2）说明　如下所述。

1）程序运行期间，光标随着执行的程序段而变化。

2）程序运行期间，显示画面还可切换到位置画面，观察坐标值变化情况。

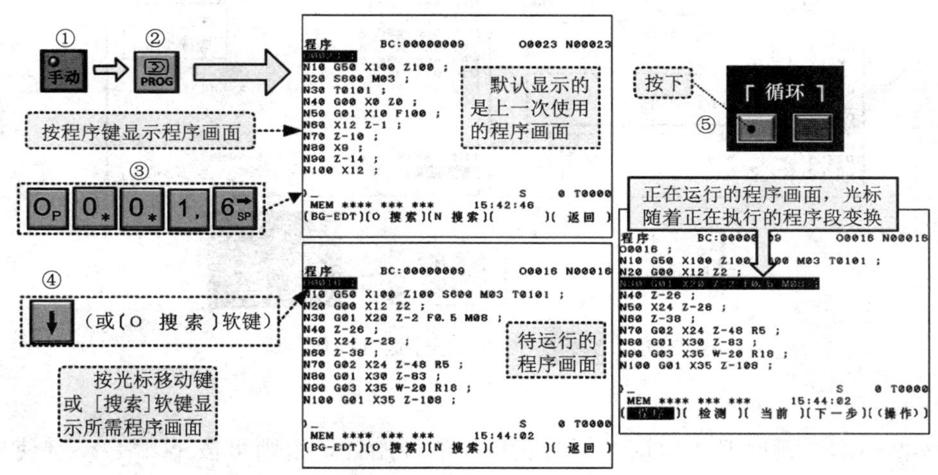

图 3-18　自动方式下存储器运行操作步骤

2. 编辑方式调出程序后运行

自动方式下运行程序的前提是操作者必须确保所运行的程序已存入存储器并知道程序名，若不是很清楚的话，则必须在编辑方式下查找并调出程序，然后按循环启动键运行。事实上，这种方式应用更加广泛。有关程序调出的方式详见 3.6 节的相关介绍，这里仅介绍一般的操作步骤。

编辑方式下调出程序并运行的操作步骤如图 3-19 所示。调出程序之前首先确保程序在存储器中。

1）按编辑方式键。

2）按 PROG 程序键，进入程序画面。

3）按［列表］软键，切换到程序目录画面。

4）按 O 地址键输入字母 O，用数字键输入待加工程序的程序号。注意软键发生了变化。

5）按 ↓ 光标移动键或［O 检索］软键，即可调出待加工程序。

6）按自动方式键，进入自动工作方式。

7）按机床操作面板上循环启动键，自动运行启动，其结果同上。

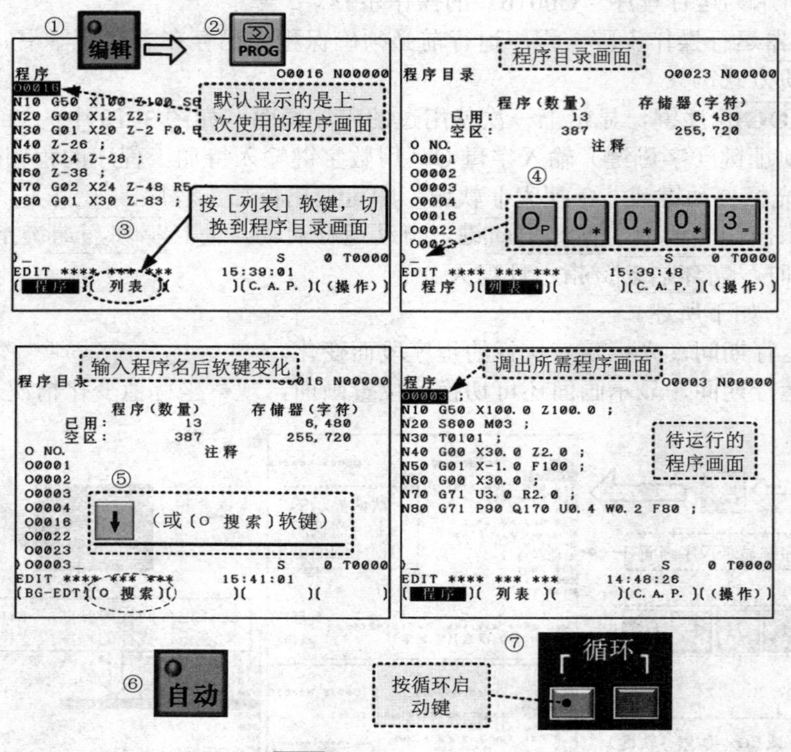

图 3-19 编辑方式调出程序运行操作步骤

3．注意

1）按循环启动键时必须保证光标处在程序的开始处，否则可按 RESET 键使光标返回程序头。

2）在自动运行期间，可通过进给速率调节旋钮调整进给速度，也可通过主轴转速调整键主轴减少、主轴 100%、主轴增加在一定范围内调整主轴转速。

3）若要在自动运行中途停止或取消存储器运行，可按以下步骤执行。

① 若要在自动运行中途停止存储器运行，可按下机床操作面板上的循环停止键，自动运行暂停，再按一次循环启动键时，自动运行从暂停处恢复自动运行。

② 若要在自动运行中途取消存储器运行，可按 MDI 面板上的 RESET 键。

3.4.2 MDI 运行

MDI 运行方式主要用于简单测试程序的操作等，程序执行完成后一般自动删除。MDI 运行的操作步骤如图 3-20 所示。

1）按 MDI 方式键。

2）按 PROG 程序键，进入 MDI 画面，并自动产生程序名 O0000。

3）以普通程序编辑方式输入简短程序。

4）按机床操作面板上的循环启动键，程序运行启动。执行完指令 M02 或 M30，运行结束并自动删除程序，程序画面同第 2）步。

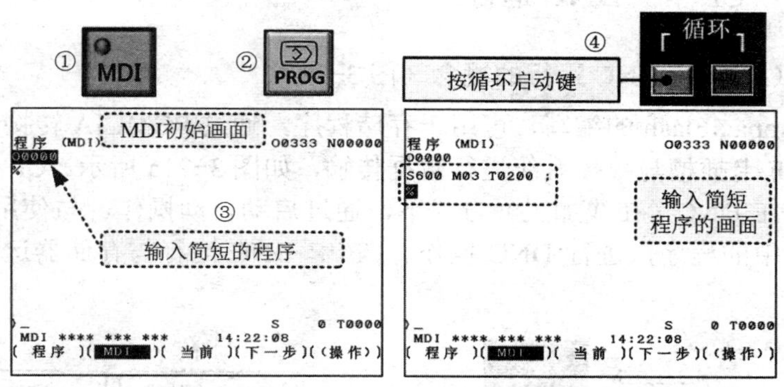

图 3-20　MDI方式运行程序的操作步骤

1）MDI方式下输入程序的方式与编辑方式下的输入方式相同。

2）MDI方式下输入的程序不能存储。

3）MDI方式下编辑的程序行段数必须能在一页屏幕上完全放得下。一般程序最多可有 6 行。当参数 MDL（No.3107 第 7 位）设定为 0 指定为压缩方式时，程序最多可有 10 行。如果程序超过了规定的行数，%符号被删除（防止插入和修改）。

4）最后一个程序段为 M30 或 M02 时，程序运行结束后自动删除运行的程序，返回 MDI 初始画面。当最后一个程序段为 M99 时，程序运行结束后返回程序头。

5）程序运行期间，按下机床操作面板上的 循环停止 键，MDI 运行暂停，再按一次 循环启动 键，程序运行从暂停处恢复执行。

6）删除 MDI 方式中建立的程序。

方法一：按下 O_P 地址键输入字母 O，然后按 MDI 面板上的 DELETE 键。

方法二：按 RESET 键，此时须事先设定参数 3203 第 7 位为 1。

7）程序运行期间，按 MDI 面板上的 RESET 键，自动运行结束并进入复位状态。

3.4.3　DNC 运行

DNC 运行方式是通过通信等方式读入外设上程序的同时执行自动加工（DNC 运行），常见的是 PC 与机床通信进行加工。这种加工方式必须预先准备好 RS232C 数据传输线，并准备好相关的传输软件（如常用的 Mastercam 软件自身就带有传输功能，另外还有 CIMCOEdit、WINPCIN、NCSentry 和 V24 等）。机床侧要对数控系统的通信参数等进行设定，如 I/O 通道（一般设置为 1）、波特率等，同时，PC 侧的传输软件也必须做好相应的设置，特别要注意波特率必须相等。

DNC 运行方式由于设置不当会很难实现，同时传输线布置在外及 PC 开机时间太长出现死机故障等会造成加工意外中断，影响正常加工。因此其不如下面介绍的存储卡（CF 卡）DNC 运行方便，所以这里不详细叙述。

3.4.4 存储卡（CF 卡）DNC 运行

1．存储卡（CF 卡）DNC 运行的概念（图 3-21）

CF 卡是 CompactFlash 的缩写，可用于存储程序，通过 PCMCIA 转接卡插入数控系统显示屏左端的 CF 卡插槽与数控系统进行数据传输，如图 3-21a 所示。CF 卡除了进行程序传输外，还可以在 DNC（在线加工）方式下，通过启动自动操作，与使用 CNC 存储器一样，读取存储卡中的程序，进行 DNC 操作。CF 卡 DNC 运行与存储器运行的加工关系如图 3-21b 所示。

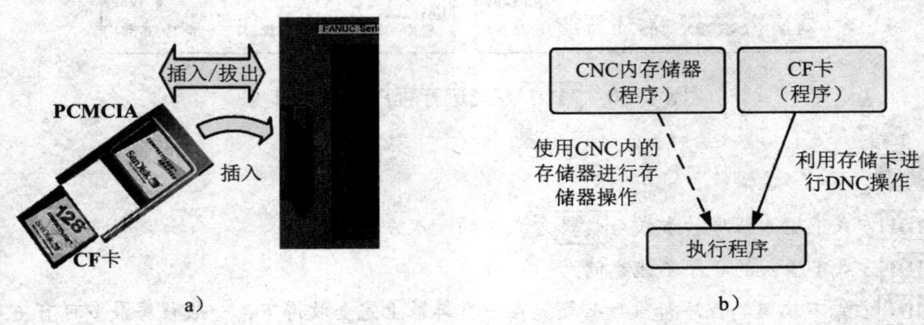

图 3-21 CF 卡及其 DNC 运行的概念

a）CF 卡及插入位置 b）CF 卡 DNC 运行与存储器运行的关系

2．存储卡（CF 卡）DNC 运行的参数设置

使用 CF 卡时，必须将 I/O 通道设置为“4”，确保数控系统与 CF 卡接口进行数据传输。I/O 通道的设置可以在“设定”画面中设置，具体设定详见 3.10.3 节。也可直接将参数 0020 修改为 4。另外，参数 0138 第 7 位（MDN）必须设置为 1（参数设置参见 3.11.1 节），才能保证系统能够进行存储卡的 DNC 操作。设置画面如图 3-22 所示。

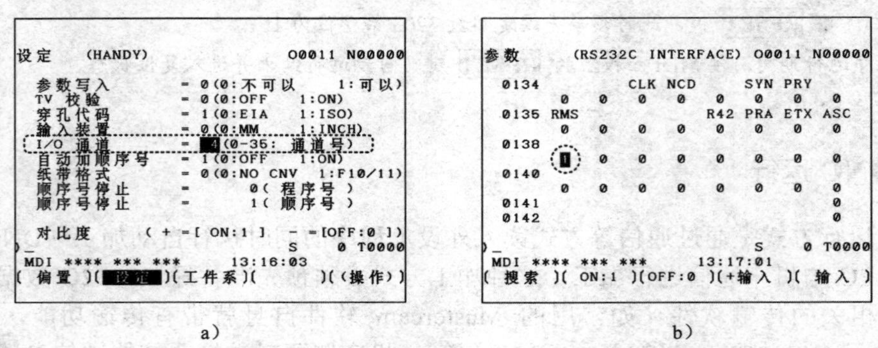

图 3-22 存储卡（CF 卡）DNC 运行的参数设置

a）I/O 通道设置 b）参数 0138 第 7 位的设置

3．存储卡（CF 卡）DNC 运行的操作（图 3-23）

存储卡（CF 卡）DNC 运行的操作步骤如下：

1）开机后进入 MDI 方式下的位置画面，按**DNC**键，指示灯亮，DNC 方式有效，画面左下角的 MDI 提示会转为 RMT 运行方式提示。

2）按**PROG**键 1～2 次，进入程序画面。

3）按两次▶继续菜单键，出现[DNC-CD]软键画面。

4）按[DNC-CD]软键，进入 DNC 操作（存储卡）画面，显示出 CF 卡上的程序列表，同时画面下部出现空白的“DNC 文件名：”提示。

5）在输入缓冲区键入待 DNC 运行的程序的编号，如 O0003 程序的编号 0002，这时画面下部软键发生变化，出现了[DNC-ST]软键。

6）按[DNC-ST]软键完成程序输入，可以看到输入的程序显示在“DNC 文件：”提示处，同时该程序处于程序列表的最上部。

7）按**循环启动**键，系统开始执行 CF 卡上指定程序的 DNC 程序运行。

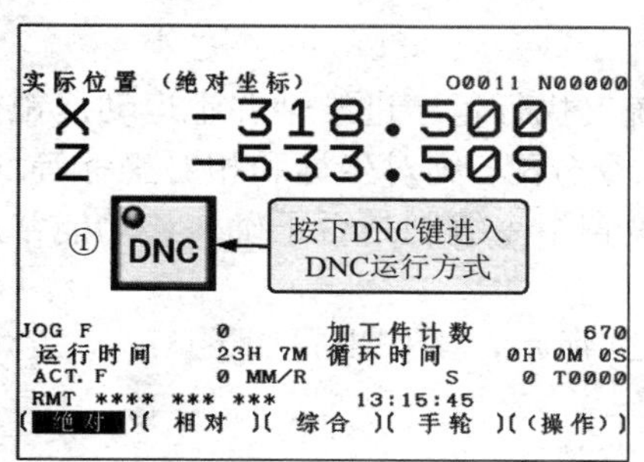

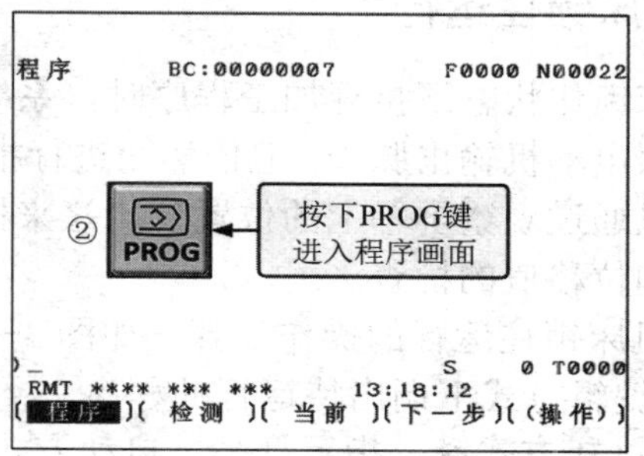

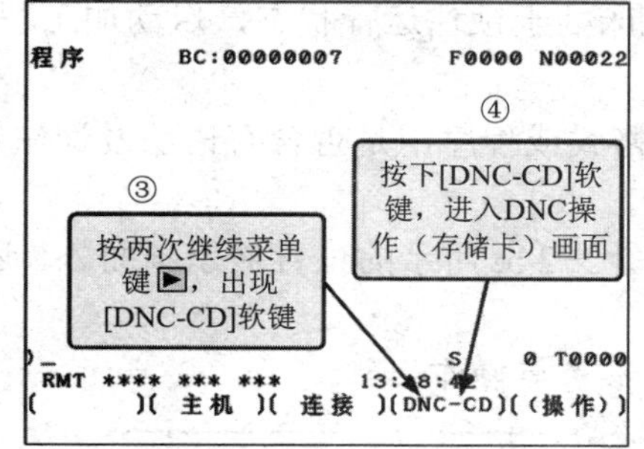

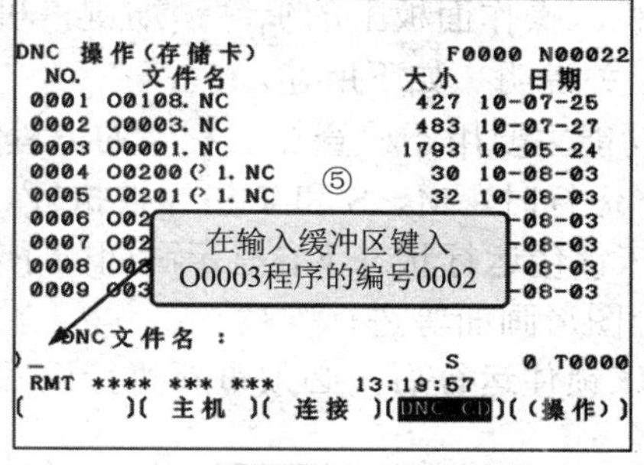

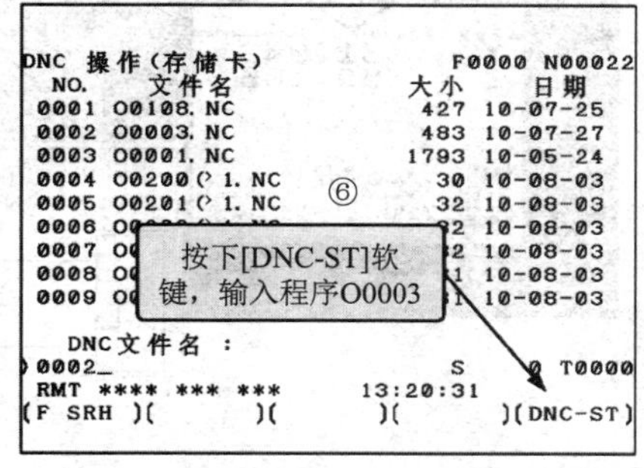

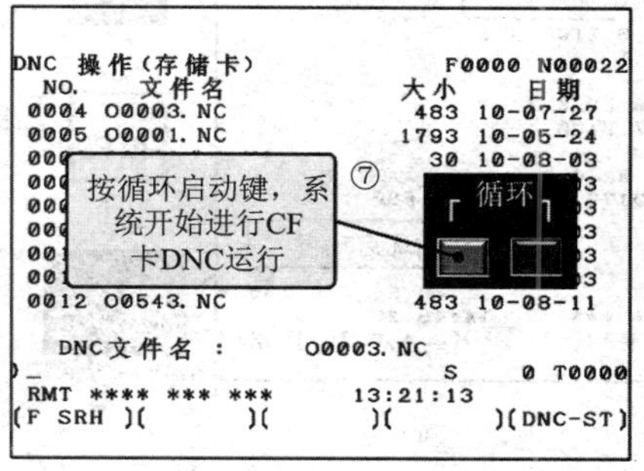

图 3-23　存储卡（CF 卡）DNC 运行的操作步骤

1）用于在线加工（DNC）的数控程序的格式必须规范，即程序的头尾必须有程序开始和结束符“%”。

2）使用CF卡进行DNC加工比通过RS232接口用计算机存储加工程序进行DNC加工更加安全、可靠，所以在实际中应用较为广泛。

3.5 程序的试运行

程序试运行是数控加工中常用的检查加工程序的方法之一，通过程序检查可以验证所编写的加工程序是否能够按照人们的意愿操纵机床。数控机床为程序检查提供了机床锁住、进给速度倍率、快速移动倍率、空运行和单程序段运行等方法。

3.5.1 机床锁住运行

在机床锁住状态下执行加工程序时，系统仅执行程序进给轴并不运动。锁住运行虽然停止向伺服电动机输出脉冲，但依然在进行指令分配，绝对坐标和相对坐标等均得到更新，操作者可以通过观察屏幕上的位置变化等来检查指令编制是否正确。该功能常用于加工程序的指令和位移值的检查。

（1）机床锁住运行的操作步骤　如图3-24所示，操作步骤如下。

1）在编辑方式下调出待运行的程序。

2）按自动方式键，指示灯亮，自动方式有效。

3）按机床操作面板上的机床锁住键，指示灯亮。

4）按机床操作面板上的循环启动键，机床处于锁住运行状态，启动加工程序。

（2）相关说明　如下所述。

1）该功能主要用于检查加工程序的编程格式或程序中是否含有语法及词法错误。机床锁住状态下运行时，M、S和T指令被执行。

2）机床锁住运行状态下，显示画面除了图3-24b所示的位置显示画面外，还可切换为程序画面、图形画面等进行观察。

3）机床锁住运行后，必须重新执行返回参考点操作。

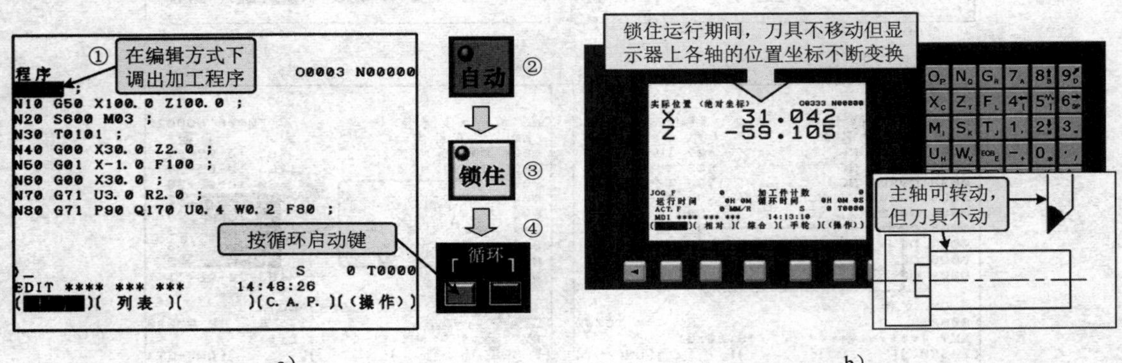

图3-24　机床锁住运行

a）操作步骤　b）机床运行状态

3.5.2 机床空运行

机床空运行与锁住运行相比增加了刀具移动轨迹验证，空运行时主轴上不能装工件，刀具移动速度由系统参数设定，不受程序中F指令的控制。

（1）机床空运行的操作步骤　如图3-25所示，操作步骤如下。

1）编辑方式下调出待运行的程序。

2）按自动方式键，指示灯亮，自动方式有效。

3）按机床操作面板上的机床空运行键，按键指示灯点亮。

4）按机床操作面板上的循环启动键启动加工程序，机床处于空运行状态。

（2）相关说明　如下所述。

1）该功能较锁住运行增加了刀具移动检查，可进一步检查刀具移动轨迹。

2）空运行时刀具移动速度不受程序中F指令的控制。但移动速度可由快速移动速度倍率调节。

3）机床锁住运行状态下，显示画面除了图3-25b所示的程序检查显示外，还可切换为程序画面、图形画面等进行观察。

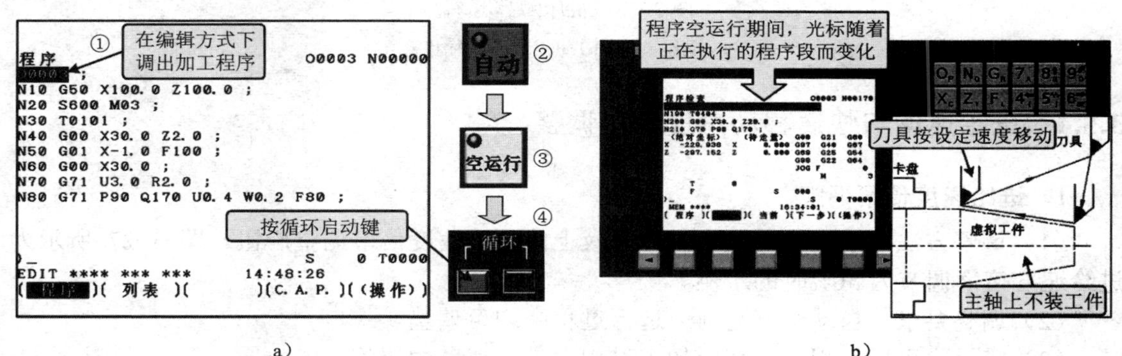

a）　　　　b）

图3-25　机床空运行

a）操作步骤　b）机床空运行状态

3.5.3 程序单段运行

单段运行是单程序段运行的简称，指每按下一次循环启动键，CNC系统只执行一个程序段，然后机床停止。必须再一次按下循环启动键，才能执行下一个程序段。这种运行方式，程序的执行和刀具的移动完全可在操作者掌控的范围内，因此单程序段执行特别适用于加工程序的检查与首件试切。

（1）单程序段运行操作步骤　如图3-26所示，操作步骤如下。

1）在编辑方式下调出待运行的程序。

2）按自动方式键，指示灯亮，自动方式有效。

3）按机床操作面板上的机床单段键，指示灯亮。

4）按机床操作面板上的循环启动键，程序将单段运行，程序段执行完后机床会自动停止。

5）重复第4）步，直至程序执行完毕。

（2）相关说明　如下所述。

1）该功能可用于工件切削加工，特别适用于首件试切检查程序。

2）单段运行时，刀具移动速度受程序中F指令的控制。

3）机床单段运行状态下，显示画面除了图3-26b所示的程序画面显示外，还可切换为检查画面、图形画面等进行观察。

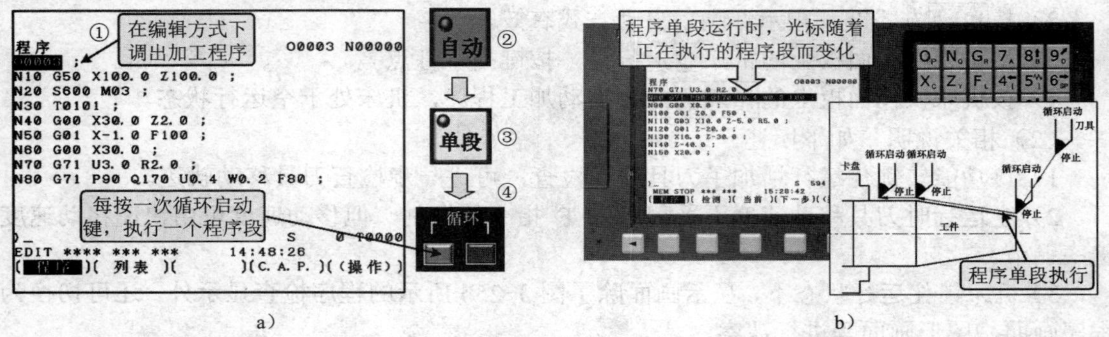

图3-26　机床单段运行

a）操作步骤　b）机床单段运行状态

3.5.4　进给速度与快速移动速度倍率调整

1．进给速度倍率调整

（1）调整方法　手动旋转机床操作面板上的进给速度倍率调整旋钮。图3-27所示为进给速度倍率调节为50%时的示例。

（2）调整要求　自动运行之前或运行过程中均可调整。

（3）应用　可用于程序试切及加工过程中进给速度的调整。

（4）说明　100%速度倍率时，刀具的移动速度为程序中指令F指定的速度。

（5）注意　车削螺纹时，倍率旋钮无效。

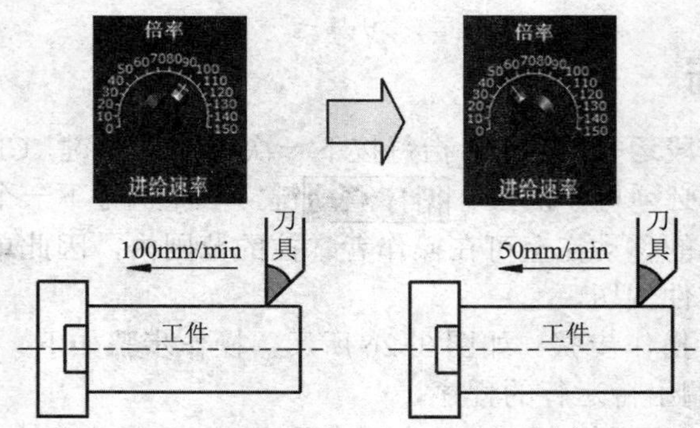

图3-27　进给倍率调整方法

2．快速移动速度倍率调整（图3-28）

（1）说明　快速移动速度有四档倍率（**F0**、**25%**、**50%**和**100%**），**F0**速度是固定的，

100%倍率调整的速度对应 G00 的快速移动速度（由参数 1420 设定）。

（2）调整要求　自动运行之前或运行过程中均可调整。

（3）应用　可用于程序试切及加工过程中快速移动速度的调整。

（4）适用场合　如下所述。

1）G00 快速移动。

2）固定循环期间的快速移动。

3）在 G27、G28 和 G30 中的快速移动。

4）手动快速移动。

5）手动返回参考点的快速移动。

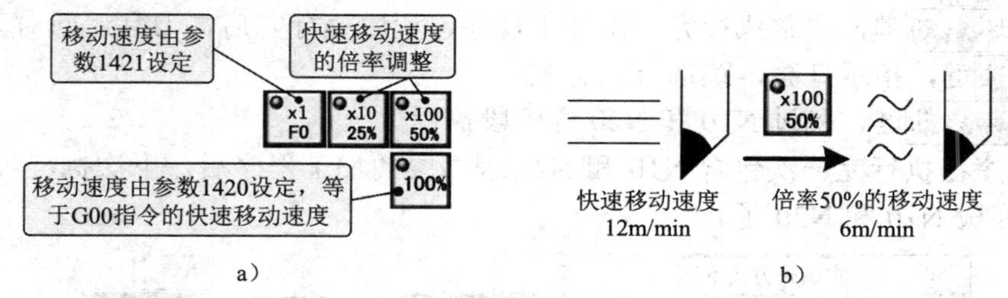

a）　　　　b）

图 3-28　快速移动速度倍率调整

a）快速移动速度调整键　b）快速移动速度调整示例

3.5.5　程序的跳选与选择停

1．程序跳选操作

（1）程序跳选概念回顾　在 1.1.10 节谈到程序跳选符号是一个左斜杠“/”符号，其配合机床操作面板上的跳选键可实现部分程序段的跳过运行。

另外，在 1.1.1 节中谈到 G50 指令建立工件坐标系时，与刀具位置有关，其使用起来不如 G54～G59 方便，后者建立工件坐标系时与刀具位置无关。下面列举一个改进程序，使得 G50 指令建立工件坐标系时也能做到与刀具位置无关。

（2）程序示例

```
%                          程序开始符
O0355                      程序名
/N10 G28 U1.0 W1.0;        返回坐标参考点
/N20 G53 X-α. Z-γ;         刀具快速移动至对刀点
N30 G50 X100. Z100.;       G50 指令建立工件坐标系
……                         ……
Nn-1 G00 X100. Z100.;      返回对刀点
Nn M30;                    程序结束
%                          程序结束符
```

注意

N20 程序段中的 $-\alpha$ 和 $-\gamma$ 分别为刀具 G50 建立工件坐标系时起刀点相对于机床坐标参考点的 X 和 Z 坐标值。

程序分析：N10 和 N20 程序段可以保证不管刀具在什么位置，均能自动地移至 G50 建立工件坐标系的起刀点。但由于在程序结束前刀具已经返回了起刀点，所以第二次执行时该两程序段已经可以不用执行了，这时可以通过程序跳选开关跳过该两程序段。读者可以仔细品味该程序执行过程，看是否能够实现 G54～G59 建立工件坐标系的功能。

（3）操作示例　如图 3-29 所示。

1）程序跳选操作步骤如下。

① 在编辑方式下调出待加工程序。

② 按自动键，指示灯亮。

③ 确保跳选键处于释放状态（指示灯熄灭）。

④ 按循环启动键，完整执行完一次加工程序，程序执行完后，刀具返回对刀点。

⑤ 按跳选键，指示灯亮，跳选方式有效。

⑥ 按循环启动键，跳过 N10 和 N20 程序段执行。

2）该程序在执行完一次包含 N10 和 N20 程序段的加工程序后，下次执行时就可以不用再执行程序段 N10 和 N20 了。

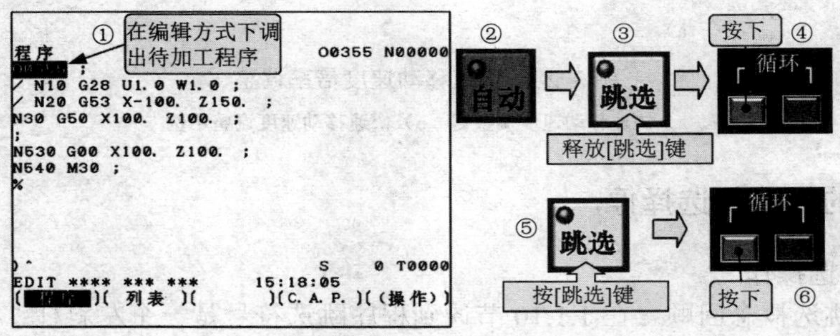

图 3-29　程序跳选操作示例

2. 选择停操作

（1）选择停概念的回顾　M01 指令称为选择暂停指令，又称计划停止指令，其能够使机床在程序的某一位置按操作者的要求暂停。其必须与机床操作面板上的“选择停”键配合完成。暂停指令主要用于加工过程中需要停止机床运行的操作工作，如进行工件尺寸的测量、工件的调头、手动变速等。对于不需要每一工件都执行的暂停，如工件尺寸的抽检、不定期的排屑等，可以选择计划暂停指令 M01。

（2）程序示例

%	程序开始符
O0329	程序名称
N10 T0101;	选择 1 号刀及 1 号刀补，刀具偏置建立工件坐标系
N20 G00 X100.Z100.;	快速定位至起刀点，
N30 G97 S360 M03;	设定恒转速控制，主轴正转，转速为 360r/min
N40 G42 G00 X46.5 Z0.5;	启动刀尖半径右补偿，快速移至车端面起点
N50 G99 G01 X0.5 F0.2;	设定每转进给，粗车端面，进给量为 0.2mm/r
N60 Z2.;	Z 轴向退刀
……	……（粗车加工部分）
N280 G40 G00 X100. Z100. ;	取消刀尖半径补偿，快速移至换刀点

N290 T0100 M05;	取消 1 号刀补，主轴停转，粗加工完成
N300 M00;	程序暂停，手工机械换档
N310 T0202;	选择 2 号刀及刀补，刀具偏置建立工件坐标系
N320 S1000 M03 ;	主轴正转，转速为 1000r/min
N330 G42 G00 X30. Z0	启动刀尖半径右补偿，快速定位至精车端面起点
N340 G01 X0 F0.1;	精车端面
……	……（精车加工部分）
N450 G40 G00 X100. Z100.;	取消刀尖半径补偿，快速移至换刀点
N460 T0200 M05;	取消 2 号刀补，主轴停转，精加工完成
N470 M01;	选择暂停，检验精车加工质量等
N475 T0303;	选择 3 号刀及刀补，刀具偏置建立工件坐标系
N480 S600 M03 ;	主轴正转，转速为 600r/min
N490 G00 X46.5 Z-50.;	快速定位至切断起点
N500 G01 X0 F0.05;	切断加工，进给速度为 0.05mm/r
N510 G00 X46.5;	径向快速退刀
N520 X100. Z100. ;	快速移至换刀点
N530 T0300	取消 3 号刀补
N540 M30;	程序结束

程序分析：该程序主要说明 M00 和 M01 指令的作用，如程序段 N300 用于机械换档（用于主轴变速采取的是机械有级换档+变频无级调速的调速方案），而程序段 N470 用于精车后切断前的尺寸测量，并可对下一个加工的零件进行磨损补偿设置。

（3）操作示例　如图 3-30 所示。

操作说明：按上面一条路线操作，程序运行时跳过 M01 指令。按下面一条路线操作，则程序运行至 M01 指令时（如程序示例中的 N470 程序段），机床暂停，必须再一次按下程序启动键，程序才会继续执行。

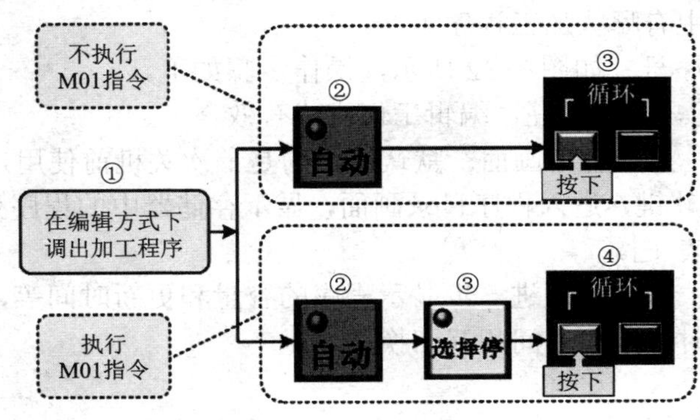

图 3-30　选择暂停操作示例

3.6　数控程序的输入与输出

3.6.1　数控程序的输入与输出方法

数控加工程序是数控加工的重要组成部分，数控系统加工程序的输入/输出方法主要有三种，如图 3-31 所示。

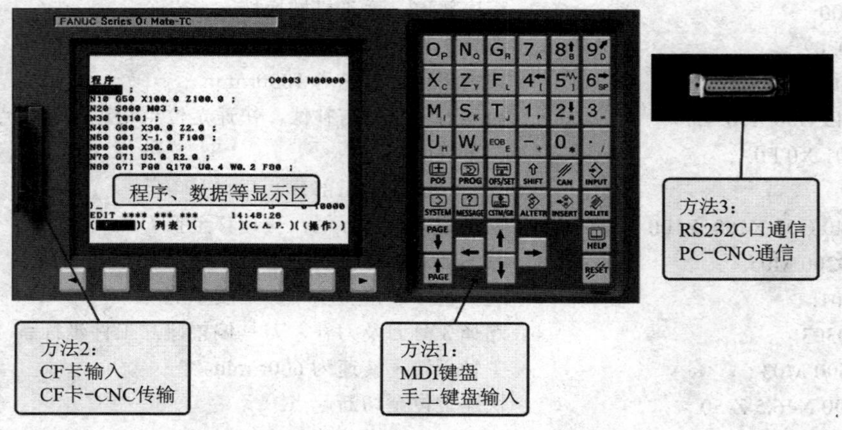

图 3-31 程序输入/输出方法

方法 1：MDI 面板手工键入加工程序，其输出形式为显示方式，这是最基本的输入方法。

方法 2：CF 存储卡输入/输出。

方法 3：RS232C 接口与计算机通信传输。

注意

后两种方法必须进行 I/O 通道等参数的设置。

3.6.2 数控程序的检索、建立与删除

1. 数控程序的检索

程序的检索主要用于从数控系统存储器中众多的加工程序中快速找到所需的加工程序，或查询数控系统中有哪些加工程序等。

（1）检索所有程序号 如图 3-32 所示，操作步骤如下。

1）按**编辑**方式键，指示灯亮，编辑工作方式有效。

2）按 **PROG** 键，进入程序画面。默认显示的是上次关机前使用过的程序。

3）单击［列表］软键，进入程序目录画面，显示存储器中的程序列表及注释项，同时列表软键显示为［列表 +］。

4）单击［列表+］软键，可进一步显示程序的容量和更新时间等，多次单击该软键可在注释与容量和更新时间画面之间相互切换。

注意事项：

1）程序检索是基于程序名称（又称程序号）进行检索的。

2）在程序目录画面中，当程序数量较多，一页画面显示不下时，可用翻页键检索。

（2）直接检索某一程序 如图 3-33 所示，操作步骤如下。

1）按**编辑**方式键，指示灯亮，编辑工作方式有效。

2）按 **PROG** 键，进入程序画面，必要时可以按［列表］软键，检查程序是否存在。

3）在输入缓冲区键入待检索的程序名。

4）按［(操作)］软键，画面下部的操作软键发生变化。

5）按［O 搜索］软键（或按⬇光标移动键），切换至程序画面，并显示出检索的程序。

注意

直接检索程序必须事先确保待检索的程序在 CNC 存储器中，否则可配合图 3-32 所示的方法先检索程序是否存在，然后再直接检索操作，这时与调用程序基本相同。

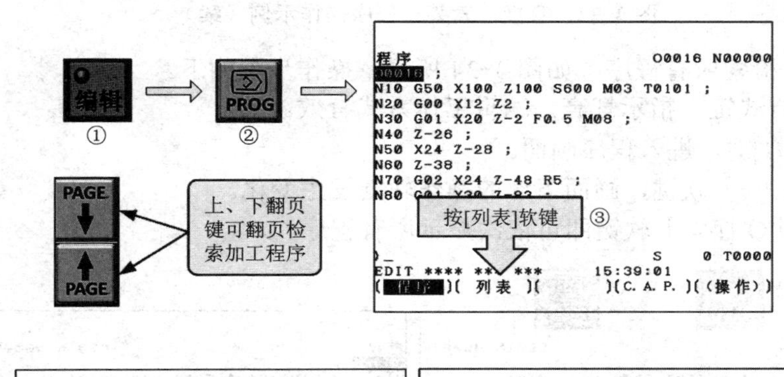

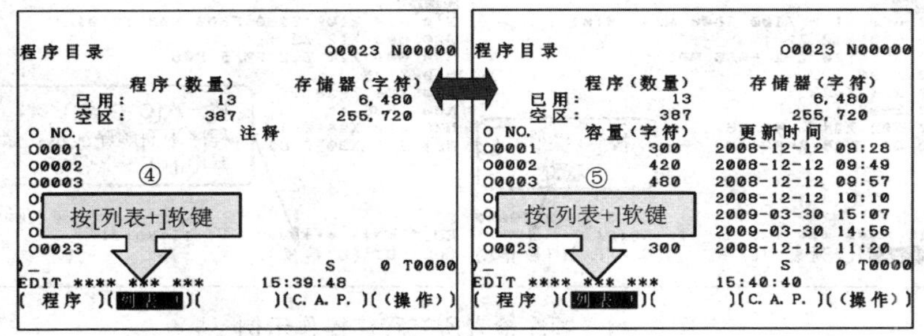

图 3-32　检索所有程序号操作示例

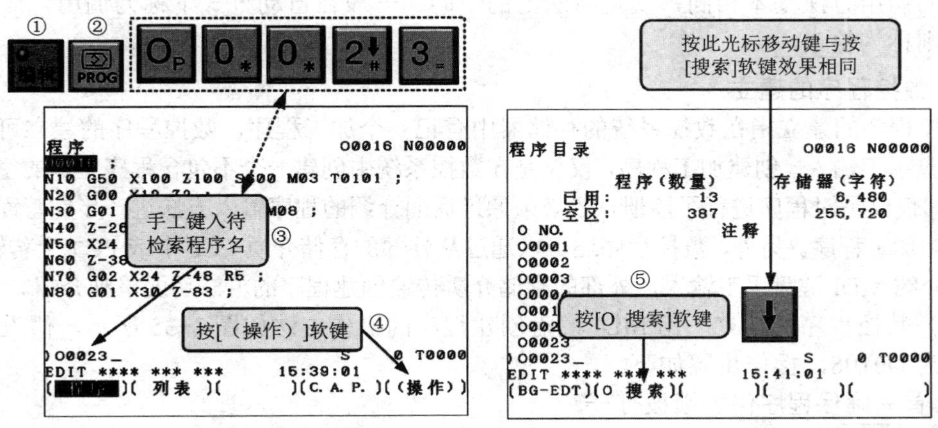

图 3-33　直接检索某一程序操作示例

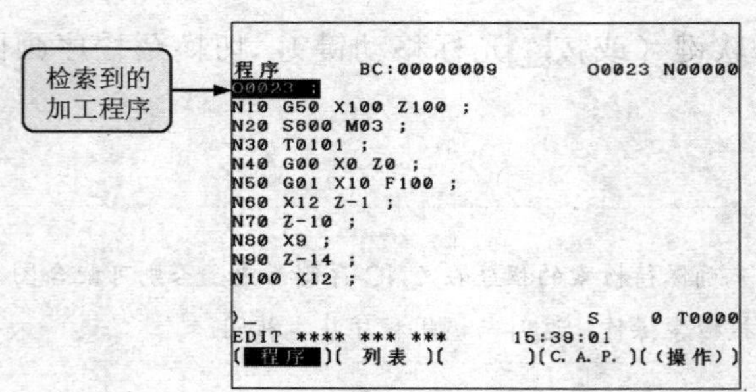

图 3-33 直接检索某一程序操作示例（续）

（3）按顺序检索所有程序 如图 3-34 所示，操作步骤如下。

1）按编辑方式键，指示灯亮，编辑工作方式有效。

2）按 **PROG** 键，进入程序画面。

3）按［（操作）］软键，画面下部的操作软键发生变化。

4）不断按［O 搜索］软键即可依次显示所有程序。

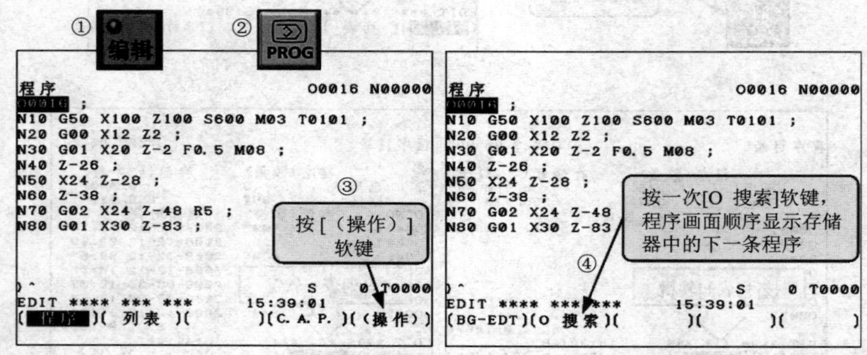

图 3-34 顺序检索所有程序操作示例

（4）数控程序的调用 指将存储器中的程序调出用于零件加工。数控程序的调用可以在自动方式或编辑方式下进行，其操作方式可参阅 3.4.1 节存储器运行部分。程序的检索与程序的调用方法基本相同，仅是叫法上的不同，一般在自动方式下称为调用，而在编辑方式下则称为检索。

2．数控程序的建立

数控程序的建立指在数控系统的存储器中登记一个加工程序。数控程序的建立可以通过 MDI 键盘手工输入，创建加工程序，仅仅是在数控系统中创建一个不包含程序主体的空的加工程序，即仅仅是对程序进行了注册，还必须通过后面介绍的程序输入方法进一步完善而成为一个完整的加工程序。另外，数控程序还可以通过从外部的存储介质（CF 卡或 PC）上传输获得。这里仅介绍 MDI 键盘手工输入，外部的存储介质传输创建程序的方法后面单独介绍。

（1）数控程序的建立 用 MDI 键盘创建程序的操作方法如图 3-35 所示，假设创建的程序名为 O0108，操作步骤如下。

1）首先确保程序保护锁被打开。

2）按编辑方式键，指示灯亮，编辑工作方式有效。

3）按 **PROG** 键，进入程序画面。

4）在输入缓冲区键入程序名。

5）按 **INSERT** 键，键入的程序名显示在程序画面左上角，同时，程序注册成功。

6）按 **EOB** 结束键。

7）按 **INSERT** 插入键，光标换行，进入程序输入状态。

用 MDI 键盘手工直接创建程序，程序头和尾可以不用输入符号“%”。

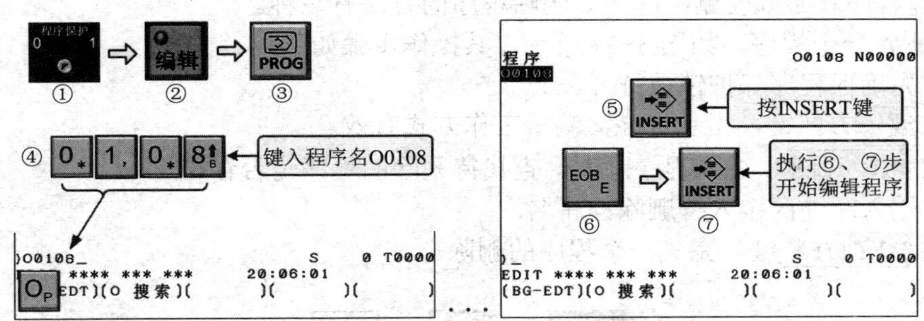

图 3-35　程序创建的操作示例

（2）说明：

1）创建程序之前必须确保程序保护开关打开。

2）输入的程序名不能与存储器中已有的程序名重复。

3）可以在程序中代码“（”和“）”之间加上注释。如“M08（COOLLANT ON）”，输入的注释一同被保存。参数 3204 第 0 位的 PAR 用于设置 MDI 面板上“[”和“]”键的输入形式，当 PAR=0 时，作为“[”和“]”使用；当 PAR=1 时，则作为“（”和“）”使用。

（3）顺序号的自动插入　所谓自动插入顺序号是指输入一个程序段，并按下 **EOB** 键、**INSERT** 键后，缓冲区输入的程序段输入数控系统，且下一个程序段自动按增量值产生下一个程序段号，如顺序号增量设置为 10，输入 G92G00X-11.18Y10 **EOB** **INSERT**。

自动插入顺序号的参数设置有两个，参数 3216 中设置顺序号的增量值，如设置为 10，参数 0000 第 5 位 SEQ 设置为 1，即进行顺序号的自动插入（该参数也可在设定画面中设定）。设置结果如图 3-36 所示。

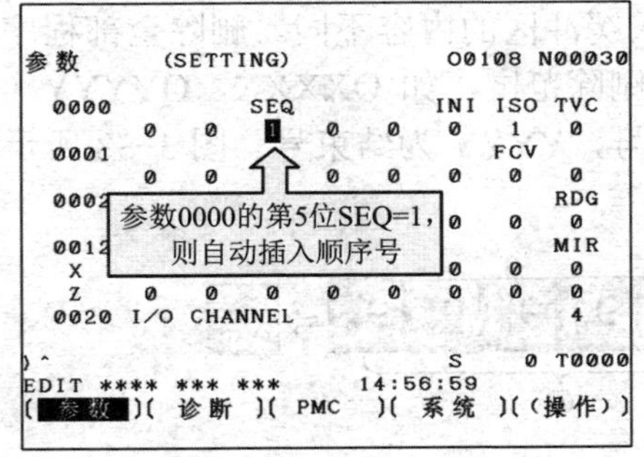

a）

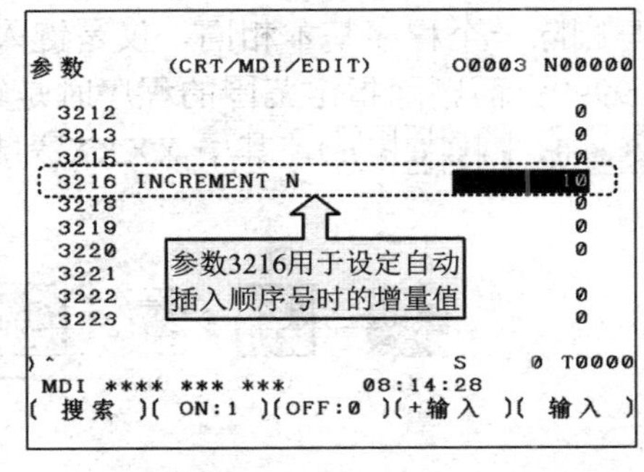

b）

图 3-36　自动插入顺序号的参数设置

a）参数 0000 的设置画面　b）参数 3216 的设置画面

注意

第一个程序段的顺序号就是顺序号的起始值。若希望第一个程序段的顺序号从N100开始，则在输入程序之前先将自动插入的顺序号改为N100(用编辑键 **ALTER** 操作)，则后续的程序段就是从N100开始，增量为10自动插入顺序号。

3．数控程序的删除

会创建程序就必须会删除程序。删除程序的方法有三种。

（1）删除一个程序　如图3-37所示，其操作步骤如下。

1）首先确保程序保护锁被打开。

2）按**编辑**方式键，指示灯亮，编辑工作方式有效。

3）按 **PROG** 键，进入程序画面，查找待删除的程序是否存在。

4）在输入缓冲区键入待删除程序名。

5）按 **DELETE** 键，完成一个程序的删除。

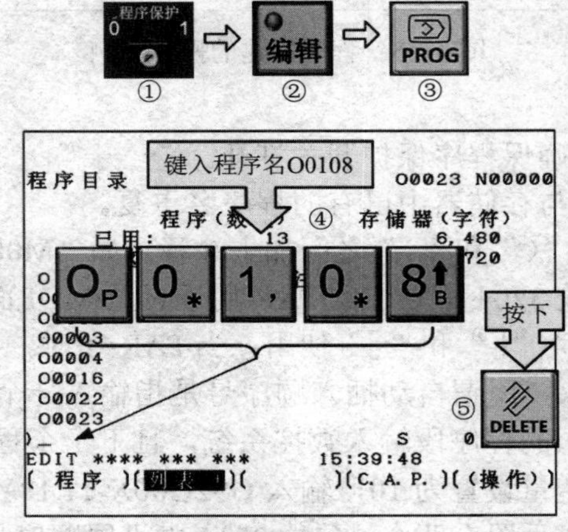

图3-37　删除一个程序操作示例

（2）删除全部程序和删除指定范围的程序　删除全部程序和删除指定范围的程序的操作步骤与删除一个程序基本相同，仅是键入输入缓冲区的内容不同。删除全部程序时输入的是O-9999；而删除指定范围的程序时是输入删除范围，如OXXXX，OYYYY（例如键入 O 0 0 0 0，O 0 0 1 6），其中XXXX为起始号，YYYY为结束号。图3-38所示为其操作示例。

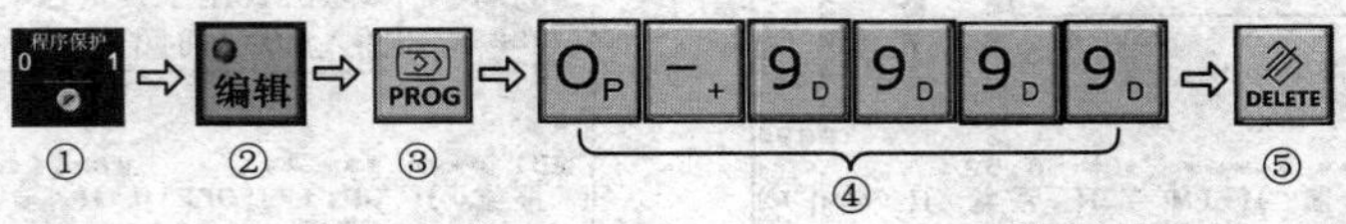

a）

图3-38　删除全部或部分程序操作示例

a）删除全部程序

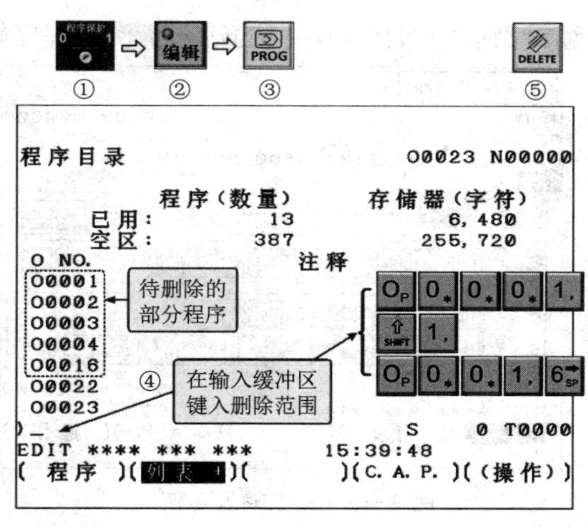

b）

图 3-38　删除全部或部分程序操作示例（续）

b）删除指定范围内的多个程序

注意

同创建程序一样，删除程序之前必须将程序保护开关打开。

3.6.3　数控程序的输入

创建程序仅仅是在 CNC 系统中登记了一个数控程序，具体的程序内容还必须输入。程序的输入主要是由 MDI 面板上的相应字母、数字和编辑键等配合 LCD 显示画面进行。所用到的键及功能如图 3-39 所示。

说明：

1）输入缓冲区键入的必须是一个字、多个字或一个程序段。

2）按 **INSERT** 键，输入缓冲区中的内容输入在光标后面；按 **ALTER** 键，输入缓冲区的内容替换光标所在位置的内容；按 **DELETE** 键，删除光标所在位置的内容。后两个键主要用于程序的编辑。

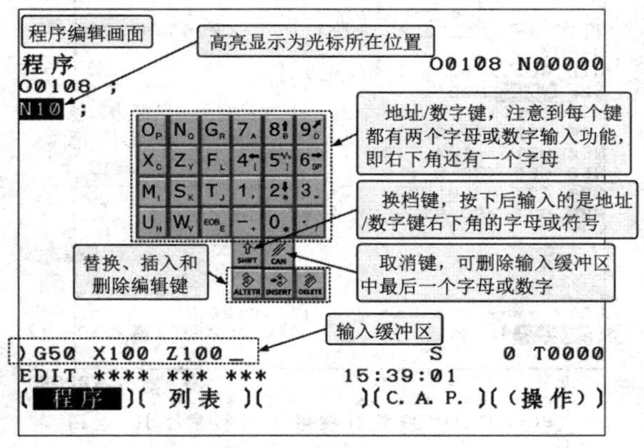

图 3-39　程序输入操作说明

图 3-40 所示为程序编辑画面中 N10 程序段的输入示例。程序输入的方法有三种：

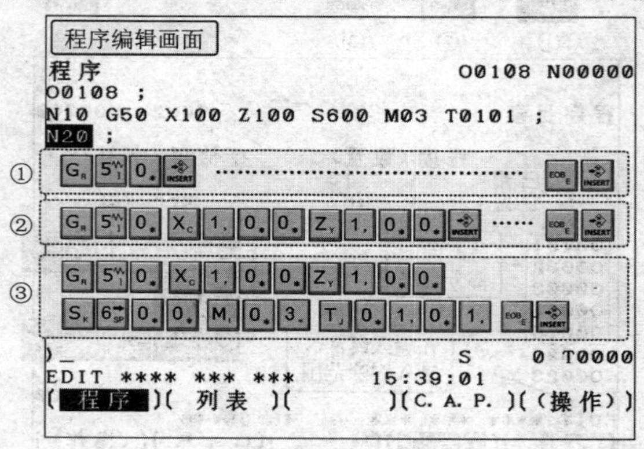

图 3-40 程序输入示例

1）逐字输入，即每输入一个字按 **INSERT** 键，最后按 **EOB** 键和 **INSERT** 键完成程序段输入。

2）多字输入，即输入若干字后按 **INSERT** 键，最后按 **EOB** 键和 **INSERT** 键完成程序段输入。

3）程序段输入，即输入程序段所有的字后，按 **EOB** 键和 **INSERT** 键完成程序段输入。

3.6.4 数控程序的编辑

程序编辑是程序输入和修改过程中不可回避的操作，其内容包括字的检索、插入、修改（又称替代）和删除等。程序的编辑与输入一样，是以字为最小单位进行的。

1. 字的检索

字的检索方法有三种：移动光标检索（即扫描检索）、字检索和地址检索。

（1）移动光标检索（即扫描检索） 如图 3-41 所示，检索之前，首先进入程序编辑画面，然后开始检索，操作步骤如下。

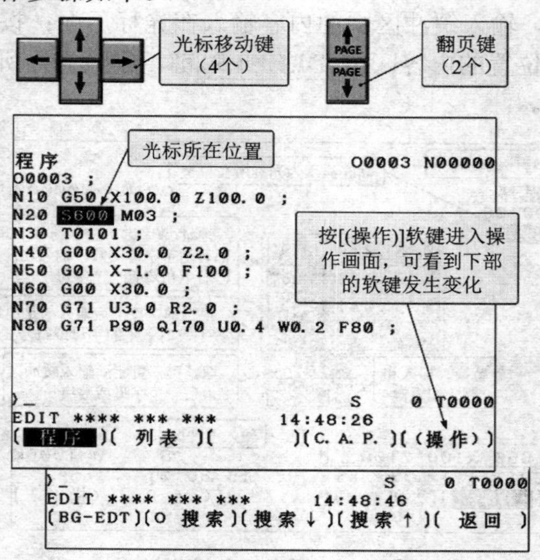

图 3-41 扫描检索操作

1）按光标移动键→（←）一次。光标在屏幕上向前（向后）逐字移动，光标在被选择字处高亮显示。

2）持续按住光标键→（←），则连续扫描字。

3）按光标键↓（↑）一次，光标移动至下（上）一个程序段的第一个字。

4）持续按住光标键↓（↑），则光标连续移动到下（上）一个程序段开头。

5）按翻页键PAGE↓（PAGE↑）一次，显示下（上）一页并检索到该页的第一个字。

6）持续按住翻页键PAGE↓（PAGE↑），则向下（上）一页接一页地持续显示。

（2）具体字的检索　如图 3-42 所示，操作步骤如下。

1）按**编辑**键、**PROG**键和［（操作）］软键，进入如图 3-42 所示程序画面。

2）在输入缓冲区键入待检索的字，如 T0101。

3）按［搜索↓］或［搜索↑］软键，光标迅速移到检索的字处（［搜索↓］和［搜索↑］分别是向下和向上检索）。

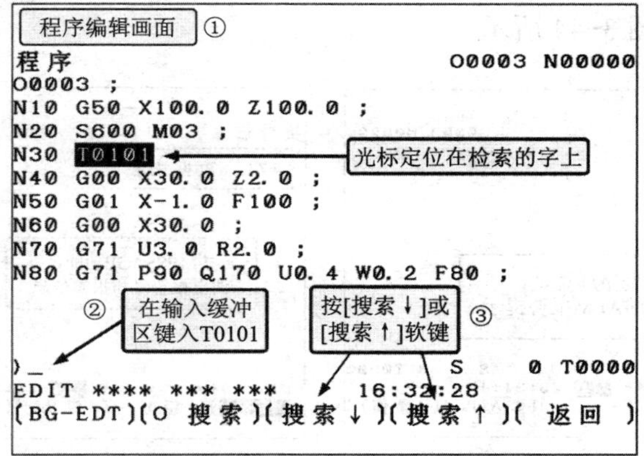

图 3-42　具体字的检索操作

提示：一般先按复位键将光标移至程序头，然后只需按［搜索↓］软键即可。

字检索时的注意事项如下。

1）字的检索是以完整字进行，否则检索不到。例如要检索 S1500、M03、X150 时仅键入 S15、M3、X150 时均检索不到。

2）软键［搜索↓］和［搜索↑］分别是从光标当前位置向下和向上检索。

3）在检索时，可按光标移动键↓和↑代替软键［搜索↓］和［搜索↑］。

（3）字地址的检索步骤　如图 3-43 所示，要求用字地址检索 M 指令，其操作步骤如下。

1）按**编辑**键、**PROG**键，进入程序画面。

2）按［（操作）］软键，进入程序编辑操作画面。

3）在输入缓冲区键入待检索的字地址，如 M。

4）按［搜索↓］软键，光标向下搜索并停留在第一个检索到的含地址 M 的字上（若按［搜索↑］软键，则是向上搜索，具体选择取决于光标的当前位置）。

一般先按复位键将光标移至程序头，然后只需按［搜索↓］软键即可。

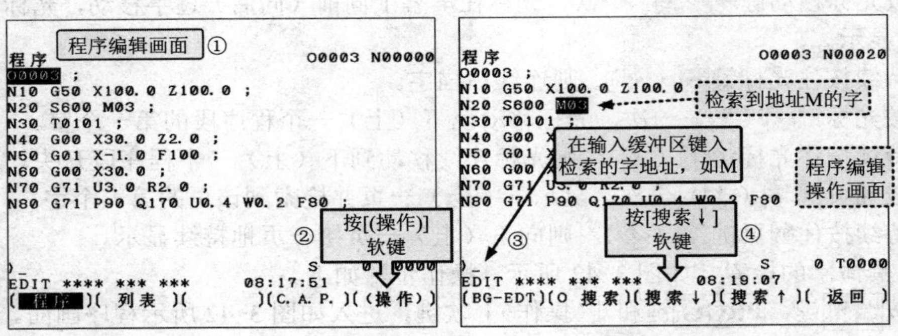

图 3-43 字地址的检索操作

（4）检索无结果 如果在当前选择的程序中没有找到要检索的字或地址，则产生 P/S 报警（参数 071），如图 3-44 所示。

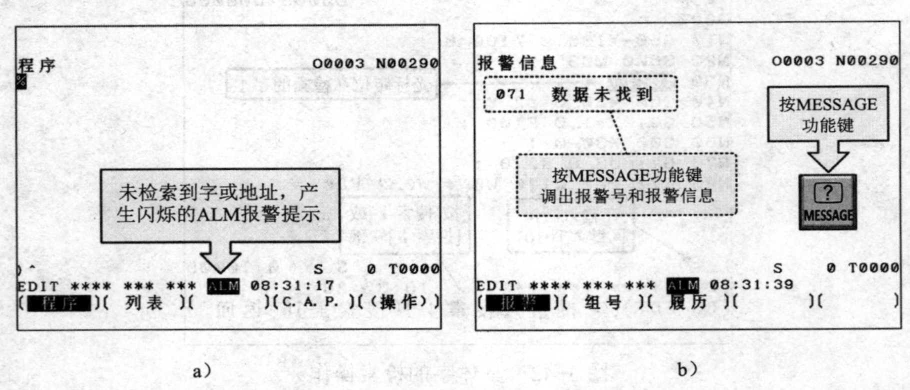

a）　　b）

图 3-44 字或地址检索无结果报警

a）报警提示 b）报警号及报警信息

2．光标指向程序头

光标指向程序头就是将光标移到程序的起始位置。在程序编辑以及程序运行时常常用到这个功能。光标指向程序头的方法有三种。

（1）程序复位法 任何时候按 **RESET** 键均可实现光标返回程序头，如图 3-45 所示的操作步骤所示。

1）按**编辑**方式键，指示灯亮，编辑工作方式有效。

2）按 **PROG** 键，进入程序编辑画面。

3）按光标移动键移动光标离开程序头至任意位置。

4）按 **RESET** 键，光标立即返回程序的开始处，并显示从头开始的程序内容。

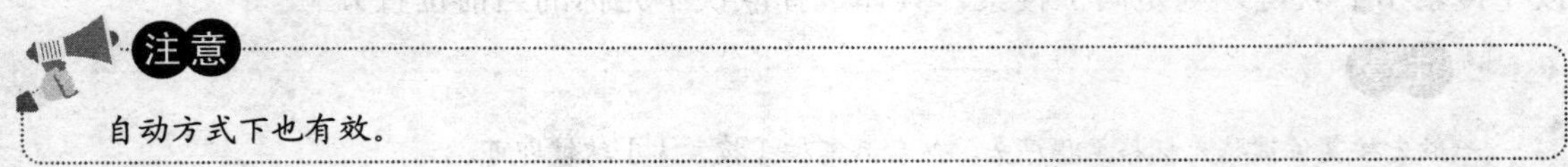

自动方式下也有效。

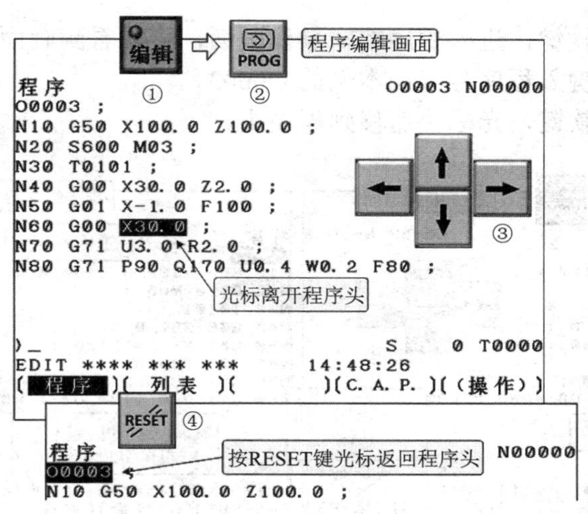

图 3-45　程序复位法返回程序头操作

（2）［返回］软键操作法　如图 3-46 所示，操作步骤如下。

1）按**编辑**方式键，指示灯亮，编辑工作方式有效。

2）按 **PROG** 键，进入程序编辑画面。

3）按光标移动键移动光标离开程序头至任意位置。

4）按［（操作）］软键，进入程序编辑操作画面，可以看到画面底部的软键发生变化。

5）按［返回］软键，光标快速移到程序头。

自动方式下也有效。

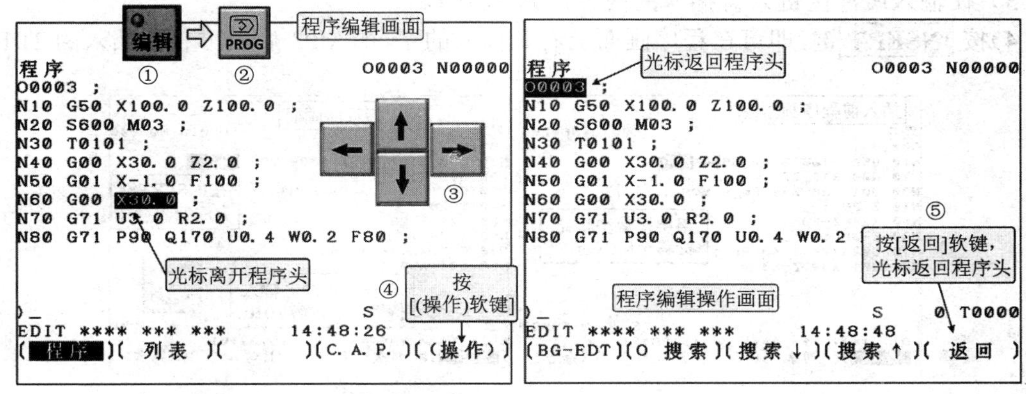

图 3-46　［返回］软键法返回程序头操作

（3）程序号检索法　如图 3-47 所示，操作步骤如下。

1）按**编辑**方式键，指示灯亮，编辑工作方式有效。

2）按 **PROG** 键，进入程序编辑画面。

3）按光标移动键移动光标离开程序头至任意位置。

4）按［（操作）］软键，进入程序编辑操作画面，可以看到画面底部的软键发生变化。

5）在输入缓冲区键入程序号，如本例的 O0003。

6）按［O 搜索］软键，光标快速移到程序头。

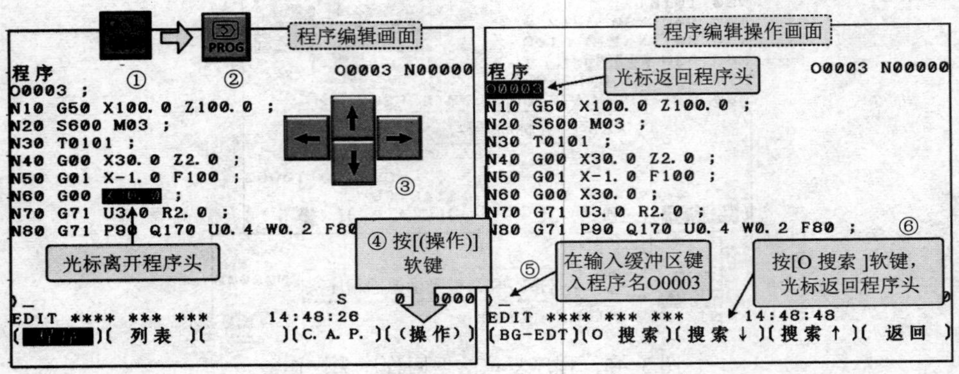

图 3-47　程序号检索法返回程序头操作

自动方式下也有效。

3．字的插入

如图 3-48 所示，假设要求在 M03 后面插入 T0101，其操作步骤如下。

1）按**编辑**键和 **PROG** 键，进入程序画面。

2）用前面介绍的字检索法将光标移至待插入字的前面一个字处，如图 3-48 中的 M03。

3）在输入缓冲区键入待插入的内容，如 T0101。

4）按 **INSERT** 键，即可在程序画面上看到插入的字，如 M03 后面可看到插入的 T0101。

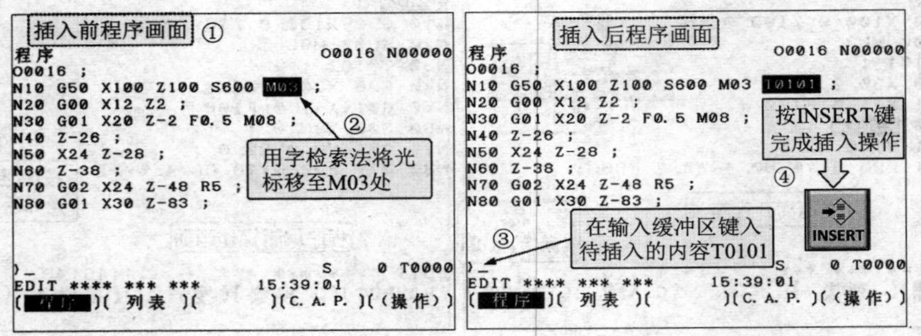

图 3-48　字的插入操作

4．字的修改

修改字在这里就是替换（**ALTER**）编辑功能。如图 3-49 所示，假设要求将 G50 修改为 G54，其操作步骤如下。

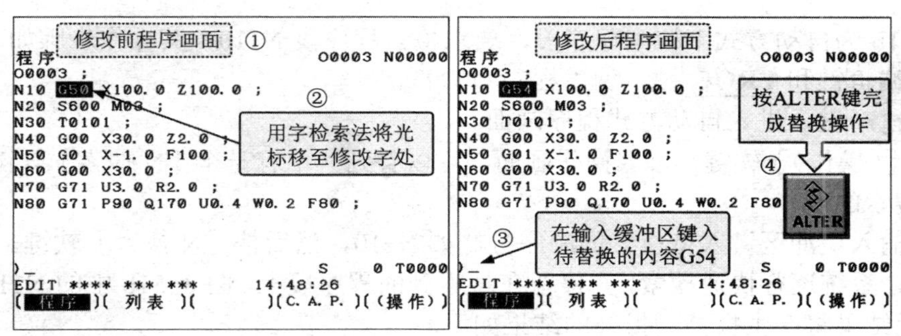

图 3-49　字的修改操作

1）按**编辑**键和**PROG**键，进入程序画面。

2）用前面介绍的字检索法将光标移至待修改字处，如图 3-49 中的 G50。

3）在输入缓冲区键入待替换的内容，如 G54。

4）按**ALTER**键，即可在程序画面上看到替换的字，如 G50 替换为 G54。

5．字的删除

如图 3-50 所示，要求将程序段 N280 中的 M05 删除，其操作步骤如下。

1）按**编辑**键和**PROG**键，进入程序画面。

2）用前面介绍的字检索法将光标移至待删除字处，如图 3-50 中的 M05。

3）按**DELETE**键，即可在程序画面上看到字被删除，如 M05 被删除了。

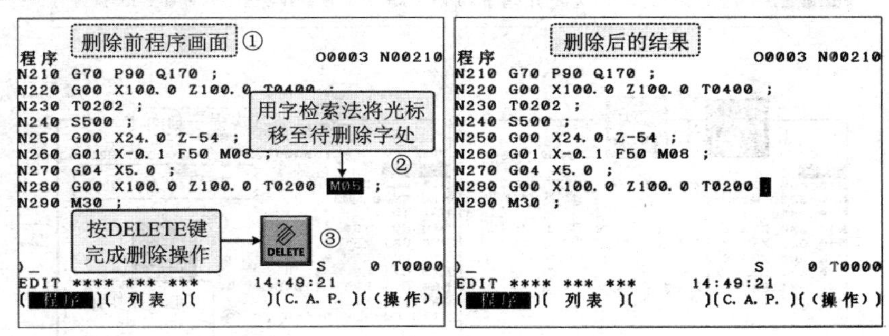

图 3-50　字的删除操作

6．删除程序段

若要删除一个或多个程序段，逐字删除显然不方便，系统提供了删除程序段功能。

（1）顺序号检索要删除程序段　首先必须检索到程序段。程序段的检索一般是检索程序段顺序号。顺序号检索字在编辑方式下与自动方式下略有差异，前者相当于检索字，后者则是检索整个程序段。图 3-51 所示为程序段检索操作示例。

图 3-51a 为编辑方式下检索程序段，要求检索程序段 N60，其操作步骤如下。

1）按**编辑**键和**PROG**键，进入程序画面。

2）按［(操作)］软键，进入程序编辑操作画面，可看到下部软键发生变化。

3）在输入缓冲区输入待检索的程序段序号，如图 3-51 中的 N60。

4）按［搜索↓］软键，可看到光标快速移动至检索的程序段 N60 处。

图 3-51b 为自动方式下检索程序段，要求检索程序段 N110，其操作步骤如下。

1）按**编辑**键和 **PROG** 键，调出程序 O0003。

2）按**自动**键，进入自动方式程序画面。

3）按［（操作）］软键，进入操作画面，可以看到其中有一个［N 搜索］软键，其是用于顺序号搜索的。

4）在输入缓冲区键入待检索的顺序号，如 N110，然后按［N 搜索］软键。

5）CNC 系统逐行快速搜索，并停留在搜索到的程序段上，图 3-51b 中的 N110 程序段。

检索无结果将产生报警，报警的结果如下。

1）若在编辑方式下检索顺序号，当检索不到所需的顺序号，则 P/S 报警（参数 071），参见图 3-44。

2）若在自动方式下检索不到所需的顺序号时，则产生 P/S 报警（参数 060），如图 3-51c 所示。

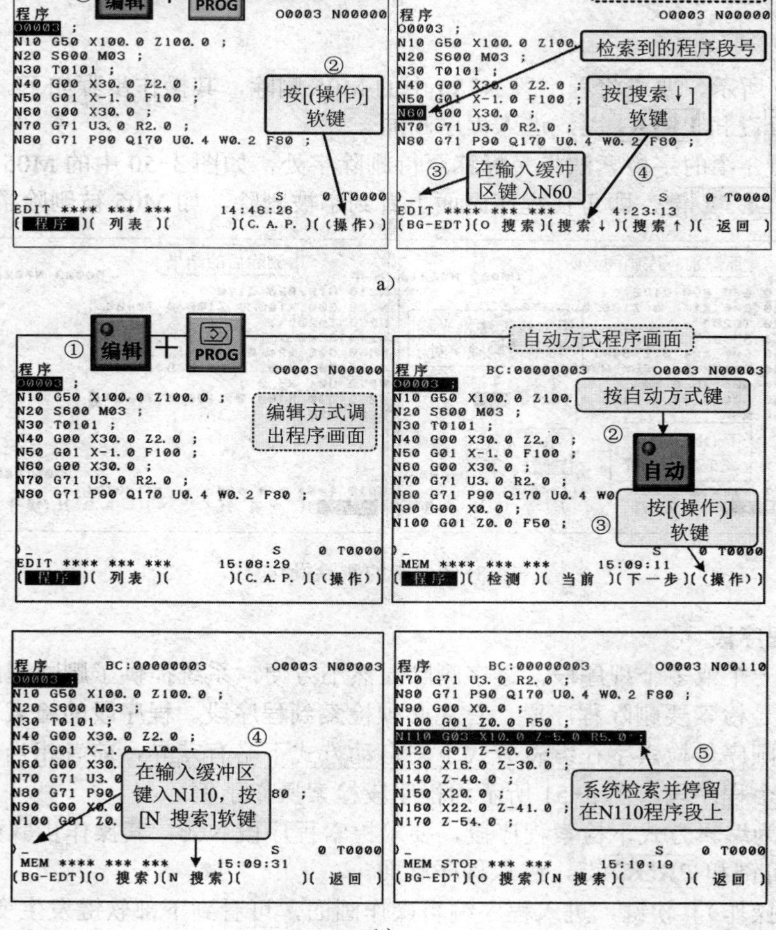

图 3-51 程序段检索的操作

a）编辑方式下顺序号检索 b）自动方式下顺序号检索

c）

图 3-51　程序段检索的操作（续）

c）自动方式下检索无结果报警

（2）删除一个程序段　是指从当前的程序段顺序号字位置到下一个 EOB 之间的内容被删除，删除后光标移动到下一个程序段的顺序号上。图 3-52 所示为删除程序段 N290 的操作步骤，其叙述如下。

1）按**编辑**键和 **PROG** 键，进入程序画面。

2）按图 3-51 方式检索待删除程序段序号，如 N60 程序段顺序号。

3）在输入缓冲区输入待删除的程序段序号及 **EOB** 键，如图 3-52 中的 N290 **EOB**。

4）按 **DELETE** 键，删除程序段 N290，后面程序段顺序上移，光标停留在 N300 程序段顺序号上。

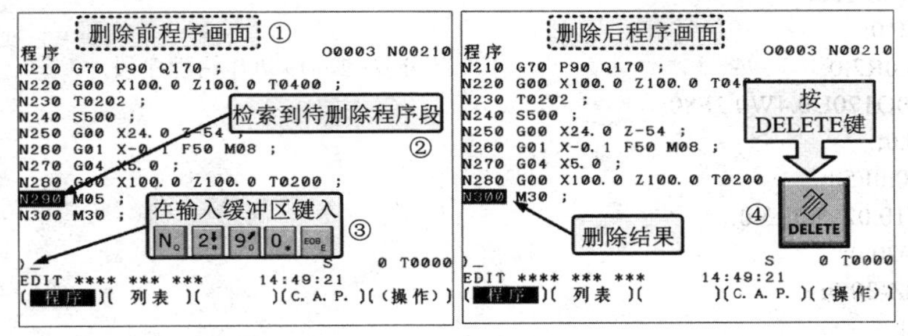

图 3-52　删除一个程序段的操作

（3）删除多个程序段　是指从当前显示的程序段到指定顺序号的程序段之间的程序段全部删除。图 3-53 所示为删除程序段 N70～N90 之间的程序段操作示例，其操作步骤如下。

1）按**编辑**键和 **PROG** 键，进入程序画面。

2）按图 3-51 方式检索到待删除多个程序段起始程序段序号，如 N70。

3）在输入缓冲区输入待删除多个程序段最后一个程序段序号及 **EOB** 键，如图 3-53 中的 N90 **EOB**。

4）按 **DELETE** 键，删除程序段 N70～N90，后面程序段顺序上移，光标停留在 N100 程序段处。

当删除的程序段太多时，会产生 P/S 报警（参数 070），此时，可减少一些要删除的程序段数。

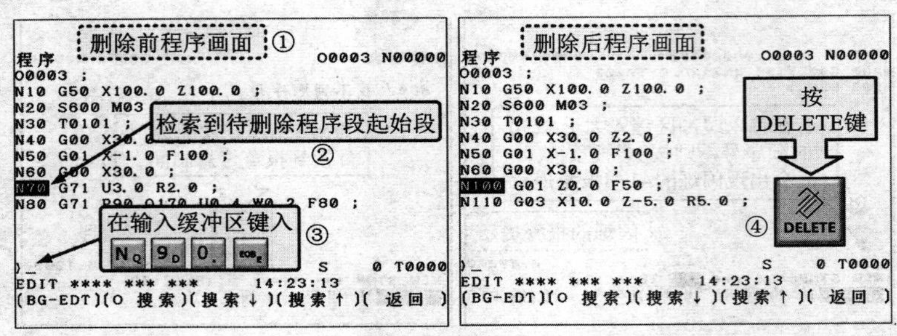

图 3-53 删除多个程序段的操作

3.6.5 数控程序的编辑功能扩展

本节介绍的功能可对 CNC 存储器中的程序进行复制、移动、合并以及字和地址的替换等操作。下面以一个具体程序为例，介绍其操作过程。

1. 示例程序

```
%                                      程序开始符
O0003                                  程序名称
N10G50X100.0Z100.0;
N20S600M03;
N30T0101;
N40G00X30.0Z2.0;
N50G01X-1.0F100;
N60G00X30.0;
N70G71U3.0R2.0;                        部分复制、移动开始程序段
N80G71P90Q170U0.4W0.2F80;
N90G00X0.0;
N100G01Z0.0F50;
N110G03X10.0Z-5.0R5.0;
N120G01Z-20.0;
N130X16.0Z-30.0;
N140Z-40.0;
N150X20.0;
N160X22.0Z-41.0;
N170Z-54.0;                            部分复制、移动和合并终点程序段
N180G00X100.0Z100.0T0101;
N190T0404;
N200G00X30.0Z20.0;
N210G70P90Q170;
N220G00X100.0Z100.0T0400;
N230T0202;
N240S500;
N250G00X24.0Z-54;
N260G01X-0.1F50M08;
N270G04X5.0;
N280G00X100.0Z100.0T0200;
N290M30;
%                                      程序结束符，程序末端
```

2．复制整个程序（图 3-54）

（1）概念　复制整个程序就是建立一个内容完全相同的新程序，如图 3-54a 所示。复制新程序，不改变原程序的内容。

(2)操作要求　以上面介绍的程序 O0003 为基础，复制一个完全相同的程序名为 O3003 的新程序。

（3）操作步骤　如图 3-54b、c 所示。

1）按编辑键和 PROG 键，进入程序画面，例图 3-54b 检索出 O0003 加工程序。

2）按［(操作)］软键，进入程序操作画面。

3）按继续菜单▶键，程序操作画面翻页，找到具有［EX-EDT］软键的画面。

4）按［EX-EDT］软键，进入程序编辑功能扩展画面。在程序编辑功能扩展画面中可以看到下部的软键包括［复制］、［移动］、［合并］和［替换］四个，这正是程序扩展的四个功能。

5）按［复制］软键，进入程序复制画面。

6）按［全部］软键，选择复制整个程序。

7）在输入缓冲区键入新程序名，如本例的 3003。（这里输入的新文件名不包括大写字母 O）

8）在 MDI 面板上按 INPUT 键，将缓冲区的新文件输入完成。

9）按［执行］软键，完成整个程序的复制。

（4）复制结果　如图 3-54d 所示。

1）复制完成后，画面显示的是新复制出来的程序，光标停留在新程序名上。

2）复制完成后，可进入程序列表画面，检索程序目录中是否有新复制的程序存在。

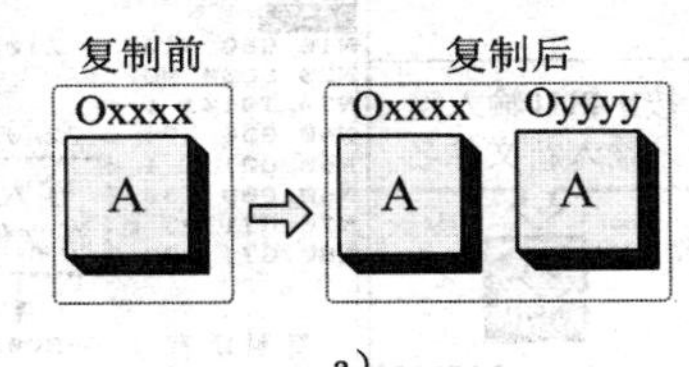

a)

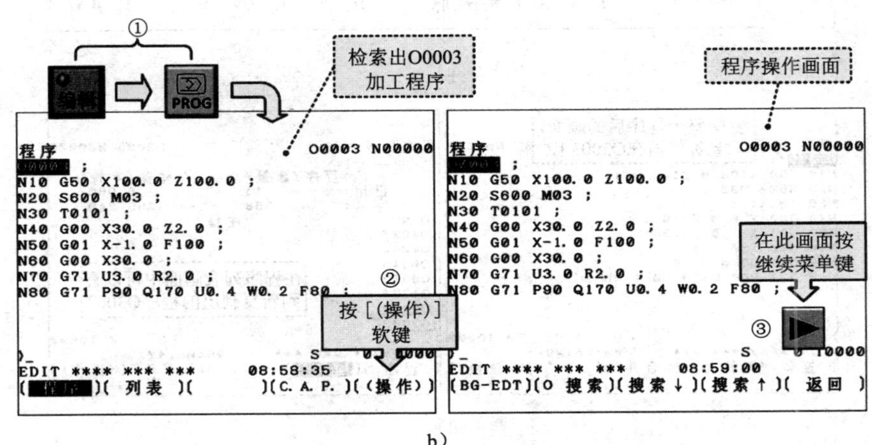

b)

图 3-54　复制整个程序操作示例

a）复制整个程序的概念　b）进入程序编辑功能扩展画面的操作过程

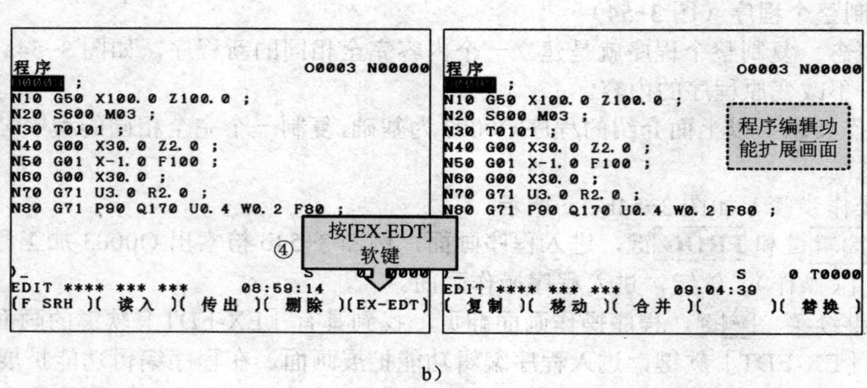

b）

程序 O0003 N00000
O0003 ;
N10 G50 X100.0 Z100.0 ;
N20 S600 M03 ;
N30 T0101 ;
N40 G00 X30.0 Z2.0 ;
N50 G01 X-1.0 F100 ;
N60 G00 X30.0 ;
N70 G71 U3.0 R2.0 ;
N80 G71 P90 Q170 U0.4 W0.2 F80 ;

程序编辑功能扩展画面

按[复制]软键 ⑤

EDIT **** *** *** 09:04:39
(复制)(移动)(合并)( )(替换)

程序复制画面

⑥ 按[全部]软键

复制

EDIT **** *** *** 09:04:57
(起点)( )(终点)(末端)(全部)

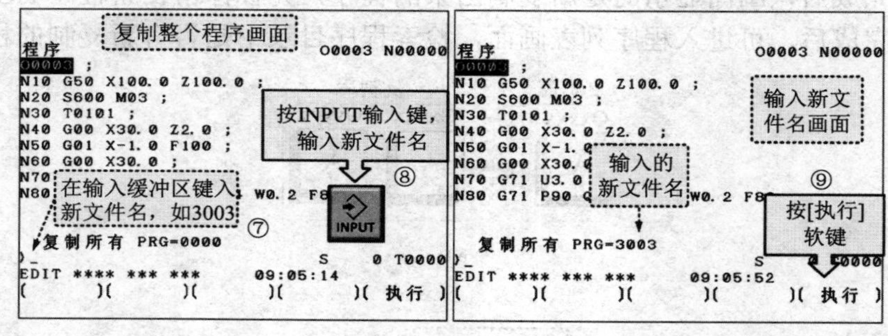

c）

复制整个程序后的画面，光标停留在O3003上

程序 O3003 N00000
O3003 ;
N10 G50 X100.0 Z100.0 ;
N20 S600 M03 ;
N30 T0101 ;
N40 G00 X30.0 Z2.0 ;
N50 G01 X-1.0 F100 ;
N60 G00 X30.0 ;
N70 G71 U3.0 R2.0 ;
N80 G71 P90 Q170 U0.4 W0.2 F80 ;

EDIT **** *** *** 09:06:29
(复制)(移动)(合并)( )(替换)

程序目录 O3003 N00000
程序（数量） 存储器（字符）
已用： 14 6,960
空区： 386 255,240
O NO. 注释
O0037
O0042
O0045
O0333
O1234
O2007
O3003

在程序列表画面中可以看到新复制出的程序O3003

EDIT **** *** *** 09:06:47
(程序)(列表)( )(C.A.P.)((操作))

d）

图 3-54 复制整个程序操作示例（续）

b）进入程序编辑功能扩展画面的操作过程 c）复制整个程序的操作过程 d）复制整个程序的结果及查询

3．**复制部分程序**（图 3-55）

（1）概念　复制部分程序就是建立一个内容是源程序中一部分的新程序，这个新程序可以是中间一段或从中间的某个部分至结尾处的一段，如图 3-55a 所示。复制新程序，不改变原程序。

（2）操作要求　以上面介绍的程序 O0003 为基础，复制一个程序名为 O3013，内容为 N70～N170 程序段的新程序和一个程序名为 O3023 内容为 N70 至程序结尾的新程序。

（3）部分程序复制不到终点的操作步骤　如下所述，其 5）～9）步操作参见图 3-55b。

1）～4）执行复制整个程序操作步骤的第 1）～4）步，如图 3-54b 所示。

5）将光标移至部分复制起点（起始程序段的顺序号处），按［复制］软键。

6）按［起点］软键，完成部分程序的起点设置。

7）将光标移至部分复制程序的终点（部分复制最后一个程序段的最后处），按［终点］软键，完成部分程序的终点设置。

8）在输入缓冲区输入新程序名（不包括大写字母 O），如本例的 3013，按 **INPUT** 键，完成新程序名的输入。

9）按［执行］软键，完成部分程序的复制。

（4）部分程序复制至终点操作步骤　部分程序复制至终点的操作步骤与不到终点的操作步骤基本相同，仅是终点的选择不同，参见图 3-55c 所示，具体步骤如下。

1）～6）执行部分程序复制不到终点操作步骤的第 1）～6）步。

7）按［末端］软键，完成部分程序的末端设置。

8）～9）执行部分程序复制不到终点操作步骤的第 8）、9）步。

（5）复制结果　如下所述。

1）图 3-55d 所示为复制部分程序不到终点的复制结果。复制完成后，光标停在新程序程序名处，同时可以看到新程序的第 1 段和最后 1 段正是前面所选择的起点和终点程序段。

2）复制部分程序至末端的结果与上述结果基本相同，仅是新程序的最后一段是原程序的最后一段。

3）复制完成后，进入程序列表画面，可检索到程序目录中增加了新复制的程序，如图 3-55e 所示。

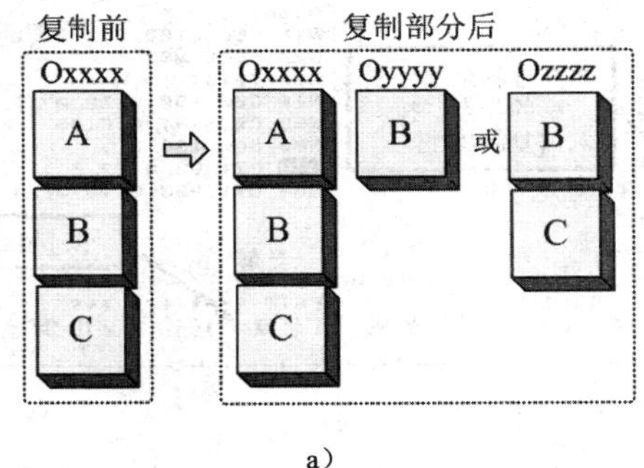

a）

图 3-55　复制部分程序

a）复制部分程序的概念

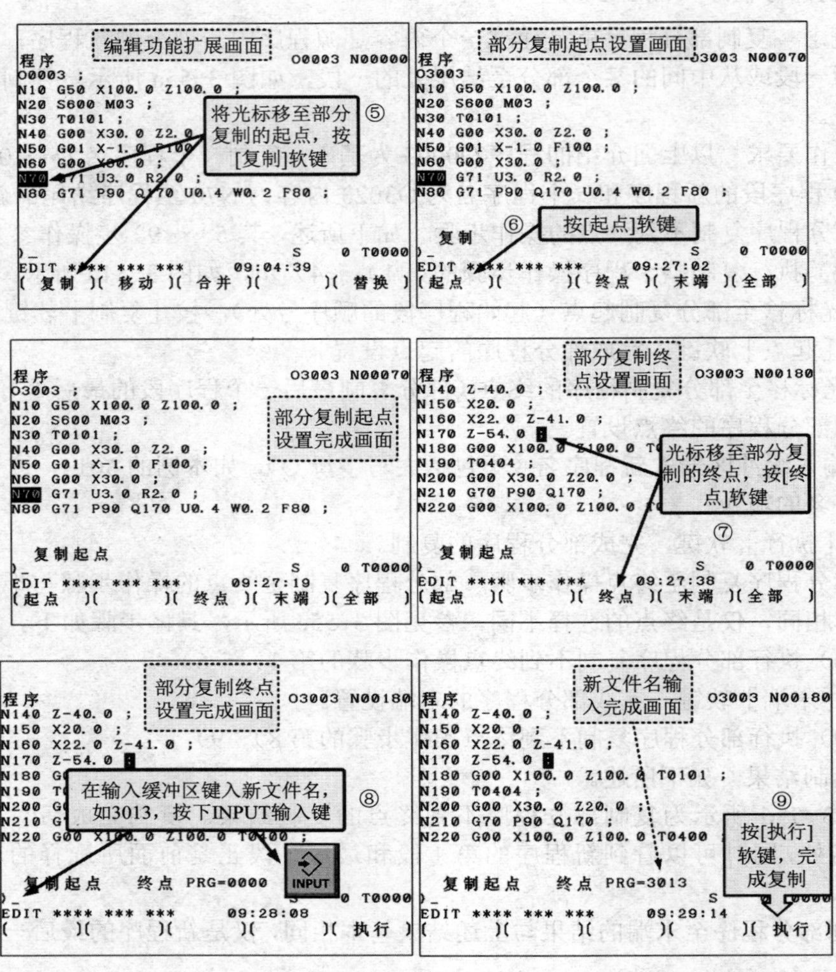

b）

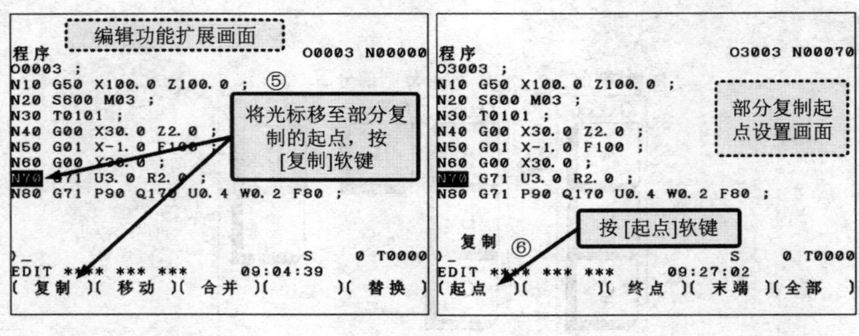

c）

图 3-55　复制部分程序（续）

b）复制部分程序不到终点的操作　c）复制部分程序至末端的操作过程

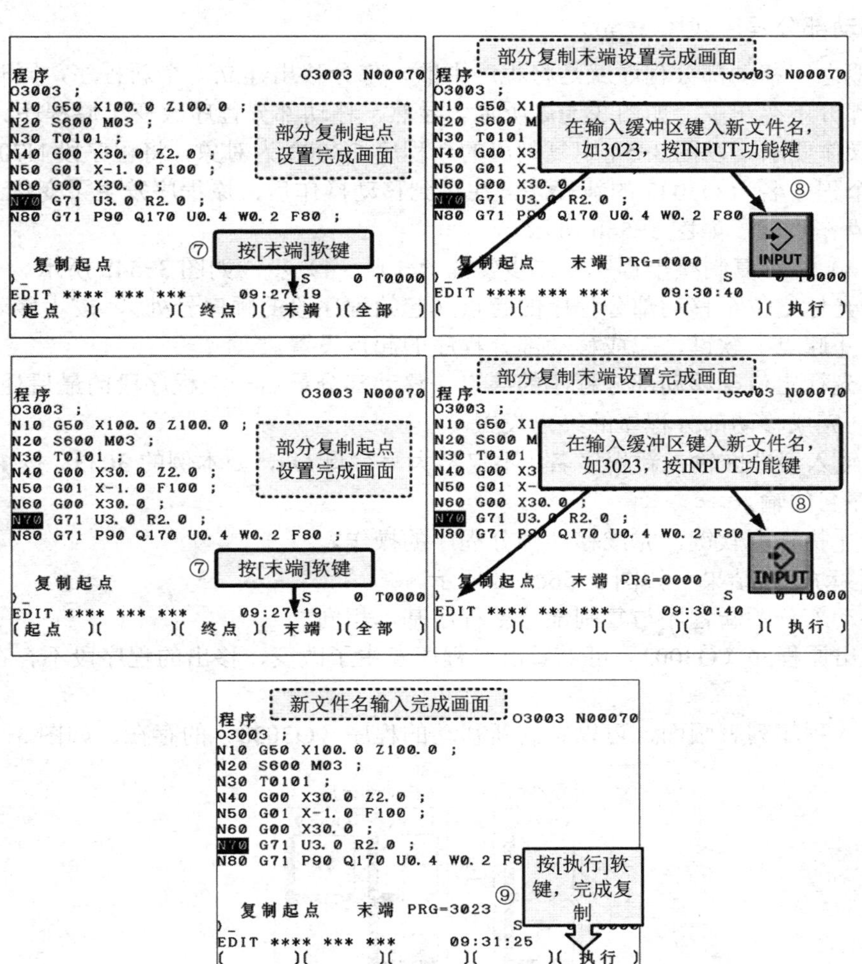

c）

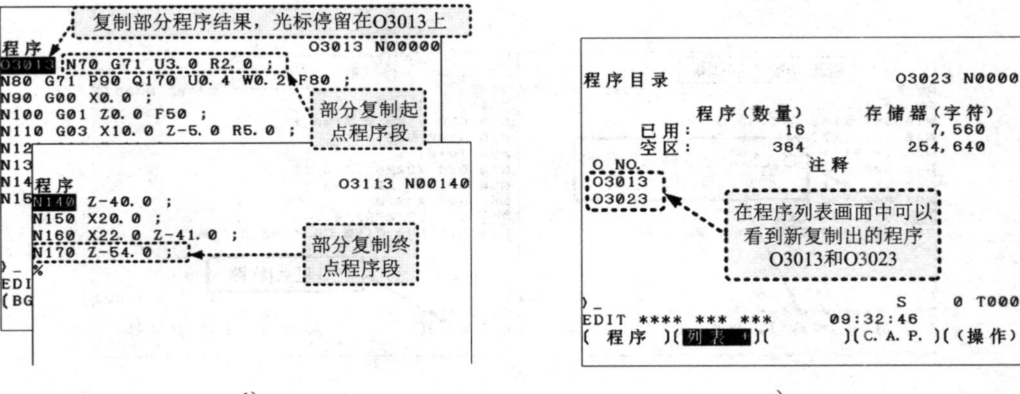

d）　　　　　　　　e）

图3-55　复制部分程序（续）

c）复制部分程序至末端的操作过程　d）复制部分程序不到终点的结果　e）程序目录画面中的新增程序

4．移动部分程序（图 3-56）

（1）概念　移动部分程序就是将程序中的一部分移出建立一个新程序，同时原程序被移出的那部分不存在了，如图 3-56a 所示。显然，移动部分程序改变了原程序。

（2）操作要求　以图 3-54 中复制出的新程序 O3003 为对象，将程序段 N70～N170 移出建立一个程序名为 O3033 的新程序。注意到移动操作后，原程序发生了变化。

（3）操作步骤　如图 3-56b 所示。

1）～4）执行复制整个程序操作步骤的第 1）～4）步，如图 3-54b 所示。

5）将光标定位至移动部分程序的起点（起始程序段的顺序号处），按［移动］软键。

6）按［起点］软键，完成移动部分程序的起点设置。

7）将光标定位至移动部分程序的终点（移动部分最后一个程序段的最后处），按［终点］软键，完成移动部分程序的终点设置。

8）在输入缓冲区输入新程序名（不包括大写字母 O），如本例的 3033，按 **INPUT** 键，完成新程序名的输入。

9）按［执行］软键，完成移动部分程序的操作。

（4）移动部分结果　如图 3-56c、d 所示。

1）移动部分的新程序与复制部分新程序基本相同。

2）调出原程序（O3003）可以看出原程序发生了改变，移出的程序段不存在了，如图 3-56c 所示。

3）进入程序列表画面，可以看到新移动的程序（O3033）的存在，如图 3-56d 所示。

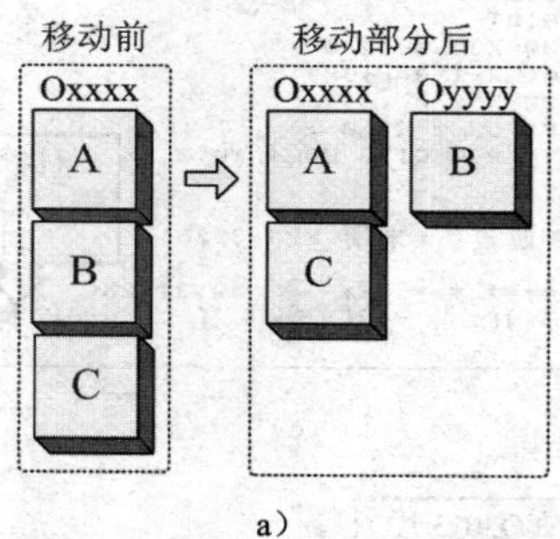

a）

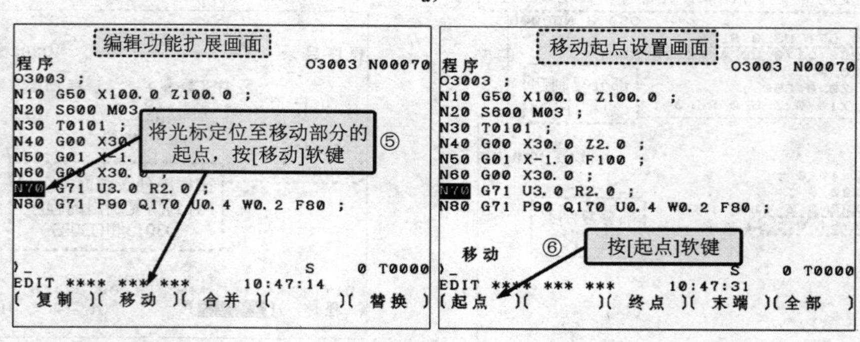

b）

图 3-56　移动部分程序

a）移动部分程序的概念　b）移动部分程序的操作过程

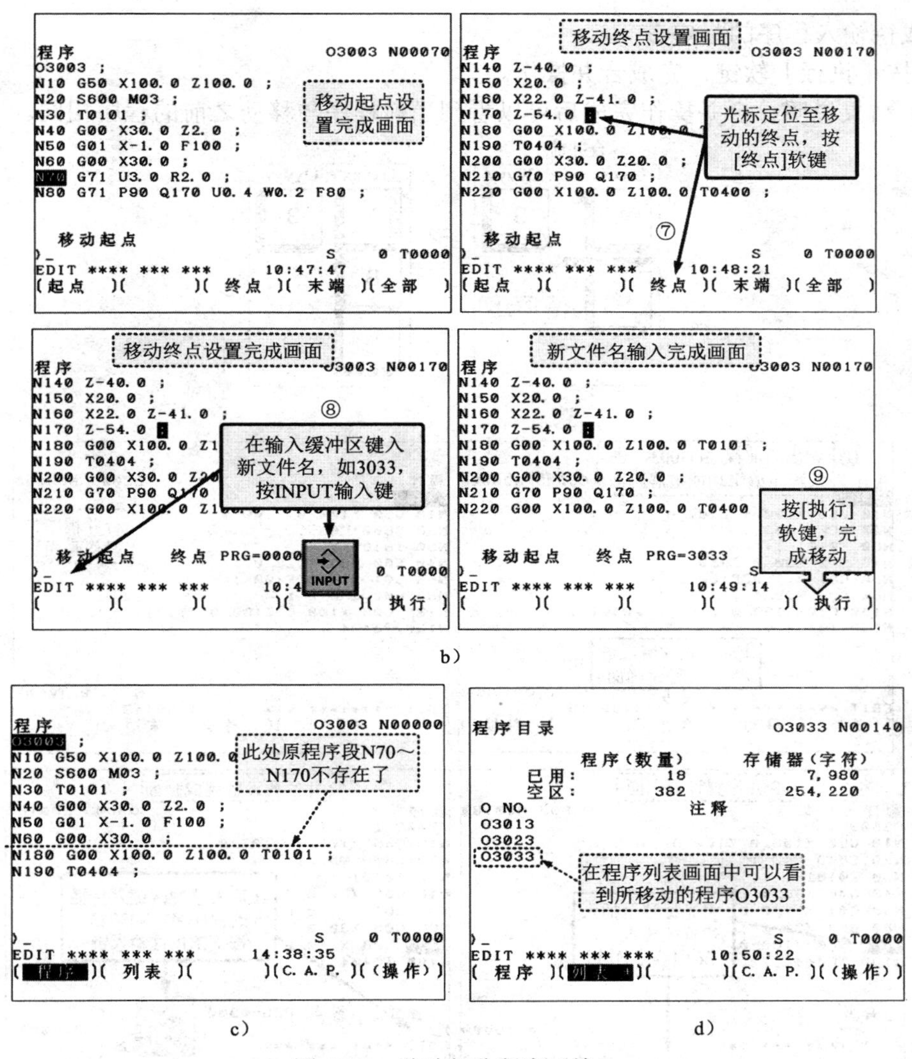

b）

c） d）

图 3-56 移动部分程序（续）

b）移动部分程序的操作过程 c）移动部分程序的原程序变化 d）移动部分程序后的查询

5．合并程序（图 3-57）

（1）概念 合并程序是在当前程序的任意部分插入另一个程序合并为一个新程序，如图 3-57a 所示。显然，合并程序改变了当前程序。

（2）要求 将图 3-56 中移动部分程序后少了程序段 N70～N170 的程序 O3003 在原来位置上将移出的新程序 O3033 合并还原成为移动之前的程序。

（3）操作 步骤如下（图 3-57b）。

1）调出图 3-56 移出程序段 N70～N170 的程序 O3003 为当前程序（注：练习操作前可以按图 3-54 的方法备份一移除后的程序 O3003）。

2）按［合并］软键，进入合并程序操作画面。

3）将光标移动至插入位置的终点处，按［终点］软键，完成合并位置设置。

4）在输入缓冲区键入待插入的程序名（不包括大写字母 O），如本例的 3033，按 **INPUT**

键，完成待输入程序的指定。

5）按［执行］软键，完成合并操作。

（4）结果说明 合并操作完成后可以看到当前程序与移动之前的程序相同。

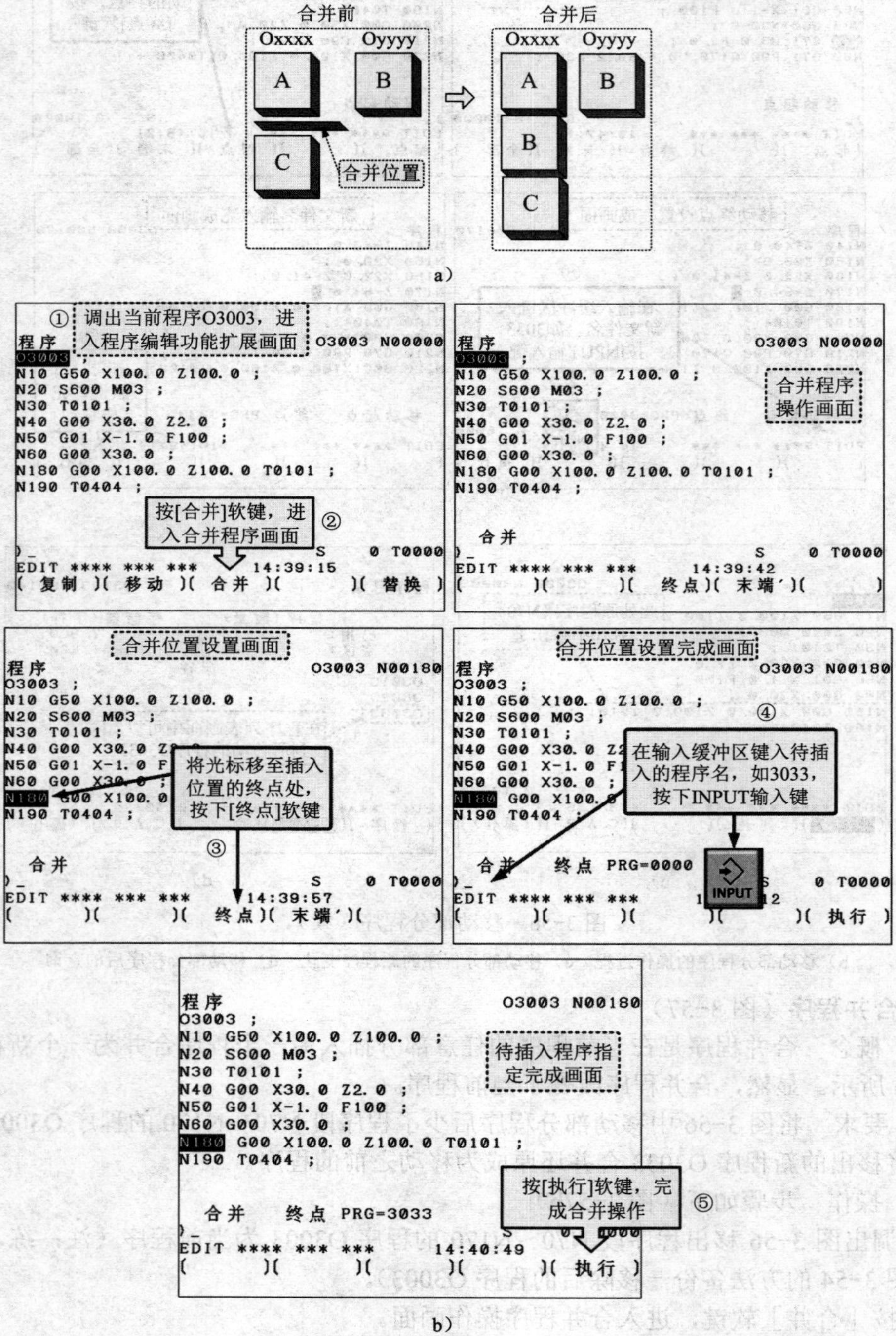

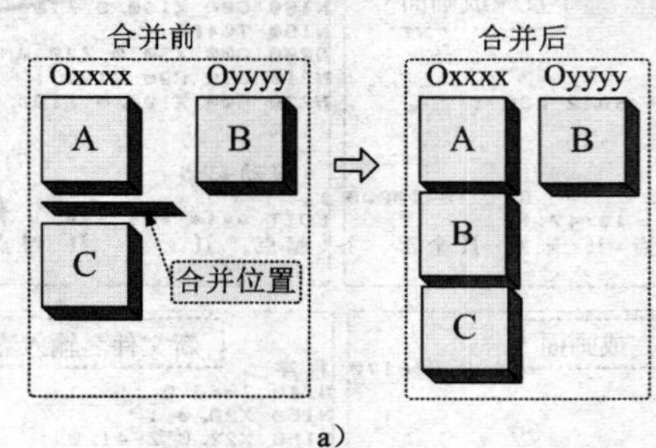

a）

① 调出当前程序O3003，进入程序编辑功能扩展画面

```
程序                           O3003 N00000
O3003 ;
N10 G50 X100.0 Z100.0 ;
N20 S600 M03 ;
N30 T0101 ;
N40 G00 X30.0 Z2.0 ;
N50 G01 X-1.0 F100 ;
N60 G00 X30.0 ;
N180 G00 X100.0 Z100.0 T0101 ;
N190 T0404 ;

)_                           S      0 T0000
EDIT **** *** ***        14:39:15
[ 复制 ][ 移动 ][ 合并 ][      ][ 替换 ]
```

② 按[合并]软键，进入合并程序画面

合并程序操作画面

```
程序                           O3003 N00000
O3003 ;
N10 G50 X100.0 Z100.0 ;
N20 S600 M03 ;
N30 T0101 ;
N40 G00 X30.0 Z2.0 ;
N50 G01 X-1.0 F100 ;
N60 G00 X30.0 ;
N180 G00 X100.0 Z100.0 T0101 ;
N190 T0404 ;

  合并
)_                           S      0 T0000
EDIT **** *** ***        14:39:42
[      ][      ][ 终点 ][ 末端' ][      ]
```

合并位置设置画面

```
程序                           O3003 N00180
O3003 ;
N10 G50 X100.0 Z100.0 ;
N20 S600 M03 ;
N30 T0101 ;
N40 G00 X30.0 Z2.0 ;
N50 G01 X-1.0 F100 ;
N60 G00 X30.0 ;
N180 G00 X100.0 Z100.0 T0101 ;
N190 T0404 ;

  合并
)_                           S      0 T0000
EDIT **** *** ***        14:39:57
[      ][      ][ 终点 ][ 末端' ][      ]
```

③ 将光标移至插入位置的终点处，按下[终点]软键

合并位置设置完成画面

```
程序                           O3003 N00180
O3003 ;
N10 G50 X100.0 Z100.0 ;
N20 S600 M03 ;
N30 T0101 ;
N40 G00 X30.0 Z2.0 ;
N50 G01 X-1.0 F100 ;
N60 G00 X30.0 ;
N180 G00 X100.0 Z100.0 T0101 ;
N190 T0404 ;

  合并    终点 PRG=0000
)_                           S      0 T0000
EDIT **** *** ***
[      ][      ][      ][      ][ 执行 ]
```

④ 在输入缓冲区键入待插入的程序名，如3033，按下INPUT输入键

INPUT

待插入程序指定完成画面

```
程序                           O3003 N00180
O3003 ;
N10 G50 X100.0 Z100.0 ;
N20 S600 M03 ;
N30 T0101 ;
N40 G00 X30.0 Z2.0 ;
N50 G01 X-1.0 F100 ;
N60 G00 X30.0 ;
N180 G00 X100.0 Z100.0 T0101 ;
N190 T0404 ;

  合并    终点 PRG=3033
)_                                  0 T0000
EDIT **** *** ***        14:40:49
[      ][      ][      ][      ][ 执行 ]
```

⑤ 按[执行]软键，完成合并操作

b）

图3-57 合并程序

a）合并程序的概念 b）合并程序的操作过程

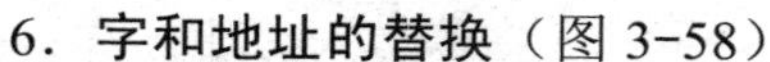

6. **字和地址的替换**（图 3-58）

（1）概念　字和地址的替换功能可替换一个或多个指定的字。可替换程序文本中指定字的全部，也可替换文本中某些位置的指定字。

（2）操作前准备　将前面介绍的程序 O0003 复制一个 O3003 的程序，并将其中的尺寸字 Z100.0 替换为 Z150.0。

（3）按[替换]软键的操作　如图 3-58a 所示。

1）按**编辑**键和 **PROG** 键，进入程序画面，检索出 O3003 加工程序。

2）按［(操作)］软键，进入程序操作画面。

3）按继续菜单键▶，程序操作画面翻页，找到具有［EX-EDT］软键的画面。

4）按［EX-EDT］软键，进入程序编辑功能扩展画面。

5）按［替换］软键。

6）在输入缓冲区键入替换前的字，如本例的 Z100.0，并按下［之前］软键，完成替换前字的输入。

7）在输入缓冲区键入替换后的字，如本例的 Z150.0，并按下［之后］软键，完成替换后字的输入，进入替换操作画面。

在替换操作画面中，光标停留在第 1 个 Z100.0 处，下部有三个软键——［跳转］、［EX-SGL］和［执行］，分别用于逐字检索、逐字替换和全部替换。

（4）按［跳转］软键的操作　如图 3-58b 所示。

1）按第 1 次［跳转］软键，光标检索并停留在下一个替换前的字 Z100.0 处。

2）按第 2 次［跳转］软键，光标检索并停留在下一个字 Z100.0 处。

3）按第 3 次［跳转］软键，光标检索并停留在下一个字 Z100.0 处。

4）按第 4 次［跳转］软键，未检索到之前的字 Z100.0，检索完毕，光标停留在程序结束处。

从操作过程可以看出，［跳转］软键的功能相当于逐字的检索，直至检索完毕后光标停留在程序结束符上。

（5）按［EX-SGL］软键的操作　如图 3-58c 所示。

1）按第 1 次［EX-SG］软键，替换当前光标处的字为 Z150.0，光标检索并停留在下一个字 Z100.0 处。

2）按第 2 次［EX-SG］软键，替换当前光标处的字为 Z150.0，光标检索并停留在下一个字 Z100.0 处。

3）按第 3 次［EX-SG］软键，替换当前光标处的字为 Z150.0，光标检索并停留在下一个字 Z100.0 处。

4）按第 4 次［EX-SG］软键，未检索到之前的字 Z100.0，检索替换完毕，光标停留在程序结束符上。

（6）一次性地替换全部字操作　按［执行］软键，可一次性地替换全部字，替换后光标停留在程序结束符上，如图 3-58d 所示。

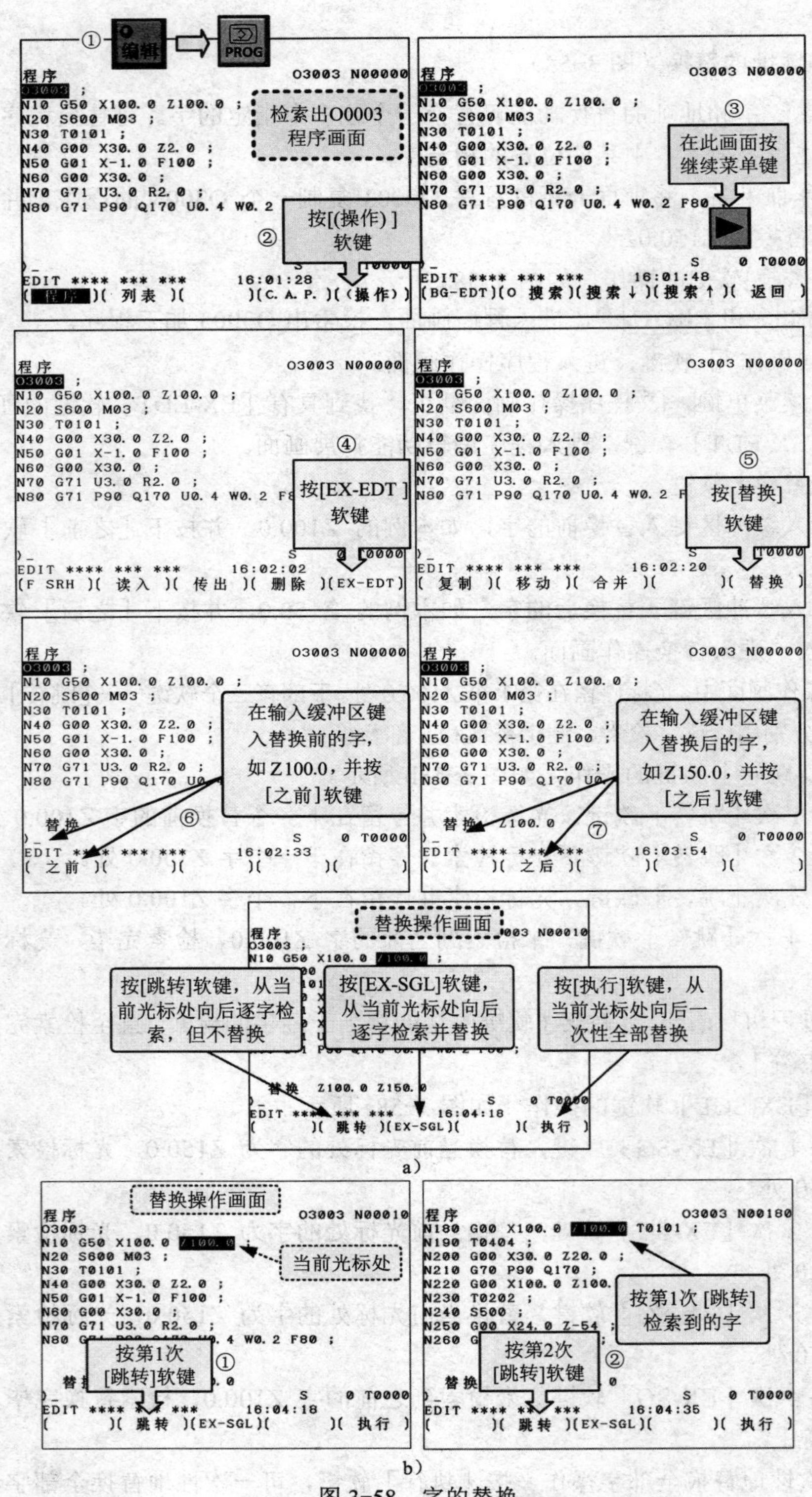

图 3-58 字的替换

a）按［替换］软键进行字替换操作 b）按［跳转］软键后逐字检索

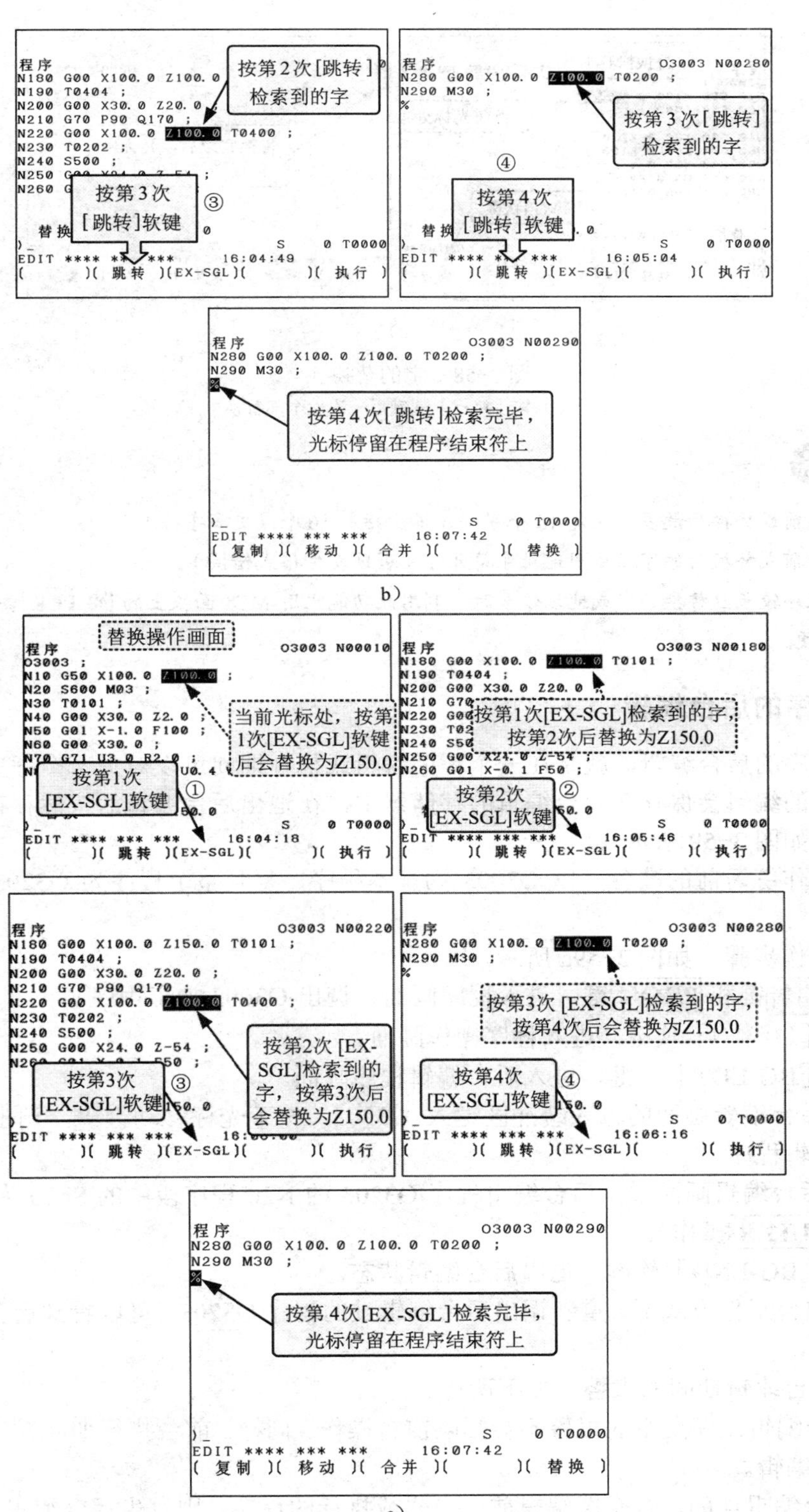

b）

c）

图 3-58　字的替换（续）

b）按［跳转］软键后逐字检索　c）按［EX-SGL］软键后逐字检索并替换

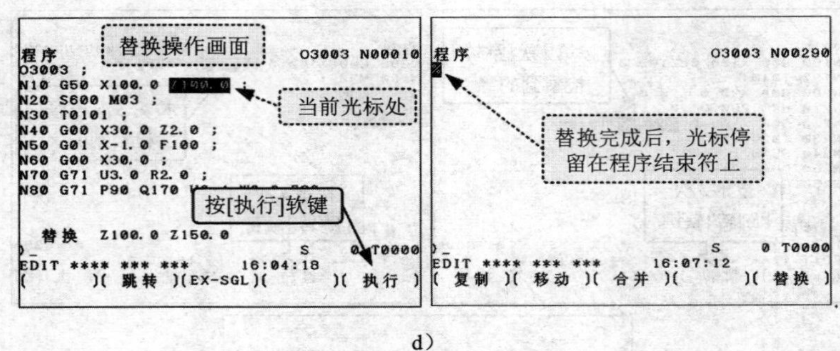

d）

图 3-58 字的替换（续）

d）按［执行］软键后一次性全部替换

1）替换前或替换后最多可指定15个字符（不能指定16个或更多字符）。

2）替换前或替换后的字必须用地址字符开始（否则发生格式错误）。

3）当程序较长且替换的字或地址较多时，利用此功能比用 MDI 面板上的 **ALTER** 替换键逐个替换要快捷、方便。

3.6.6 程序的后台编辑

所谓程序的后台编辑，就是在一个程序编辑或执行期间可以对另一个程序进行普通的编辑。后台的编辑会保存在前台编辑的存储器中，在退出后台编辑后依然存在。程序的后台编辑步骤如图 3-59 所示。

（1）操作练习前的准备 以 O3003 为基本程序，复制整个程序为 O3203 作为后台编辑程序。

（2）操作步骤 如图 3-59a 所示。

1）按**编辑**键和 **PROG** 键，进入程序画面，调出 O3003 加工程序。

2）按［(操作)］软键，进入程序操作画面。

3）按［BG-EDT］软键，进入后台编辑程序画面。

4）在后台编辑画面的输入缓冲区键入 O3203，按下光标移动键**↓**，调出程序 O3203 作为后台编辑程序。

5）在后台编辑画面中，后台编辑程序 O3203 的 N20 程序段中的 S600 为 S500（用替换编辑键 **ALTER** 操作）。

6）按［BG-END］软键，退出后台编辑状态。

7）在前台工作方式下，重新调出后台编辑过的程序 O3203，可以看到后台编辑过的部分仍然存在。

（3）后台编辑期间的报警 如下所述。

1）后台编辑期间发生的报警不会影响前台操作。同样，前台执行期间发生的报警也不会影响后台编辑。

2）后台编辑期间，若企图编辑前台操作或执行的程序，则发生后台编辑报警 B/S（参数 140），后台编辑状态下调用前台编辑的程序也产生报警，如图 3-59b 所示。相反，前台操作期间企图选择一个后台编辑状态下的程序（通过子程序调用或用外部信号对程序号检索操作），在前台操作中也会发生 P/S 报警（参数 059、078）。

3）后台编辑的报警与前台的完全相同，但后台编辑的报警显示在后台编辑画面的数据输入行，如图 3-59b 所示。

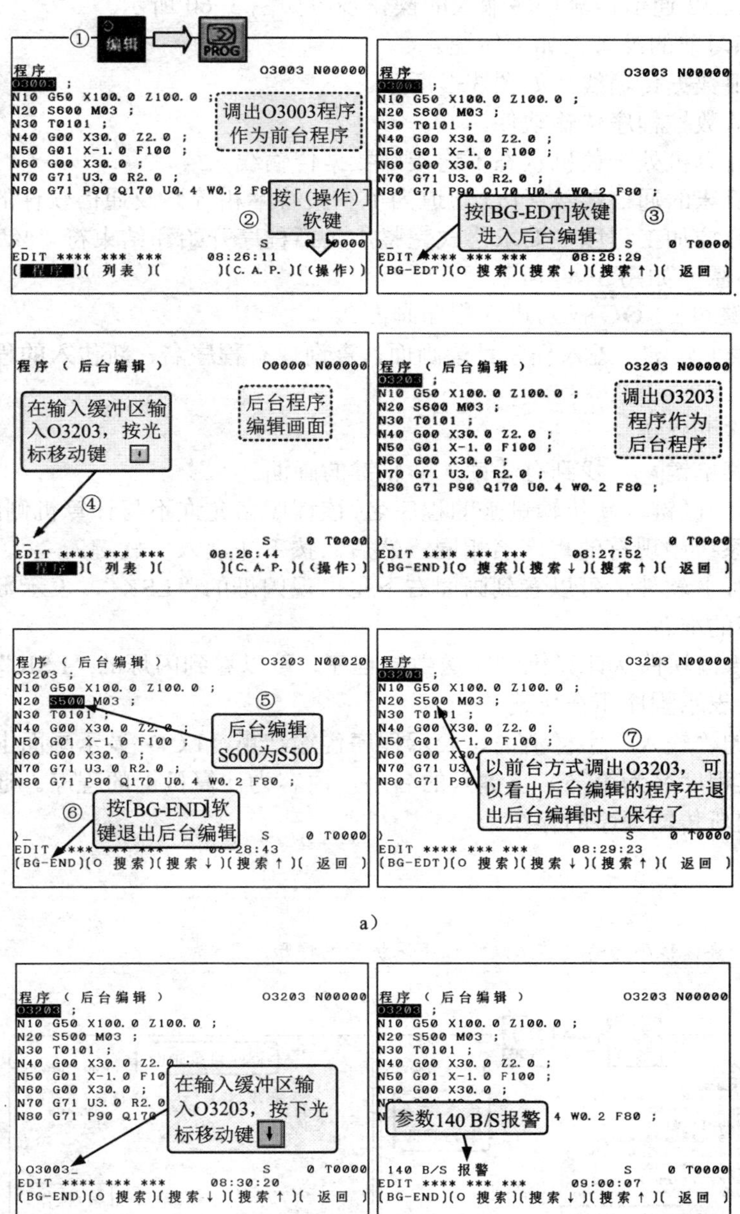

图 3-59　程序的后台编辑

a）后台编辑操作步骤　b）后台编辑期间的报警

3.6.7 RS232 通信传输程序输入

RS232 通信传输程序输入是指将存储在计算机（PC）上的数控程序通过 CNC 系统的 RS232 通信口与计算机通信的方式传入 CNC 系统。其与 DNC 加工使用的传输线及传输软件是一样的。RS232 通信传输程序输入的操作步骤如图 3-60 所示。

（1）操作练习前的准备　如下所述。

1）准备一根数据传输线，如图 3-3 所示。

2）准备一款数控程序传输软件。

3）机床和计算机处于关机状态下连接好数据传输线。

4）设置好机床的通信参数（I/O 通道为 1 和波特率相等）及通信软件的通信参数。

5）准备好数控加工程序，要求格式完整，包括程序开始和结束符“%”。

（2）操作步骤　如图 3-60 所示。

1）按编辑键和 PROG 键，进入程序画面。

2）按［列表］软键，进入程序目录画面，查询现有程序名，新传入的程序不能与现有程序名相同。

3）按［操作］软键。

4）按继续菜单键▶，找到有［读入］软键的画面。

5）在输入缓冲区键入新传输进来的程序名，该程序名允许不与计算机侧的程序名相同，但不能与 CNC 系统中现有的程序名相同。然后，按下［读入］软键。

6）按［执行］软件，可以看到画面右下角出现闪烁的“LSK”，表示数控机床侧已经做好了接收程序的准备。

7）用数控传输软件从计算机侧发送数控程序，可以看到闪烁的“LSK”变成了闪烁的“输入”字样，表示程序正在传输。

8）当闪烁的“输入”字样消失，表示程序传输结束，LCD 显示画面上可以看到传输进来的程序，其程序名为第 5）步键入的名字，内容为计算机上的程序。通过程序列表画面还可以检索到新传输程序的存在。

同创建程序一样，程序传输之前必须将程序保护开关打开。

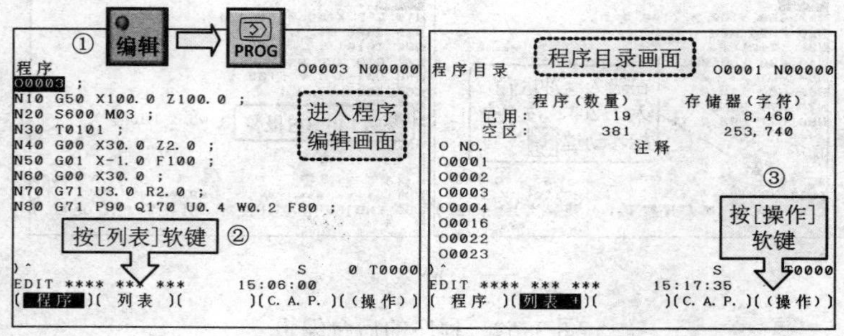

图 3-60　RS232 通信传输程序输入的操作

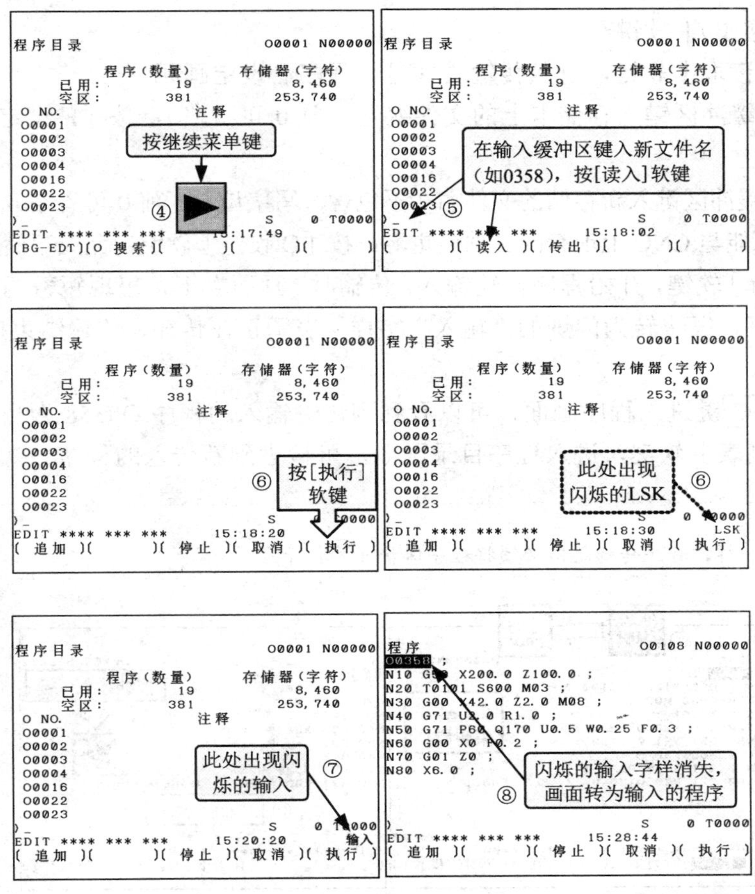

图 3-60　RS232 通信传输程序输入的操作（续）

3.6.8　存储卡程序传输输入

存储卡程序传输就是将计算机上的数控程序通过 CF 卡和 PCMCIA 转接卡传送给 CNC 系统。这种方法类似于广泛使用的 U 盘，其程序传输可靠，现场无传输线，显得非常简洁，应用广泛。存储卡程序传输输入的操作步骤如图 3-61 所示。

（1）传输前的准备　如下所述。

1）将待传输的程序存入存储卡中，如本例的程序 O0108。注意程序的格式必须完整，包括开始符和结束符“%”。

2）机床处于关机状态下插入 CF 卡。

3）把 CNC 的参数 0020 设为 4（即 I/O 通道设置为 4）。

（2）操作步骤　如图 3-61 所示。

1）按**编辑**键和 **PROG** 键，进入程序画面。

2）按下继续菜单键▶，找到具有［卡］软键的画面。

3）按［卡］软键，进入存储卡程序目录画面，找到待传输的文件，记住程序编号。

4）按［（操作）］软键。

5）按［F 读取］软键，进入传输文件号与程序名设定画面。

6）在输入缓冲区键入存储卡上的文件编号（前 0 可省略），按［F 设定］软键，完成读取文件的设定。

7）在输入缓冲区键入新存储的文件名（不包含大写字母 O，前 0 可省略），可以与卡上的文件不同，但不能与 CNC 上现有的文件名重名。按［O 设定］软键，完成存储程序名的设定。

8）按［执行］软键，开始程序传输输入。传输时，画面右下角出现短暂的闪烁的“LSK”表示传输准备好，很快转为闪烁的“输入”字样，表示正在传输，传输结束后，“输入”字样消失。

9）按 PROG 键进入程序画面，可以看到刚传输输入的程序 O0358 为当前程序。

10）按［列表］软键，进入程序目录画面，可检索到新传入的程序。

注意

同创建程序一样，程序传输之前必须将程序保护开关打开。

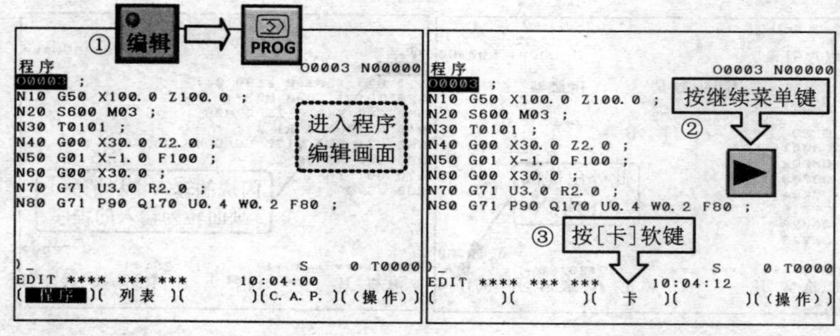

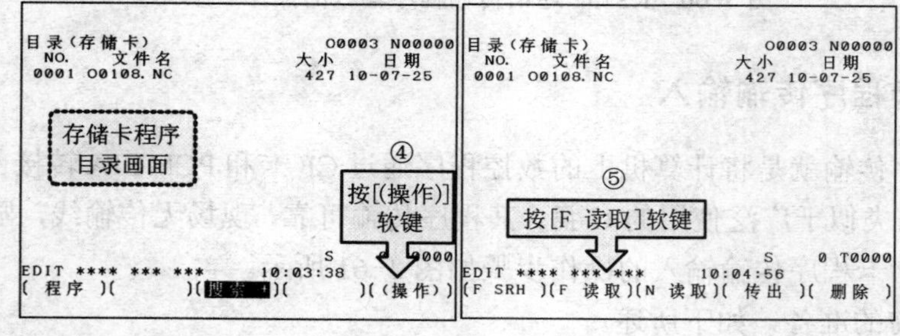

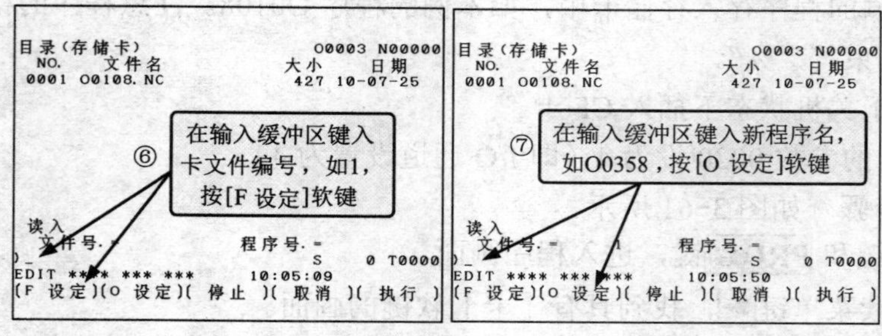

图 3-61 存储卡程序传输输入

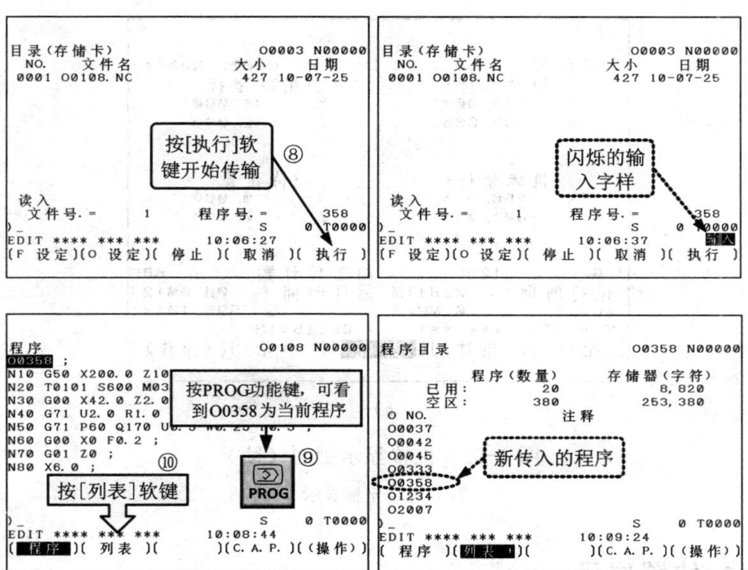

图 3-61 存储卡程序传输输入（续）

3.7 功能键 POS 显示的画面

功能键 POS 上的 POS 是 Position 的缩写，意为“位置”。启动数控机床后，按功能键 POS，可进入位置显示画面，如图 3-62 所示，默认进入的是绝对坐标显示画面。坐标显示画面说明如下。

1）数控车床的位置显示主要有绝对坐标、相对坐标和综合坐标三种。

2）位置显示画面的下部还显示了实际进给速度（ACT.F）、运行时间、循环时间、加工零件数等。

3）通过位置显示画面还能进入机床运行监控画面，详见下面的介绍。

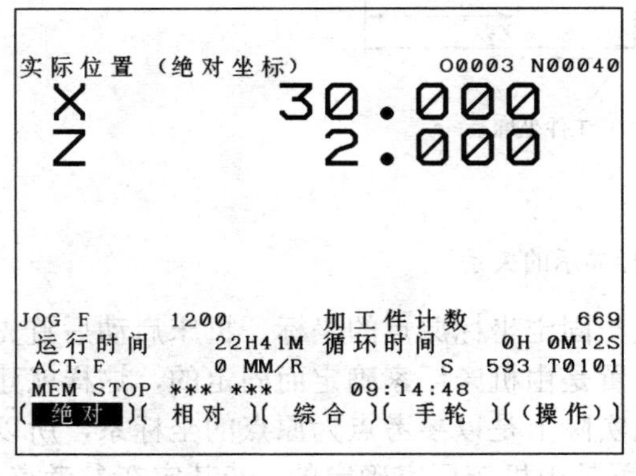

a）

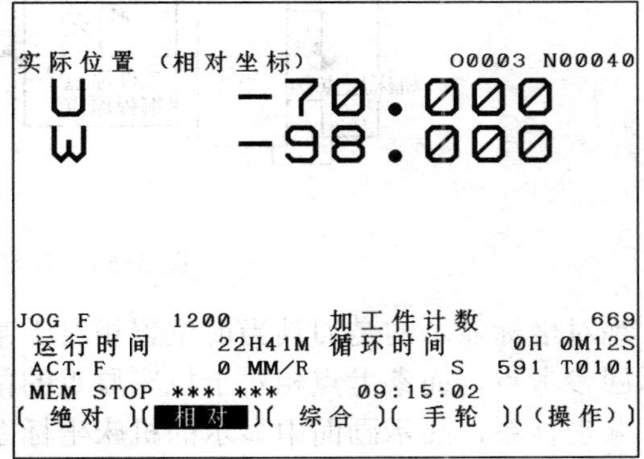

b）

图 3-62 位置显示画面

a）绝对坐标显示 b）相对坐标显示

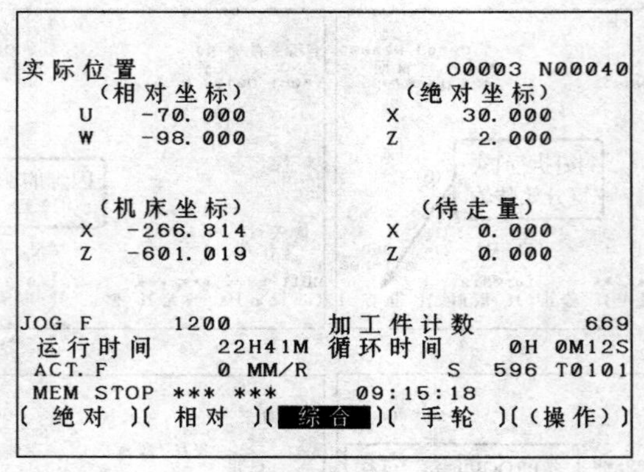

c)

图 3-62　位置显示画面（续）

c）综合坐标显示

3.7.1　绝对坐标位置显示

1．绝对坐标位置显示的概念

在 1.3 节曾经介绍过数控车床坐标轴与坐标系的概念。下面通过图 3-63 来介绍位置显示画面中各坐标的含义。

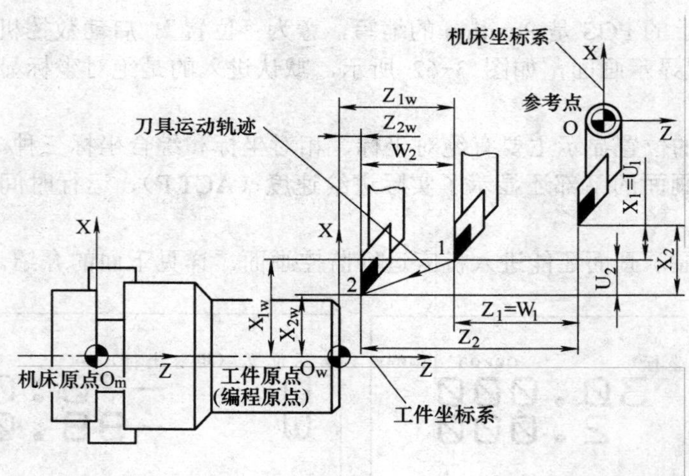

图 3-63　各坐标显示的关系

绝对坐标显示的是刀具当前位置相对于某一固定坐标原点的坐标。机床启动后首先必须返回参考点，而参考点相对于机床原点的位置是由机床厂家确定而固定的，这样就建立了机床坐标系，显示画面中显示的机床坐标系实际上是以参考点为原点的坐标系，所以这里称其为机床坐标系。事实上，机床原点的位置是由机床厂家确定的，若其定在参考点上，则可认为机床厂家定义的机床坐标系与数控系统返回参考点建立的机床坐标系是重合的。

数控编程和加工时使用参考点确定的机床坐标系显然不方便，实际中常常设定一个工件坐标系，一旦工件坐标系设定后，程序中的位置坐标就是相对于工件坐标系而言的。

明白了上面两个概念后，我们来理解绝对坐标显示的概念。

当机床返回参考点但未建立工件坐标系之前，绝对坐标显示的是刀具当前位置相对于参考点的坐标值。数控机床的绝对坐标用 X、Z 表示，如图 3-63 中的 X_1、Z_1 和 X_2、Z_2 分别为点 1 和 2 的绝对坐标画面显示值。从参考点的位置可以看出，此时的绝对坐标一般是负值，如图 3-64a 所示。

当机床建立了工件坐标系后，绝对坐标显示的就是刀具当前位置相对于工件坐标系原点的坐标值。如图 3-63 中，当刀具在点 1 处执行了 G50 X（X_{1W}）Z（Z_{1W}）；指令建立了工件坐标系后，则 X_{1W}、Z_{1W} 和 X_{2W}、Z_{2W} 分别为点 1 和 2 的绝对坐标画面显示值。绝对坐标在程序的运行中大部分情况下显示的是工件坐标值。图 3-64b 所示为执行了 G50 X100.0 Z100.0；之后的绝对坐标显示。

2．绝对坐标显示操作步骤

图 3-64a 为绝对坐标显示操作步骤图解，其操作步骤如下。

1）按 **POS** 键，进入位置显示画面。

2）按［绝对］软键，进入绝对坐标显示画面。

坐标显示相关说明如下：

1）开机启动后第一次按 **POS** 键一般进入的是绝对坐标位置画面。

2）连续按 **POS** 键，画面会在绝对、相对和综合之间切换。

3）在刀具移动的程序段执行过程中，绝对坐标值是不断变化，逐渐靠近终点坐标值的。

图 3-64b 为坐标显示画面中各种显示信息及位置说明图解，其内容包括：

1）左上角提示当前为绝对坐标位置显示。

2）右上角提示当前程序名及程序段序号。

3）中部显示的是坐标轴及坐标值。

4）中下部显示的是实际进给速度、运行时间、循环时间、加工零件数等其他信息。

5）下部有三个坐标显示切换软键。

图 3-64 相关说明，图 a 是返回参考点但未建立工件坐标系之前机床坐标系下的绝对坐标显示，图 b 是运行了 G50 X100.0 Z100.0 后工件坐标系下的绝对坐标显示。

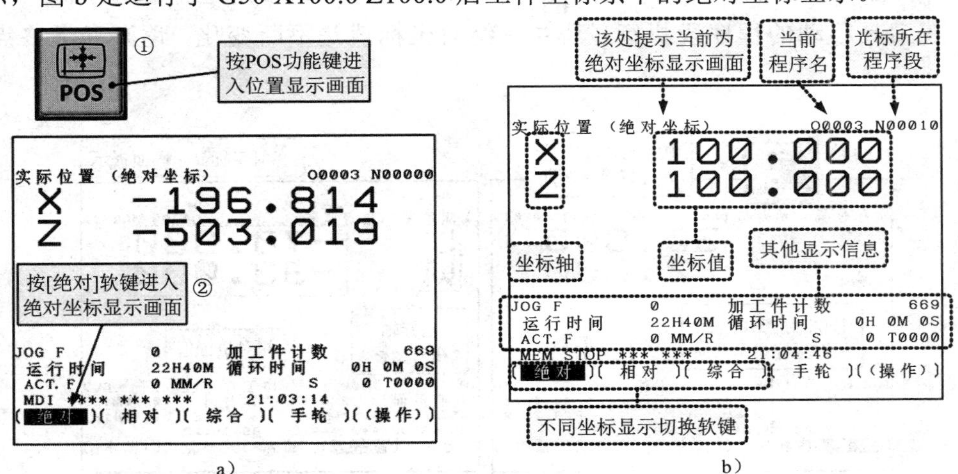

图 3-64　绝对坐标显示

a）操作步骤　b）画面构成

说明：

1）参数3104第6位（DAL）和第7位（DAC）可用于选择显示值是否包括刀具偏置值和刀尖半径补偿值。默认情况下，一般设置为不包括刀具偏置值和刀尖半径补偿值。

2）机床开机时显示的值是不确定的，返回坐标参考点后显示的值是相对机床参考点后的绝对坐标，建立了工件坐标系后显示的值是相对于机床坐标系原点的绝对坐标。

3.7.2 相对坐标位置显示

1．相对坐标位置显示的概念

相对坐标系的坐标原点可以是刀具移动范围内的任意一点，这个点可由操作者进行设定，并可多次设定，其仅影响相对坐标显示，对绝对坐标没有任何影响。相对坐标系（相对坐标原点）一旦设定，直到下一次设定之前一直有效，其相对坐标值均是以这个坐标系为参照系的。开机返回坐标参考点后默认的是参考点。以图3-62为例，若开机后未设定相对坐标系，则点1的相对坐标为$U=U_1$，$W=W_1$、点2的相对坐标为$U=U_1+U_2$、$W=W_1+W_2$。若刀具在位置1时重新设定点1为相对坐标系原点（即将U和W归零），则刀具移动到点2时，其相对坐标为$U=U_2$、$W=W_2$。

从上述介绍可以看出，相对坐标与编程过程中谈到的刀具移动指令中的增量坐标是不同的。

2．相对坐标显示操作步骤

图3-65所示为相对坐标显示操作图解，其操作步骤如下。

1）按**POS**键，进入位置显示画面。

2）按［相对］软键，进入相对坐标显示画面。

相对坐标相关说明：

1）数控车削系统相对坐标显示画面中的坐标轴使用的是U和W。

2）连续按**POS**键，画面会在相对、综合和绝对之间切换。

3）相对坐标系原点可由操作设定，一旦设定直到下一次设定之前始终有效。

4）在刀具移动的程序段执行过程中，绝对坐标值是不断变化，逐渐靠近终点坐标值的。

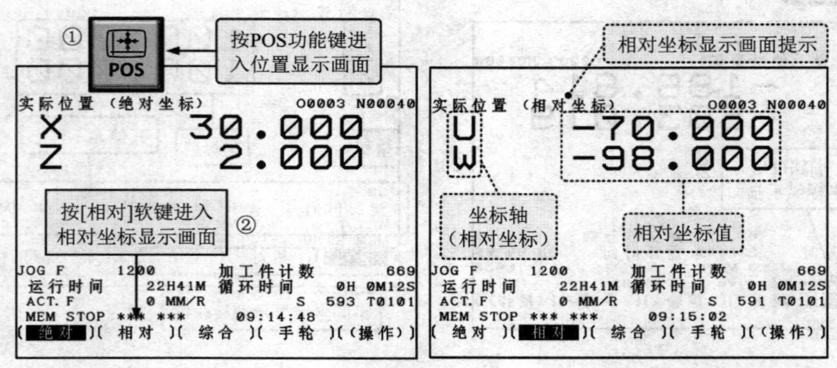

图3-65 相对坐标显示操作步骤

3．相对坐标值的预置（即相对坐标的设定）

相对坐标最大的特点是相对坐标系原点可以预置，这在 G50 指令建立工件坐标系时是非常有用的。相对坐标值预置包括预置一个数值和复位为 0（归零）操作，操作时可以各坐标轴单独操作，也可以一次性地将所有坐标轴归零。

（1）各坐标值单独预置　其操作步骤如下。

1）按 **POS** 键，进入位置显示画面。

2）按［相对］软键，进入相对坐标显示画面。

3）在相对坐标显示画面的输入缓冲区输入轴地址（U 或 W），可以看到指定轴的地址闪烁，同时画面切换到坐标值预置画面。

① 若欲将坐标值预置为指定值，则是在输入缓冲区输入一个值（如 U=119.256），然后按［**预置**］软键，可以看到输入的相对坐标值变为预置值，且闪烁轴地址停止闪烁。

② 若欲将坐标值设置为 0，则可直接按［**归零**］软键，则闪烁坐标轴的坐标值复位为 0（如 W=0）。

预置举例：要求将 X 轴预置为 119.256，Z 轴复位为 0。操作步骤如图 3-66 所示。

（2）所有坐标轴一次归零　其操作步骤如下：

1）按 **POS** 键，按［相对］软键，进入相对坐标显示画面。

2）按［(操作)］软键，进入坐标预置画面，画面下部有［预置］和［归零］两个软键。

3）按［归零］软键，进入所有轴复位画面，可以看到有一个［所有轴］软键。

4）按［所有轴］软键，则可一次性地将所有轴复位为 0。

所有坐标轴一次归零的操作图解如图 3-67 所示。

实际位置（相对坐标）　O0003 N00000
U　-196.898
W　-503.048
①
POS
按POS功能键进入位置显示画面
②
按[相对]软键进入相对坐标显示画面
JOG　加工件计数　669
循环时间　0H 0M 0S
S　0 T0000
MDI **** *** ***　14:42:43
(绝对)(相对)(综合)(手轮)((操作))

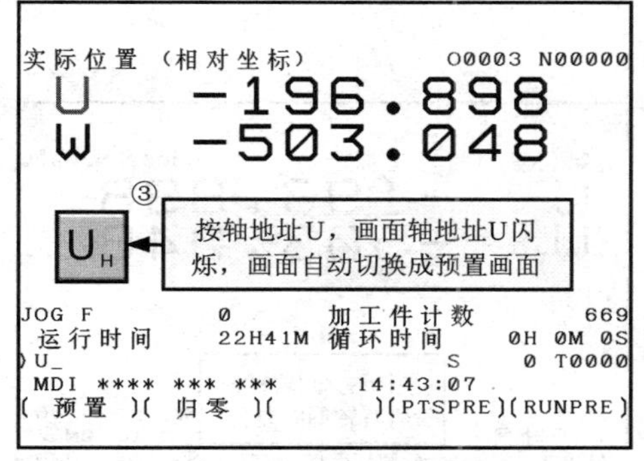

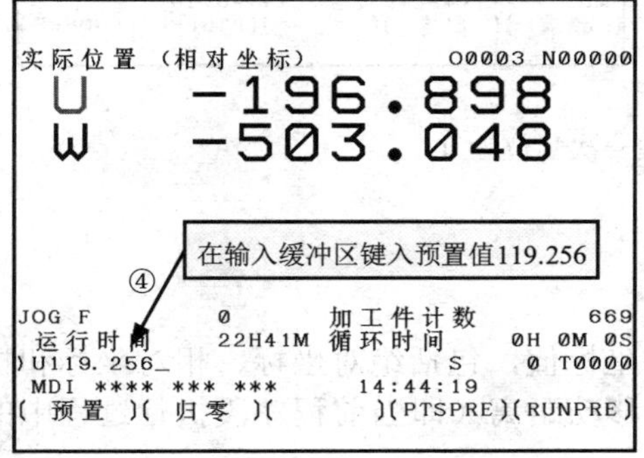

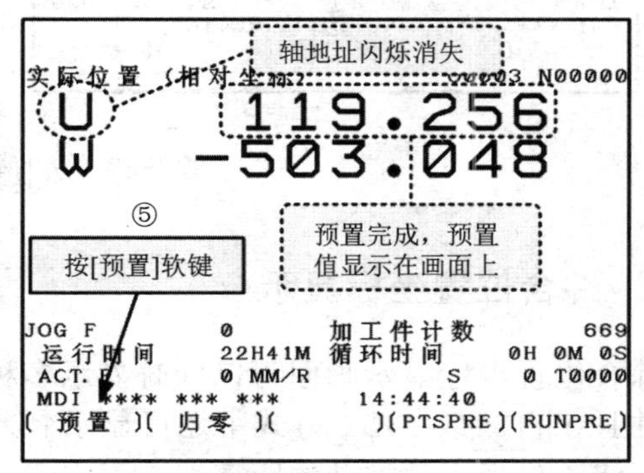

图 3-66　各坐标轴单独预置

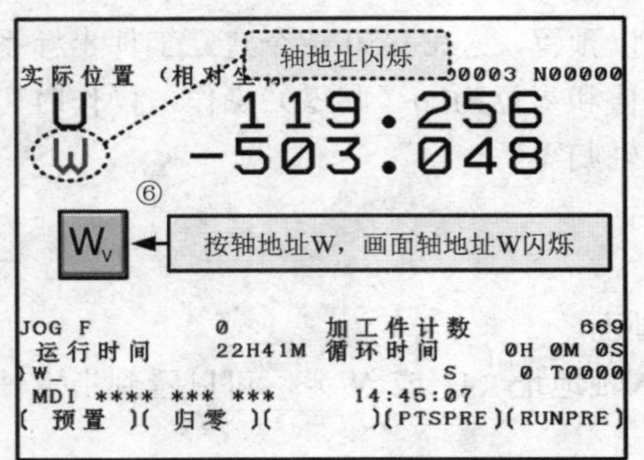

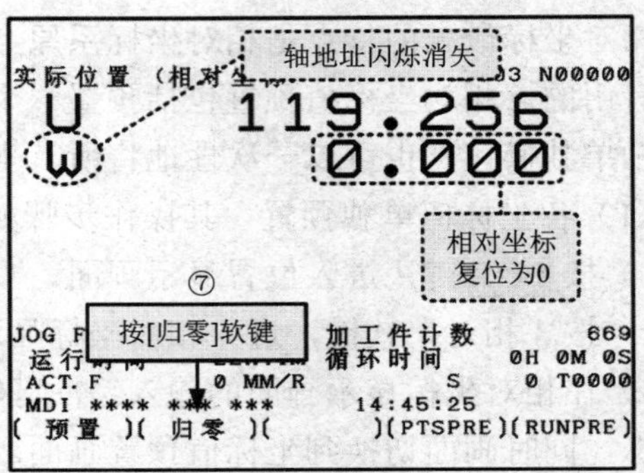

图 3-66 各坐标轴单独预置（续）

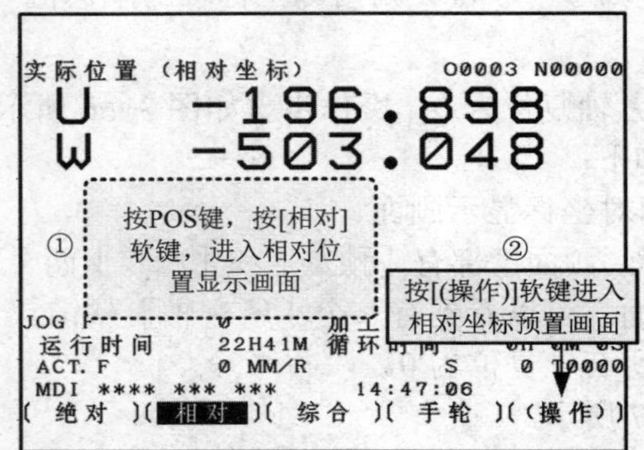

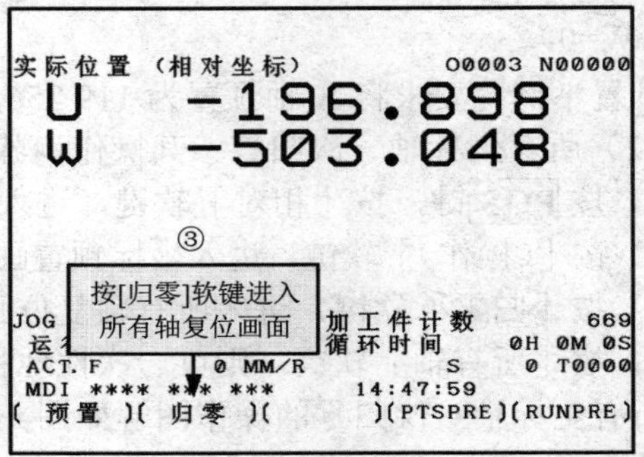

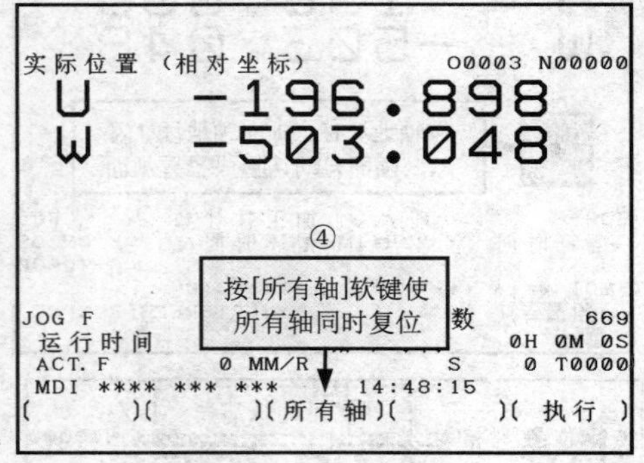

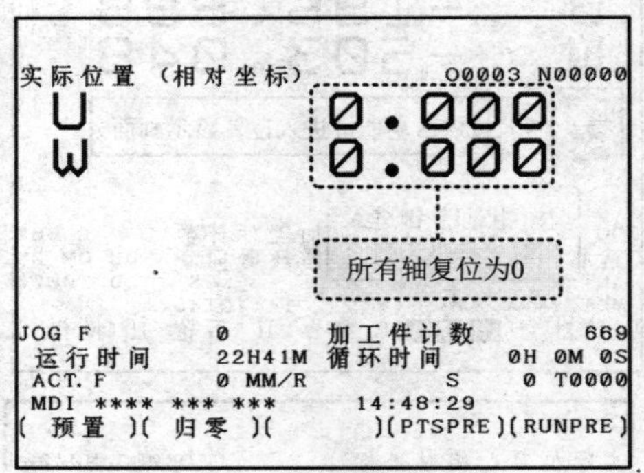

图 3-67 所有轴一次复位为 0

3.7.3 综合位置坐标显示

综合位置坐标显示画面可以同时显示多种坐标值，包括绝对坐标、相对坐标和机床坐标，并且在自动或 MDI 方式下还可显示剩余移动距离（即当前程序段执行过程中的刀具移动至终点坐标尚须移动的距离）。

综合坐标显示操作步骤如下，操作图解如图 3-68 所示。

1）按 **POS** 键，进入位置显示画面。

2）按［综合］软键，进入综合位置显示画面。

连续按 **POS** 键，画面可在综合、绝对和相对之间切换。

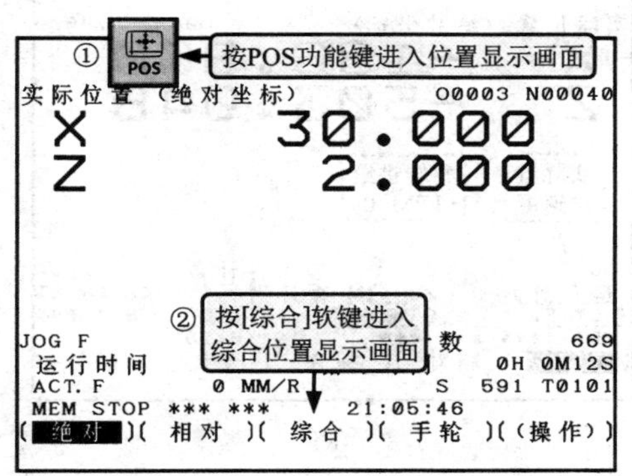

a）

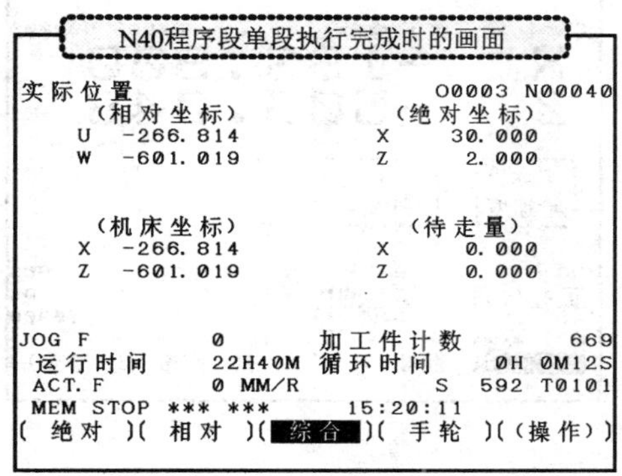

b）

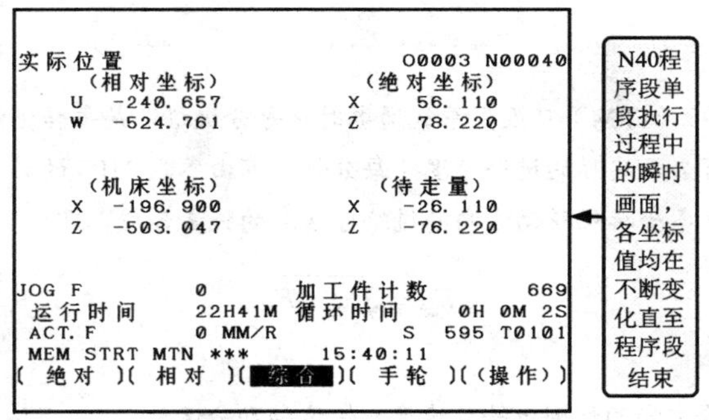

c）

图 3-68 综合坐标显示

a）操作步骤 b）显示内容 c）程序段执行过程中的瞬时画面

综合坐标显示画面相关说明如下：

1）相对坐标：显示相对坐标系中的当前位置。

2）绝对坐标：显示工件坐标系中的当前位置。

3）机床坐标：显示机床坐标系中的当前位置。

4）待走量：仅在 **自动** 和 **MDI** 方式下出现，在刀具移动过程中显示刀具移动至终点尚未完成的距离。图 3-68c 是刀具移动过程中的某瞬间画面，在程序段执行过程中，所有坐标值均是不断变化的。

在综合坐标显示画面中，也可进行相对坐标的预置操作。

3.7.4 功能键 POS 显示画面的其他功能

1．实际进给速度显示（图 3-69）

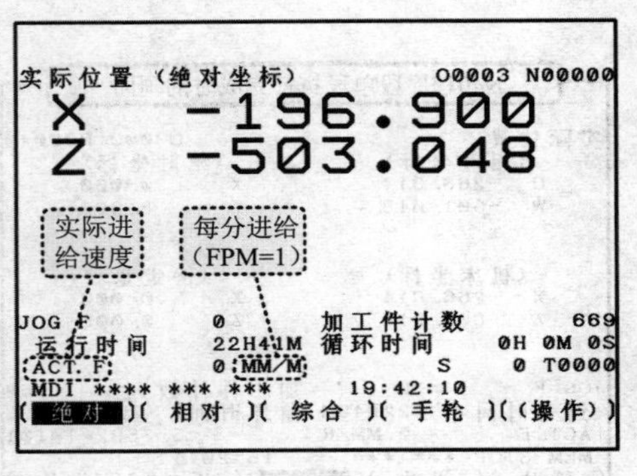

a）

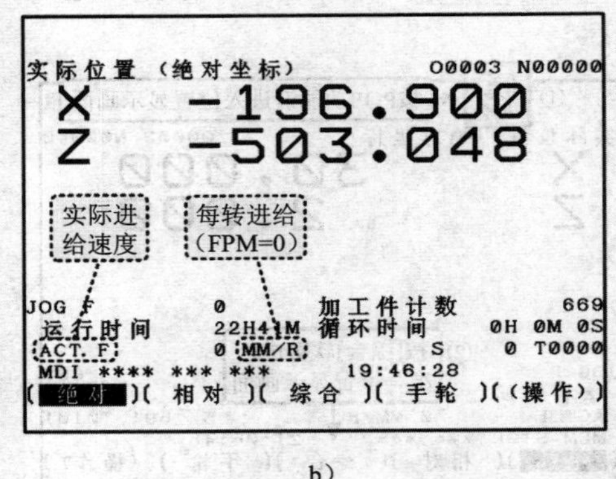

b）

图 3-69 其他功能显示

a）实际进给速度为每分进给 b）实际进给速度为每转进给

1）参数 3402 的第 4 位（FPM）可设置系统通电时是每分进给还是每转进给。

2）在位置画面中是否显示实际的进给速度（每分钟）可由参数 3105 的第 0 位（DPF）设定。

3）实际进给速度值是各坐标轴移动方向的进给分速度的矢量合成，即

$$F_{act}=\sqrt{F_X^2+F_Z^2}$$

式中

F_X 和 F_Z——各轴进给方向的切削进给分速度或快速移动分速度。

F_{act}——实际进给速度。

2．运行时间和零件数显示

在图 3-69 所示画面中，还显示了以下信息：

1）加工件计数（PART COUNT）：表示已加工的零件数。每当 M02，M30 或由参数 6710 设定的 M 代码被执行时，数量就加 1。

2）运行时间（RUN TIME）：表示在自动运行期间的全部运转时间，但不包括停止和进给暂停时间。

3）循环时间（CYCLE TIME）：表示一次自动运行的运转时间，但不包括停止和进给暂停时间。当在复位状态执行循环启动时它被自动预置为 0。切断电源时它也被预置为 0。

3．运行监视画面的显示

运行监视画面可显示各伺服轴和串行主轴的负荷以及串行主轴的速度，图 3-70 所示为运行监视画面的显示的操作图解。操作步骤如下。

1）按 POS 键，进入位置显示画面。

2）按继续菜单键▶，找到具有［监视］软键的画面。

3）按［监视］软键，进入运行监控画面。运行监控画面上显示了主轴和各进给轴的负荷率以及主轴的转速（r/min）。

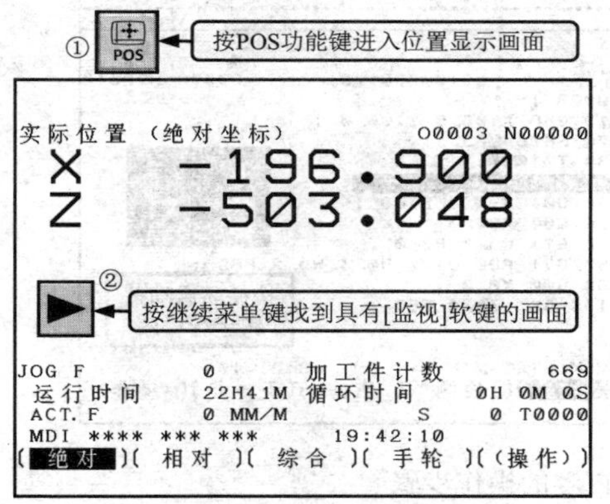

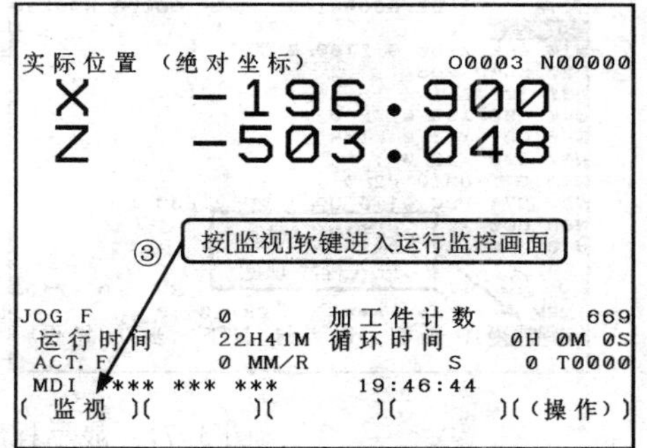

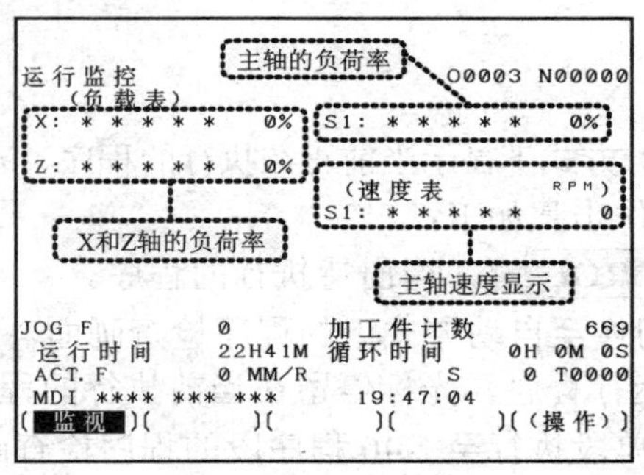

图 3-70 运行监控画面显示的操作步骤

3.8 功能键 PROG 显示的画面

功能键 PROG 上的字母是 PROGRAM 的缩写，意为“程序”。本节分别介绍在自动和 MDI 方式下，按下 PROG 键后进入的程序画面及其显示的内容。

3.8.1 程序内容显示画面

功能：在自动（或 MDI）方式下显示当前正在执行的程序。

显示程序内容的操作步骤如下，操作图解如图 3-71 所示。

1）按自动方式键，按 PROG 键，调出待执行的程序（具体参照 3.4.1 的内容）。

2）按［程序］软键，切换至自动方式下的程序画面。

3）按循环启动键，运行程序，程序运行期间光标停留在当前执行的程序段上。

说明：

1）若按单段键运行程序，则每执行完一段程序光标停下。若释放单段键运行程序，则程序运行期间光标随着执行程序段的变化而不断变化。程序画面右上角显示出当前执行的程序号及程序段。

2）在程序运行或停止期间，画面下部四个软键的显示画面均可随时切换观察，下同。

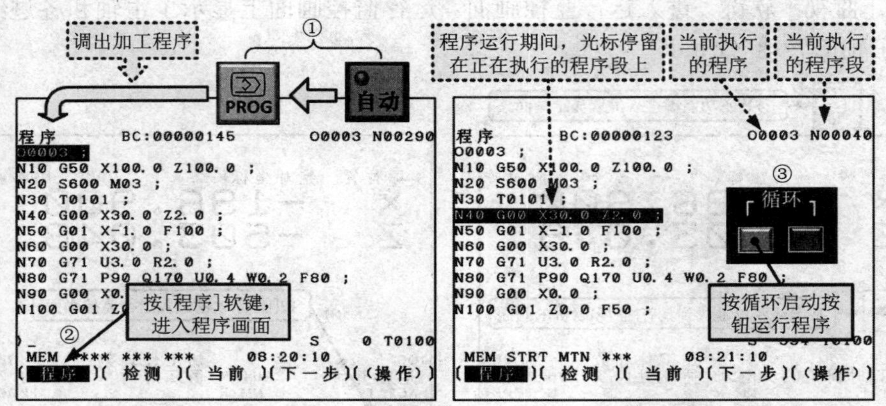

图 3-71　显示程序内容的操作步骤

3.8.2　程序检查画面

功能：在**自动**（或**MDI**）方式下显示当前正在执行的程序、刀具的当前位置和模态数据。

显示程序检查画面的操作步骤如下：

1）按**自动**方式键，按 **PROG** 键，调出待执行的程序。

2）按［检测］软键，切换至自动方式下的程序检查画面。

3）按**循环启动**按钮，运行程序，光标停留在当前执行的程序段上。

图 3-72 所示为图 3-71 单段执行至 N40 程序段的程序检查画面。

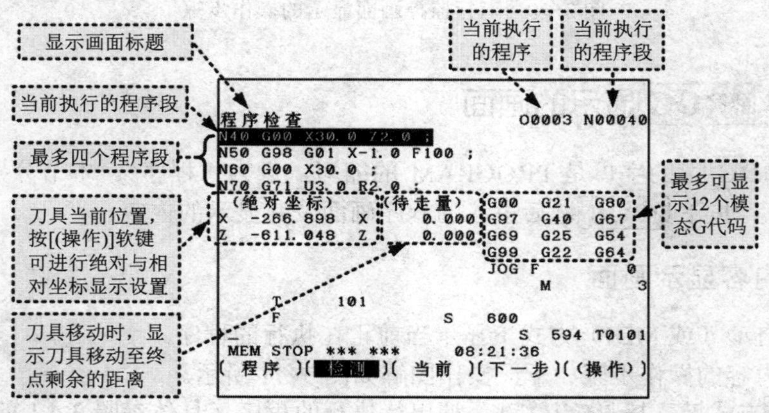

图 3-72　程序检查画面

说明：

1）从当前正在执行的程序段开始，该画面最多可显示当前程序的 4 个程序段，当前正在执行的程序段高亮显示，但在 DNC 运行期间，只显示 3 个程序段。

2）当前位置显示工件坐标系（绝对坐标）或相对坐标系中的位置和剩余移动距离，通过［绝对］软键和［相对］软键来切换绝对位置和相对位置。

3）程序检查画面最多可显示 12 个模态 G 代码。

4）自动运行期间，显示实际速度，主轴实际转数和重复次数，此外，还显示键盘输入提示符“〉_”，如图 3-72 所示。

图 3-73 所示为一个检查画面的操作步骤示例，供参考。该示例按单段执行，在程序执行至 N10 时对相对坐标进行了归零操作，并演示了绝对坐标与相对坐标显示操作过程。

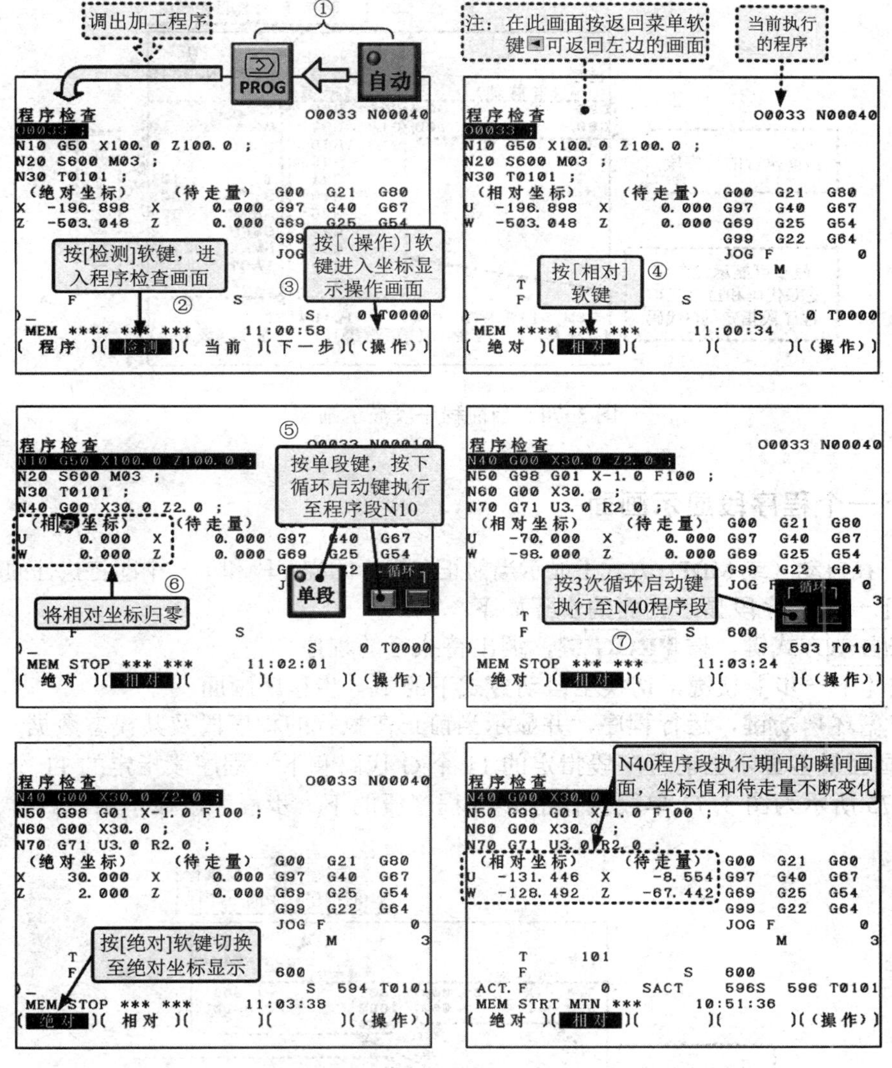

图 3-73　程序检查画面操作示例

3.8.3　当前程序段显示画面

功能：在自动（或 MDI）方式下显示当前执行的程序段内容及其模态数据。

显示当前程序段显示画面的步骤如下：

1）按自动方式键，按 PROG 键，调出待执行的程序。
2）按［当前］软键，切换至自动方式下的当前程序画面。
3）按循环启动键，运行程序，并显示当前正在执行的程序段及其模态数据。
注：该画面最多可显示 22 个模态 G 代码和 11 个当前程序段指定的 G 代码。
图 3-74 所示为图 3-71 单段执行至 N40 程序段的当前程序段显示画面。

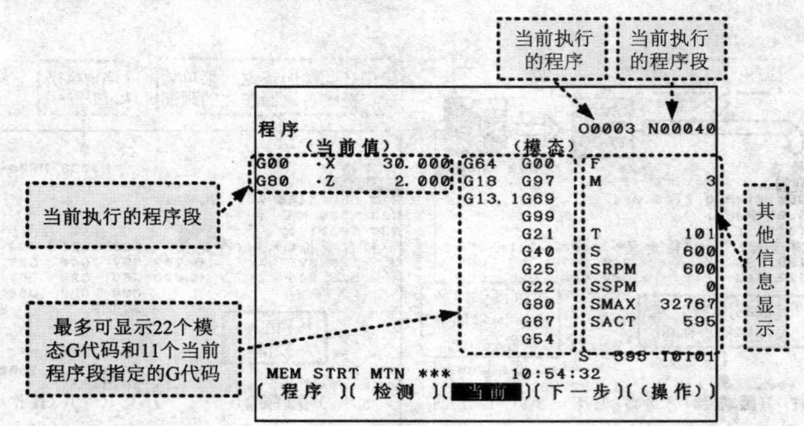

图 3-74 当前程序段显示画面

3.8.4 下一个程序段显示画面

功能：在自动（或 MDI）方式下显示当前正在执行的程序段和下一个即将执行的程序段。
显示下一个程序段显示画面的步骤如下：
1）按自动方式键，按 PROG 键，调出待执行的程序。
2）按［下一步］软键，切换至自动方式下的下一步程序画面。
3）按循环启动键，运行程序，并显示当前正在执行的程序段及其模态数据。
注：画面最多显示当前程序段指定的 11 个 G 代码和下一程序段指定的 11 个 G 代码。
图 3-75 所示为图 3-71 单段执行至 N40 程序段的下一步程序段显示画面。

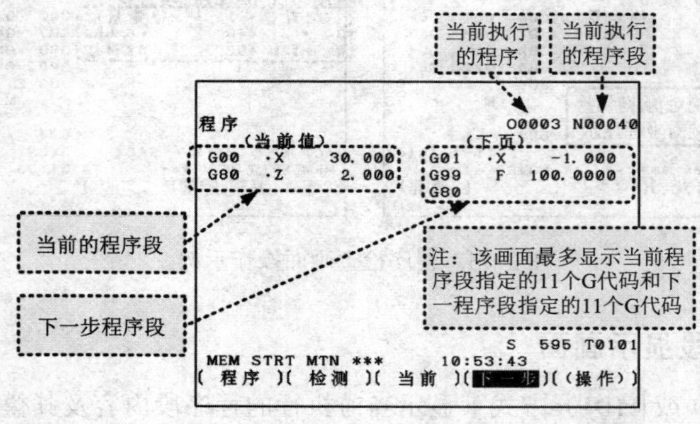

图 3-75 下一步程序段显示画面

3.8.5　MDI 操作的程序画面

功能：显示在 MDI 方式下通过 MDI 输入的程序和模态数据。

显示 **MDI** 操作程序画面的步骤如下，操作示例如图 3-76 所示。

1）按 **MDI** 方式键，按 **PROG** 键，进入 MDI 程序画面，如图 3-76a 所示。

2）若未显示 MDI 画面，则按章选软键［**MDI**］，进入 MDI 程序编辑画面。显示从 MDI 输入的程序和模态数据，如图 3-76b 所示。

3）按一般程序的编辑方法输入程序。

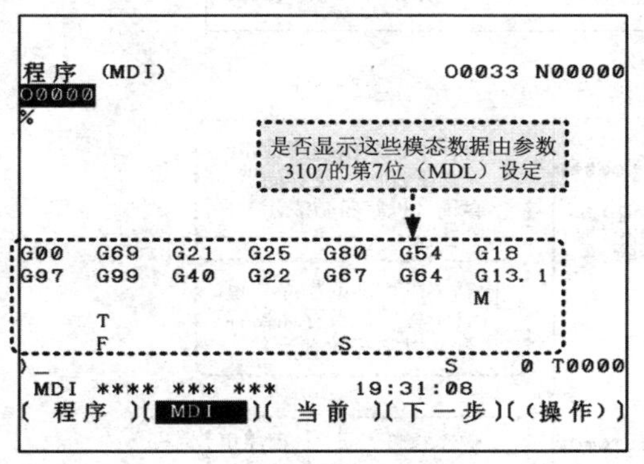

a）

```
程序 (MDI)                         O0033 N00060
O0000 G00 X100.0 Z100.0 ;
M03 ;
G01 Z120.0 F500 ;
M98 P9010 ;
G00 Z0 ;
%
G00  G69  G21  G25  G80  G54  G18
G97  G99  G40  G22  G67  G64  G13.1
                                  M
     T
     F                    S
〉_                           S      0 T0000
 MDI **** *** ***        19:36:10
(BG-EDT)(        )(搜索↓)(搜索↑)( 返回 )
```

b）

图 3-76　MDI 操作的程序画面

a）初始进入的画面　b）输入程序后的画面

说明：

1）当参数 3107 的第 7 位（MDL）设定为 1 时，显示模态数据，最多可显示 16 个模态 G 代码。

2）自动运行期间，显示实际速度、主轴的实际转数（SACT）和重复次数。此外，还显示键盘输入提示符“〉_”。

3.9　EDIT 方式下按功能键 PROG 显示的画面

“EDIT”的英文含义为“编辑”，工作方式键 **EDIT** 在有的机床直接写为 **编辑** 键。

本节描述编辑方式下按功能键 **PROG** 时出现的显示画面，包括使用的内存和程序清单以及显示指定组的程序清单。

3.9.1　显示使用的内存和程序清单

功能：显示记录的程序号、使用的内存和记录的程序清单。

显示使用的内存和程序清单的步骤如下，操作示例如图 3-77 所示。

1）选择 **EDIT** 方式键，指示灯亮，编辑方式有效。

2）按 **PROG** 键，进入程序显示画面。

3）按章选［列表］软键，进入程序目录画面，显示程序号、使用的内存和记录的程序清单。

（注：连续按［列表+］软键可在程序列表注释画面和程序列表容量及程序更新时间画面之间相互切换）

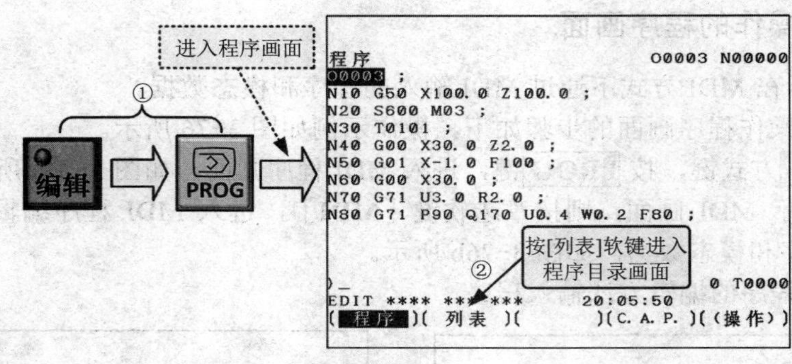

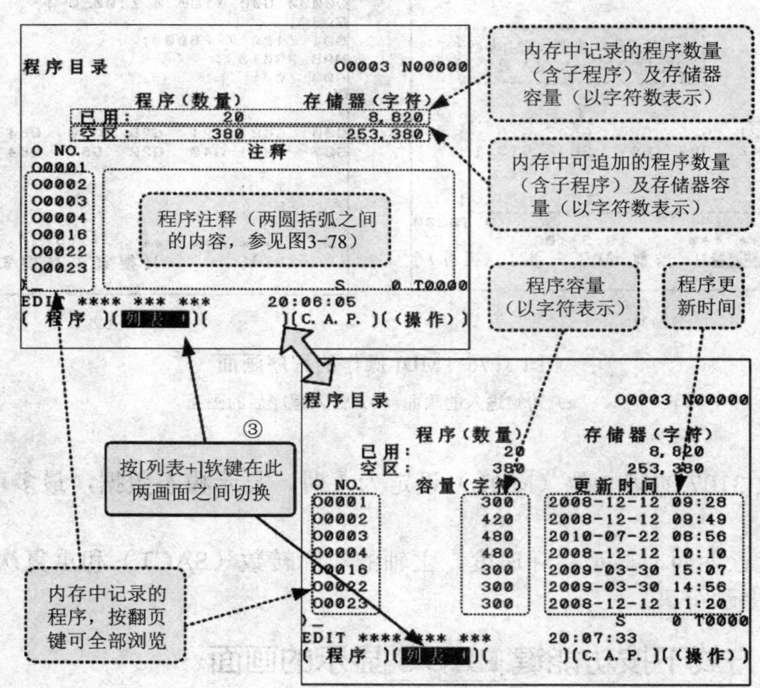

图3-77 显示使用的内存和程序清单的操作步骤

3.9.2 显示指定组的程序清单

当参数3106第1位GPL参数设置为1时本功能有效。这时CNC系统不仅能按上面的操作方式显示程序目录及大小等，还能以组为单位显示。

显示指定组程序清单的操作步骤如下，操作示例如图3-78所示。

1）按 **EDIT** 键，指示灯亮，编辑方式有效（也可进入后台编辑方式编辑）。

2）按 **PROG** 键，进入程序画面。

3）按 **PROG** 键或［列表］软键，进入程序列表画面。

4）按［(操作)］软键，进入有［组］软键的画面。

5）按［组］软键。

6）按［（名称）］软键。

7）使用 MDI 键，输入所搜索组的字符串，程序名的长度没有严格限制，但是应注意，只有前 32 个字符有效。

例如：为搜索以字符串“GEAR-1000”开头的 CNC 程序，输入格式为:〉GEAR-1000 *_。

8）按［执行］软键，显示以组为单位的程序目录画面，列出所有包含指定字符串的程序。

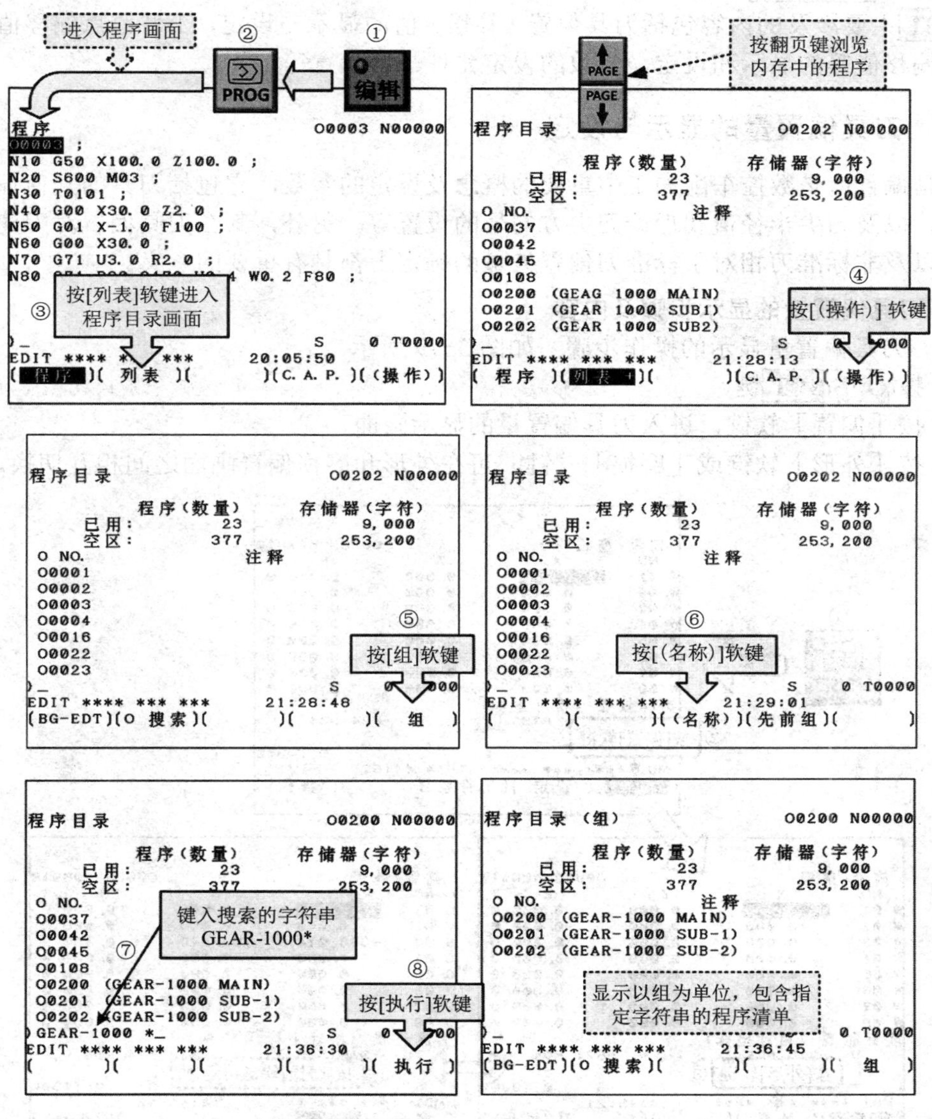

图 3-78　显示指定组程序清单的操作步骤

说明：

1）有关数控程序号及注释的输入方法、书写格式要求、搜索字符串通配符等的要求可参阅 FANUC 公司的操作手册。

2）在第 6）步的画面上有一个［先前组］软键，用于从组程序清单画面切换至其他画面后再次显示组程序清单画面的操作。

3）对于输入的字符串没有找到相对应的程序，则产生报警。

3.10 功能键 OFS/SET 显示的画面

功能键 OFS/SET 中的 OFS/SET 是 OFFSET/SETING 的缩写，意为偏置/设定。功能键 OFS/SET 主要涉及的内容包括刀具偏置（补偿）值的显示与设定，工件原点偏移值或工件坐标系偏移值等的显示和设定，参数的设定允许与否设置等。

3.10.1 刀具偏置量的显示与设定

刀具偏置值是数控车削加工中重要的概念及设定的参数，它包括刀具的几何偏置和磨损偏置，以及刀尖半径值和理论刀尖方向号的设置等。另外，其在刀具偏置对刀建立工件坐标系以及非标准刀相对于标准刀偏置矢量的确定上都具有重要的意义。

1. 刀具偏置量的显示步骤及内容

（1）刀具偏置量显示的操作步骤　如图 3-79 所示。

1）按 OFS/SET 键。

2）按［偏置］软键，进入刀具偏置量的显示画面。

3）按［外形］软键或［磨损］软键，可在外形和磨损偏置画面之间相互切换。

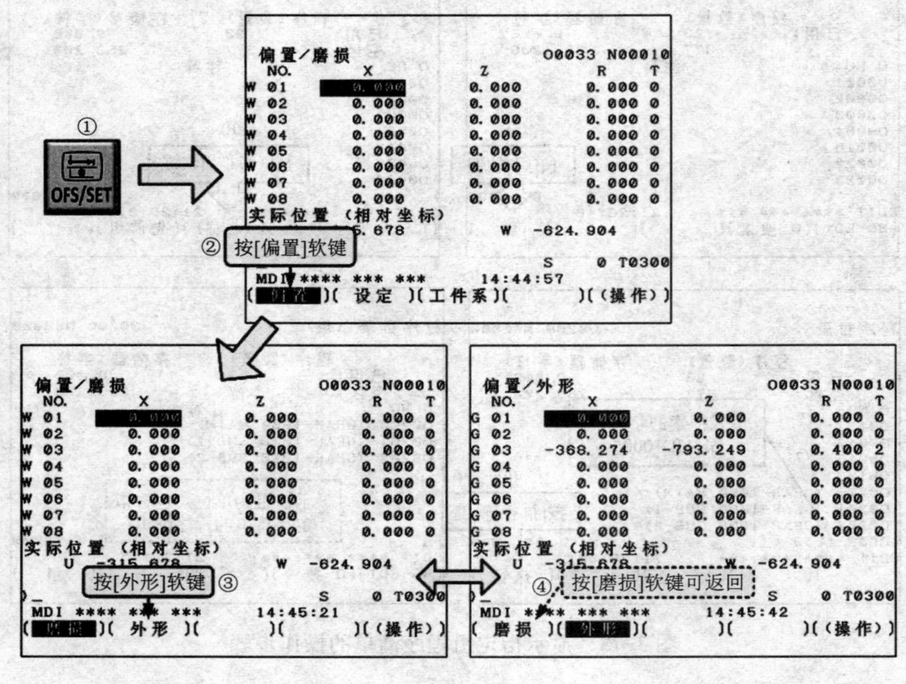

a）

图 3-79　刀具偏置量的显示步骤及内容

a）显示操作步骤

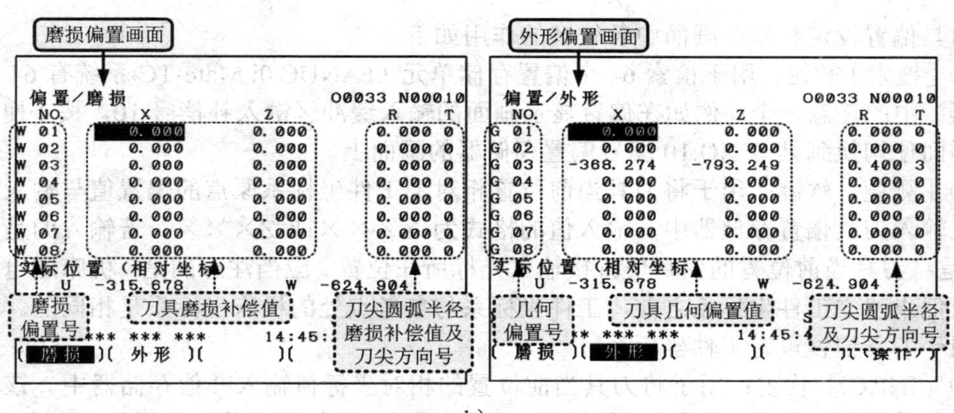

b)

图 3-79 刀具偏置量的显示步骤及内容（续）

b）显示的内容

（2）刀具偏置画面显示的内容如下。

1）画面顶部标题指示进入的是外形还是磨损画面。

2）刀具的外形偏置又称几何偏置，磨损偏置又称磨耗补偿。

3）刀具的偏置和磨损的概念基本相同，仅是叫法上的不同，一般外形习惯于称呼偏置，而磨损习惯于称呼补偿。

4）FANUC 0i 系统将外形和磨损分成两部分设置和管理，前者是基本的设置，后者是对其进行微量调整的设置，刀具的实际偏置量是以上两部分之和。

5）数控车削加工的刀具偏置量包括四个部分，前两个偏置 X 和 Z 是刀具位置上的偏置值，用于调整刀具位置的变化。后两个偏置量刀尖圆弧半径 R 和理论刀尖方向号 T 是执行刀尖半径补偿指令 G41/G42 时控制刀尖圆弧半径中心轨迹的。

6）FANUC 0i Mate-TC 数控系统提供了 64 组刀具补偿存储单元，即可以使用 64 个刀具偏置号，几何偏置号用 G×× 表示，磨损偏置号用 W×× 表示。在图 3-79 的显示画面中显示的是前 8 组偏置值，按下翻页键或上翻页键可逐页查看。

（3）刀具偏置量的设定与修改　在图 3-79 所示的刀具偏置量显示画面中，按[（操作）]软键可进入偏置量设定和修改画面，可看到画面底部的软键发生了变化，如图 3-80 所示，在该画面中可进行偏置量的设定与修改。

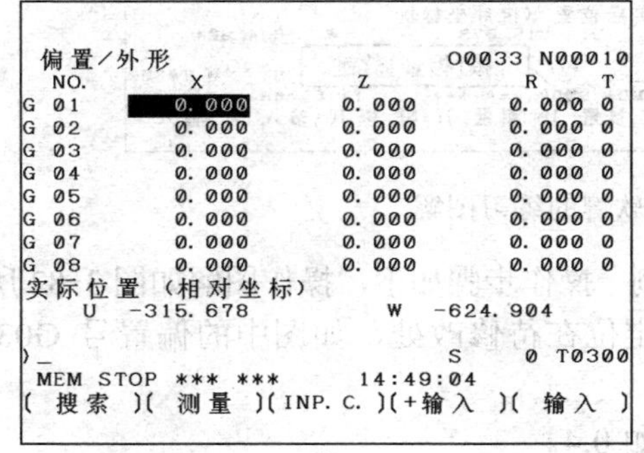

a)

```
偏置/磨损                      O0033 N00010
 NO.       X            Z            R    T
W 01     0.000        0.000        0.000  0
W 02     0.000        0.000        0.000  0
W 03     0.000        0.000        0.000  0
W 04     0.000        0.000        0.000  0
W 05     0.000        0.000        0.000  0
W 06     0.000        0.000        0.000  0
W 07     0.000        0.000        0.000  0
W 08     0.000        0.000        0.000  0
实际位置 （相对坐标）
   U  -315.678          W  -624.904
)_                          S    0 T0300
 MEM STOP *** ***      14:49:04
( 搜索 )( 测量 )( INP. C. )( +输入 )( 输入 )
```

b)

图 3-80 刀具偏置量设定和修改画面

a）外形画面　b）磨损画面

刀具偏置设定和修改画面中各软键的作用如下：

1）[搜索] 软键：用于检索 64 个偏置存储单元（FANUC 0i Mate-TC 系统有 64 个偏置存储器）中的任意一个。例如在偏置显示画面的输入缓冲区键入补偿号 10，按［搜索］软键，画面便切换到具有 NO.10 编号偏置存储器的画面上。

2）[测量] 软键：用于将刀具当前位置相对于工件坐标系原点的偏置值与输入的值相减直接输入刀具偏置存储器中，输入值的格式为 X×××或 Z×××，若输入的是 X0 或 Z0 则是将刀具当前位置的偏置值直接输入光标所在位置。应当注意的是，机床通电并返回参考点但未建立工件坐标系之前，工件坐标系与参考点处的机床坐标系是相同的。这种方法常用于刀具偏置设定工件坐标系。

3）[INP.C.] 软键：用于将刀具当前位置的相对坐标值输入补偿存储器中。该软键主要用于非基准刀对基准刀偏置矢量的输入。详见下面刀具偏置量的计数器输入部分的内容，参见图 3-86。

4）[+输入] 软键：用于将输入缓冲区键入的值与光标所在位置的值相加（代数和），并输入在光标所在位置处。该软键主要用于刀具补偿参数的微量修调，键入的数值可以是正值或负值。

5）[输入] 软键：用于将输入缓冲区键入的值直接替换光标所在位置的值，即键入值的直接输入。主要用于刀尖圆弧半径及理论刀尖方向号的输入，也可用于刀具偏置量的直接输入。

操作软键操作练习举例。

（1）[搜索] 软键操作练习示例　图 3-81 所示为利用［搜索］软键将光标快速定位至 G10 偏置量处，操作之前必须先进入刀具偏置显示画面，其操作步骤如下。

1）在输入缓冲区键入待查找的偏置号 10。

2）按［搜索］软键。

3）光标快速定位在偏置号 G10 行的 X 偏置量输入处。

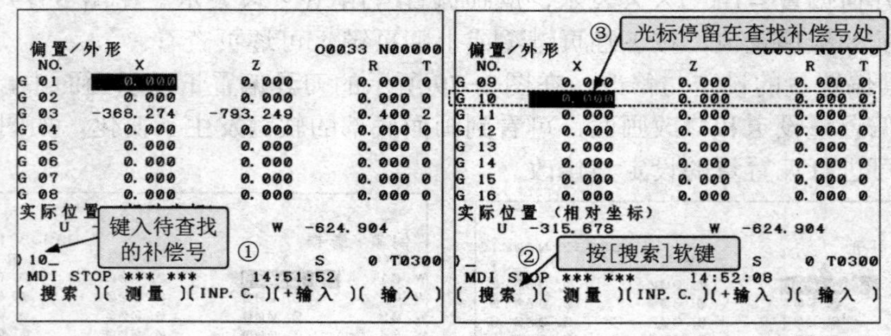

图 3-81 ［搜索］软键的练习图解

（2）[+输入] 和［输入］软键操作练习示例　操作步骤如下，操作图解如图 3-82 所示。

1）进入刀具偏置操作显示画面，将光标定位在待修改处，如图中的偏置号 G03 的刀尖圆弧半径处。

2）在输入缓冲区键入刀尖圆弧半径值，如 0.4。

3）按［输入］软键，可以看到刀尖圆弧半径 0.4 显示在画面光标处。

4）按→键，将光标右移定位在理论刀尖方向号处。

5）在输入缓冲区键入理论刀尖方向号，如 2。

6）按［输入］软键，可以看到理论刀尖方向号 2 显示在画面光标处。

7）按←键，将光标左移返回至刀尖圆弧半径处。

8）在输入缓冲区键入刀尖圆弧半径增加值 0.2。

9）按［+输入］软键，可以看到光标处的刀尖圆弧半径增加至 0.6。

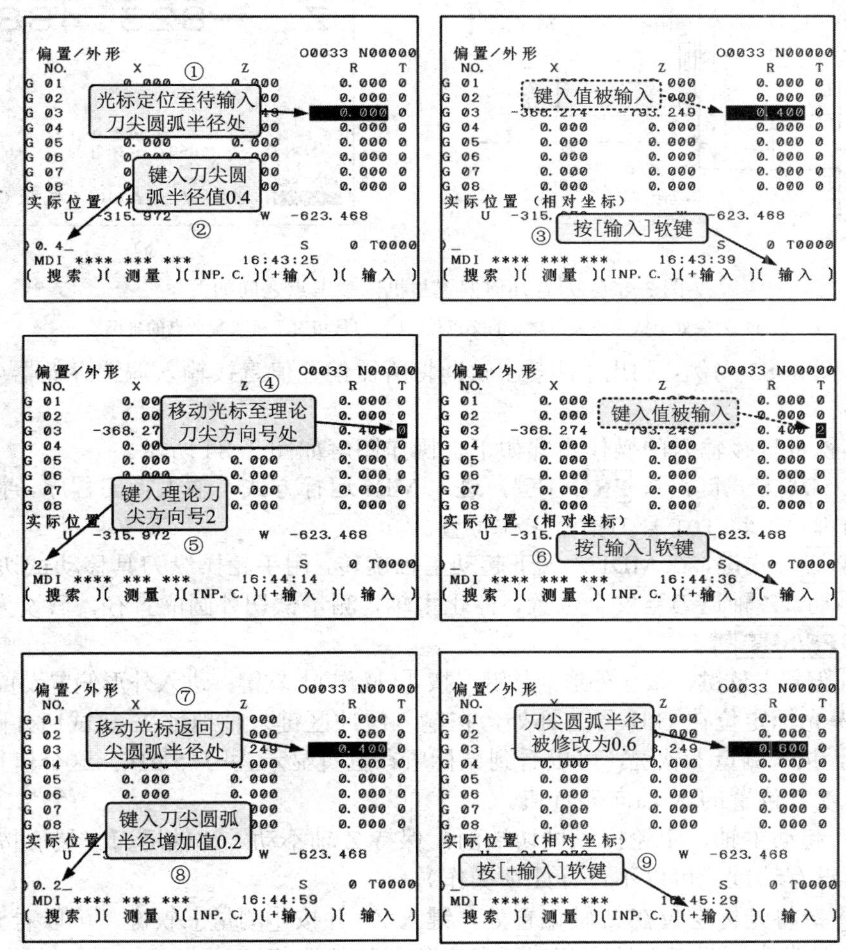

图 3-82　［+输入］和［输入］软键练习图解

2．刀具偏置量的直接输入（刀具偏置建立工件坐标系的对刀方法）

刀具偏置量的直接输入方法可以方便地将刀具当前位置相对于参考位置（刀具返回参考点时的位置）之间的偏置值作为刀具的几何偏置量直接输入刀具偏置存储器中。该方法常用于刀具偏置建立工件坐标系的加工程序中，也是偏置量显示画面中［测量］软键的应用案例。

刀具几何偏置与机床参考点之间的关系可用图 3-83 表述。假设刀尖处于试切外圆与端面交点处（图 3-83a）时，刀尖相对于参考位置处刀尖的偏置值如图 3-83b 所示，当把 X 轴坐标值与试切外圆直径相加值作为 X 偏置值，Z 轴坐标值作为 Z 轴偏置值输入 G01 号刀具偏置存储器中，在执行了刀具指令 T0101 后，T01 号刀就建立起了机床主轴轴线与端面交点为原点的工件坐标系，直到 T0100 指令出现之前一直有效。关于刀具如何处于图示的位置属于对刀的内容，可参考图 3-84 进行理解。

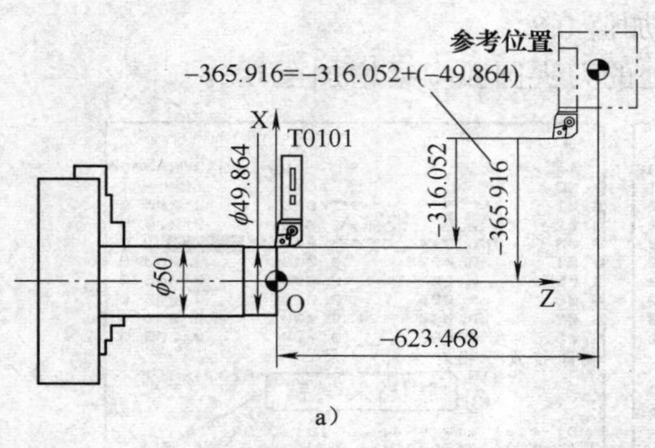

a）

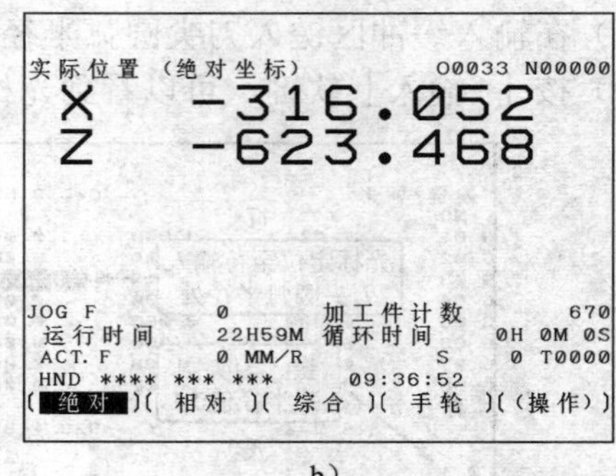

b）

图 3-83　刀具几何偏置与机床参考点之间的关系

a）刀尖处于试切外圆与端面的交点处　b）刀具相对于机床参考点的坐标值

下面以图 3-83 为例，利用［测量］软键将所需偏置值直接输入偏置存储器中用于建立工件坐标系。

刀具偏置量直接输入的操作步骤如下，操作图解如图 3-84 所示。

1）按 **MDI** 方式键，按 **PROG** 键，进入 MDI 运行方式，输入换刀程序，按**循环启动**键执行换刀程序，将 T01 号刀换至工作位置。

2）按**手摇**方式键，在 MDI 方式下起动主轴旋转，用手轮操纵刀具移动试切工件外圆，保持 X 轴不动，Z 轴退刀至安全位置，停止主轴，测量试切外圆的直径，假设为 ϕ49.864。然后，按 **OFS/SET** 键。

3）按［偏置］软键，按［外形］软键，按［(操作)］软键，进入外形偏置设置画面。

4）确保光标定位在 G01 号刀补处，在输入缓冲区键入轴地址 X 及试切外圆测量值，如 X49.864，按［测量］软键，可以看到光标所在位置显示为-365.916，这个值正好是刀具轴线相对于参考位置的 X 轴向偏置值。

5）重新起动主轴，手轮操纵试切端面，保持 Z 轴不动。X 轴退刀。然后按 **OFS/SET** 键（若画面没有动过，可以不进行此项操作）。

6）用→键将光标定位在 Z 轴偏置处，键入 Z0 并按［测量］软键，可以看到光标位置显示为 Z 轴偏置值，即工件端面相对于参考位置的偏置值。

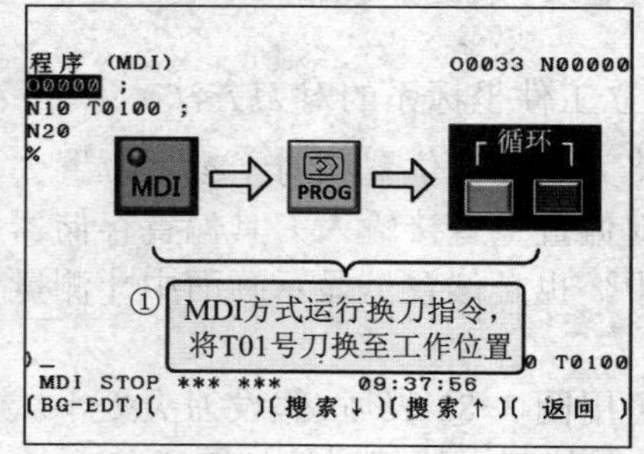

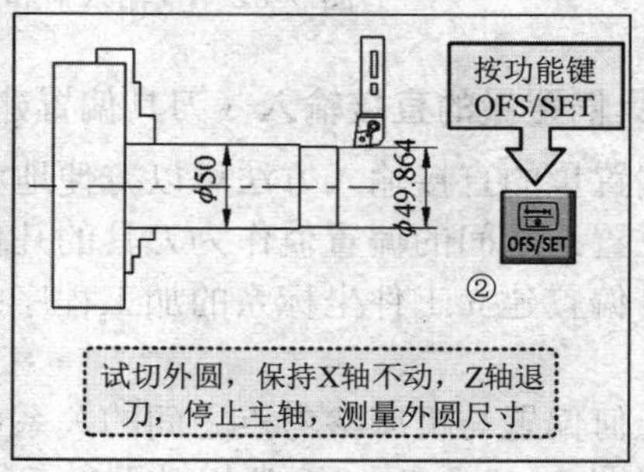

图 3-84　刀具偏置量直接输入的操作步骤

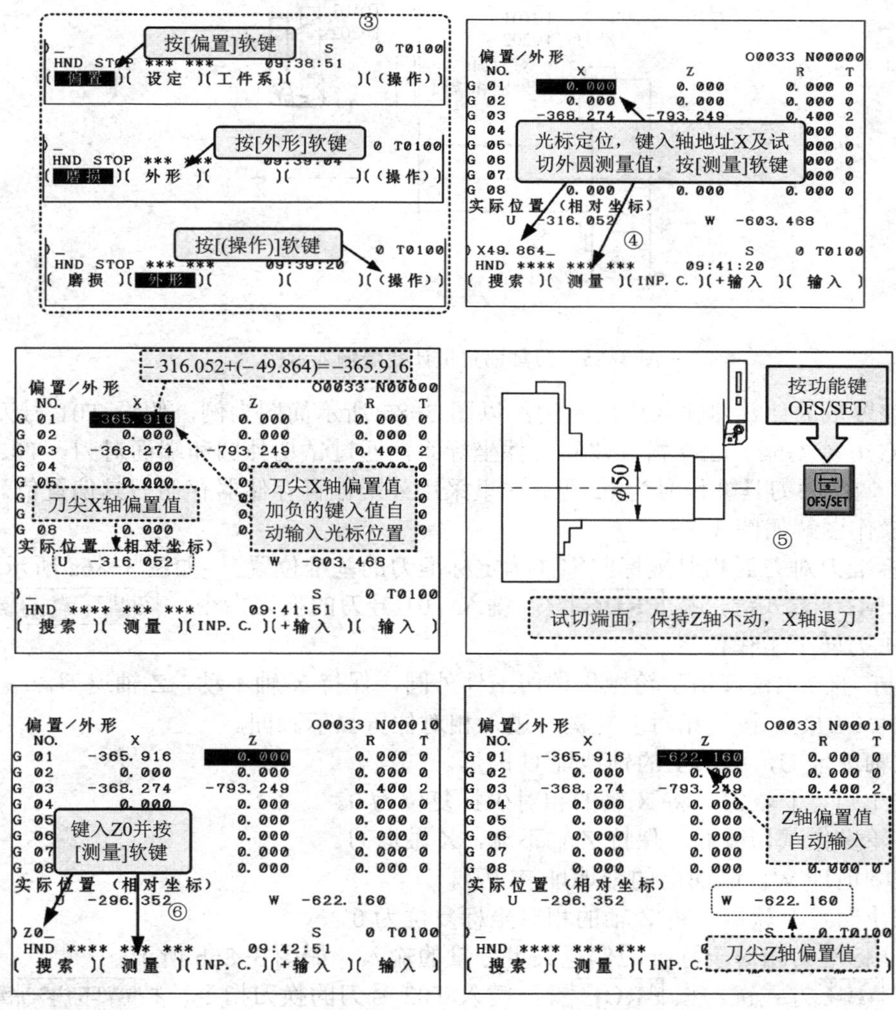

图 3-84　刀具偏置量直接输入的操作步骤（续）

3．刀具偏置量的计数器输入（非标准刀相对于标准刀偏置量的输入）

刀具偏置量的计数器输入可以将刀具的相对位置坐标输入刀具偏置存储器中，用于修正非基准刀相对于基准刀的安装误差，常用于多刀切削，采用 G50 或 G54～G59 指令以基准刀对刀建立工件坐标系时的非基准刀的对刀，也是刀具偏置显示和设定画面中［INP.C.］软键的应用示例。

基准刀（又称标准刀）对刀建立的工件坐标系，仅是确定了基准刀相对于机床的相对位置，实际加工时常常要用到多把刀具，基准刀之外的刀具称为非基准刀（又称非标准刀），其在刀架上的安装位置是随机的，因此，其转到工作位置时是不可能与基准刀重合的，如图 3-85 所示。为此，必须通过刀具偏置功能进行修正。实际上是将非基准刀刀尖相对于基准刀刀尖的偏置矢量 T_2 在 X 和 Z 轴的矢量分量 T_{2x} 与 T_{2z} 分别输入指定偏置存储器中（如图中指定的刀补号为 02）。刀具偏置设定画面下部的［INP.C.］软键正是针对这个要求而设定的。

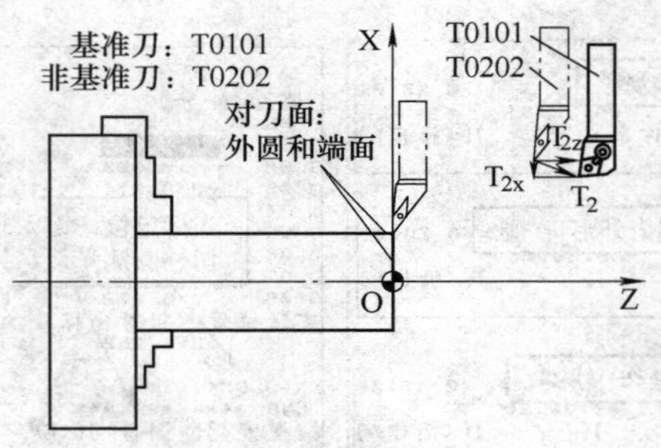

图 3-85　刀具偏置量计数器输入示例

刀具偏置量的计数器输入应用示例：以图 3-85 所示简图为例，假设 T01 号刀为基准刀，采用 G50 或 G54～G59 指令建立工件坐标系，通过试切外圆和端面对刀。T02 号刀为非标准刀，调用的刀具补偿号为 02 号，这里采用外形偏置存储器存储刀具偏置值。操作步骤如下，操作图解如图 3-86。

（1）标准刀对刀后相对坐标归零（确定标准刀的基准位置）　如图 3-86a 所示。

1）按 **MDI** 方式键，按 **PROG** 键，键入 T01 号刀的换刀指令，按**循环启动**键，运行程序将 T01 刀转至工作位置。

2）按**手摇**方式键，用手轮操作试切工件外圆，保持 X 轴不动，Z 轴退刀。

3）按 **POS** 键，按［相对］软键，进入相对位置显示画面。

4）按轴地址 U，画面上的轴地址 U 闪烁。

5）按［归零］软键，将 X 轴的相对坐标复位为 0。

6）手轮操作试切端面，保持 Z 轴不动，X 轴退刀。

7）按轴地址 W，画面上的轴地址 W 闪烁。

8）按［归零］软键，将 Z 轴的相对坐标复位为 0。

（2）非标准刀相对于标准刀偏置矢量分量的输入　如图 3-86b 所示。

1）按 **MDI** 方式键，按 **PROG** 键，键入 T02 号刀的换刀指令，按**循环启动**键，运行程序将 T02 刀转至工作位置。

2）按**手摇**方式键，用手轮操纵使 T02 号刀与试切的外圆接触，然后保持 X 轴不动，Z 轴退刀。

3）按 **POS** 键，按［相对］软键，进入相对位置画面，这时 X 轴的相对坐标即为图 3-85 中的偏置矢量分量 T_{2X}。

4）按 **OFS/SET** 键，分别按［偏置］软键、［外形］软键、［（操作）］软键，进入外形偏置设置操作画面。

5）用光标移动键将光标定位至 G02 号偏置存储单元的 X 偏置量处，键入地址轴 X。

6）按［INP.C.］软键，X 轴的偏置矢量分量 T_{2X} 被输入光标所在位置。（注意到在偏置设置画面中也能显示刀具相对位置，因此上面的第 3 步可以跳过）

7）手轮操纵使 T02 号刀与试切的断面接触，然后保持 Z 轴不动，X 轴退刀。

8）将光标移动至 G02 号存储单元的 Z 轴偏置处，在输入缓冲区键入轴地址 Z，按软键［INP.C.］，则 T02 号刀的 Z 轴偏置矢量分量 T_{2Z} 被输入光标所在位置。

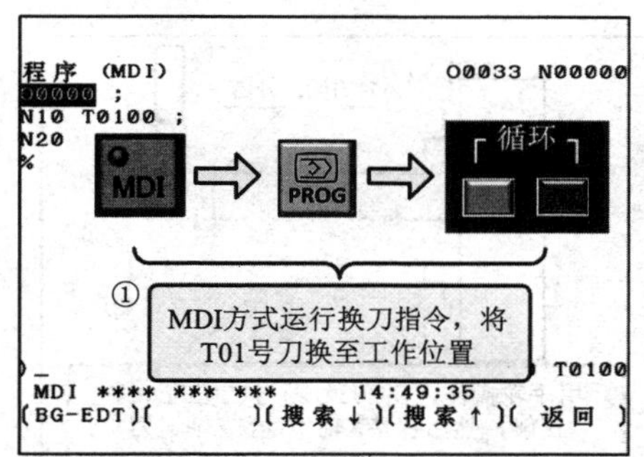

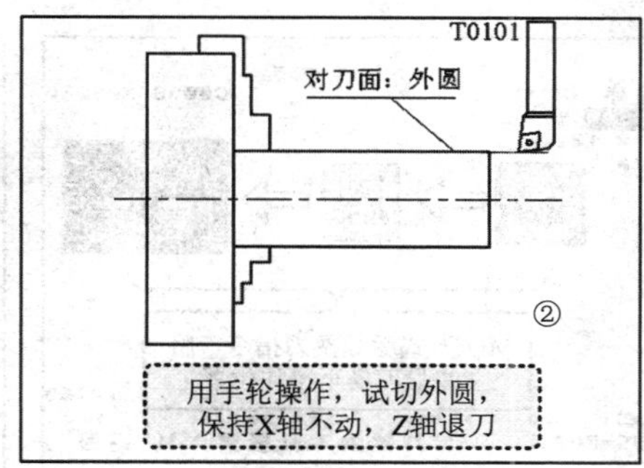

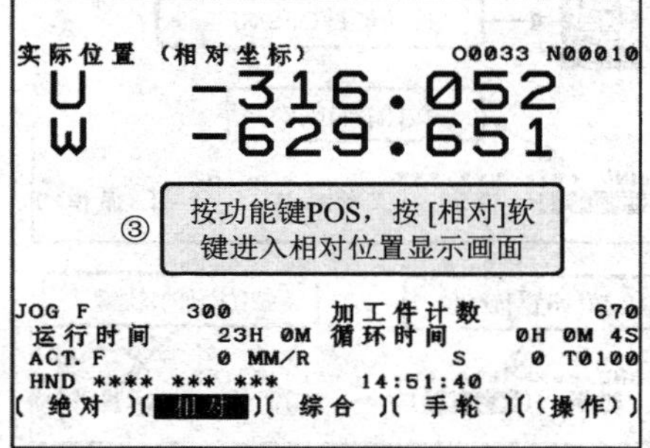

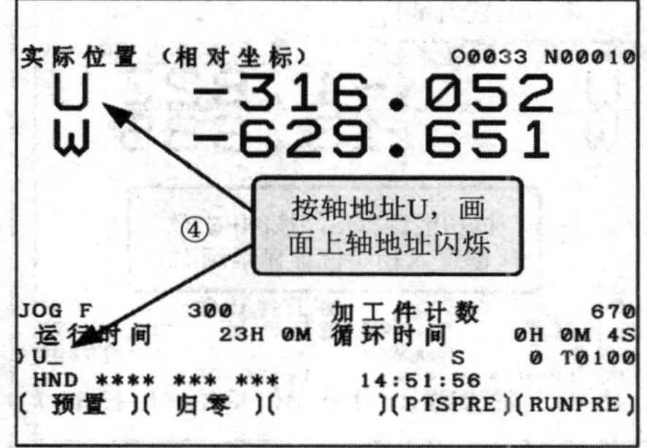

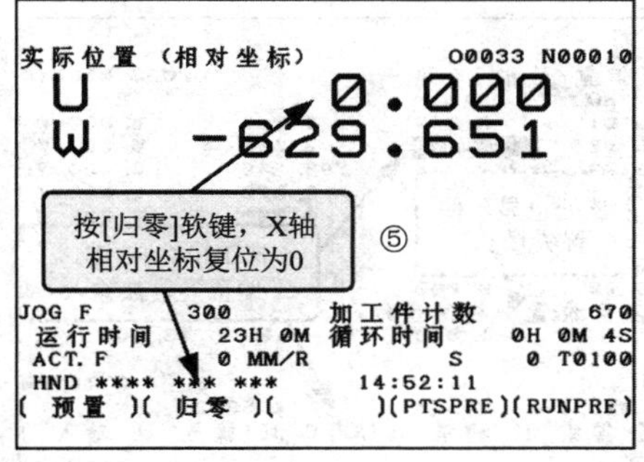

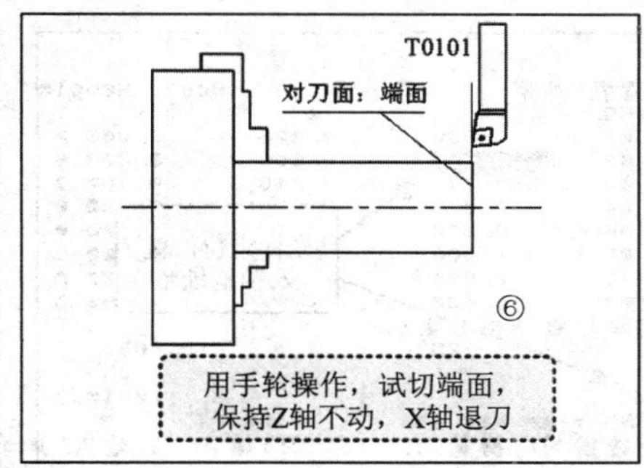

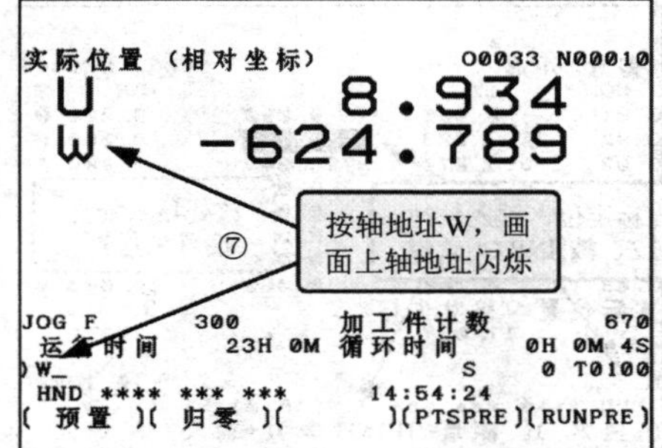

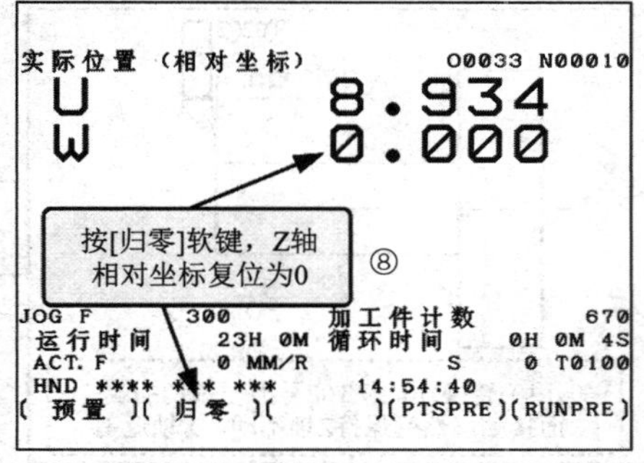

a）

图 3-86　刀具偏置量的计数器输入操作示例

a）标准刀对刀确定基准位置

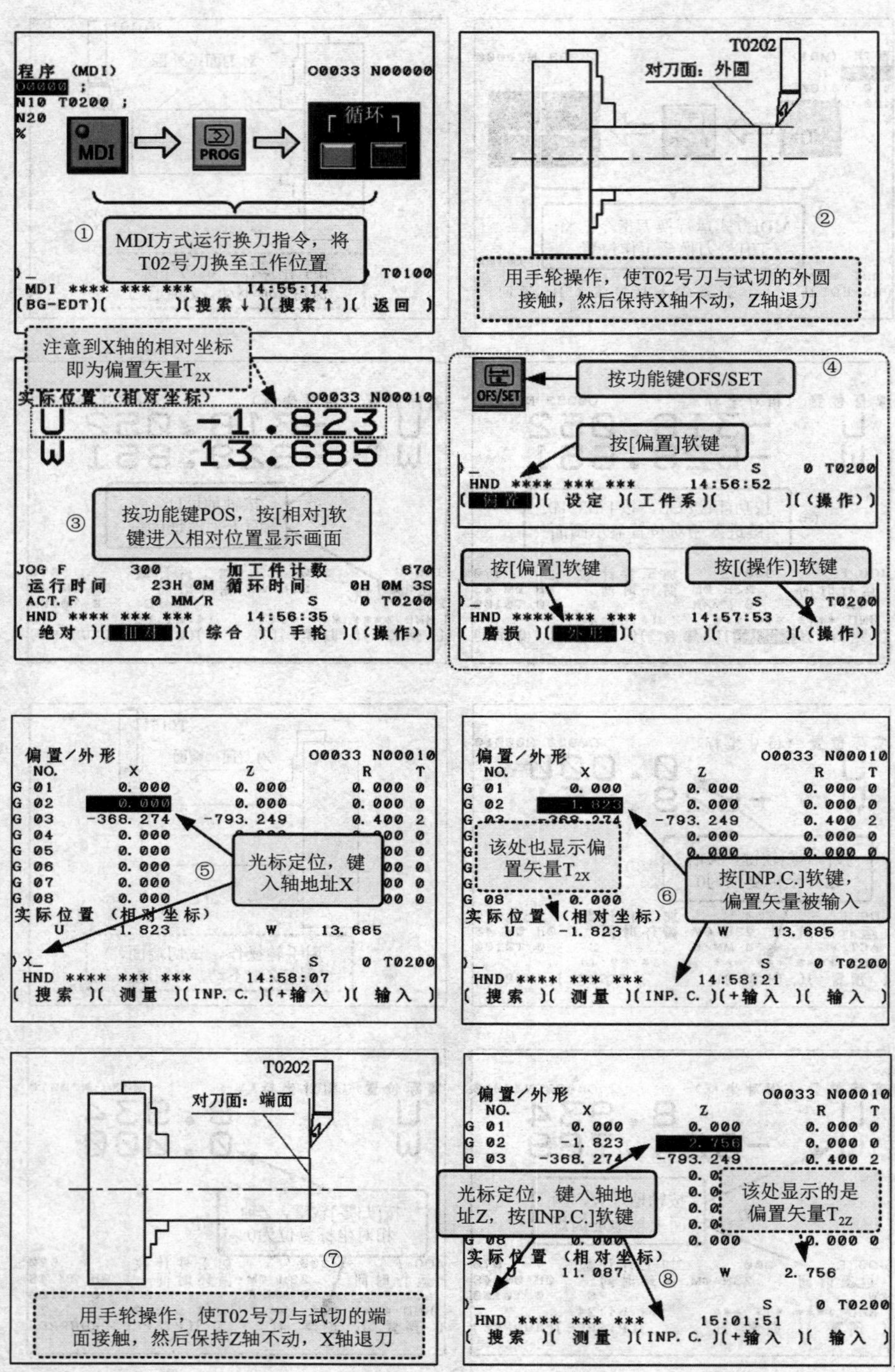

b）

图 3-86 刀具偏置量的计数器输入操作示例（续）

b）非标准刀偏置矢量的输入

用试切法对非标准刀时尽可能不要切削标准刀的试切表面。当然，少量的切到也是有可能的，对于这种情况，可在首件试切时通过工件尺寸的测量得到标准刀的偏差值，然后在相应偏置存储单元的磨损偏置设置画面上通过输入合适的磨损补偿量给予修整。尽量不要重新对刀。

4. 工件坐标系偏置量的设定

当用 G50 指令或自动坐标系设定的坐标系与编程时使用的工件坐标系不同时，所设定的坐标系可被偏置，如图 3-87 所示。

示例：如图 3-88 所示，当参考点相对于工件原点的实际位置为 X=121.0（直径）、Z=69.0，设定的偏置量为 X=1.0、Z=−1.0 时，则实际位置为 X=120.0、Z=70.0。

图 3-88 所示的工件坐标系偏置示例的操作步骤如下，操作图解如图 3-89 所示。

1）按 **OFS/SET** 键，进入偏置/设定画面。

2）按 2 次继续菜单键▶，出现［W.SHFT］软键。

3）按［W.SHFT］软键，进入工件坐标系偏置画面。

4）按［（操作）］软键，进入偏置操作画面，可以看到下部软键的变化。

5）用光标移动键将光标定位在 X 轴偏置输入处，在输入缓冲区键入 X 轴偏置值 1，按［输入］软键，画面上可以看到 X 轴偏置值被输入。

6）同理，将光标定位至 Z 轴偏置输入处，键入 Z 轴偏置值-1，按［输入］软键，画面上可以看到 Z 轴偏置值被输入。

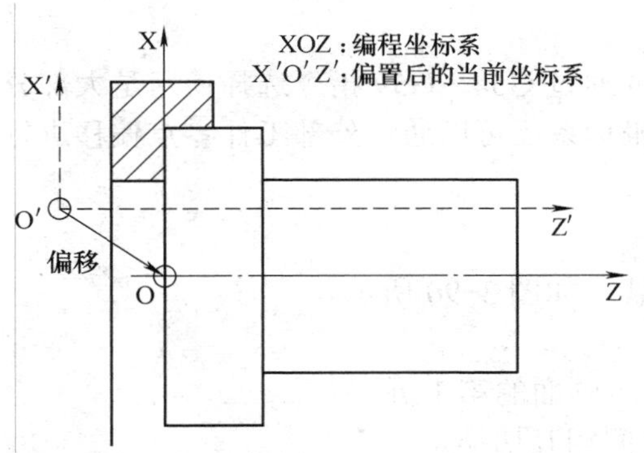

图 3-87　工件坐标系的偏置

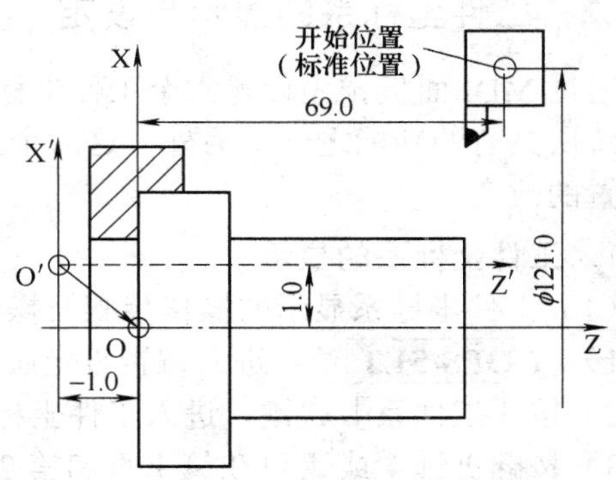

图 3-88　工件坐标系偏置示例

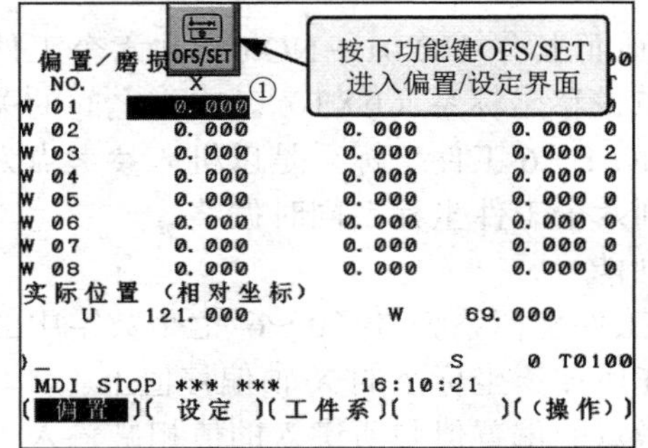

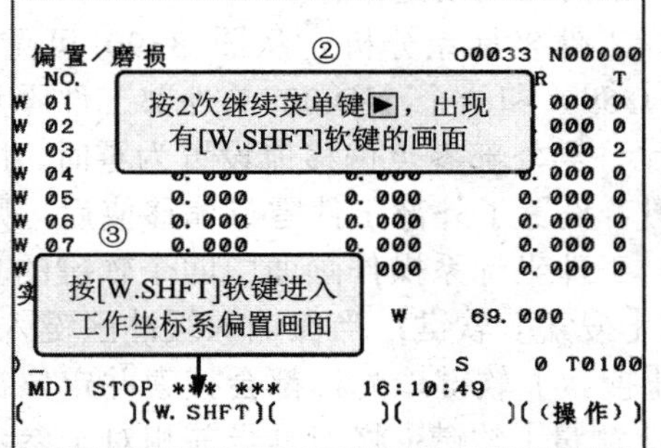

图 3-89　工件坐标系偏置的操作步骤

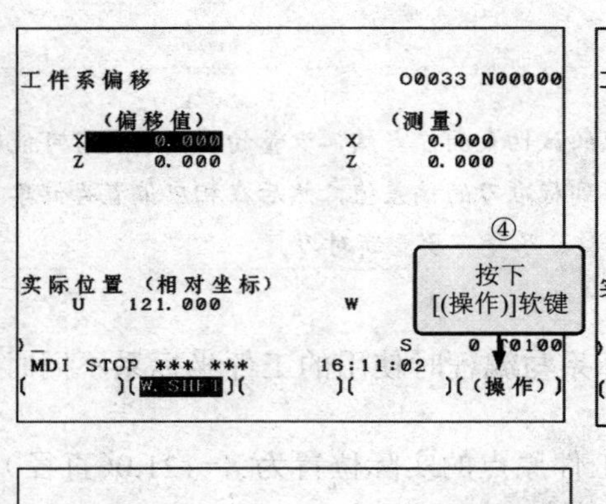

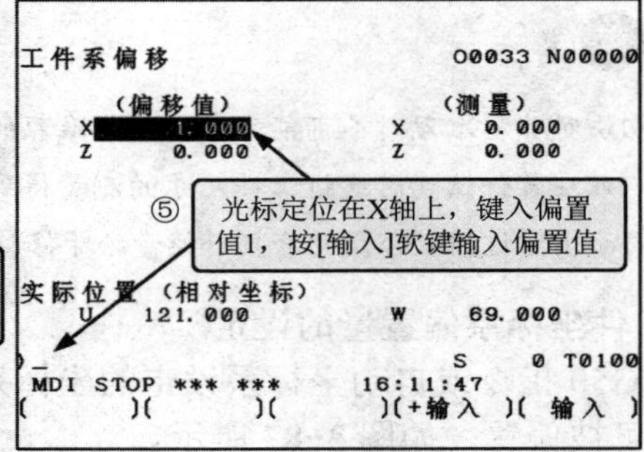

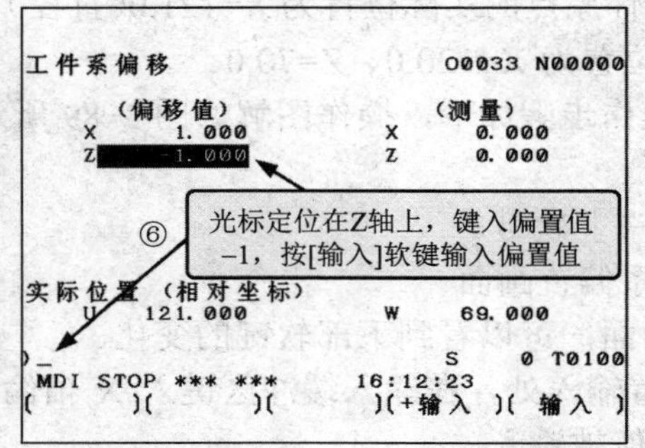

说明：

1）偏置量设定后立即生效；

2）指定坐标系设定指令G50后该偏置量即失效。

图 3-89 工件坐标系偏置的操作步骤（续）

3.10.2 工件坐标系的显示与设定

通过 MDI 面板预先设置六个工件坐标系，并通过 G54～G59 指令选择使用是大部分数控系统所具有的功能之一。另外，这六个工件坐标系还可以通过外部工件零点偏移进行整体位置的改变。

1．工件坐标系的显示

（1）工件坐标系显示的操作步骤及操作图解 如图 3-90 所示。

1）按 **OFS/SET** 键，进入偏置设定画面。

2）按［工件系］软键，进入工件坐标系显示画面的第 1 页。

3）按翻页键 PAGE↓ 或 PAGE↑ 可在第 1 页和第 2 页之间相互切换。

4）按［（操作）］软键，进入工件坐标系操作画面，利用下部的四个不同软键可进行工件坐标系的相关设定操作。

（2）工件坐标系分析 从图 3-90 可见画面上有 NO.01～NO.06 共六个工件坐标系（G54～G59）和一个 NO.00 的外部工件零点偏移坐标系（EXT）。它们之间的关系如图 3-91 所示。当外部零点偏移值设置为零时，NO.1～6 工件坐标系是以机床参考点为起点偏移的。但若设置了外部工件零点偏移值后，则六个工件坐标系同时偏移。

（3）工件坐标系操作画面中四个软键的功能

1）［搜索］软键：当在输入缓冲区键入工件坐标系编号（0～6 七个数字中的任何一个，按［搜索］软键，光标都会搜索并定位在所搜索坐标系的 X 轴偏移值上。

2）［测量］软键：将刀具当前相对于参考点的偏置值与所键入的值相减输入工件坐标系存储器的光标所在位置处。

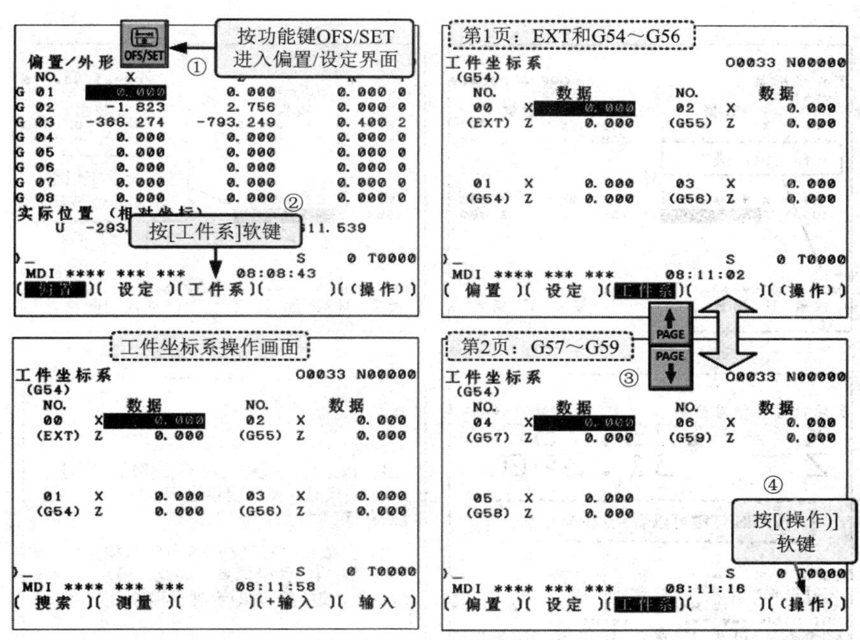

图 3-90　工件坐标系显示操作步骤

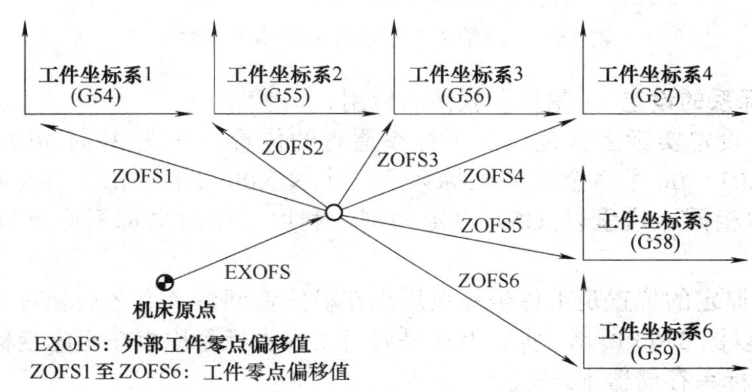

图 3-91　工件坐标系与外部工件坐标系偏移之间的关系

3）［+输入］软键：将键入值与光标所在值相加后输入光标所在位置。

4）［输入］软键：将键入值直接替换并输入光标所在位置的值。

下面通过一个示例介绍［+输入］软键的应用，操作图解如图 3-92 所示。

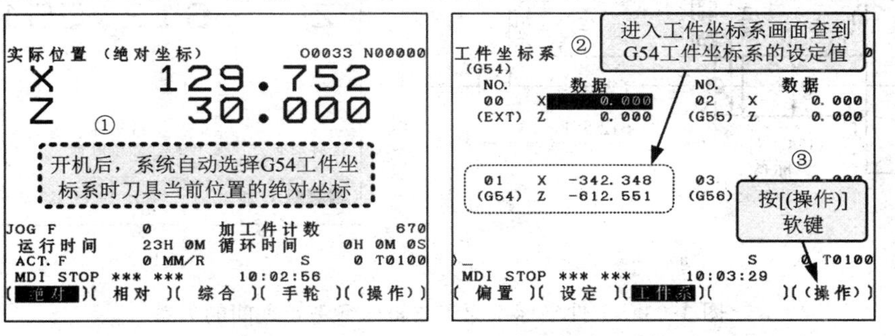

图 3-92　［+输入］软键的应用示例

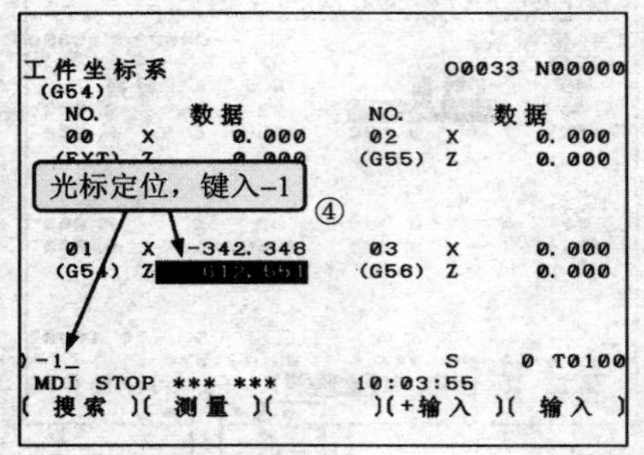

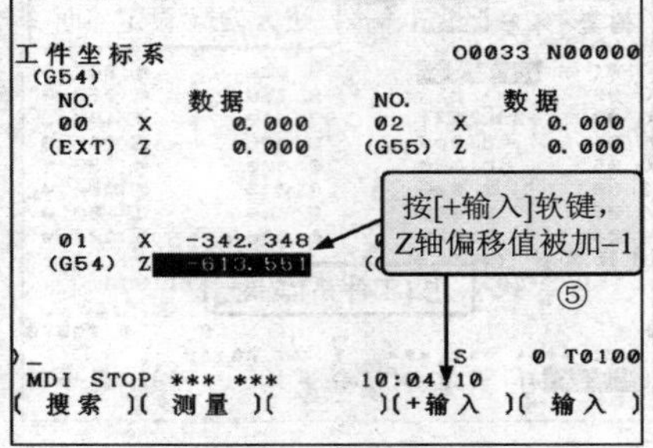

说明：

1）以上操作过程刀具不要移动，通过[+输入]软键的操作观察坐标值的变化，理解G54工件坐标系的含义。

2）参数1201第7位WZR=1时，按复位键返回G54工件坐标系。因此，最后一步按复位键可以立即看到坐标值的变化。

图 3-92 [+输入] 软键的应用示例（续）

2. 工件坐标系的设定（[测量] 软键的应用）

工件坐标系设定实际上就是设定坐标系原点的位置。从图 3-91 可知，工件坐标系的设定包括 NO.01～06 号六个工件坐标系和一个 NO.00 号的外部工件坐标系偏移设定，其设置方法基本相同。这里以 G54 设定为例，利用系统的坐标系原点位置测量功能进行设置。

工件坐标系原定的位置是工件坐标系原点在机床返回参考点之后相对于参考位置处刀具的偏置矢量。以图 3-93 所示，实际上就是要将工件坐标系原点在机床坐标系中的坐标值输入相应工件坐标系存储器中。

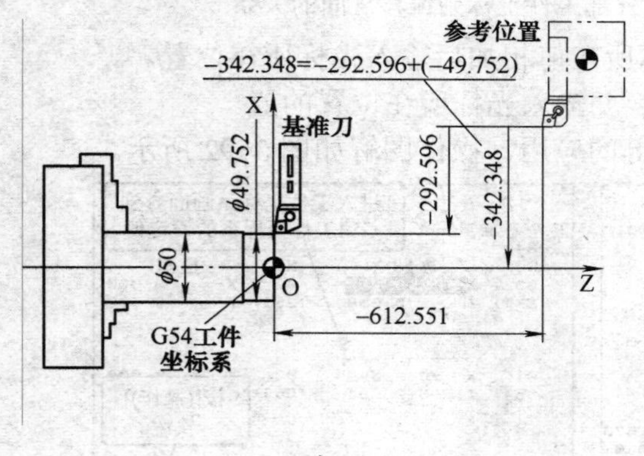

a）

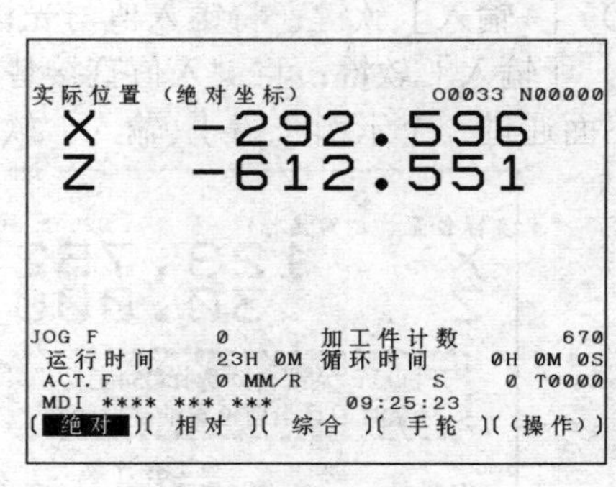

b）

图 3-93 工件坐标系原点与机床参考点之间的关系

a）刀尖处于试切外圆与端面的交点处 b）刀具相对于机床参考点的坐标值

工件原点偏置测量的操作步骤如下，操作图解如图 3-94 所示。

首先，开机并执行手动返回参考点操作建立机床坐标系，并确保拟作为基准刀对刀的刀具处于工作位置。

1）按下**手摇**方式键，用手轮操纵，试切外圆，保持 X 轴不动，Z 轴退刀，停止主轴，测量试切外圆直径。假设为 $\phi 49.752$。

2）按下 **OFS/SET** 键，进入偏置/设定画面，按［工件系］软键，按［（操作）］软键，进入工件坐标系设置画面。

3）将光标定位在 G54 坐标系存储器的 X 轴偏置输入处，在输入缓冲区键入轴地址 X 及试切外圆直径 $\phi 49.752$。

4）按［测量］软键，可以看到光标所在位置显示变为-342.348。注意到该值为第 2）步画面上箭头所示处刀具当前位置的偏置值-292.596 与负的试切外圆直径值之和，正好是工件轴线相对于机床参考点的偏置值。

5）起动主轴，试切端面，保持 Z 轴不动，X 轴退刀。

6）将光标下移定位至 Z 轴偏置输入处，键入 Z0。

7）按［测量］软键，工件端面相对于机床参考点处的 Z 轴偏置值（-612.551）被输入。

说明：在操作过程中，每次按［测量］软键，切换到绝对位置坐标画面上都可以看到坐标值的变化。图 3-94 中最后一幅绝对坐标位置画面截取的是刀具处于试切外圆与端面交点处的位置坐标值。另外，读者可以将刀具放到任意位置，忽略上述试切过程，保持主轴和刀具不动，进行以上操作，并不断观察绝对坐标值的变化，理解工件坐标系建立的原理和过程。

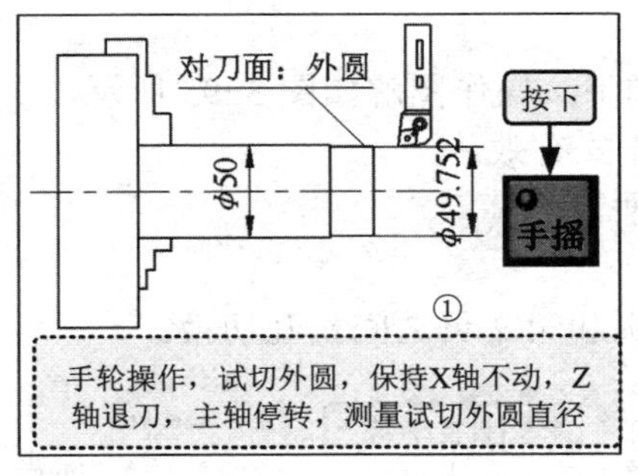

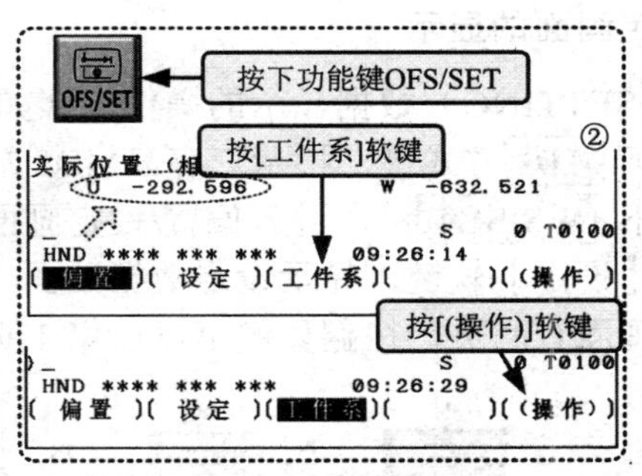

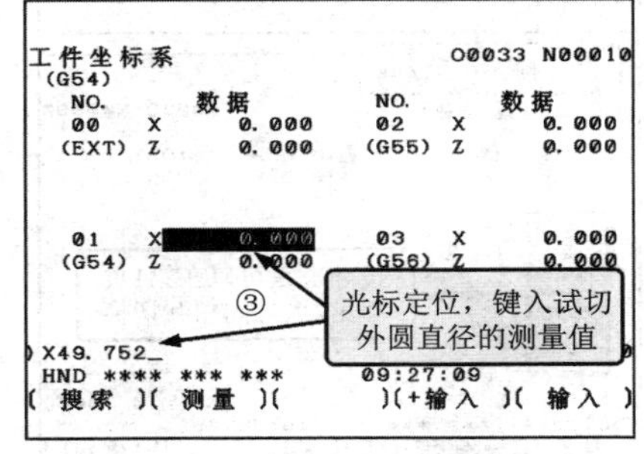

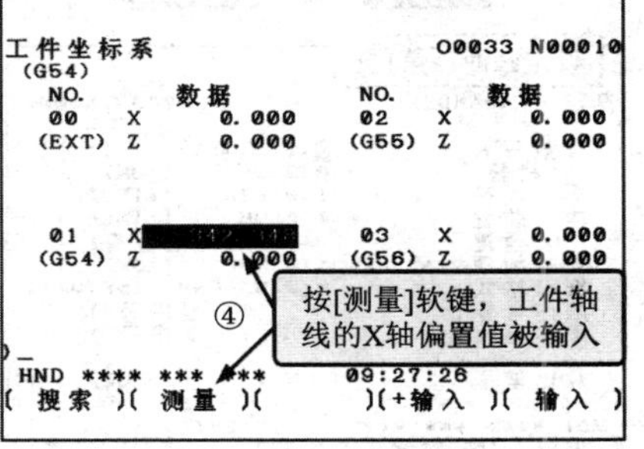

图 3-94 工件坐标系的设定（［测量］软键的应用）

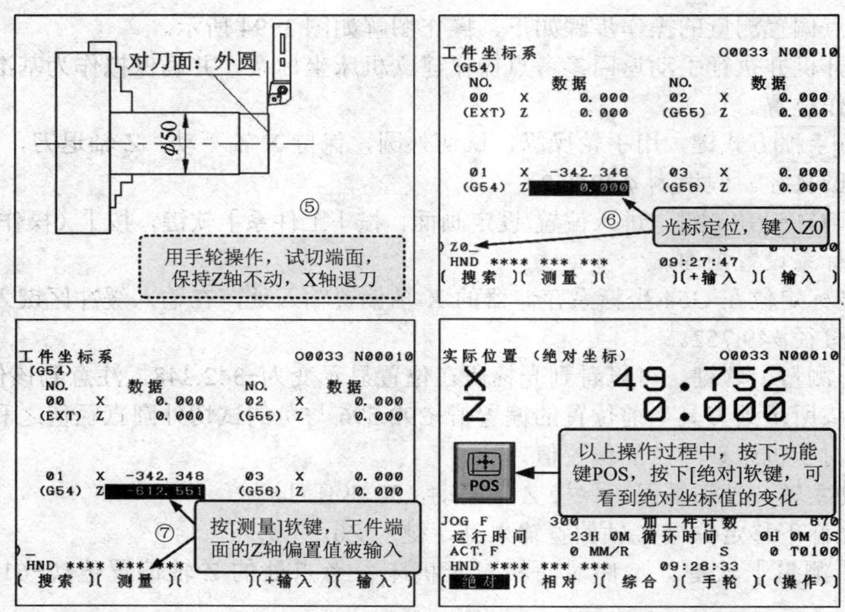

图 3-94 工件坐标系的设定（[测量] 软键的应用）（续）

3.10.3 显示和输入设定数据

进入设定（SETTING）画面，设定参数输入是否允许以及在设定画面上进行相关参数和数据的显示和设定，是操作者学习到一定阶段必须掌握的方法之一。

1. 设定画面的显示

设定（SETTING）数据显示的操作步骤如下，操作图解如图 3-95 所示。

1）按下 **MDI** 方式键，指示灯亮，MDI 方式有效。

2）按下 **OFS/SET** 键，进入偏置/设定画面。

3）按［设定］软键，显示设定数据画面。

4）该画面有两页，按翻页键可以在第 1 页和第 2 页之间相互切换。

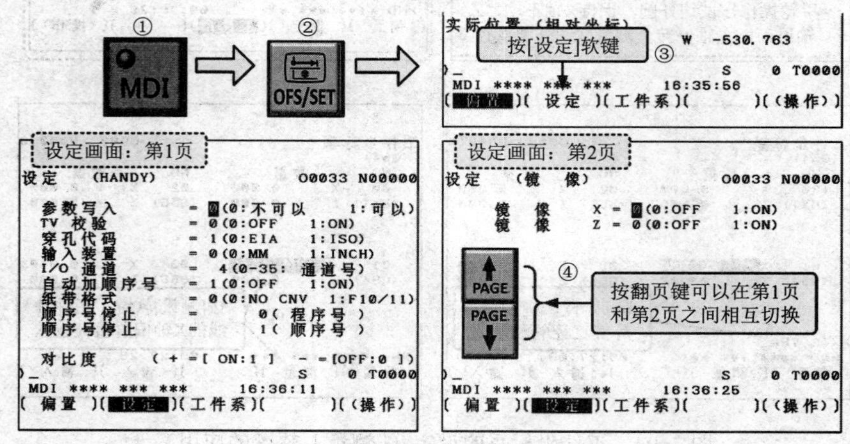

图 3-95 显示设定数据画面的步骤

设定内容的说明：

1）参数写入开关：设定是否允许参数写入。0：禁止写入；1：允许写入。

2）TV 校验：设定是否执行 TV 校验。0：不进行 TV 校验；1：进行 TV 校验。

3）穿孔代码：设定数据通过阅读机/穿孔机接口输出时的代码。0：输出 EIA 代码；1：输出 ISO 代码。

4）输入装置：设定程序输入单位。英制或公制。0：公制；1：英制。

5）I/O 通道：阅读机/穿孔机接口使用的通道（0～35 个通道号），例如，1：为通道 1，即 RS232C 通信口；4：为通道 4，即存储卡通信接口。

6）顺序号插入：设定在 EDIT 方式下，程序编辑时是否执行顺序号自动插入。0：不执行顺序号自动插入；1：执行顺序号自动插入。

7）纸带格式：设定 F10/11 纸带格式转换。0：不进行纸带格式转换；1：进行纸带格式转换。

8）顺序号停止：设定顺序号比较和停止功能的操作停止时的顺序号，以及该顺序号所需的程序号。

9）镜像：设定各轴镜像 ON/OFF。0：镜像关；1：镜像开。

2．参数写入的允许/禁止操作

在图 3-95 的设定画面中，按［（操作）］软键，可以进入设定操作画面，如图 3-96 所示，注意下部软键的变化。

参数写入的允许/禁止操作步骤如下，操作图解如图 3-96 所示。

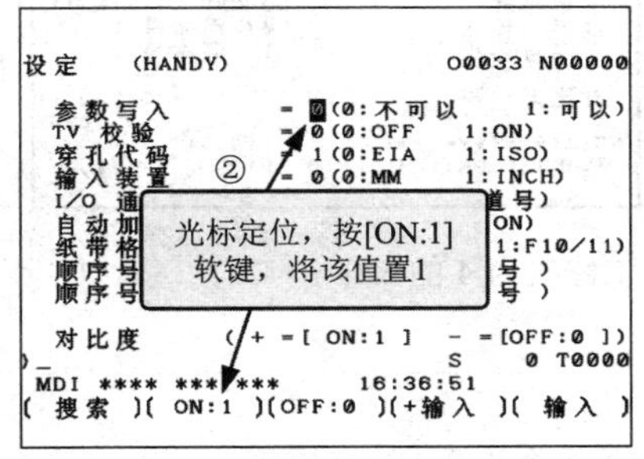

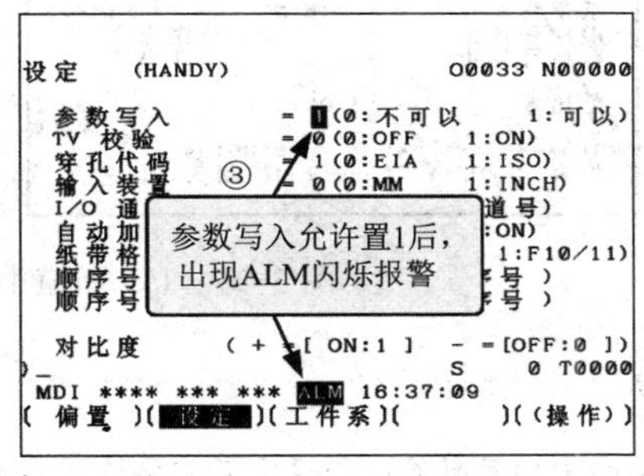

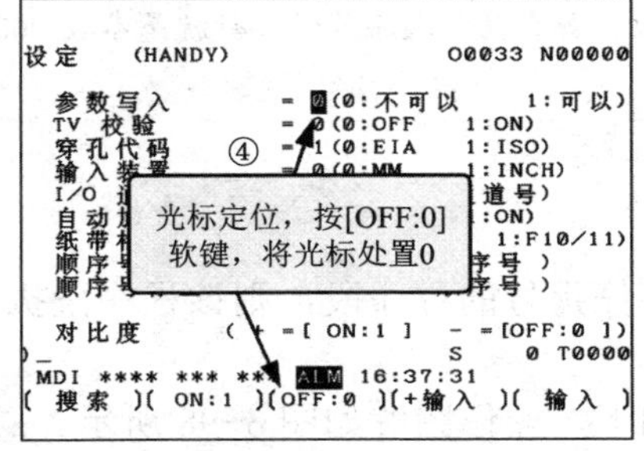

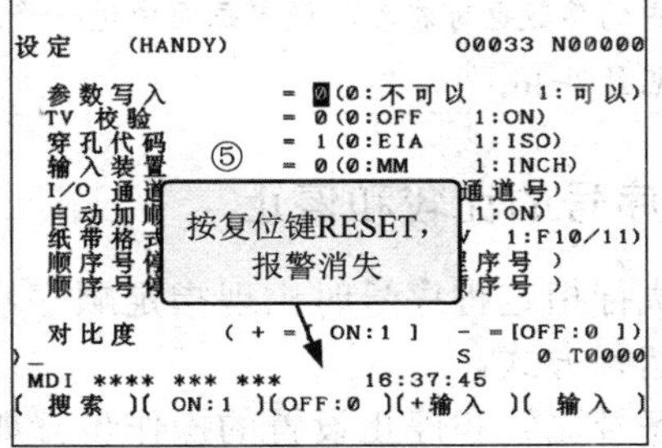

图 3-96 参数写入的允许/禁止操作步骤

1）执行图 3-95 中的①～③步，进入设定显示画面。

2）将光标定位至参数允许设置处，按［ON:1］软键，将参数写入允许设置为 1。

3）参数写入允许期间，画面下部出现闪烁的 ALM 报警。进入参数写入允许方式，可

对按下功能键 **SYSTEM** 进入参数画面中的参数进行修改。

4）参数设置完成后，返回设定画面，按［OFF:0］软键，将参数写入允许置0。

5）按 **RESET** 键，闪烁的 **ALM** 报警消失。注意：有的报警按 **RESET** 键不会消失，必须关机重启后才能消失，即这些参数的设置实际上是要重启后才生效，如语言设置参数（参数3190的#6）便是如此。

参数写入的允许/禁止操作是系统参数操作必须使用的方法之一。

3．设定画面中参数的设定

参数设定的步骤如下，操作图解如图3-97所示。

1）执行图3-95中的①～③步，进入设定显示画面。然后按［(操作)］软键，进入设定操作画面，如图3-97所示，注意下部软键的变化。

2）用光标移动键移动光标，定位至I/O通道处，在输入缓冲区键入4。

3）按［输入］软键，I/O通道设置为4。

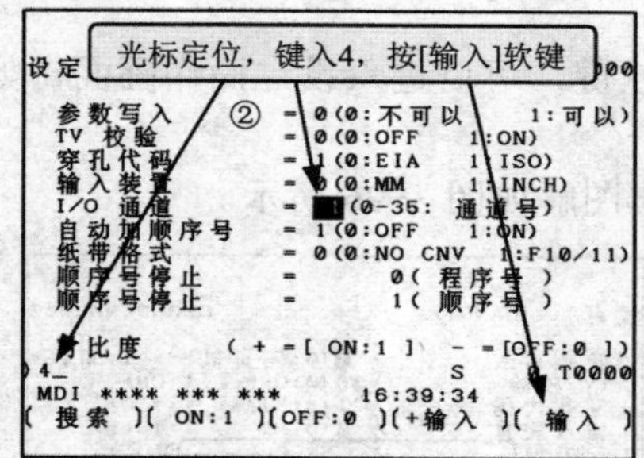

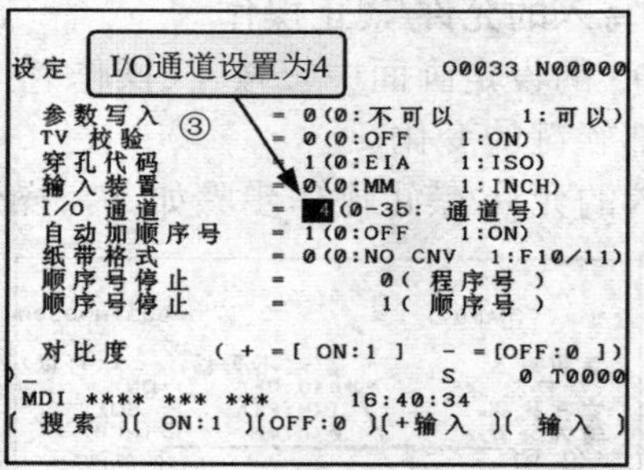

图3-97 I/O通道由1修改为4的操作

注意

1）设定画面中的参数修改与设定不需要设置参数写入允许置1即可操作。

2）画面中的参数也可在参数设定画面中进行修改，如自动加顺序号的参数就是参数0000的第5位（SEQ），参见图3-36。

3.10.4 顺序号的比较和停止

如果在执行指定程序号时出现指定顺序号停止号的程序段，则该程序段执行后操作进入单程序段运行方式。

执行顺序号比较和停止设置的操作步骤如下，操作图解如图3-98所示。

1）执行图3-95中的①～③步，进入设定显示画面。然后按［(操作)］软键，进入设定操作画面，如图3-98所示，注意下部软键的变化。

2）用光标移动键移动光标，定位至顺序号停止（程序号）处，在输入缓冲区键入33。

3）按［输入］软键，程序号输入完成。

4）按光标移动键，使光标下移，定位至顺序号停止（顺序号）处，在输入缓冲区键入 90。

5）按［输入］软键，顺序号输入完成。

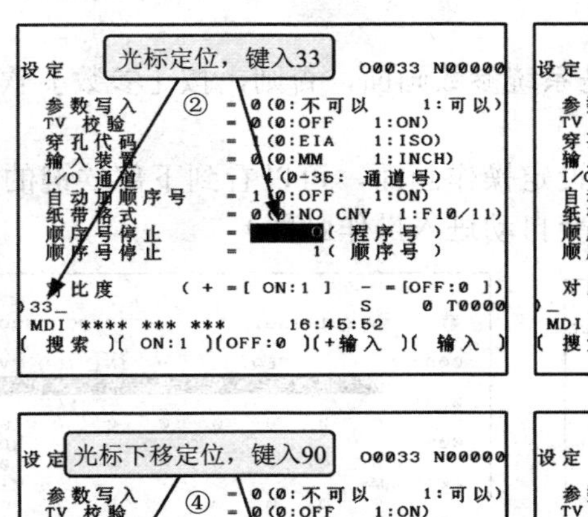

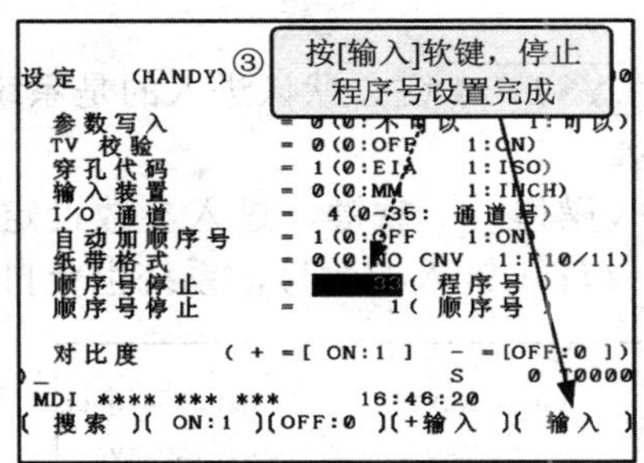

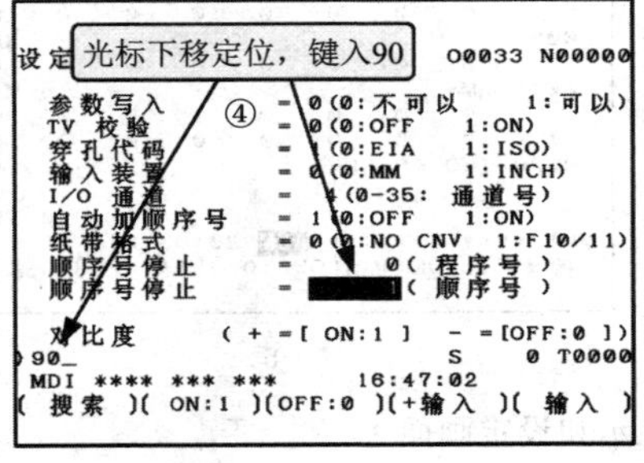

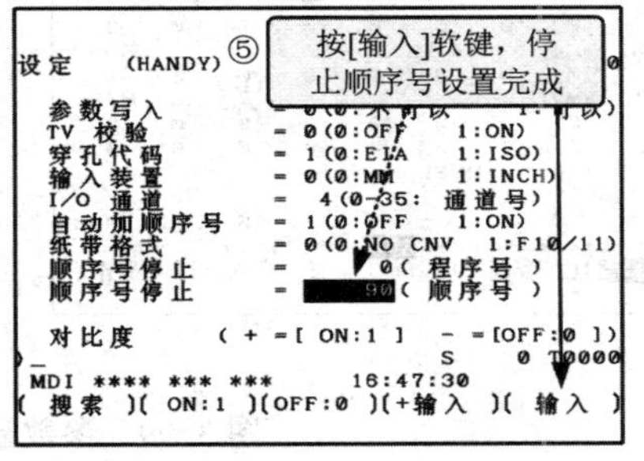

图 3-98　顺序号比较和停止设置的操作步骤

输入的程序号为 1～9999，顺序号为 1～99999。

3.11　功能键 SYSTEM 显示的画面

功能键 SYSTEM 显示的画面主要包括参数和螺距误差补偿数据。参数的设置在机床出厂之前一般已经设置好了，初学者不要随意修改。另外，购买新机床后，做好对出厂状态时的参数和螺距误差数据的备份是一个好的习惯，必要时可以回复至出厂状态。对于学习到一定程度的读者，少量的修改参数是不可避免的。修改了参数最好做一个记录，以便对出现的问题进行判断。

要想对参数有所了解，必须熟悉两部分知识，一是 FANUC 公司提供的系统参数说明书，其对主要参数有一个全面的叙述，其次是机床生产厂家的机床说明书，其对机床出厂状态时的主要参数设置有一个说明。

3.11.1　系统参数的显示与设定

显示和设定参数的步骤：

1）按下 **MDI** 方式键，指示灯亮，MDI 方式有效。

2）按图 3-96 所示的方法将参数写入允许参数设置为 1，以便允许参数写入。此时画面下部会出现闪烁的 ALM 报警，这时若按下 MESSAGE 键，可以看到报警信息显示“100 允许参数写入”，表示 100 号报警信息，这个报警不影响参数的写入，可以看成是参数写入方式的提示。

3）按下 SYSTEM 键，默认进入的是系统参数画面，否则，按［参数］软键即可，如图 3-99a 所示。

4）按［（操作）］软键，进入参数设定操作画面，可以看到下部软键的变化，如图 3-99b 所示。（注：键入参数号，系统也会自动进入操作画面）

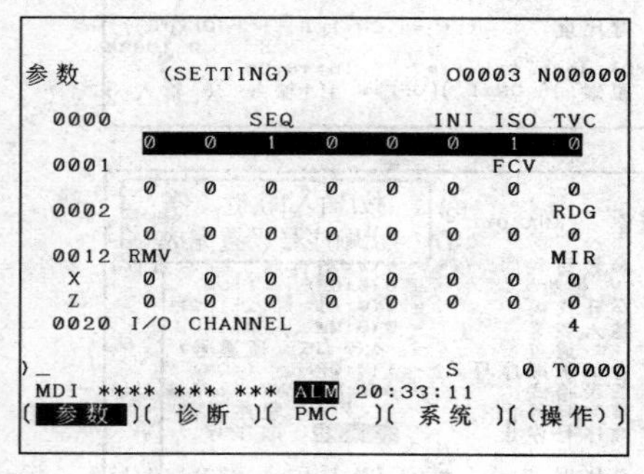

a）

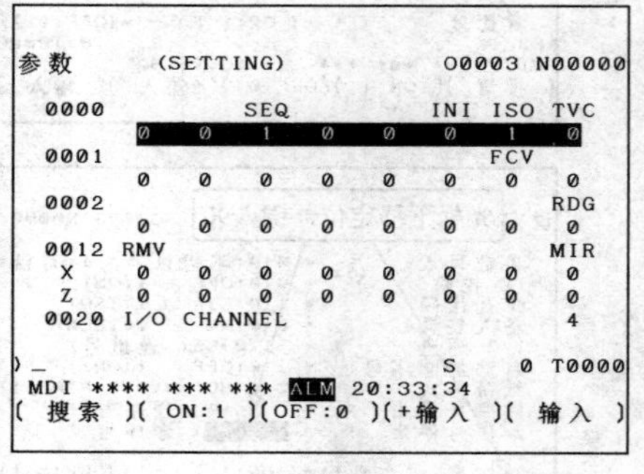

b）

图 3-99　参数显示和设定画面

a）系统参数画面　b）参数设定操作画面

参数设定操作画面下部操作软键的说明：

1）［搜索］软键：用于搜索输入缓冲区键入的参数号所对应的参数。

2）［ON:1］和［OFF:0］软键：用于位参数的置 1 或置 0。

3）［+输入］软键：用于将输入缓冲区键入的数值与光标所在位置处的数值相加存入光标所在处。

4）［输入］软键：用于将输入缓冲区键入的数值直接替代输入光标所在位置处。

5）参数设定和修改的方法：参数的设定与修改可用参数设定画面下的操作软键，配合翻页键或，以及光标移动键、、、进行。

［搜索］软键是快速定位具体参数的方法，翻页键和可逐页查找，光标移动键和可逐个参数查找，光标移动键可逐位定位，而光标移动键可逐位返回。

6）按图 3-96 所示的方法将参数写入允许参数设置为 0，以禁止参数写入。若出现按 RESET 键无法解除报警的情况，按 MESSAGE 键可以看到报警信息显示“000 请关闭电源”表示 000 号报警信息，这时必须关闭电源重新启动系统，设置的参数才能生效。

注意

1）FANUC 0i 系列数控系统各个参数的作用可参见 FANUC 0i-C / 0i Mate-C 参数说明书（B-64120CM/01）。

2）如果参数表中指出“可以在‘SETTING’画面输入”时，则说明这些参数可在设定（SETTING）画面（图 3-95）上进行设定，在设定画面上设定这些参数时不需将参数写入开关设为 1。

参数 3402 第 4 位 FPM 的设置步骤图解（图 3-100）：

1）按 **MDI** 方式键。

2）按图 3-96 的方法将参数写入允许设置为 1（此时，下部会显示报警信息 ALM 直至参数写入允许改写为 0），以便允许参数写入。

3）按 **SYSTEM** 键，进入参数设定画面。

4）按［（操作）］软键，进入参数操作画面（注：在输入缓冲区键入数值能自动切换至操作画面）。

5）在输入缓冲区键入参数 3402，按［搜索］软键，光标定位在参数 3402 处。

6）按光标移动键→4 次，将光标定位在第 4 位 FPM 上。

7）按［ON:1］软键，将 FPM 置 1。

8）按 **OFS/SET** 键返回设定画面，将参数写入允许参数设置为 0，返回参数禁止写入状态。

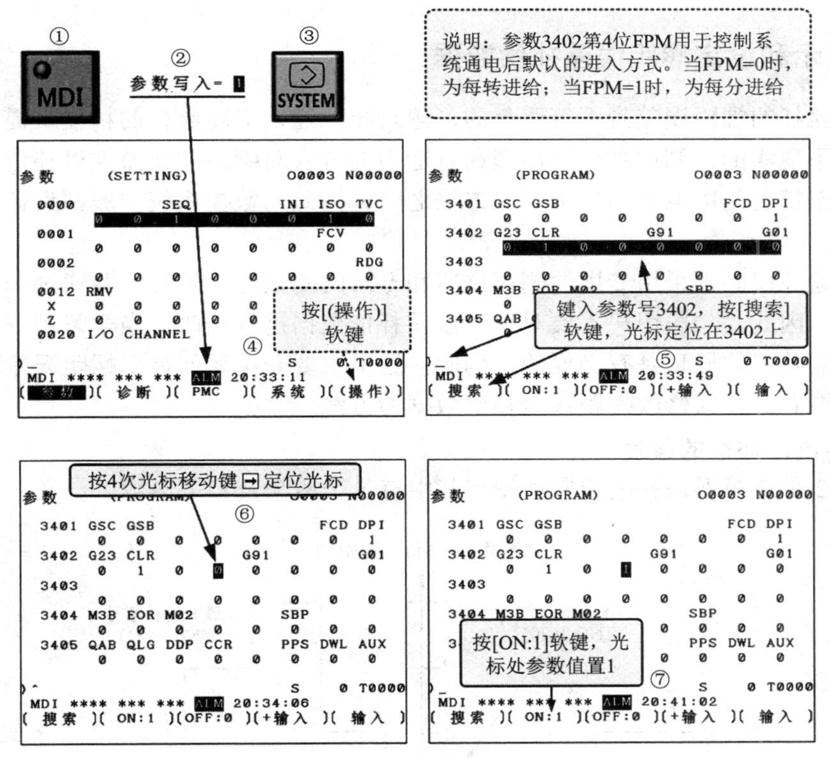

图 3-100 参数 3402 第 4 位 FPM 的设置步骤图解

示例：通过参数设置将系统的繁体汉语显示设置为简体汉语显示。通过查阅参数说明书可以看到，参数 3102 第 3 位 CHI=1 时为繁体汉语，而参数 3190 第 6 位 CH2=1 时为简体汉语。因此，本示例要修改两个参数，第 1 个是将 CHI=0，以取消繁体汉语，然后将 CH2=1，设置为简体汉语。

设置方法简述：首先参照图 3-100 的方法将参数 3102 的第 3 位 CHI 设置为 0（图 3-101a），接着将参数 3190 的第 6 位设置为 1（图 3-101b）。注意：该参数设置完后必须关机重启才能生效。

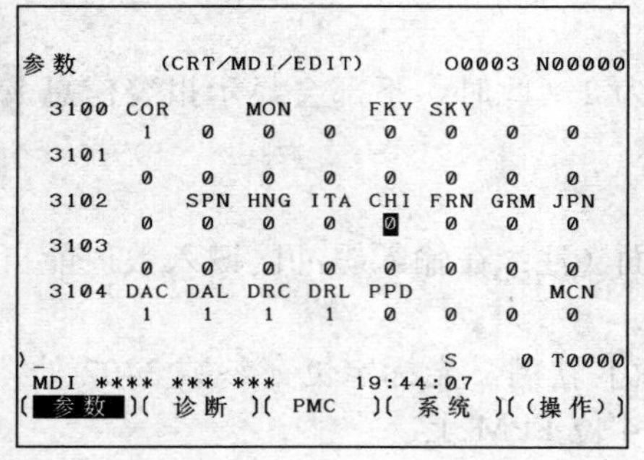

a）

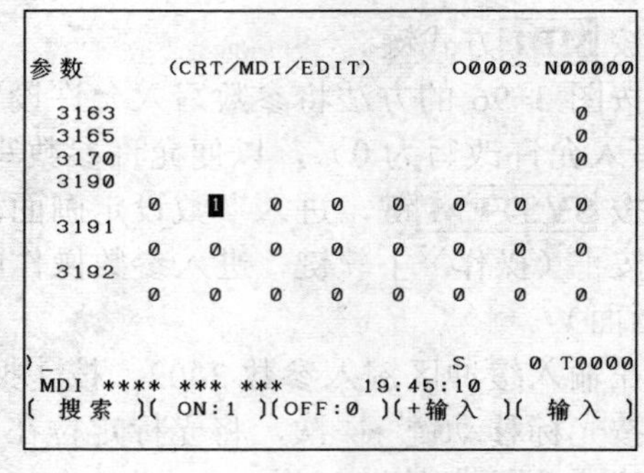

b）

图 3-101　繁体汉语修改为简体汉语的参数设置画面

a）CHI=0，取消繁体汉语设定　b）CH2=1，设定简体汉语

3.11.2　显示和设定螺距误差补偿数据

机床上丝杠的螺距误差是不可避免的，想一味地通过提高丝杠的精度来提高机床的加工精度也是不现实的，利用补偿的原理通过适当的方式对螺距的误差加以补偿，以抵消螺距误差对加工精度的影响是切实可行的方法之一。为此，数控系统一般都设计有螺距误差补偿功能。

螺距误差补偿必须采用专用的测试仪器和专门的测试方法进行，并通过一定的格式写入数控系统。因此，一般用户不要对螺距误差补偿数据进行修改，当学习到一定的阶段，了解螺距误差补偿的原理是有必要的。为此，这里主要介绍如何显示螺距误差，当然在显示画面上也能看到如何修改螺距误差补偿数据的方法。

1．螺距误差补偿的原理

图 3-102 是螺距误差补偿的原理图，其中有 5 个概念及相关参数。

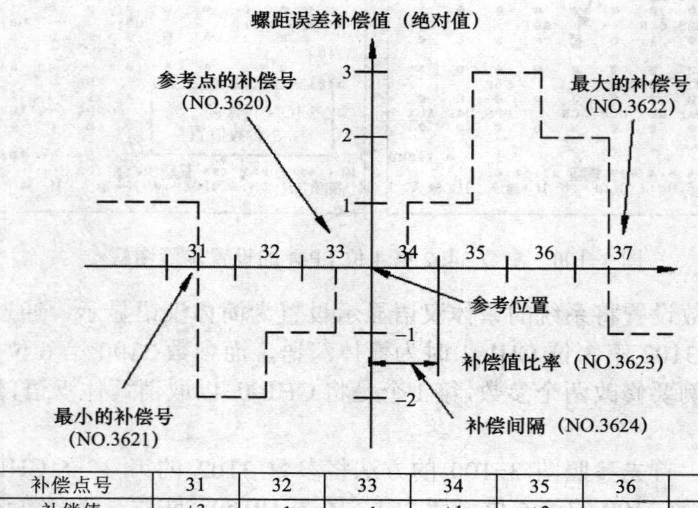

补偿点号	31	32	33	34	35	36	37
补偿值	+3	−1	−1	+1	+2	−1	−3

图 3-102　螺距补偿原理

1）各轴参考点的螺距误差补偿号：参数3620设置。

2）各轴负方向最远端的螺距误差补偿点的补偿号：参数3621设置。

3）各轴正方向最远端的螺距误差补偿点的补偿号：参数3622设置。

4）各轴螺距误差补偿倍率：参数3623设置。

5）各轴螺距误差补偿点的间距：参数3624设置。

图3-103是某机床的以上5个参数的设置实例。

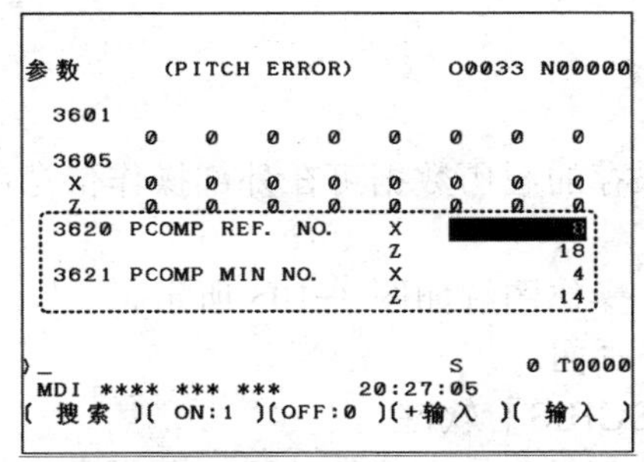

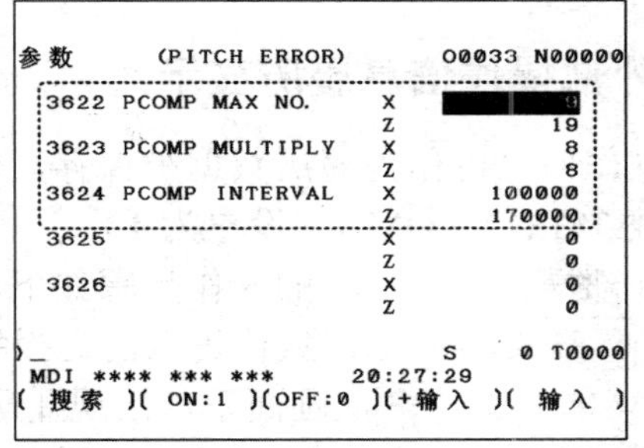

图3-103 参数3620～3624的设置实例

2. 显示和设定螺距误差补偿数据的步骤

操作步骤如下，操作图解如图3-104。

1）设定图3-102所示画面中的相关参数（参数3620～3624）（若仅显示数据则可省略此步）。

2）按 **SYSTEM** 键，进入参数设置画面。

3）按菜单扩展键▶，出现有［螺补］软键的画面。

4）按［螺补］键，进入螺距误差补偿数据画面。当数据较多时可以按翻页键查阅。

5）按［（操作）］软键，进入数据操作画面，可看到下部软键的变化（若仅显示数据，则可省略此步和下一步）。

6）通过操作画面中的软键可对螺距误差补偿数据进行设定和编辑。

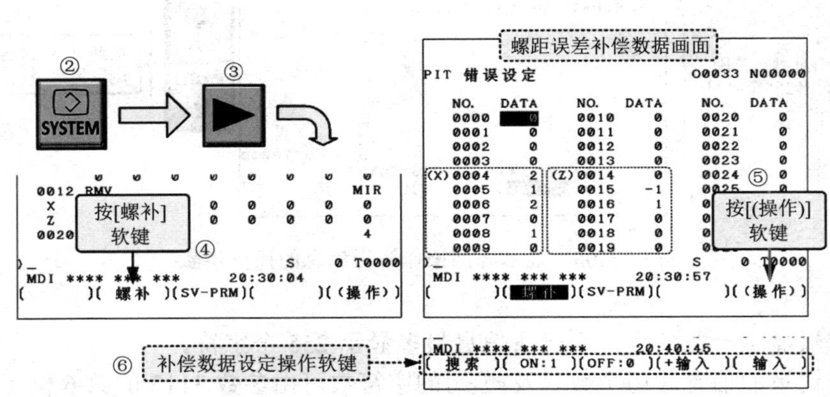

图3-104 螺距误差补偿数据的显示与设定

对照图 3-103 的参数设置可以看出，4～9 号为 X 轴的螺距差补偿数据，14～19 号为 Z 轴的螺距误差补偿数据。

3.12 功能键 MESSAGE 显示的画面

功能键 MESSAGE 上的字母 MESSAGE 的意思为“信息”。按下 MESSAGE 键，可以显示外部操作信息、报警信息和报警履历等。

3.12.1 外部操作信息履历显示

外部操作信息可作为履历数据被保存，保存的履历数据可在外部操作信息履历画面上显示（参数 3112#2（OMH）设置为 1）。

显示外部操作履历信息的操作步骤如下，操作图解如图 3-105 所示。

1）按 MESSAGE 键，默认进入的是报警画面。

2）按菜单扩展键▶，画面下部出现［MSGHIS］软键。

3）按章节选择软键［MSGHIS］，进入外部操作履历信息的第 1 页画面，按翻页键可继续向下翻页查阅。

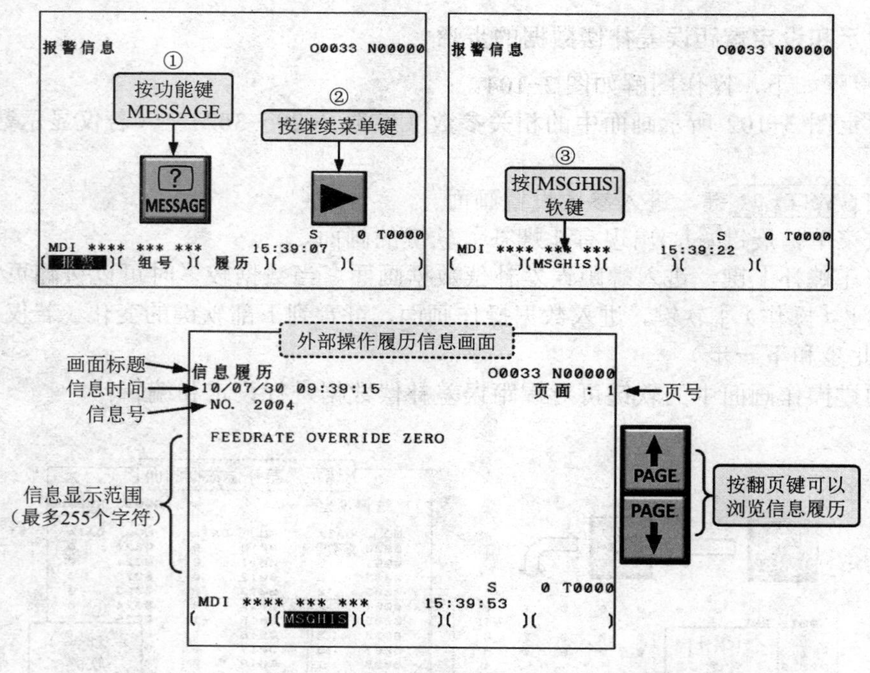

图 3-105 显示外部操作履历信息的操作步骤

说明：

1）每一页显示一条信息，每一条信息最多显示 255 个字符。

2）系统记录的信息履历个数以及履 历的字符数可由参数 3113 的第 6 位（MS0）和第 7 位（MS1）设定。

3）参数的第 0 位（MHC）可设置是否可以用［CLEAR］软键清除信息履历。

3.12.2 报警信息的显示

在机床操作过程中，有时画面下部会出现闪烁的 ALM 报警提示，这时操作者可调出报警信息显示画面查阅报警的原因（报警号和简单的说明）。

（1）报警信息的显示　报警信息画面显示的操作步骤如下。

1）按 **MESSAGE** 键，进入报警画面。

2）若进入的不是报警画面，则按下部的［报警］软键。

（2）报警信息的清除　一般情况下，在排除了报警信息提示的故障后，可以按 **RESET** 键恢复正常。特殊情况下必须关机重启数控系统，如图 3-106b 中的 000 号报警便提示“请关闭电源”。

（3）报警显示操作示例　以创建一个已经存在于系统存储器中的程序报警为例，操作演示步骤如下，操作练习图解如图 3-106a 所示。

1）按编辑方式键，按 **PROG** 键，按［列表］软键，进入程序目录画面。

2）在输入缓冲区键入 O0003（假设这个程序号已存在于存储器中）。

3）按 **INSERT** 键，画面上显示已存在于存储器中的 O0003 程序，并出现闪烁的 ALM 报警。

4）按 MESSAGE 键，显示报警信息。

5）按 RESERT 键消除报警（注意这时不存在故障排除）。

说明：数控机床的报警信息较多，图 3-106b 列举了几个报警信息供参考，具体的报警号和对应的详细解释可参阅厂家提供的操作说明书或维修说明书。

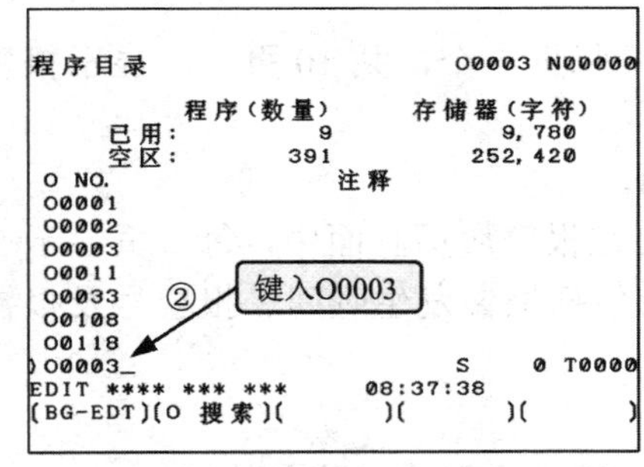

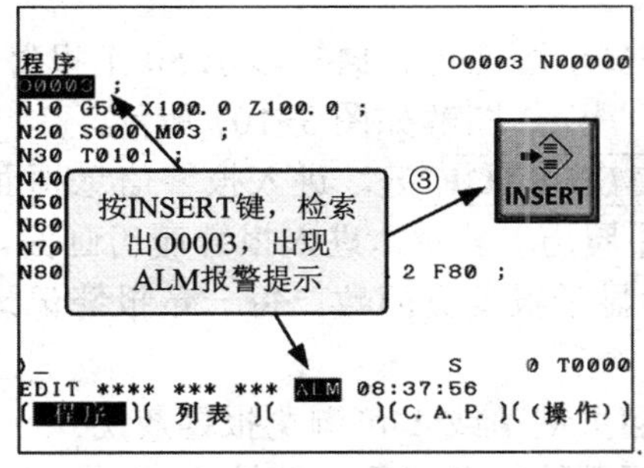

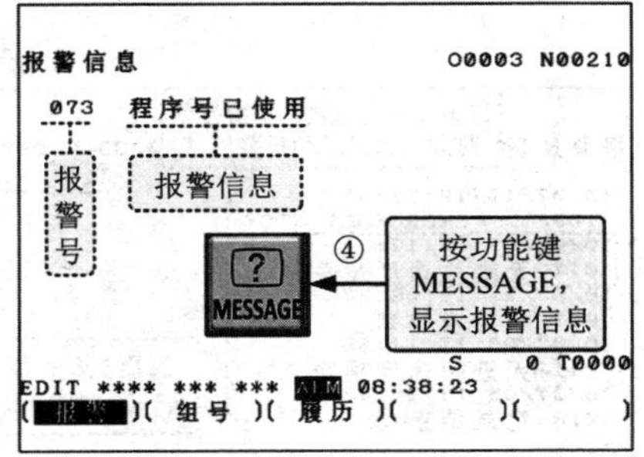

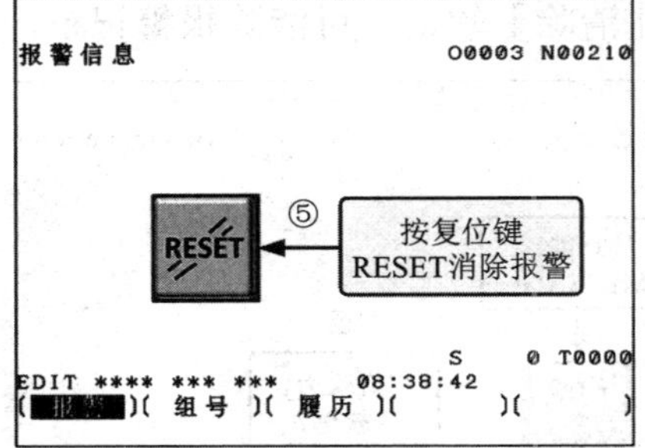

a）

图 3-106　报警信息显示

a）报警信息显示操作步骤

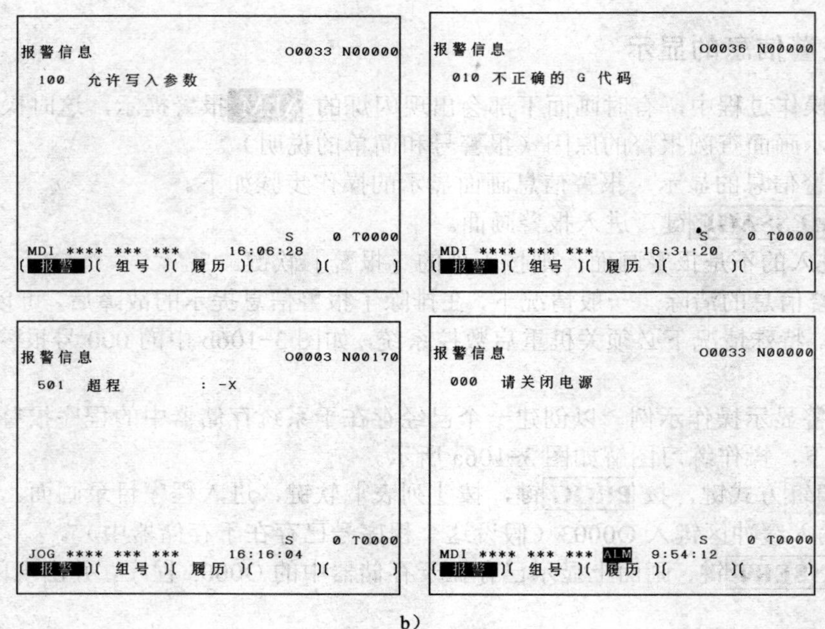

b)

图 3-106 报警信息显示（续）

b）报警信息显示画面示例

3.12.3 报警履历的显示

在报警显示画面可存储和显示 50 个报警（每页 5 个，共 10 页）。显示报警履历的操作步骤如下，操作图解如图 3-107 所示。

1）按 **MESSAGE** 键，进入报警信息画面。

2）按［履历］软键，进入报警履历画面。在报警履历画面中，每一页显示 5 条报警记录，右上角显示报警页面数。每一条报警记录包括报警发生时间、报警号及报警信息三项内容。

3）按翻页键 PAGE↓ 或 PAGE↑ 可浏览报警履历。

4）若要删除报警履历，可按［(操作)］软键，出现［清除］软键。

5）按［清除］软键，可清除报警记录。

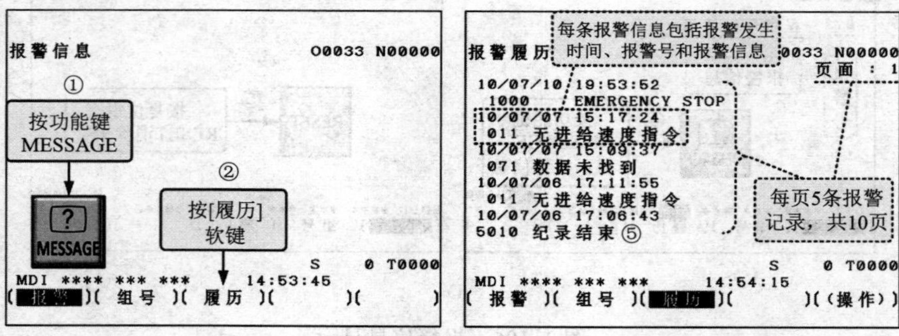

图 3-107 报警履历的显示和清除操作步骤

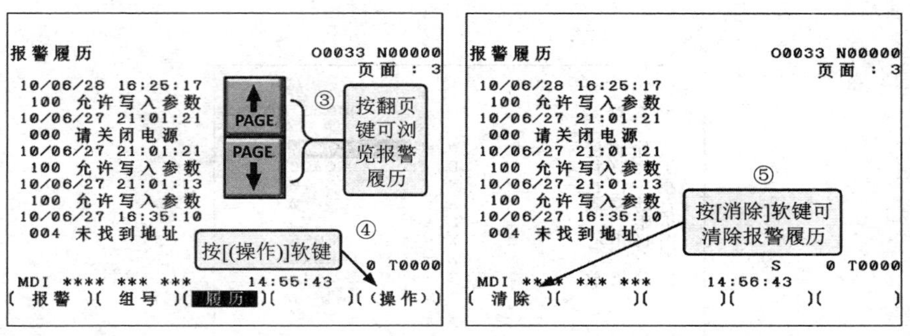

图 3-107　报警履历的显示和清除操作步骤（续）

3.13　功能键 CSTM/GR 及图形显示功能

功能键 CSTM/GR 上的字母是 CUSTOM/GRAPH 的缩写，意为“自定义/图形”。按 CSTM/GR 键，可以在画面上显示编程的刀具轨迹，通过观察屏幕显示的轨迹可以检查加工过程。显示的图形画面可以放大和缩小。

3.13.1　图形显示的基本知识

1．图形显示坐标系设置

参数 6510 用于设定绘图坐标，其设定值与坐标的对应关系如图 3-108 所示。

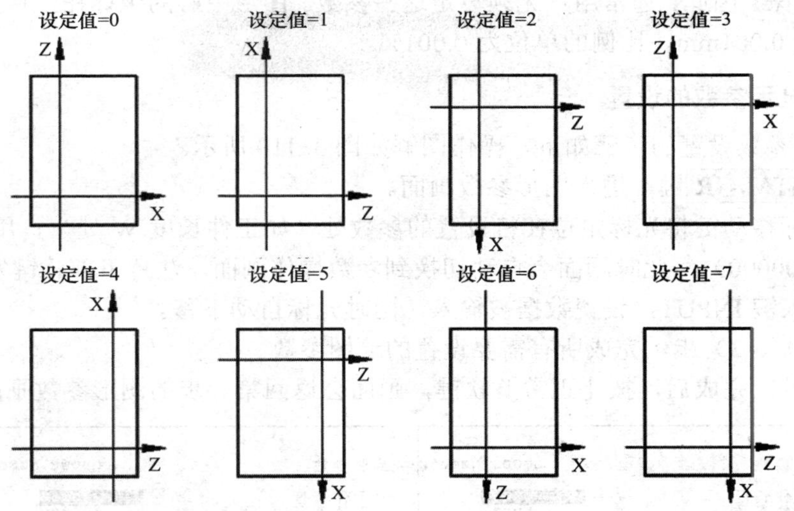

图 3-108　参数 6510 设定值与绘图坐标系之间的关系

2．图形显示基本参数

按 CSTM/GR 键，显示绘图参数显示画面，如图 3-109 所示（如果不显示该画面，则按［G.PRM］软键）。

各项图形参数的含义：

1）工件长度（W）和工件直径（D）：用于定义工件长度和工件直径，输入单位为

0.001mm。

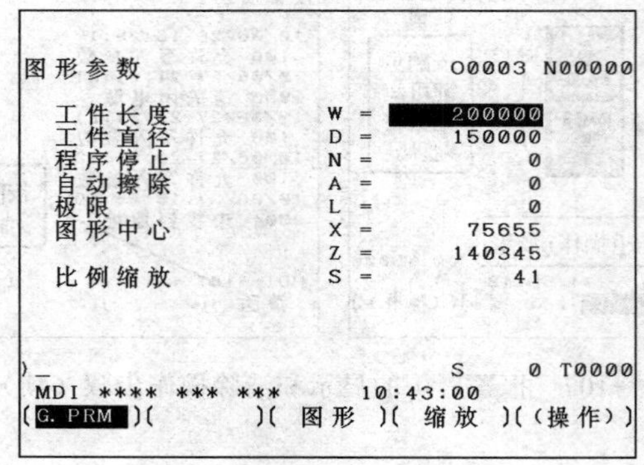

图 3-109 绘图参数显示画面

2）程序停止（N）：当对程序的一部分进行绘图时设定结束程序段的顺序号，图形出来后，该参数中设定的值被自动清 0。

3）自动擦除（A）：如果该值设定为 1，当自动运行从复位状态重新启动时前面所绘的图被自动清除，然后又重新绘制。

4）极限（L）：如果该值设为 1，存储行程极限 1 的区域将以双点画线绘制。

5）图形中心（X，Z）和比例缩放（S）：显示画面的中心坐标和绘图比例。系统可以自动计算画面的中心坐标，以使按工件长度（W）和工件直径（D）设定的图形能在整个画面上显示出来。因此，通常用户无须设定这些参数。图形中心的坐标在工件坐标系定义。坐标的单位为 0.001mm，比例的单位为 0.001%。

3．图形显示参数的设置

图形显示参数设置的步骤如下，操作图解如图 3-110 所示。

1）按 **CSTM/GR** 键，进入图形参数画面。

2）用光标移动键将光标定位在待设置的参数处（如工件长度 W 处），用键盘输入设置数据（如 300000），此时画面会自动切换到参数操作画面，注意下部软键发生了变化。

3）按输入键 INPUT，设置数据被输入，同时光标自动下移。

重复第 2）、3）步，完成所有需要设置的绘图参数。

4）参数设置完成后，按［正常］软键，画面会返回第一步的图形参数画面。

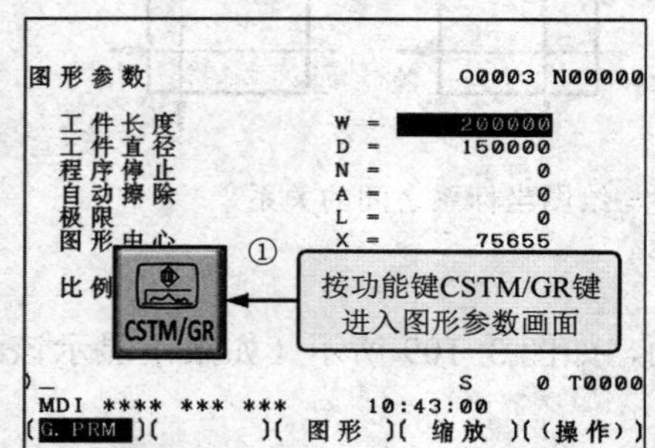

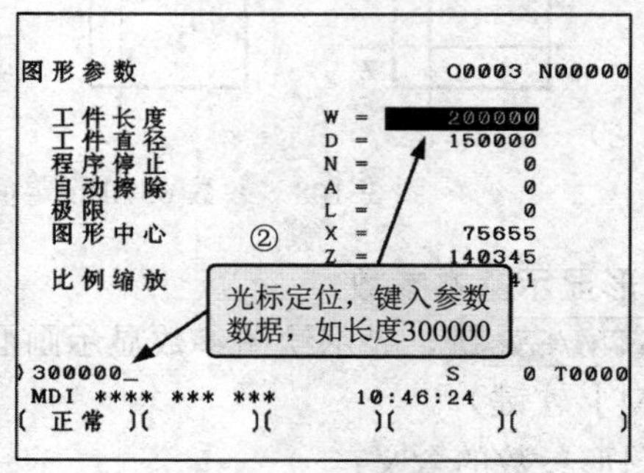

图 3-110 图形显示参数的设置方法

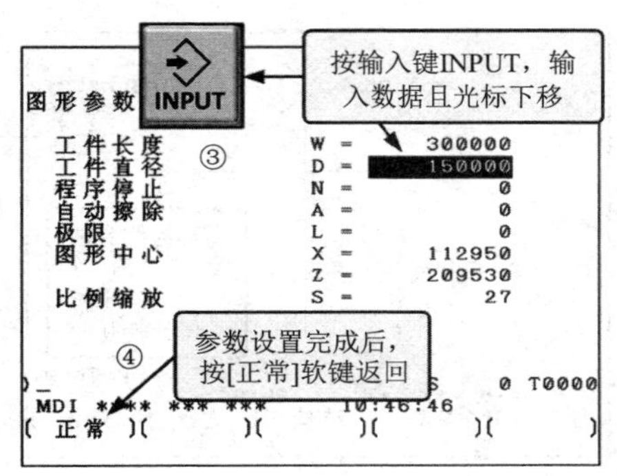

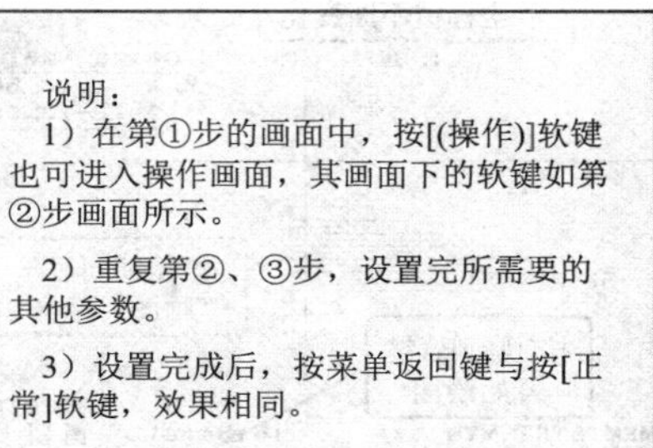

图 3-110　图形显示参数的设置方法（续）

3.13.2　图形显示的操作步骤

刀具运动轨迹的显示可以在程序的自动运行期间更新坐标值时绘制图形。但若仅仅是检查刀具轨迹，一般是使机床处于机械锁住状态执行。

刀具运动轨迹图形显示的操作步骤如下，操作图解如图 3-111 所示。

1）按**编辑**方式键，按 **PROG** 键，调出待加工的数控程序。

2）按**自动**方式键，按**锁住**键，使机床处于锁住状态下运行程序。

3）按 **CSTM/GR** 键，进入图形参数显示画面。如果需要可以按图 3-110 的方法设置绘图参数。

4）按［图形］软键，显示绘图画面和绘图坐标系。

5）按［执行］软键，可以看到画面右下角出现了“画图”字样，并且画面上按照加工轨迹逐渐绘制图形，右上角的坐标值随着图形的绘制不断变化。

6）图形绘制完成后“画图”字样消失，右上角的坐标值停止变化。

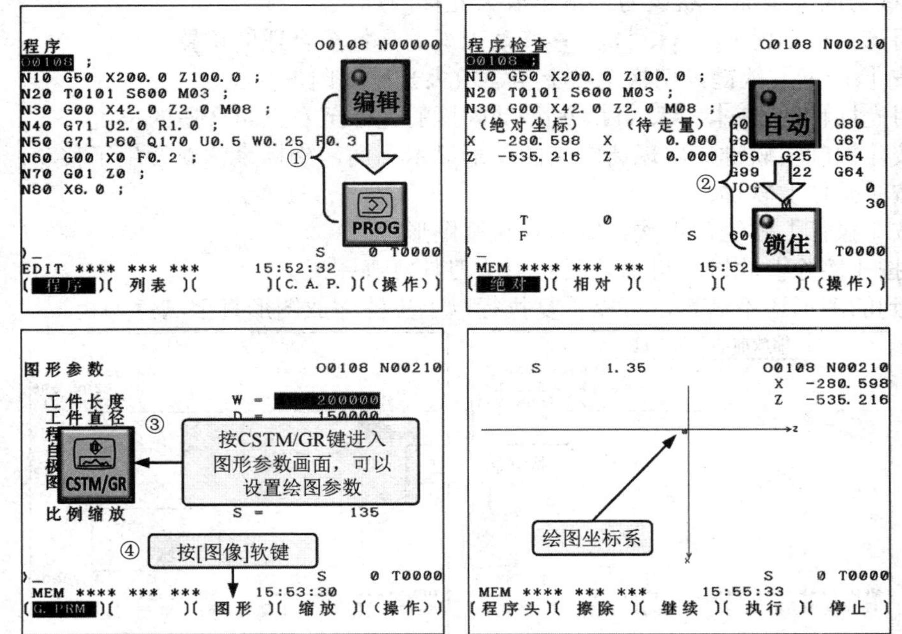

图 3-111　刀具运动轨迹图形显示的操作步骤

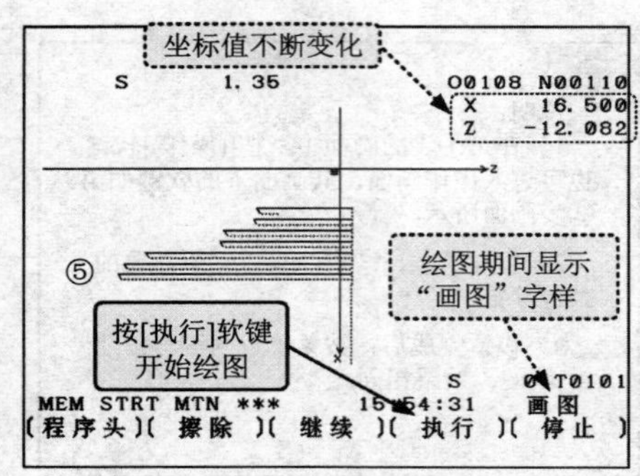

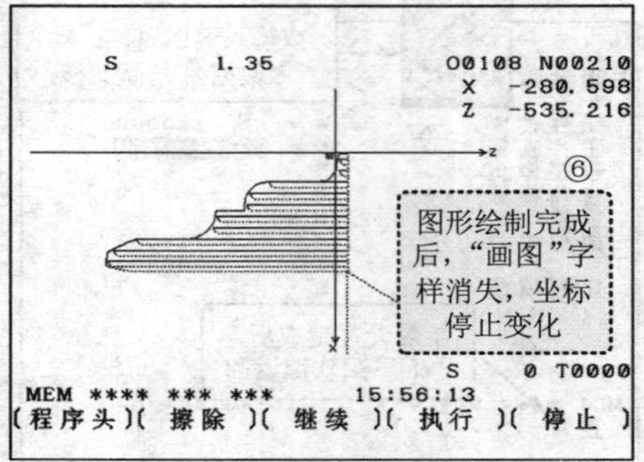

图 3-111 刀具运动轨迹图形显示的操作步骤（续）

绘图画面下部几个软键的说明：

1）[执行] 软键：按下后系统开始绘制刀具运动轨迹。

2）[停止] 软键：可以使正在绘制的刀具运动轨迹暂时停止。

3）[继续] 软键：使暂时停止绘制的刀具运动轨迹继续执行下去。

4）[程序头] 软键：使暂时停止绘制的刀具运动轨迹从头开始绘制。

5）[擦除] 软键：清除已绘制的刀具运动轨迹。

3.13.3 图形显示的缩放操作

在执行刀具运动轨迹的图形显示时，常要用到缩放功能，以获得合适的显示画面。图形显示的缩放操作步骤如下，操作图解如图 3-112 所示。

1）按图 3-111 执行一次刀具运动轨迹的画面为缩放前的画面。

2）按菜单返回键◀，出现 [缩放] 软键。

3）按 [缩放] 软键，进入缩放操作画面，出现两个放大光标（■），其定义的对角线的矩形区域为放大画面。默认为左下角放大光标闪烁。

4）用光标移动键←、↓、↑、→移动闪烁的光标至合适的位置。

5）按 [上/下] 软键，切换至右上角，放大光标键闪烁。

6）用光标移动键←、↓、↑、→移动闪烁的光标至右上角合适的位置。

7）按 [控制] 软键，出现新定义的图形显示画面，坐标系位置发生了移动。

8）按 [操作] 软键。

9）按 [执行] 软键，再次绘制刀具轨迹图形。

10）按 [擦除] 软键，可消除画面中的刀具轨迹图形。

若得到的图形还不满意，可以重复执行以上步骤缩放图形直至满意为止。

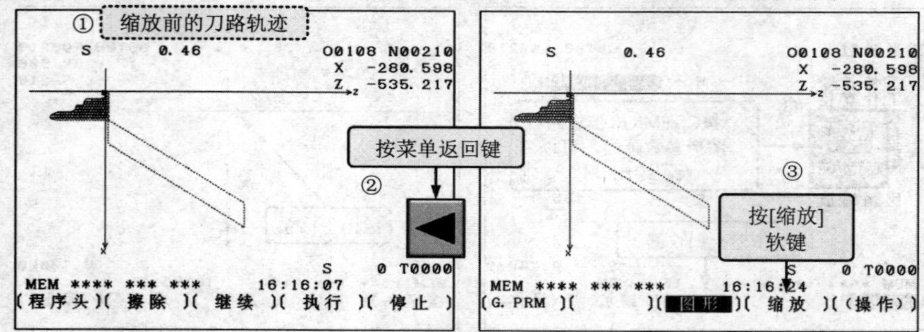

图 3-112 图形显示的缩放操作步骤

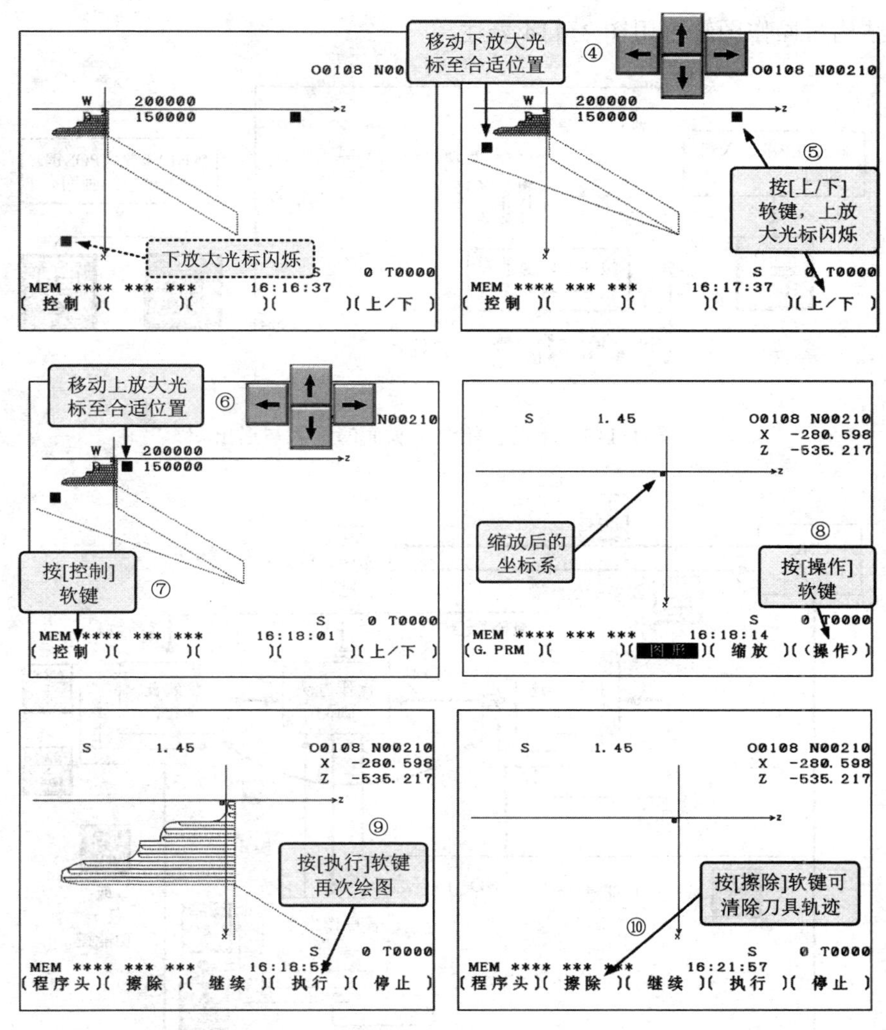

图 3-112　图形显示的缩放操作步骤（续）

3.14　帮助键 HELP 及其显示画面

帮助键 HELP 能在机床操作过程中现场提供适当的帮助。

3.14.1　概述及帮助功能组织结构

帮助初始菜单画面的进入与退出步骤如下，操作步骤如图 3-113 所示。

1）按 MDI 面板上的 HELP 键，显示帮助（初始菜单）画面。可以看到画面中有 3 条目录。

2）在帮助画面的任何操作画面上，按 HELP 键或任一功能键可退出帮助画面。

从帮助（初始菜单）画面可以看出，帮助系统包括三部分内容：报警信息、操作方法和参数表分类。按下部的任一软键可以进入相应内容的帮助画面。FANUC 0i 系统的帮助系统组织结构与操作图解可用图 3-114 表述。

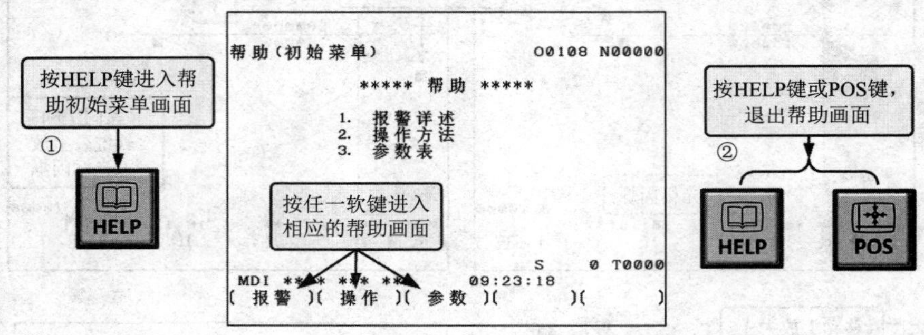

图 3-113　帮助初始菜单画面的进入与退出

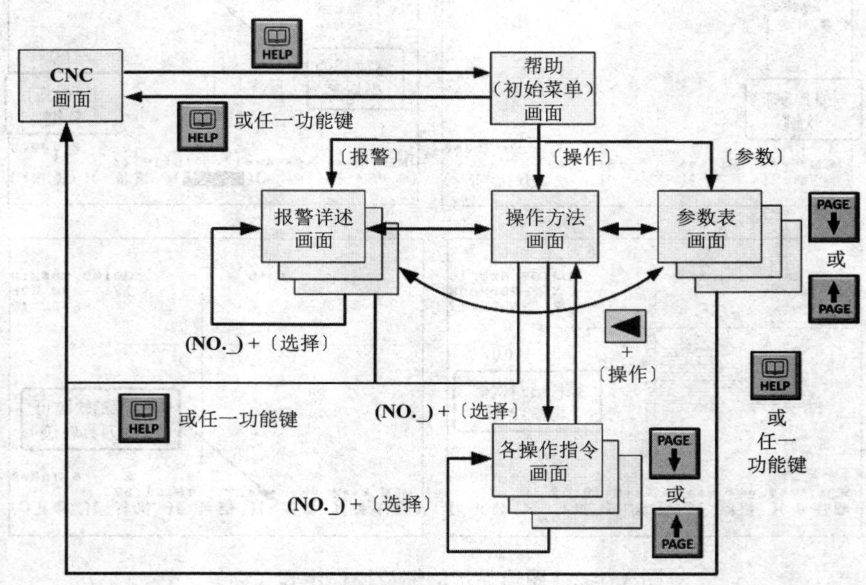

图 3-114　帮助系统的组织结构图

3.14.2　报警的详细信息查询

1. 当前报警信息显示

当前报警信息指机床操作过程中出现报警提示的状态下通过帮助键 **HELP** 查询的信息。

当前报警信息显示的步骤如下：

1）当画面上出现闪烁的 ALM 报警提示时，按 **HELP** 键，进入帮助（初始菜单）画面。

2）按［报警］软键，进入报警详述画面，显示当前报警的详细说明。

当前报警信息显示的操作步骤如下，操作示例如图 3-115 所示。

1）按 **MDI** 方式键，按 **PROG** 键，键入一段错误的程序，按**锁住**键，按**循环启动**键运行程序，可以看到画面下部出现闪烁的 ALM 报警。

2）按 **HELP** 键，进入帮助（初始菜单）画面。

3）按［报警］软键，进入帮助（报警详述）画面。

4）帮助（报警详述）画面显示当前报警的详细说明。较简单的报警可能会出现“此报警无详细解释”的提示。

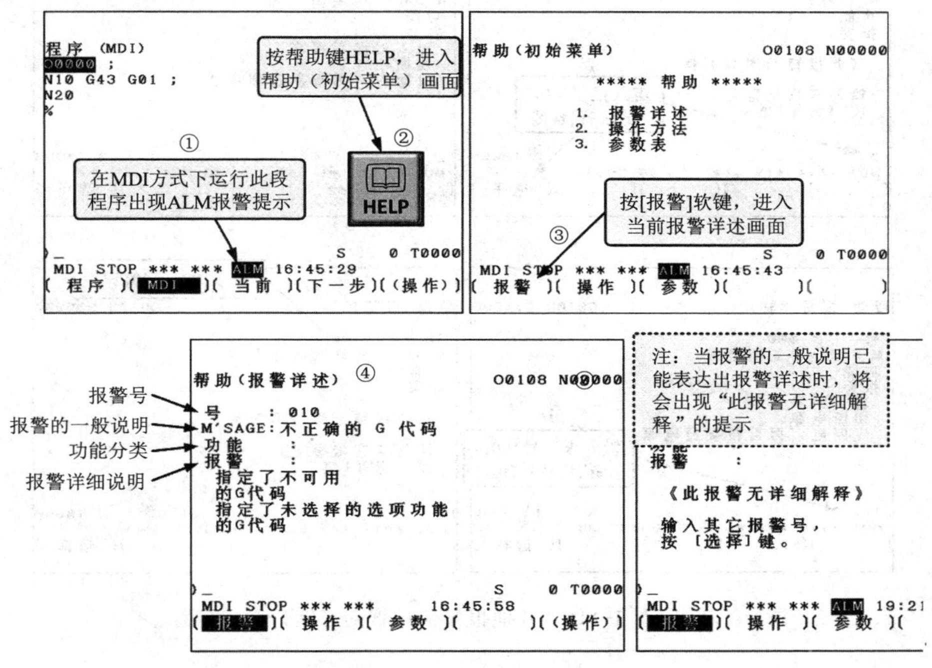

图3-115 当前报警信息显示操作示例

2．其他报警信息查询

其他报警信息查询指不出现 ALM 报警提示的情况下，按报警号查询报警详述。其他报警信息查询的操作步骤如下，操作示例如图3-116所示。

1）按 **HELP** 键，进入帮助（初始菜单）画面。

2）按［报警］软键，进入空白的帮助（报警详述）画面。

3）用MDI键盘键入数字0（报警号），画面自动切换至操作画面，下部出现［选择］软键，按［选择］软键，显示000号报警详述。

4）再次键入报警号100，按［选择］软键，则显示100号报警详述。

重复第4）步，可以查询其他的报警信息。

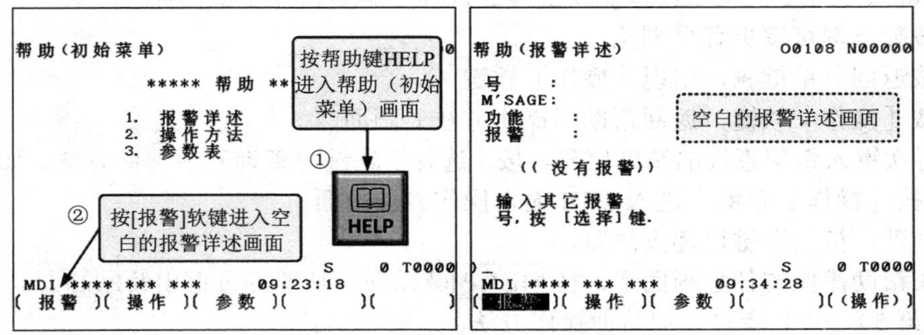

图3-116 其他报警信息查询

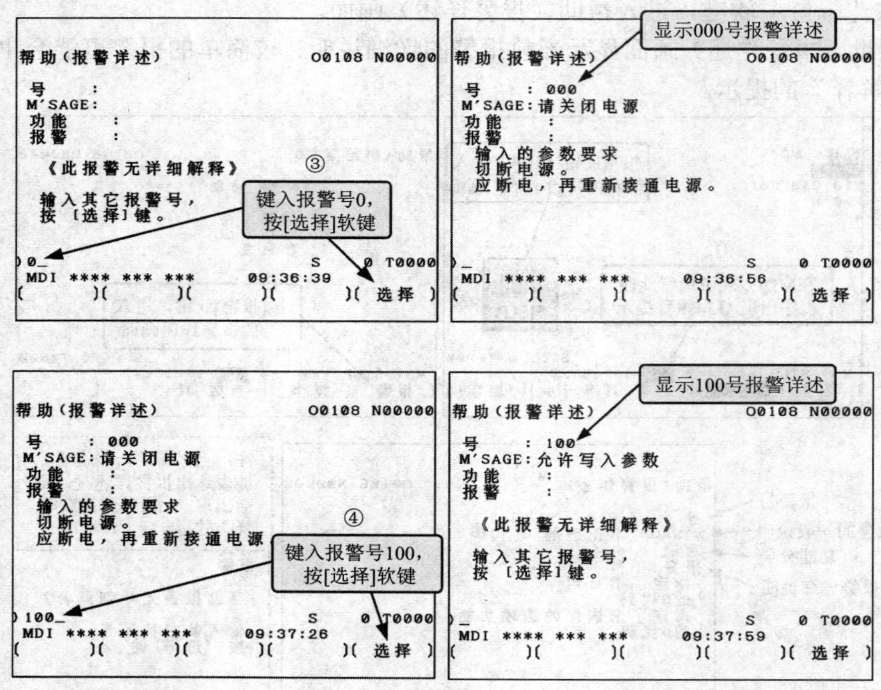

图 3-116 其他报警信息查询（续）

3.14.3 操作方法的查询

操作方法的帮助查询主要介绍了一些常用的操作方法。操作方法查询的操作步骤如下，操作示例如图 3-117 所示。

1）按 **HELP** 键，进入帮助（初始菜单）画面。

2）按［操作］软键，进入帮助（操作方法）画面，可以看到其有序号 1～9 类操作方法。

3）键入各类的序号并按［选择］软键，可以进入相应类的操作方法（注意：键入序号时下部的操作软键会自动切换至操作画面，出现了［选择］软键），按［选择］软键进入所需序号的操作方法画面，其可能有多个页面。每一项的操作方法包括：操作方法名称、工作方式选择、屏幕显示画面和操作方法四项内容。

本例键入序号 1 并按［选择］软键，进入程序编辑操作方法界面。

4）按翻页键可逐页翻页浏览。

5）按返回菜单键◀，出现［操作］软键。

6）按［操作］软键，返回帮助（操作方法）画面。

7）再次键入希望查询的帮助序号，按［选择］软键可查询其他帮助方法。如本例键入序号 4 并按［操作］软键，进入 MDI 输入操作方法画面。

8）同理，按翻页键可逐页浏览。

9）在帮助操作的任意画面下，按 **HELP** 键或任一功能键可退出帮助画面。

重复第 5）～7）步可查询其他操作方法。

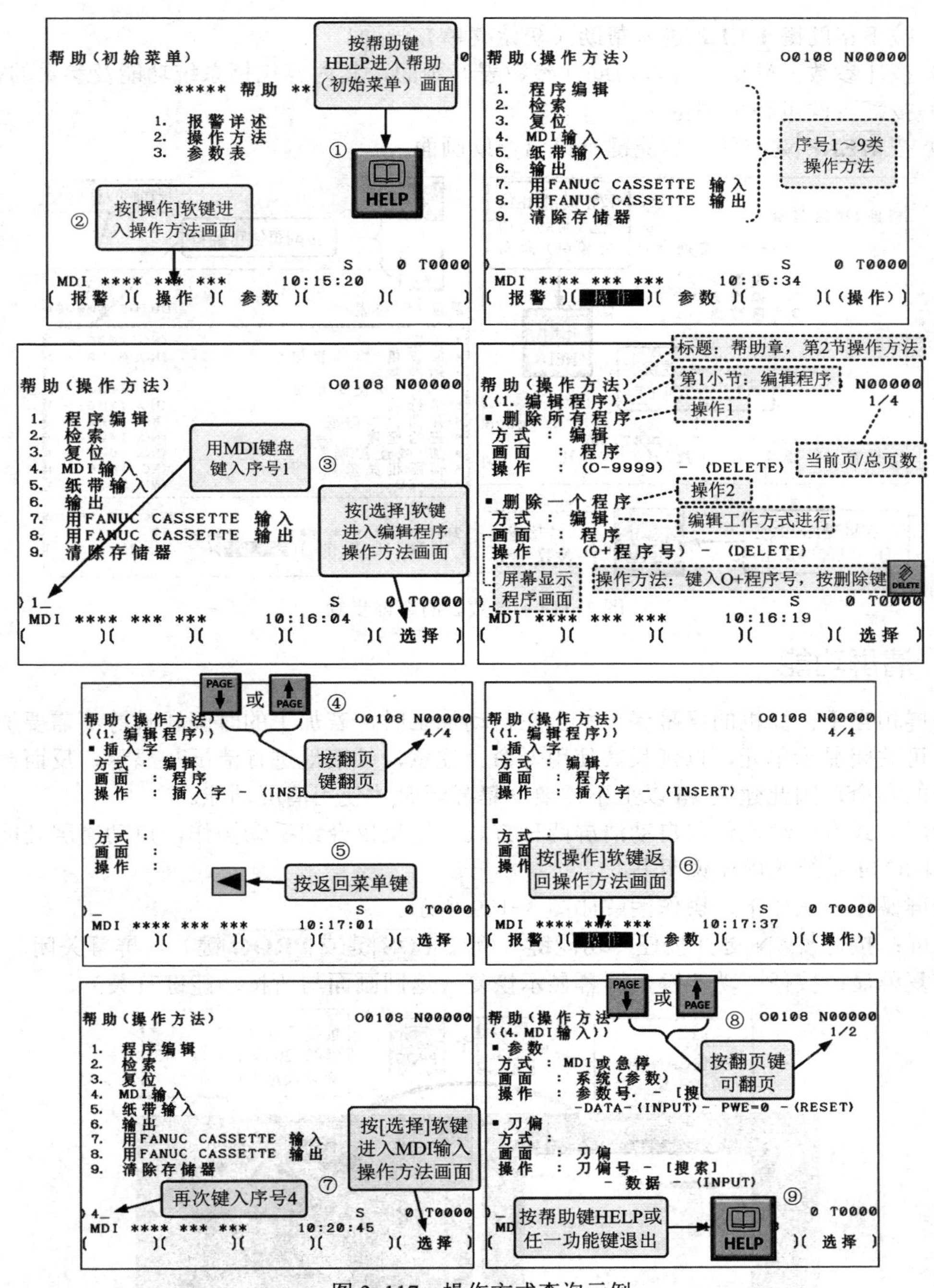

图 3-117 操作方式查询示例

3.14.4 参数表查询

数控系统的参数对机床的性能影响很大，参数表的内容繁杂，帮助系统的参数表可以大致地定位参数的查找范围。

帮助系统参数表的查询步骤如下，操作图解如图 3-118 所示。

1）按下帮助键 HELP 进入帮助（初始菜单）画面。

2）按［参数］软键，进入帮助（参数表）画面，其内容包括系统功能及参数的范围。

3）按翻页键可翻页浏览。

4）按 HELP 键或任一功能键可退出帮助画面。

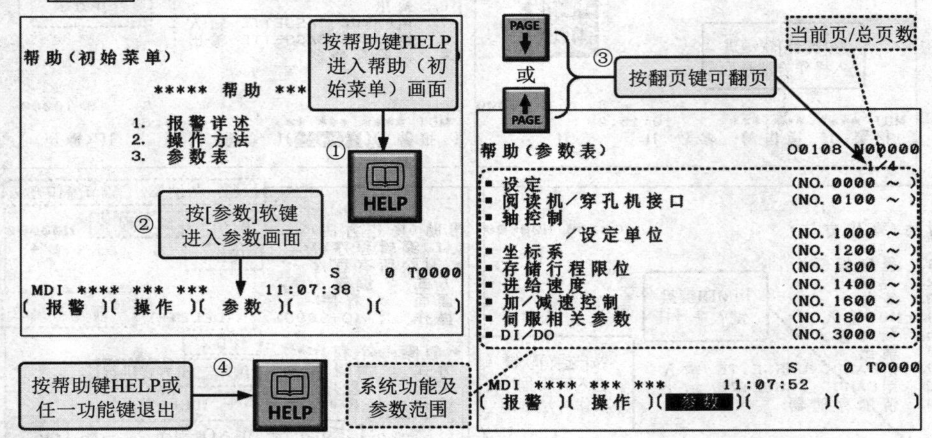

图 3-118 参数表的查询步骤

3.15 清屏功能

清屏相当于计算机的屏幕保护。当在自动加工时，若加工的时间较长等不需要屏幕显示时，可关闭显示单元，以延长其使用寿命。注意，频繁地进行清屏与显示，反而会降低显示器的寿命，因此建议 1h 以上不需要屏幕显示时才使用清屏功能。

清屏方式有手动操作与自动清屏两种方式。这里仅介绍手动操作，自动清屏功能请参阅 FANUC 0i 系统的操作说明书。

清屏操作方法如下，操作图解如图 3-119 所示。

清屏：按住 CAN 键并按任一功能键（例如 POS 键或 PROG 键），屏幕关闭。

恢复屏显：按任一功能键，屏幕显示恢复（返回画面与所按功能键有关）。

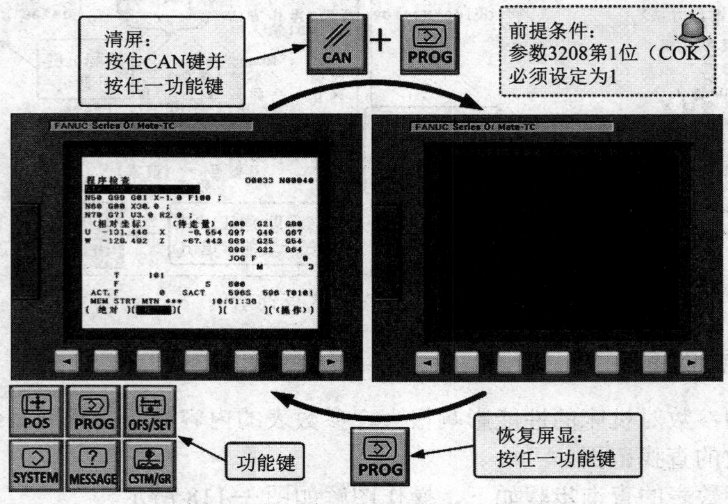

图 3-119 清屏与恢复屏显的方法

第4章 计算机辅助编程（CAM）基础

Mastercam 是美国 CNC Software 公司开发的基于 PC 平台的 CAD/CAM 软件系统。它具有二维几何图形设计、三维线框设计、曲面造型、实体造型等设计功能，可对零件图形直接生成刀具路径、刀具路径模拟、加工实体模拟、可扩展的后置处理及较强的外界接口等功能。自动生成的数控加工程序能适应多种类型的数控机床，数控加工编程功能轻便快捷，可提供 2～5 轴铣削、车削、线切割、雕铣加工等编程功能，并具有友好的人机界面交互功能。由于它对硬件要求不高，操作灵活，易学易用，具有良好的性价比等，因而深受广大企业用户和工程技术人员的欢迎，在国内外中小企业中得到了非常广泛的应用。

Mastercam 软件自 X 版以后，用户界面进行了较大的改进，具有 Windows 风格的操作界面，使其更加易学、易用。本章以 Mastercam X9 为基础进行介绍。

4.1 Mastercam 功能简介

1．Mastercam X9 的启动方式（图 4-1）

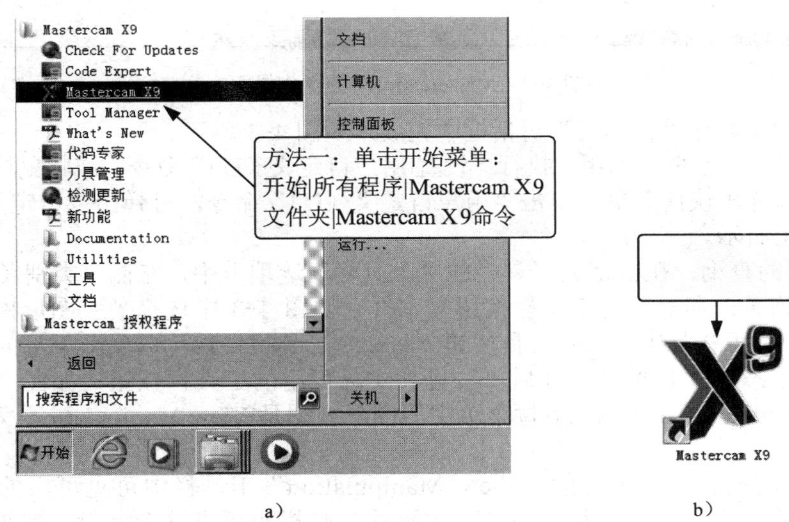

a）　　　　b）

图 4-1　Mastercam X9 的启动方式

a）开始菜单启动　b）桌面快捷方式启动

2．操作界面

Mastercam X9 的操作界面包括标题栏、菜单栏、工具栏、图形显示窗口（视图面板）、操作管理器（包括刀具路径和实体选项卡等）和状态栏等，如图 4-2 所示。

（1）菜单栏　以下拉菜单的形式显示各种操作命令。

（2）工具栏　工具栏较多，包括固定的工具栏、随操作变化的操作提示工具栏（Ribbon bars）和最常使用的按钮工具栏等。固定的工具栏可根据需要自行设置，其主要分布在菜单栏下部区域，也可根据个人习惯拖放至窗口左侧或右侧。操作提示工具栏会根据各种操作临时出现且功能按钮各不相同，具体要在实践中不断学习。最常使用的按钮工具栏会按照最近使用的工具按钮不断变化。

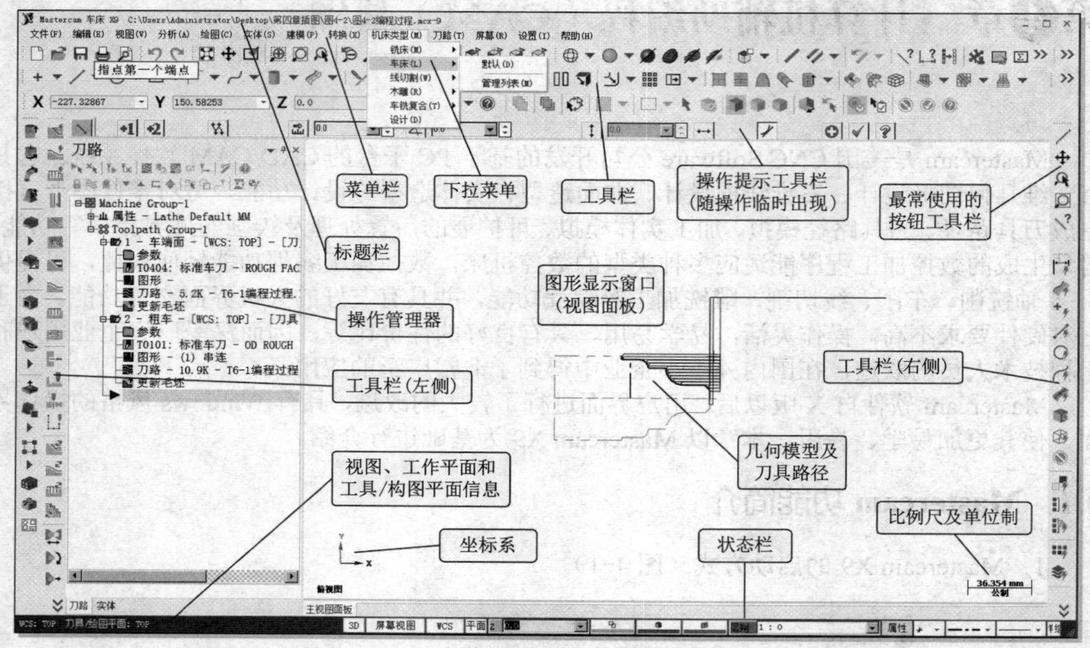

图 4-2　Mastercam X9 的操作界面

工具栏设置主要在“自定义”对话框中完成，如图 4-3 所示。

1）“自定义”对话框的调用：执行“设置|用户自定义（U）”命令；或将鼠标放在工具栏上空白处，单击弹出快捷菜单，单击“用户自定义（U）”命令，可弹出“自定义”对话框。参见图 4-3 中①所示。

2）工具栏的查询：在自定义工具栏的“工具栏”选项卡中，左侧“类别（A）”选项区下有一个下拉列表框和对应的工具栏按钮文本框，如图 4-3 中选择了“图形视图”工具栏（②），下部文本框中为其全部的工具按钮。右侧“工具栏（T）”选项区下部的文本框显示有所有的折叠状态的工具栏，展开后可看见其实际可用的工具栏按钮，如图 4-3④中展开的“View Manipulation”（注意，下拉菜单中的图形视图是 View Manipulation 汉化后的中文菜单名称）。

3）工具栏的设置：在上述的“View Manipulation”工具栏中可见可用的工具栏中缺少一个较为适用的“平移”工具按钮✥，实际的工具栏也可见这个问题，参见图 4-3④–a 视图工具栏所示。

现以增加该工具按钮为例介绍工具栏设置的方法。其增加的方法有两种，一种是在类别文本框中选中“✥平移”工具按钮，这时图 4-3③处的“增加>（E）”按键有效，单击其可将选中的“✥平移”按钮增加到右侧的“View Manipulation”工具栏中，一般位置为最下方，可用鼠标拖放至“适度化（F）”和“刷新（E）”按钮之间，如图 4-3 中④–c 对应的工具栏所示。

另一种更为适用的方法是拖放操作，具体为：用鼠标按住类别选项区文本框中的“✥平移”按钮，拖放至视图工具栏中的适度化和刷新按钮和之间，当出现符号“Ⅰ”后释放鼠标，可见平移按钮✥增加进工具栏中，操作过程参见图中的标签④–a、④–b 和④–c 处，操作完成后单击“自定义”对话框下部的应用（A）按键或确定按键，完成操作。

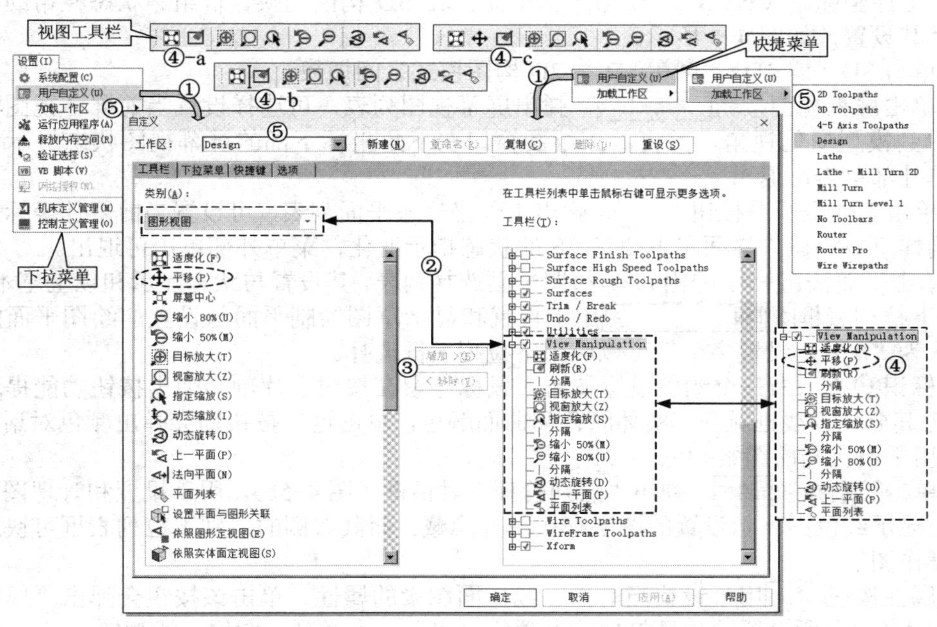

图 4-3　“自定义”对话框及工具栏设置

4）自定义工具栏中的其他设置：在快捷菜单中还有一个具有子菜单的命令“加载工作区”，如图 4-3 中右侧的⑤，其操作也可在“自定义”工具栏和设置菜单中实现。另外，“自定义”对话框中的“下拉菜单”选项卡可查询所有下拉菜单的功能命令；“快捷键”选项卡中可设置常用命令的快捷键；“选项”选项卡可设置工具图标大小和下拉菜单动画等。限于篇幅，这部分内容读者可自行操作体会。

（3）操作管理器及其设置　位于窗口左侧，包括刀路（即刀具路径）和“实体”选项卡等，数控车削编程用得较多的是“刀路”选项卡，如图 4-4 所示。操作管理器右上角的下三角形按钮可对选项卡进行相关设置，图钉形自动隐藏按钮可设置操作管理器的自动隐藏，×形按钮可关闭操作管理器，关闭后可用快捷键“ALT+O”或命令“视图|切换刀路管理（O）”等调出。

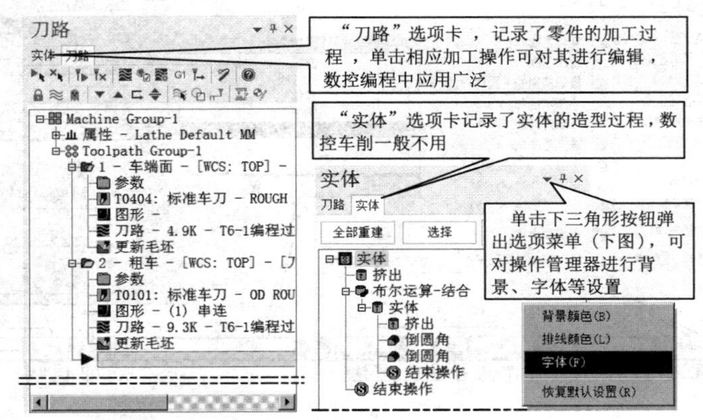

图 4-4　操作管理器及其设置

（4）状态栏　位于窗口下部，包括颜色、点样式、线样式、线宽度、图素属性、图层、

Z 深度、工件坐标系（WCS）、刀具/绘图平面、2D/3D 构图切换、群组、状态栏帮助等的当前状态及其设置，如图 4-5 所示。

1）单击 3D（或 2D），可在 3D 与 2D 构图模式之间切换。

2）单击屏幕视图按钮 屏幕视图 ，弹出屏幕视图列表，可选择设置当前屏幕视图状态，同时可看到模型变化视角，并可看到绘图窗口左下角坐标下部的屏幕视图状态提示名称变化，菜单外部单击可退出。

3）单击工件坐标系按钮 WCS ，弹出工件坐标系平面列表，可设置当前工件坐标系工作平面，同样可看到操作界面左下角 WCS 的状态指示变化，菜单外部单击可退出。

4）单击平面按钮 平面 ，弹出刀具/绘图平面选择列表，其设置与状态显示和以上基本相同。

5）下拉列表框 Z 0.0 用于设置和显示草图绘制平面与设置的绘图平面间的关系，默认为“0.0”，设置多个后可以应用下拉列表框选择。

6）标识⑥所示为三个颜色设置按钮，鼠标停留在按钮上片刻会弹出按钮功能提示，图 4-5a 可见其分别为线框颜色、实体颜色和曲面颜色，单击这三按钮均会弹出颜色对话框（图 4-5b），用于设置当前图素颜色。

7）单击层别按钮 层别 ，弹出“层别管理”对话框（图 4-5c），用于设置和管理图层，若层别底色显示红色则表示设置的图层存在部分隐藏。而其右侧的层别下拉列表框可快速地选择当前操作图层。

8）属性按钮 属性 用于设置当前点、线、面图素的属性，单击该按钮会弹出“属性”对话框（图 4-5a），所设置的项目包括图素颜色、线型、点类型、图层、线型等。

9）属性按钮右侧的三个下拉列表框 * ▾ ▾ ▾ 分别为点类型、线型和线宽快速设置栏，用于设置当前绘图的相应点样式、线型和线宽。

10）最后的群组按钮 群组 和帮助按钮 ? 应用不多，读者自行摸索使用。

注意，以上多数设置还可以在菜单或工具栏中设置。

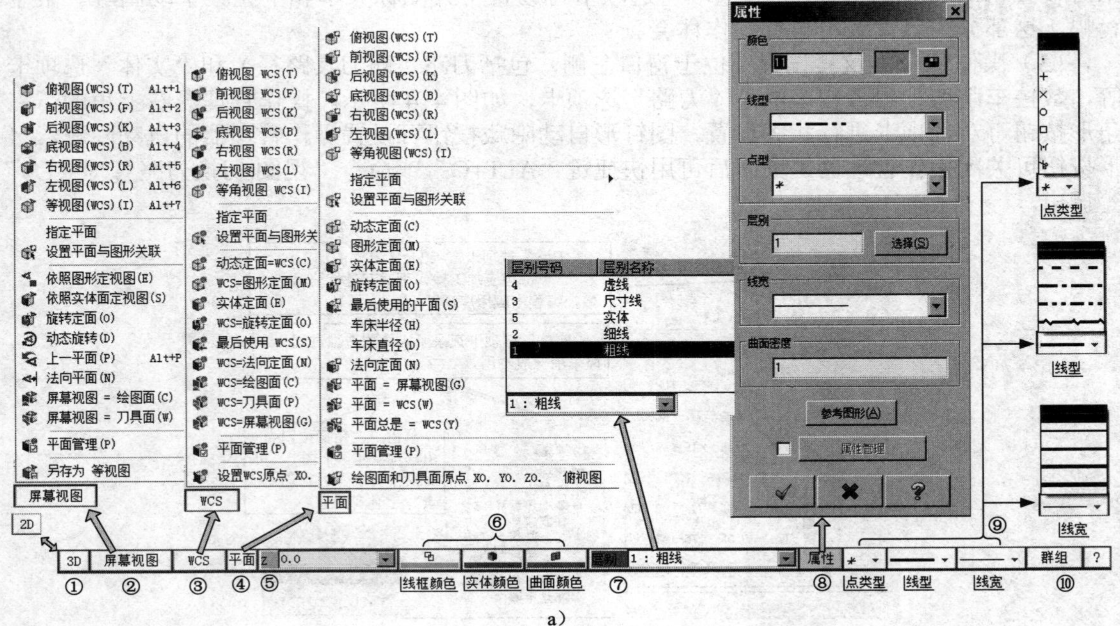

a）

图 4-5 状态栏及相关设置

a）状态栏及部分设置

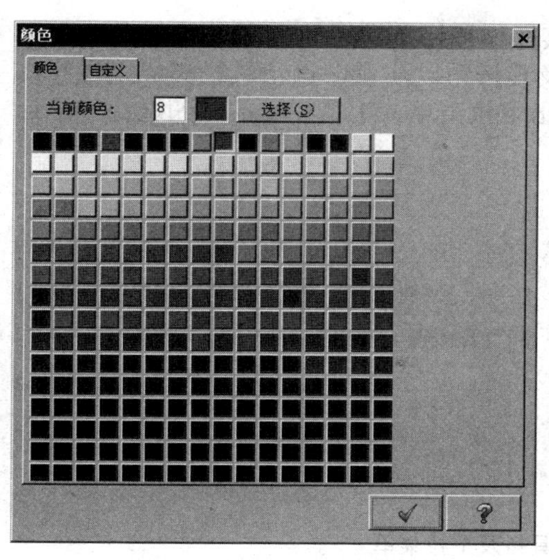

b）

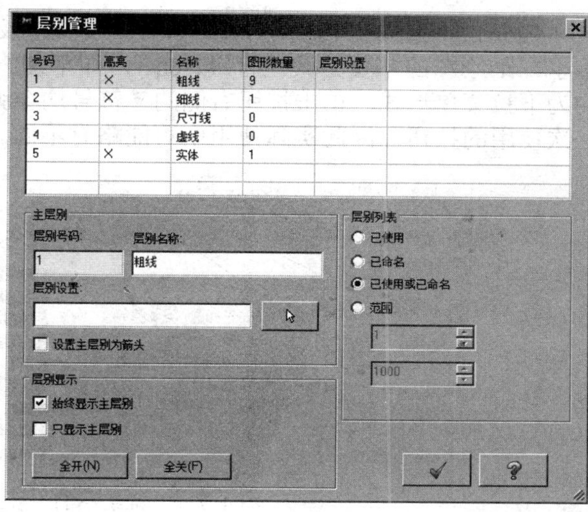

c）

图 4-5　状态栏及相关设置（续）

b）“颜色”对话框　c）“层别管理”对话框

3．二维图形的绘制

二维图形的绘制是软件使用的基础部分，数控车削加工零件均为回转体零件，在自动编程时只需使用二维轮廓线描述零件的母线即可，因此本书 Mastercam 软件几何造型部分仅介绍二维绘图与编辑，其他知识读者可参阅相关书籍。

二维基本绘图包括点、直线、圆和圆弧、矩形、倒圆角和倒角、曲线、尺寸标注等基本图素的绘制。

（1）二维绘图菜单　菜单是应用软件操作的基础，一般以下拉菜单的形式出现，几乎汇集了软件的全部功能。图 4-6 为二维绘图的主要菜单及其子菜单。

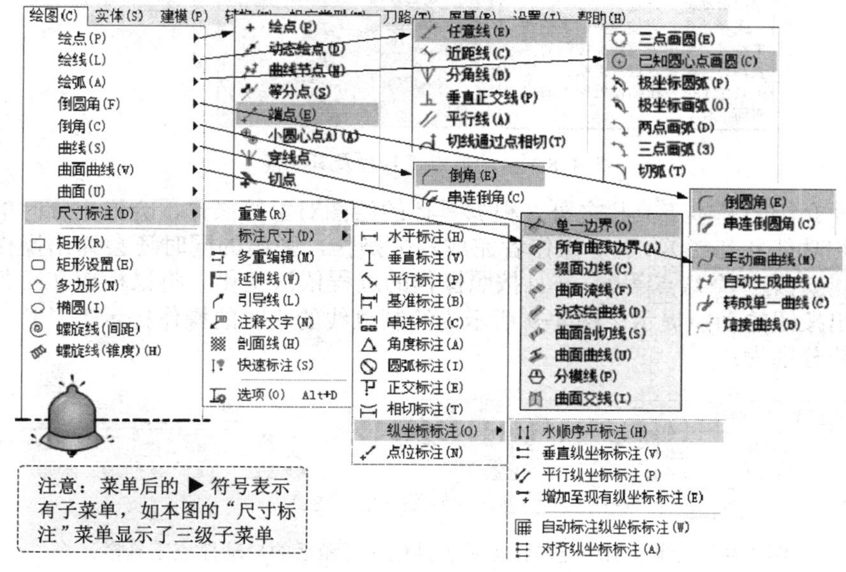

图 4-6　二维绘图菜单及其子菜单

（2）二维绘图工具栏（Sketcher） 工具栏及其操作按钮是常用的绘图工具，图 4-7 显示了二维绘图的主要工具栏（Sketcher，即草图）及其按钮。注意，该工具栏集成度较高，均为下拉菜单形式。单击按钮右侧的▼符号均会弹出下拉菜单，工具栏上的按钮取决于最后一次使用的按钮，因此实际使用中可能略有不同。

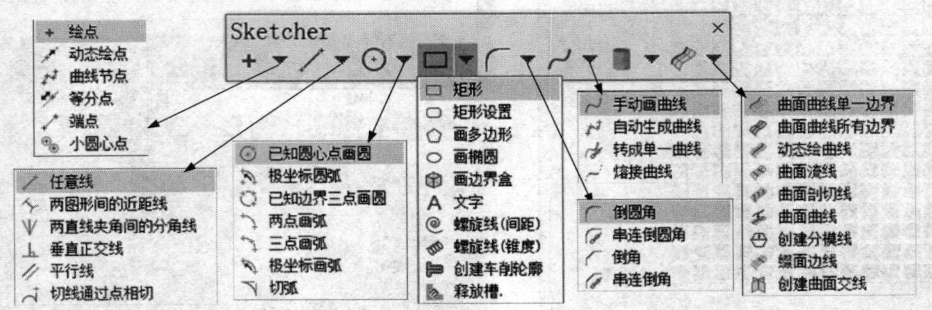

图 4-7 二维绘图的主要工具栏及下拉菜单

（3）点的捕抓（AutoCursor） 捕抓是计算机绘图软件常用的定点手段之一，该软件也有一个“自动抓点”工具栏，如图 4-8 所示。

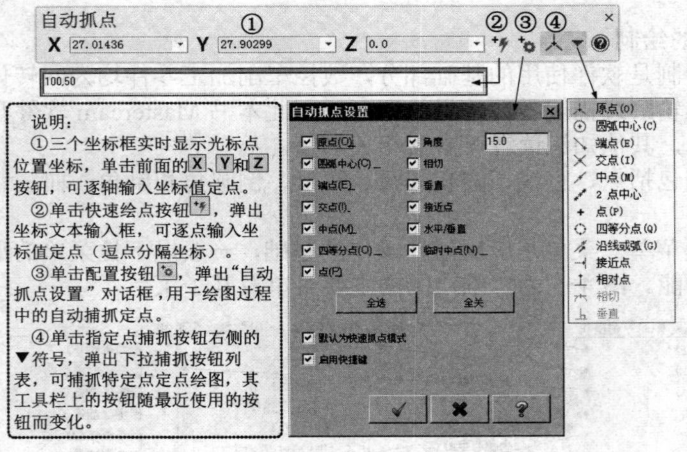

图 4-8 自动抓点工具栏及其功能

除了前面介绍的基本工具栏之外，根据具体的绘图对象等操作，会弹出临时的操作提示工具栏（亦称功能状态栏），引导操作者完成相关操作，弹出的同时还会弹出操作提示（如图 4-9 中的指定第一个端点等），并且按照操作的过程依次变化。将鼠标放在工具按钮上停留片刻会弹出按钮的功能提示。图 4-9 所示为绘制直线的临时的操作提示工具栏。从左至右各按钮的功能分别为：

图 4-9 直线绘制功能操作提示工具栏（含激活的自动抓点工具栏）

1）单段直线按钮，是直线绘制临时操作提示工具栏的默认选项，用于两点绘制直线。

2）直线端点编辑按钮和，绘制直线后激活，单击其可编辑未应用或确定之前的直线端点位置。

3）连续多直线按钮，用于绘制首尾相连的多段直线。

4）长度按钮及长度值输入框120.99062，用于确定直线的长度。输入框中默认动态显示绘制的直线长度，按按钮后输入框高亮显示，可直接输入固定长度，再次按按钮恢复动态显示，右侧的下拉列表符号▼可以选择输入前面曾经输入过的数值。

5）角度按钮及角度值输入框6.20345，用法同上述的长度按钮，用于确定直线的倾角，可绘制极坐标直线。

6）垂直线按钮和水平线按钮，用于绘制垂直线或水平线，它们是一对单选的按钮，只能选择其一，两按钮之间的数值输入框10.0用于输入垂直线或水平线距离原点之间的距离。

7）相切按钮，用于绘制与某圆弧的切线。

8）应用按钮，用于确定某一操作，但临时工具栏不退出，可以继续绘制。

9）确定按钮，用于确定并完成某一操作，并退出临时操作提示工具栏。

10）帮助按钮，单击其可以进入相应的帮助界面。

注意，绘制直线时，其端点的选择可充分利用点的捕抓功能，必要时调整点的捕抓设置（参见图4-8）。

临时的操作提示工具栏变化较多，读者可根据其弹出的操作提示逐渐学习和掌握。

4．二维图形的基本绘图

（1）绘制点　点的绘制是最基本的操作，包括指定位置点、动态绘制点、曲线节点、等分点、端点、小圆（或圆弧）圆心点等。

以绘制指定位置点和相对点为例，其操作步骤为

1）单击草图工具栏上的绘点按钮，弹出绘点临时操作提示工具栏及操作提示请选择任意点，并激活自动抓点工具栏，如图4-10a所示。参照图4-8的方法可用点的单一坐标值逐轴输入、点坐标一次性输入、自动捕捉已存在的点或指定点捕捉等方法绘制大部分的点。

2）绘制相对某已知点的相对点方法。在图4-10a所示激活绘点绘制模式的状态下，在捕抓点下拉列表中选择相对点捕抓模式，激活绘制相对点临时操作提示工具栏，并弹出输入已知点或更改为沿线或弧模式操作提示，如图4-10b所示。若按图4-10a方法输入或捕抓某点为已知点，则操作提示变化为输入直角坐标或极坐标；若单击临时操作提示工具栏上的选择按钮，则操作提示变化为选择直线、圆弧或曲线。

① 直角坐标绘制相对点。在操作提示输入直角坐标或极坐标状态下，在图4-10b所示文本框中输入相对点坐标值（如图中的10，6），按回车可绘制直角坐标相对点。

② 极坐标绘制相对点。在操作提示输入直角坐标或极坐标状态下，在图4-10b所示极坐标输入区域分别输入极坐标长度和角度（如图中长度10.0，角度45），按回车可绘制极坐标相对点。

③ 沿线或弧模式绘制点可绘制相对某直线或圆弧线或曲线的端点一定距离的线上点。操作步骤是在上述选择直线、圆弧或曲线状态下，拾取靠紧相对端点的直线或圆弧线或曲线，则自动激活了距离文本框，输入距端点的距离（如图4-10c中的5），按回车即可绘制出沿线上相对已知端点的相对点。

3）单击确定按钮，绘点临时操作提示工具栏消失，退出绘制点功能。注意，在单击确定按钮之前，可以继续绘点，且单击编辑点按钮，可对最后绘制的点位置进行重新编辑定位。

图4-10c所示为绘制点的应用举例，读者可在弹出的操作提示指导下练习绘制点。

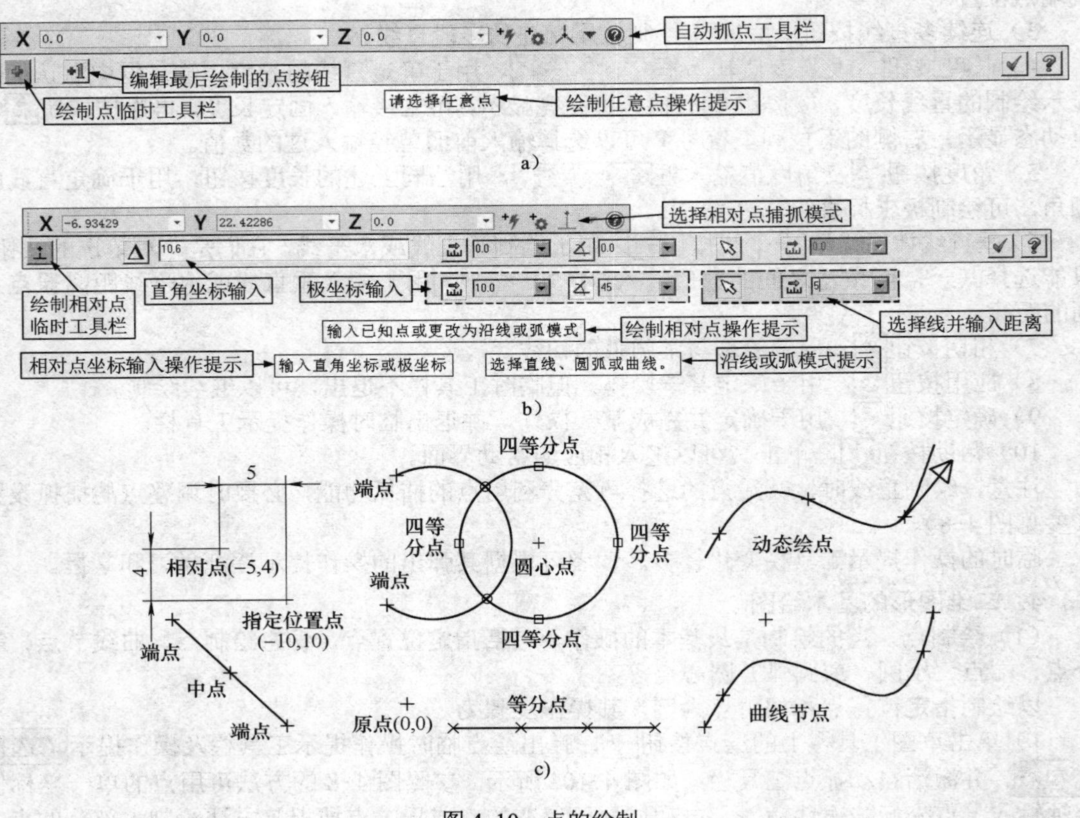

图 4-10 点的绘制

a）任一点绘制 b）相对点绘制 c）各种绘制点的举例

（2）绘制任意线 绘制任意线功能可以绘制任意直线、两图形间的近距线、两直线夹角间的分角线（即角平分线）、垂直正交线（即法线）、平行线和通过圆弧上指定点的切线等。

以绘制任意直线和过圆弧上点的切线为例，其操作步骤和方法如下：

1）绘制任意直线。单击草图工具栏上的绘制任意线按钮，弹出**指定第一个端点**操作提示，同时激活自动抓点工具栏，并弹出“直线”临时操作提示工具栏，图 4-11a 所示，指定第一点后操作提示变化为**指定第二个端点**，指定第二个端点即完成直线端绘制。端点的指定可以用鼠标任意点取或参见图 4-8 的自动抓点功能捕抓。注意：

① 应用或确认前，可单击端点编辑按钮和编辑端点。

② 直线操作提示工具栏上可以方便地应用极坐标方式输入第二点（如图 4-11a 中的极坐标，长 30.0 和角度 30）。若要直角坐标输入，则需要应用相对点捕抓功能进行，参见图 4-10b 图解。

③ 直线操作提示工具栏上的垂直线和水平线按钮和，可以绘制垂直线和水平线，单击后要求输入第一点（垂直线的 Y 坐标值或水平线的 X 坐标值），接着弹出操作提示输入第二点，指定第二点后会激活中间的文本框，并弹出操作提示**请输入 X 坐标**（垂线相对于原点的 X 坐标）或**请输入 Y 坐标**（水平线相对于原点的 Y 坐标），输入后按回车完成垂直线或水平线绘制。

④ 直线临时操作提示工具栏上的切线按钮，用于绘制圆或圆弧相切的直线，一般用于第一点控制，因为第二点还可以用自动抓点功能捕抓切点。

2）绘制与圆或圆弧相切的直线。执行草图工具栏上绘制线下拉列表中的 切线通过点相切 命令，激活切线临时操作提示工具栏，同时激活自动抓点工具栏，如图 4-11b 所示，并弹出操作提示**选择圆弧或曲线**，选择圆弧后操作提示转变为**选择圆弧或者曲线上的相切点**，选择切点后会产生一根通过切点与受鼠标控制的动态切线，并操作提示为**选择切线的第二个端点或者输入长度**，鼠标移至适当位置单击，形成切线，若在长度控制栏中输入所需长度，按回车可控制切线长度，完成切线绘制，如图 4-11b 所示。

若在选择圆弧和切点之前先输入切线长度，则选择圆弧和切点后会在切点两边形成两根指定长度的切线，并弹出操作提示**选择要保留的线段**，用鼠标拾取所需线段，完成切线绘制，如图 4-11b 所示。

绘制直线临时工具上的应用按钮和确定按钮功能同前。

图 4-11c 为绘制直线的应用举例，读者可在弹出的操作提示指导下练习绘制。

a）

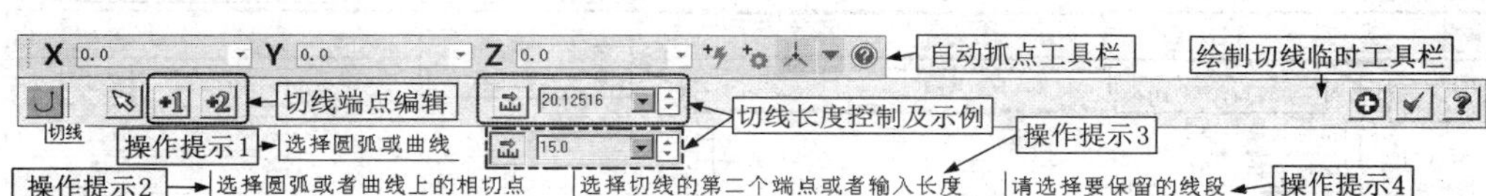

b）

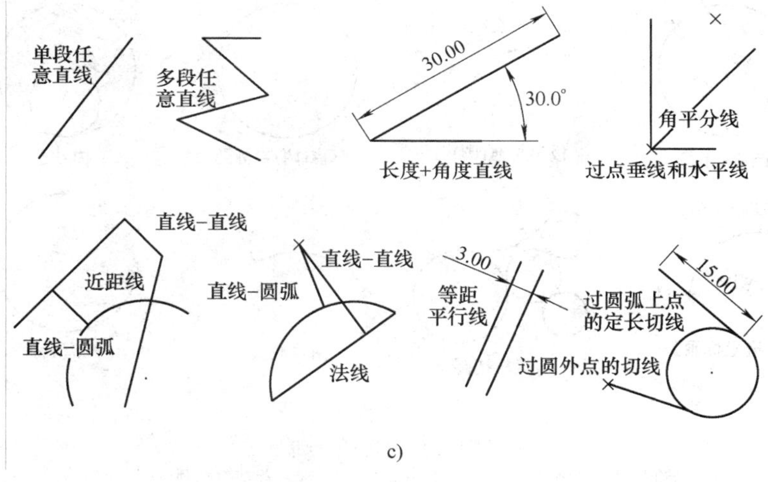

c）

图 4-11　直线的绘制

a）任意直线绘制临时操作提示工具栏　b）过圆弧上指定点的切线绘制　c）各种绘制直线的举例

（3）绘制圆或圆弧　绘制圆或圆弧功能可以绘制已知圆心点的圆、（基于圆心的）极坐标圆弧、已知边界点（三点/两点）圆、两点圆弧、三点圆弧、（基于起点的）极坐标画弧和各式切圆弧等。圆或圆弧的绘制涉及圆心点、圆或圆弧上点、切点、圆弧起始角和终止角等参数。

下面以绘制已知圆心点的圆和已知边界点的圆为例介绍，其操作步骤如下。

1）已知圆心点绘制圆。单击草图工具栏上的已知圆心点画圆按钮，激活已知圆心点画圆临时操作提示工具栏及自动抓点工具栏，参见图 4-12a 所示。同时弹出**请输入圆心点**操作提示，绘图区单击或捕抓圆心点，若相切按钮为释放状态，则直接在半径/直径文本框中输入半径或直径值绘制圆。若希望绘制的圆与某圆弧或直线等相切，则按相切按钮，弹出**选择圆弧或直线**操作提示，用鼠标拾取圆或直线，完成绘制相切圆操作。

注意

绘制指定半径或直径的圆也可先输入半径或直径值，然后指定圆心完成圆的绘制。在未执行应用或确认操作，且未执行新圆绘制前，可单击圆心点编辑按钮修改圆心坐标。

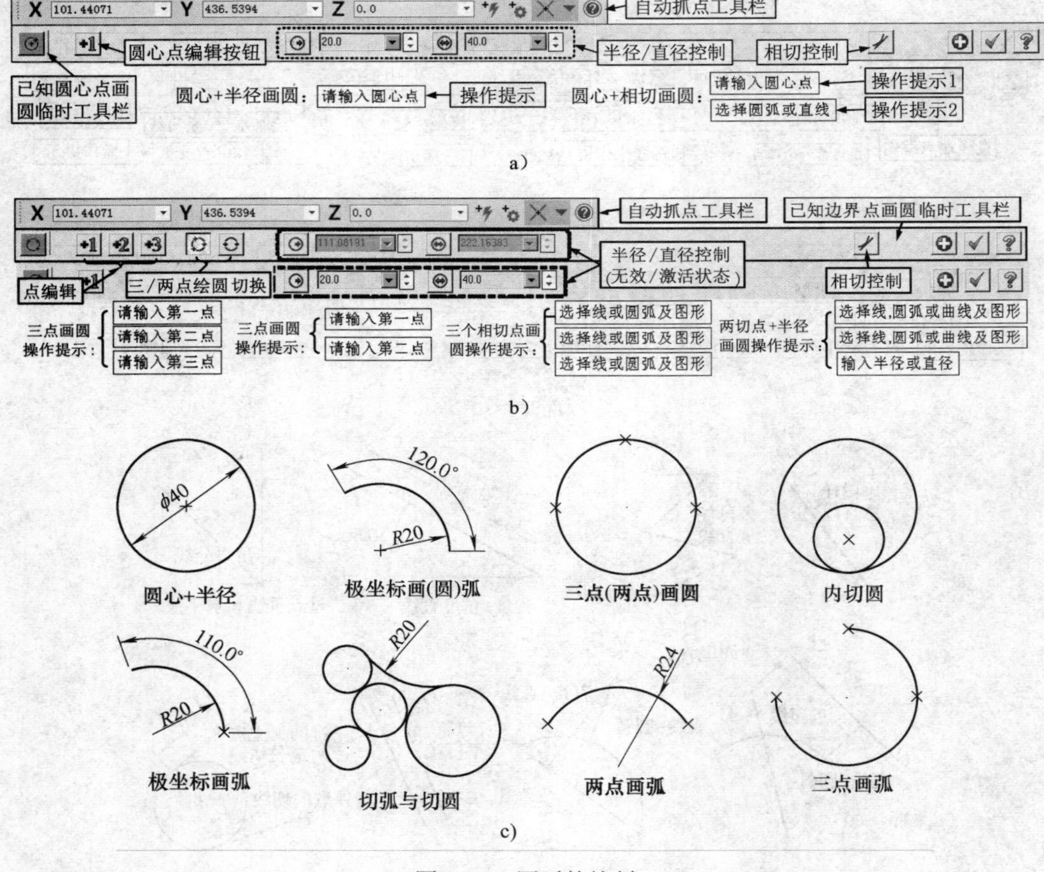

图 4-12 圆弧的绘制

a）已知圆心点画圆 b）三点（或两点）画圆 c）各种绘制圆或圆弧的举例

2）已知边界点（三点/两点）绘制圆。单击草图工具栏上的已知边界三点画圆按钮，激活已知边界点画圆临时操作提示工具栏及自动抓点工具栏，参见图4-12b所示。其有四种绘制圆方式。

① 三点画圆方式。单独按下三点按钮且释放相切按钮，则为输入三点画圆，其操作提示依次为**请输入第一点**、**请输入第二点**和**请输入第三点**，按提示依次输入三个点即可绘制通过三个点的圆。

② 两点画圆方式。单独按下两点按钮且释放相切按钮，则为输入两点画圆，其操作提示依次为**请输入第一点**和**请输入第二点**，按提示依次输入两个点即可绘制通过直径上的

两个点的圆。

③ 三个相切点画圆方式，可绘制与三个圆或直线等相切的圆。当按下三点按钮且同时按下相切按钮，则为绘制三个相切点画圆模式，其操作提示为三次选择线或圆弧及图形，按提示依次用鼠标拾取三个圆或圆弧或直线可绘制与其三图形相切的圆。

④ 两切点+半径画圆方式，可绘制与两个圆或直线相切且半径（或直径）为定值的圆。当按下两点按钮且同时按下相切按钮，则为绘制两切点+半径画圆模式，其操作提示为两次选择线或圆弧及图形和第三次的输入半径或直径提示。按提示先拾取两个圆或圆弧或直线，此时会激活半径/直径输入文本框，并在第三次操作提示时输入圆的半径或直径，即可绘制与两个图形相切，半径或直径为定值的圆。

对于三点画圆或两点画圆，如果必要，可按下编辑点按钮、或重新编辑相应点的坐标位置。按应用按钮完成绘制圆的操作并可绘制下一个圆。若按确定按钮则完成绘制圆并退出临时操作提示工具栏。

图 4-12c 为绘制圆或圆弧的应用举例，读者可在弹出的操作提示指导下练习绘制。

（4）倒角及倒圆角（图 4-13） 倒角和倒圆角在绘图菜单中分为两个命令，但在草图工具栏中是以下拉按钮的形式集成在一个按钮的下拉列表中，操作方法包括单一倒角、倒圆角以及串连倒角、倒圆角。

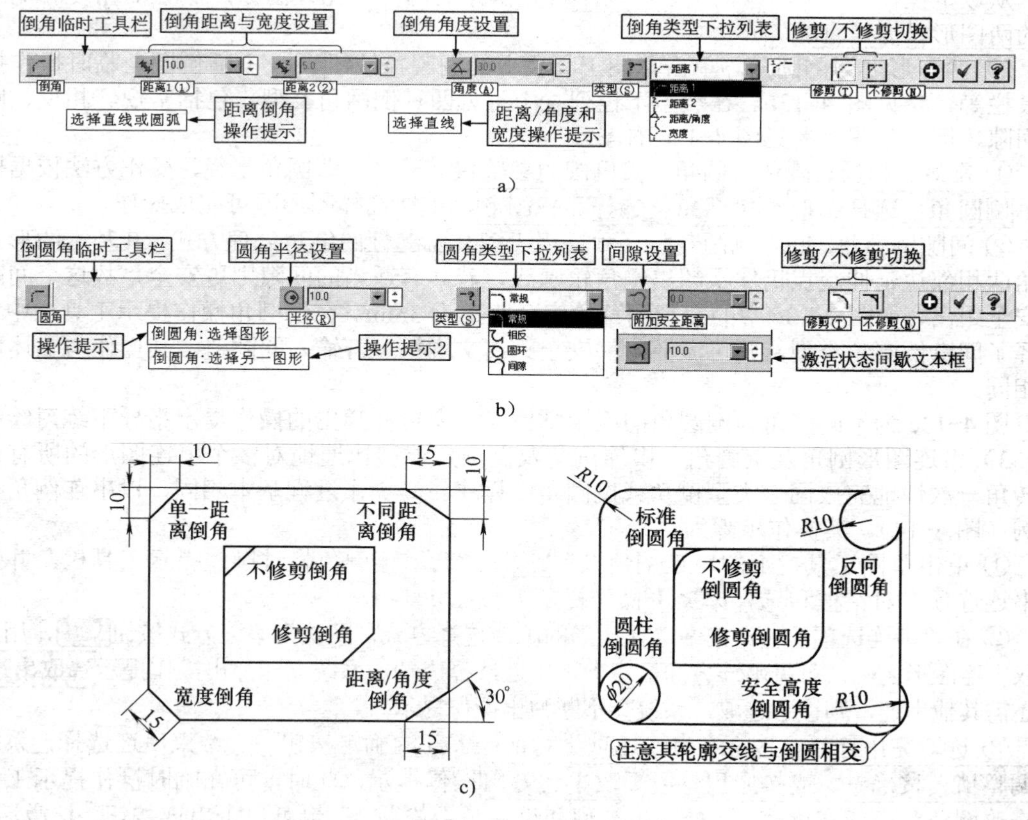

图 4-13 两图素之间倒角与倒圆角

a）倒角 b）倒圆角 c）倒角与倒圆角举例

1）两图形之间倒角。单击草图工具栏上的倒角按钮，激活倒角临时操作提示工具栏等，参见图 4-13a。在类型下拉列表中可见四种倒角类型，其中距离 1、距离 2 对应的是等距与不等距倒角，倒角图例参见图 4-13c 左图。

① 等距与不等距倒角操作。对应倒角类型下拉列表中的**距离 1**和**距离 2**，其操作方法相同，仅参数设置有差异，当选者距离 1 倒角类型时，仅能在距离 1 文本框 15.0 中设置单一距离，而距离 2 倒角类型则会接着激活距离 2 文本框 10.0 ，同时设置两个倒角距离。其操作提示为两次**选择直线或圆弧**，按提示依次拾取直线或圆弧，即可完成倒角操作，不等距倒角参数取决于拾取顺序。

② 距离/角度倒角操作。在倒角类型下拉列表框中选择**距离/倒角**后，立即激活角度文本框 30.0 ，配合距离 1 文本框 15.0 完成倒角参数设置，其操作方法同上，操作提示为两次**选择直线**。

③ 宽度倒角操作。**宽度**倒角类型仅激活距离 1 文本框，其参数对应倒角的斜边长度，操作方法同距离/角度倒角。

倒角操作提示工具栏上的修剪和不修剪按钮用于控制倒角时是否修剪倒角，参见图 4-13c 图例。倒角过程中，当鼠标拾取倒角的第二个图形时，可以看到临时的倒角存在，拾取倒角后一般为蔚蓝色，此时仍可修改倒角参数，确认后才是状态栏中设置的线框颜色。

从以上操作提示，可以悟出等距与不等距倒角的两图形允许圆弧，而距离/角度和宽度倒角的两图形只能是直线。

2）两图形之间倒圆角。单击草图工具栏上的倒圆角按钮，激活倒圆角临时操作提示工具栏等，参见图 4-13b。在类型下拉列表中可见四种倒圆角类型，包括常规、相反、圆环和间隙，倒圆角图例参见图 4-13c 右图。

① 常规、相反、圆环倒圆角。其倒圆角参数仅有一项，即圆角半径，操作方法依据操作提示**倒圆角：选择图形**和**倒圆角：选择另一图形**，依次选择图形即可完成操作。

② 间隙倒圆角。间隙倒圆角是一种适用于型孔工艺性的倒角处理方式，其基本的形式是倒角两相邻边延伸交点仍然不超出倒角轮廓线，若其有适当的间隙则更安全，故这个间隙即为安全距离，如图 4-13c 中的间隙倒角的安全距离为 3mm。在倒圆角操作提示工具栏中，若选择了间歇倒圆角类型，则可激活附件安全距离文本框，可输入间隙值。其操作与上述倒圆角相同。

图 4-13c 为不同倒角与倒圆角的应用举例，读者可在弹出的操作提示指导下练习绘制。

3）串连图形倒角及倒圆角　串连倒角及倒圆角能够快速地对多个串连图形的所有或部分转角一次性地完成同一类型倒角或倒圆角的操作。其操作过程基本相同，以串连倒角操作为例（图 4-14），其操作步骤为

① 单击草图工具栏上的串连倒角按钮，激活串连倒角临时操作提示工具栏，并弹出“串连选项”对话框和**选择串连 1**操作提示，如图 4-14a、c 所示。

② 在“串连选项”对话框中选择适当的串连选择方式，默认为串连方式按钮，用鼠标拾取串连图形之一，可见串连方向箭头表示串连选择成功。系统立即弹出操作提示**选取串连 2**，若还需其他串连，则往下选取，系统会不断弹出操作提示。

③ 选取完串连后，按下“串连选项”对话框下部的确定按钮结束串连选择，系统弹出**调整值，按确定，或按应用，或更改串连方向**操作提示，此时，可在临时操作提示工具栏中修改倒角距离或宽度值、选择倒角类型和设置是否修剪等，也可单击串连按钮，激活“串连选项”对话框，重新拾取待倒角串连图形。

④ 按应用按钮完成串连倒角操作并可继续串连倒角操作。而按确定按钮则完成串连倒角并退出临时操作提示工具栏。

串连选项工具栏是通用的选项设置，全软件通用，若按下部分串连按钮，则可按照操作提示选择第一个图形和选择最后一个图形，依次选择拾取部分串连的起始段和结束段实现部分串连选择，结果是部分串连上的转角被倒角，如图 4-14d 所示。

串连倒圆角操作与串连倒角基本相同，参照上述倒圆角工具栏上的按钮功能，依照串连倒角操作和图 4-14b 所示操作图解即可学会串连倒圆角操作。另外，图 4-14d 列举了几个串连倒角和倒圆角图例供练习时参考。

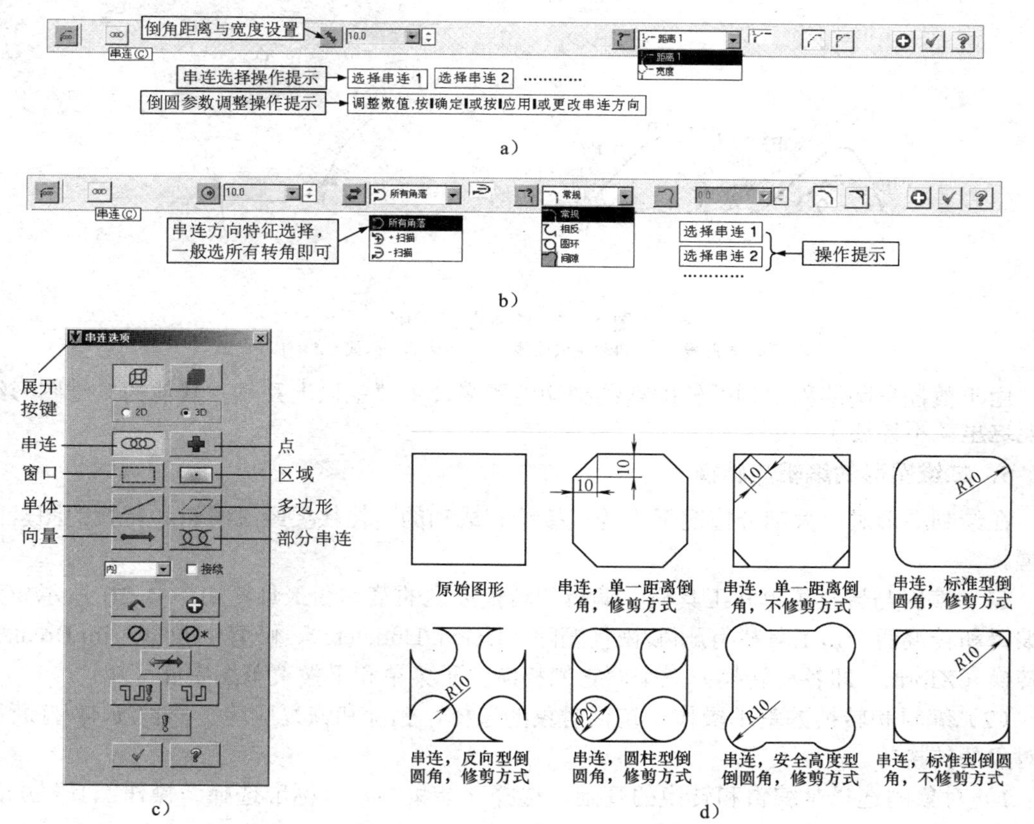

图 4-14　串连倒角及倒圆角

a）串连倒角操作　b）串连倒圆角操作　c）串连选项对话框　d）应用示例

（5）绘制样条曲线（图 4-15）　样条曲线在数控车削加工中用得不多，读者可自行按照图 4-15 的图例摸索练习，这里仅介绍其基本概念。Mastercam X9 软件样条曲线的绘制方式有四种：

1）手动画曲线：是将顺序选择的点连成曲线，如图 4-15a 所示。

2）自动生成曲线：是选择第一、二和最后一点，由系统自动将中间相关点连成曲线，如图 4-15b 所示。这种方式连成的曲线有时不一定符合操作者的意图。

3）转成单一曲线：是将一系列首尾相连的独立的曲线、圆弧甚至直线转变为单一的样条曲线。转成曲线操作完成后直观上看不出什么变化，但是利用鼠标预选功能或图形选择功能可以看出其变化。以图 4-15c 为例，首先将点 P1～P4 和 P4～P7 绘制为两条独立的样条曲线，然后交点 P4 处的转角倒圆角，如图中的曲线 I 所示；这时若移动鼠标至圆弧上可看见其临时变成虚线状态，说明其是三根虚线，如图中的曲线 II 所示；执行完了转成单一曲线操作，再一次移动光标到曲线上，则可看到整个曲线均为虚线，说明其为一根曲线，如图中曲线 III 所示。

4）熔接曲线[图标]：是创建一条与两条曲线（直线、圆弧或曲线）的被选择位置光滑相切的样条曲线，如图 4-15d 所示。

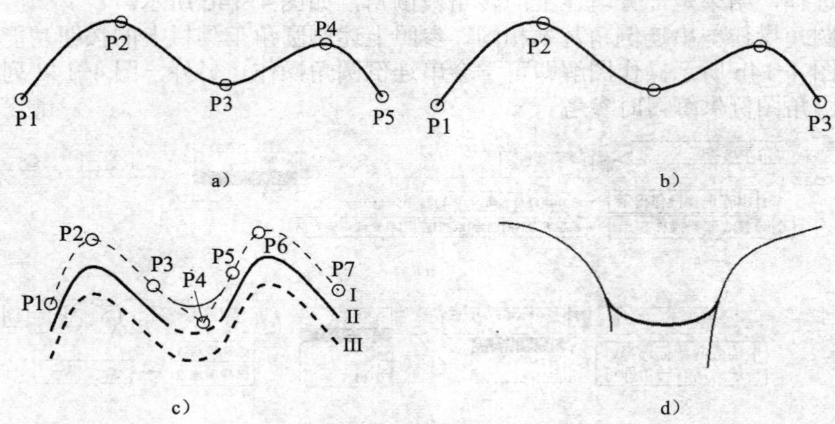

图 4-15　绘制曲线举例

a）手动画曲线　b）自动生成曲线　c）转成单一曲线　d）熔接曲线

由于数控车削编程用到的轮廓线绘制功能不多，主要就以上几种，其他的二维图形绘制功能这里就不详述了。

5．二维图形的编辑与转换

在绘制图形时，大部分情况下不是直接绘制成功的，往往要经过编辑和转换的图素修改完善。

（1）编辑与转换菜单和工具栏　编辑和转换涉及的菜单和工具栏如图 4-16 所示。菜单有编辑和转换两个，工具栏有删除/恢复删除（Delete/Undelete）、修剪/打断（Trim/Break）和 X 转换（Xform，即各种转换）三个，它们相应的子菜单和下拉菜单图中亦列出。

（2）编辑和转换的基本操作　包括对象的选择、删除和恢复删除、修剪/延伸/打断和图形对象的转换等。

1）对象的选择是编辑和转换的基础，选择功能集中在“标准选择”操作工具栏中，如图 4-17 所示。

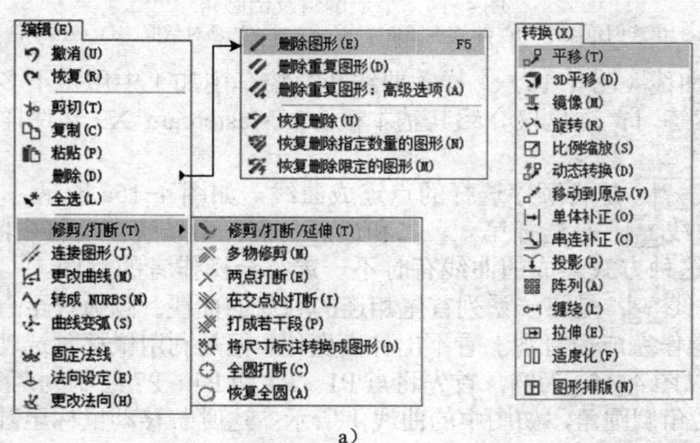

a）

图 4-16　编辑和转换菜单及工具栏

a）编辑和转换菜单

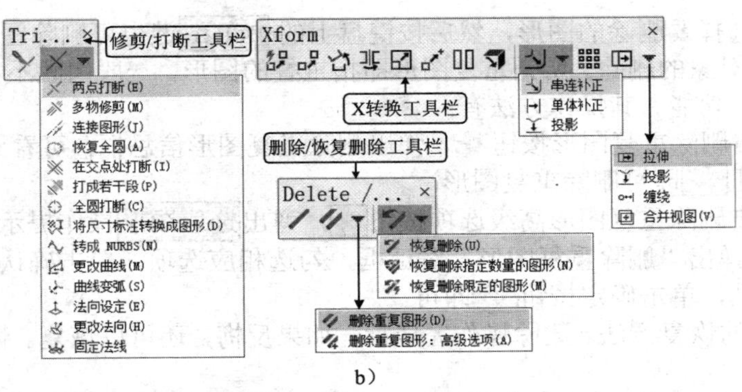

b）

图 4-16　编辑和转换菜单及工具栏（续）

b）修剪/打断、X 转换和删除/取消删除工具栏

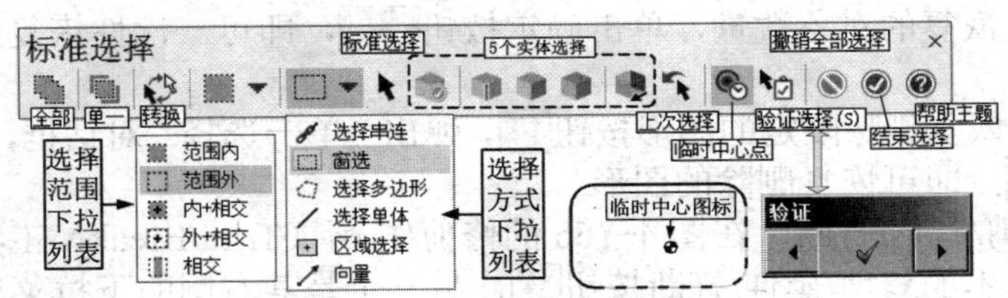

图 4-17　标准选择工具栏

① 全部按钮：单击其会弹出一个全部选择对话框（图中未示出），用于设置条件的全部选择。

② 单一按钮：单击其会弹出一个单一选择对话框（图中未示出），用于设置条件，然后用鼠标在屏幕上单一选择。注意设置条件之外的图素无法选中。

③ 转换按钮：单击其会将所有图素中选中的图素与未选中的图素相互转换，相当于反选操作。

④ 范围下拉列表：用于窗选时图素选择范围的设置，有五种范围的设置，如图 4-17 所示。

⑤ 选择方式下拉列表：用于设置图素的选择方式，有六种选择方式供选择，如图 4-17 所示。

⑥ 标准选择按钮：其激活状态下单击，进入最基本的鼠标拾取单选图素方式，相当于选择单体方式，是最基本通用的选择方式。

⑦ 上次按钮：单击其将选择上一次选择的图素。

⑧ 临时中心按钮：用于 X 转换操作，可对选择的图素产生一个临时中心（参见图 4-17 中选择倒角矩形右下角三个图素产生的临时中心示例），其在某些转换，如旋转、镜像、比例缩放、补正等转换时有一定的实用价值。

⑨ 验证选择按钮与“验证”对话框：用于重叠图素的选择，单击激活验证选择按钮后，在选择时遇到重叠图素，则会弹出“验证”对话框（图 4-17），单击左/右侧循环按钮或，交替搜索显示重叠的图素，选中后按下中间的确定按钮完成选择。

⑩ 最右三个按钮——撤销全部选择、结束选择和帮助主题，根据名称即可理解使用。

2）对象的删除与恢复。

① 删除图形对象的基本方法就是用鼠标逐图形拾取，工具栏参见图 4-16b，方法如下。

方法一：单击删除图形按钮，弹出**选取图形**操作提示，选择要删除的对象，按 **Enter** 键确定即可。

方法二：先选择要删除的图形然后单击删除图形按钮，即可删除图素对象。

方法三：先选择要删除的图形，然后按键盘上的 Delete 键也可删除图素对象。

② 重复图形对象的删除。所谓重复图形即指重叠的图形，一般肉眼不易观测，系统提供了删除这些图形的功能。其操作方法有：

方法一：单击删除重复图形按钮，弹出删除重复图形信息框，可看到重复图形信息情况，单击确定按钮即可删除重复图形。

方法二：单击删除重复图形高级选项按钮，弹出选取图形操作提示，选择所有图形，单击 Enter 键，弹出“删除重复图形”对话框，勾选相应选项，单击确认按钮，弹出删除重复图形信息框，单击确定按钮即可。

③ 删除对象的恢复方法。删除操作完成后，如果反悔，还可以恢复。恢复删除对象的方式有三种。

方法一：单击恢复删除按钮，可依次恢复删除的图形对象。

方法二：单击恢复删除指定数量的图形按钮，弹出“输入恢复删除的数量”对话框，在文本框中输入要恢复的对象数量，单击确定按钮，即可一次性恢复删除指定数量的图形对象。

方法三：单击恢复删除限定的图形按钮，弹出“单一选择”对话框，进行相应的设置，单击确定按钮，即可恢复删除的图形。

3）对象的修剪/延伸/打断。在图 4-16b 的修剪/打断（Trim/Break）工具栏中，有两个工具按钮，一个是基本的修剪/延伸/打断按钮，另一个是其右侧的下拉菜单式工具栏，功能略微强大。

基本修剪/延伸/打断按钮可以将三个以下相交或非相交的几何图形在交点处进行修剪，也可以对图形进行打断或延伸等处理。图 4-18a 为其临时操作提示工具栏，注意其中的修剪和打断按钮可控制前面的各修剪按钮和延伸按钮的功能不同。图 4-18b 为相关操作的图例。下拉菜单式工具栏中的修剪/打断功能更为强大，图 4-18c 所示为几个示例，供学习参考。所有这些修剪/打断操作在弹出的操纵提示下均可较快掌握。以下列举几个操作步骤供学习参考。

三物体修剪操作步骤：

① 单击修剪/打断（Trim/Break）工具栏上的修剪/延伸/打断按钮，激活修剪/延伸/打断临时操作提示工具栏，如图 4-18a 所示。

② 按修剪三物体按钮，按修剪按钮（一般默认为此模式）。

③ 按系统弹出的操作提示依次选择 P1、P2 和 P3 即可完成操作，参见图 4-18b。

打断—延伸操作步骤：

① 单击修剪/打断（Trim/Break）工具栏上的修剪/延伸/打断按钮，激活修剪/延伸/打断临时操作提示工具栏，如图 4-18a 所示。

② 按打断按钮，按延伸长度按钮并在随后的文本框中输入延伸长度（例图 4-18a 中的 10.0）。

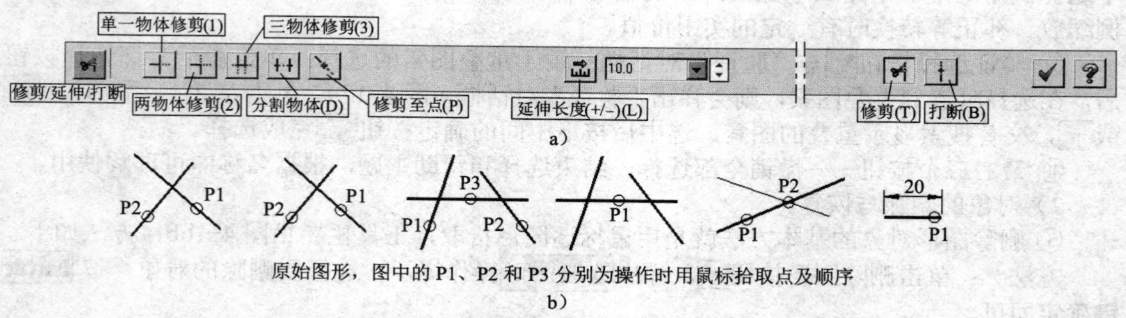

图 4-18 对象的修剪/延伸/打断示例

a）临时操作提示工具栏 b）基本修剪/延伸/打断功能示例

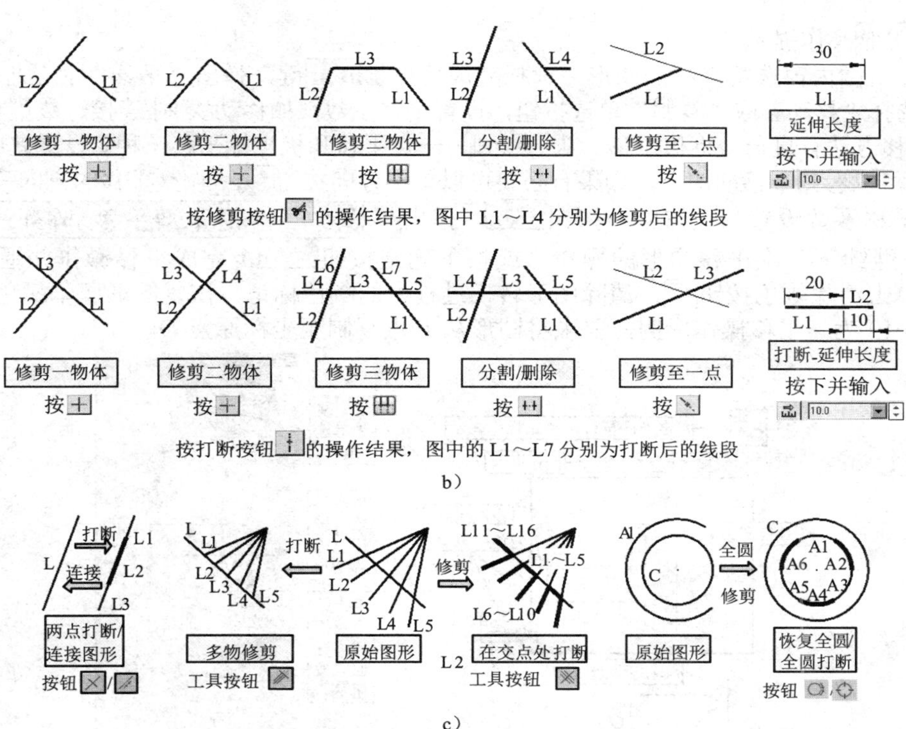

b）

c）

图 4-18　对象的修剪/延伸/打断示例（续）

b）基本修剪/延伸/打断功能示例　c）其他修剪/延伸/打断功能示例

③ 按系统弹出的操作提示选择 P1 即可完成操作。注意选择点应该靠近延伸端。

注意

延伸长度功能操作时，第②步的打断按钮是使延伸的长度在原来长度的基础上增加一段独立的延长长度段；若第②步设置为修剪按钮，则是将原来的线段延伸增加的长度后的独立线段。

多图素交点处打断操作步骤：

① 单击修剪/打断（Trim/Break）工具栏下拉菜单，选择在交点处打断按钮，系统弹出**选择要打断的图形，按 Enter 执行**操作提示。

② 在范围内窗选待打断的全部图形，按 **Enter** 键完成操作。这时若再一次单选图形即可看出变化。

其他操作读者可自行按照操作提示和图例中的选择顺序进行练习。

注意

打断的图素在图上不一定直接看出，但可以通过图素选择甚至删除方式观察到。读者练习时要注意修剪与打断的区别。

4）图形对象的转换。包括动态转换、平移、旋转、镜像、比例缩放、移动到原点、转换适度化、3D 平移、单体补正、串连补正、阵列、拉伸、缠绕等转换。其功能主要集中在 X 转换下拉菜单或 X 转换工具栏。下面介绍几例供学习参考。

平移复制操作步骤：

① 单击 X 转换工具栏（参见图 4-16b）上的平移按钮，弹出**平移/阵列：选取要平移**

/阵列的图形操作提示。

② 在范围内窗选待平移的图形，选择完成后按 Enter 键，弹出“平移”对话框。

③ 选择“移动”或“复制”单选按钮，设置平移参数，如移动/复制/连接、数量和方向切换等。平移方法有直角坐标值平移、从一点到另一点平移和极坐标平移三种。设置完成后在绘图显示区可以看到平移的图形，如果有必要可以单击方向按钮调整平移的方向等。

④ 平移参数设置后，按应用按钮，弹出平移/阵列：选取要平移/阵列的图形操作提示，继续下一次平移图形的操作。或按下确定按钮，完成平移操作并退出。

⑤ 单击清除颜色按钮，清除图形转换过程中的颜色标记，恢复图形原本颜色。

图 4-19 为一平移操作示例，要求将图形从 P 点复制至坐标原点 O。

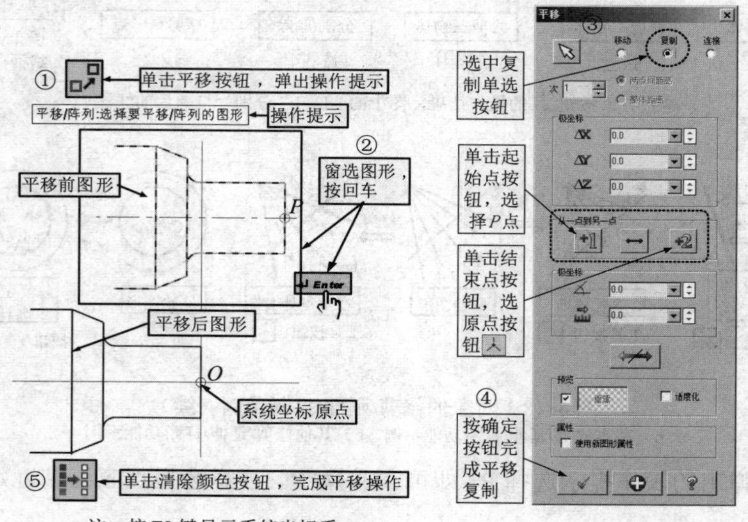

图 4-19 图形平移操作示例

移动到原点操作步骤：

① 单击 X 转换工具栏上的平移按钮，可见所有图形自动选定，同时弹出选取平移起点操作提示。

② 用鼠标拾取平移起点后，可看到图形迅速移动至坐标原点。

③ 单击清除颜色按钮，清除图形转换过程中的颜色标记，恢复图形原本颜色。

图 4-20 为某移动到原点操作示例，要求将零件右端面中心 P 点移动到坐标系原点 O。

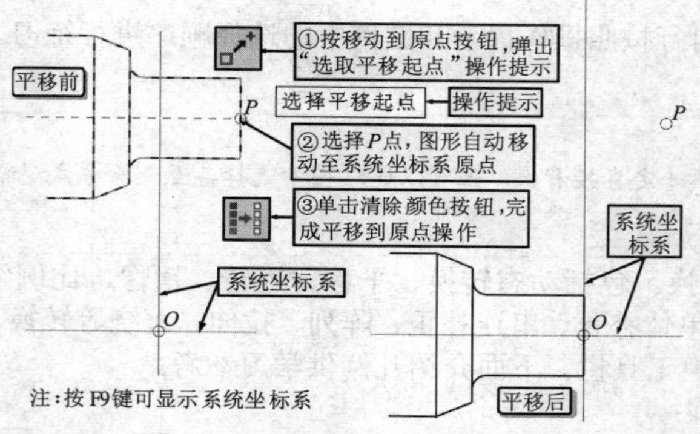

图 4-20 移动到原点操作示例

说明： 该功能在数控编程中非常有用，常用于将零件的编程坐标系移动至系统坐标系原点后再编程。

镜像操作步骤：

① 单击 X 转换工具栏上的镜像按钮，弹出**镜像：选取要镜像图形**操作提示。

② 用范围内窗选方式选择待镜像的图形，按 **Enter** 键，弹出“镜像”对话框。

③ 在“镜像”对话框中，设置相关镜像参数，然后选中选择线按钮，临时退出“镜像”对话框，并弹出**选择镜像参考轴**操作提示。

④ 用鼠标拾取图中的点画线，可看到临时的镜像图形。如果不满意，可以重新选择镜像轴。

⑤ 单击应用按钮完成镜像，并弹出**选取平移起**操作提示，可继续镜像操作。若按下确定按钮，则完成镜像并退出镜像操作。

⑥ 单击清除颜色按钮，清除图形转换过程中的颜色标记，恢复图形原本颜色。

图 4-21 为一镜像操作示例，将点画线上部的图形以点画线为轴线镜像。

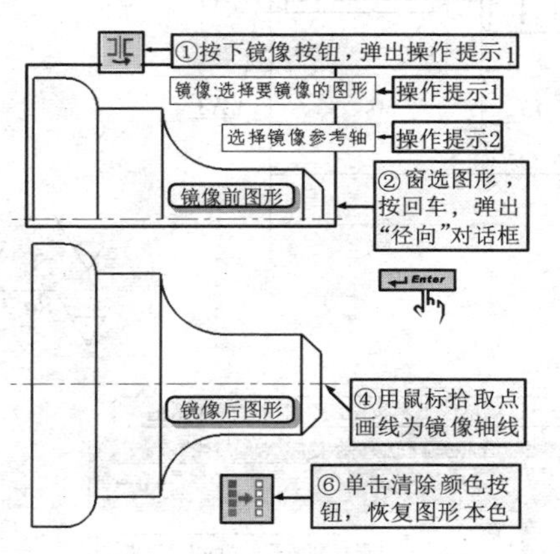

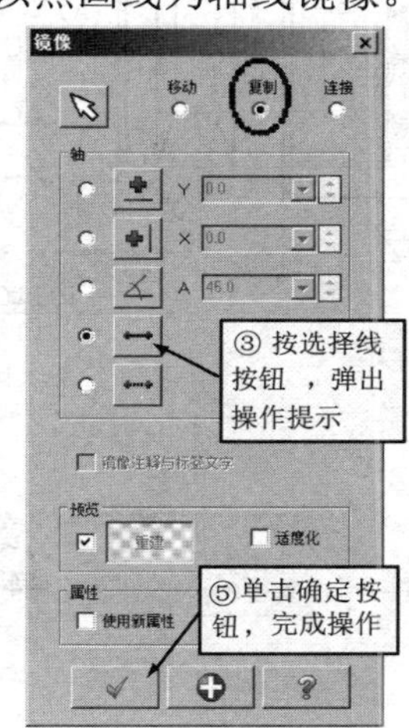

图 4-21　图形镜像操作示例

限于篇幅的限制，关于 X 转换的其他操作方法，读者可参照资料和操作提示自行练习。

6. AutoCAD 图形的导入操作

AutoCAD 作为一款绘图软件，在二维图形绘制上应用广泛，Mastercam 软件可以直接导入 AutoCAD 图形文件，这对于熟悉 AutoCAD 软件绘图的用户是一种极大的方便。

AutoCAD 图形的导入操作步骤（准备好 AutoCAD 文件，如图 4-22a 所示，文件名为“图 4-22a.dwg”）：

① 启动 Mastercam 软件，执行“文件|打开”命令（或单击文件工具栏上的打开按钮），弹出“打开”对话框。

② 查找到待导入的 AutoCAD 文件，点开文件类型下拉列表，选择“AutoCAD 文件（*.dwg;*.dxf;*.dwf;*.dwfx）”。单击打开按钮 打开(O) ，弹出“选择导入工程图”对话框，认可布局 1，单击确定按钮，在绘图窗口上可以看到导入的图形。若看不到，可按下适度化按钮全屏显示。

③ 用移动到原点功能将工件坐标系原点平移至 Mastercam 软件系统的工作坐标系原点（参见图 4-20），为编程做好准备。

④ 注意到导入 AutoCAD 文件的同时，其图层信息也导入了，甚至文字等可能乱码，但这些不影响编程。单击窗口下部状态栏中的层别按钮 层别 ，弹出“层别管理”对话框，关闭（或删除）轮廓线和中心线之外的其他不用图层即可。

⑤单击文件工具栏上的保存按钮保存文件，获得导入的 MastercamX9 格式文件“图 4-22.mcx-9”。

图 4-22b 为一个 AutoCAD 图形导入操作的示例，假设待导入的 AutoCAD 文件为“图 4-22a.dwg”，导入后存盘的文件为“图 4-22.mcx-9”，要求导入并存盘的文件仅显示轮廓线和中心线，且零件右端面中心移至系统坐标系原点。

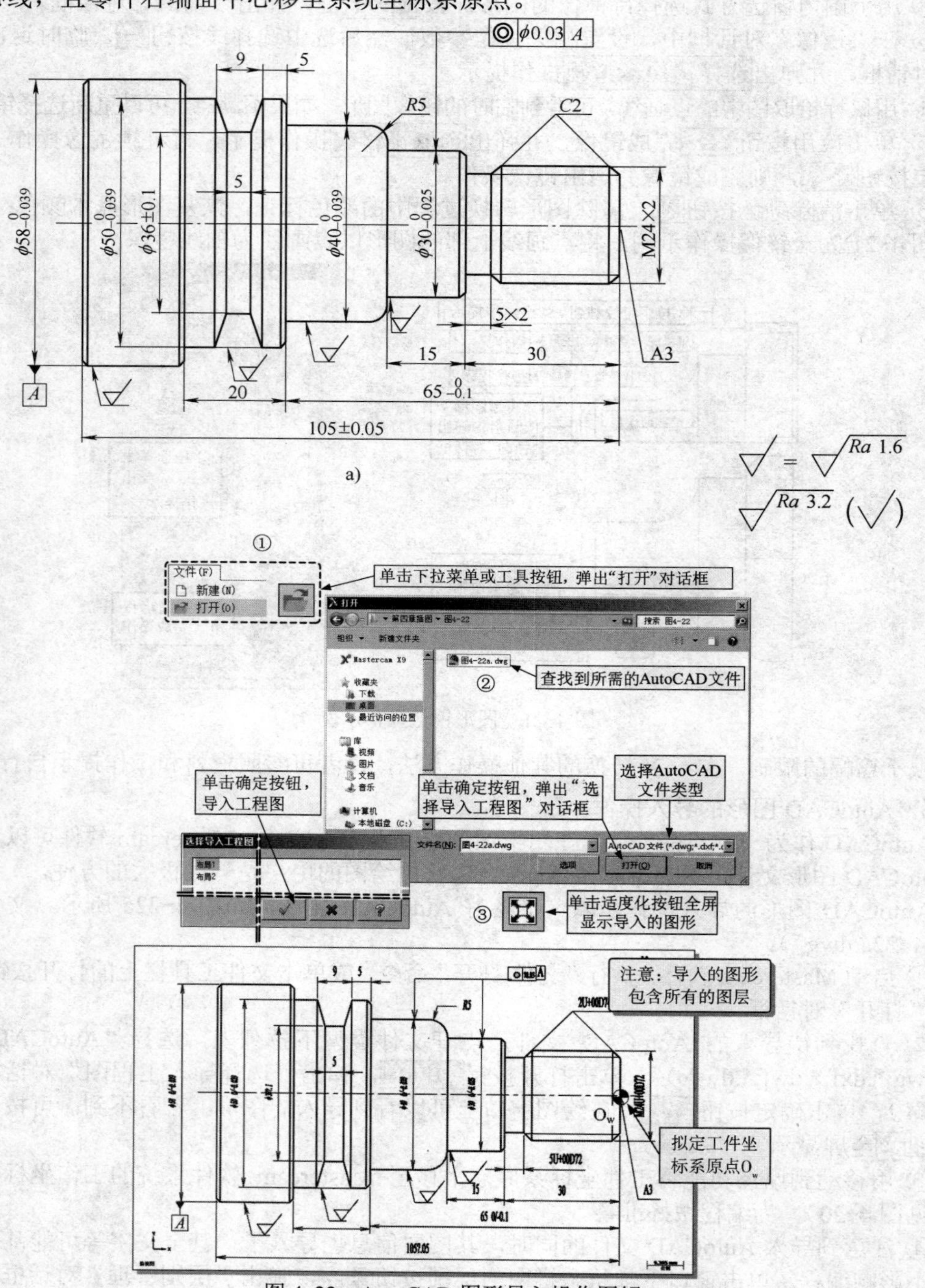

图 4-22 AutoCAD 图形导入操作图解

a）AutoCAD 文件（图 4-22a.dwg）

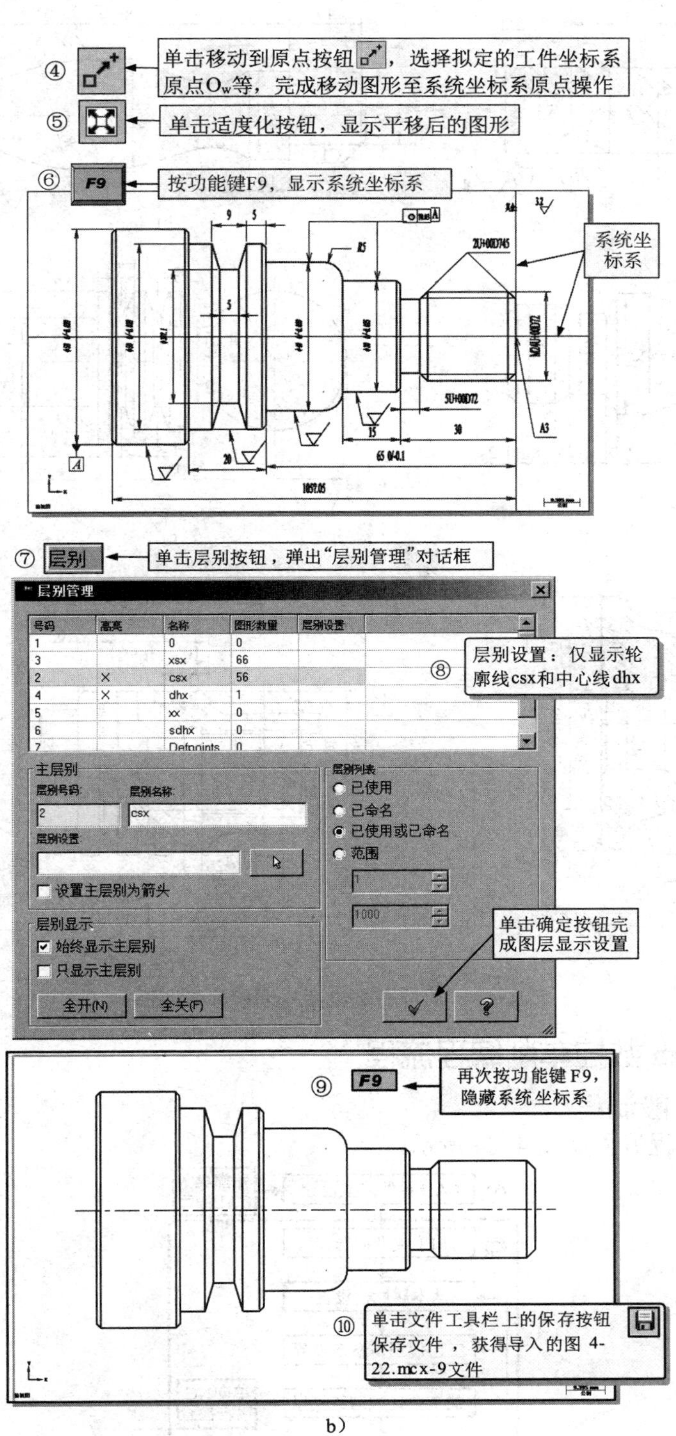

b）

图4-22 AutoCAD图形导入操作图解（续）
b）导入操作步骤

图4-23提供了几个适合车加工的练习图样，供绘图及编程练习时参考。

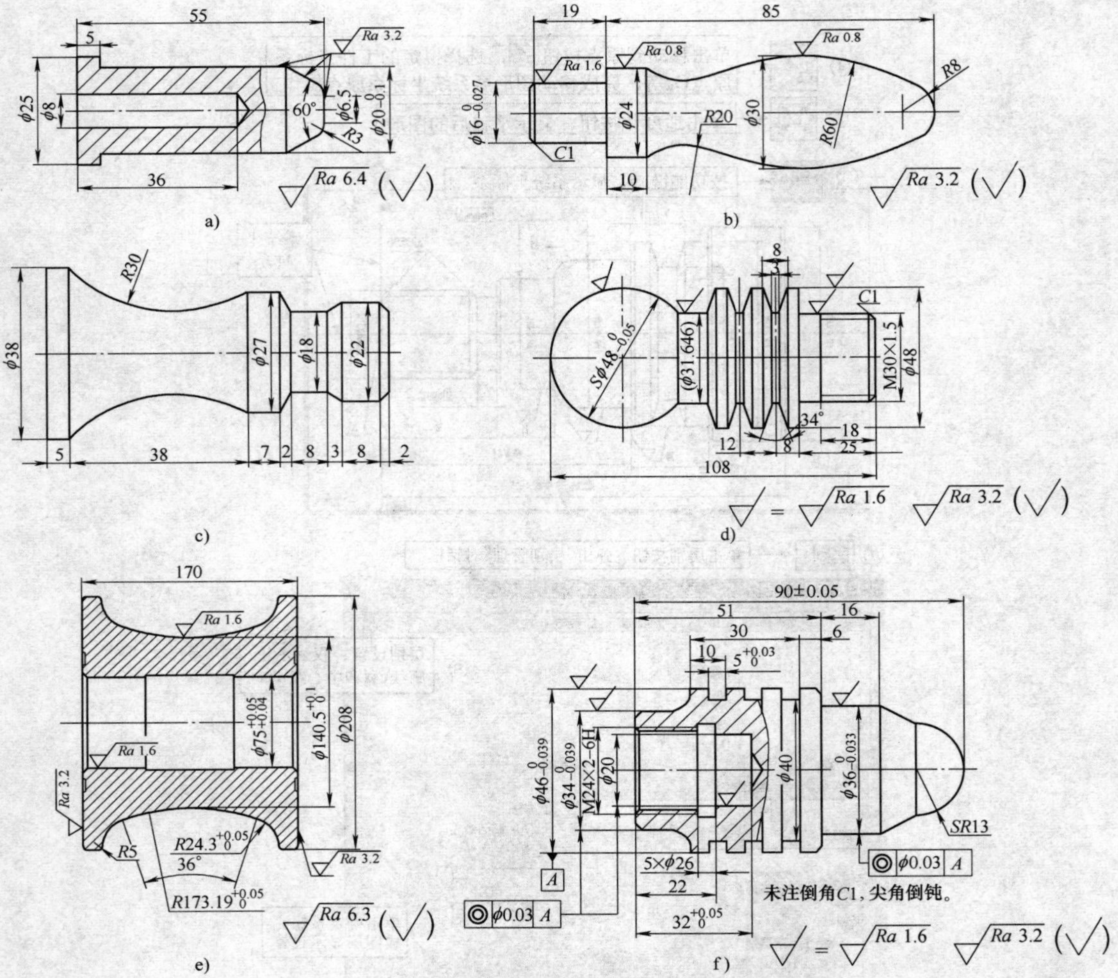

图 4-23　数控车削绘图与编程参考图形

4.2　Mastercam 数控车削编程流程

4.2.1　编程的一般流程

计算机辅助编程流程如图 4-24 所示。

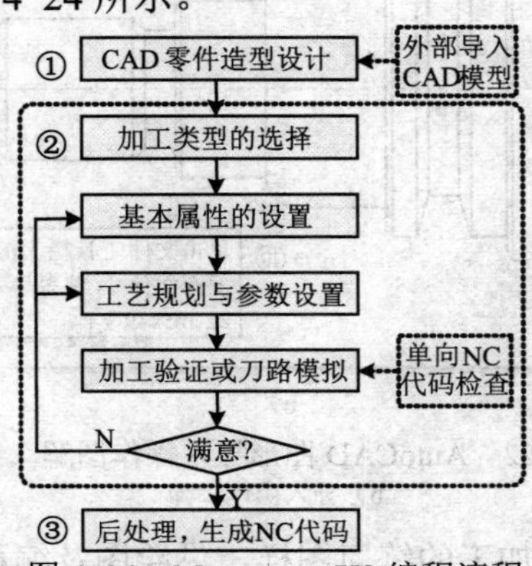

图 4-24　Mastercam X9 编程流程

说明：

1）CAD 零件造型：可在 Mastercam 软件的设计模块中进行，也可导入外部模型。

2）CAM 设计：包括加工类型（车、铣等），刀具设置，材料毛坯设置，加工工序和切削用量的设置，加工路径的规划和验证等，这个过程是一个交互的对话式设计过程。

3）后置处理：将 CAM 设计的内容转化为数控机床可以接受的加工程序——NC 代码。

4.2.2　编程举例

以图 4-23a 为例，其工艺路线为粗车轮廓→精车轮廓→切断→调头车端面→钻孔。这里仅介绍前三道工序。编程步骤如下：

1. **CAD 几何造型设计**（图 4-25）

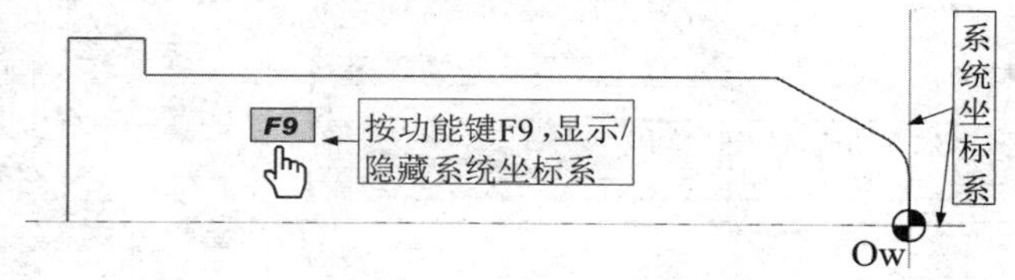

图 4-25　CAD 几何造型设计

对于数控车削加工编程而言，其几何模型仅需要半边的轮廓线即可。另外，由于编程时拟将工件坐标系设置在工件右端面，故绘图时应将其绘制在系统坐标系原点上，按功能键 F9 可验证工件坐标系设置情况。

2. **CAM 设计过程**（图 4-26）

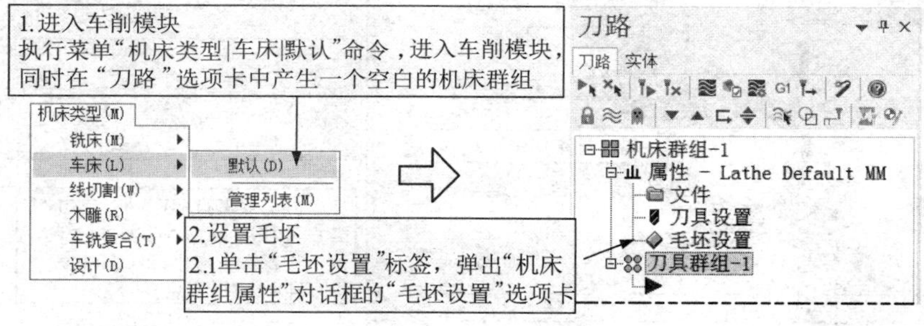

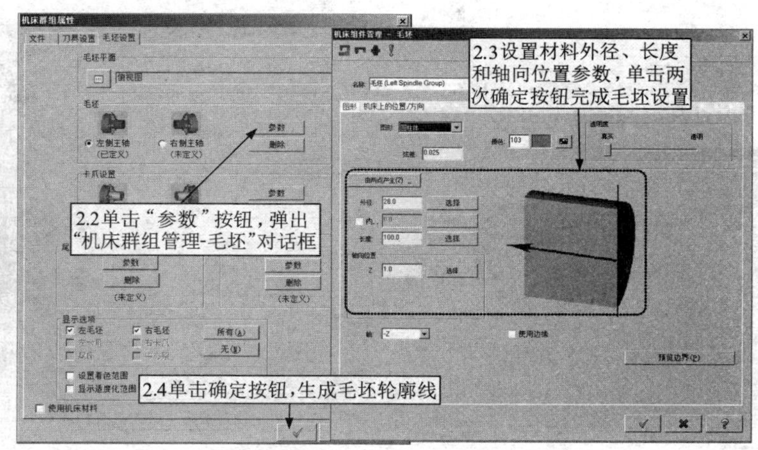

图 4-26　CAM 设计过程

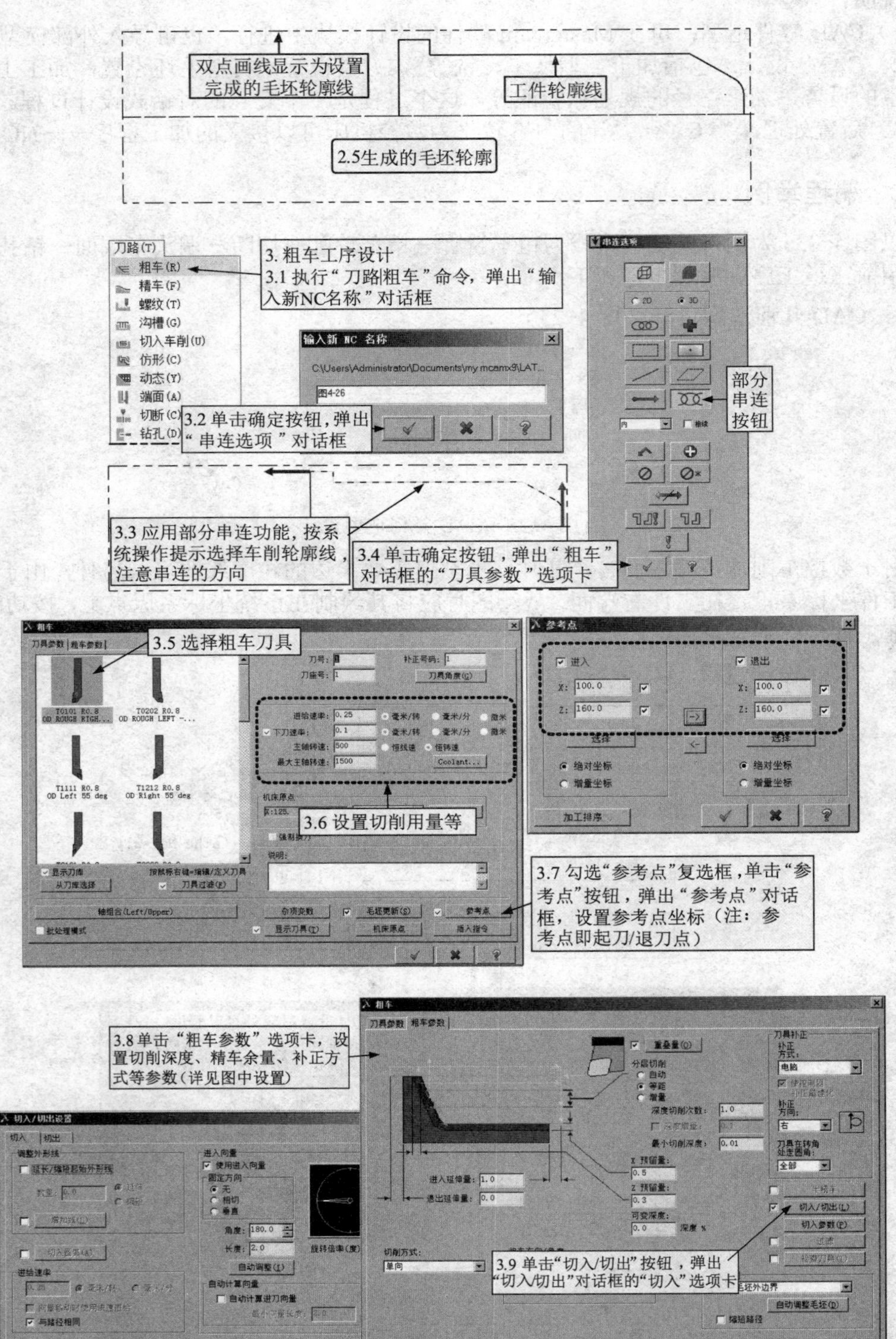

双点画线显示为设置完成的毛坯轮廓线
工件轮廓线
2.5生成的毛坯轮廓
3. 粗车工序设计
3.1 执行“刀路|粗车”命令，弹出“输入新NC名称”对话框
3.2 单击确定按钮，弹出“串连选项”对话框
部分串连按钮
3.3 应用部分串连功能，按系统操作提示选择车削轮廓线，注意串连的方向
3.4 单击确定按钮，弹出“粗车”对话框的“刀具参数”选项卡
3.5 选择粗车刀具
3.6 设置切削用量等
3.7 勾选“参考点”复选框，单击“参考点”按钮，弹出“参考点”对话框，设置参考点坐标（注：参考点即起刀/退刀点）
3.8 单击“粗车参数”选项卡，设置切削深度、精车余量、补正方式等参数（详见图中设置）
3.9 单击“切入/切出”按钮，弹出“切入/切出”对话框的“切入”选项卡
3.12单击确定按钮生成刀具路径

图 4-26 CAM

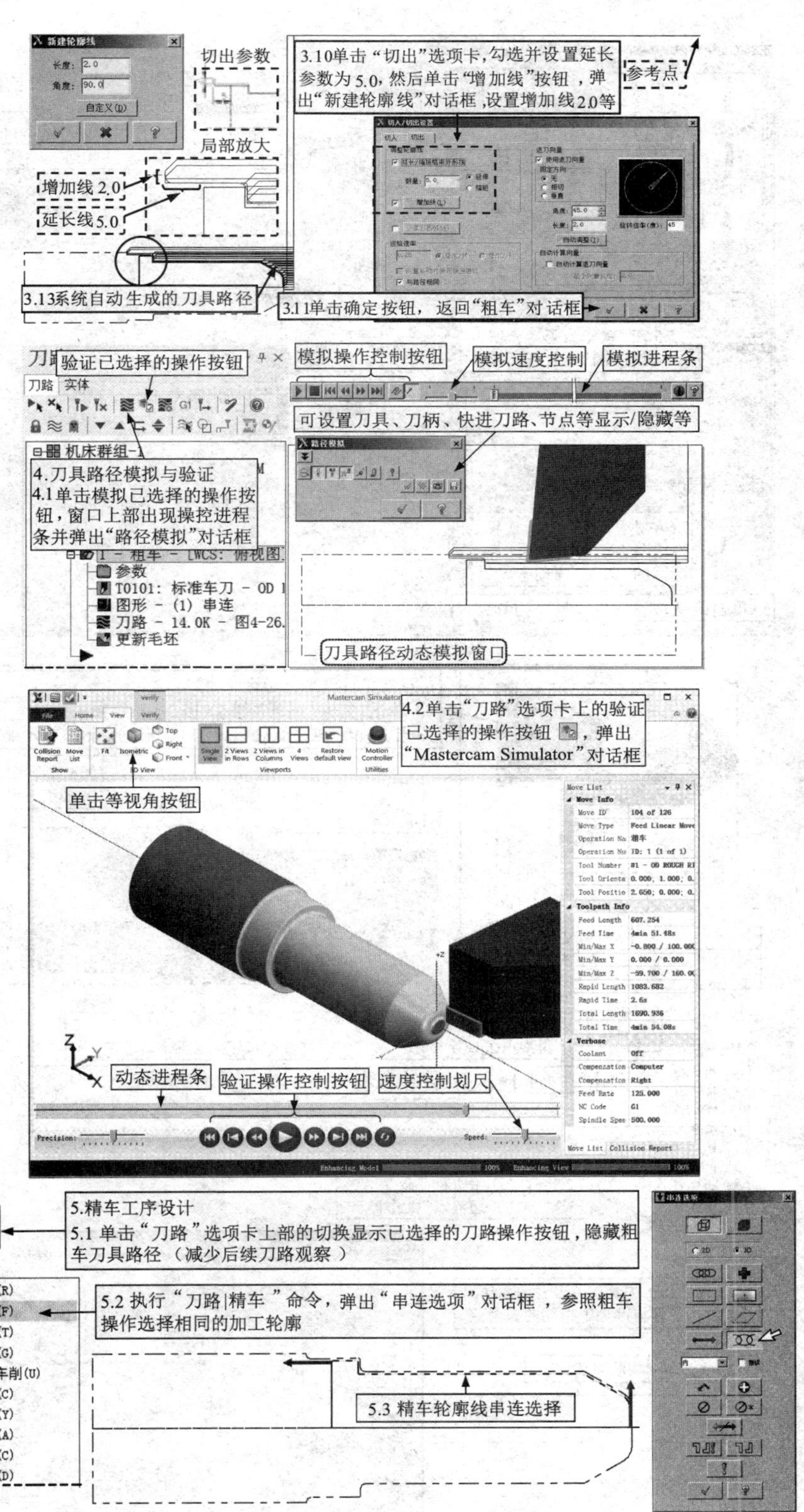

切出参数
3.10单击“切出”选项卡，勾选并设置延长参数为5.0，然后单击“增加线”按钮，弹出“新建轮廓线”对话框，设置增加线2.0等
参考点
局部放大
增加线 2.0
延长线 5.0
3.13系统自动生成的刀具路径
3.11单击确定按钮，返回“粗车”对话框
验证已选择的操作按钮
模拟操作控制按钮
模拟速度控制
模拟进程条
可设置刀具、刀柄、快进刀路、节点等显示/隐藏等
4.刀具路径模拟与验证
4.1单击模拟已选择的操作按钮，窗口上部出现操控进程条并弹出“路径模拟”对话框
刀具路径动态模拟窗口
4.2单击“刀路”选项卡上的验证已选择的操作按钮，弹出“Mastercam Simulator”对话框
单击等视角按钮
动态进程条
验证操作控制按钮
速度控制划尺
5.精车工序设计
5.1 单击“刀路”选项卡上部的切换显示已选择的刀路操作按钮，隐藏粗车刀具路径 （减少后续刀路观察 ）
5.2 执行“刀路|精车”命令，弹出“串连选项”对话框，参照粗车操作选择相同的加工轮廓
5.3 精车轮廓线串连选择
刀路(T)
粗车(R)
精车(F)
螺纹(T)
沟槽(G)
切入车削(U)
仿形(C)
动态(Y)
端面(A)
切断(C)
钻孔(D)

设计过程（续）

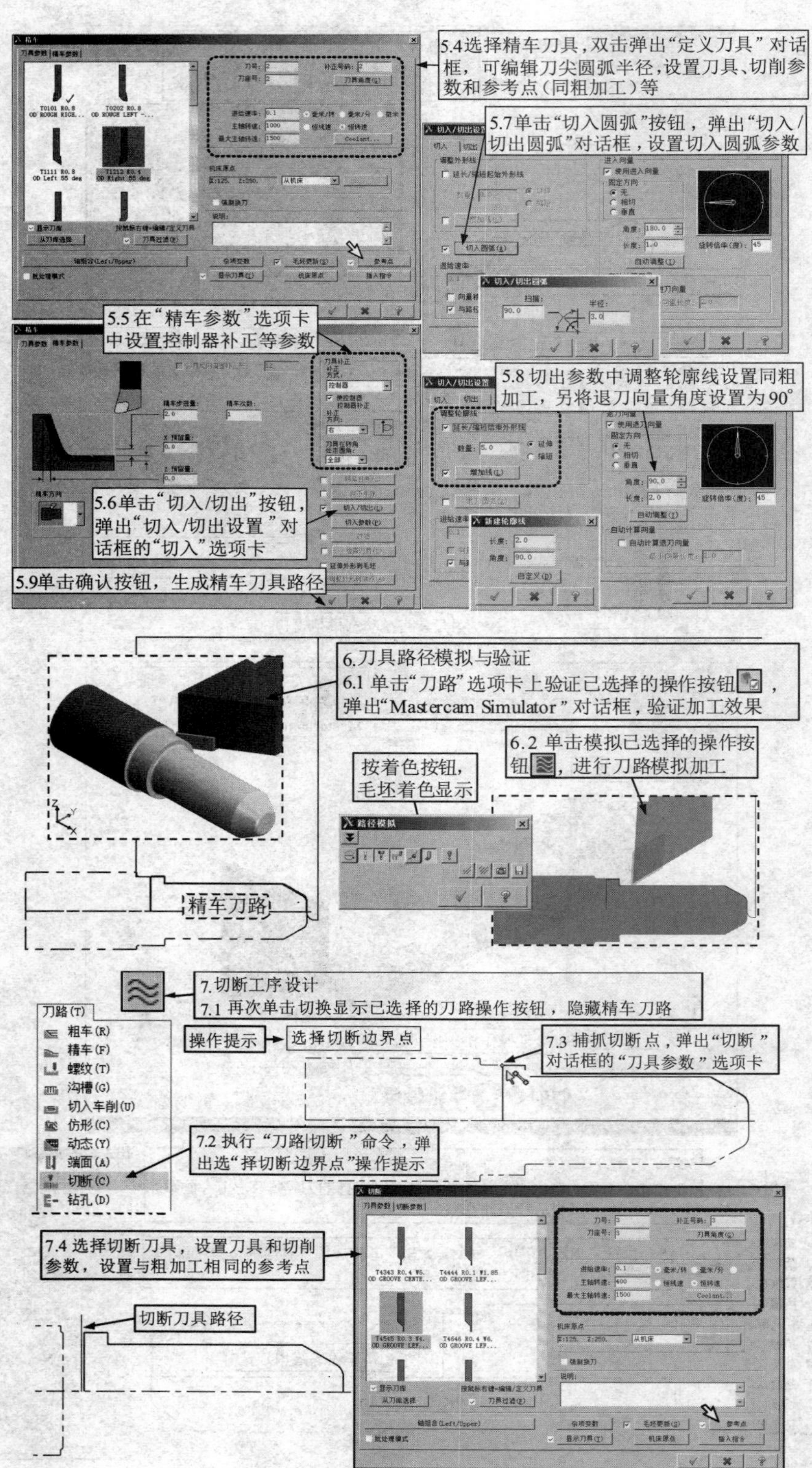

图4-26　CAM设计过程（续）

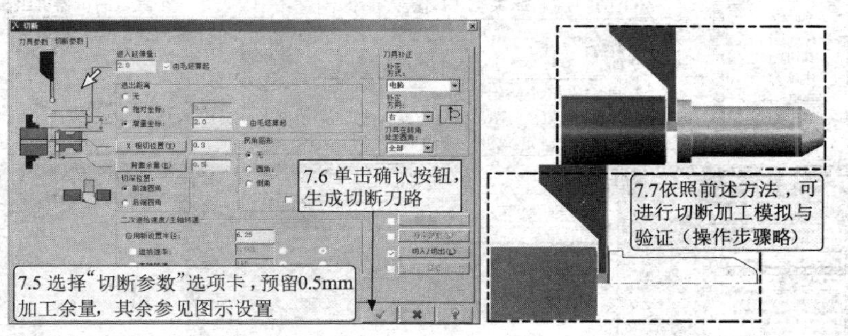

图 4-26　CAM 设计过程（续）

注：在加工验证和刀路模拟仿真过程中，如果不满意，可以随时单击操作管理器中的相应选项卡，弹出相应的设置对话框进行修改。

3．**后置处理**（图 4-27）

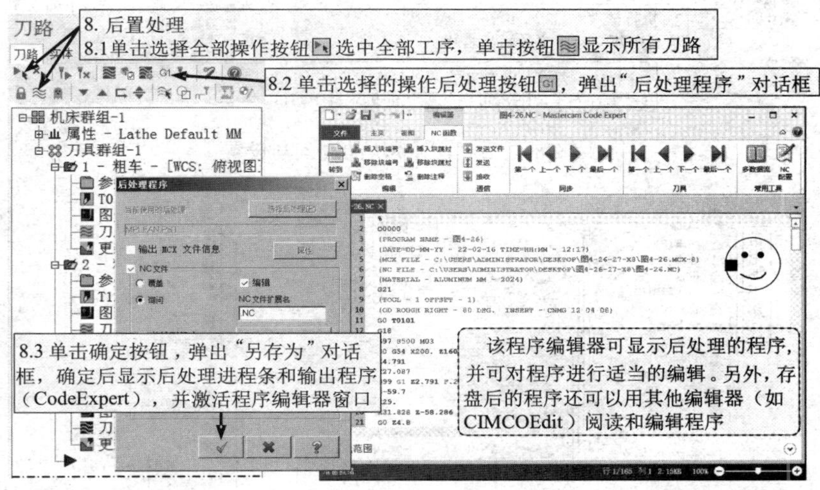

图 4-27　后置处理操作

4.3　Mastercam 数控车削编程方法

4.3.1　基本参数的设置与操作

1．**车削模块的进入和刀具路径的选择**

（1）数控车削模块的进入与设置　如图 4-28 所示。

（2）车削刀具路径的选择　如图 4-29 所示，相对于早期版本，增加了车削中心、车铣复合编程功能等。

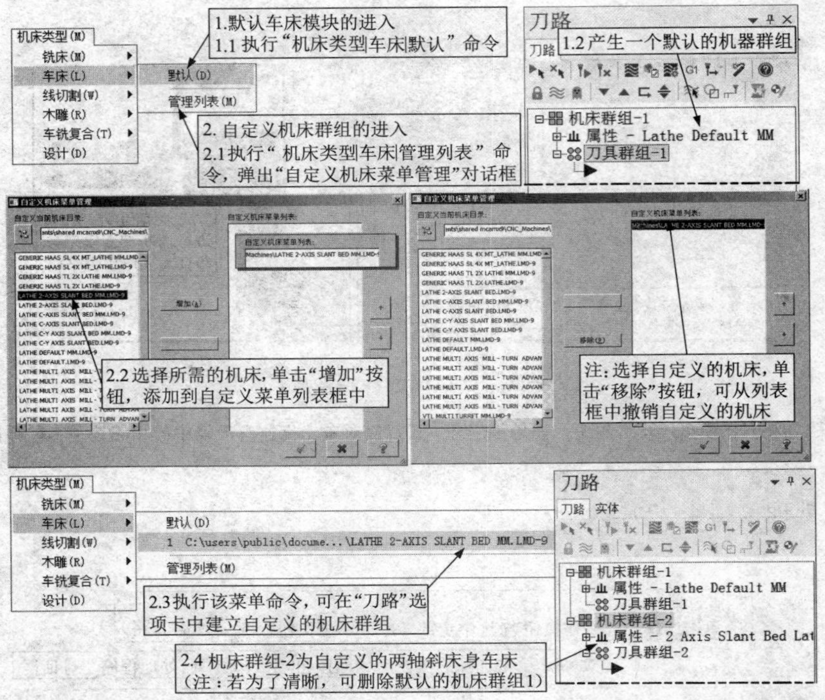

图 4-28　数控车削模块的进入与设置

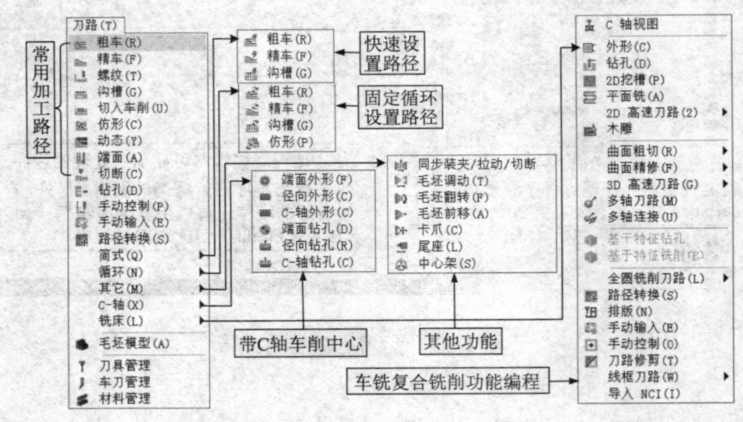

图 4-29　车削刀具路径的选择

2. 构图平面和视图平面

虽然在窗口下部状态栏中有构图平面的选择，包括车床半径和车床直径坐标系，但其对加工程序的生成不会产生影响，即使用系统启动的默认的俯视图构图平面也不影响程序的生成，所以数控车削编程可以不设置构图平面。就视图平面而言，由于数控车削编程主要用到二维图形，所以一般选择默认的俯视图。

3. 材料设置

材料设置包括材料边界、卡盘、尾座（尾顶尖）、中心架等项目，如图 4-30 所示。一般情况下仅需设置材料边界即可。

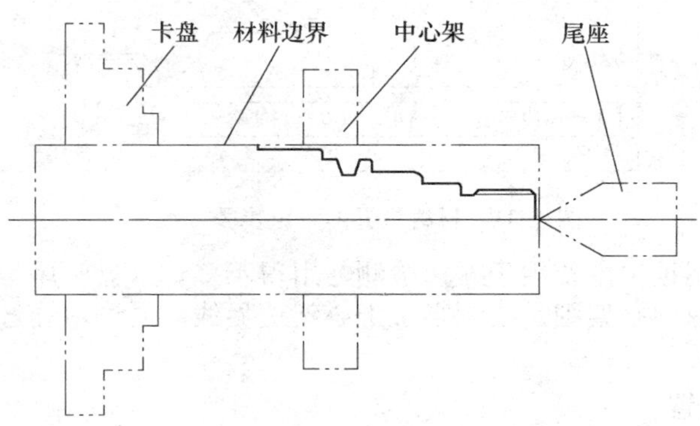

图 4-30　材料设置项目

图 4-31 所示为材料边界的设置方法和步骤。

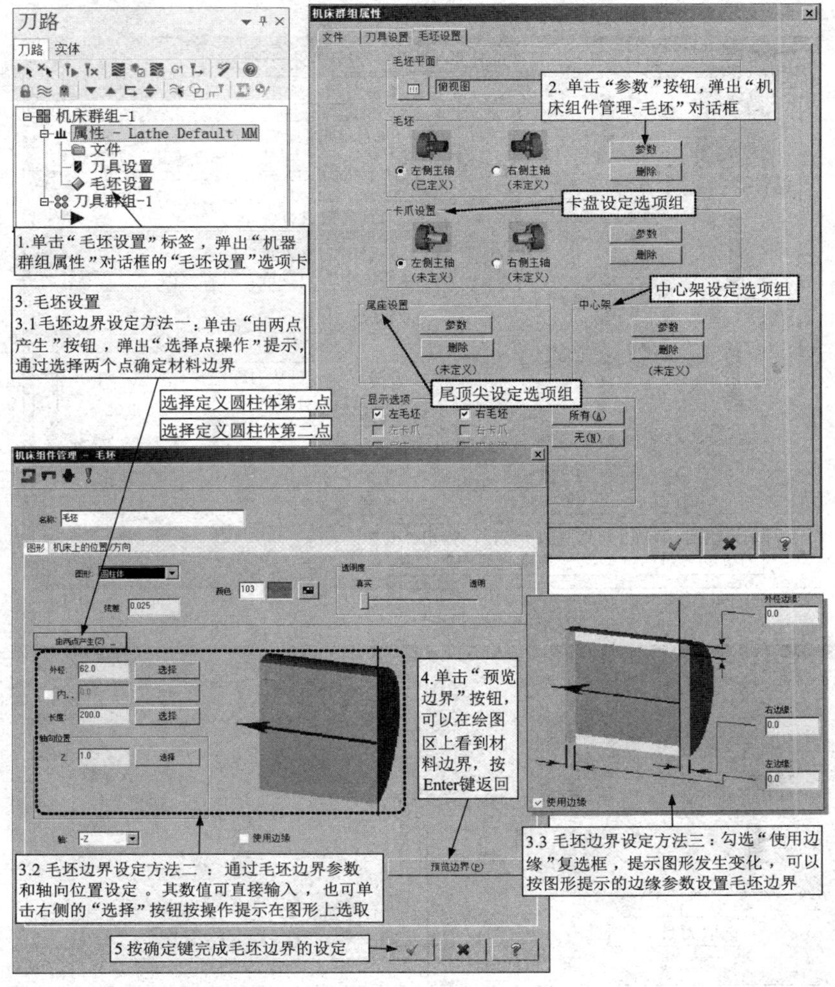

图 4-31　材料边界的设定步骤

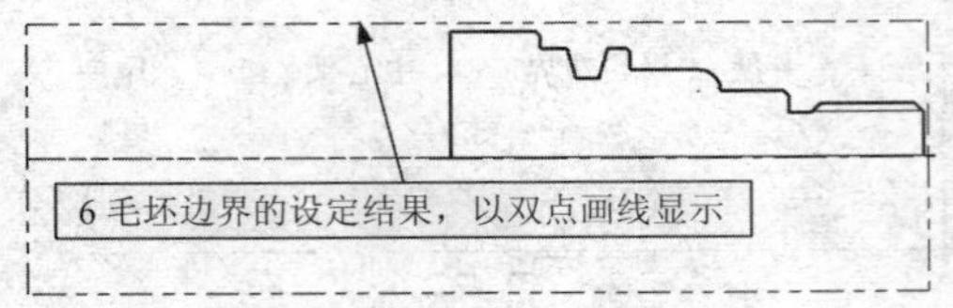

图 4-31　材料边界的设定步骤（续）

卡盘、中心架和尾顶尖主要用于碰撞检测，用得不多。卡盘和尾架的设置直接按对话框上的参数设置即可，而中心架则是绘制半边中心架边界线，通过串连选择自动生成，限于篇幅，其操作步骤略。

4．刀具管理与设置

每一种刀具路径设定过程中都离不开刀具的选择与设定。在加工属性的第一个选项卡中均有一项是刀具设定的内容，各种加工刀具的选择基本相同，以粗加工为例，其设置和管理方法如图 4-32 所示。

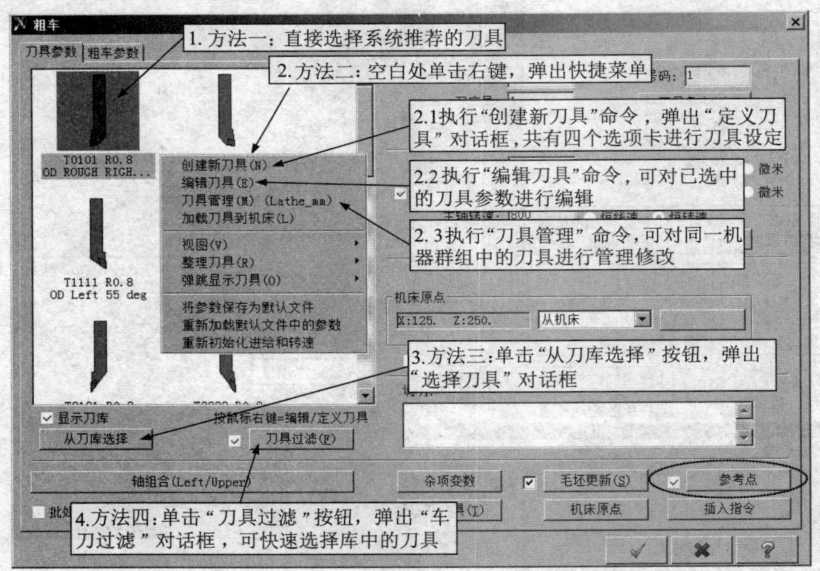

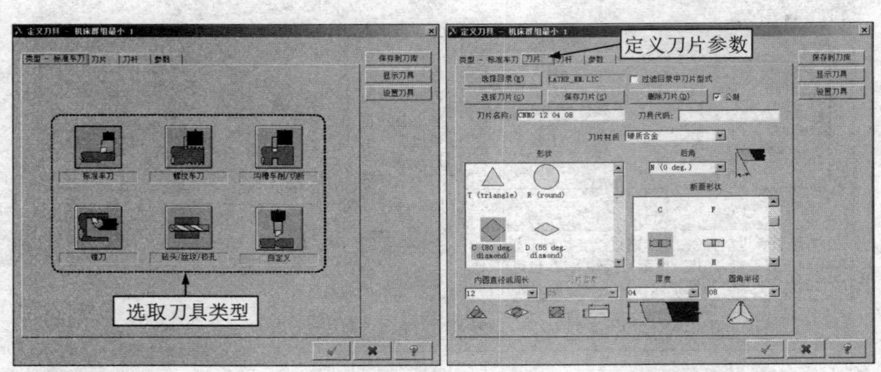

图 4-32　刀具设置与管理方法

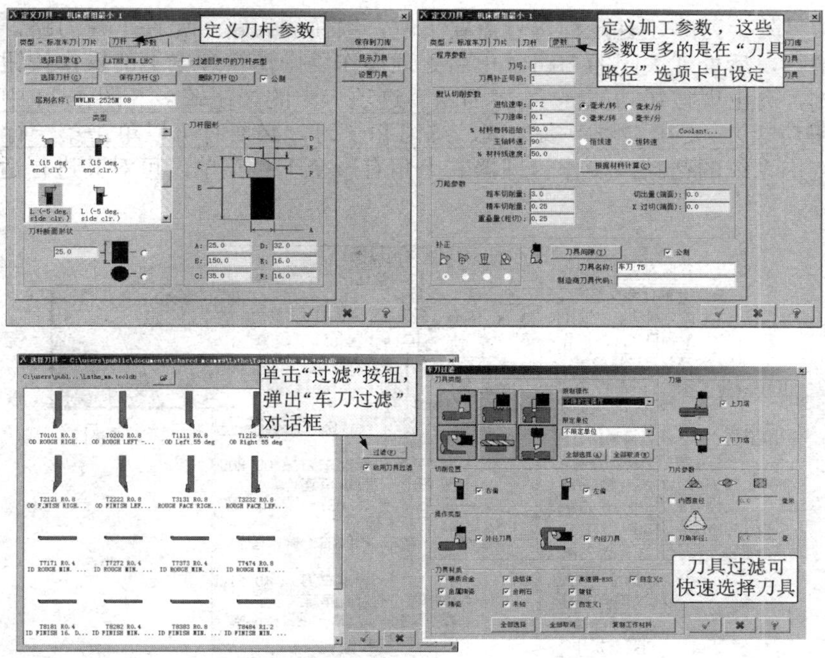

图 4-32 刀具设置与管理方法（续）

5．参考点的设置

在图 4-32 中的“刀具参数”选项卡的右下角有一个“参考点”按钮（图中虚线圈出），勾选其前面的复选框，单击参考点按钮 参考点 ，弹出“参考点”对话框，如图 4-33 所示。这里谈到的参考点实际上相当于程序的起点和终点，读者可通过设置并通过自动生成的 NC 代码进行理解。

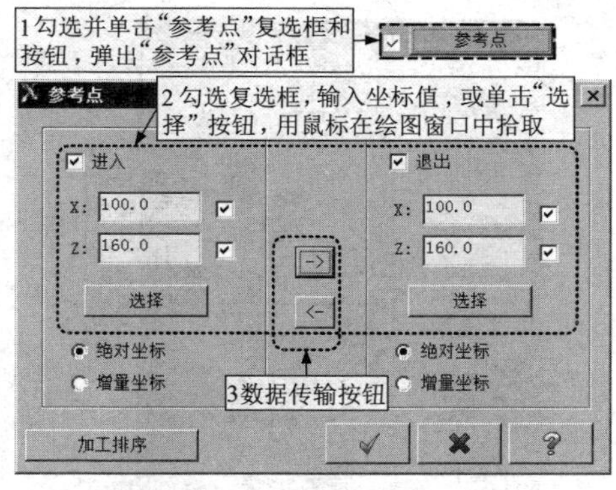

图 4-33 参考点的设置

6．操作管理器与后置处理

（1）操作管理器的使用（图 4-34） 操作管理器的“刀路”选项卡是编程过程中常用的部分之一。“刀路”选项卡中包含一个以上的机床群组，每个机床群组包括一个属性组和若干个加工工序（软件中称操作），各个加工工序前的节点文件夹图形可以勾选，表示选中，选中后的文件夹可以进行相关的编辑与操作。每个加工工序又包括参数、刀具、图形、刀路和更新毛坯五项，若刀路符号上出现了“×”符号，表示失效的刀路，需要重新计算（简称重建）更新。另外，刀路还有几种符号需要了解，锁住的刀路不允许重建刀路，窗口的刀路可以显示与隐藏，后处理关闭的刀路禁止后处理操作。操作管理器上的操作按钮，鼠标移至按钮上方片刻，会出现按钮功能提示。"刀路"选项卡上的按钮较多（图4-34中仅列举了部分常用的按钮功能），要在实践中多尝试、练习和学习，必要时可以单击第一行最右侧的帮助按钮，查询系统的帮助。操作管理器右上角有一个下拉菜单，可对其进行适当的设置，如字体设置等。

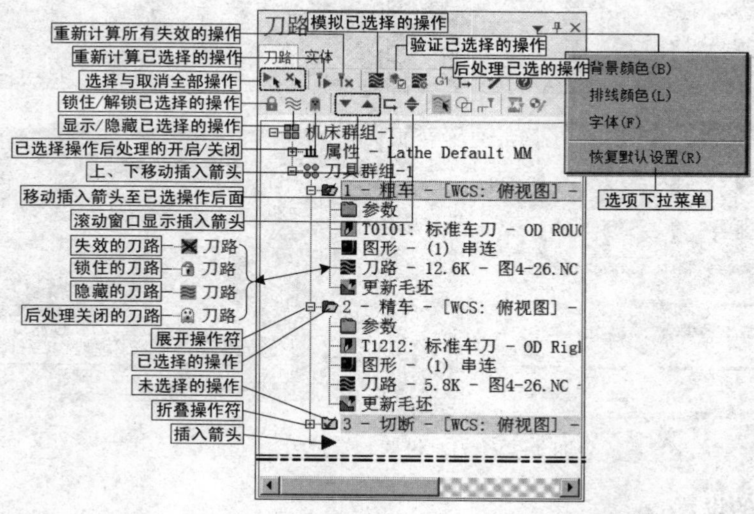

图4-34 操作管理器——"刀路"选项卡

（2）后置处理的操作 操作步骤如下（操作图解参见图4-27）：

1）选中需要后置处理的操作（即加工工序）。

2）单击后处理已选择的操作按钮，弹出"后处理程序"对话框，如图4-35所示。

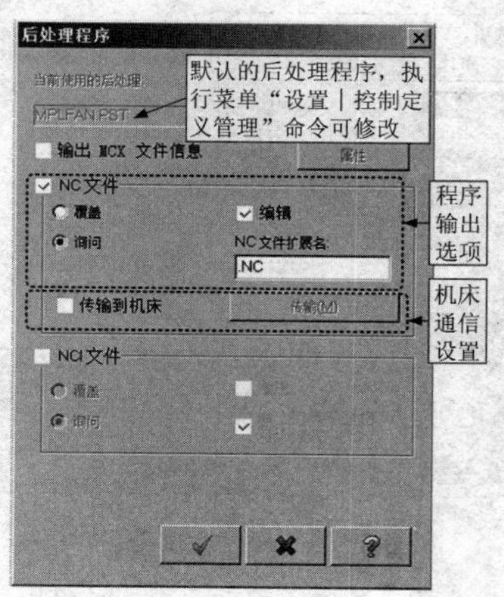

图4-35 "后处理程序"对话框

3）单击确定按钮，弹出"另存为"对话框。

4）选择加工程序存盘的路径，单击确认按钮，启动后处理程序（CodeExpert），弹出后处理进程条，显示后处理进程。后处理进程结束后，弹出Mastercam Code Expert编辑器及自动生成的加工程序，并在存盘的路径处生成一个*.NC的加工程序。

4.3.2 Mastercam 数控车削编程——粗车编程

粗车加工是以切除工件上多余的材料为目标，为后续的精加工做准备，其背吃刀量和进给量较大，切削速度相对略低。粗车加工包括外圆、内孔甚至端面加工等。

1. 粗车加工的大致步骤

1）执行菜单“刀路|粗车”命令，第一次创建加工刀路时，会弹出“输入新 NC 名称”对话框，可修改名称或采用默认的名称，单击确认按钮[✓]，弹出“串连选项”对话框。

2）选择待加工的轮廓串连线，单击确认按钮[✓]，弹出“粗车”对话框，包括“刀具参数”和“粗车参数”两个选项卡，用于粗车参数设置。

3）设置完成后，单击确认按钮[✓]，在屏幕上可以看到刀具路径的生成过程并最终完成刀具路径。若不满意，还可单击操作管理器中相应的参数标签，弹出“粗车”对话框，重新修改参数。

2. 粗车加工的参数设置分析

粗车加工的参数主要在“粗车”对话框中设置，如图 4-36 所示。

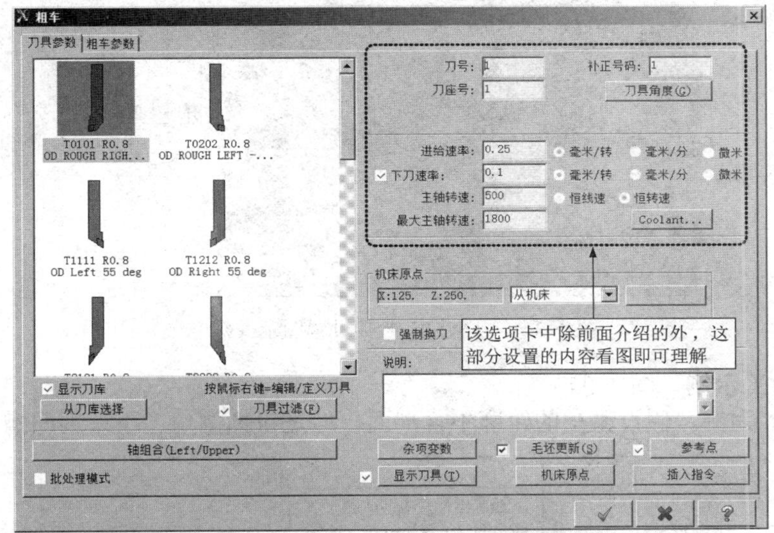

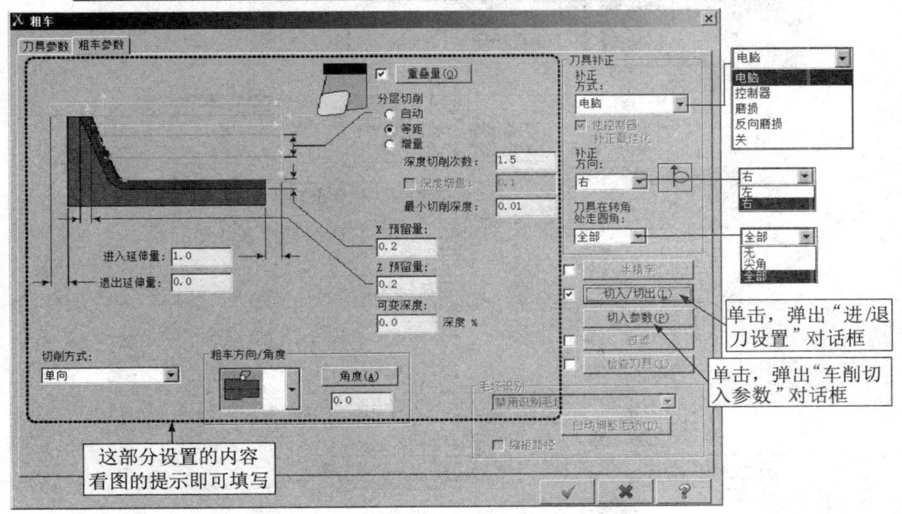

图 4-36　粗车加工参数设置图示

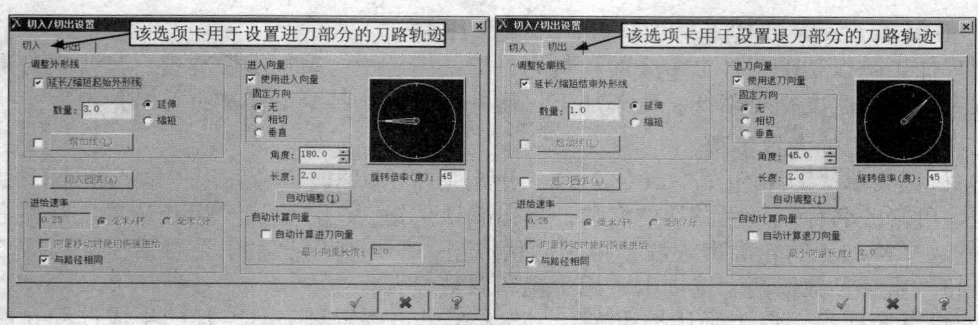

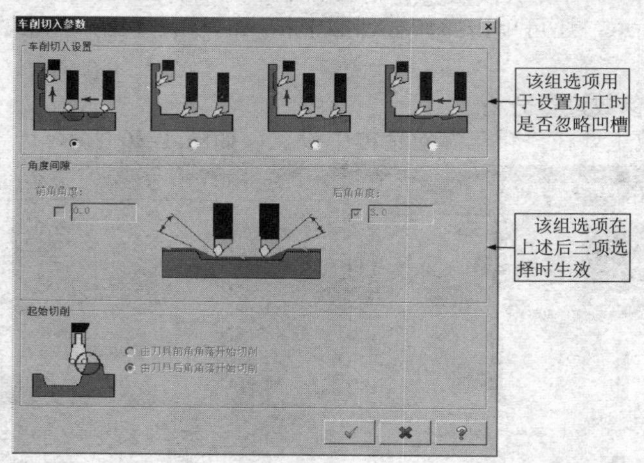

图 4-36　粗车加工参数设置图示（续）

3．粗车加工示例（图 4-37）

以图 4-22a 为例。假设粗车的轮廓不含端面，但是包括倒角，不切削凹槽部分。

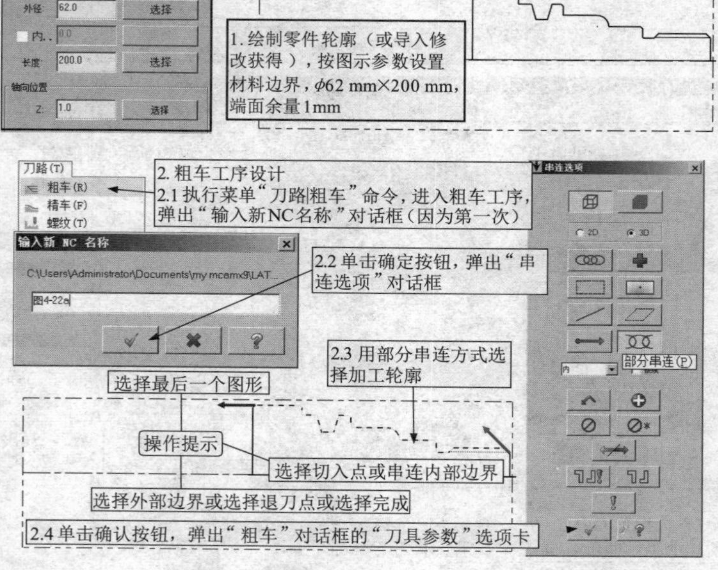

图 4-37　粗车加工示例

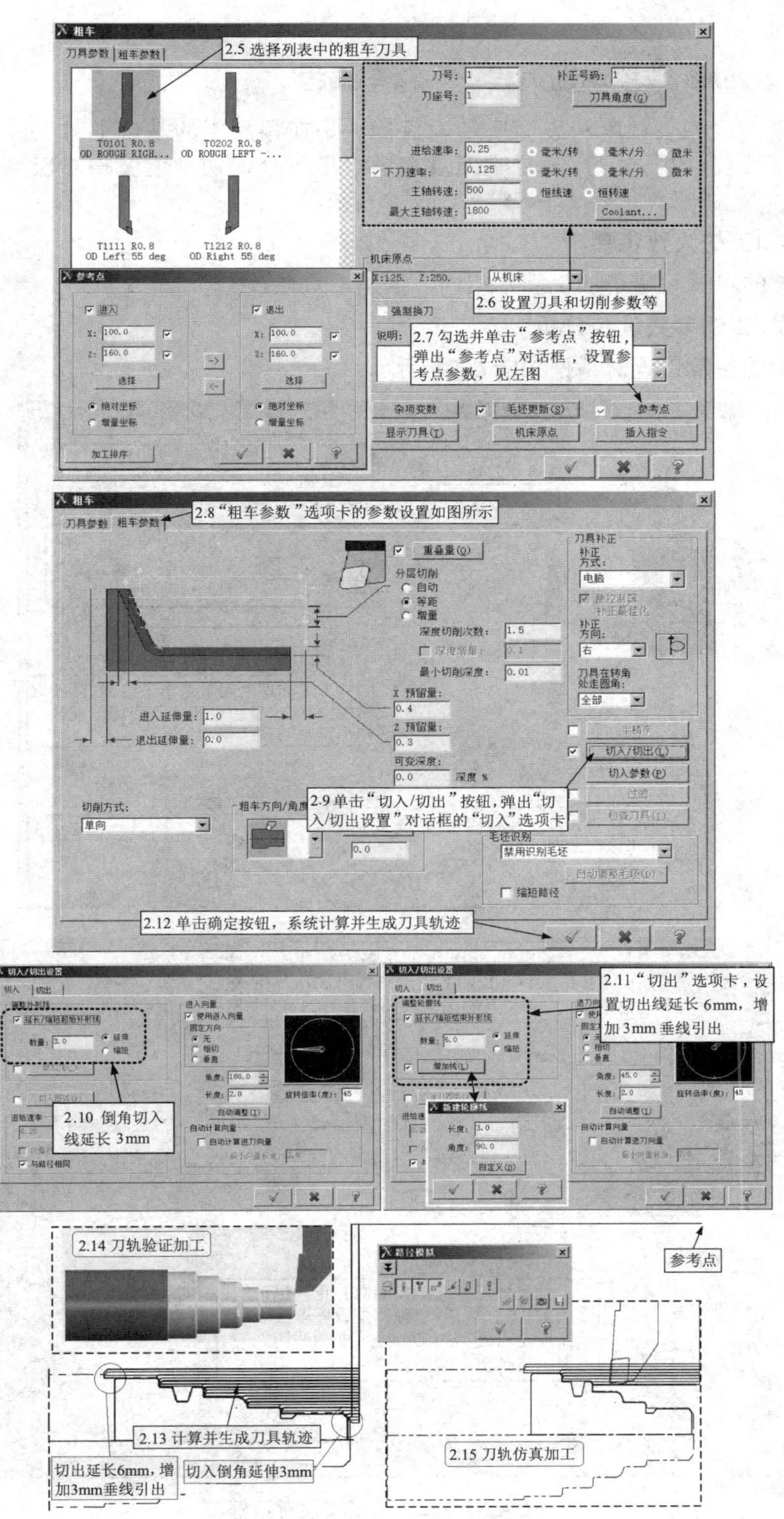

图 4-37　粗车加工示例（续）

4.3.3 Mastercam 数控车削编程——精车编程

精车加工是以加工精度和表面质量为目标，是在粗加工的基础上对工件表面进行进一步的加工，一般仅切削一刀，其背吃刀量和进给量较小，切削速度相对较高，且刀具要求锋利。

1．精车加工的大致步骤

精车加工的步骤与粗车加工基本相同，这里不赘述。

2．精车加工的参数设置分析

精车加工的参数设置对话框如图 4-38 所示。

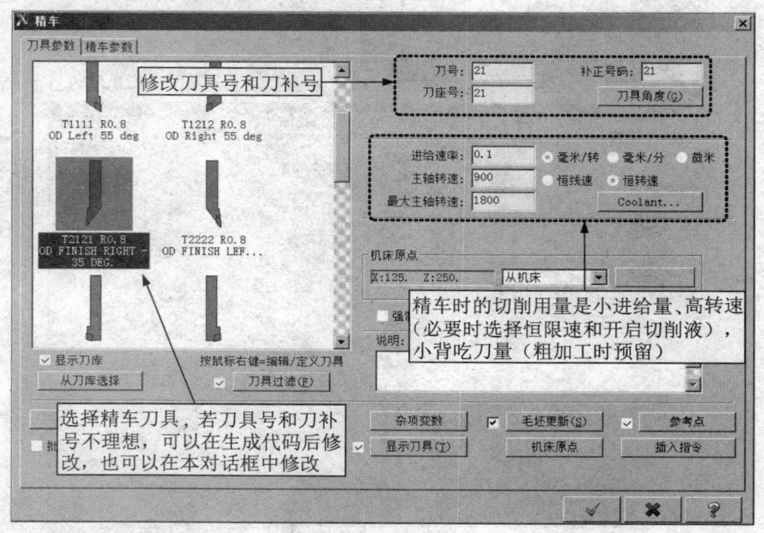

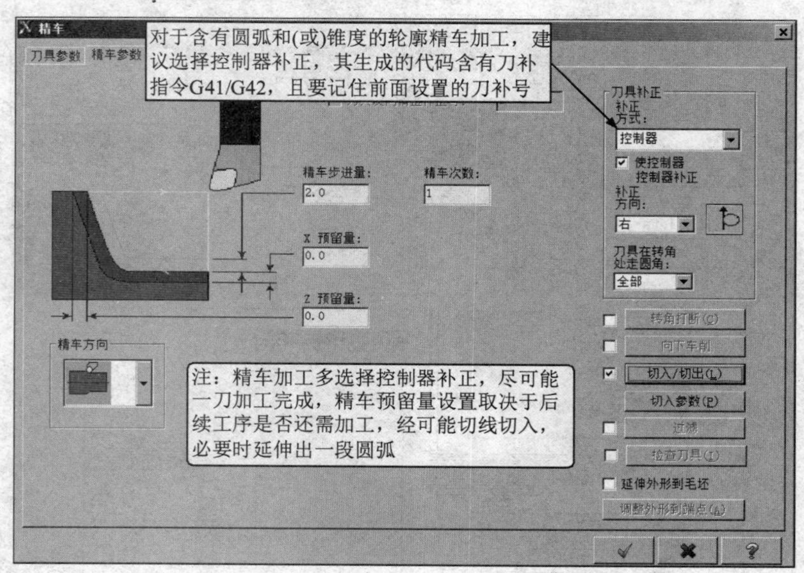

图 4-38 精车加工属性对话框

3．精车加工示例（图 4-39）

接图 4-37 所示的粗车加工，对其轮廓进行精加工。

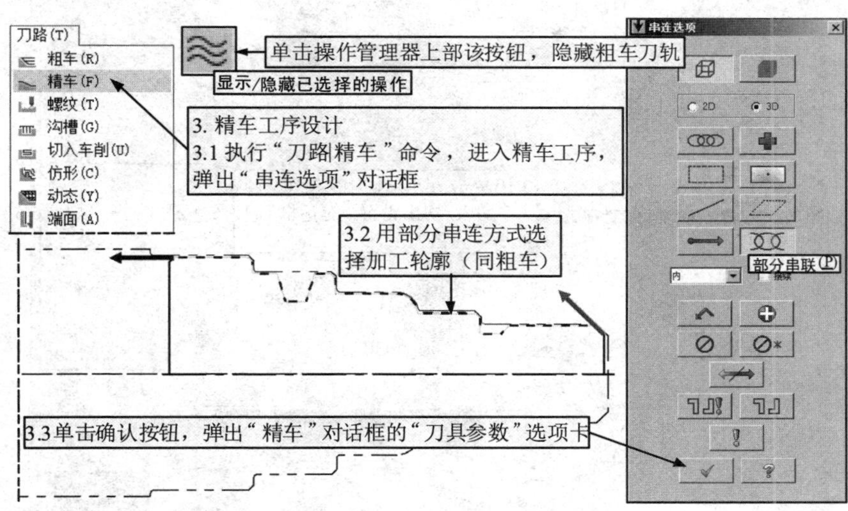

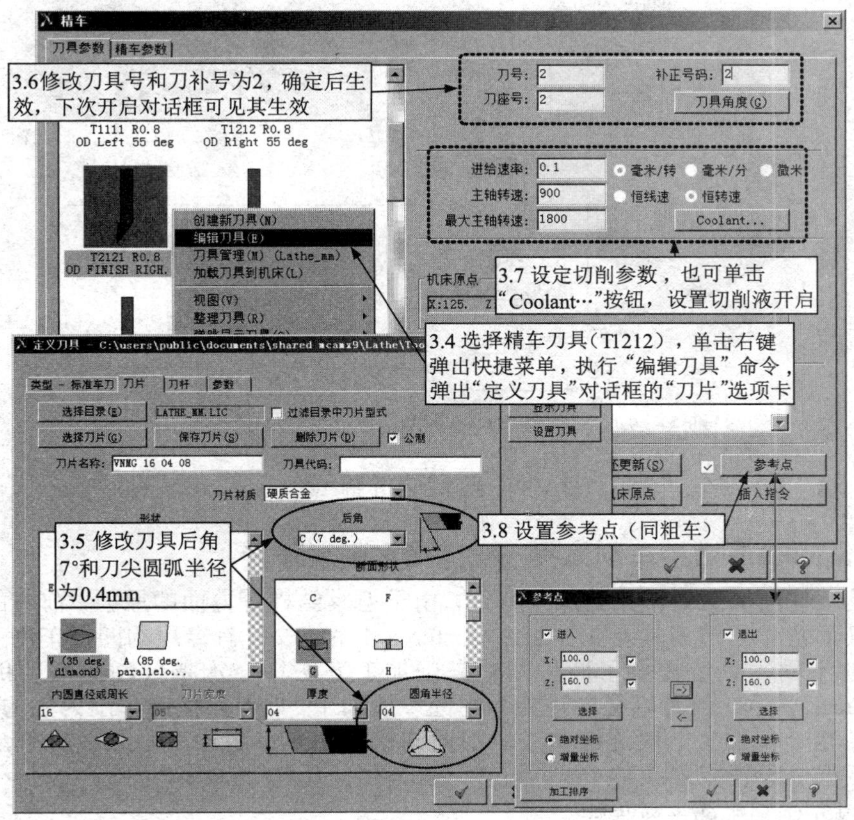

图 4-39　精车加工示例

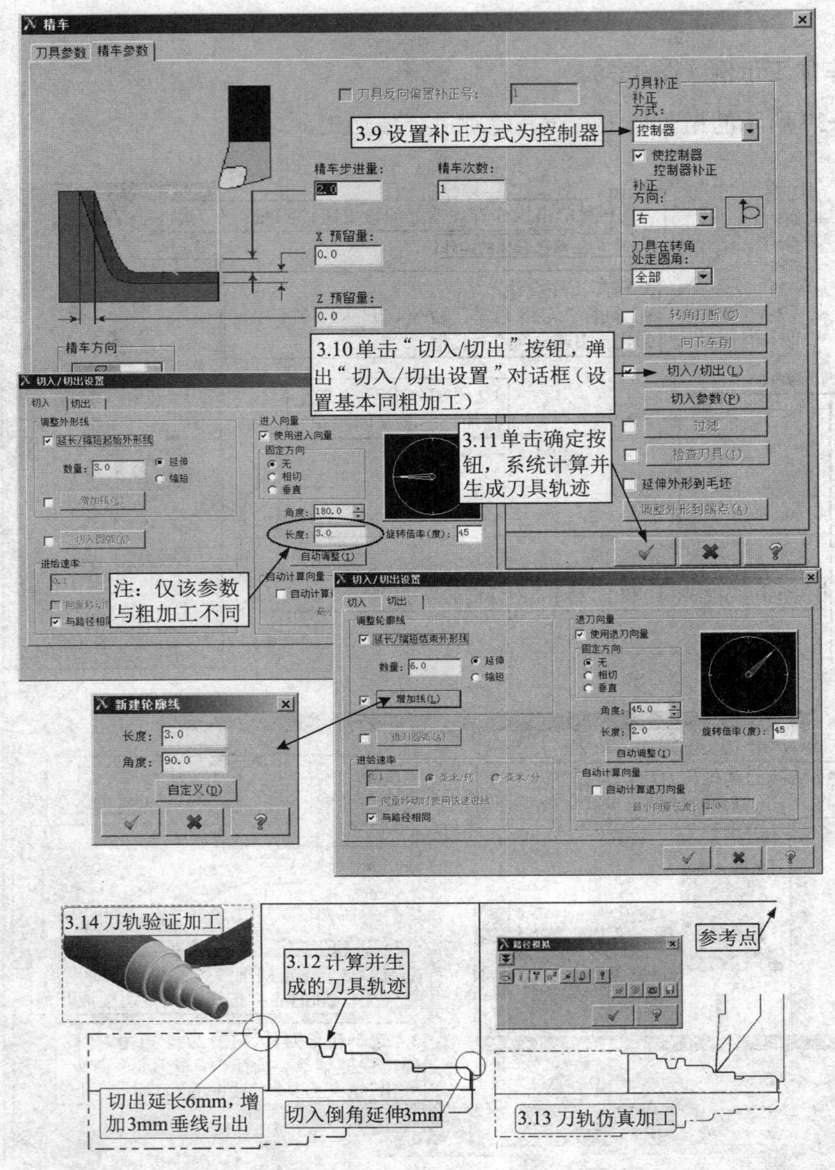

图 4-39 精车加工示例（续）

4.3.4 Mastercam 数控车削编程——沟槽车削编程

凹槽是圆柱面加工中常见的加工特征，由于刀具结构等方面的原因，前述的粗、精车削均忽略其而留作切槽刀具专业加工。Mastercam 系统安排有专用的凹槽车削刀具路径，根据槽宽的不同，系统提供了两种凹槽车削加工方法——沟槽（Groove）和切入车削（Plunge Turn）两种，前者以径向进刀为主的窄槽加工，后者以横向车削为主的宽槽加工。凹槽车削的粗、精加工一般连续完成，因此沟槽和切入车削加工工序中的粗、精加工在同一个对话框中设置完成。

1. 沟槽车削加工的大致步骤

1）执行菜单“刀路|沟槽”命令，弹出“沟槽选项”对话框，确定沟槽定义的方法，共

有五种定义方法——1 点、2 点、3 直线、串连和多个串连。

2）单击确认后，按操作提示定义沟槽轮廓线，例如选择串连方法定义沟槽，则会弹出“串连”选项卡，然后用部分串连方式选择沟槽轮廓。沟槽定义完成后会弹出“沟槽粗车”对话框。

3）“沟槽粗车”对话框含有四个选项卡，包括刀具参数、沟槽形状参数、沟槽粗车参数和沟槽精车参数，设置完成后，单击确认按钮，在屏幕上可以看到刀具路径的生成过程并最终完成刀具路径。

2．沟槽车削加工的参数设置分析

（1）沟槽轮廓线的定义与选择　如图 4-40 所示，其中 1 点、2 点和 3 线方式仅定义出底边宽度的矩形，侧壁的斜角在对话框中定义，而串连方式则直接以边界轮廓定义沟槽，较为灵活。另外注意，3 直线定义沟槽虽然也是串连选择方式，但两轮廓线必须平行且等长。

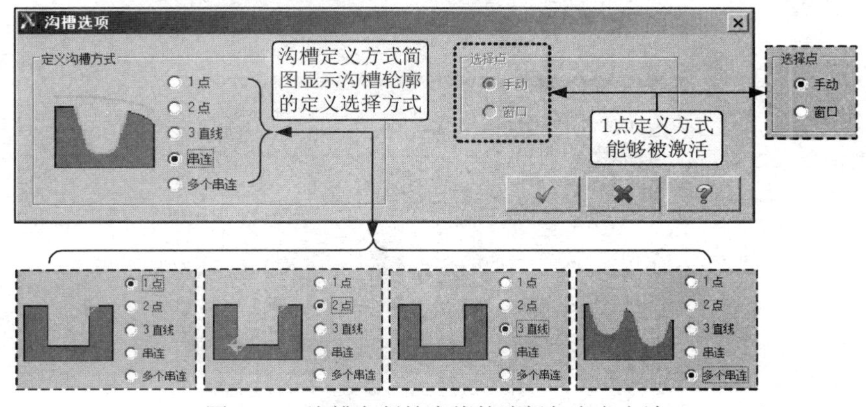

图 4-40　沟槽车削轮廓线的选择与定义方法

（2）沟槽车削参数设置分析　主要在“沟槽”车削对话框中设置，共有四个选项卡，如图 4-41～图 4-43 所示。沟槽车削参数较多，但对照对话框中的简图或标题基本可理解，右下角的帮助是详细学习的入口。另外，不断改变参数，然后观察其对刀路的影响有利于更深一步的理解。

1）“刀具参数”选项卡与前面介绍的基本相同，刀具列表全部为各种切槽刀具，如图 4-41a 所示。

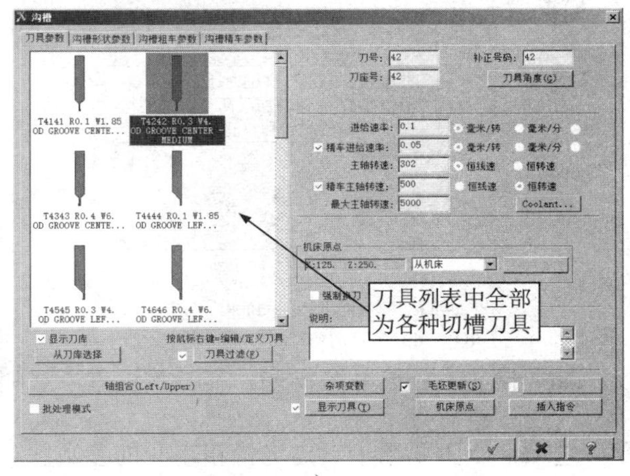

a）

图 4-41　沟槽车削选项卡

a）刀具参数选项卡

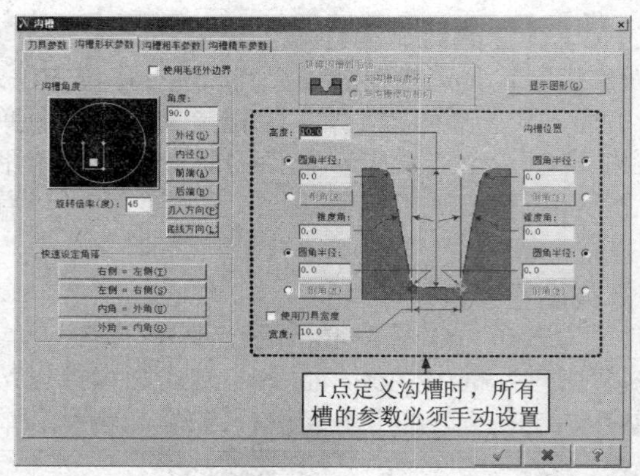

b）

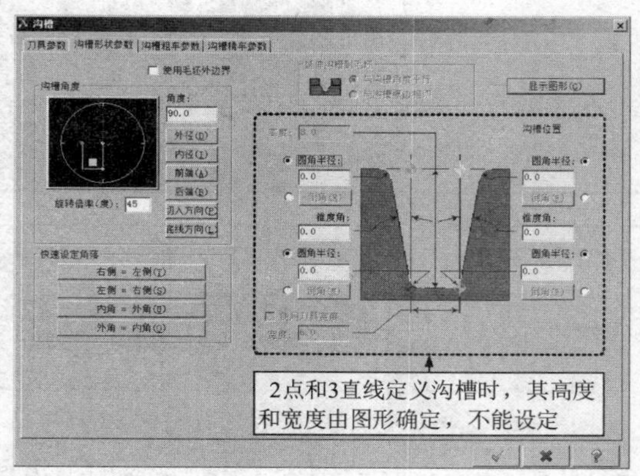

c）

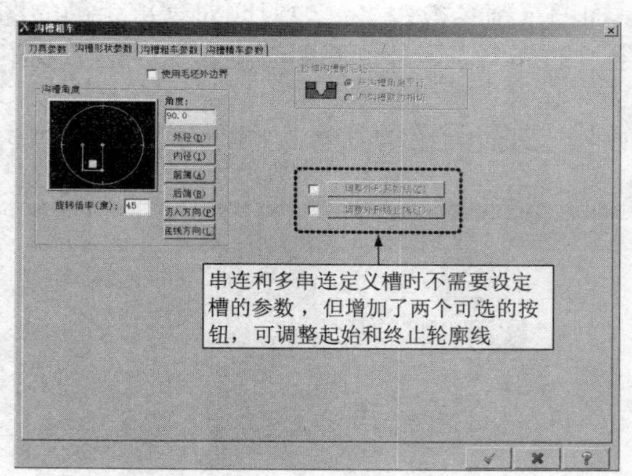

d）

图 4-41　沟槽车削选项卡（续）

b）～d）各种沟槽形状参数选项卡

2）“沟槽形状参数”选项卡，参见图 4-41b～d，其参数设置形式随沟槽轮廓的定义方式不同而存在差异。

3）“沟槽粗车参数”选项卡，主要用于设定沟槽粗车时的参数，如图 4-42 所示。注意沟槽车削粗车时的刀具路径主要以槽深方向切削为主。

4）“沟槽精车参数”选项卡，主要用于设定沟槽精车时的参数，如图 4-43 所示。沟槽精车的刀具路径一般沿轮廓走刀，类似于轮廓的精车，但其主切削刃是前端的切削刃。

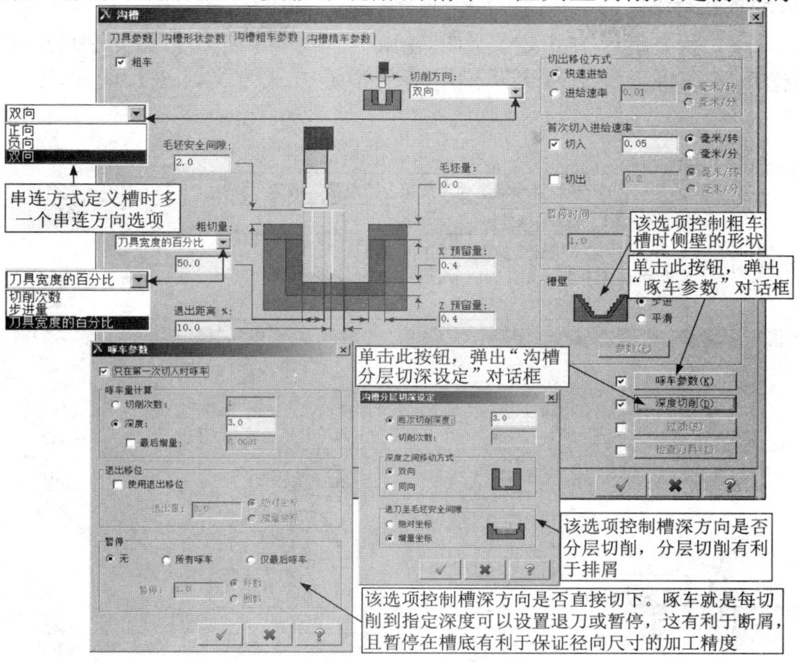

图 4-42　“沟槽粗车参数”选项卡

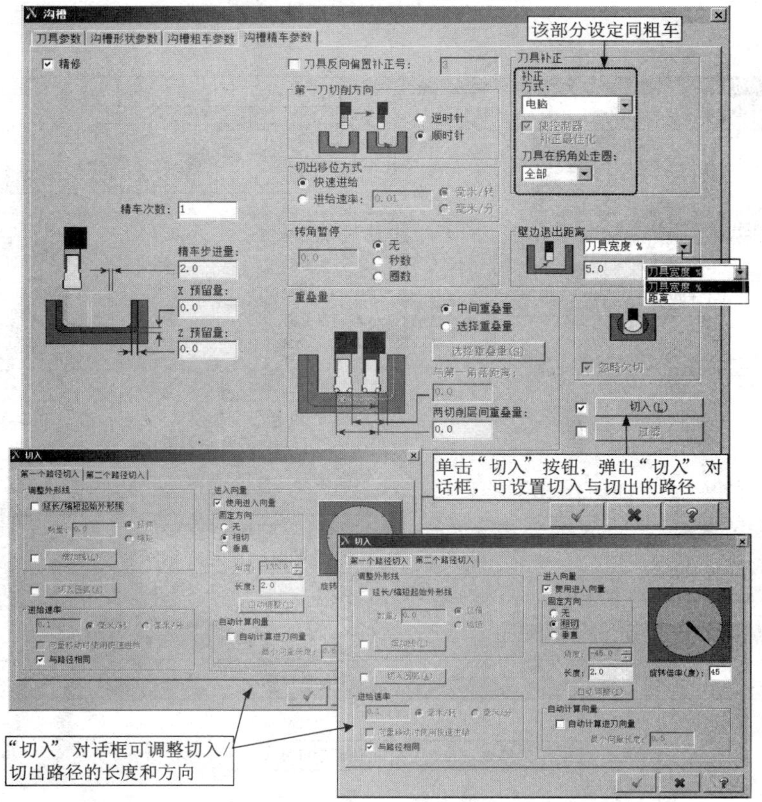

图 4-43　“径向精车参数”选项卡

3. 沟槽车削加工示例

（1）示例一——多个串连方式定义沟槽轮廓　图4-44所示为图4-39所示的粗、精加工工序后继续切槽工序，将工件上两个凹槽用多个串连方式定义，进行两个沟槽一次性编程加工的工序。

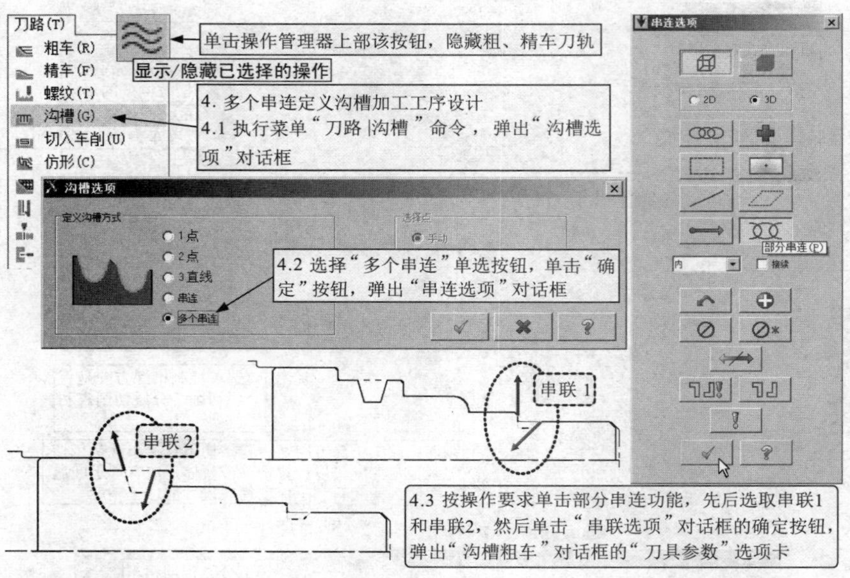

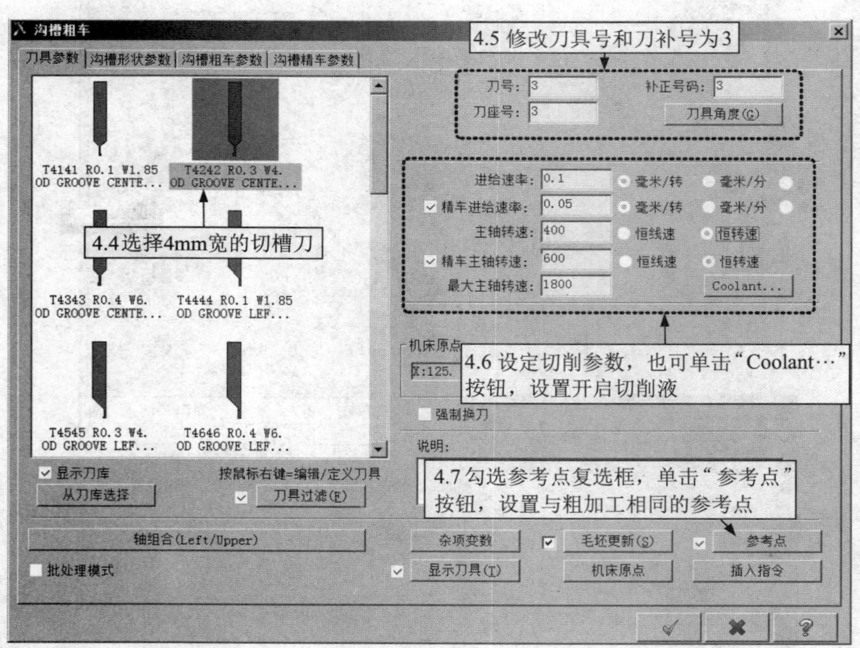

4.8“沟槽形状参数”选项卡采用默认设置，图略

图4-44　径向车削加工槽示例——串连方式定义沟槽轮廓

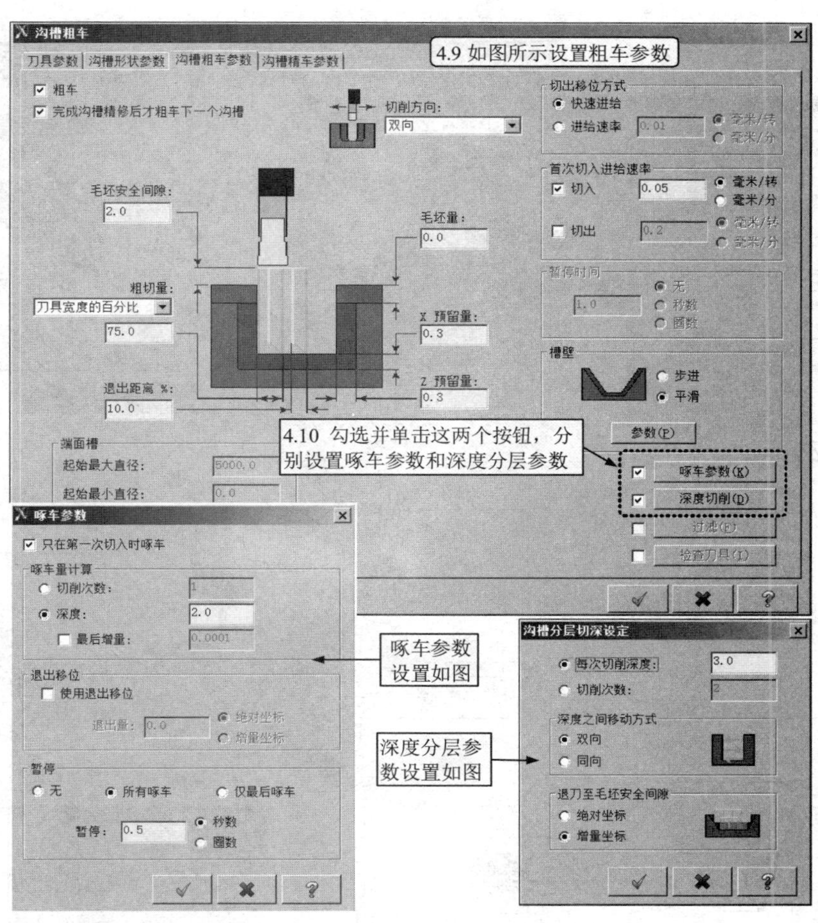

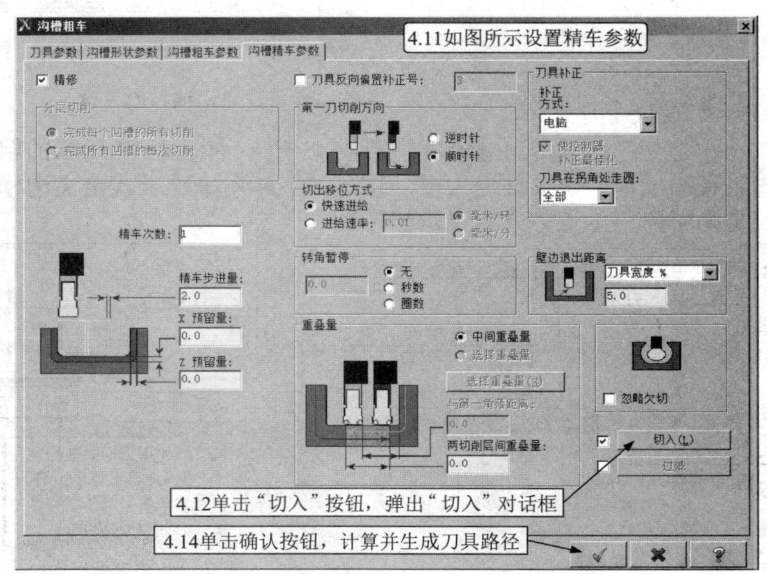

图 4-44　径向车削加工槽示例——串连方式定义沟槽轮廓（续）

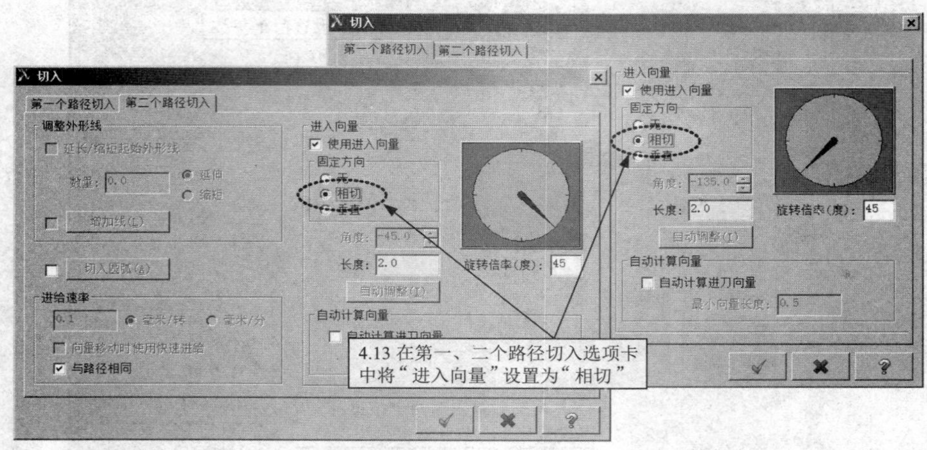

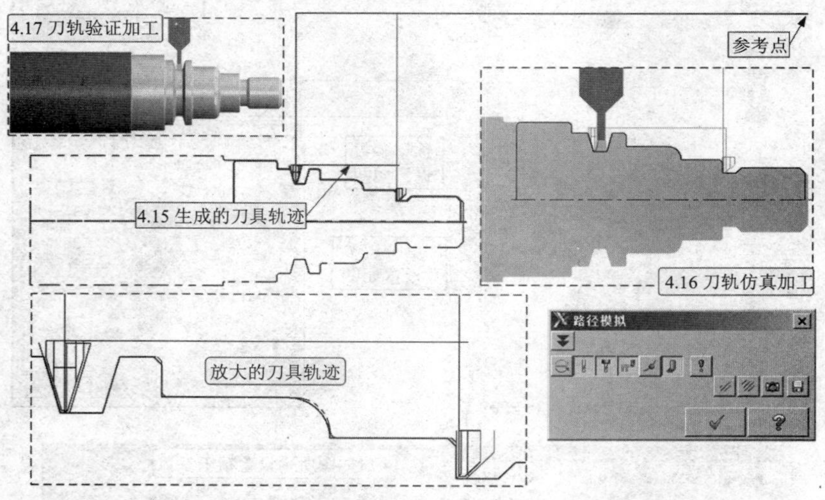

图 4-44 径向车削加工槽示例——串连方式定义沟槽轮廓（续）

（2）示例二——1 点方式定义沟槽轮廓 图 4-45 所示为图 4-37 所示的粗加工工序基础上，用 1 点方式定义沟槽加工螺纹处退刀槽。这一示例若用串连方式定义沟槽轮廓也是比较方便的，这里仅是为了介绍 1 点方式定义沟槽轮廓。

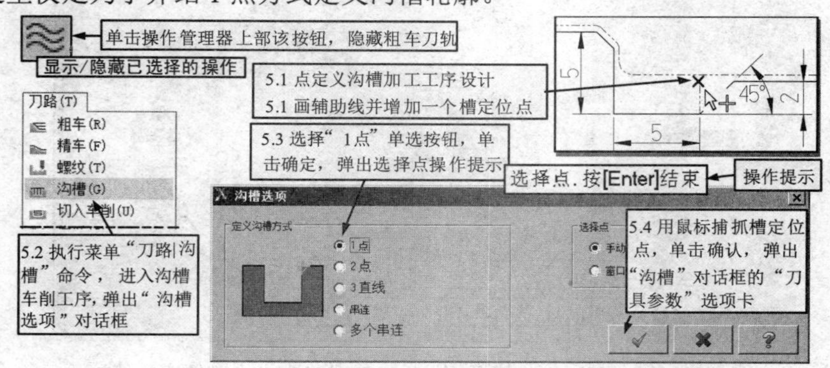

图 4-45 径向车削加工槽示例二——1 点方式定义沟槽轮廓

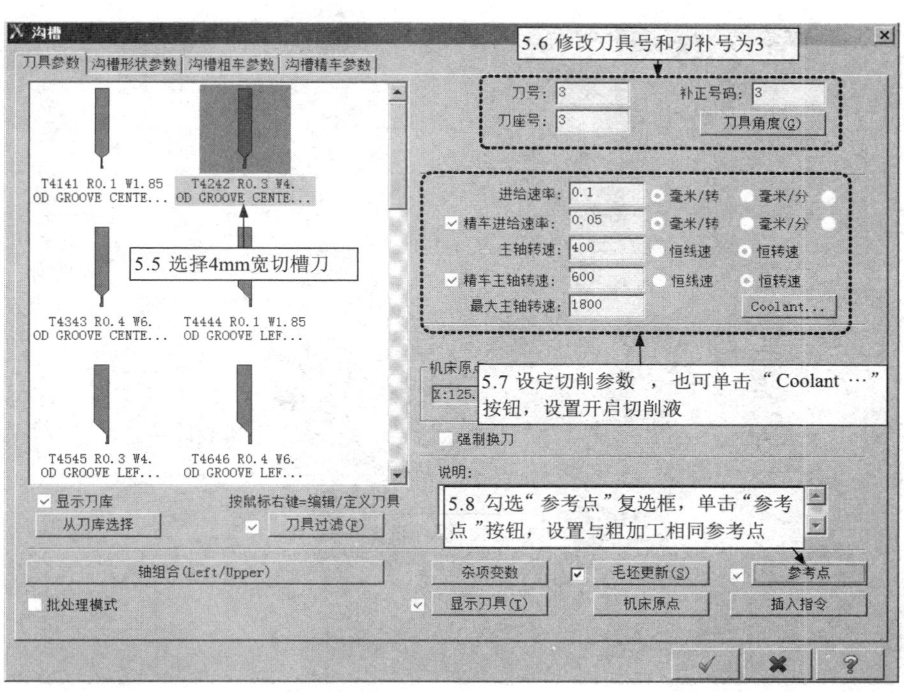

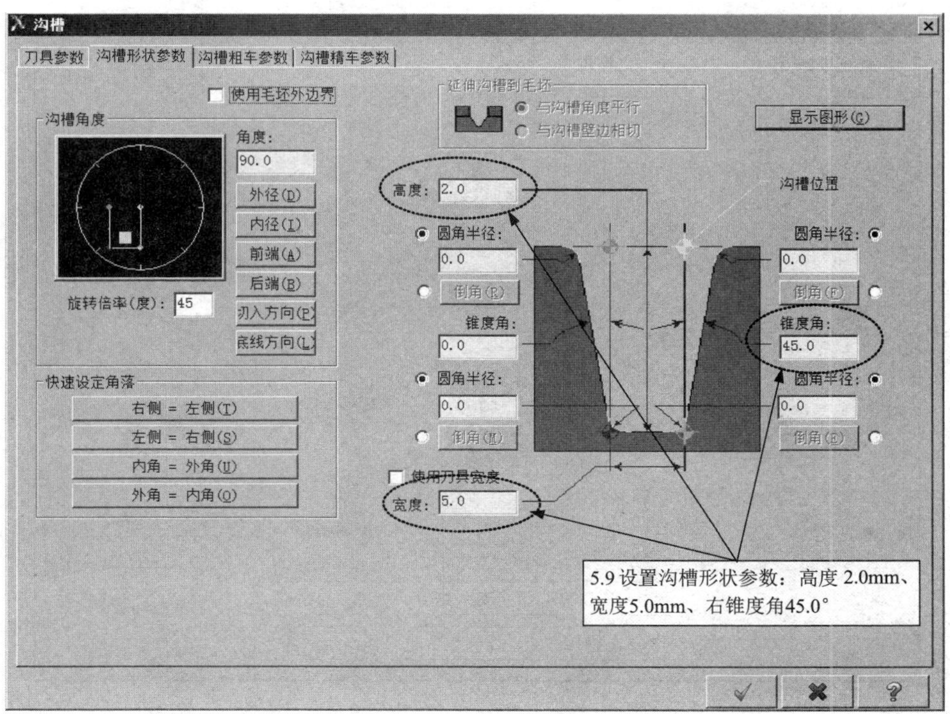

图 4-45　径向车削加工槽示例二——1 点方式定义沟槽轮廓（续）

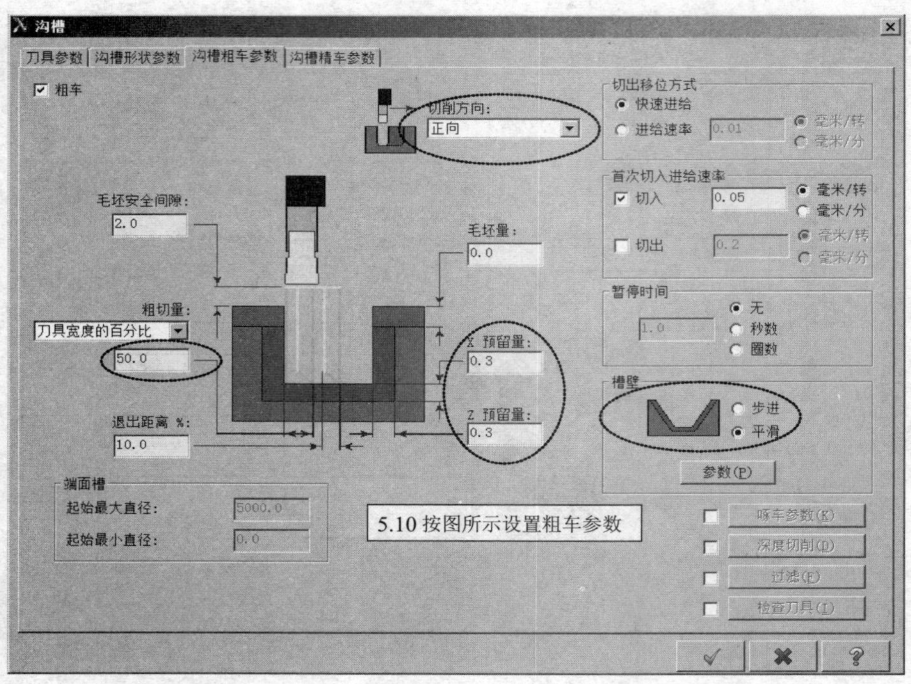

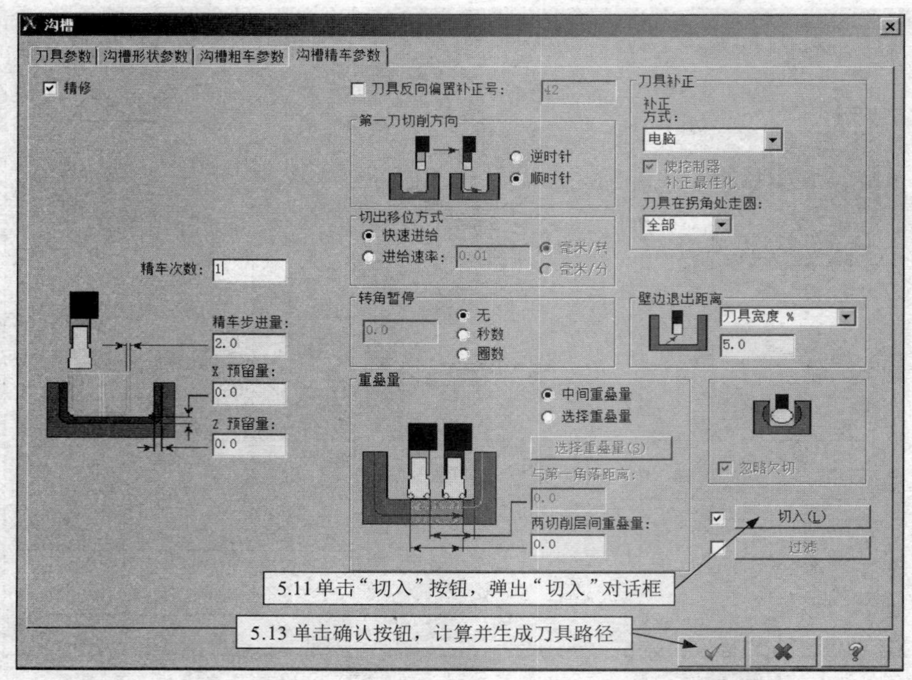

图 4-45 径向车削加工槽示例二——1 点方式定义沟槽轮廓（续）

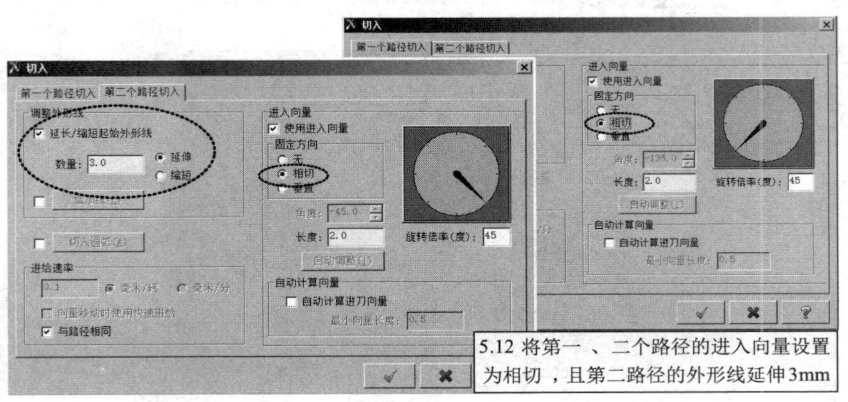

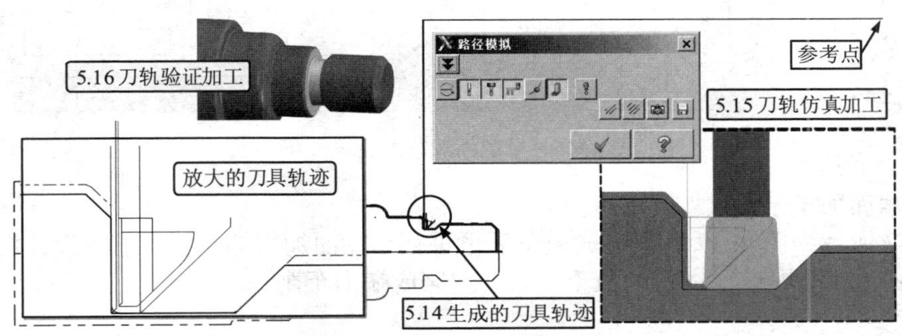

图 4-45　径向车削加工槽示例二——1 点方式定义沟槽轮廓（续）

4.3.5　Mastercam 数控车削编程——车端面编程

车端面是数控车削加工中常见的加工方法之一，应用广泛，为此 Mastercam 软件专门安排了一个车端面加工工序。对于端面质量较差的毛坯，一般在首道工序安排车端面加工，以保证工件坐标系的准确。根据需要也可安排在中间工序，参见图 4-47。

1．车端面加工的大致步骤

1）执行菜单“刀路|车端面”命令，弹出“车端面”对话框，其包括“刀具参数”选项卡和“车端面参数”选项卡两项，前者的设定方法与其他加工方法基本相同，后者是车端面工序设置的主要内容。

2）参数设置完成后，单击确认按钮，在屏幕上可以看到刀具路径的生成过程并最终完成刀具路径。

2．车端面加工的参数设置分析

（1）“刀具参数”选项卡　其设定方法与其他加工方法基本相同，主要差异是刀具的选择。专用端面车刀固然好，但需要多准备一把刀具，适合于大批量生产。批量不大时，常选用外圆粗车刀以减少刀具数量，但因其刀尖角小于端面车刀，故其切削用量应适当降低。

（2）“车端面参数”选项卡　如图 4-46 所示，车端面轮廓的选择方法有两种：选择点法是基于端面中点和右上角包含材料的最上角点定义加工范围；使用毛坯法是依靠 Z 坐标确定左下点，依靠材料的轮廓由系统自动判断右上点，因此这种方法在已知材料加工余量时使用非常方便。其余参数参考图解并结合生产实际确定。

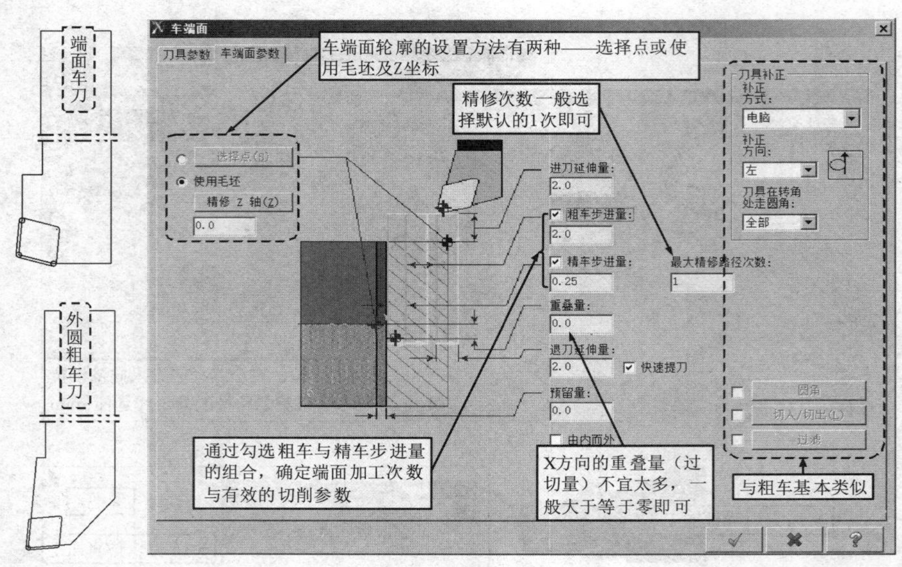

图 4-46 车端面选项卡设置分析

3. **车端面加工示例**（图 4-47）

图 4-47 所示为图 4-37 所示完成粗车后再进行车端面加工的示例，前述设计已知其端面加工余量为 1mm，现拟采用外圆粗车刀具一刀完成端面车削。

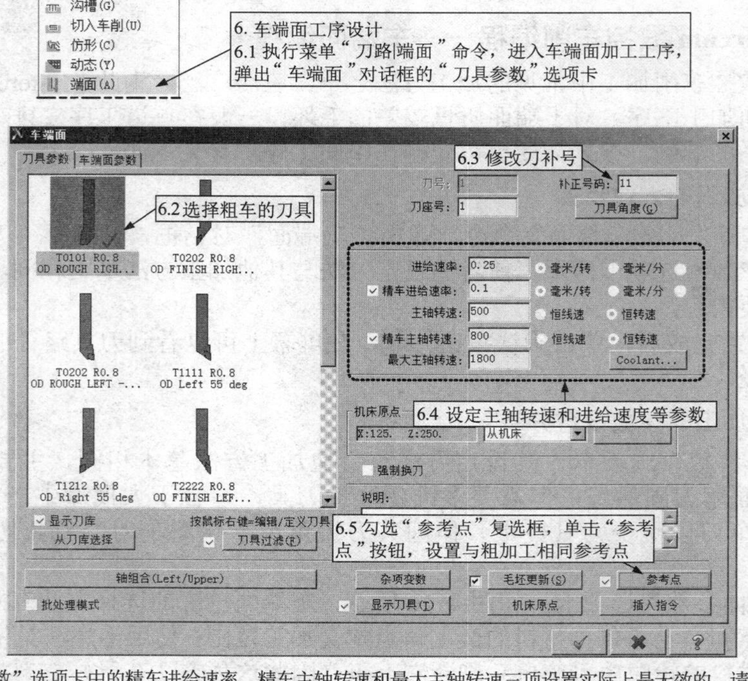

（注：“刀具参数”选项卡中的精车进给速率、精车主轴转速和最大主轴转速三项设置实际上是无效的，请读者自行分析其原因）

图 4-47 车端面加工示例

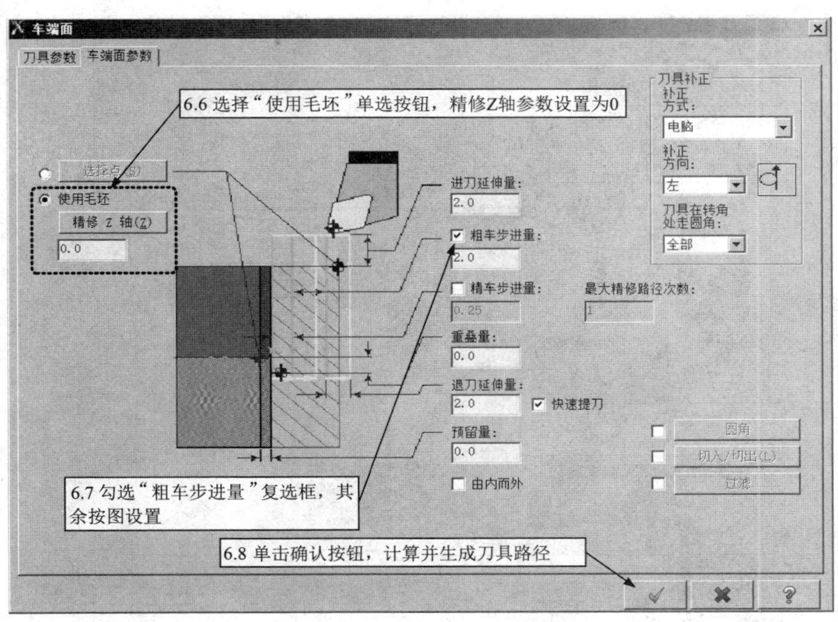

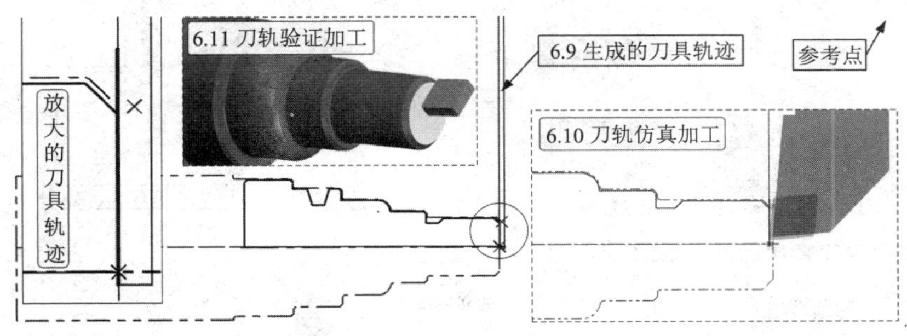

图 4-47　车端面加工示例（续）

4.3.6　Mastercam 数控车削编程——车螺纹编程

车螺纹加工主要用于加工回转体零件上的螺纹特征部分，如外螺纹、内螺纹或端面螺纹槽等。

1．车螺纹加工的大致步骤

1）执行菜单“刀路|车螺纹”命令，弹出“车螺纹”对话框，默认为“刀具参数”选项卡。

2）设置车螺纹参数等，选择螺纹的起始点和终止点。

3）设置完成后，单击确认按钮[✓]，在屏幕上可以看到刀具路径的生成过程并最终完成刀具路径。

2．车螺纹加工参数设置分析

（1）“刀具参数”选项卡　与其他加工基本相同。在这个选项卡中，默认的刀具是平装式可转位硬质合金螺纹车刀，也可根据需要选用其他形式的车刀，如图 4-48 所示选择的立装式可转位硬质合金螺纹车刀。

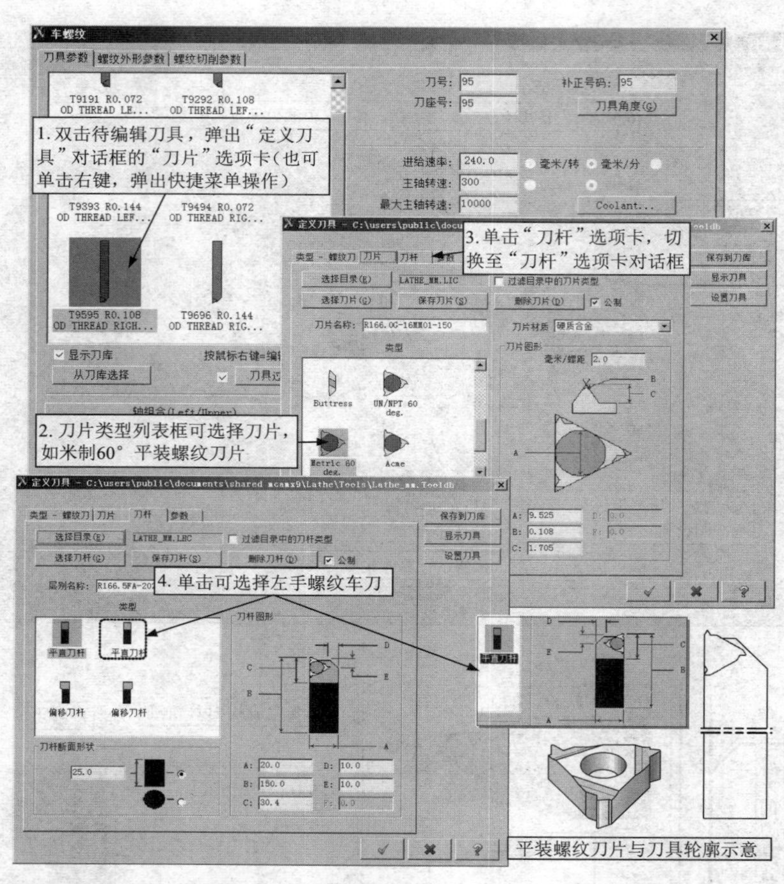

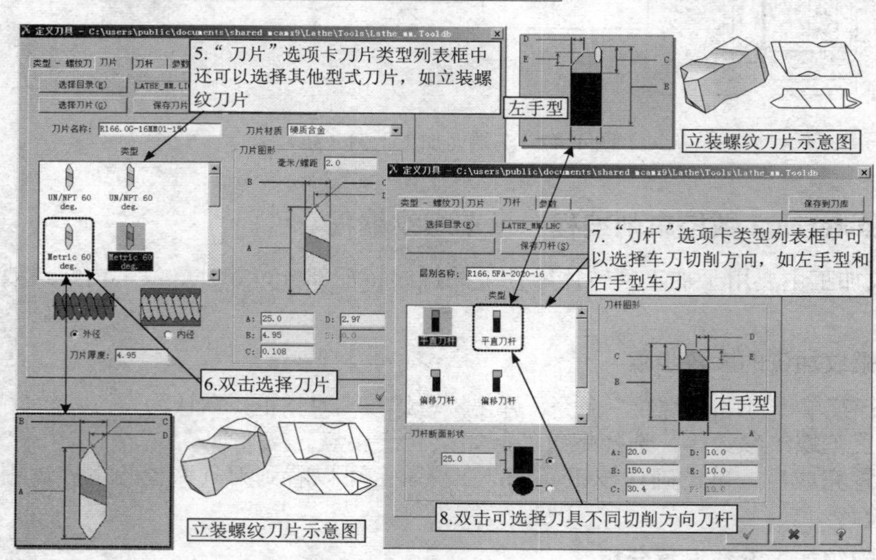

图 4-48　其他螺纹车刀的设置过程

（2）“螺纹外形参数”选项卡　该选项卡主要设置螺纹几何特征参数，如图 4-49 所示。可以直接在文本框中输入相关参数，但更多的是由表单计算或运用公式计算设置。

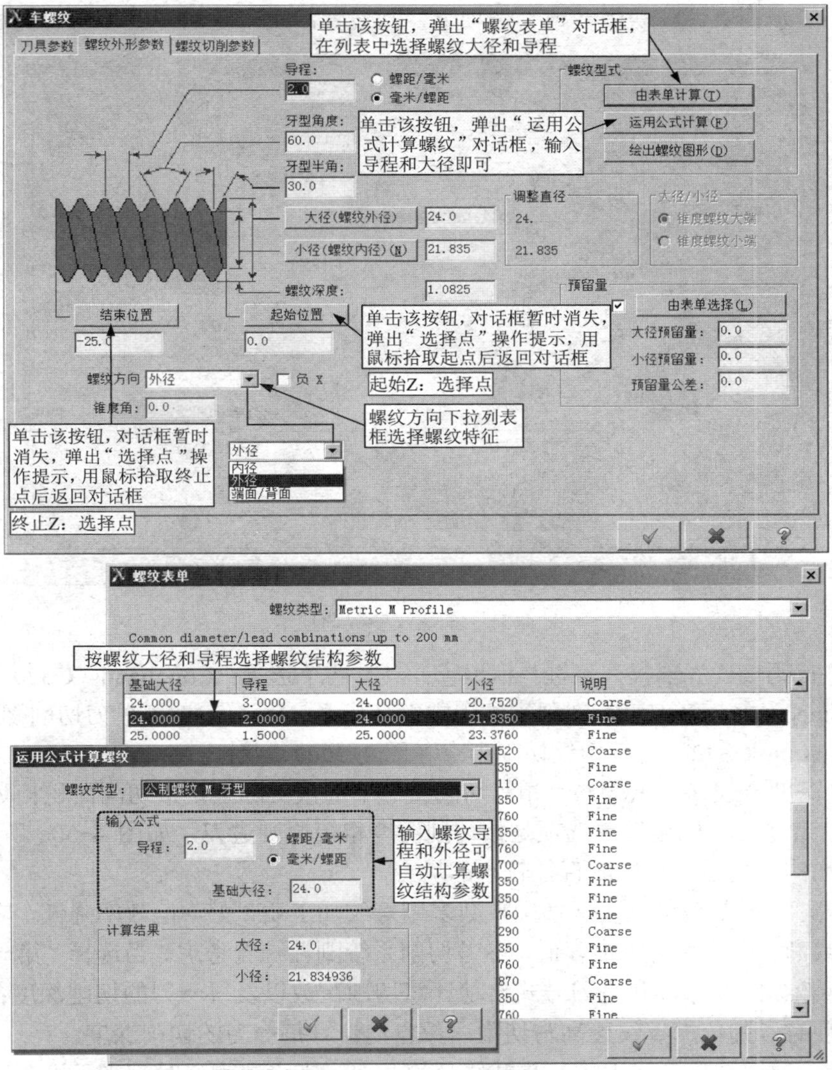

图 4-49　螺纹型式的参数选项卡

（3）“螺纹切削参数”选项卡　螺纹切削是一项专业性较强的加工工艺，必须有一定的专业基础。螺纹切削属于成形切削加工，对于常见的米制螺纹而言，其常见的进刀方式如图 4-50 所示。除图 4-50a 所示为等深度切削外，其他均为等面积切削，切削力较为稳定，为首选的车螺纹进刀方式。

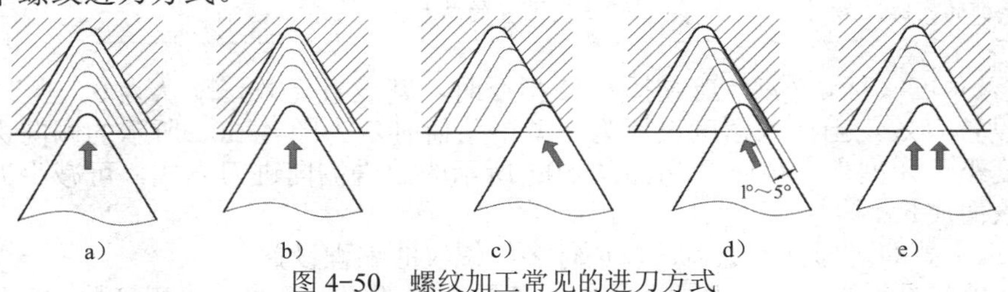

图 4-50　螺纹加工常见的进刀方式
a）等深度进刀　b）等面积进刀　c）侧向进刀　d）改进侧向进刀　e）左右交替进刀

图4-51所示为“螺纹切削参数”选项卡，其设置涉及一定的专业知识。简述如下：

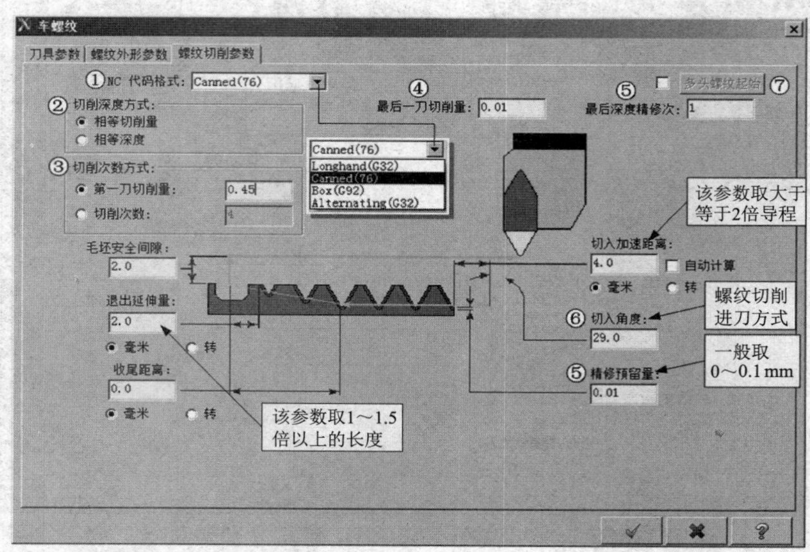

图4-51　车螺纹参数选项卡

1）“NC代码格式”下拉列表框（标识①）具有四个选项：Longhand（G32）普通螺纹切削指令、Canned（76）多刀复合切削螺纹固定循环指令、Box（G92）单刀切削螺纹固定循环指令、Alternating（G32）交替螺纹切削指令（图4-50e）四种。

2）切削深度方式（标识②）。“相等切削量”单选项实际上是按切削面积相等原则进刀，如图4-50b～e；“相等深度”单选项是按切削深度相等原则进刀，如图4-50a所示，其切削力是逐渐增加的，仅适合于螺纹直径较小的场合。

3）切削次数方式（标识③）。切削次数多则螺纹加工质量好，但效率降低，应合理选择，一般可按刀具商、设计手册等推荐值，参考切削系统刚性综合考虑。当选择“第一刀切削量”单选项时，其依据螺纹牙高和进刀方式自动计算切削次数以及每一刀的切削深度；若选择“切削次数”选项时，则依据螺纹牙高与切削次数自动计算每一刀的切削深度。

4）最后一刀切削量（标识④）是精修前的一刀，当设置为0时相当于没有这一刀。

5）最后深度精修次与精修预留量（标识⑤，两处）是最后一刀，相当于精加工，主要用于修正螺纹加工精度，其余量不宜太大，甚至可取0。

螺纹车削的实际次数是标识③、④、⑤三处设置的总和。

6）切入角度（标识⑥）。当选择G92指令时，其设置无效，默认为0。当选择G32和G76时其设置有效。当切入角度设置为牙型半角值时，为图4-50c所示的侧向进刀方式；当切入角度小于牙型半角值时，为图4-50d所示的改进侧向进刀方式，可减少刀具磨损，提高加工表面质量。

7）标识⑦处的复选框勾选后，可进行多线螺纹的编程设置。

未尽之处参见图中说明一般即可理解，若要深刻理解，可通过改变参数，后处理生成G代码详细分析理解。

（4）G76 固定循环参数设置与 FANUC 0i 车削系统的关系　固定循环指令与所使用的数控系统有较为密切的关系，这里以 FANUC 0i Mate-TC 系统为例进行分析，G76 指令的格式与各参数的详细介绍可参阅第 1 章的相关知识。图 4-52 所示为 G76 指令在 Mastercam X9 中设置的相关说明，由于 Mastercam 生成的指令在某些参数单位上存在差异，因此生成的程序必须对照机床数控系统的指令格式修改。

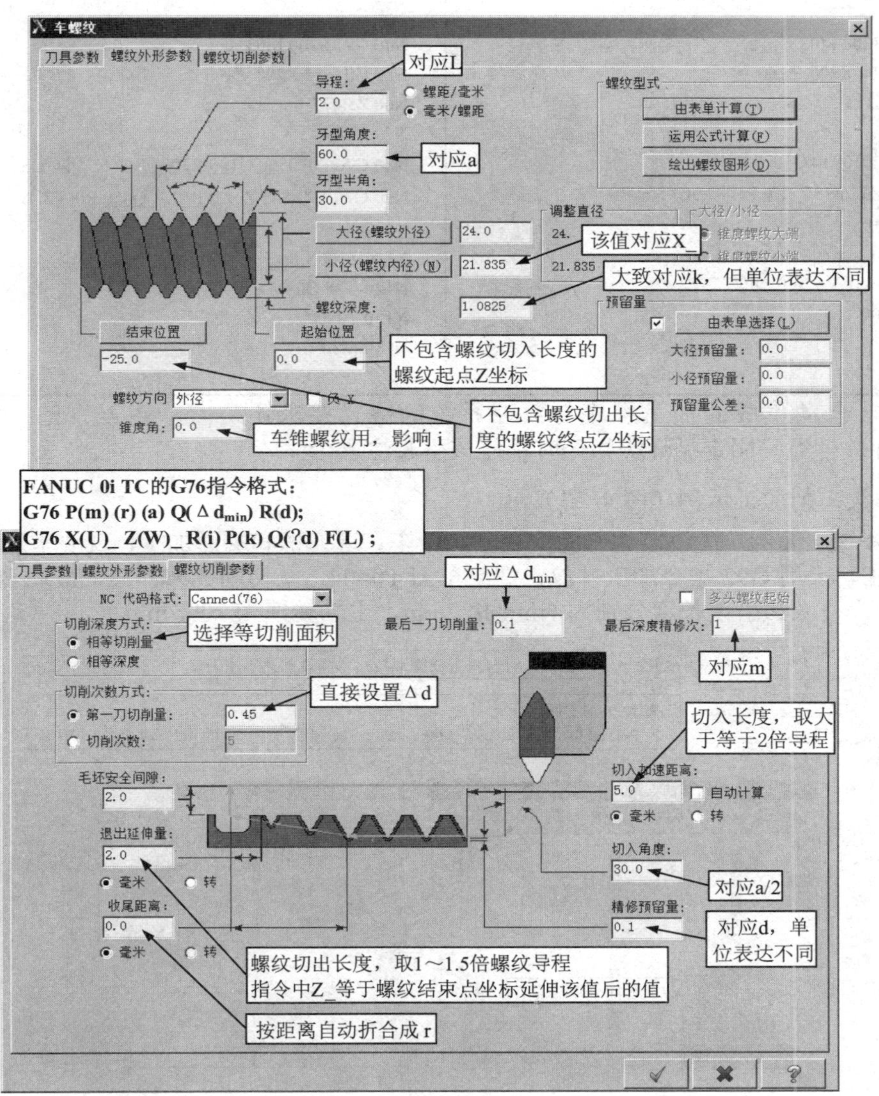

图 4-52　Mastercam 软件 G76 指令编程设置与 FANUC 0i 数控系统的关系

表 4-1 为加工图 4-22a 所示的 M24×2 的螺纹，参数设置如图 4-52 所示，用默认的后处理程序生成数控加工程序。图中修改部分用下划线标出，拟删除的部分用删除线标出。注意 N80 和 N90 程序段 G76 指令的修改，主要问题是单位不匹配，其他修改部分的原因在 4.4 节中会进行说明。

表 4-1 G76 固定循环生成的程序及其修改

自动生成的加工原程序（删除注释）	按 FUNAC 0i Mate-TC 系统格式修改的程序
%	%
O0000	O0451 （按需要修改）
N10 G21	~~N10 G21~~
N20 G0 T9595	N20 G0 T0404（按需要修改）
N30 G18	~~N30 G18~~
N40 G97 S200 M03	N40 G97 S200 M03
N50 G0 G54 X200. Z160.	N50 G0 G54 X200. Z160.
N60 Z5.363	N60 Z5.477
N70 X28.	N70 X28.
N80 G76 P010030 Q1000 R1000	N80 G76 P010560 Q100 R200 （单位不匹配）
N90 G76 X21.835 Z-27. P10825 Q4500 R0. F2.	N90 G76 X21.835 Z-27. P1083 Q450 R0. F2.
N100 X200.	N100 X160.
N110 Z160.	N110 Z100.
N120 G28 U0. V0. W0. M05	~~N120 G28 U0. V0. W0. M05~~
N130 T9500	N130 T0400
N140 M30	N140 M30
%	%

分析：自动生成的加工程序与数控系统的格式要求还是有一点差别的。因此在用 Mastercam 软件编写固定循环类指令时都应该引起注意。

3．螺纹车削加工示例（图 4-53）

以图 4-22a 为例，假设零件已完成粗车、精车、退刀槽和端面加工，现要求进行 M24×2 螺纹的加工，采用 G92 指令加工螺纹，螺纹车刀 T0404，共切削 5 刀，其中最后一刀 0.1mm（直径值），引入和引出长度分别为 5mm 和 2mm，主轴转速为 200r/min。

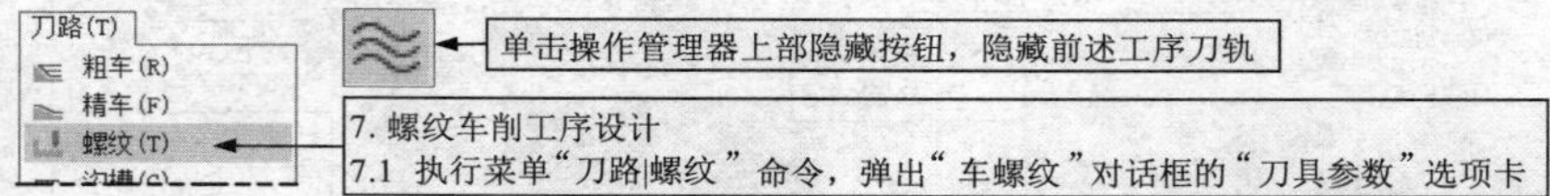

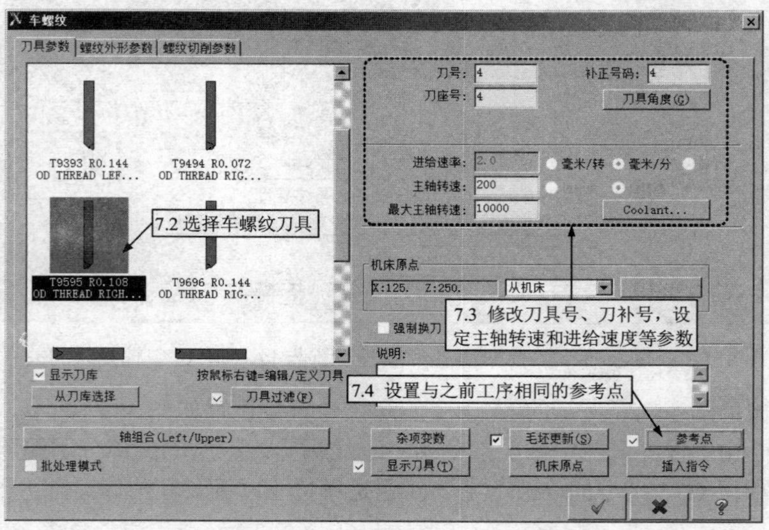

图 4-53 螺纹车削加工示例

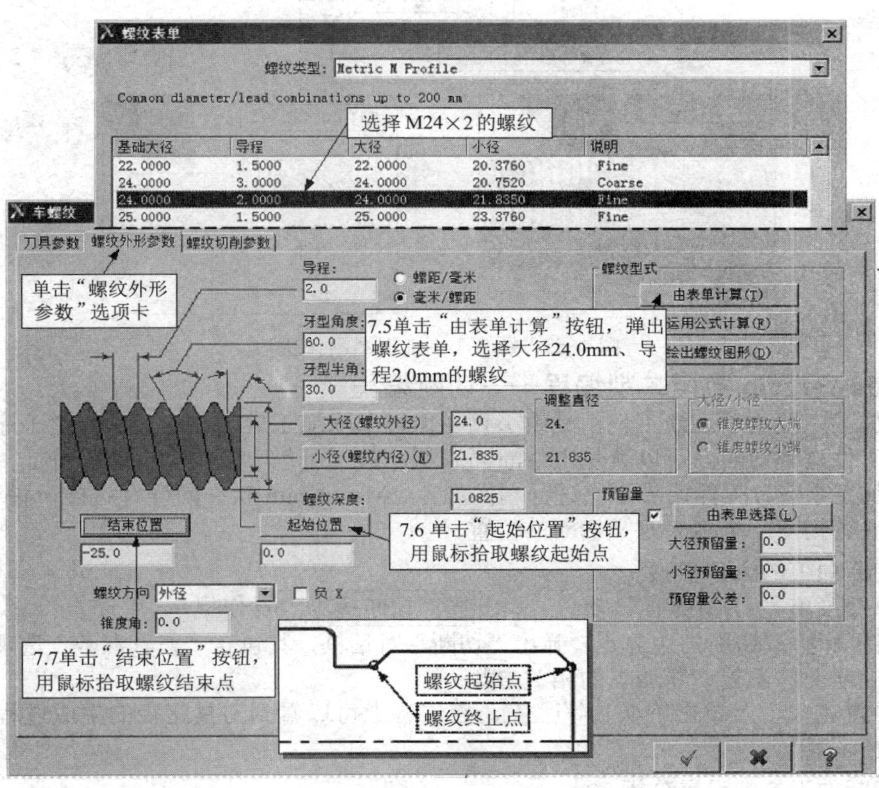

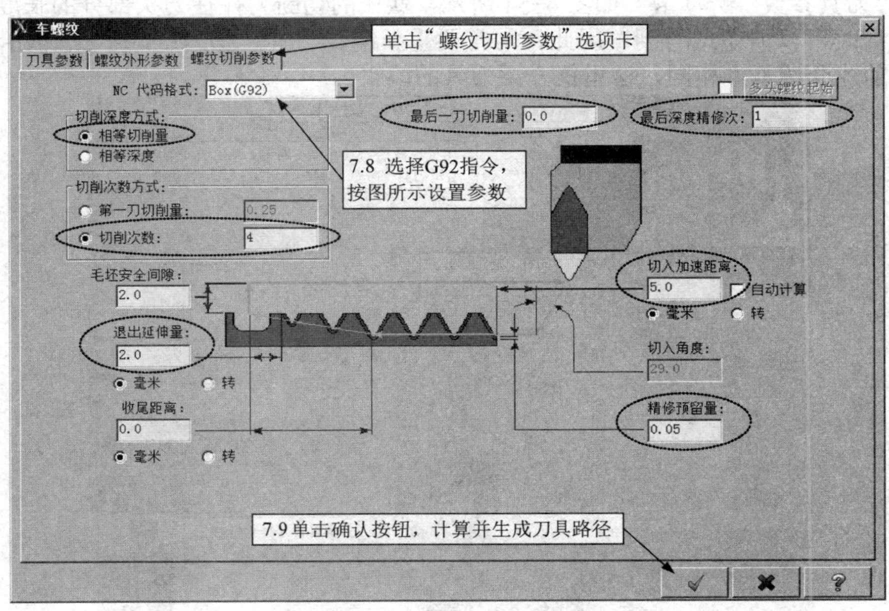

图 4-53　螺纹车削加工示例（续）

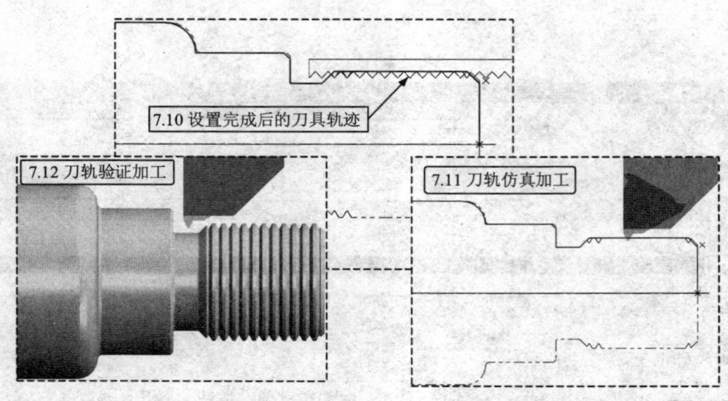

图 4-53 螺纹车削加工示例（续）

4.3.7 Mastercam 数控车削编程——切断编程

切断加工主要用于切断工件，是中小直径棒料车床加工最常见的最后一道工序。对于要求不高的工件，其切断面可以就是工件断面表面，甚至可包含倒角和倒圆等特征；也可以留有适当的加工余量，工件调头再次进行端面加工。Mastercam 软件同样有这样一种编程工序，用户可以通过指定一个点来定义切断的位置。

1．切断加工的大致步骤

1）执行菜单“刀路|切断”命令，弹出选择切断边界点操作提示。

2）用鼠标拾取切断的边界点，弹出“切断”对话框，其包含“刀具参数”选项卡和“切断参数”选项卡，设置切断加工的相关参数。

3）设置完成后，单击确认按钮，在屏幕上可以看到刀具路径的生成过程并最终完成刀具路径。

2．切断加工参数设置分析

（1）“刀具参数”选项卡　如图 4-54 所示，默认的切断刀往往刀头部分的长度不够，这在仿真验证时可以清楚地看到。因此，常常要重新编辑刀具。“刀具参数”选项卡的其他部分设置与前述介绍基本相同，这里仅介绍刀具的编辑。

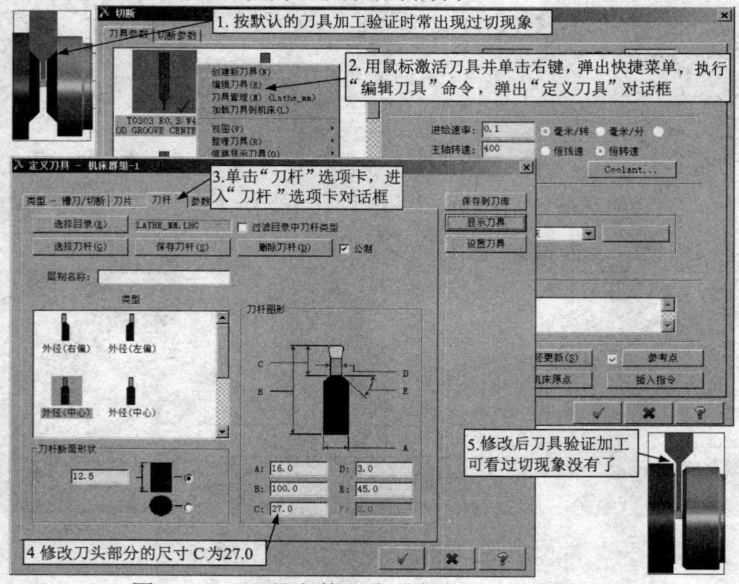

图 4-54 “刀具参数”选项卡中刀头长度的编辑

（2）“切断参数”选项卡　主要设置切断工序的参数，如切断部位几何参数，啄车、切入/切出和补正参数等。另外，转角倒角或倒圆也是常设置的参数，如图 4-55 所示。

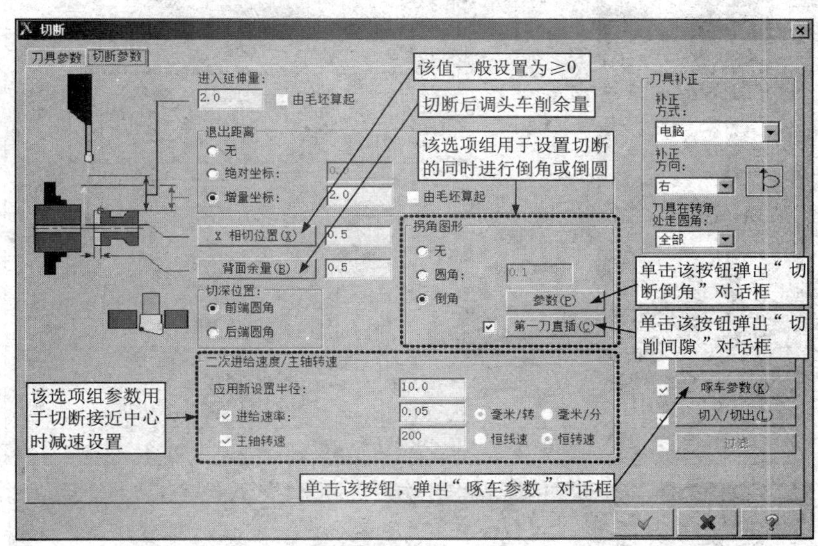

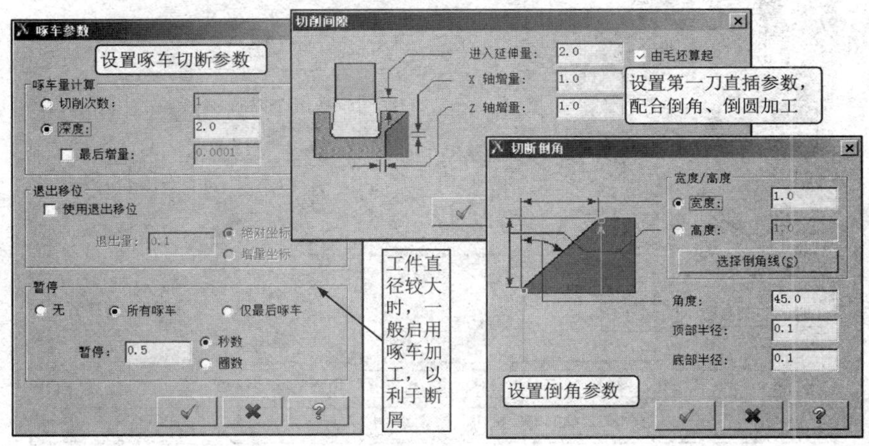

图 4-55　“切断参数”选项卡及相关参数的设定分析

3．切断加工示例（图 4-56）

以图 4-22a 为例，假设零件已完成除切断之外的其他加工，要求切断的同时完成 $C1$mm 的倒角。

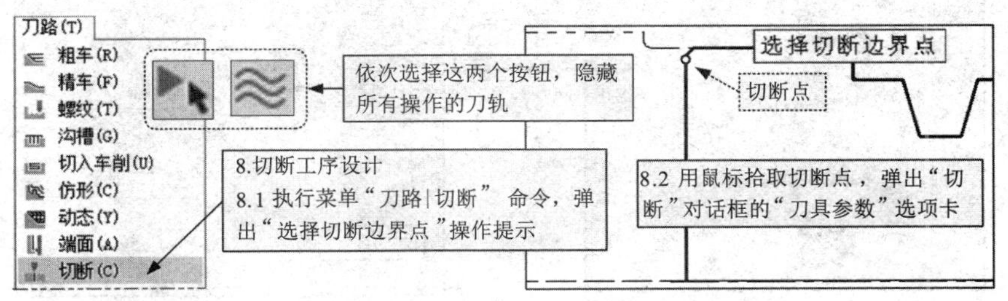

图 4-56　切断操作示例图解

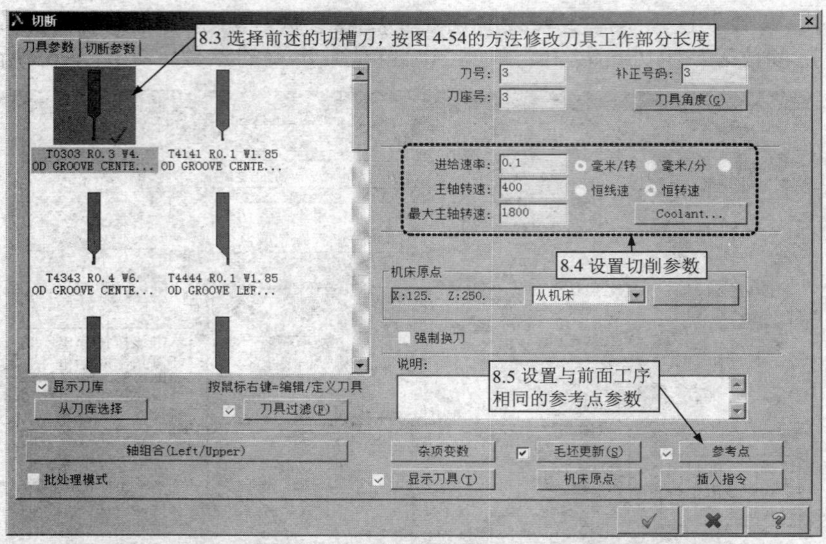

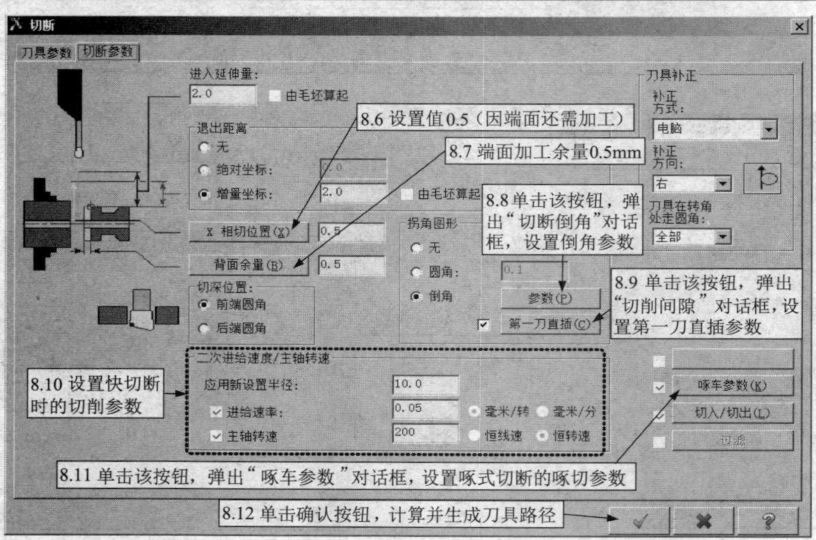

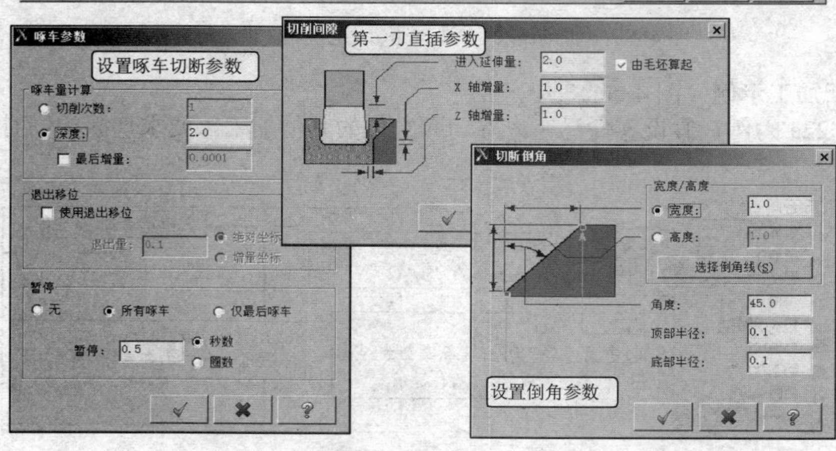

图 4-56 切断操作示例图解（续）

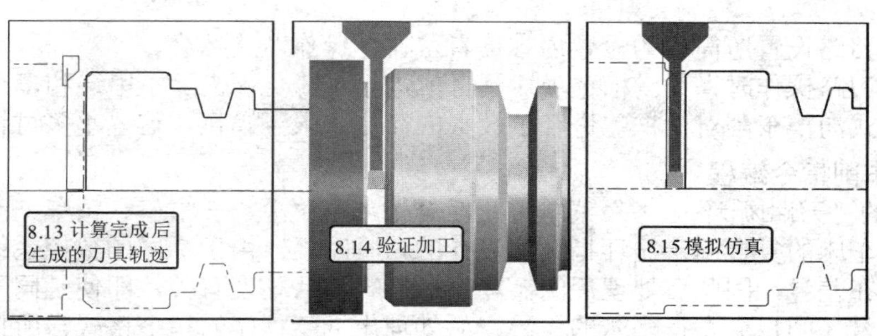

图 4-56　切断操作示例图解（续）

注：本例仅是一个练习示例，实际的加工中可能仅是切断并端面留余量，然后调头车端面和倒角。另外，对于直径较大的零件，一般就不安排切断工序了。

4.3.8　Mastercam 数控车削其他编程方法分析

前述介绍的车端面、圆柱面粗车和精车、沟槽与切断以及螺纹车削编程是数控车削基本的加工工序编程，在图 4-29 所示的“车削刀路”下拉菜单中还有几种车削路径编程方法值得学习。

1．简式车削刀具路径编程

图 4-29 的“刀路|简式|……”菜单下有三个简式子菜单——粗车、精车和沟槽，其是“刀路”菜单中的粗车、精车和沟槽刀具路径（4.3.2～4.3.4 节部分内容）的快速设置编程方法。以简式粗车为例，其参数设置进行了一定的简化，图 4-57 所示为“简式粗车”对话框的两个参数选项卡，对照图 4-36 中对应的选项卡可见其取消了较多的默认参数的设置，减少了参数设置的数量，简化了编程设置，故简式车削又称快速车削刀具路径编程。

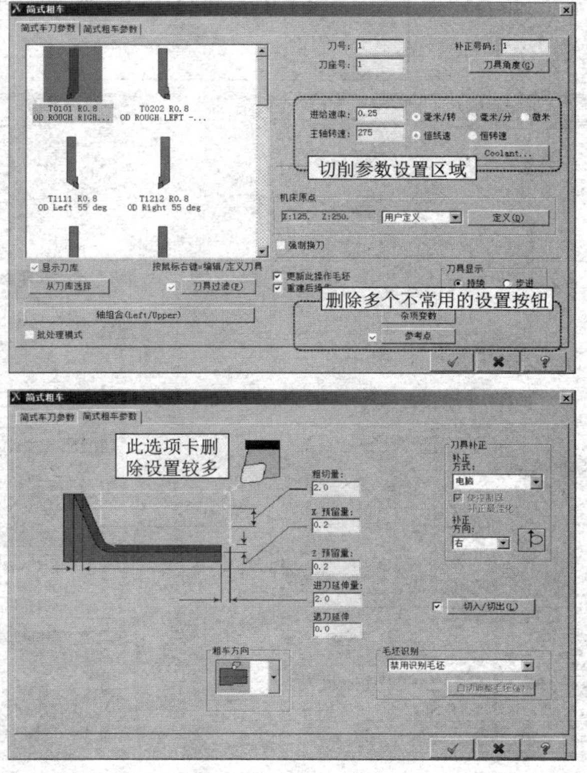

图 4-57　“简式粗车”对话框的“简式车刀”和“简式粗车参数”选项卡

简式精车刀路设置所简化的设置内容读者可自行操作对比体会。

简式沟槽刀路操作时，其沟槽选项对话框就进行了简化，去除了串连和多个串连定义沟槽方式，其简式沟槽车削对话框也进行了较大的简化，限于篇幅，这里不多讨论。

2．循环车削指令编程

图4-29的“刀路|循环|……”菜单下有四个循环子菜单——粗车、精车、沟槽和仿形，其是基于数控车床的复合固定循环指令而设计的刀具路径。由于不同的数控系统，其循环指令的格式等存在差异，因此后处理后的循环指令格式与后处理有关，即使是同一品牌的数控系统，不同型号之间也会存在略微的差异，后处理出NC程序的指令格式与所使用机床的数控系统指令必须对比，记住要修改的位置。考虑到不同系统循环指令格式的差异性，Mastercam软件也允许循环刀具路径后处理成非循环指令的基本加工指令（G00、G01、G02和G03）构成的NC程序。

对于FANUC系统而言，循环刀具路径的四个子菜单根据设置的不同，其对应关系是：粗车对应G71和G72，精车对应G70，仿形对应G73，沟槽对应G74和G75，对照图4-51中的G76，Mastercam软件基本具备FANUC系统中主要的复合固定循环车削指令。在Mastercam软件中，学习好循环刀路的操作必须具备循环指令的基本知识和指令格式。下面以粗、精车循环的组合G71+G70方式编写图4-22a零件的粗、精车加工，图4-58所示显示了其主要步骤参考，假设零件已完成端面加工。

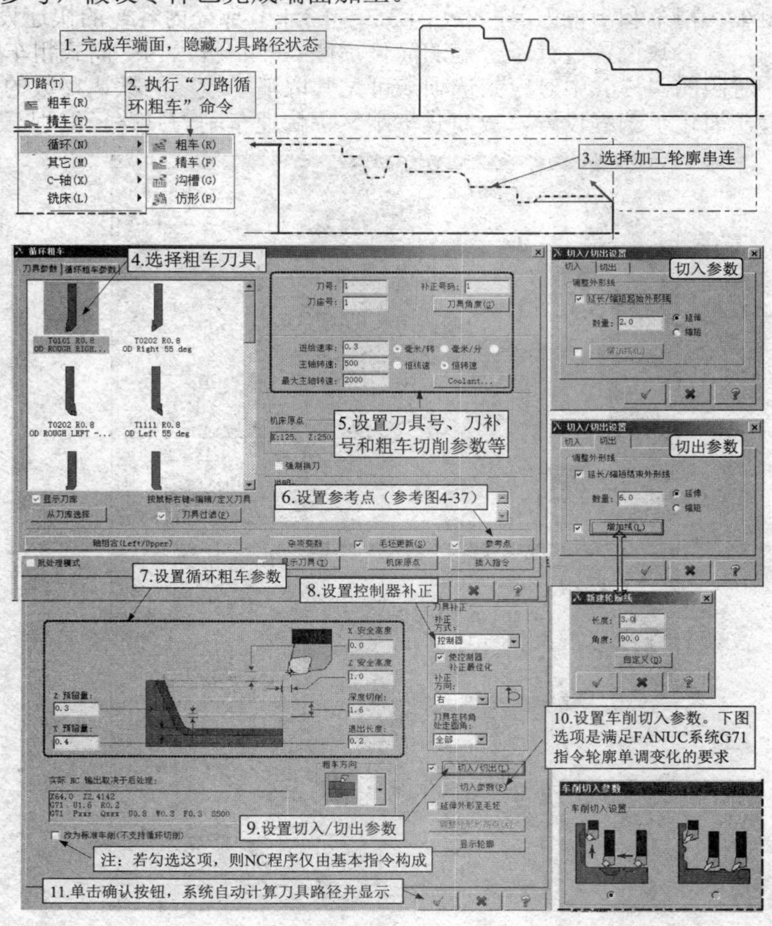

图4-58 循环粗、精车加工操作示例图解

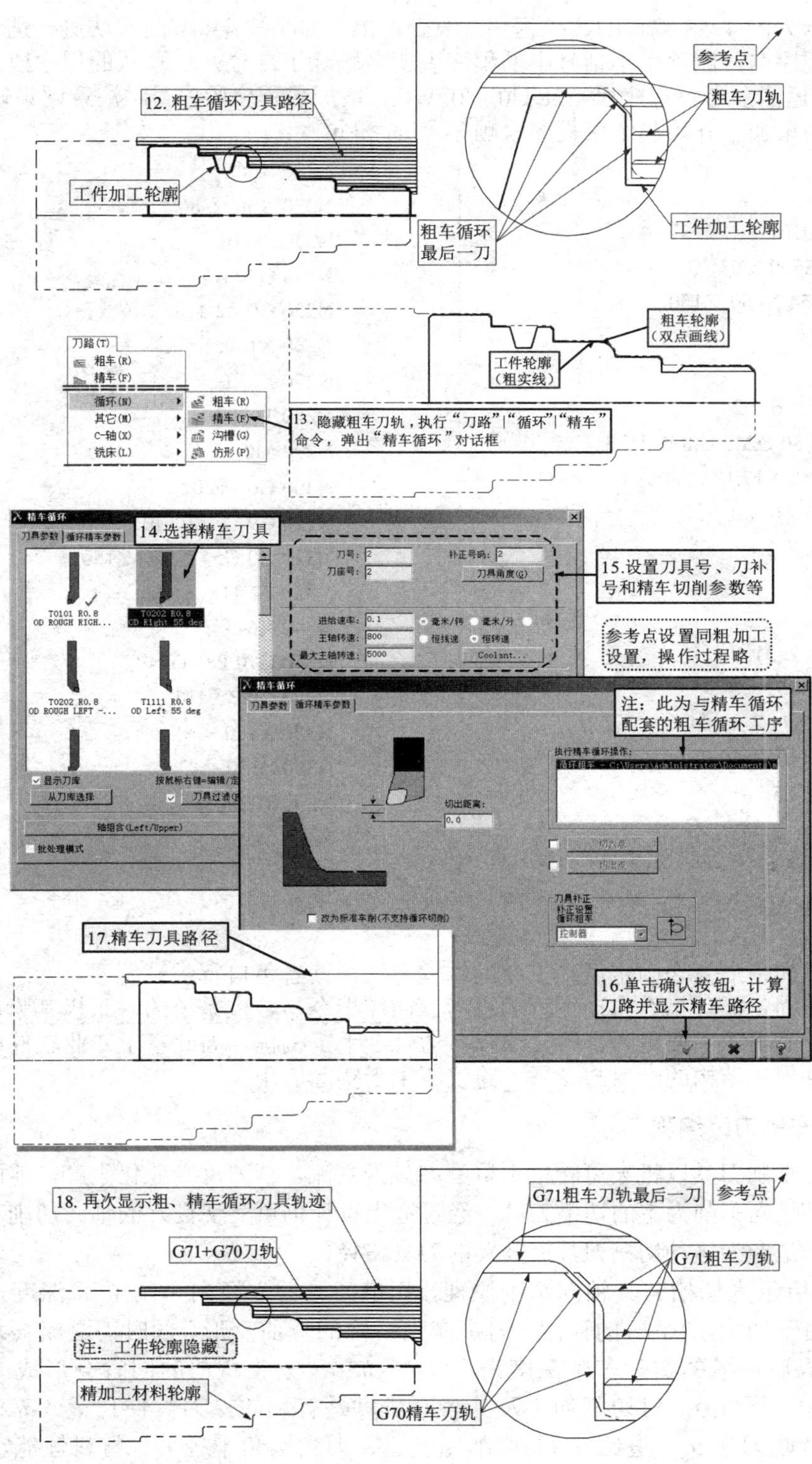

注：刀具路径的仿真加工和验证加工操作方法与步骤略

图 4-58　循环粗、精车加工操作示例图解（续）

以下所示为图 4-58 编程的数控程序，限于篇幅，程序按 4.4 节的方法进行适当修改。具体为修改了程序名，删除了小括号中的程序说明，删除了部分开机默认的程序段，如 G21、G18，删除了返回参考点程序段 G28 U0. V0. W0.，增加了程序段序号，注意同步修改 G71 和 G70 指令中精车加工开始和结束程序段顺序号 ns 和 nf。

```
%
O5802
N10 G0 T0101
N20 G97 S500 M03
N30 G0 G54 X160. Z150.
N40 Z2.414
N50 X64.
N60 G71 U1.6 R.2
N70 G71 P80 Q240 U.8 W.3 F.3
N80 G0 G42 X17.172 S800
N90 G1 Z1.414 F.1
N100 X24. Z-2.
N110 Z-30.
N120 X28.
N130 X30. Z-31.
N140 Z-44.952
N150 X31.379 Z-45.048
N160 G3 X40. Z-50. I-.69 K-4.952
N170 G1 Z-65.
N180 X48.
N190 X50. Z-66.
N200 Z-85.
N210 X56.
N220 X58. Z-86.
N230 Z-110.
N240 G40 X64.
N250 G0 Z2.414
N260 X160.
N270 Z150.
N280 T0100
N290 M01
N300 G0 T0202
N310 G97 S800 M03
N320 G0 G54 X160. Z150.
N330 Z2.414
N340 X64.
N350 G70 P80 Q240
N360 G0 Z2.414
N370 X160.
N380 Z150.
N390 T0200
N400 M30
%
```

关于沟槽和仿形复合固定循环工序的编程方法，读者可自行尝试练习。

关于复合固定循环指令自动编程的思考。循环指令与数控系统的联系极其紧密，通用性不大，其指令的出现主要是为了简化编程，适合于手工编程，因此基于专业软件编写循环指令的程序仅供程序结构的学习与参考，建议不用于实际应用。

3．切入车削刀路编程

现代数控车削刀具以机夹可转位不重磨刀具为主流，其刀片专业化生产，前面形状压制成型，即使是径向车削为主的切槽刀具，经过适当设计仍可实现良好的轴向切削功能。切入车削刀具路径是专为这种切槽刀具而开发的刀具路径。

图 4-59 所示为切槽刀具轴向车削原理，切槽刀具首先径向车削至 a_p 深度，然后转为轴向车削，由于切削阻力 F_z 的作用，刀头产生一定的弯曲变形，同时刀具略微增长 $\Delta d/2$，实际车削完成后，槽的实际车削深度为（$a_p+\Delta d/2$）。刀头弯曲的同时会形成一个较小的副偏角（图中未示出），对切削加工及其表面质量是有利的。刀具伸长量 $\Delta d/2$ 是一个经验数据，受背吃刀量 a_p、进给量 f、切削速度 v_c、刀尖圆角半径 r_ε、材料性能、切槽深度以及刀头悬伸部分刚度等因素影响。图 4-60 所示为某刀具商的实验数据，可见其一般在 0.1mm 左右。

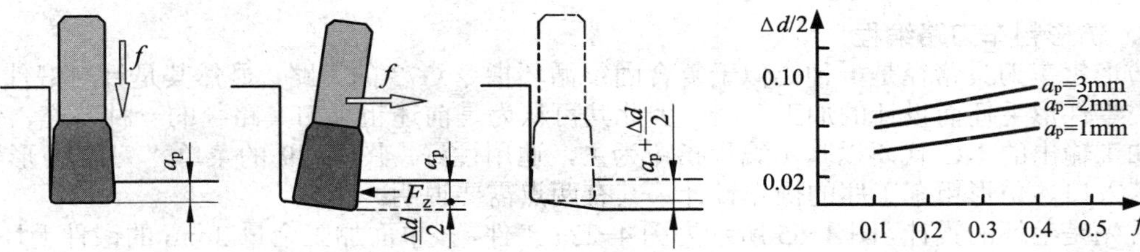

图 4-59　切槽刀具轴向车削原理　　图 4-60　切槽刀伸长量与进给量的关系

切槽刀轴向切削适合于宽度较大的槽加工，Mastercam X9 软件车削模块的刀路菜单下有一个专业的轴向车槽命令—— 切入车削刀具路径，其可实现轴向车削槽的粗、精加工编程。图 4-61 所示为带底角倒圆的宽槽粗加工刀轨，由于轴向车削的刀头伸长，因此径向切入转轴向切削前刀具应退回 0.1～0.15mm，参见图 4-61 中 I 放大部分。考虑到切削过程中尽量避免两个方向受力，故轴向车削转径向切入时，采取 45° 斜向退刀，参见图 4-61 中 II 放大部分。

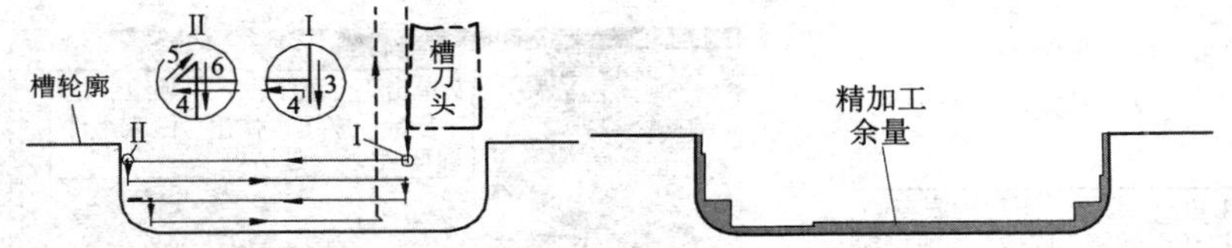

图 4-61　切槽刀具轴向车槽粗加工轨迹分析

图 4-62 所示为轴向粗车配套的精车加工步骤，其第②步轴向车削前仍然要回退刀具伸长量 Δd/2。

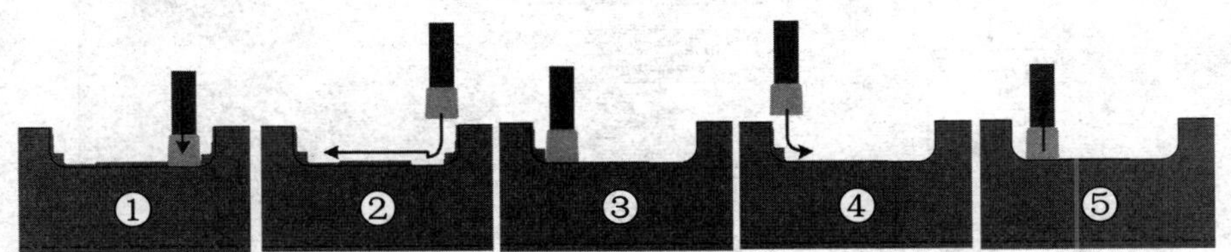

图 4-62　切槽刀具轴向车槽精加工步骤

图 4-63 所示为切入车削粗、精车削验证加工示例，图中精车加工圆柱部分似乎大一点，实际上是软件仿真时未考虑刀具伸长变形所致，若刀具伸长量 Δd/2 选取合适，实际加工是看不到这个略凸现象。

切入切削的切槽刀轴向切削功能不仅可切削以上底角倒圆的宽槽，同样也可加工无倒圆倒角的矩形槽，以及任意形状槽的加工，甚至可进行复杂外轮廓形状外圆的粗加工，如图 4-64 所示为切入车削加工图 4-23c 外轮廓刀具轨迹示例。

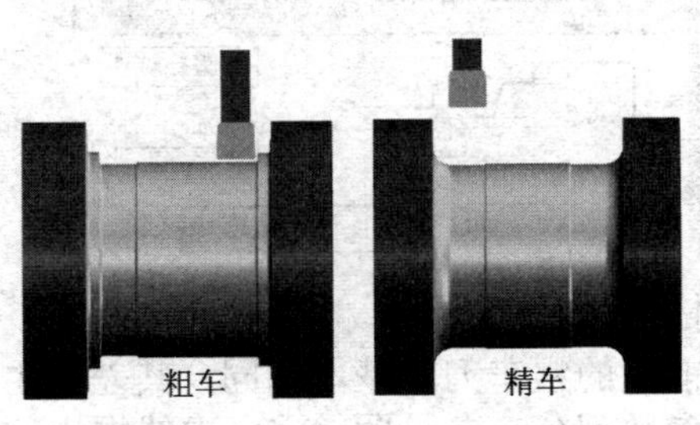

图 4-63　切入车削验证加工示例 1

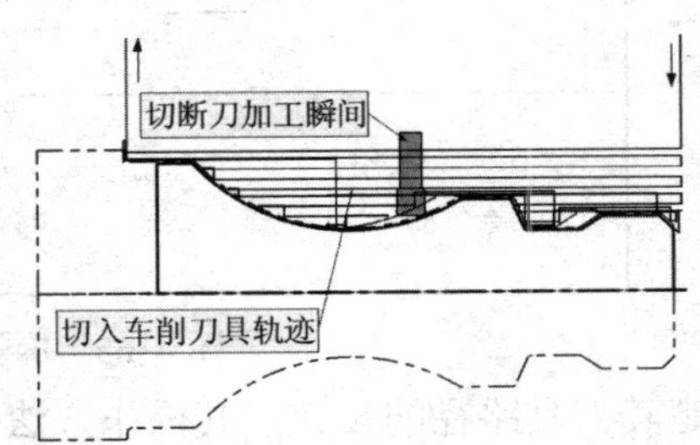

图 4-64　切入车削加工示例 2

4．仿形粗车刀路编程

仿形粗车刀具路径是一种类似于复合固定循环指令G73的刀路，显然其是针对锻件、铸件等类零件形毛坯而设计的加工策略，因此其可认为是前述粗车刀具路径的一种补充，仿形粗车加工输出的NC代码以基本编程指令为主，通用性好。图4-29的菜单“刀路|仿形”命令是其入口。仿形粗车工序的操作设计，其有两点需要说明。

首先是毛坯的设计，图4-65所示为图4-22a工件，按单面加工余量3mm的锻件毛坯（旋转体毛坯）的设计过程操作图解。

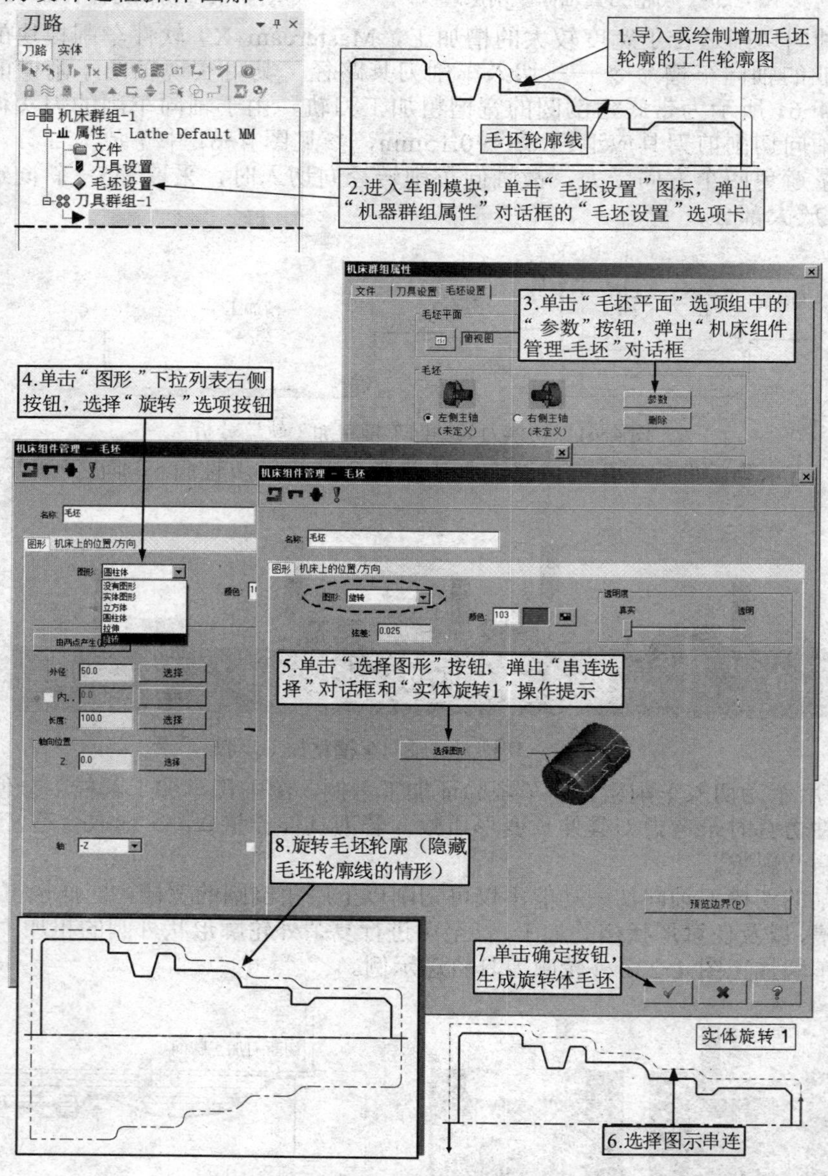

图4-65 旋转体毛坯设计过程

其次是其刀具路径的设计，其操作方法与前述的粗车刀路基本相同，其差异主要是“仿形”对话框中“仿形粗车参数”选项卡的切削参数部分，参见图4-66虚线框出的部分。虽然其存在差异，但对照其设置图例完全可以自行理解设置，这里不多谈。

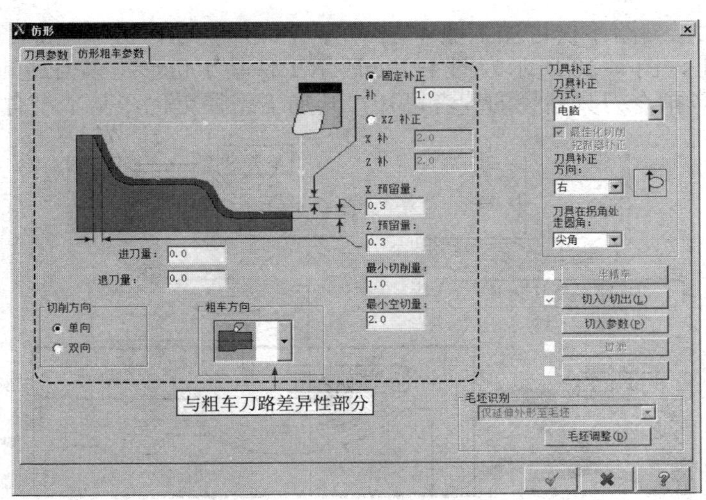

图 4-66 “仿形”对话框的“仿形粗车参数”选项卡

图 4-67 所示为图 4-22a 按图 4-65 所示设置单面余量 3mm 的毛坯，已完成大头车外圆和端面以及小头车端面打孔工序，现基于仿形粗车刀具路径车削外轮廓，装夹方案为自定心卡盘配合尾顶尖，沟槽留待后续加工，仿形粗车加工参数按图 4-66 设置，切入参数如图 4-67 中第 4 步所示。

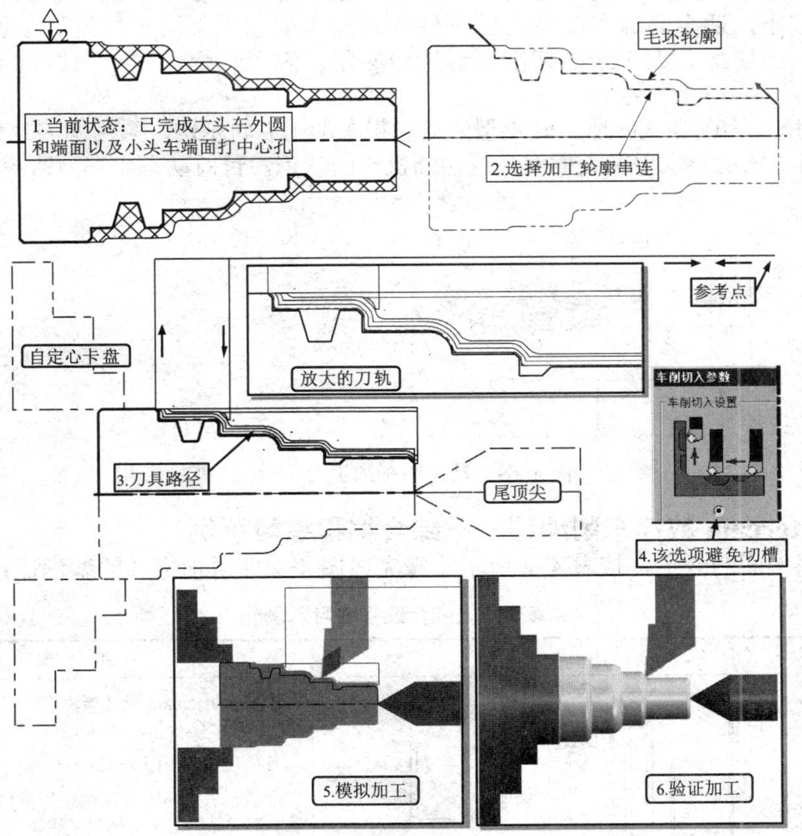

图 4-67　铸锻件类零件仿形粗车加工示例

注意，仿形加工刀路不仅可加工图4-67所示铸锻件类零件仿形粗加工，同样可用于圆柱毛坯仿形粗加工，图4-68所示为图4-23c所示工件基于仿形粗车刀路的加工路径示例，熟悉G73固定循环指令刀具路径的读者可知，其加工路径更优，基本没有空切刀路。

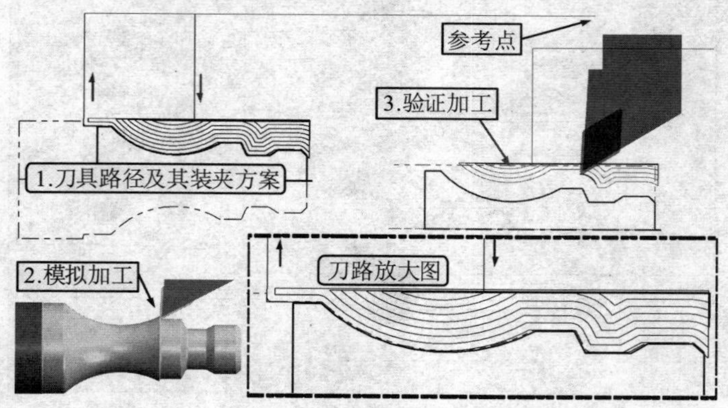

图4-68 仿形粗车刀具路径示例

5. 动态粗车刀路编程

动态车削加工路径是一种专为高速切削加工而设计的刀路，其切削面积均匀，材料切入、切出切线为主，刀具轨迹平滑流畅，加工过程中较少应用G00过渡，因此加工过程中切削力变化较小，适合高速车削加工的条件。高速车削加工不同于传统加工思想，其一般采用高转速、小切深、大进给的切削用量选用原则。限于篇幅，这里不做过多讨论，仅介绍其刀路特点。

图4-69所示为图4-23e所示轧辊型面动态粗车加工刀轨示例，采用圆刀片仿形车刀。限于高速加工对机床的要求以及人们对高速切削机理的认识，目前动态粗车刀路应用还不广泛。

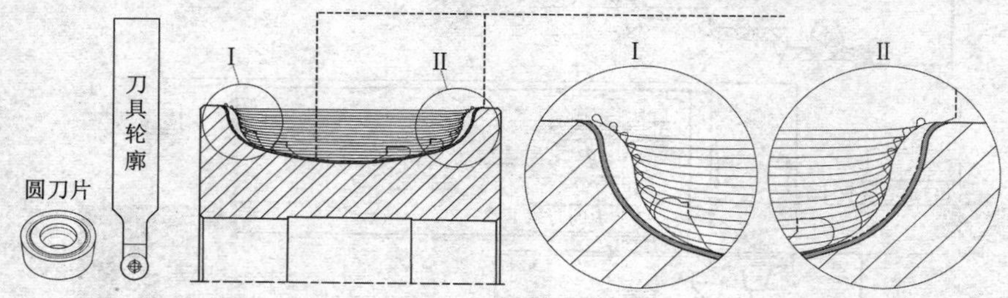

图4-69 动态粗车加工刀轨示例

4.3.9 Mastercam 数控车削编程——综合编程练习示例

要求参照上面的介绍，按表4-2所示步骤完成图4-22a所示零件的编程操作。

表4-2 综合编程练习示例

步 骤	图 例	说 明
1. 几何造型	按功能键F9，显示/隐藏系统坐标系 F9	可在Mastercam设计模块下绘图，或用AutoCAD绘图，然后导入Mastercam软件中，具体依个人习惯 几何尺寸参照图4-22a 注意，若仅是数控车削编程，按第二步处理完成后的形式绘制出半边的轮廓线即可 按功能键F9，检查图形原点设置

（续）

步　骤	图　例	说　明
2．图形处理		将几何图形处理为符合数控车削编程要求的轮廓模型，注意零件右端面中心必须位于系统坐标系原点（否则用移动到原点按钮操作） 可以建立一个辅助图层，将螺纹小径线等设置在该图层，必要时可显示
3．素材设置		执行菜单“机床类型|车床|默认”命令，进入车床编程模块 设置毛坯尺寸为 ϕ62mm×200mm，工件端面加工余量 1mm
4．车端面		车端面：刀具号 01，刀补号 11，即 T0111，参考点（100，160），下同，其余自定
5．粗车外圆		粗车外圆：刀具号 01，刀补号 01，即 T0101，电脑补正，切出结束段延伸切断余量 5mm，并 90° 增加 3mm 线段，其余自定
6．车两沟槽		车梯形槽和退刀槽：切槽刀宽度 4mm（考虑与切断刀共用），刀具号 03，刀补号为 03，即 T0303，粗、精车同时完成，其余自定
7．精车外圆		精车外圆（不含沟槽）：刀具号 02，刀补号 02，即 T0202，控制器补正，其余自定
8．车螺纹		车螺纹：刀具号 04，刀补号 04，即 T0404，采用固定循环指令 G92 车螺纹，其余自定
9．切断		留端面余量 0.5mm，不考虑倒角，采用啄车断屑，必要时考虑断屑，其余自定 刀具的选用有两种方案供参考，一是将 T02 号刀加长，防止过切；二是独立选用一把刀 T0505

4.4　Mastercam 软件自动生成程序的结构分析与修改

Mastercam 编程虽然是自动生成加工程序，但对其进行阅读和适当的修改是必要的，特别是初学者，阅读这类程序有利于理解编程的规律。以下以表 4-2 所示的加工编程为例，自动生成加工程序，具体见表 4-3，表中的螺纹车削采用的是 G92 指令。注：表中下划线为需要修改的部分；删除线为可以删除的部分，下划线加删除线则为删除或保留均可。

表 4-3　自动生成的加工程序及其修改

程序	说明
%	1）程序开始符，程序传输的必须，一般给予保留
O0000	2）程序名称，根据实际情况进行修改
~~(PROGRAM NAME - 表 4-2)~~	3）括号内的文字为程序注释（下同），为简化程序，可以删除，对程序运行不产生任何影响
~~(DATE=DD-MM-YY - 03-03-16 TIME=HH:MM - 22:16)~~	
~~(MCX FILE - C:\USERS\ADMINISTRATOR\DESKTOP\表 4-2-X9\表 4-2_9、切断.MCX-9)~~	4）N10 段为 mm 输入指令，国内系统默认，可以删除，也可以认为是程序初始化而保留
~~(NC FILE - C:\USERS\ADMINISTRATOR\DESKTOP\表 4-2-X9\表 4-2.NC)~~	
~~(MATERIAL - ALUMINUM MM - 2024)~~	
~~N10 G21~~	5）N20 段的 G0 省略了前零（下同），系统可以认，不用修改。另外这个 G0 也是系统开机时默认的刀具移动指令，因此也可以认为是程序的初始化。这一段同时调用 1 号刀及 11 号刀补（1 号刀补留给了外圆粗车），即 T0101，这个指令是成对使用的，在 N1390 段可以看到。该程序段为 T01 号刀开始使用，包括车端面与外圆粗车加工
~~(TOOL - 1 OFFSET - 1)~~	
~~(OD ROUGH RIGHT - 80 DEG. INSERT - CNMG 12 04 08)~~	
N20 G0 T0101	
~~N30 G18~~	6）N30 的 G18 是选择 ZX 工作平面，对于数控车床，这也是默认的工作平面，因此也可以删除或认为是程序初始化而保留
N40 G97 S400 M03	7）N40 段中的 G97 是选择主轴恒转速控制（单位：r/min），车端面与粗车加工采用恒转速控制切削平稳。后面的 S400 也是同时设定的，注意该速度值在程序试切验证程序时可能会根据现场的加工情况进行调整，必须关注记住其位置
N50 G0 G54 X200. Z160.	
N60 Z0.	
N70 X66.	
N80 G99 G1 X-1.6 F.2	8）N50 中的 G54 指令选择工件坐标系可以根据实际的需要改为 G54～G59 中的任何一个。这是要关注的一个指令，其直接涉及程序运行前的对刀操作。这是系统后处理常见的默认设置，实际中可以根据需要改为 G50 指令建立工件坐标系或删除它由 T0101 中的 01 号刀具偏置存储器中的值来定义工件坐标系。这种修改要求编程人员和操作者之间进行沟通修改。同时注意到该程序段中的 X200. Z160.是“刀具路径”选项卡中设置的参考点坐标（这在数控加工中一般称为程序起始点，与机床参考点的含义不同）
N90 G0 Z2.	
N100 X200.	
N110 Z160.	
N120 G97 S600	
N130 Z4.414	
N140 X61.095	
N150 G1 Z2.414 F.25	9）N70～N110 是车端面部分的加工程序段
N160 Z-109.7	
N170 X64.	10）由于粗车外圆与车端面均为同一把刀具（T01），因此 N120 仅是改变主轴转速用于粗车外圆，不需选刀等其他程序段
N180 X66.828 Z-108.286	
N190 G0 Z4.414	
N200 X58.191	
N210 G1 Z2.414	11）N70～N1370 是粗车外圆部分的加工程序段，虽然程序段较多，但计算机自动生成基本不会错，可不必过多关注，仅需关注具有进给指令的程序段，如 N150 程序段中的进给指令 F.25 等，其同样是在试切验证程序时可能修改的内容
N220 Z-85.94	
N230 X58.356 Z-86.022	
N240 G18 G3 X59. Z-86.8 I-.778 K-.778	12）注意到这些程序段中的圆弧指令采用的是圆心坐标矢量 I、K 编程，这是后处理默认的处理方式，若要采用圆弧半径编程，则需修改后处理程序，修改位置是执行菜单“设置|机床定义管理”命令，弹出“机床定义管理”对话框，单击编辑控制定义按钮，弹出“控制定义”对话框，单击“圆弧”选项，修改圆心型式。该修改要求编程者具有一定水平，一般不推荐修改。当然有的后处理程序默认是圆弧半径 R 编程，其要改为圆心坐标矢量 I、K 编程，同样需要修改后处理程序
N250 G1 Z-109.7	
N260 X61.495	
N270 X64.324 Z-108.286	
N280 G0 Z4.414	
N290 X55.286	
N300 G1 Z2.414	
N310 Z-84.727	
N320 G3 X56.356 Z-85.022 I-.243 K-1.073	
N330 G1 X58.356 Z-86.022	
N340 G3 X58.591 Z-86.161 I-.778 K-.778	
N350 G1 X61.419 Z-84.747	

（续）

```
N360 G0 Z4.414
N370 X52.382
N380 G1 Z2.414
N390 Z-84.7
N400 X54.8
N410 G3 X55.686 Z-84.793 K-1.1
N420 G1 X58.515 Z-83.379
N430 G0 Z4.414
N440 X49.477
N450 G1 Z2.414
N460 Z-65.583
N470 X50.356 Z-66.022
N480 G3 X51. Z-66.8 I-.778 K-.778
N490 G1 Z-70.8
N500 Z-79.8
N510 Z-84.7
N520 X52.782
N530 X55.61 Z-83.286
N540 G0 Z4.414
N550 X46.573
N560 G1 Z2.414
N570 Z-64.7
N580 X46.8
N590 G3 X48.356 Z-65.022 K-1.1
N600 G1 X49.877 Z-65.783
N610 X52.706 Z-64.369
N620 G0 Z4.414
N630 X43.668
N640 G1 Z2.414
N650 Z-64.7
N660 X46.8
N670 G3 X46.973 Z-64.704 K-1.1
N680 G1 X49.801 Z-63.289
N690 G0 Z4.414
N700 X40.764
N710 G1 Z2.414
N720 Z-49.605
N730 G3 X41. Z-50.8 I-5.982 K-1.195
N740 G1 Z-64.7
N750 X44.068
N760 X46.897 Z-63.286
N770 G0 Z4.414
N780 X37.859
N790 G1 Z2.414
N800 Z-46.714
N810 G3 X41. Z-50.8 I-4.53 K-4.086
N820 G1 Z-64.7
```

（续）

```
N830 X41.164
N840 X43.992 Z-63.286
N850 G0 Z4.414
N860 X34.955
N870 G1 Z2.414
N880 Z-45.533
N890 G3 X38.259 Z-46.947 I-3.077 K-5.267
N900 G1 X41.087 Z-45.533
N910 G0 Z4.414
N920 X32.05
N930 G1 Z2.414
N940 Z-44.92
N950 G3 X35.355 Z-45.655 I-1.625 K-5.88
N960 G1 X38.183 Z-44.241
N970 G0 Z4.414
N980 X29.145
N990 G1 Z2.414
N1000 Z-30.417
N1010 X30.356 Z-31.022
N1020 G3 X31. Z-31.8 I-.778 K-.778
N1030 G1 Z-44.8
N1040 G3 X32.45 Z-44.98 I-1.1 K-6.
N1050 G1 X35.278 Z-43.565
N1060 G0 Z4.414
N1070 X26.241
N1080 G1 Z2.414
N1090 Z-29.7
N1100 X26.8
N1110 G3 X28.356 Z-30.022 K-1.1
N1120 G1 X29.545 Z-30.617
N1130 X32.374 Z-29.203
N1140 G0 Z4.414
N1150 X23.336
N1160 G1 Z2.414
N1170 Z-1.513
N1180 X24.356 Z-2.022
N1190 G3 X25. Z-2.8 I-.778 K-.778
N1200 G1 Z-23.8
N1210 Z-29.7
N1220 X26.641
N1230 X29.469 Z-28.286
N1240 G0 Z4.414
N1250 X20.432
N1260 G1 Z2.414
N1270 Z-.06
N1280 X23.736 Z-1.713
N1290 X26.565 Z-.298
```

（续）

N1300 G0 Z4.414 N1310 X17.527 N1320 G1 Z2.414 N1330 Z1.392 N1340 X20.832 Z-.26 N1350 X23.66 Z1.154 N1360 G0 X200. N1370 Z160. N1380 ~~G28 U0. V0. W0. M05~~ N1390 T0100 ~~N1400 M01~~ (TOOL - 3 OFFSET - 3) ~~(OD GROOVE CENTER - MEDIUM - INSERT - N151.2-400-40-5G)~~ N1410 G0 T0303 ~~N1420 G18~~ N1430 G97 S400 M03 N1440 G0 G54 X200. Z160. N1450 Z-28.073 N1460 X29. N1470 G1 X22.068 F.05 N1480 G4 P.5 N1490 G0 X29. N1500 X32.463 N1510 Z-29.8 N1520 G1 X20.4 F.1 N1530 G4 P.5 N1540 G0 X26.068 N1550 Z-28.073 N1560 G1 X22.068 N1570 X20.4 Z-28.907 N1580 Z-29.8 N1590 X20.745 Z-29.627 N1600 G0 X29.481 N1610 Z-26.346 N1620 X29. N1630 G1 X25.521 N1640 G4 P.5 N1650 G1 X22.068 Z-28.073 N1660 G0 X29. N1670 G97 S600 N1680 X34. N1690 Z-30. N1700 G1 X30. F.05 N1710 X20. N1720 Z-28.824 N1730 X21.444 Z-28.103 N1740 X21.844 Z-28.303	13)N1360～N1370 为粗车完成后返回程序起始点的程序 14）N1380 为返回机床参考点指令，这是该软件编程时的特点，返回坐标参考点换刀非常安全，由于编程时的程序起点均有足够的换刀空间，因此返回参考点动作称为多余而常常删除。当然，是否删除依各人习惯而定，同时车床主轴旋转与否对换刀不影响，因此也可不必使主轴停转 15)N1390 段 T0100 为取消刀具补偿指令，其与 N20 程序段中的 T0111 是对应的。由于前面调用刀具时调用了刀补，因此这里要取消刀补，这是编程的一个良好习惯 16）N1400 为选择性暂停指令 M01，其主要考虑在粗车外圆完成后是否需要清理切屑或测量尺寸。另外，对于具有机械有级调速加变频无级调速的数控车床，有可能将此指令改为暂停指令 M00 进行手动换档，这取决于后续加工时主轴转速的使用情况。 17）N1400 和 N1410 程序段之间括号内的程序注释可以删除 18）N1410 段 T0303 调用 3 号刀和 3 号刀补准备切槽加工，注意后面要取消刀补。 19）N1420 程序段的 G18 处理同前 20）N1430 段的主轴转速控制程序段分析同前 21）N1440 段中的工件坐标系选择指令 G54 要与粗车时的指令同步修改，共用一个工件坐标系选择指令可以简化机床的对刀与设置。同时可以看到这个程序段刀具又定位至起始点 X160. Z100. 22）N1420～N2200 为同时车两个槽的程序部分，先车右侧退刀槽，再车左侧 V 形槽，这部分刀具移动可不必过多关注，仅需关注一下有关进给指令的程序段。 23）注意到在粗车梯形槽加工的程序中，多处出现了暂停指令 G04，如 N1530 段出现了 G4 P0.5，这些暂停动作一般是车削至槽底或啄式车槽的特别动作

（续）

```
N1750 G0 X30.
N1760 Z-24.791
N1770 X28.067
N1780 G1 X25.238 Z-26.205
N1790 X21.444 Z-28.103
N1800 X21.844 Z-28.303
N1810 G0 X34.
N1820 G97 S400
N1830 X55.
N1840 Z-77.365
N1850 G1 X47.164
N1860 G4 P.5
N1870 G1 X43.328
N1880 G4 P.5
N1890 G1 X39.493
N1900 G4 P.5
N1910 G0 X55.
N1920 Z-75.635
N1930 G1 X39.493 F.1
N1940 G4 P.5
N1950 G1 X39.838 Z-75.808
N1960 G0 X55.
N1970 Z-79.009
N1980 G1 X51.
N1990 X39.493 Z-77.365
N2000 G0 X55.
N2010 Z-73.991
N2020 G1 X51.
N2030 X39.493 Z-75.635
N2040 G0 X55.
N2050 G97 S600
N2060 X55.334
N2070 Z-79.836
N2080 G1 X51.488 Z-79.286 F.05
N2090 X36. Z-77.074
N2100 Z-76.5
N2110 X36.4 Z-76.7
N2120 G0 X55.334
N2130 Z-72.3
N2140 X54.316
N2150 G1 X51.488 Z-73.714
N2160 X36. Z-75.926
N2170 Z-76.5
N2180 G0 X55.334
N2190 X200.
N2200 Z160.
N2210 G28 U0. V0. W0. M05
```

（续）

N2220 T0300 ~~N2230 M01~~ ~~(TOOL - 2 OFFSET - 2)~~ ~~(OD FINISH RIGHT - 35 DEG.　INSERT - VNMG 16 04 08)~~ N2240 G0 T0202 ~~N2250 G18~~ ~~N2260 G97 S1273 M03~~ N2270 G42 G0 G54 X200. Z160. N2280 G50 S1800 N2290 G96 S800（改为 G96 S150） N2300 Z3.414 N2310 X17.172 N2320 G1 Z1.414 F.1 N2330 X24. Z-2. N2340 Z-23. N2350 Z-30. N2360 X28. N2370 X30. Z-31. N2380 Z-44.952 N2390 X31.379 Z-45.048 N2400 G18 G3 X40. Z-50. I-.69 K-4.952 N2410 G1 Z-65. N2420 X48. N2430 X50. Z-66. N2440 Z-70. N2450 Z-79. N2460 Z-85. N2470 X56. N2480 X58. Z-86. N2490 Z-110. N2500 X62. N2510 G40 X66. N2520 G0 X200. N2530 Z160. ~~N2540 G28 U0. V0. W0. M05~~ N2550 T0200 ~~N2560 M01~~ ~~(TOOL - 4 OFFSET - 4)~~ ~~(OD THREAD RIGHT - MEDIUM　INSERT - R166.0G-16MM01-150)~~ N2570 G0 T0404 ~~N2580 G18~~ N2590 G97 S100 M03 N2600 G0 G54 X200. Z160. N2610 Z5. N2620 X28. N2630 G92 X23.165 Z-27. F2. N2640 X22.665	24）N2190 和 N2200 又开始返回程序起始点 25）N2210 段为返回参考点等指令，处理同前 26）N2220 段取消 3 号刀补，与前面的 N1410 配套使用 27）N2230 段的选择暂停指令 M04 处理同前 28）N2240 段调用 2 号刀及 2 号刀补准备精车外圆，其前两段括号内的注释可以省略 29）N2250 段的 G18 指令处理同前 30）N2260 段为恒转速控制主轴起动，仅为安全，因为 N2290 可见精车外圆为恒线速度控制 31）N2270 段出现了刀尖圆弧半径补偿指令 G42，这正是编程时的控制器补正选项，刀补值存储在 3 号刀补中 32）N2280～N2290 段为恒线速度控制的典型设计，即先用 G50 S1800 钳制最高转速，然后指定恒线速度控制，恒线速度控制有利于车削加工表面质量。 注意：N2290 为横线速度控制，S800 为切削速度 800m/min，显然太大，分析原因是“刀具参数”选项卡虽然改为了恒线速度控制，但数值还是按转速思维，这是前面编程的错误，这里建议将其修改为 S150 33）N2300～N2530 段为精车外圆的刀具移动，仅需关注有关进给指令的程序段 34）N2520～N2530 段为精车完成后返回程序起始点 35）N2540 段返回坐标参考点，处理同前 36）N2550 段取消 2 号刀补，与 N2240 的调用刀补成对使用 37）N2560 段暂停指令，处理同前 38）N2570 段调用 4 号刀及 4 号刀补准备车螺纹，其前两段括号内的注释可以省略 39）N2580 段的 G18 指令处理同前 40）N2590 段为恒转速控制车螺纹 41）N2610～N2620 段快速定位至固定循环指令 G92 的起始点 42）N2630～N2670 段为循环指令 G92 车螺纹，共车削 5 刀

（续）

N2650 X22.271 N2660 X21.935 N2670 X21.835 N2680 G0 X28. N2690 X200. Z5. N2700 Z160. ~~N2710 G28 U0. V0. W0. M05~~ N2720 T0400 ~~N2730 M01~~ ~~(TOOL - 3 OFFSET - 3)~~ ~~(OD GROOVE CENTER - MEDIUM INSERT - N151.2-400-40-5G)~~ N2740 G0 T0303 ~~N2750 G18~~ N2760 G97 S637 M03 N2770 G0 G54 X200. Z160. N2780 G50 S1800 N2790 G96 S80 N2800 Z-109.5 N2810 X64. N2820 G1 X60. F.1 N2830 X10. N2840 G97 S150 N2850 G98 X.4 F0.05 N2860 G99 X4.4 F.1 N2870 G0 X60. N2880 X200. N2890 Z160. ~~N2900 G28 U0. V0. W0. M05~~ N2910 T0300 N2920 M30 %	43）N2690～N2700 段为车螺纹完成后返回程序起始点 44）N2710 段返回坐标参考点，处理同前 45）N2720 段为取消 4 号刀补指令，与 N2570 段的 T0404 指令成对使用 46）N2730 段为暂停指令，处理同前 47）N2740 段调用 3 号刀及 3 号刀补准备切断，其前两段括号内的注释可以省略 48）N2750 段的 G18 指令处理同前 49）N2760 段为恒转速控制主轴起动，仅为安全，因为 N2790 可转为恒线速度控制 50）N2780～N2790 段为恒线速度控制的典型设计，即先用 G50 S1800 钳制最高转速，然后指定恒线速度控制 51）N2830～N2850 段设置了二次进给速度和主轴控制切断，主要是考虑切断刀接近中心时的保护作用。具体为切断至 ϕ10mm 时主轴转速转为恒转速控制 150r/min，进给速度为 0.05mm/r。另外，N2850 段还可看出切断是刀具未过中心，留有 ϕ0.4mm，这有利于保护刀尖 52）N2880～N2890 段为切断完成后返回程序起始点 53）N2900 段返回坐标参考点，处理同前 54）N2910 段取消 3 号刀补 55）N2920 段 M30 程序段程序结束，返回程序头 56）程序结束符，程序传输的必须，一般给予保留

说明：

1）计算机辅助编程虽然可以自动生成加工程序，但阅读和修改程序的能力还是必须要有的，所以说手工编程是基础。

2）计算机辅助编程时尽量使用基本指令编程，少用固定循环指令，这样的程序通用性较好。当然，程序表面上看起来较长，但其中的刀具移动指令及其位置点坐标可以不用考虑，并不会增加编程的工作量，只要加工程序采用 CF 卡或 RS232 通信的方式输入数控系统，这一点程序的多少对输入工作几乎没有任何影响。

3）自动生成加工程序时程序段序号的是否输出可通过菜单“设置\|机床定义管理器”进行修改，这里不做展开叙述。表 4-3 是将程序段序号的起始号和增量设置为 10。当然，若由于删除程序段的原因行号有所变化，也可借助其他软件，如 CIMOC Edit 重新修改。

4）尽可能删除程序中括号括起来的注释部分，以简化程序，便于阅读。

5）多注意每一加工路径加工程序的程序头和程序尾部分，程序头和程序尾部分的修改是计算机辅助编程分析与处理的重要部分。对于程序中间的走刀程序部分，一般情况下可以不用改写。

6）自动生成的加工程序，其程序名称默认为 O0000，需要根据实际情况改为所需的程序名称。

7）在程序头部分，有很多指令属于系统初始化的指令，如 G21、G18、G99、G97 等，这些指令的设置正是机床数控系统的默认设置，即使程序中不写这些指令也不影响程序的执行，因此有的人习惯于将其删除，使程序简化。当然，留下这些指令也不影响程序的执行，可以理解为系统的初始化程序。

8）程序开始/结束符“%”在手工输入程序时可以省略，但在外部程序传输输入系统时一般不要删除。

9）注意有很多指令是成对使用的，注意其放置的位置。如 M08 与 M09、G41/G42 与 G40、刀具补偿的调用与取消（如 T0101 和 T0100）等。

10）对于程序中习惯于用 G28 指令返回参考点换刀，实际中人们还经常人为设置一个换刀点（即程序起始点，是“刀具路径参数”选项卡中的参考点设置）进行换刀，这样可以缩短换刀行程。当然，对于大批量生产，可以考虑第二、三、四参考点的设置与使用。

11）工件坐标系的确定是编程过程中的重要内容之一，软件自动生成的程序中使用的指令往往与个人习惯不一致，这部分内容常常要修改。一般大批量生产，有固定的机床夹具，每一个工件的安装位置较为固定的情况下可以考虑采用 G54～G59 指令。对于单件小批量生产时，由于工件安装位置的不固定，根据各人习惯可以考虑采用 G50 指令。另外，刀具几何偏置建立工件坐标系也是数控车削加工中常用的方法。

12）程序中的切削用量，如切削速度、主轴转速、进给量等，在程序的阅读过程中要注意其出现的位置，这些参数往往不是一次设定就可以的，程序试切加工时可能还会进行修改。另外，有的人在编程的选项卡设置中并不过多考虑设置，而采用默认值，待程序阅读时进行修改。

13）刀具指令中的刀具号和刀补号与使用的机床刀架有关，在编程过程中或阅读程序时修改也是常用的编程方法之一。

应用专业软件辅助编程生成程序的修改，是一项逐渐积累的工作，各厂的情况和习惯不尽相同，导致各人修改出的程序不一样，读者应该具备较强的手工编程能力，多阅读各种通用软件生成的数控程序，多观测数控加工的生产过程，了解实际生产的习惯，通过一段时间的训练就能很顺利地修改出符合生产需要的数控加工程序。

第5章 数控车床的典型操作示例分析

5.1 数控车削加工工件坐标系的设定方法

本节以一个简单的示例，介绍数控车削加工中工件坐标系的设定方法，供读者学习和上机练习。

5.1.1 工件坐标系设定方法回顾

在前面的章节中已谈到，数控车削加工过程中常见的工件坐标系的设定方法有三种：

1）工件坐标系设定指令 G50 设定工件坐标系。

2）工件坐标系选择指令 G54～G59 选择工件坐标系。

3）T 指令刀具几何偏置设定工件坐标系。

5.1.2 工件坐标系设定示例

本示例仅为工件坐标系设定学习而设计，为缩短篇幅，仅编写其精加工程序，读者上机练习时，可采用尼龙棒为材料进行切削。

例 5-1：以图 5-1 所示的零件精车加工程序为例，分别利用 G50 指令、G54～G59 指令和刀具几何偏置设定工件坐标系。

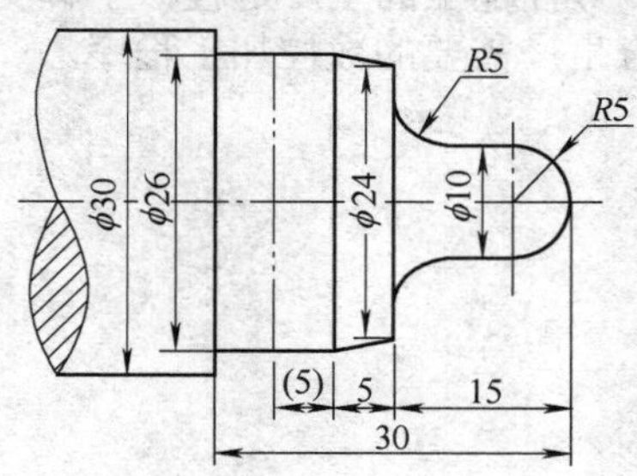

图 5-1 工件坐标系设定示例图

1．示例工件及工艺分析（图 5-1）

（1）结构分析 本零件轮廓包括直线和圆弧，形状较为简单。若仅编写精加工程序，金属材料一般难以一刀加工完成，为此选择尼龙棒料加工。

（2）工艺分析 由于头部为一个球头，为保证加工质量，宜采用圆弧切线切入。切出部分为一直线，一般延伸 1～2mm 即可。

（3）说明 若需要连续加工练习，可在 ϕ26mm 圆柱左端双点画线位置切断，然后车端面。

2．装夹方案及工件坐标系建立（图 5-2）

（1）装夹方案 本零件采用 ϕ30mm 的棒料，采用自定心卡盘装夹。

（2）工件坐标系的建立 工件坐标系选择零件右端面，端面不留加工余量。

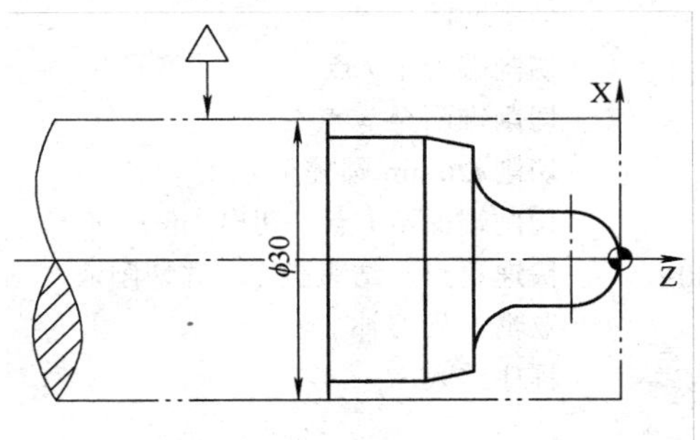

图 5-2 装夹方案及分析

3．加工刀具及切削用量的选择

由于本零件加工仅完成精车加工程序，且仅为学习工件坐标系设定，对工件表面要求不高，故对车刀无特别要求，可根据具体情况选择。对于车削尼龙棒，有时用高速钢刀具自己刃磨，可获得较好的切削效果。

切削用量的选择：主轴转速为 800 r/min；进给速度为 0.2 mm/r。

4．走刀路径的确定（图 5-3）

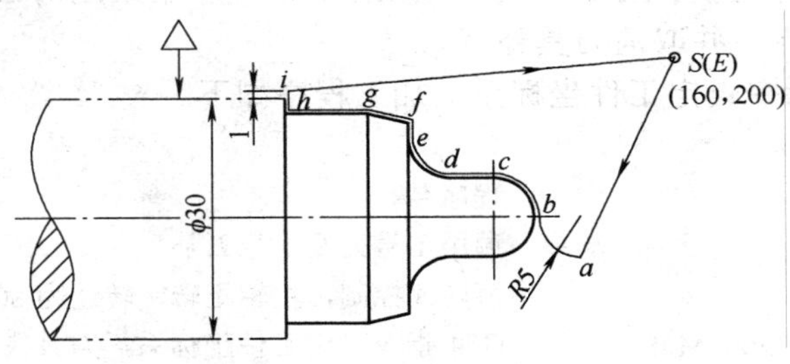

图 5-3 走刀路径分析

1）走刀路径：*S*→*a*→*b*→*c*→*d*→*e*→*f*→*g*→*h*→*i*→*E*。

2）分析：走刀路径中设定了一个换刀点作为程序的起点 *S* 和终点 *E*，切入部分为 1/4 个半径为 *R*5mm 的圆弧，切出部分为轮廓直线延伸 1mm。

3）为简化程序，不考虑刀尖圆弧半径补偿。

5．加工程序及分析

（1）G50 指令设定工件坐标系 加工程序如下。

%	
O0511;	程序名
N10 G50 X160. Z200. ;	G50 指令设定工件坐标系
N20 T0101;	调用 01 刀及 01 号刀补
N30 G97 S800 M03;	恒转速控制，主轴正转，转速为 800r/min
N40 G00 X–10. Z5. M08;	刀具快速移动至 *a* 点，开切削液
N50 G99 G02 X0. Z0. R5. F0.3;	圆弧切入至 *b* 点，转进给，进给量为 0.3mm/r
N60 G03 X10. Z–5. R5.;	切削球头圆弧 *R*5 至 *c* 点

```
N70 G01 Z-10.;                切削φ10mm 圆柱至 d 点
N80 G02 X20. Z-15. R5.;       切削凹圆弧 R5 至 e 点
N90 G01 X24.;                 切削端面至 f 点
N100 X26. Z-20.;              切削锥面至 g 点
N110 Z-30.;                   切削φ26mm 圆柱至 h 点
N120 X32.;                    切削端面至 i 点，切出 1mm
N130 G00 X160. Z200. M09;     快速退刀至结束点 E，关切削液
N140 T0100;                   取消 1 号刀补
N150 M30;                     程序结束
%
```

分析：

1）该程序采用 G50 指令建立工件坐标系，指令中 X_、Z_值为刀具在预建立工件坐标系中的绝对坐标值。

2）G50 指令设定工件坐标系与刀具当前位置有关，即程序执行之前必须将刀具移至工件坐标系中 G50 指令中的绝对坐标值位置处，如图 5-3 中的 *S* 点。

3）由于采用了 G50 指令建立工件坐标系，且为一把刀，相当于标准刀对刀，因此，在 01 号刀具补偿存储器中的刀具外形偏置必须设置为 0。

4）G50 指令建立工件坐标系的对刀操作，涉及 3.7.2 节中的相对坐标的预置与归零操作。

5）为保证程序能够重复执行相同的刀具轨迹，在程序结束之前必须将刀具返回对刀点位置处，如图中的 *E* 点，并取消刀具补偿。

（2）G54～G59 指令设定工件坐标系　加工程序如下。

```
%
O0512;                          程序名
N10 T0101;                      调用 1 号刀及 1 号刀补
N20 G97 S800 M03;               恒转速控制，主轴正转，转速为 800r/min
N30 G00 G54 X160. Z200. M08;    G54 指令设定工件坐标系，刀具快速移动至 S 点，开切削
                                液
N40 X-10. Z5.;                  快速移动至 a 点
N50 G99 G2 X0. Z0. R5. F.3;     圆弧切入至 b 点，转进给，进给量为 0.3mm/r
N60 G03 X10. Z-5. R5.;          切削球头圆弧 R5 至 c 点
N70 G01 Z-10.;                  切削φ10mm 圆柱至 d 点
N80 G02 X20. Z-15. R5.;         切削凹圆弧 R5 至 e 点
N90 G01 X24.;                   切削端面至 f 点
N100 X26. Z-20.;                切削锥面至 g 点
N110 Z-30.;                     切削φ26mm 圆柱至 h 点
N120 X32.;                      切削端面至 i 点，切出 1mm
N130 G00 X160. Z200. M09;       快速退刀至 E 点，关切削液
N140 T0100;                     取消 1 号刀补
N150 M30;                       程序结束
%
```

分析：

1）该程序采用 G54 指令设定工件坐标系。程序执行之前必须将工件坐标系相对于机床参考点的偏置量输入 G54 工件坐标系存储器中。

2）G54～G59 指令设定工件坐标系与刀具当前位置无关，程序执行到 G54 指令后即可建立起工件坐标系，如 N30 程序段，不管刀具当前处于任何位置，当执行至该程序段后刀具必然快速定位至程序起始点 *S* 处。

3）由于采用了 G54 指令建立了工件坐标系，且为一把刀，相当于标准刀，因此，在 01 号刀具补偿存储器中的刀具外形偏置必须设置为 0。

4）G54～G59 指令设定工件坐标系的对刀操作，涉及 3.10.2 节中的相关操作。

5）虽然 G54 指令设定工件坐标系时与刀具的当前位置无关，但考虑到工件装夹等因素，程序结束之前一般也习惯于将刀具退回程序起始点，同时取消刀具补偿。

（3）刀具几何偏置设定工件坐标系　加工程序如下。

程序	说明
%	
O0513;	程序名
N10 T0101;	调用 1 号刀及 1 号刀补，刀具偏置设定工件坐标系
N20 G97 S800 M03;	恒转速控制，主轴正转，转速为 800r/min
N30 G00 X160. Z200. M08;	刀具快速移动至程序起始点 *S*，开切削液
N40 X–10. Z5.;	快速移动至 *a* 点
N50 G99 G02 X0. Z0. R5. F0.3;	圆弧切入至 *b* 点，转进给，进给量为 0.3mm/r
N60 G03 X10. Z–5. R5.;	切削球头圆弧 *R*5 至 *c* 点
N70 G01 Z–10.;	切削 ϕ10mm 圆柱至 *d* 点
N80 G02 X20. Z–15. R5.;	切削凹圆弧 *R*5 至 *e* 点
N90 G01 X24.;	切削端面至 *f* 点
N100 X26. Z–20.;	切削锥面至 *g* 点
N110 Z–30.;	切削 ϕ26mm 圆柱至 *h* 点
N120 X32.;	切削端面至 *i* 点，切出 1mm
N130 G00 X160. Z200. M09;	快速退刀至结束点 *E*，关切削液
N140 T0100;	取消 1 号刀补
N150 M30;	程序结束
%	

分析：

1）该程序采用刀具偏置设定工件坐标系，程序执行之前必须将工件坐标系相对于机床参考点的偏置量输入刀补号指定的补偿存储器中，一般习惯于放在外形偏置存储器中。

2）刀具偏置设定工件坐标系与刀具当前位置无关，程序执行完刀具指令（如程序中的 N10 T0101）即可调用相应的刀具偏置值建立工件坐标系。

3）刀具偏置建立工件坐标系不分标准刀与非标准刀，每一把刀具调用的刀补号不能重复，各刀具必须单独对刀，每一把刀具用完后必须取消刀具补偿（如程序中的 N140 T0100）。

4）刀具几何偏置设定工件坐标系的对刀操作，涉及 3.10.1 节中的相关操作。

5）虽然刀具几何偏置设定工件坐标系时与刀具的当前位置无关，但考虑到工件装夹等因素，程序结束之前一般也习惯于将刀具退回程序起始点，同时取消刀具补偿。

6．工件坐标系设定操作分析

（1）G50 指令设定工件坐标系及操作分析（图 5-4）　G50 指令建立工件坐标系就是要使程序运行之前将刀具移至欲设定工件坐标系中 G50 指令中的坐标值处，如图 5-4a 所示。其设定操作就是利用数控系统相对位置显示所具有的坐标值预置与归零操作及手动调整刀具实现。例如图 5-4a 所示示例，可通过试切外圆 *A*，保持 X 轴不动 Z 轴退刀，停转主轴后测量外圆值（如 ϕ49.864），并将 X 轴的相对坐标 U 预置为 49.864。然后，试切端面，Z 轴不动 X 轴退刀，并将 Z 轴的相对坐标归零。最后通过手动（或手轮）操作将相对坐标移至 G50 中的坐标值，如图 5-4b 所示，即完成 G50 指令设定工件坐标系的对刀。关于相对坐标的预置与归零操作可参阅第 3.7.2 节中的相关内容。

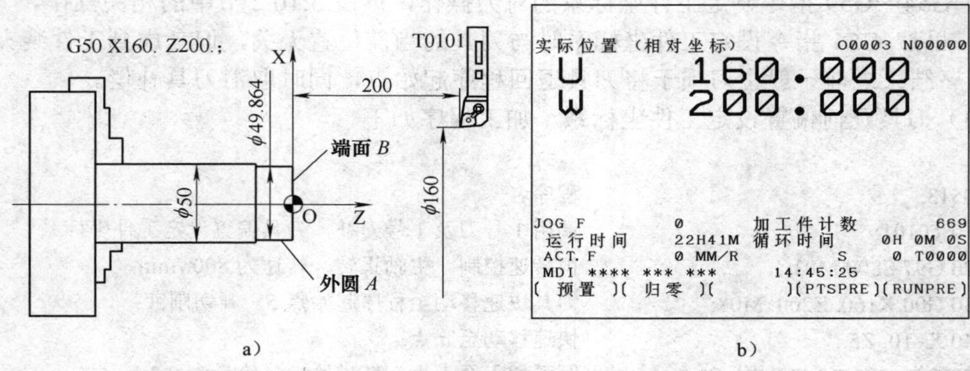

图 5-4　G50 指令设定工件坐标系及操作分析

a）G50 指令设定工件坐标系对刀　b）操作设置

（2）G54～G59 指令设定工件坐标系及操作分析（图 5-5）　G54～G59 指令设定工件坐标系就是要将工件坐标系原点相对于机床参考点的偏置值输入相应工件坐标系存储器中去。图 5-5a 所示为 G54 指令设定工件坐标系的对刀示意图，其通过试切外圆和端面，利用工件坐标系操作画面下部的[测量]软键（图 5-5b）操作实现 G54 工件坐标系存储器中偏置值的设定。详见 3.10.2 节的相关介绍。

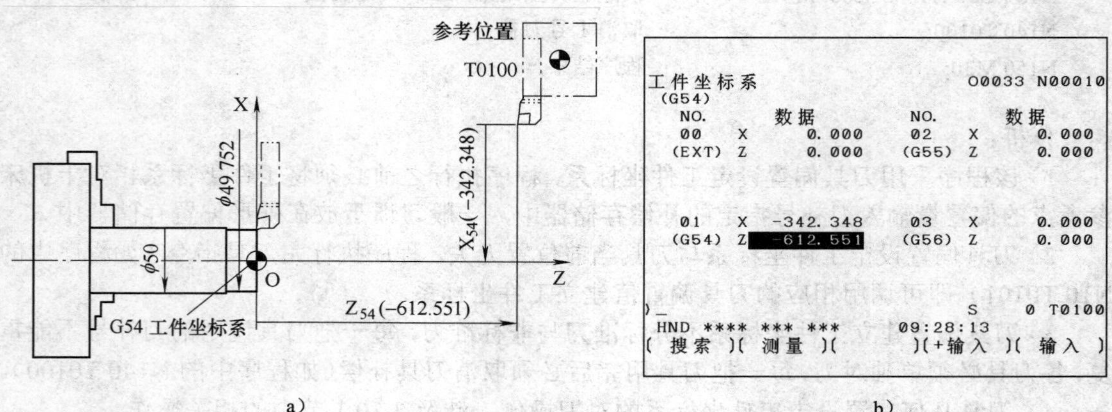

图 5-5　G54 指令设定工件坐标系及操作分析

a）G54 指令设定工件坐标系对刀　b）操作设置

（3）刀具几何偏置设定工件坐标系及操作分析（图 5-6）刀具几何偏置对刀就是要将工件坐标系原点相对于机床参考点的偏置值输入刀具指令指定的刀具偏置存储器中（一般放在外形存储器中）。图 5-6 所示即是将 01 号刀对刀确定的工件坐标系原点的偏置值存储到 01 号几何偏置存储器中。具体的操作可参阅 3.10.1 节中的相关内容。

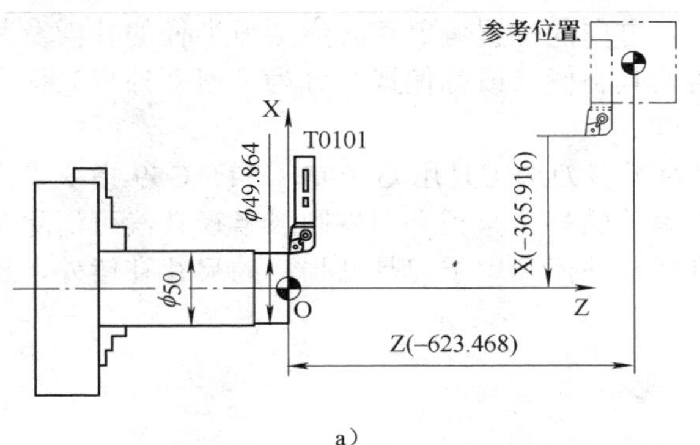

a）

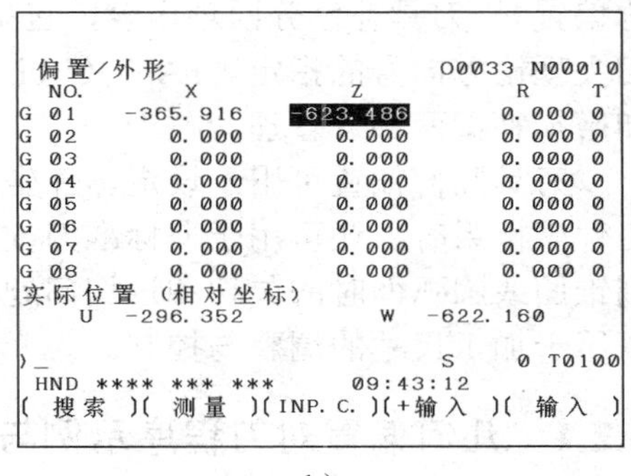

b）

图 5-6　刀具偏置设定工件坐标系及操作分析

a）T0101 刀设定工件坐标系对刀　b）操作设置

5.1.3　工件坐标系设定综合实训

实训一

实训名称：工件坐标系设定原理与方法

实训目的：了解数控车削加工中工件坐标系的设定原理和操作方法，训练通过 MDI 面板手工输入加工程序，观察数控程序的四种运行方式——存储器运行（即自动运行）、锁住运行、空运行和单段运行。

实训条件：FUNAC 0i TC 或 Mate-TC 数控系统的数控车床，尼龙棒料若干，高速钢刀具（自行刃磨）或机夹刀具，若干张具有圆弧和直线轮廓的能够用 10～20 个程序段表述的工件图。个人读者可直接利用图 5-2。

实训要求：

1）分析零件结构与工艺，初步确定切削用量。

2）按照图样要求，不考虑刀尖圆弧半径补偿，按刀具几何偏置设定工件坐标系的要求编写工件的精加工程序。

3）将上一步编写好的加工程序修改为 G50 指令和 G54～G59 指令设定工件坐标系的加工程序。

4）将编写好的加工程序通过 MDI 操作面板手工输入数控系统。

5）根据程序的要求，手工试切法对刀设定工件坐标系。

6）锁住运行加工程序，检查程序格式，空运行观察刀具运动轨迹等。

7）单段运行加工程序，重点观察执行完工件坐标系建立指令的程序段时刀具的当前位置，注意 LCD 显示画面上绝对坐标值的显示与变化，理解工件坐标系原点的位置所在。

8）自动运行加工程序，完成工件的加工过程，理解数控加工的全过程。

实训小结：简述实训过程。叙述数控车削加工工件坐标系的设定方法与特点和数控机床的四种运行方式，并根据实训过程和坐标显示画面上绝对坐标值的显示和变化说明对工件坐标系建立指令的理解。小结后附所编制的加工程序及注释。

5.2　刀具指令及刀具偏置程序示例

数控车削加工的刀具指令包括两部分内容，一是选择工作刀具，二是调用刀具补偿（或称偏置）。刀具补偿分四项内容，包括 X 和 Z 方向的位置偏置和刀尖圆弧半径的补偿及其刀尖理论方向号的指定。FANUC 0i 系统将刀具补偿（或称偏置）分为几何（外形）偏置和磨损补偿两部分管理。

刀具几何偏置可用于设定工件坐标系，对于多刀加工且用 G50 或 G54～G59 指令设定工件坐标系时，还可用于非标准刀安装位置偏差的补偿修正。刀尖圆弧半径补偿可消除车削锥面或圆弧面时的欠切和过切问题。刀具磨损补偿除用于刀具磨损后的尺寸补偿外，还可用于加工尺寸的调整与控制。

5.2.1 几何偏置对刀程序示例与分析

刀具的几何偏置对刀设定工件坐标系不同于 G50 或 G54～G59 这些专门设置的工件坐标系指令，其是借用刀具指令中调用刀具补偿时能够对刀尖位置进行位置偏置的特点而用于工件坐标系的设定。

刀具偏置对刀设定工件坐标系时各刀具的地位是平等的，即不分标准刀与非标准刀，每把刀具均是按相同的方法对刀设定工件坐标系，每把刀具在刀具指令调用相应刀具补偿时才建立工件坐标系，刀具补偿取消时所建立的工件坐标系自动消失。

下面通过一个具体的程序示例来进行介绍。

例 5-2：编写图 5-7 所示零件的数控车削加工程序，要求采用刀具几何偏置设定工件坐标系。

1．加工零件及加工要求（图 5-7）

零件的技术要求如图 5-7 所示，加工要求如下：

1）分析零件结构工艺性，制订加工工艺。

2）要求手工编程，不得采用复合固定循环指令。

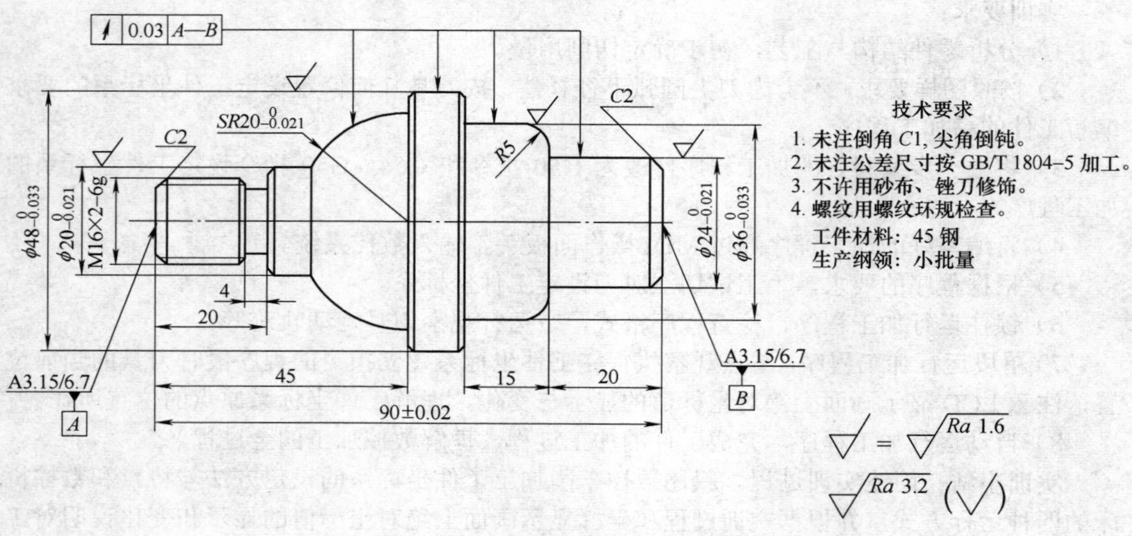

图 5-7 刀具偏置对刀加工示例图

2．零件结构及工艺性分析

该零件若用普通车床加工，则由于两个圆弧面，特别是 $SR20_{-0.021}^{\ 0}$ 球面有公差要求而加工困难。但对数控加工而言，该零件外形轮廓并不复杂，加工精度要求不是很高，公差等级均在 IT7 左右，符合数控车削加工的要求。表面粗糙度上限值为 *Ra*1.6μm，其余为 *Ra*3.2μm。零件几何特征主要是圆柱、圆弧、螺纹和倒角等。工件材料为 45 钢，加工性能较好。因此，数控车床可以完成全部工作。

但注意到其四个表面对两中心孔有圆跳动要求，则必须通过合理装夹来保证。后面再谈。

该零件最大轮廓为 ϕ48mm×90mm，考虑到棒料的供应状态及加工余量，选择 ϕ52mm 的棒料，下料尺寸为 ϕ52mm×94mm。也可以采用多件的棒料加工，即取 94 的整数倍。

由于该零件中间尺寸大于两端尺寸，因此，拟采用两次装夹完成。第一次加工零件右端的三个台阶圆柱。然后再加工左半部分。

3．装夹方案

该零件直径不大，装夹面为圆柱面，第一次加工右半部分时采取通用的自定心卡盘装夹，三个台阶圆柱与中心孔必须一次装夹加工完成。加工左半部分时采取软爪装夹配合尾顶尖，用 ϕ24mm 圆柱面装夹，找正 ϕ48mm 外圆，然后手工加工中心孔，加上尾顶尖后再开始加工，以保证同轴度要求。定位方案如图 5-8 和图 5-9 所示。

4．加工刀具的选择

考虑到零件的结构特点及加工要求，选取机夹可转位车刀，粗车与精车分别用刀，具体刀具如下：

外圆粗车刀：T0101，刀尖半径 0.4mm。（并用于车端面）

外圆精车刀：T0202，刀尖半径 0.1mm。

切槽刀：T0303，刀宽 *B*=4mm。（也可用于切断）

螺纹车刀：T0404，60°螺纹车刀。

中心钻：A3 中心钻（手工钻中心孔，图中未示出）。

5．切削用量的选择

粗车外圆：a_p=2mm，*f*=0.2mm/r，*n*=400r/min。

精车外圆：a_p=0.3mm（右半部分），*f*=0.1mm/r，*n*=1000r/min；

　　　　　a_p=0.5mm（左半部分），*f*=0.1mm/r，*n*=1000r/min。

切槽：*f*=0.05mm/r，*n*=300r/min，刀宽 *B*=4mm。

车螺纹：*n*=300r/min。

6．螺纹切削参数的确定

查表 1-5 可知螺距为 2mm 的螺纹宜车 5 刀，每次进刀径向尺寸见表 5-1。切入和切出距离分别为 5mm 和 3mm。螺纹大径取 15.8mm。

表 5-1　每次进刀径向尺寸　　（单位：mm）

次　数	余　量	径向尺寸	次　数	余　量	径向尺寸
1	0.9	16.0−0.9=15.1	4	0.4	13.9−0.4=13.5
2	0.6	15.1−0.6=14.5	5	0.1	13.5−0.1=13.4
3	0.6	14.5−0.6=13.9			

7．工件坐标系及相关位置点的选择

零件右半部分的加工采用端面中心作为工件坐标系，设置一个换刀点 *A*（200，100）。零件左端加工时由于采用手工车端面保证工件长度后再开始加工，所以仍然采用工件外端面中心作为工件坐标系，也设置一个换刀点 *A*（200，100）。具体如图 5-8 和图 5-9 所示。

8．加工工艺路线

右端的加工工艺路线为：粗车端面→粗车外圆→精车端面→精车外圆。

调头手工车端面，保证工件长度，找正装夹，手动钻中心孔，上尾顶尖，开始加工。

左端的加工工艺路线为：粗车端面→粗车外圆（含圆弧面）→车槽（含倒角）→精车外圆（含圆弧面）→车螺纹。

9．走刀路径的确定

由于复合循环指令后面会专门介绍，所以本例不采用 G73/G70 指令编程。因为右半部分为圆柱台阶面，故采用了比较适合的固定循环指令 G90 编程。左半部分采用最基本的 G01/G03 指令编程。

粗车时未考虑倒角和 *R*5 圆弧的加工，因为其最大背吃刀量处不到 2mm，故直接由精车刀切削，仅是瞬间大吃刀量，不影响倒角和倒圆角的要求。按直角处理后，简化了粗车程序。

右半部分的加工刀具路径如图 5-8 所示。换刀点为 *A* 点，采用两把刀具（不加工中心孔），精车余量为 0.3mm（单面余量），刀具路径为 G90 固定循环加工。

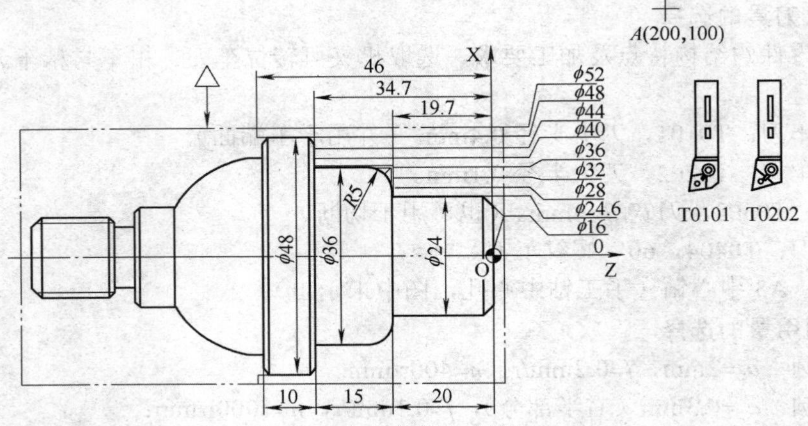

图 5-8 右半部分的刀具路径

左半部分的加工刀具路径如图 5-9 所示。考虑到零件轮廓复杂，留精加工余量 0.5mm（单面余量），且分层切削至圆弧面时，采取沿曲面切削的方式，使精加工的余量均匀，这对后续精加工保证球面的尺寸精度有利。左侧软爪装夹，可考虑用铜皮包裹。

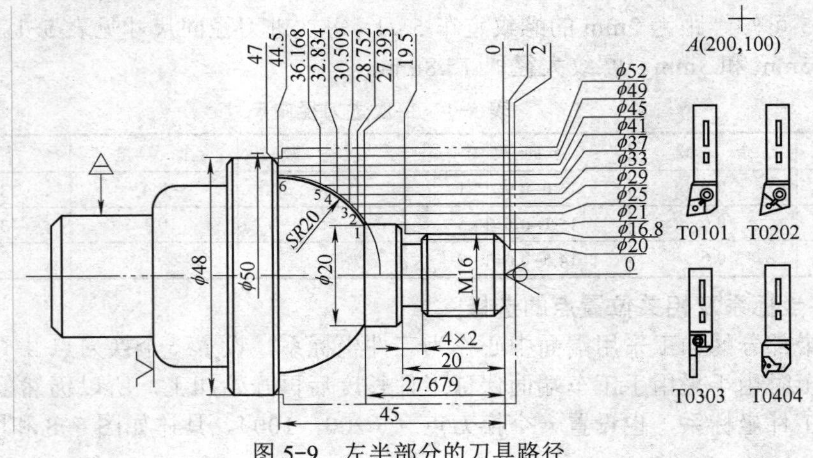

图 5-9 左半部分的刀具路径

10．数值计算

在图 5-8 和图 5-9 中，相关节点的坐标均是借助于 AutoCAD 作图获得，其尺寸值在图中均已标出。

11．参考程序

（1）右半部分的参考程序

程序	说明
%	
O5058	程序名称
N10 G00 X200. Z100. T0101;	快速定位至换刀点 *A*，选择 1 号刀及 1 号刀补
N20 S400 M03;	主轴正转，转速为 400r/min
N30 G00 Z0.5 M08;	快速移至粗车端面的 Z 轴起始点，开切削液
N40 X56.;	快速移至粗车端面的起始点，留 0.5mm 精车余量，开切削液
N50 G99 G01 X0 F0.2;	粗车端面，转进给，进给量为 0.2mm/r
N60 Z2.;	轴向快速退刀
N70 G00 X52.;	径向快速退刀至 G90 固定循环起始点
N80 G90 X48. Z–19.7;	G90 固定循环开始，粗车第一刀 ϕ48mm 至–19.7mm 处
N90 X44.;	G90 固定循环，粗车第二刀 ϕ44mm 至–19.7mm 处
N100 X40.;	G90 固定循环，粗车第三刀 ϕ40mm 至–19.7mm 处
N110 X36.;	G90 固定循环，粗车第四刀 ϕ36mm 至–19.7mm 处
N120 X32.;	G90 固定循环，粗车第五刀 ϕ32mm 至–19.7mm 处
N130 X28.;	G90 固定循环，粗车第六刀 ϕ28mm 至–19.7mm 处
N140 X24.6;	G90 粗车第七刀 ϕ24.6mm 至–19.7mm 处，G90 固定循环结束
N150 G00 Z–19.;	快速进刀至 G90 固定循环起始点
N160 G90 X48. Z–34.7;	G90 固定循环开始，粗车第一刀 ϕ48mm 至–34.7mm 处
N170 X44.;	G90 固定循环，粗车第二刀 ϕ44mm 至–34.7mm 处
N180 X40.;	G90 固定循环，粗车第三刀 ϕ40mm 至–34.7mm 处
N190 X36.6;	G90 粗车第四刀 ϕ36.6mm 至–34.7mm 处，G90 固定循环结束
N200 G00 Z–34.;	快速进刀至 G90 固定循环起始点
N210 G90 X48.6 Z–46;	G90 固定循环，粗车第二刀 ϕ48.6mm 至–46mm 处
N220 G00 X200. M09;	径向快速退回换刀点，关切削液
N230 Z100. M05;	轴向快速退回换刀点，主轴停转
N240 T0100;	取消 1 号刀补
N250 M00;	机床暂停，手工主轴转速换档
N260 S1000 M03 T0202;	调高主轴转速至 1000r/min，选择 2 号刀并调用 2 号刀补
N270 G00 Z0. M08;	快速定位至精车端面的 Z 轴起点，开切削液
N280 X28.;	快速定位至精车端面的起点
N290 G01 X0 F0.1;	精车端面，进给量为 0.1mm/r
N300 G42 G00 X16. Z2.;	快速移动至倒角延长线上，启动刀尖圆弧半径右补偿
N310 G01 X24. Z–2.;	精车倒角 *C*2mm
N320 Z–20.;	精车 ϕ24mm 外圆至–20mm 处
N330 X26.;	精车端面至 *R*5mm 圆弧的起点
N340 G03 X36. Z–25. R5;	精车圆弧 *R*5mm
N350 G01 Z–35.;	精车 ϕ36mm 外圆至–35mm 处
N360 X46.;	精车端面至 *C*1mm 倒角的起点
N370 X48. Z–36.;	精车倒角 *C*1mm

N380 Z–46.;	精车ϕ48mm 外圆至–46mm 处，延长了 1mm
N390 X54.;	径向退刀
N400 G00 X200. M09;	径向快速退回换刀点，关切削液
N410 G40 Z100. T0200;	轴向快速退回换刀点，取消刀尖圆弧半径补偿和 2 号刀补
N420 M30;	程序结束
%	

程序说明：

1）本程序采用刀具偏置建立了工件坐标系。程序加工之前，必须分别对 T01 和 T02 号刀具进行对刀，将工件坐标系原点偏置值输入 01 号和 02 号刀具偏置存储器中。对刀方法可参阅 3.10.1 节中的相关内容。

2）由于工件为阶梯状结构，故采用了单一固定循环指令 G90 进行粗车。

2）注意切削液指令 M08 和 M09 一般成对使用。

4）程序在精车加工时启用了刀尖圆弧半径补偿，因此在程序执行前，还必须将刀尖圆弧半径 R=0.1 和理论刀尖方向号 T=3 输入 02 号刀具偏置存储器中。

（2）左半部分的参考程序

%	程序开始符
O5059	程序名称
N10 G00 X200. Z100. T0101;	快速定位至换刀点 A，选择 1 号刀及 1 号刀补
N20 S400 M03;	主轴正转，转速为 400r/min
N30 G42 G00 Z2. M08;	启动刀尖半径右补偿，Z 轴快速移至起刀点，开切削液
N40 X49.;	径向快速进刀至ϕ49mm 外圆处
N50 G01 Z–44.5 F0.2;	粗车ϕ49mm 外圆至–44.5mm 处
N60 X51.;	径向退刀
N70 G00 Z2.;	轴向快速退刀
N80 X45.;	径向快速进刀ϕ45mm 外圆处
N90 G01 Z–44.5;	粗车ϕ45mm 外圆至–44.5mm 处
N100 X49.;	径向退刀
N110 G00 Z2.;	轴向快速退刀
N120 X41.;	径向快速进刀ϕ41mm 外圆处
N130 G01 Z–44.5;	粗车ϕ41mm 外圆至–44.5mm 处
N140 X45.;	径向退刀
N150 G00 Z2.;	轴向快速退刀
N160 X37.;	径向快速进刀ϕ37mm 外圆处
N170 G01 Z–36.168;	粗车ϕ37mm 外圆至–36.168mm 处（即点 5 处）
N180 G03 X41. Z–44.5 R20.5;	粗车 R20mm 圆弧 5→6 点
N190 G00 Z2.;	轴向快速退刀
N200 X33.;	径向快速进刀ϕ33mm 外圆处
N210 G01 Z–32.834;	粗车ϕ33mm 外圆至–32.834mm 处（即点 4 处）
N220 G03 X37. Z–36.168 R20.5;	粗车 R20mm 圆弧 4→5 点
N230 G00 Z2.;	轴向快速退刀
N240 X29.;	径向快速进刀ϕ29mm 外圆处
N250 G01 Z–30.509;	粗车ϕ29mm 外圆至–30.509mm 处（即点 3 处）
N260 G03 X33. Z–32.834 R20.5;	粗车 R20mm 圆弧 3→4 点
N270 G00 Z2.;	轴向快速退刀

N280 X25.;	径向快速进刀ϕ25mm 外圆处
N290 G01 Z–28.752;	粗车ϕ25mm 外圆至–28.752mm 处（即点 2 处）
N300 G03 X29. Z–30.509 R20.5;	粗车 *R*20mm 圆弧 2→3 点
N310 G00 Z2.;	轴向快速退刀
N320 X21.;	径向快速进刀ϕ21mm 外圆处
N330 G01 Z–27.393;	粗车ϕ21mm 外圆至–27.393mm 处（即点 1 处）
N340 G03 X25. Z–28.752 R20.5;	粗车 *R*20mm 圆弧 1→2 点
N350 G00 Z2.;	轴向快速退刀
N360 X16.8;	径向快速进刀ϕ16.8mm 外圆处
N370 G01 Z–19.5;	粗车ϕ16.8mm 外圆至–19.5mm 处（即点 1 处）
N380 X22.;	径向退刀
N390 G40 G00 X200. M09;	取消刀尖半径补偿，快速径向退刀至ϕ200 处，关切削液
N400 Z100.;	轴向快速退刀至 Z100 处，即刀点 *A*
N410 T0100 M05;	取消 1 号刀补，主轴停转
N420 M00;	机床暂停，主轴手工换档
N430 S1000 M03 T0202;	提高主轴转速至 1000r/min，主轴正转，选择 2 号刀调用 2 号刀补
N440 G42 G00 Z1.;	启动刀尖半径右补偿，轴向快速移至起刀点
N450 X10. M08;	径向快速移至起刀点，即 *C*2mm 倒角的延长线上
N460 G01 X15.8 Z–1.9;	精车倒角 *C*2mm
N470 Z–20.;	精车 M16 螺纹的大径至–20mm 处
N480 X18.;	精车端面至ϕ18mm 处
N490 X20. Z–21;	精车倒角 *C*1mm
N500 Z–27.679;	精车ϕ20mm 外圆至圆弧起始处
N510 G03 X40. Z–45. R20;	精车 *R*20mm 圆弧面（球面）
N520 G01 X46.;	精车端面至ϕ46mm 处
N530 X50. Z–47.;	精车倒角 *C*1mm
N540 G40 G00 X200. M09;	取消刀尖半径补偿，径向快速退刀，关切削液
N550 Z100. T0200;	轴向快速退刀至换刀点，取消 2 号刀补
N560 M05;	主轴停转
N570 M00;	暂停，主轴手工换档，检查精车质量和尺寸
N580 S400 M03 T0303;	降低主轴转速至 400r/min，主轴正转，选择 3 号刀调用 3 号刀补
N590 G00 Z–20. M08;	轴向快速进刀，开切削液
N600 X20.;	径向快速进刀至切槽起始点
N610 G01 X12. F0.05;	径向切槽
N620 X17.;	径向退刀
N630 Z–18.5;	横向移动
N640 X14 Z–20;	车螺纹尾部倒角 *C*1mm
N650 X12.;	径向切入
N660 G00 X200. M09;	径向快速退刀，关切削液
N670 Z100. T0300;	轴向快速退刀至换刀点，取消 3 号刀补
N680 M05;	主轴停转
N690 S300 M03 T0404;	降低主轴转速至 300r/min，主轴正转，选择 4 号刀调用 4 号刀补
N700 G00 Z5. M08;	轴向快速进刀至车螺纹起始点，开切削液
N710 X20.;	径向快速进刀至车螺纹起始点
N720 G92 X15.1 Z–18 F2.;	螺纹切削固定循环 G92 开始，第一刀，螺距 2mm
N730 X14.5;	螺纹切削固定循环 G92 开始，第二刀

N740 X13.9;	螺纹切削固定循环 G92 开始，第三刀
N750 X13.5;	螺纹切削固定循环 G92 开始，第四刀
N760 X13.4;	螺纹切削固定循环 G92 开始，第五刀
N770 G00 X200. M09;	径向快速退刀，关切削液
N780 Z100. T0400;	轴向快速退刀至换刀点，取消 4 号刀补
N790 M30;	程序结束
%	程序结束符

程序说明：

1）程序采用了刀具偏置对刀建立工件坐标系，因此，程序执行之前必须分别对每把刀具进行对刀。

2）程序中采用了刀尖圆弧半径补偿，因此还必须输入刀尖圆弧半径补偿参数。

3）粗车 R20mm 球面时采用了圆弧逼近零件表面，使得精车加工余量非常均匀，有利于球面加工质量的保证。

4）螺纹尾部的倒角，由切断刀完成，简化了刀具配置。

5）螺纹加工采用了固定循环指令 G92，简化了编程。

6）精车外轮廓时顺便将 ϕ48mm 外圆的倒角加工出来，倒角时延长了约 1mm 轨迹。

7）程序加工之前，必须先手工车端面，钻中心孔，并调好尾顶尖。

8）由于使用了尾顶尖，为安全起见，进刀时先快速移动 Z 轴，然后再移动 X 轴。退刀时则刚好相反，先退 X 轴，再退 Z 轴至换刀点。

12．刀具几何偏置对刀程序对刀说明及操作分析

本节介绍的数控加工程序是基于刀具的几何偏置设定工件坐标系的。这种加工程序中，各把刀具之间的位置误差已经在几何偏置对刀时一并进行了设置，因此不存在标准刀与非标准刀之分。也就是说每把刀具只需按图 5-6 所示的原理分别对刀即可。

多刀对刀时，由于采用试切法等方法可能存在误差，这时不需要重新对刀，只需通过磨损补偿进行修调即可。如图 5-10 所示，若 T0202 号刀具精加工后测量的结果是外径尺寸偏小 0.12mm，长度尺寸长了 0.25mm，则将+0.12 和−0.25 分别输入 W02 号磨损补偿存储器中的 X 和 Z 栏即可，下一个零件加工时就不存在这个误差了。3 号和 4 号偏置值的修调读者可自行分析。

```
偏置／外形                          O0333 N00000
 NO.        X              Z              R    T
G 01    -359.711       -740.186        0.800  3
G 02    -378.048       -708.173        0.400  3
G 03    -255.630       -948.599        0.000  0
G 04    -366.192       -720.714        0.000  0
G 05       0.000          0.000        0.000  0
G 06       0.000          0.000        0.000  0
G 07       0.000          0.000        0.000  0
G 08       0.000          0.000        0.000  0
实际位置 （相对坐标）
   U  -183.042            W  -179.105
)_                              S     0  T0000
 MDI  ****  ***  ***       15:26:30
(  磨损  )(  外形  )(          )(        )(（操作）)
```

a）

```
偏置／磨损                          O0333 N00000
 NO.        X              Z              R    T
W 01       0.000          0.000        0.000  0
W 02       0.120         -0.250        0.000  0
W 03      -0.320          0.270        0.000  0
W 04      -0.160         -4.140        0.000  0
W 05       0.000          0.000        0.000  0
W 06       0.000          0.000        0.000  0
W 07       0.000          0.000        0.000  0
W 08       0.000          0.000        0.000  0
实际位置 （相对坐标）
   U  -183.042            W  -179.105
)_                              S     0  T0000
 MDI  ****  ***  ***       15:27:55
(  磨损  )(  外形  )(          )(        )(（操作）)
```

b）

图 5-10 偏置对刀偏置值及偏置修调

a）偏置对刀值 b）偏置修调值

5.2.2　标准刀对刀程序示例与分析

对于采用 G50 指令或 G54～G59 设定工件坐标系时，其对刀参数仅适用于一把刀具，一般将这把刀具称为标准刀或基准刀，而其他刀具，由于刀具安装的随机性，当它们转到工作位置时不可能做到刀位点与基准刀的刀位点重合，这时，就必须利用刀具的几何偏置对其位置进行修正，使其不需修改加工程序即能进行加工。这些基准刀之外的其他刀具称为非基准刀。

非基准刀偏置修正的实质相当于将基准刀对刀的工件坐标系进行了平移操作，使非基准刀在这个平移之后的坐标系中的运动能够加工出合格的零件。具体来说就是将工作位置的非基准刀刀位点到基准刀刀位点的矢量分量分别存入相应刀补号中外形存储器中，通过非基准刀刀具指令的偏置调用实现非基准刀位置的修正。

从上面的分析可以看出，基准刀并不存在位置误差，因此不存在位置修正的问题，也就是说，基准刀的刀具偏置值必须清零。

下面通过一个零件加工程序说明基准刀对刀程序的编写方法及刀具对刀设置的分析。

例 5-3：图 5-11 所示零件，要求编写数控车削的加工程序，并分别用 G50 指令和 G54～G59 指令设定工件坐标系。

1．加工零件及加工要求（图 5-11）

零件的技术要求如图 5-11 所示，加工要求如下：

1）分析零件结构工艺性，制订加工工艺。

2）要求手工编程，不得采用复合固定循环指令。

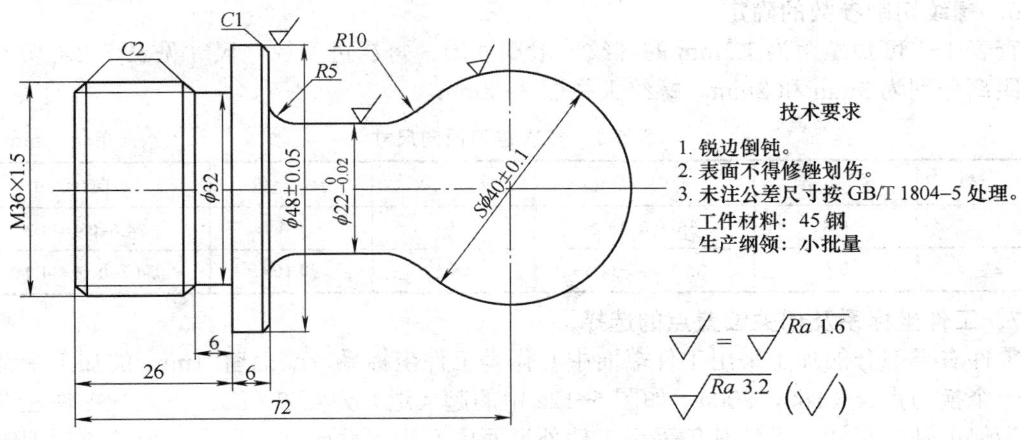

图 5-11　标准刀对刀加工示例图

2．零件结构及工艺性分析

该零件若用卧式车床加工，则由于球头的特殊形状而显得加工困难。但对数控加工而言，该零件外形轮廓并不复杂，加工精度要求不是很高，仅球头颈部 $\phi 22_{-0.02}^{0}$mm 公差要求较高，但仍然可以数控车削加工完成。表面粗糙度上限值为 $Ra1.6\mu m$，其余为 $Ra3.2\mu m$。零件几何特征主要是圆柱、圆球、螺纹和倒角等。工件材料为 45 钢，加工性能较好。因此，数控车床可以完成全部工作。

该零件最大轮廓为 ϕ48mm×92mm，考虑到棒料的供应状态及加工余量，选择 ϕ52mm 的棒料，下料尺寸为 ϕ52mm×95mm。

由于该零件中间尺寸大于两端尺寸，因此，拟采用两次装夹完成。第一次加工零件右端的球头部分，然后调头加工左半边的螺纹部分。

3．装夹方案

该零件直径不大，毛坯为圆棒料，第一次加工右半部分时采取通用的自定心卡盘装夹，加工球头、颈部和 ϕ48mm 的圆柱。但调头后由于 ϕ48mm 圆柱面较短，装夹不可靠，因此采用球头颈部装夹，制作一个剖分式的夹紧套进行装夹。详见图 5-12 和图 5-13。

4．加工刀具的选择

考虑到零件的结构特点及加工要求，选取机夹可转位车刀，粗车与精车分别用刀，具体刀具如下：

外圆粗车刀：T0101，刀尖半径 0.8mm（并用于车端面）。

外圆精车刀：T0202，刀尖半径 0.4mm（还用于球头颈部凹槽的粗加工）。

切槽刀：T0303，刀宽 B=4mm（也可用于切断）。

螺纹车刀：T0404，60° 螺纹车刀。

5．切削用量的选择

粗车外圆：a_p=1.5～2mm，f=0.2～0.3mm/r，n=400r/min。

精车外圆：a_p=0.3～0.5mm，f=0.1mm/r，n=800r/min。

切槽：f=0.1mm/r，n=500r/min，刀宽 B=4mm。

车螺纹：n=300r/min。

6．螺纹切削参数的确定

查表 1-5 可知螺距为 1.5mm 的螺纹一般车 4 刀，每次进刀径向尺寸见表 5-2。切入和切出距离分别为 3mm 和 2mm。螺纹大径取 35.8mm。

表 5-2　每次进刀径向尺寸　（单位：mm）

次　数	余　量	径向尺寸	次　数	余　量	径向尺寸
1	0.8	36−0.8=35.2	3	0.4	34.6−0.4=34.2
2	0.6	35.2−0.6=34.6	4	0.16	34.2−0.16=34.04

7．工件坐标系及相关位置点的选择

零件右半部分的加工采用工件端面中心作为工件坐标系，端面留 1mm 的加工余量，设置一个换刀点 A（160，200），如图 5-12a 中的起（退）刀点 S（E），下同。零件左端加工时为保证轴向尺寸，虽然其仍采用工件外端面中心为工件坐标系原点，但该点对刀时必须保证螺纹端面至 ϕ48mm 圆柱面靠球头顶部的端面尺寸，其端面的加工余量与毛坯长度有关，误差较大，因此可以手工粗车端面，并用这个切削动作对刀，确定工件坐标系 Z 轴位置。同样其也设置一个换刀点 A（160，200）。详见图 5-12 和图 5-13。

8．加工工艺路线

右端的加工工艺路线为：粗车端面→粗车外轮廓→精车外轮廓。

调头手工车端面，保证工件长度，找正装夹，手动钻中心孔，上尾顶尖，开始加工。

左端的加工工艺路线为：粗车外圆和端面→精车外圆和端面→车槽（含倒角）→车螺纹。

9．走刀路径的确定

右端球头及颈部的加工采用了单一循环指令 G90 车圆柱和 G90 变参数 R 车锥面逼近圆弧的方法粗车，颈部凹槽部分采用基本指令 G01/G02/G03 粗车。精车轮廓时，球头部分采用 $R5$mm 圆弧切入。其刀具路径及几何参数如图 5-12 所示。

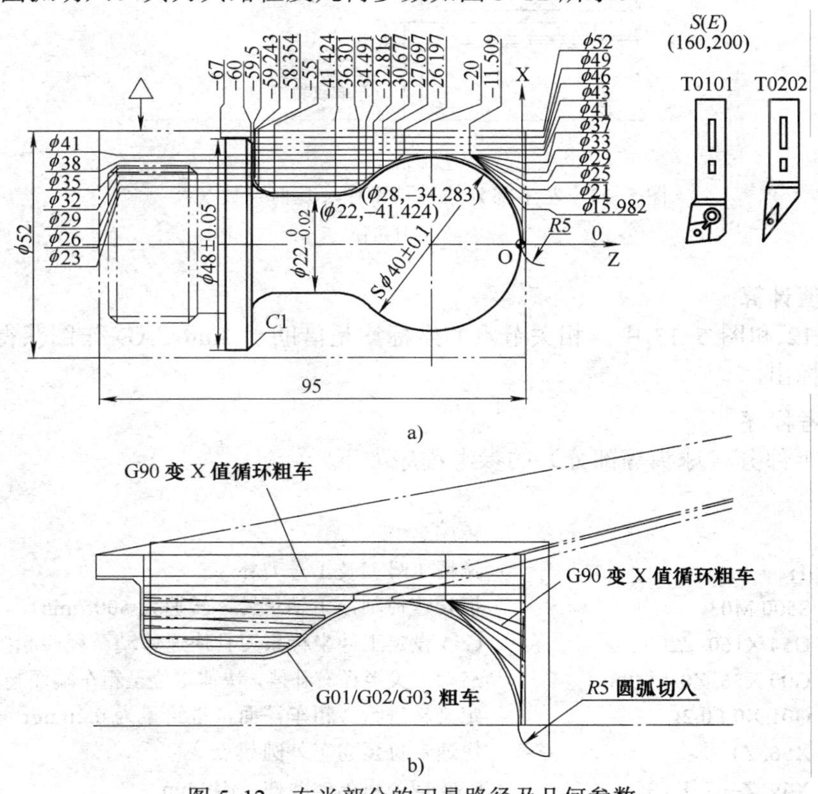

a)

b)

图 5-12　右半部分的刀具路径及几何参数

a）刀具路径规划与几何参数　b）刀具路径

左端采用单一循环指令 G90 车圆柱，切断刀车槽，分两刀车，其中第二刀按 45° 下刀车槽完成螺纹尾部的倒角。车螺纹采用螺纹切削循环指令 G92 车削加工。其刀具路径及几何参数如图 5-13 所示。

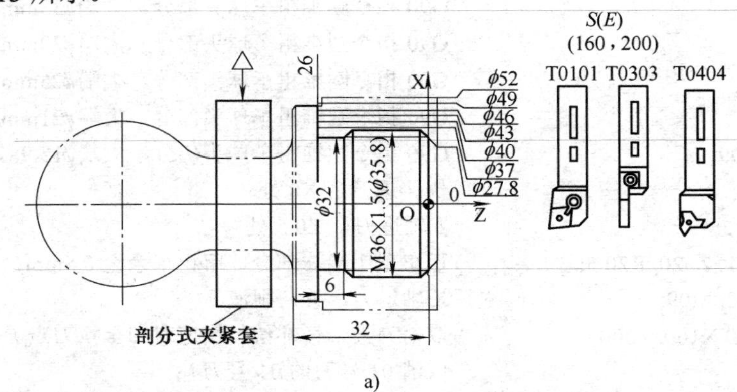

a)

图 5-13　左半部分的刀具路径及几何参数

a）刀具路径规划与几何参数

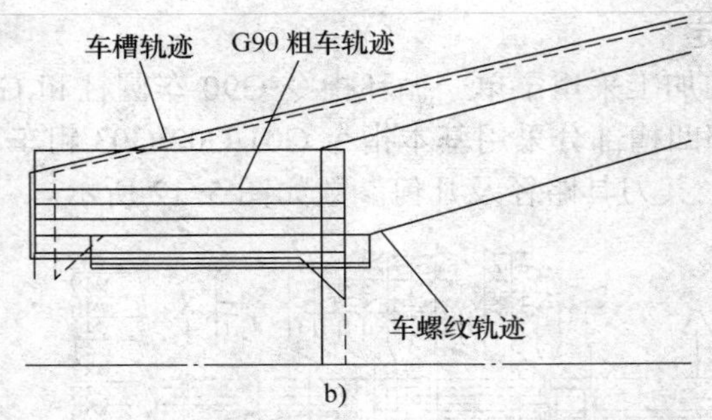

图 5-13 左半部分的刀具路径及几何参数（续）

b）刀具路径

10. 数值计算

在图 5-12 和图 5-13 中，相关节点的坐标均是借助于 AutoCAD 作图获得，其尺寸值在图中均已标出。

11. 参考程序

（1）右半部分（球头等部分）的参考程序如下。

程序	说明
%	
O5012;	程序名
N10 T0101;	调用 1 号刀及 1 号刀补
N20 G97 S500 M03;	恒转速控制，主轴正转，转速为 500r/min
N30 G00 G54 X160. Z200.;	G54 设定工件坐标系刀具快速移动至程序起始点 *S*
N40 G42 G00 X56. Z0.4 M08;	启动刀尖半径右补偿，快速定位至粗车端面起点，开切削液
N50 G99 G01 X0 F0.2;	定义转进给，粗车端面，进给量为 0.2mm/r
N60 G00 X56. Z1.;	快速定位至粗车外圆起点
N70 G90 X49. Z–67. F0.3;	G90 指令粗车外圆柱，ϕ49mm
N80 X46. Z–59.5;	G90 指令粗车外圆柱，ϕ46mm
N90 X43.;	G90 指令粗车外圆柱，ϕ43mm
N100 X41.;	G90 指令粗车外圆柱，ϕ41mm
N110 G90 X41. Z–11.509 R–2.;	G90 指令圆锥粗车球头部分，大端ϕ37mm
N120 R–4.;	G90 指令圆锥粗车球头部分，大端ϕ33mm
N130 R–6.;	G90 指令圆锥粗车球头部分，大端ϕ29mm
N140 R–8.;	G90 指令圆锥粗车球头部分，大端ϕ25mm
N150 R–10.;	G90 指令圆锥粗车球头部分，大端ϕ21mm
N160 R–12.509;	G90 指令圆锥粗车球头部分，大端ϕ15.982mm
N170 G00 X0;	快速进刀至 X0 处
N180 G01 Z0.5;	Z 轴进刀至 Z0.5 处
N190 G03 X41. Z–20. R20.5;	粗车球头半球部分，留粗车余量 0.5mm
N200 G01 X42. M09;	X 轴退刀，关切削液
N210 G40 G00 X160. Z200.;	取消刀尖半径补偿，快速对刀至换刀点 *E*
N220 T0100;	取消 01 号刀的 01 号刀补
N230 T0202;	调用 02 号刀及 02 号刀补
N240 S800 M03;	提高主轴转速至 800r/min

```
N250 G42 G00 X43. Z–26.197 M08;     启动刀尖半径右补偿，快速定位至球头颈部粗车点
N260 G01 X41. F0.2;                 垂直进刀至φ41mm 处，进给量为 0.2mm/r
N270 X38.Z–27.697;                  45° 下刀粗车，背吃刀量为 1.5mm
N280 Z–59.5;                        球头颈部粗车第一刀，φ38mm
N290 X42.;                          车球头颈底部的端面
N300 G00 X39. Z–27.697;             快速退刀至第二刀起始点
N305 G01 X38.;                      垂直下刀至φ38mm 处
N310 X35. Z–30.677;                 斜线切入，背吃刀量为 1.5mm
N320 Z–59.5;                        球头颈部粗车第二刀，φ35mm
N330 X39.;                          车球头颈底部的端面
N340 G00 X36. Z–30.677;             快速退刀至第三刀起始点
N345 G01 X35.;                      垂直下刀至φ35mm 处
N350 X32. Z–32.816;                 斜线切入，背吃刀量为 1.5mm
N360 Z–59.5;                        球头颈部粗车第三刀，φ32mm
N370 X36.;                          车球头颈底部的端面
N380 G00 X33. Z–32.816;             快速退刀至第四刀起始点
N390 G01 X32.;                      垂直下刀至φ32mm 处
N400 X29. Z–34.491;                 斜线切入，背吃刀量为 1.5mm
N400 Z-59.243;                      球头颈部粗车第四刀，φ29mm
N410 X32. Z–59.5;                   斜线逼近 R5mm 圆弧粗车
N420 X33.;                          车球头颈底部的端面
N430 G00 X30. Z–34.491;             快速退刀至第五刀起始点
N440 G01 X29.;                      垂直下刀至φ29mm 处
N450 X26. Z–36.301;                 斜线切入，背吃刀量为 1.5mm
N450 Z–58.354;                      球头颈部粗车第五刀，φ26mm
N460 G02 X29. Z–59.243 R4.5;        粗车颈部底部 R5mm 圆弧，留单面精车余量 0.5mm
N470 G00 X27. Z–36.301;             快速退刀至第六刀起始点
N480 G01 X26.;                      垂直下刀至φ26mm 处
N490 G02 X23. Z–41.424 R9.5;        粗车球头底部 R10mm 圆弧至φ23mm 处，留精车余量 0.5mm
N500 G01 Z–55.;                     球头颈部粗车第六刀，φ23mm
N510 G02 X26. Z–58.354 R4.5;        粗车颈部底部 R5mm 圆弧，留单面精车余量 0.5mm
N520 G00 X60.;                      X 轴快速退刀至 X60 处
N530 Z5.;                           Z 轴快速定位至 Z5 处
N540 X–10.;                         X 轴快速定位至 X–10 处（精车圆弧切入的起点）
N550 G02 X0 Z0 R5 F0.1;             R5mm 圆弧切入，开始精车球头轮廓
N560 G03 X28. Z–34.283 R20;         逆圆精车球头部分至尺寸
N570 G02 X22. Z–41.424 R10;         顺圆精车球头与颈部过渡圆弧 R10mm
N580 G01 Z–55.;                     精车球头颈部外圆至尺寸
N590 G02 X32. Z–60. R5.;            顺圆精车球头颈部与φ48mm 圆柱端面的过渡圆弧 R5mm
N600 G01 X46.;                      精车φ48mm 圆柱端面
N610 X48. Z–61.;                    精车φ48mm 圆柱倒角
N620 Z-67.;                         精车φ48mm 圆柱面
N630 X56. M09;                      X 轴退刀，关切削液
```

```
N640 G40 G00 X160. Z200.;          取消刀尖半径补偿，快速退刀至快速对刀至换刀点 E
N650 T0200;                         取消 02 号刀的 02 号刀补
N660 M30;                           程序结束
%
```

程序说明：

1）程序采用了 G54 指令建立工件坐标系（根据使用者的需要还可用 G54～G59 指令中的任意一个）。程序执行之前确定一把基准刀，如 T01 号刀。其他刀具则为非基准刀，如本例的 T02 号刀具。

2）基准刀对刀时要注意必须将相应补偿存储器中的几何偏置值清零。非基准刀补偿储存器中输入的是非基准刀相对于基准刀的矢量的相应分量。

3）程序中采用了刀尖圆弧半径补偿，可有效保证球头部分的加工精度。当然别忘了输入刀尖圆弧半径 R 和刀尖方向号 T。

4）粗车 $S\phi40$mm 球面时采用了圆锥面粗车圆弧逼近，并用了一次沿轮廓粗车，尽可能保证精车加工余量的均匀性。球头颈部的粗车也是尽可能使精车加工余量均匀。精车余量的均匀性有利于提高精车加工精度。

5）程序中设置了一个换刀点，其也是程序的起点 S 和结束点 E。

6）精车轮廓的切入采用了圆弧切线切入方式，使切入点尽可能光顺。切出点将 $\phi48$mm 圆柱的端面延长了 1mm。

7）该程序的刀具路径可参阅图 5-12b。

8）对刀时注意端面留 1mm 左右的加工余量，即工件坐标系定在毛坯端面内部 1mm 处。

9）球头部分的尺寸主要控制 $\phi22^{0}_{-0.02}$尺寸，其公差要求最严，若控制了该尺寸，则其他尺寸自然保证。具体可通过控制精车刀具 T0202 的 02 号补偿存储器中的磨损值保证。

（2）左半部分（螺纹部分）的参考程序如下。

```
%
O5013;                       程序名
N10 G50 X160. Z200. ;        G50 指令设定工件坐标系
N20 T0101;                   调用 01 刀及 01 号刀补
N30 G97 S500 M03;            恒转速控制，主轴正转，转速为 500r/min
N40 G00 X56. Z0 M08;         刀具快速定位至车端面的起始点，开切削液
N50 G99 G01 X0. F0.2;        定义转进给，车端面，进给量为 0.2mm/r
N60 G00 Z2.;                 Z 轴退刀
N70 X56.;                    X 轴退刀至 G90 指令的起点处
N80 G90 X49. Z-25.8 F0.3;    G90 固定循环粗车外圆，φ49mm
N90 X46.;                    G90 固定循环粗车外圆，φ46mm
N100 X43.;                   G90 固定循环粗车外圆，φ43mm
N110 X40.;                   G90 固定循环粗车外圆，φ40mm
N120 X37.;                   G90 固定循环粗车外圆，φ37mm
N130 G00 X27.8 Z2.;          快速定位至倒角延长线处（延长约 2mm）
N140 S800 M03;               提高主轴转速至 800r/min
N150 G01 X35.8 Z-2. F0.15;   切线切入，精车倒角，进给量为 0.15mm/r
N160 Z-26.;                  精车 M36 螺纹的大径至 φ35.8mm
```

```
N170 X52. M09;                 精车端面
N180 G00 X160. Z200. T0100;    快速退刀至程序换刀点 E（结束点），取消 01 号刀的 01 号刀补
N190 T0303;                    调用 03 号刀的 03 号刀补
N200 S500 M03;                 降低主轴转速至 500r/min
N210 G00 X52. Z-26. M08;       快速定位至切槽起始点，开切削液
N220 G01 X32. F0.1;            车槽加工，进给量为 0.1mm/r
N230 G00 X40.;                 X 轴快速退刀
N240 Z-20.;                    横向移动 6mm
N250 G01 X32. Z-24.;           斜线车槽，顺便将螺纹结束处的倒角切除
N260 G00 X52. M09;             X 轴快速退刀，关切削液
N270 X160. Z200. T0303;        快速退刀至换刀点 E（结束点），取消 03 号刀的 03 号刀补
N280 T0404 M05;                调用 04 号刀的 04 号刀补，主轴停转
N290 M00;                      机床暂停，手工换档
N300 S300 M03;                 降低主轴转速至 300r/min
N310 G00 X40. Z3.;             快速定位至车螺纹的起始点
N320 G92 X35.2 Z-22. F1.5;     螺纹车削循环指令 G92 车螺纹的第一刀
N330 X34.6;                    G92 车螺纹的第二刀
N340 X34.2;                    G92 车螺纹的第三刀
N350 X34.04;                   G92 车螺纹的第四刀
N360 G00 X160. Z200. M09;      快速退刀至换刀点 E（结束点），关切削液
N370 T0400;                    取消 04 号刀的 04 号刀补
N380 M30;                      程序结束
%
```

程序说明：

1）程序采用了 G50 指令建立工件坐标系，这主要是为了讲解 G50 指令的需要，具体应用时可根据需要修改，如当前用得较多的是 G54～G59 指令。同样，多刀车削加工时，在程序执行之前也必须确定一把基准刀，如 T01 号刀。则其他刀具为非基准刀，如本例的 T03 和 T04 号刀具。

2）基准刀与非基准刀的刀具补偿存储器的设置同 G54～G59 指令建立工件坐标系。

3）本程序加工部分由于没有锥面和圆弧，因此未考虑刀尖圆弧半径补偿。

4）G90 指令粗车圆柱较基本指令编程车削可简化编程。

5）程序中同样必须设置一个换刀点，其也是程序的起点 *S* 和结束点 *E*。

6)精车轮廓的切入采用了倒角延长线切线切入方式,使倒角面不留刀路轨迹转换痕迹。

7）该程序的刀具路径可参阅图 5-13b。

8）由于毛坯长度的误差一般较大，对刀时可以先手工粗车一刀端面，留下适当的端面加工余量（约 1～2mm），对刀时注意保证工件坐标系原点至 ϕ48mm 圆柱球头侧端面的距离。

9）M36 螺纹的大径尺寸及螺纹径向尺寸的控制可以利用相应刀补存储器中的磨损补偿量进行修调控制。

12．标准刀对刀程序的对刀说明及操作分析

基准刀对刀程序中必须确定一把基准刀，这把刀是设定工件坐标系时对刀用到的刀，其对刀原理参见图 5-4 和图 5-5。

非基准刀对刀就是要将处于工作位置的非基准刀到基准刀具的偏置矢量分量输入相应的刀具偏置存储器中。假设本例中的4把车刀处于工作位置时的位置关系如图5-14所示。图中假设T0101为基准刀，其用于设置工件坐标系，则01号偏置存储器中的几何偏置必须清零。当T02号刀转到工作位置时，其相对于基准刀的偏置矢量为G_2，其矢量分量分别有G_{2X}和G_{2Z}，只要将该两个矢量值输入02号偏置存储器相应的存储器中即可，当程序运行时调用02号刀具补偿时，即可修正T02号刀具的安装误差，其结果相当于刀位点在基准刀刀位点时的加工结果。同理，将T03号刀的偏置矢量分量G_{3X}和G_{3Z}及T04号刀的偏置矢量分量G_{4X}和G_{4Z}输入03号和04号刀具偏置存储器中即完成了非基准刀T03和T04号刀的对刀过程。

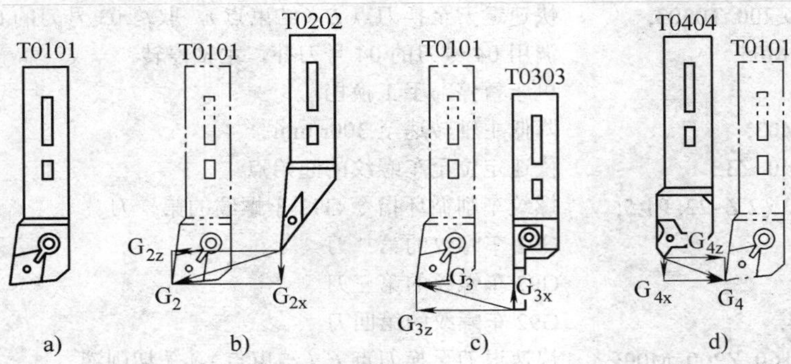

图5-14 基准刀具与非基准刀具的位置关系

a）基准刀 b）T02号刀 c）T03号刀 d）T04号刀

图5-15所示为刀具偏置存储器几何偏置部分的操作画面，若01号存储器为基准刀用的，则其的几何偏置量必须清零。同时，其他刀具偏置存储器即可认为是非标准刀的存储器，分别用于存放非基准刀的偏置矢量分量，如图中存放T0202号刀的02号存储器中存放位置。注意，所谓矢量即是包含正/负号的。关于这些偏置矢量输入的操作过程，可参阅3.10.1节中有关画面下部［INP.C.］软键的应用示例。

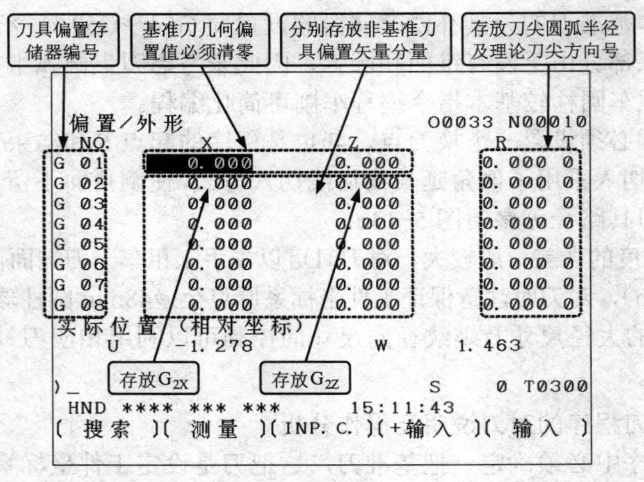

图5-15 刀具偏置存储器操作画面

5.2.3　刀尖圆弧半径补偿分析与数据设定

在 1.6.8 节介绍刀尖圆弧半径补偿指令时谈到，由于刀尖圆弧的存在，在加工圆弧和锥面时必然存在加工误差（欠切或过切）。因此，对于圆弧或锥面有精度要求时，必须使用刀尖圆弧半径补偿指令 G41/G42 和 G40。使用刀尖圆弧半径补偿指令时必须知道刀尖圆弧半径值和理论刀尖方向号，并且必须在程序执行之前通过 MDI 面板输入 CNC 系统中。

下面通过一个示例进行说明：

例 5-4：已知图 5-16 所示零件，要求编写数控车削加工程序，并重点分析刀尖圆弧半径补偿指令及其设置。

1．加工零件及加工要求（图 5-16）

技术要求如图 5-16 所示，加工要求如下：

1）分析零件结构工艺性，制订加工工艺。

2）要求手工编程，不得采用复合固定循环指令，两个槽采用子程序加工。

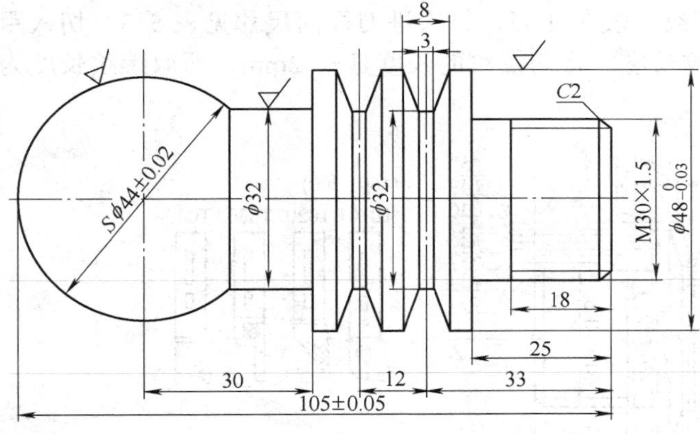

技术要求

1. 锐边倒钝。
2. 未注公差尺寸按 GB/T 1804–5 处理。

工件材料：45 钢
生产纲领：小批量

$\sqrt{}$ = $\sqrt{Ra\ 1.6}$

$\sqrt{Ra\ 3.2}$ ($\sqrt{}$)

图 5-16　刀尖圆弧半径补偿加工示例图

2．零件结构及工艺性分析

该零件与图 5-11 所示零件比较相似，仅中间多了两个 V 形槽。就零件结构来说，比较适合用数控车削加工。

该零件最大轮廓为 ϕ48mm×105mm，考虑到棒料的供应状态及加工余量，选择 ϕ52mm 的棒料，下料尺寸为 ϕ52mm×108mm。

根据该零件的结构特点，拟采用两次装夹完成。第一次加工零件右端的螺纹和中间的两个 V 形槽，然后，调头加工左端的 *S*ϕ44mm 的球头及颈部。注意到球头部分的直径有公差要求，为保证加工精度要求，必须采用刀尖圆弧半径补偿。该零件虽然槽的数量不多，采用子程序调用的程序结构效果不是很明显，但作为一种程序结构，在多槽加工时是一种值得考虑的程序结构。

3．装夹方案

该零件直径不大，毛坯为圆棒料，第一次加工右半部分时采取通用的自定心卡盘装夹，加工螺纹和 V 形槽。调头后用铜皮包覆 V 形槽处的 ϕ48mm 圆柱面，加工球头部分。装夹方案详见图 5-17 和图 5-18。

4．加工刀具的选择

考虑到零件的结构特点及加工要求，选取机夹可转位车刀，粗车与精车分别用刀，具体刀具如下：

外圆粗车刀：T0101，刀尖半径 0.8mm（并用于车端面）。

外圆精车刀：T0202，刀尖半径 0.4mm（还用于球头颈部凹槽的粗加工）。

切槽刀：T0303，刀宽 B=3mm。

螺纹车刀：T0404，60° 螺纹车刀。

5．切削用量的选择

粗车外圆：a_p=1.5～2mm，f=0.2～0.3mm/r，n=500r/min。

精车外圆：a_p=0.3～0.5mm，f=0.1mm/r，n=800r/min。

切槽：f=0.1mm/r，n=500r/min，刀宽 B=3mm。

车螺纹：n=300r/min

6．螺纹切削参数的确定

查表 1-5 可知螺距为 1.5mm 的螺纹一般车 4 刀，每次进刀径向尺寸见表 5-3。切入距离取 3mm，为保证 18mm 的有效螺纹长度，将切螺纹的长度延长 2mm，即取螺纹长度为 20mm。螺纹大径取 29.9mm。

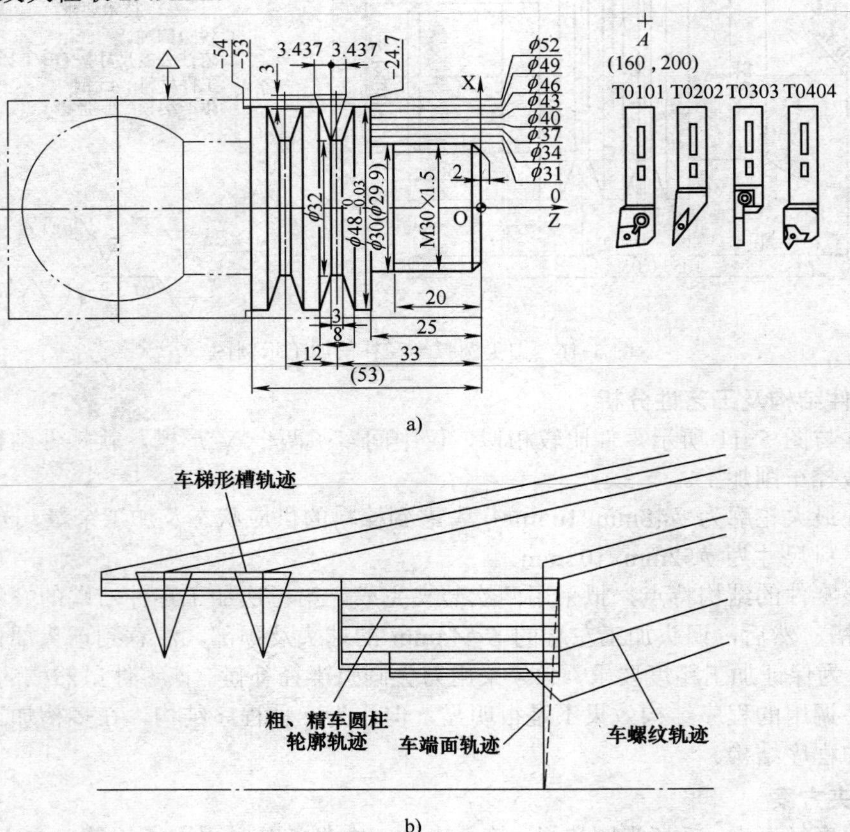

图 5-17　右半部分的刀具路径及几何参数

a）刀具路径规划与几何参数　b）刀具路径

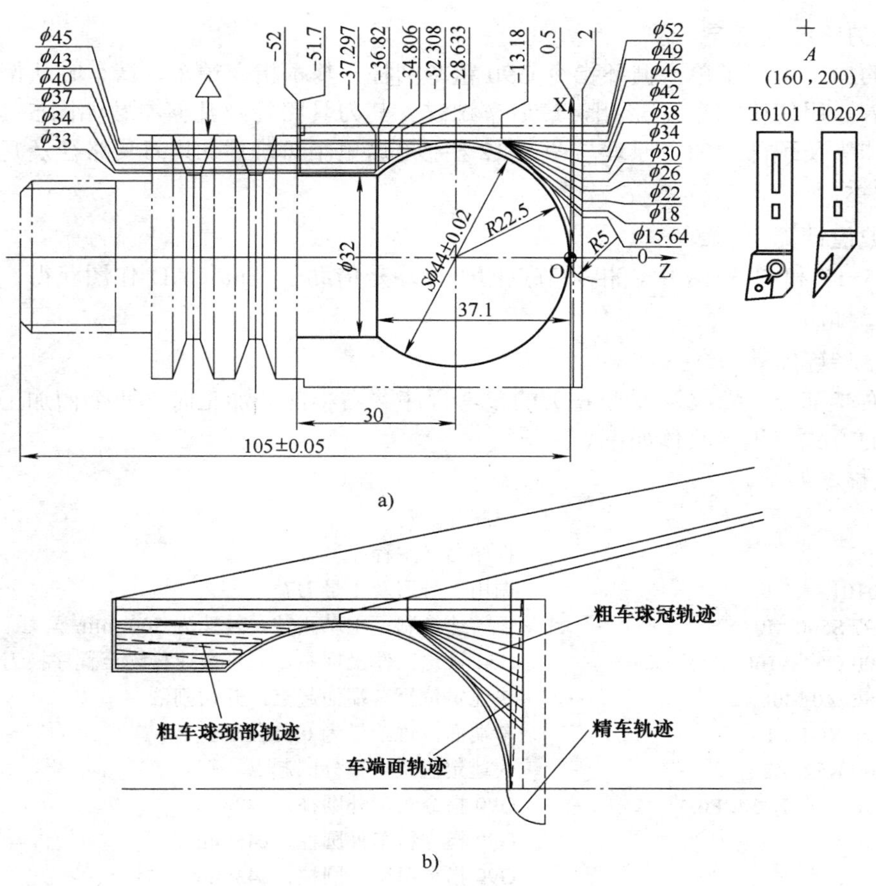

图 5-18　左半部分的刀具路径及几何参数

a）刀具路径规划与几何参数　b）刀具路径

表 5-3　每次进刀径向尺寸　（单位：mm）

次　数	余　量	径 向 尺 寸	次　数	余　量	径 向 尺 寸
1	0.8	30−0.8=29.2	3	0.4	28.6−0.4=28.2
2	0.6	29.2−0.6=28.6	4	0.16	28.2−0.16=28.04

7．工件坐标系及相关位置点的选择

零件右半部分的加工采用工件端面中心作为工件坐标系，端面留 0.5mm 的加工余量，设置一个换刀点 *A*（160，200）。零件左端加工对刀时，必须保证工件坐标系与总长度的关系，同样其也设置一个换刀点 *A*（160，200）。详见图 5-17 和图 5-18。

8．加工工艺路线

右端的加工工艺路线为：车端面→粗车圆柱轮廓→精车圆柱轮廓→子程序调用切槽→车螺纹。

调头手工车端面，保证工件长度，找正装夹，其左端的加工工艺路线为：车端面→粗车球冠部分→粗车球头颈部→精车球头及颈部。

9．走刀路径的确定

右端的加工采用了单一循环指令 G90 粗车圆柱，基本指令精车，精车时从倒角轮廓延长线上切入。用切槽刀车 V 形槽，最后车螺纹。其刀具路径及几何参数如图 5-17 所示。

左端球头及颈部的加工原理与图 5-12 相似，这里不再赘述。其刀具路径及几何参数如图 5-18 所示。

10．数值计算

在图 5-17 和图 5-18 中，相关节点的坐标均是借助于 AutoCAD 作图获得，其尺寸值在图中均已标出。

11．参考程序

（1）右半部分（螺纹及 V 形槽）的参考程序　右半部分加工时，两个槽加工采用了子程序调用的方式编程，具体如下。

1）主程序如下。

程序	说明
%	程序开始符
O5017;	程序名（主程序）
N10 T0101;	调用 1 号刀及 1 号刀补
N20 G97 S500 M03;	恒转速控制，主轴正转，转速为 500r/min
N30 G00 G54 X160. Z200.;	G54 设定工件坐标系，刀具快速移动至程序换刀点 *A*
N40 X56. Z0 M08;	快速定位至车端面起点，开切削液
N50 G01 X0 F0.15;	车端面，进给量为 0.15mm/r
N60 G00 X52. Z2.;	快速定位至粗车外圆起点
N70 G90 X49. Z–54. F0.3;	G90 指令粗车外圆柱，ϕ49mm
N80 X46. Z–24.7;	G90 指令粗车外圆柱，ϕ46mm
N90 X43.;	G90 指令粗车外圆柱，ϕ43mm
N100 X40.;	G90 指令粗车外圆柱，ϕ40mm
N110 X37.;	G90 指令粗车外圆柱，ϕ37mm
N120 X34.;	G90 指令粗车外圆柱，ϕ34mm
N130 X31.;	G90 指令粗车外圆柱，ϕ31mm
N140 G00 X160. Z200. T0100 M09;	快速退刀至换刀点 *A*，取消 01 号刀补，关切削液
N150 T0202;	调用 02 号刀及 02 号刀补
N160 S800 M03;	提高主轴转速至 800r/min
N170 G00 X21.9 Z2. M08;	快速定位至倒角轮廓延长线处，开切削液
N180 G01 X29.9 Z–2. F0.1;	车倒角
N190 Z–25.;	车螺纹大径
N200 X48.;	车端面
N210 Z–54.;	车 V 形槽处的外圆
N220 X54. M09;	X 轴退刀，关切削液
N230 G00 X160. Z200. T0200;	快速退刀至换刀点，取消 02 号刀的 02 号刀补
N240 T0303;	调用 03 号刀及 03 号刀补
N250 S500 M03;	降低主轴转速至 500r/min
N260 G00 X54. Z–34.5 M08;	快速定位至右端的第一条槽处，开切削液
N270 M98 P0517;	调用车槽子程序 O0517 一次

N280 G00 Z–46.5;	快速定位至右端的第二条槽处
N290 M98 P0517;	调用车槽子程序 O0517 一次
N300 M09;	关切削液
N310 G00 X160. Z200. T0300;	快速退刀至换刀点，取消 03 号刀的 03 号刀补
N320 T0404 M05;	调用 04 号刀及 04 号刀补，主轴停转
N330 M00;	机床暂停，手工换档
N340 S300 M03;	降低主轴转速至 300r/min
N350 G00 X34. Z3. M08;	快速定位至车螺纹起点，开切削液
N360 G92 X29.21 Z–20. F1.5;	车螺纹第一刀
N370 X28.6;	车螺纹第二刀
N380 X28.2;	车螺纹第三刀
N390 X28.04;	车螺纹第四刀
N400 G00 X160. Z200. M09;	快速退刀至换刀点，关切削液
N410 T0400;	取消 04 号刀的 04 号刀补
N420 M30;	程序结束
%	程序结束符

2）子程序如下。

%	程序开始符
O0517;	程序名（子程序）
N20 G01 U–16.;	径向车槽至槽底
N30 G04 P1000;	暂停 1s
N40 G00 U16.;	径向快速退刀
N50 W–3.434;	左移 3.434mm
N60 G01 U–16. W3.475;	车槽左侧壁至槽底
N70 G00 U16.;	径向快速退刀
N80 W3.475;	右移 3.434mm
N90 G01 U–16. W–3.475;	车槽右侧壁至槽底
N100 G00 U16.;	径向快速退刀
N110 M99;	子程序结束，返回主程序
%	程序结束符

程序说明：

① 程序采用了 G54 指令建立工件坐标系（根据使用者的需要还可用 G54～G59 指令中的任意一个）。程序执行之前必须对刀确定基准刀及非基准刀的偏置矢量，基准刀与非基准刀对刀的注意事项见上例。

② 零件左端未采用刀尖圆弧半径补偿。

③ 程序中使用 G90 固定循环指令进行粗车，简化了编程。

④ 精车外轮廓采用了倒角轮廓线延长处切线切入。

⑤ 该程序的刀具路径可参阅图 5-17b。

（2）左半部分（球头及其颈部）的参考程序　如下。

%	程序开始符
O5018;	程序名
N10 T0101;	调用 01 号刀及 01 号刀补

N20 G97 S500 M03;	恒转速控制，主轴正转，转速为 500r/min
N30 G00 G54 X160. Z200. M08;	G54 设定工件坐标系，快速定位至换刀点，开切削液
N40 G42 X56. Z0.5;	启动刀尖半径右补偿，快速定位至车端面起点，留 0.5mm 余量
N50 G01 X0 F0.15;	定义转进给，车端面，进给量为 0.15mm/r
N60 G00 X52. Z2.;	快速定位至 G90 指令的起始点
N70 G90 X49. Z–51.7 F0.3;	G90 固定循环指令粗车外圆，ϕ49mm，进给量为 0.3mm/r
N80 X46.;	G90 固定循环指令粗车外圆，ϕ46mm
N90 G90 X46. Z–13.18 R–2.;	G90 固定循环指令粗车圆锥面第一刀，大端ϕ42mm
N100 R–4.;	G90 固定循环指令粗车圆锥面第二刀，大端ϕ38mm
N110 R–6.;	G90 固定循环指令粗车圆锥面第三刀，大端ϕ34mm
N120 R–8.;	G90 固定循环指令粗车圆锥面第四刀，大端ϕ30mm
N130 R–10.;	G90 固定循环指令粗车圆锥面第五刀，大端ϕ26mm
N140 R–12.;	G90 固定循环指令粗车圆锥面第六刀，大端ϕ22mm
N150 R–14.;	G90 固定循环指令粗车圆锥面第七刀，大端ϕ18mm
N160 R–15.18;	G90 固定循环指令粗车圆锥面第八刀，大端ϕ15.64mm
N170 G00 X0;	X 轴快速定位至 X0 处
N180 Z0.5;	Z 轴定位至 Z0.5 处
N190 G03 X45. Z–22. R22.5;	粗车球头球冠部分
N200 G01 Z–51.7;	粗车球头颈部圆柱，ϕ45mm
N210 X52.;	粗车端面
N220 G40 G00 X160. Z200. T0100;	取消刀尖半径补偿，快速退刀至换刀点，取消 01 号刀补
N230 T0202;	调用 02 号刀及 02 号刀补
N240 G42 G00 X48. Z–22.;	启动刀尖半径右补偿，快速定位至球头颈部第一刀起点处
N250 G01 X45. F0.2;	X 轴进刀，进给量为 0.2mm/r
N260 G03 X43. Z–28.633 R22.5;	沿球头颈部圆弧粗车
N270 G01 Z–51.7;	车颈部圆柱，ϕ43mm
N280 X46.;	车端面
N290 G00 X44. Z–28.633;	快速定位至球头颈部第二刀起点处
N300 G01 X43.;	X 轴进刀
N310 G03 X40. Z–32.308 R22.5;	沿球头颈部圆弧粗车
N320 G01 Z–51.7;	车颈部圆柱，ϕ40mm
N330 X44.;	粗车端面
N340 G00 X41. Z–32.308;	快速定位至球头颈部第三刀起点处
N350 G01 X40.;	X 轴进刀
N360 G03 X37. Z–34.806 R22.5;	沿球头颈部圆弧粗车
N370 G01 Z–51.7;	车颈部圆柱，ϕ37mm
N380 X41.;	粗车端面
N390 G00 X38. Z–34.806;	快速定位至球头颈部第四刀起点处
N400 G01 X37.;	X 轴进刀
N410 G03 X34. Z–36.82 R22.5;	沿球头颈部圆弧粗车
N420 G01 Z–51.7;	车颈部圆柱，ϕ34mm
N430 X38.;	粗车端面
N440 G00 X35. Z–36.82;	快速定位至球头颈部第五刀起点处

```
N450 G01 X34.;                      X 轴进刀
N460 G03 X33. Z–37.292 R22.5;       沿球头颈部圆弧粗车
N470 G01 Z–51.7;                    车颈部圆柱，φ33mm
N480 X52.;                          粗车端面
N490 G00 Z5.;                       Z 轴定位至精车起点
N500 X–10.;                         X 轴定位至切入圆弧的起点
N510 G02 X0 Z0 R5. F0.1;            R5mm 圆弧切线切入
N520 G03 X32. Z–37.1 R22.;          精车球头部分
N530 G01 Z–52.;                     精车球头颈部
N540 X52. M09;                      精车颈底部连接处的端面，关切削液
N550 G40 G00 X160. Z200.;           取消刀尖半径补偿，快速退刀至换刀点
N560 T0200;                         取消 02 号刀补
N570 M30;                           程序结束
%                                   程序结束符
```

程序说明：

1）程序采用了 G54 指令建立工件坐标系，基准刀与非基准刀对刀方法同前面的介绍。

2）注意体会程序中 G90 指令的应用方法。

3）程序采用了刀尖圆弧半径右补偿，可较好地保证球头部分的加工精度。

4）程序执行之前必须通过 MDI 面板将 T01 和 T02 号刀具的刀尖圆弧半径和理论刀尖方向号输入相应的刀具补偿存储器中。

5）程序中设置了一个换刀点 *A*，其也是程序的起点 *S* 和程序的结束点 *E*。

6）精车轮廓的切入采用了圆弧切线切入方式，使切入点尽可能光顺。

7）该程序的刀具路径可参阅图 5–18b。

8）对刀时注意保证零件长度。

9）球头部分的尺寸主要控制 φ（44±0.02）mm，具体可通过控制精车刀具 T0202 的 02 号补偿存储器中的磨损值进行保证。

12．刀尖圆弧半径补偿的参数及操作分析

刀尖圆弧半径补偿的参数包括刀尖圆弧半径值和理论刀尖方向号，前者在选择刀具的刀片时能够知道，后者可参阅 1.6.8 节中的内容。补偿参数的输入位置参见图 5–15，输入操作方法可参阅 3.10.1 章节中有关画面下部［输入］和［+输入］软键的应用示例。

5.2.4　刀具偏置功能对工件加工尺寸的调整与控制

任何工件的加工都有尺寸要求，工件尺寸数据的处理不合理、对刀误差和刀具磨损等均会造成加工尺寸的超差。因此，合理地处理工件尺寸的编程数据，采用准确合理的对刀方法及实际加工尺寸的正确调整是保证加工尺寸的有效方法。本节通过一个加工示例，探讨如何合理地处理工件的编程尺寸，如何通过数控车床的偏置补偿调整工件尺寸达到控制工件加工尺寸的目的。

例 5–5：已知图 5–19 所示零件，要求编写数控车削加工程序，并重点讨论加工尺寸的控制方法及如何调整和控制对刀及刀具磨损误差。

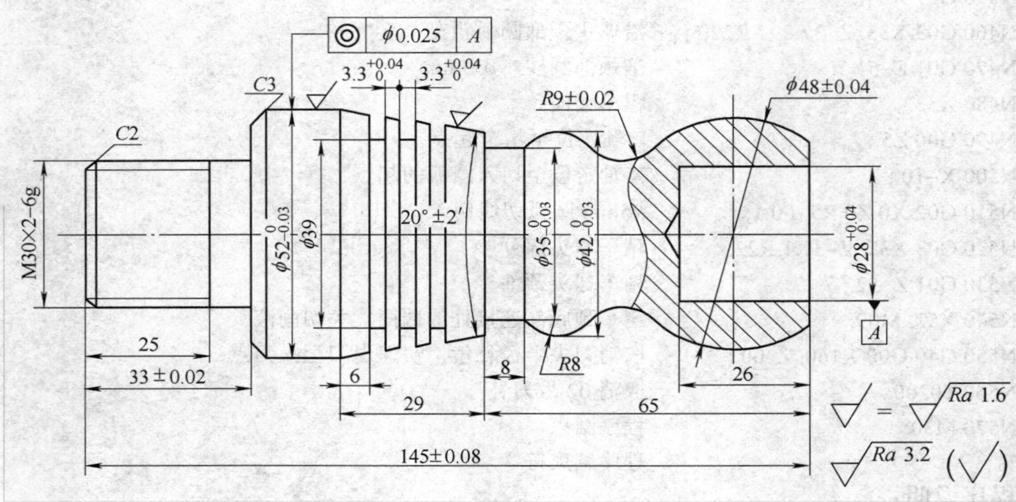

图 5-19 尺寸的控制与调整示例图

1．加工零件及加工要求（图 5-19）

工件材料为 45 钢，小批量生产，加工要求如下：

1）分析零件结构工艺性，制订加工工艺。

2）要求手工编程。

3）毛坯尺寸 ϕ55mm×149mm。

2．零件结构及工艺性分析

该零件结构上包括圆柱、圆锥、圆弧曲面、槽和螺纹等，比较适合用数控车削加工。从图 5-19 上看，其尺寸标注比较完整，如外圆柱 $\phi52_{-0.03}^{0}$mm 和内孔 $\phi28_{0}^{+0.04}$ mm、圆弧曲面部分多个径向尺寸公差标注不同，三个槽的槽距和槽宽有公差要求，螺纹的大径公差 6g 要求等。如何在加工中有效地控制这些尺寸及公差是本例探讨的重点。

根据该零件的结构特点，拟采用两次装夹完成。第一次加工零件左端部分，包括螺纹、圆柱 $\phi52_{-0.03}^{0}$mm 及圆锥部分和三条槽，通过合理控制刀具补偿来控制尺寸。注意到槽宽有公差要求，利用刀具宽度控制槽宽尺寸比较困难，这里拟采用 2mm 宽的切槽刀通过程序和刀具补偿进行控制。然后，调头车削右端的内孔、圆弧曲面和颈部 $\phi35_{-0.03}^{0}$mm 圆柱，要注意调整圆弧曲面的半径尺寸，按中值尺寸进行编程。

3．装夹方案

该零件直径不大，毛坯为圆棒料，第一次加工左半部分时采取通用的自定心卡盘装夹，调头后用铜皮包覆 $\phi52_{-0.03}^{0}$mm 的圆柱面，加工右半部分的圆弧曲面和内孔，保证同轴度要求。装夹方案详见图 5-20 和图 5-21。

4．加工刀具的选择

考虑到零件的结构特点及加工要求，选取机夹可转位车刀，粗车与精车分别用刀，具体刀具如下：

外圆粗车刀：T0101，刀尖半径 0.8mm（并用于车端面）。

外圆精车刀：T0202 和 T0205，刀尖半径 0.4mm（并用于右端圆弧曲面等的粗车）。

内圆车刀：T0306（这里假设车床刀位数为 4，若刀架上的刀位数多时，可将刀位号编为其他号）。

切槽刀：T0303 和 T0313，刀宽 B=2mm。

螺纹车刀：T0404，60° 螺纹车刀。

麻花钻头：ϕ12mm（手动钻孔，不对其进行刀具编号）。

5．切削用量的选择

粗车外圆：a_p=1.5～2mm，f=0.2～0.3mm/r，n=500r/min。

精车外圆：a_p=0.3～0.5mm，f=0.1mm/r，n=800～1000r/min。

切槽：f=0.1mm/r，n=500r/min，刀宽 B=2mm。

车螺纹：n=300r/min。

6．螺纹切削参数的确定

螺纹的切削参数包括车螺纹前螺纹大径尺寸的确定、螺纹切削次数、每次切削径向尺寸的计算和切入/切出距离的选择。

由于该零件螺纹公差为 6g，查表得大径尺寸为 $\phi30_{-0.318}^{-0.038}$ mm，考虑到外圆柱 $\phi55_{-0.03}^{0}$mm 尺寸的公差变化范围，取螺纹大径的尺寸为 29.8mm。

查表 1-5 可知螺距为 2mm 的螺纹一般车 5 刀，每次进刀径向尺寸见表 5-4。切入距离取 4mm（2 倍的螺距）。为保证 25mm 的有效螺纹长度，将切螺纹的长度延长 2mm，即取螺纹长度为 27mm。

表 5-4　每次进刀径向尺寸　　（单位：mm）

次　数	余　量	径 向 尺 寸	次　数	余　量	径 向 尺 寸
1	0.8	30−0.9=29.1	4	0.4	27.9−0.4=27.5
2	0.6	29.1−0.6=28.5	5	0.16	27.5−0.1=27.4
3	0.6	28.5−0.6=27.9			

7．工件坐标系及相关位置点的选择

零件左半部分的加工采用工件端面中心作为工件坐标系，端面留 15mm 的加工余量，设置一个换刀点 A（160，200）。零件右端加工对刀时，必须保证工件坐标系与总长度的关系，同样其也设置一个换刀点 A（160，200）。详见图 5-20 和图 5-21。

8．加工工艺路线

左端的加工工艺路线为：车端面→粗车圆柱轮廓→粗车圆锥轮廓→精车圆柱和圆锥轮廓→切槽→车螺纹。注意精车时切入处（倒角部分）切线延长约 2mm，切出处（圆锥部分）切线延长约 1mm。切槽工艺采用 G75 指令粗切槽，用 G94 指令精切槽的左端面，换用一个刀具补偿精切槽的右端面，G94 指令切至槽底时有一个轴向走刀，可保证槽底的直径及加工质量。

调头手工车端面，保证工件长度，找正装夹对刀，其左端的加工工艺路线为手动钻孔→车端面→粗、精车圆弧曲面轮廓（G73 和 G70 指令）→车内孔。这里采用 G73 指令粗车曲面虽然有一定的空切路径，但考虑到该曲面的直径差并不太大，空切路径并不太多，且采用 G73 指令可以有效地简化编程工作量。内孔车削前手工钻孔的直径可以根据内圆刀杆的尺寸而有所变化，若刀杆尺寸稍大时，可考虑“钻-扩”工艺适当扩大车内孔的底孔直径。

9．走刀路径的确定

左端的加工调用 T0101 粗车刀先车端面，然后采用了单一循环指令 G90 粗车圆柱和锥面。调用 T0202 号刀，采用基本指令精车，精车时从倒角轮廓延长线上切入，02 号补偿存储器中的补偿值可以控制工件的径向尺寸公差。用 2mm 宽的切槽刀切槽，调用 T0303 切槽刀和补偿存储器，用 G75 指令粗切槽，两侧各留 0.5mm 的精车余量，然后用 G94 指令精车槽左侧面，03 号补偿存储器中的补偿值可以控制槽的位置尺寸，再调用 T0313 号补偿存储器的补偿值车槽的右侧面，13 号补偿存储器中的补偿值可以控制槽的宽度。其刀具路径及几何参数如图 5-20 所示。

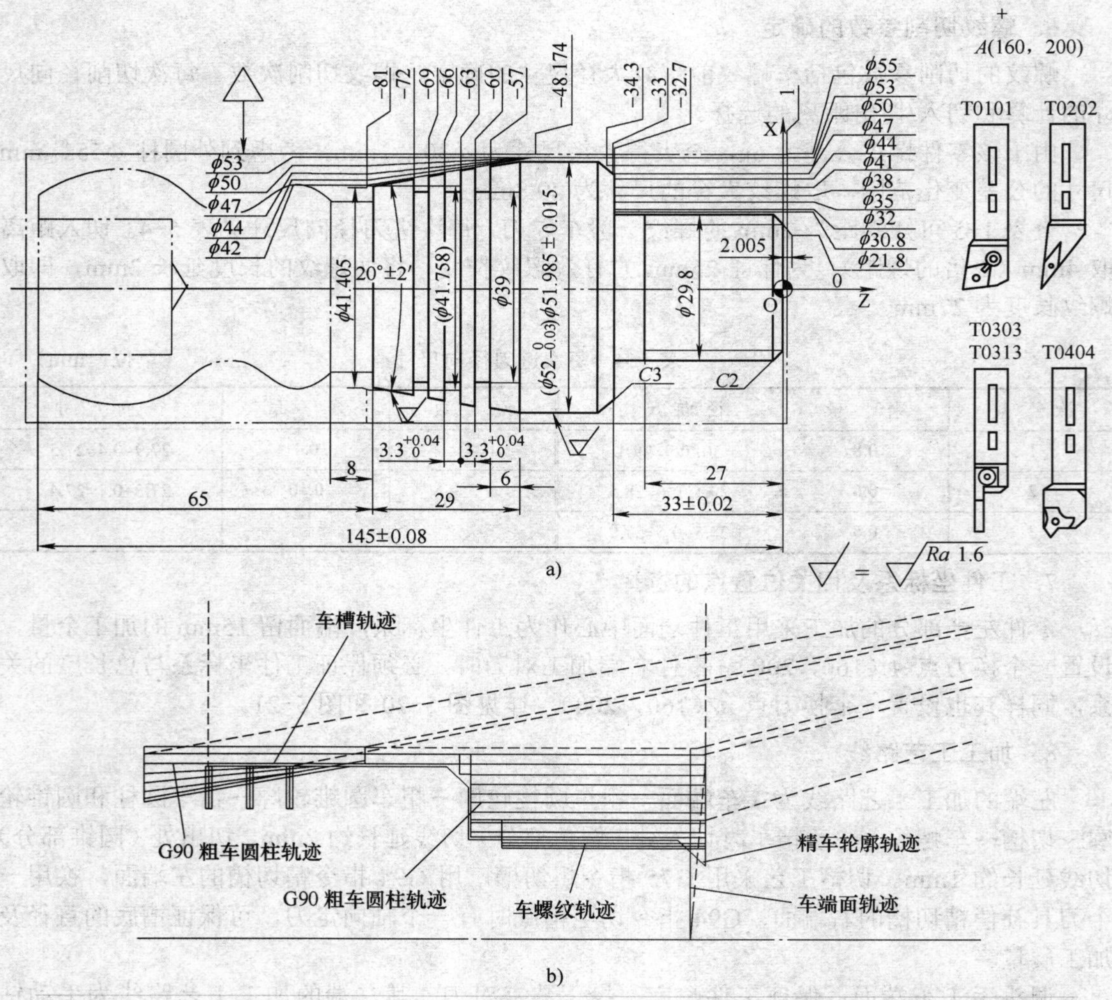

图 5-20　左半部分的刀具路径及几何参数

a）刀具路径规划与几何参数　b）刀具路径

右端加工先调用 T0101 粗车刀车端面。然后调用 T0205 精车刀和补偿值，用 G73 与 G70 复合固定循环指令对曲面轮廓进行粗、精车，注意引入/引出长度适当延伸。调用 T0306 内圆车刀用 G90 指令粗、精车内孔。其刀具路径及几何参数如图 5-21 所示。

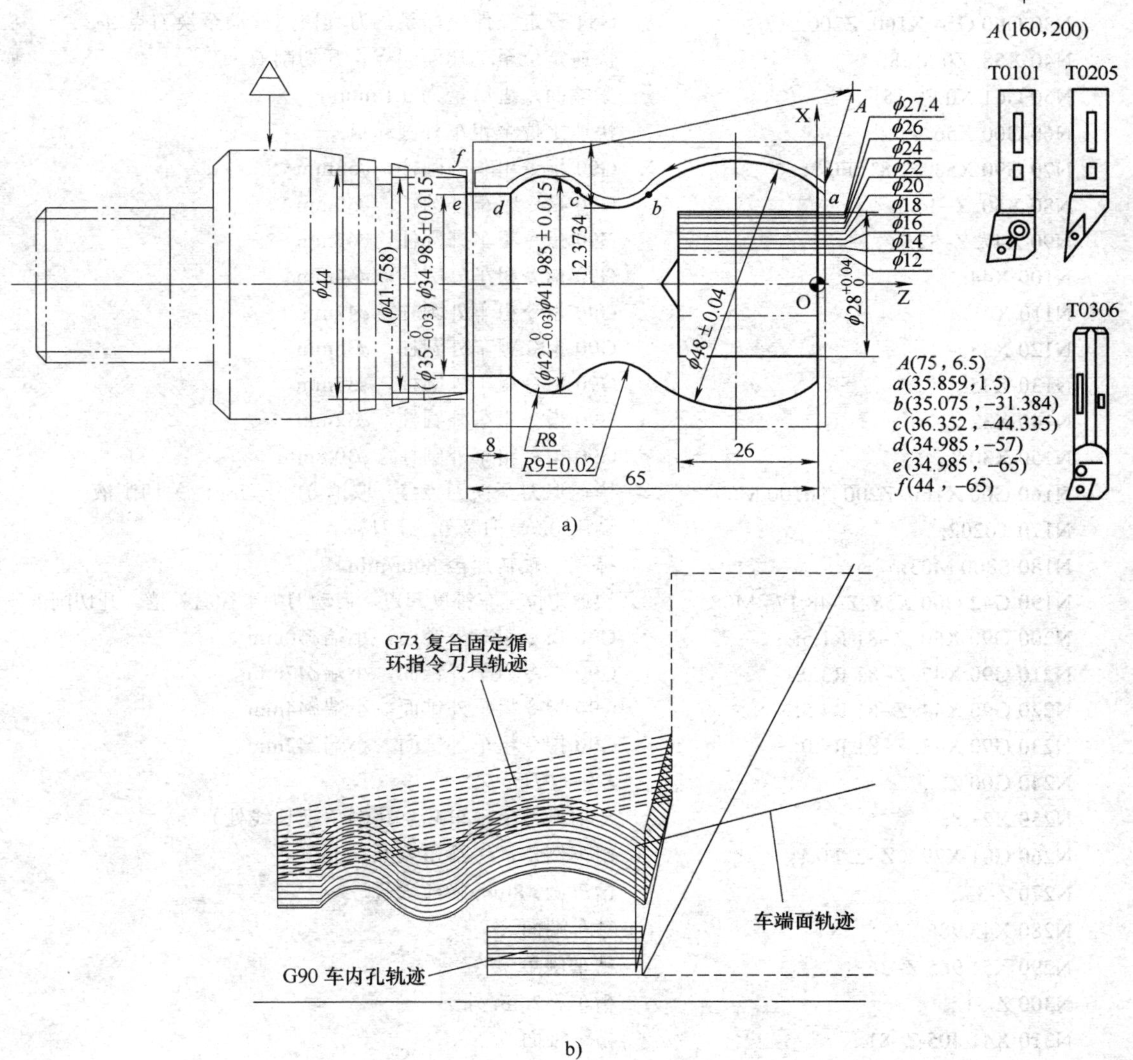

图 5-21　右半部分的刀具路径及几何参数

a）刀具路径规划与几何参数　b）刀具路径

10．数值计算

在图 5-20 和图 5-21 中，相关节点的坐标均是借助于 AutoCAD 作图获得，其尺寸值在图中均已标出。注意，绘图时必须按调整后的尺寸进行绘制，否则查询的节点坐标存在误差。

11．参考程序及分析

（1）左半部分参考程序　如下。

%	程序开始符
O5020;	程序名
N10 T0101;	调用 1 号刀及 1 号刀补
N20 G97 S500 M03;	恒转速控制，主轴正转，转速为 500r/min
N30 G00 G54 X160. Z200.;	G54 设定工件坐标系，刀具快速移动至换刀点 *A*
N40 X58. Z0 M08;	快速定位至车端面起点，开切削液
N50 G01 X0 F0.15;	车端面，进给量为 0.15mm/r
N60 G00 X56. Z2.;	快速定位至粗车外圆起点
N70 G90 X53. Z–81. F0.3;	G90 指令粗车外圆柱，ϕ53mm
N80 X50. Z–34.3;	G90 指令粗车外圆柱，ϕ50mm
N90 X47. Z–32.7;	G90 指令粗车外圆柱，ϕ47mm
N100 X44.;	G90 指令粗车外圆柱，ϕ44mm
N110 X41.;	G90 指令粗车外圆柱，ϕ41mm
N120 X38.;	G90 指令粗车外圆柱，ϕ38mm
N130 X35.;	G90 指令粗车外圆柱，ϕ35mm
N140 X32.;	G90 指令粗车外圆柱，ϕ32mm
N150 X30.8;	G90 指令粗车外圆柱，ϕ30.8mm
N160 G00 X160. Z200. T0100 M09;	快速退刀至换刀点 *A*，取消 01 号刀补，关切削液
N170 T0202;	调用 02 号刀及 02 号刀补
N180 S800 M03;	提高主轴转速至 800r/min
N190 G42 G00 X58. Z–48.174 M08;	快速定位至车锥度起点，启动刀尖半径右补偿，开切削液
N200 G90 X50. Z–81 R1.5;	G90 指令粗车外锥面，小端ϕ50mm
N210 G90 X47. Z–81 R3.0;	G90 指令粗车外锥面，小端ϕ47mm
N220 G90 X44. Z–81 R4.5;	G90 指令粗车外锥面，小端ϕ44mm
N230 G90 X42. Z–81 R6.0;	G90 指令粗车外锥面，小端ϕ42mm
N240 G00 Z2.;	Z 轴退刀至 Z2 处
N250 X21.8;	X 轴退刀至精车起点（倒角延长线处）
N260 G01 X29.8 Z–2. F0.1;	精车倒角，进给量为 0.1mm/r
N270 Z-33.;	精车ϕ29.8mm 螺纹大径
N280 X45.985;	精车端面
N290 X51.985 Z–36.;	精车倒角
N300 Z-51.;	精车ϕ52mm 外圆
N310 X41.405 Z–81.;	精车锥面
N320 G00 X56. M09;	X 轴退刀，关切削液
N330 G40 G00 X160. Z200. T0200;	快速退刀至换刀点，取消刀尖半径补偿，取消 02 号刀补
N340 T0303;	调用 03 号刀及 03 号刀补
N350 S500 M03;	降低主轴转速至 500r/min
N360 G00 X52. Z–59.5 M08;	快速定位至右侧槽中心，开切削液
N370 G75 R1.;	设置 G75 指令的参数，车三条槽
N380 G75 U–13. W–12. P2000 Q6000 F0.1;	
N390 G94 X39. W–0.5;	G94 指令车右槽的左端面
N400 G00 W–6.;	左移 6mm
N410 G94 X39. W–0.5;	G94 指令车中槽的左端面

```
N420 G00 W-6.;                  左移 6mm
N430 G94 X39. W-0.5;            G94 指令车左槽的左端面
N440 T0300;                     取消 03 号刀补
N450 T0313;                     调用 13 号刀补
N460 G00 Z-59.5;                快速定位至右侧槽中心
N470 G94 X39. W0.5;             G94 指令车右槽的右端面
N480 G00 W-6.;                  左移 6mm
N490 G94 X39. W0.5;             G94 指令车中槽的右端面
N500 G00 W-6.;                  左移 6mm
N510 G94 X39. W0.5;             G94 指令车左槽的右端面
N520 G00 X160. M09;             X 轴快速退刀，关切削液
N530 Z200. T0300 M05;           Z 轴快速退刀至换刀点，取消 13 号刀补，主轴停转
N540 M00;                       程序暂停，手工换档
N550 T0404;                     调用 04 号刀及 04 号刀补
N560 S300 M03;                  主轴正转，转速为 300r/min
N570 G00 X36. Z4. M08;          刀具快速定位至 G92 指令车螺纹起始点
N580 G92 X29.1 Z-27. F2.;       G92 指令车螺纹第一刀
N590 X28.5;                     G92 指令车螺纹第二刀
N600 X27.9;                     G92 指令车螺纹第三刀
N610 X27.5;                     G92 指令车螺纹第四刀
N620 X27.4;                     G92 指令车螺纹第五刀
N630 G000 X160. M09;            X 轴快速退刀，关切削液
N640 Z200. T0400;               Z 轴快速退刀，取消 04 号刀补
N650 M30;                       程序结束
%                               程序结束符
```

程序分析及说明：

1）程序采用了 G54 指令建立工件坐标系，基准刀与非基准刀对刀方法同前面的介绍。

2）注意体会程序中 G90 指令的应用方法，特别是车锥面的用法。

3）程序采用了刀尖圆弧半径右补偿，可较好地保证锥面部分的加工精度。

4）程序执行之前必须通过 MDI 面板将各刀具的刀补值及刀尖圆弧半径和理论刀尖方向号输入相应的刀具补偿存储器中。

5）程序中设置了一个换刀点 A，其也是程序的起点和结束点。

6）首件试切后，通过测量零件尺寸，确定各补偿值的调整量，调整值输入偏置存储器的磨损补偿存储器中。其中，02 号存储器的 X 轴补偿值用于调整和控制 $\phi 52_{-0.03}^{\ 0}$mm 圆柱尺寸，该尺寸控制后，螺纹大径和锥面的径向尺寸自然得到保证；03 号存储器的 Z 轴补偿值用于控制槽的横向位置尺寸，X 轴补偿值用于控制槽的深度尺寸；13 号存储器的 Z 轴补偿值用于控制槽的宽度；04 号存储器的 X 轴补偿值用于调整和控制 M30 螺纹的径向尺寸，Z 轴补偿值用于控制螺纹的长度。

7）精车轮廓的切入采用了圆弧切线切入方式，使切入点尽可能光顺。

8）该程序的刀具路径可参阅图 5-20b。

（2）右半部分参考程序　如下。

%	程序开始符
O5021;	程序名
N10 T0205;	调用2号刀及5号刀补（调整和控制曲面部分的径向尺寸）
N20 G97 S500 M03;	恒转速控制，主轴正转，转速为500r/min
N30 G00 G54 X160. Z200.;	G54设定工件坐标系，刀具快速移动至换刀点A
N40 X58. Z0 M08;	快速定位至车端面起点，开切削液
N50 G01 X11. F0.15;	车端面，进给量为0.15mm/r
N60 G42 G00 X75. Z6.5;	快速定位至G73指令的起始点，启动刀尖半径右补偿
N70 G73 U12.5 W0 R12;	设置G73指令的相关参数，粗车圆弧曲面（注意共车削了
N80 G73 P90 Q140 U1.0 W0 F0.2;	12刀），循环程序段为N90～N140
N90 G00 X35.859 Z1.5 F0.1 S800;	快速定位，循环开始程序段ns，精车进给量为0.1mm/r，转速为800r/min
N100 G03 X35.075 Z−31.384 R24.;	车削ϕ48mm球面
N110 G02 X36.352 Z−44.335 R9.;	车削R9mm凹圆弧面
N120 G03 X34.985 Z−57. R8.;	车削R8mm凸圆弧面
N130 G01 Z−65.;	车削ϕ35mm圆柱面
N140 X44.;	车端面，循环结束程序段nf
N150 G70 P90 Q140;	精车轮廓ns→nf程序段
N160 G40 G00 X160. M09;	取消刀尖圆弧半径补偿，X轴快速退刀，关切削液
N170 Z 200. T0200;	Z轴快速退刀，取消05号刀补
N180 T0306;	调用03号刀及06号刀补（调整和控制内孔的径向尺寸）
N190 S900 M03;	提高主轴转速至900r/min
N200 G00 X10. Z2. M08;	快速定位至G90程序的起始点
N210 G90 X14. Z−26. F0.15;	G90指令粗车内孔至ϕ14mm
N220 X16.;	G90指令粗车内孔至ϕ16mm
N230 X18.;	G90指令粗车内孔至ϕ18mm
N240 X20.;	G90指令粗车内孔至ϕ20mm
N250 X22.;	G90指令粗车内孔至ϕ22mm
N260 X24.;	G90指令粗车内孔至ϕ24mm
N270 X26.;	G90指令粗车内孔至ϕ26mm
N280 X27.4;	G90指令粗车内孔至ϕ27.4mm
N290 X28. F0.1;	G90指令精车内孔至ϕ28mm
N300 G00 Z200. M09;	Z轴快速退刀，关切削液
N310 X160. T0300;	X轴快速退刀，取消06号刀补
N320 M30;	程序结束
%	程序结束符

程序分析与说明：

1）程序采用了G54指令建立工件坐标系，基准刀与非基准刀对刀方法同前面的介绍。

2）注意体会程序中G90指令的应用方法，特别是锥度螺纹的用法。

3）程序采用了刀尖圆弧半径右补偿，可较好地保证锥面部分的加工精度。

4）曲面部分选用了G73指令，其循环分割数（循环次数）由曲面上的最大背吃刀量12.3734mm，加上适当安全距离，程序中取Δi=12.5mm，按此参数及单面精加工余量0.5mm，考虑到每一循环的背吃刀量取单面 1mm，则可推算出分割数 12。

5）注意到刀具指令中的刀具号不一定必须等于刀补号，同一个零件加工尽可能不要重复使用同一个刀补号。同时注意本例中的 T03 号刀是内孔车刀。

6）本程序用 06 号刀具补偿存储器中的 X 磨损补偿值控制曲面轮廓的径向尺寸，首件试切时仅需测量和保证 R8mm 凸圆弧处的外径尺寸 $\phi42^{\ 0}_{-0.03}$，即可保证整个曲面轮廓的径向尺寸。05 号刀具补偿存储器中的 X 磨损补偿值用于控制内孔的径向尺寸。

7）精车轮廓的切入采用了圆弧顺势引出 1mm 左右处切线切入方式，使切入点尽可能光顺。

8）该程序的刀具路径可参阅图 5-21b。

12．刀具偏置调整和控制尺寸的原理及操作分析

刀具偏置值可以控制刀具的位置变化，刀具的实际位置等于程序中的坐标值与偏置值的代数和。

FANUC 0i TC 数控车削系统将刀具偏置值分为两部分管理，即刀具的外形（又称几何）偏置和磨损（又称磨耗）偏置两部分（图 5-22），并分别存储和管理，但是在调用时，却是同时调用，且总的偏置值是外形偏置和磨损偏置的代数和。

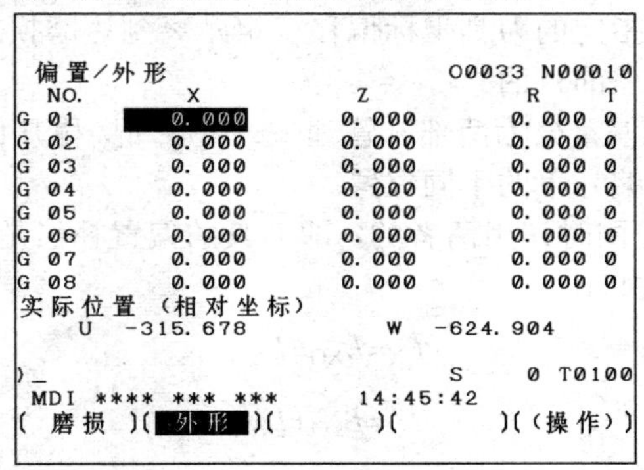

a）

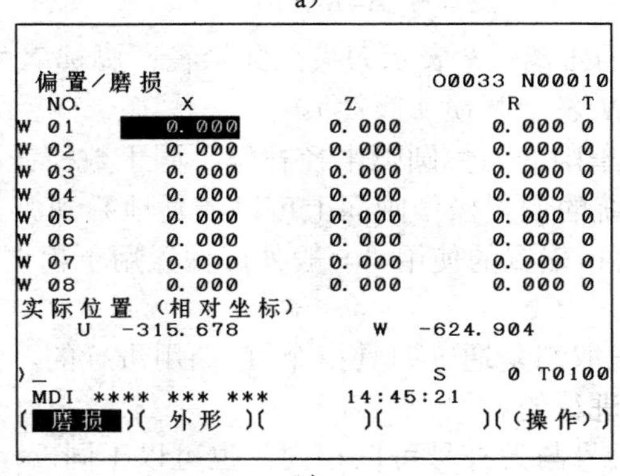

b）

)_　S　0 T0100
MEM STOP *** ***　14:49:04
(搜索)(测量)(INP.C.)(+输入)(输入)

c）

图 5-22　刀具偏置画面及操作软键

a）外形偏置画面　b）磨损偏置画面　c）偏置值的操作软键

刀具的外形偏置用于非基准刀具与基准刀具安装位置误差的补偿，刀具磨损补偿其本意是控制刀具磨损造成的位置变化，故其一般是用于尺寸的微调。数控车削加工时正是利用这个磨损偏置对加工尺寸进行微调，实现加工尺寸的精确控制，其中，X 和 Z 磨损偏置分别用于控制工件的径向和轴向尺寸。

在利用刀具的外形磨损偏置控制工件尺寸时，是将程序表述的加工轨迹同时微调移动，因此，在编程之前必须对工件尺寸进行适当处理，保证尺寸微调时各尺寸均在各自的公差范围内变化。实际中，常常将有公差的尺寸处理成对称公差的中值基本尺寸进行编程。

有关刀具偏置画面的进入、偏置值的输入和修改等操作详见 3.10.1 节中的介绍。就尺寸调整与控制而言，仅需采用图 5-22c 中的[+输入]软键或[输入]软键即可。

5.2.5 刀具偏置补偿使用时的注意事项

刀具的偏置补偿应用灵活，合理地使用它，可更好地发挥数控机床的潜能。使用刀具偏置补偿时的注意事项如下：

1）偏置和补偿的实质是相同的，仅是叫法上的不同。如通过调用刀具偏置可将移动指令指定的刀具坐标偏移一定的距离而实际到达一个新的位置。又如，当刀具磨损后，通过调用刀具补偿将移动指令指定的刀具坐标偏移一定距离到达磨损之前的刀具位置，达到修正刀具磨损造成的加工误差的目的。

2）FANUC 0i 系统将偏置分为两部分管理——外形（又称几何）和磨损（又称磨耗），分别存储在同一个存储器编号下的不同位置。

3）系统调用偏置时是同时调用两者的，即刀具的偏置补偿是外形（几何）和磨损（磨耗）偏置的代数和。具体如下：

$$L_X=L_{XG}+L_{XW}$$

$$L_Z=L_{ZG}+L_{ZW}$$

$$R=R_G+R_W$$

式中，L 表示长度或移动的距离；R 表示刀尖圆弧半径；脚标 X 和 Z 表示轴地址；脚标 G 表示几何（外形）；脚标 W 表示磨损（磨耗）。

应当注意的是，数控车削的刀尖圆弧半径补偿不同于数控铣削，其还涉及一个理论刀尖方向号 T，这在数控系统的偏置操作画面上可以清楚地看到。

4）要规划好外形和磨损偏置的使用，一般外形偏置用于粗调刀具的位置，磨损补偿用于微（精）调刀具的位置。

5）外形偏置的启动与取消是通过刀具指令 T 调用进行的，刀尖圆弧半径补偿的实现是通过指令 G41G42/G40 进行的。

6）刀具指令中的刀具号与刀补号可以相同，也可以不同。

7）刀具偏置补偿值一般在程序执行之前，通过数控系统的 LCD/MDI 操作面板手动输入。

8）一般情况下，不在刀具加工的程序段中改变刀具的偏置值，并且在取消刀具偏置的状态下改变刀具的偏置号。

9）刀尖圆弧半径补偿指令 G41/G42 称为刀尖半径左/右补偿，这里的左与右是基于补

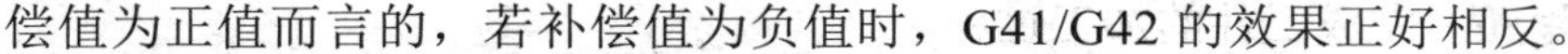

偿值为正值而言的，若补偿值为负值时，G41/G42 的效果正好相反。

10）由于刀具偏置或补偿使得刀具实际到达的位置不仅是程序段中指定的轴地址 X 和 Z 后的坐标值，因此一般将偏置的启动安排在刀具到达工件切削部位前的程序段，而取消刀具偏置则是安排在刀具离开工件切削部位之后的程序段。这一点在外形偏置上可以不考虑，因为刀具指令一般均是安排在程序的前面。刀尖圆弧半径补偿使用时还需考虑启动和取消程序段进入加工部分的方向。另外，将圆弧半径补偿的启动与取消必须在直线移动指令段（G00/G01）中实现。

11）刀具偏置补偿的应用主要集中于以下几种场合：

① 利用刀具外形偏置建立工件坐标系。

② 利用刀具外形偏置实现非基准刀具安装位置偏差的调整。

③ 对于零件轮廓存在圆弧或锥面，且有加工精度要求时，必须采用刀尖圆弧半径补偿功能修正由于刀尖圆弧存在而导致的欠切或过切误差。

④ 利用刀具磨损偏置补偿刀具磨损造成的加工误差。

⑤ 利用刀具磨损补偿微调和控制零件的加工精度。

⑥ 同一把刀具调用不同的刀补，可实现一把刀具进行粗、精车加工。

12）要想深刻理解和用好刀具偏置补偿，建议读者去详细研读一下刀具偏置补偿后刀具移动轨迹变化的规律，这对用好刀具偏置和补偿是很有帮助的。

5.2.6　多刀加工实训

本节介绍一个多刀加工的程序，体现标准刀对刀的操作。

1．实训二

实训名称：多刀加工工件坐标系的设定与对刀原理和方法

实训目的：了解数控车削加工中常见的多刀加工方法，理解和掌握刀具偏置对刀建立工件坐标系、G50 指令建立工件坐标系和 G54～G59 指令建立工件坐标系的原理和方法，理解哪种建立工件坐标系的方法需要确定基准刀与非基准刀，并理解刀具偏置对刀和基准刀对刀的操作方法。

实训条件：FUNAC 0i TC 或 Mate-TC 数控系统的数控车床，工件所需的金属材料或尼龙棒料若干，机夹式数控车刀若干，需要 2～4 把刀具才能完成数控车削加工的中等复杂程度的零件图若干。个人读者可直接利用图 5-7 进行实训，简单的训练可用工件右端的 2 把刀的加工程序，要求高的训练可以采用工件左端 4 把刀的加工程序训练。

实训要求与步骤：

1）分析零件结构与工艺，初步确定切削用量，确定基准刀。

2）按照图样要求，按刀具几何偏置设定工作坐标系的要求编写工件的加工程序。

3）将上一步编写好的加工程序修改为 G50 指令和 G54～G59 指令设定工件坐标系的加工程序。

4）将编写好的加工程序通过 MDI 操作面板手工输入数控系统（若程序太长，可考虑用 RS232 口通信或 CF 卡传输输入）。

5）根据程序的要求，手工试切法对刀设定工件坐标系。

6）根据程序的要求，手工试切法实现非基准刀对刀设定刀具偏置值。

7）自动运行加工程序，完成工件的加工过程。

8）改变非基准刀具的偏置值，并加工一个零件，通过尺寸的变化，理解刀具偏置对刀，非基准刀对刀的原理。

实训小结：简述实训过程。叙述多刀数控车削加工工件坐标系的设定方法与特点，并根据实训过程、非基准刀偏置值的修改变化分析多刀车削加工对刀的原理与方法。

2．实训三

实训名称：刀具偏置调整和控制工件加工精度的原理与方法

实训目的：了解数控车削加工中刀具偏置的原理和对工件加工尺寸的影响，并掌握刀具偏置值的设定和输入方法。理解将刀具偏置补偿值分为外形和磨损两部分管理的特点。

实训条件：FUNAC 0i TC 或 Mate-TC 数控系统的数控车床，工件所需的金属材料或尼龙棒料若干，机夹式数控车刀若干，有径向或（和）轴向尺寸精度要求的中等复杂程度的零件图若干。

需要2～4把刀具才能完成数控车削加工的个人读者可直接利用图5-7进行实训，简单的训练可用工件右端的2把刀的加工程序，要求高的训练可以采用工件左端4把刀的加工程序训练。

实训要求与步骤：

如图5-23所示，准备ϕ40mm的45钢棒料一根，长度100mm以上，手工输入以下加工该程序，采用刀具偏置对刀建立工件坐标系，坐标系建立在坯料左端面。

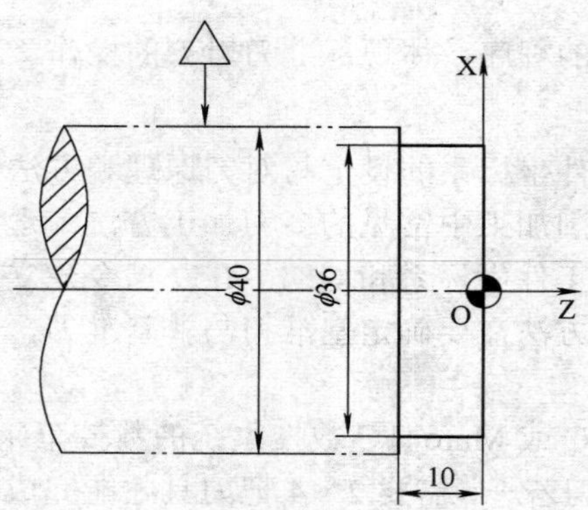

图5-23 刀具偏置原理分析图例与程序

实训加工参考程序：

```
O5023;
N10 G00 X160. Z200. T0101;
N20 S500 M03;
N30 G00 X44. Z0;
N40 G01 X0.2 F0.15;
N50 G00 X46. Z2.;
N60 G90 X36. Z-10. F0.1;
N70 G00 X160. Z200. T0100;
N80 M30;
```

（1）**实验步骤**：

1）将实验程序输入数控系统中。

2）安装 ϕ40mm 棒料，材料伸出三爪 60mm 左右。

3）试切法对刀，基于刀具偏置建立如图 5-23 所示的工件坐标系，将对刀偏置值存入偏置/外形存储器中。

4）执行实验程序加工如图 5-23 所示的表面。

5）不拆下工件，测量加工面的直径和加工长度，并做记录。

6）进入刀具偏置/磨损画面，将 01 号磨损 Z 轴地址的补偿值设置为-2。

7）再次执行实验程序加工。

8）不拆下工件，测量加工面的直径和加工长度，并做记录。（这时可以看到长度增加了 2mm，直径未发生变化）

9）再次进入刀具偏置/磨损画面，将 01 号磨损 X 地址的补偿值设置为-1。

10）再次执行实验程序加工。

11）不拆下工件，再次测量加工面的直径和加工长度，并做记录（这时可以看到长度仍为 12mm，但直径减小了 1mm，变为了 ϕ35mm）。

依照以上原理，可以进一步改变刀具偏置补偿，体会刀具偏置对加工尺寸的影响规律。

（2）**刀具偏置补偿原理分析 如下所述。**

1）分析零件结构与工艺，初步确定切削用量，确定基准刀。

2）按照图样要求，按刀具几何偏置设定工作坐标系的要求编写工件的加工程序。

3）将上一步编写好的加工程序修改为 G50 指令和 G54～G59 指令设定工件坐标系的加工程序。

4）将编写好的加工程序通过 MDI 操作面板手工输入数控系统。

5）根据程序的要求，用手工试切法对刀设定工件坐标系。

6）根据程序的要求，用手工试切法实现非基准刀对刀设定刀具偏置值。

7）自动方式运行加工程序，完成工件的加工过程。

8）测量图样上待保证的尺寸，记录下工件尺寸的偏差，计算出偏置值，并进入数控系统将偏置值输入。

9）重新加工一个零件，测量加工尺寸，特别注意通过刀具偏置调整后的尺寸变化，体会刀具偏置值对工件尺寸的调整与控制。

本实训根据个人的具体条件决定是否进行，如没有加工工件，可以以图 5-7 所示零件进行实训。若为其他零件，则可按例 5-2 的步骤进行分析，编写加工程序。若条件不具备，则可仅仅阅读例 5-2，特别注重阅读其加工程序，体会程序中是如何实现尺寸调整与控制的。

实训小结：简述实训过程。叙述 FANUC 0i TC 数控车削系统刀具偏置的管理原理与方法，并根据实训过程中刀具偏置对工件坐标系的影响，谈谈你对刀具偏置调整控制工件加工尺寸的原理与方法。

3．实训四

实训名称：刀尖圆弧半径补偿的原理与方法。

实训目的：了解数控车削加工中刀尖圆弧半径补偿的原理、编程方法及其补偿值的设定。观察刀尖圆弧半径补偿前后工件轮廓线的变化，理解未进行刀尖圆弧半径补偿前出现的欠切与过切想象以及出现的部位。

实训条件：FUNAC 0i TC 或 Mate-TC 数控系统的数控车床，工件所需的金属材料若干，机夹式数控车刀若干，需要进行刀尖圆弧半径补偿的中等复杂程度的零件图若干，零件加工部位轮廓样板一块（可用电火花线切割加工制作）。

实训要求与步骤：

1）分析零件结构与工艺，初步确定切削用量，确定基准刀。

2）按照图样要求，准备具有刀具半径补偿的加工程序和不具有刀具半径补偿的加工程序各一个（刀具几何偏置建立工件坐标系）。

3）将上一步编写好的加工程序修改为 G50 指令和 G54～G59 指令设定工件坐标系的加工程序。

4）将编写好的加工程序通过 MDI 操作面板手工输入数控系统。较长的加工程序可以利用通信或 CF 卡传入数控系统中。

5）根据程序的要求，用手工试切法对刀设定工件坐标系。

6）根据程序的要求，用手工试切法实现非基准刀对刀设定刀具偏置值。

7）分别运行加工程序，完成进行了刀尖圆弧半径补偿和未进行刀尖圆弧半径补偿的工件加工。

8）用工件轮廓样板检查以上两个零件，观察刀尖圆弧半径补偿对工件加工精度的影响。

实训小结：简述实训过程。叙述刀尖圆弧半径补偿的原理、编程方法和补偿值的设定方法，并根据实训过程阐述什么场合必须进行刀尖圆弧半径补偿，程序中如何实现刀尖圆弧半径补偿，加工时如何设置补偿参数（刀尖圆弧半径和理论刀尖方向号）。

注：个人读者可直接利用图 5-11 所示零件右端球头部分的轮廓加工进行练习。

5.3 数控程序的手工输入与存储器运行

数控程序的手工输入与存储器运行是学习数控机床编程和操作的基础，任何学习数控编程和数控机床操作者都必须先掌握这些知识。程序的手工操作适用于程序段数量不多，程序大小（容量）不超过数控系统的存储器容量，存入数控系统的程序才能够进行存储器运行。

5.3.1 程序的手工输入与存储器运行基础

本节以一个简短的基本指令为主的数控程序介绍手工输入与存储器运行，使读者对数控加工的全过程有一个感性的基础认识。

1. 实训五

实训名称：数控程序的手工输入。

实训目的：了解和熟悉数控机床的 LCD/MDI 面板构成和数控程序的建立、输入和编辑方法。

实训条件：FUNAC 0i TC 或 Mate-TC 数控系统的数控车床，例 5-1 中三程序中的任意一个。

实训要求与步骤：图 5-24 所示为以例 5-1 中的 G54～G59 指令设定工件坐标系的加工程序为例进行实训的操作图解。

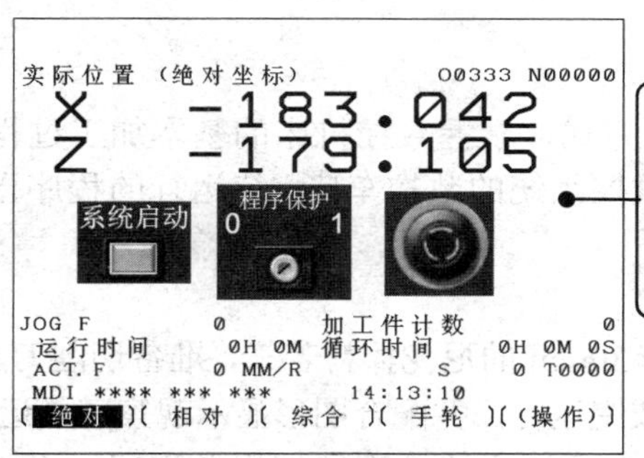

1．启动数控系统（操作步骤）

1）机床通电。

2）按机床启动键，等待系统启动，默认进入实际位置画面。

3）插入钥匙，旋转接通程序保护锁。

4）右旋释放紧急停止按钮。

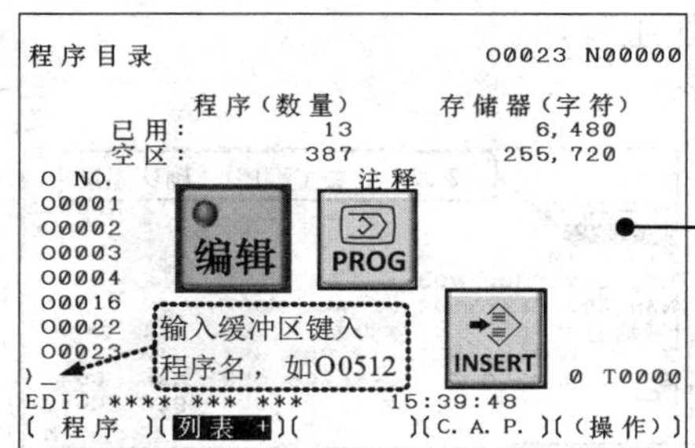

2. 创建数控程序

1）按编辑键，指示灯亮，编辑方式有效。

2）按PROG键，进入程序画面。

3）按[列表]软键，进入程序目录画面，配合翻页键查询当前存储器中的程序名称，新创建的程序名不能与存储器中的程序重名。

4）在输入缓冲区键入程序名，按INSERT键创建数控程序。

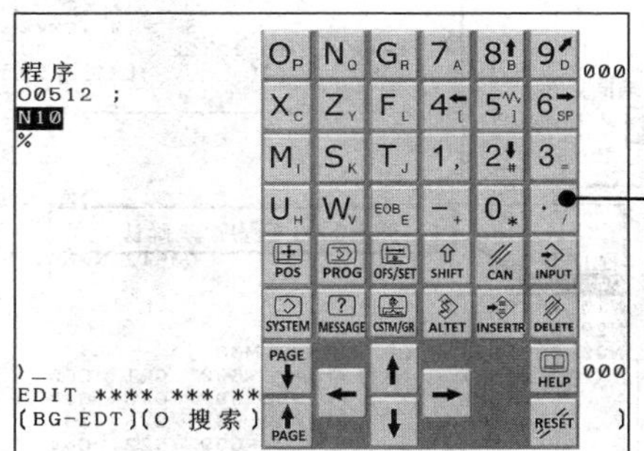

3. 输入数控程序

1）按EOB键，按INSERT键，光标换行，并自动插入程序段号N10，即可开始数控程序的输入。

2）利用MDI面板上的地址 /数字键和编辑键等进行数控程序的输入。

注：手工输入数控程序时可以不输入程序开始/结束符号“ %”。

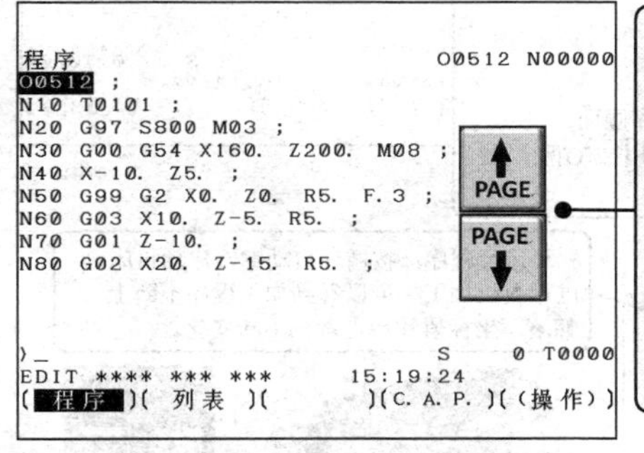

4. 数控程序的检查与编辑

1）数控程序输入完成后，可利用数控系统提供的程序检查功能进行检查。

2）数控程序的检查方法包括如下：

① 利用MDI面板上的光标移动键和翻页键逐行检查。

② 按机床操作面板上的“锁住”键运行机床，检查程序语法，并可利用图形功能观察刀具移动轨迹。

③ 按机床操作面板上的“空运行”键运行机床，检查刀具轨迹。

④ 首件试切检查程序，必要时可按“单段”按键逐段试切。

图5-24 手工输入程序操作图解

说明：多人实训时可每个人独自输入例5-1中三程序中的任意一个，个人训练时可根据自己的兴趣选择是否将例5-1中的三个加工程序全部输入。

实训小结：简述实训过程，叙述数控程序的创建与输入过程，举例说明程序段的输入、编辑和删除等方法和特点。

2．实训六

实训名称：数控程序的存储器运行。

实训目的：了解数控程序的存储器运行方式，掌握数控机床的基本加工过程。

实训条件：FUNAC 0i TC 或 Mate-TC 数控系统的数控车床，待运行的程序已经输入数控系统，试切材料和刀具等。

实训要求与步骤（图 5-24）：

以实训五输入的加工程序为例，准备好 ϕ30mm 的尼龙棒料若干，准备切削刀具。若条件不具备可以简化试切，代替以机床锁住运行或空运行，并配合图形显示观察刀具运动轨迹。

若确认待运行的数控程序已经存在则可在自动方式下直接调用并运行，否则，可在编辑方式下查询程序后转为自动运行方式运行加工程序。

数控程序存储器运行的方式如图 5-25 所示。

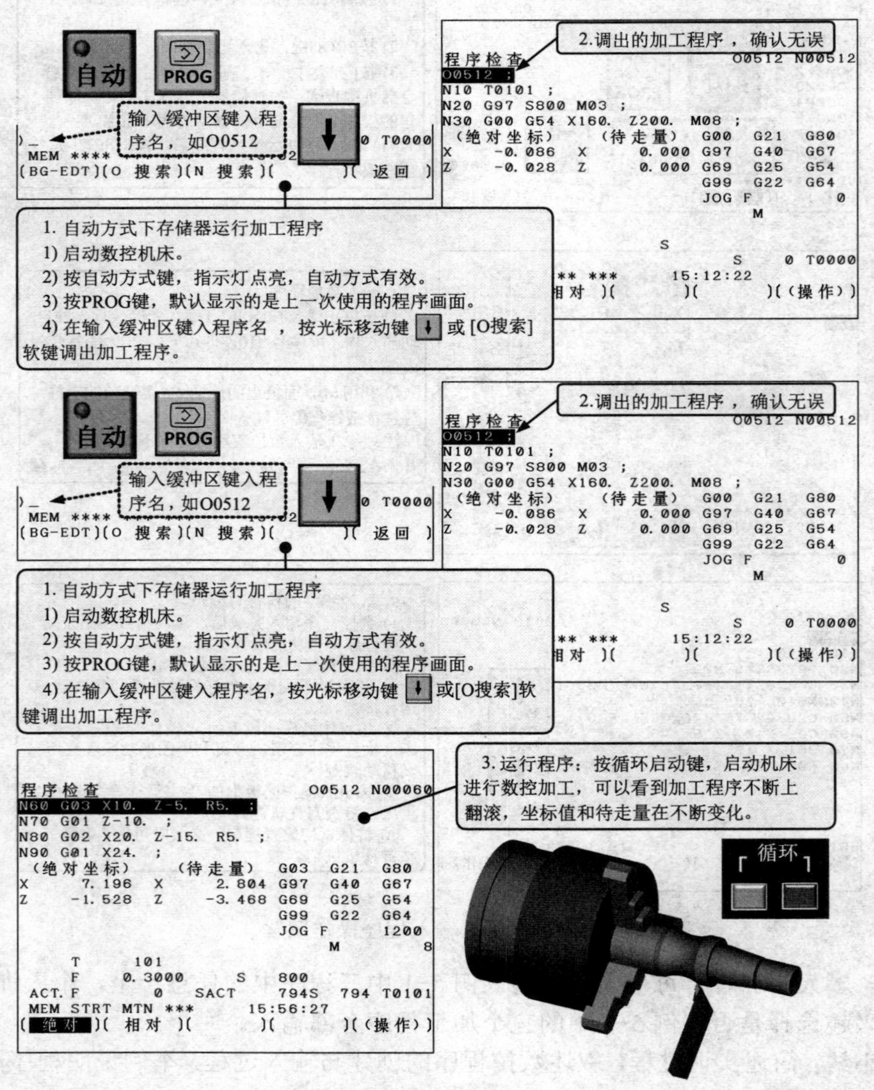

图 5-25　数控程序的存储器运行

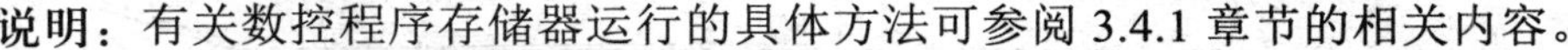

说明：有关数控程序存储器运行的具体方法可参阅 3.4.1 章节的相关内容。

实训小结：简述实训过程。叙述数控程序存储器运行的方法和步骤，并举例说明自动方式和编辑方式下调用数控程序并自动运行的操作步骤。

5.3.2　固定循环指令的程序示例

固定循环指令包括简单和复合固定循环指令，简单固定循环指令有 G90、G94 和 G92 指令，它们在前面的几个例子中均有多次介绍，这里仅讨论复合固定循环指令。

1．G71+G70 指令应用示例

例 5-6：以例 5-1 所示的图 5-1 为例，要求用 G71+G70 指令进行粗、精车加工，并增加切断工序，材料为 45 钢，零件长度 26mm。

（1）零件结构及工艺性分析　该零件轮廓包括圆柱、圆锥和圆弧及球面，形状不甚复杂，若要较好地保证圆弧和锥面的加工精度，一般宜采用刀尖圆弧半径补偿，本例假设圆弧和锥面有精度要求。该零件采用自定心卡盘装夹，采用三把刀具进行加工。图 5-26 所示为零件图及工艺图合并图。

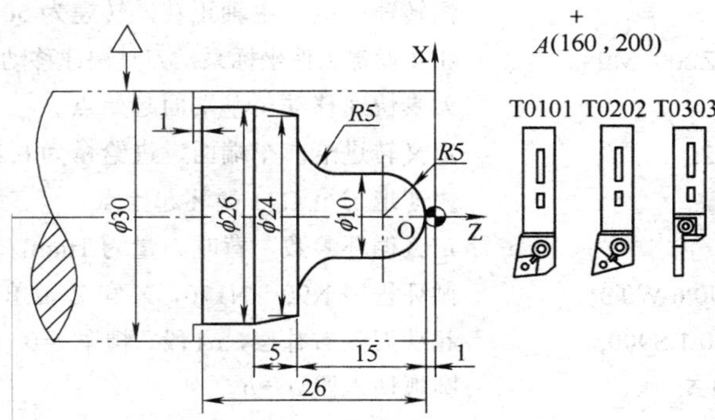

图 5-26　例 5-6 零件图及工艺分析

（2）加工刀具及切削用量的选择　本零件加工包括切端面、粗车、精车和切断工序，故选用了三把刀具，选用机夹式刀具。各刀具及切削用量如下：

1）刀具：

外圆粗车刀：T0101，刀尖半径 0.4mm（并用于车端面）。

外圆精车刀：T0202，刀尖半径 0.4mm。

切断刀：T0303，刀宽 B=3mm。

2）切削用量：

粗车端面：f=0.2mm/r，n=500r/min。

粗车外圆：a_p=1mm，f=0.2mm/r，n=500r/min。

精车外圆：a_p=0.3mm，f=0.1mm/r，n=900r/min。

切断：f=0.05mm/r，n=300r/min，刀宽 B=3mm。

（3）工件坐标系及相关位置点的选择　工件坐标系设定在毛坯端面，端面留 1mm 的加工余量，设置一个换刀点 A（160，200），如图 5-26 所示。

（4）加工工艺路线　加工工艺路线为：粗车端面→粗车外圆→精车外圆→切断。加工轨迹如图 5-27 所示，可以看出程序切入处增加了一段 1/4 圆弧。

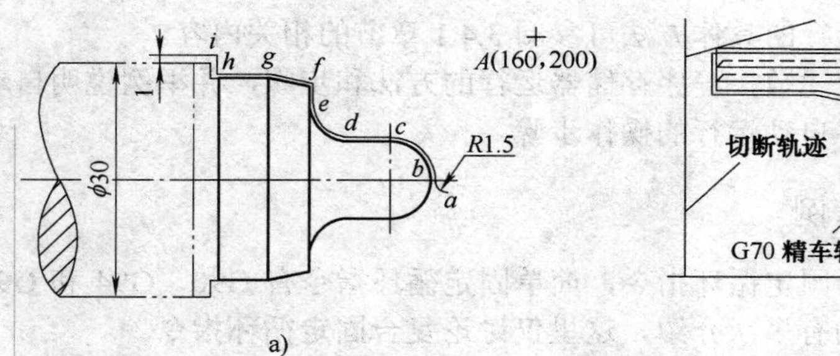

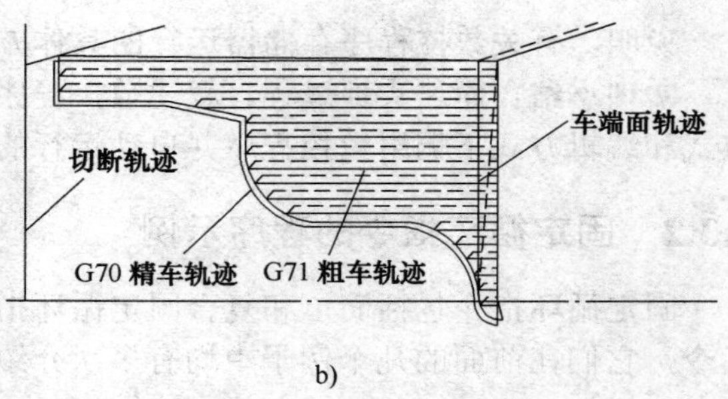

图 5-27　加工路线的规划与加工轨迹

a）加工路线规划　b）加工轨迹

（5）参考程序　如下。

%	程序开始符
O0527;	程序名
N10 T0101;	调用 1 号刀及 1 号刀补
N20 G97 S500 M03;	恒转速控制，主轴正转，转速为 500r/min
N30 G00 G54 X160. Z200. M08;	G54 设定工件坐标系，刀具快速移动至换刀点 *A*，开切削液
N40 X32. Z0.3;	刀具快速移动至车端面起始点
N50 G99 G01 X0 F0.2;	定义转进给，车端面，进给量为 0.2mm/r
N60 G00 X32. Z1.5;	快速退刀至 G71 循环起始点
N70 G71 U1.0 R0.5;	定义循环参数，背吃刀量为 1mm，退刀量为 0.5mm
N80 G71 P90 Q170 U0.6 W0.3;	循环程序 N90～N170，X 和 Z 轴单面加工余量为 0.3mm
N90 G42 G00 X–3. F0.1 S900;	起动刀尖右补偿，ns 段，精车 *f*=0.1mm/r，转速为 900r/min
N100 G02 X0. Z0. R1.5;	圆弧切入段 *a*→*b*
N110 G03 X10. Z–5. R5.;	车削圆弧段 *b*→*c*
N120 G01 Z–10.;	车削圆柱段 *c*→*d*
N130 G02 X20. Z–15. R5.;	车削圆弧段 *d*→*e*
N140 G01 X24.;	车削端面段 *e*→*f*
N150 X26. Z–20.;	车削锥面段 *f*→*g*
N160 Z–27.;	车削圆柱段 *g*→*h*
N170 X32.;	车削端面段 *h*→*i*
N180 G00 X160. Z200. T0100;	快速退回换刀点，取消 01 号刀补
N190 T0202;	调用 02 号刀及 02 号刀补
N200 G00 X32. Z1.5;	快速定位至 G70 精车循环起始点
N210 G70 P90 Q170;	精车外圆轮廓
N220 G40 G00 X160. Z200. T0200 M05;	退回换刀点，取消右补偿，取消 02 号刀补，主轴停转
N230 M00;	程序暂停，主轴手动换档
N240 S300 M03;	降低主轴转速至 300r/min，起动主轴正转
N250 T0303;	调用 03 号刀及 03 号刀补
N260 G00 X32. Z–29.;	快速定位至切断起始点
N265 G01 X0.2;	切断

N267 G00 X160. M09;	X 轴快速退刀
N268 Z200. T0300;	Z 轴快速退刀至换刀点
N270 M30;	程序结束
%	程序结束符

程序分析与说明：

1）程序粗、精车采用了固定循环指令，简化程序编制。

2）程序中使用了刀尖圆弧半径右补偿，可较好地保证锥面和圆弧部分的加工精度。

3）程序采用了 G54 指令建立工件坐标系，必须注意基准刀与非基准刀对刀。

2．G73+G70 指令应用示例

G73 复合固定循环指令原是为铸、锻件类零件轮廓毛坯的工件而设计的一个数控加工指令，但注意到该指令不同于 G71 和 G72 指令对轮廓有单调递增或递减变化的要求，基于这个特点，G73 指令常被用于轮廓非单调变化工件的加工。

例 5-7：工件尺寸如图 5-28 所示，要求用复合固定循环指令为主进行加工，材料为 45 钢，毛坯尺寸为 ϕ60mm×200mm。

（1）加工零件及加工要求　加工零件如图 5-28 所示，外轮廓表面粗糙度值为 Ra3.2μm，其余为 Ra6.3μm。

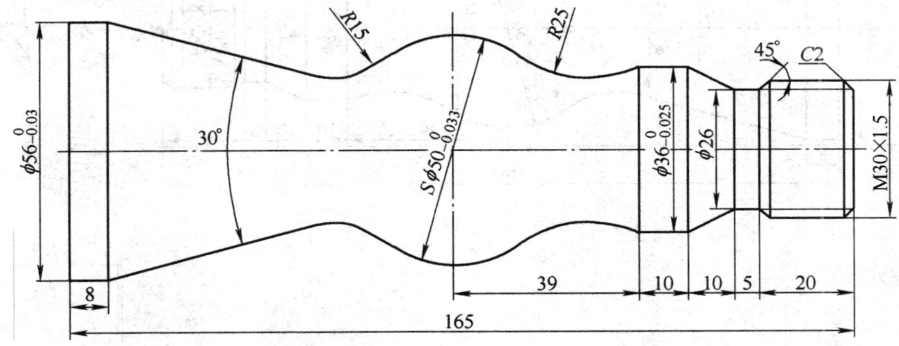

图 5-28　例 5-7 工件图

（2）零件结构及工艺性分析　该零件结构上包括圆柱、圆锥、圆弧曲面、螺纹等，比较适合用数控车削加工。但由于轮廓曲线非单调变化，故宜选用 G73 固定循环指令编程。

从图上看，几个有公差要求的尺寸，均是上偏差为 0，下偏差在-0.033～-0.025mm，为此，不将尺寸换算为中值尺寸，而依靠刀具补偿进行控制。

（3）装夹方案　该零件直径不大，毛坯为圆棒料，工件长度相对较长，因此，采用一夹一顶装夹，即左端用自定心卡盘装夹，右端手工车端面钻中心孔，用尾顶尖辅助装夹。装夹方案详见图 5-29。

（4）加工刀具的选择　关于手工车端面，钻中心孔的刀具这里不讨论，仅讨论数控加工中使用的刀具。具体刀具如下：

外圆车刀：T0101，刀尖半径 0.8mm。

螺纹车刀：T0404，60°螺纹车刀。

（5）切削用量的选择　如下所示。

粗车外圆：a_p=1.5mm，f=0.3mm/r，n=500r/min。

精车外圆：a_p=0.3mm，f=0.1mm/r，n=900r/min。

车螺纹：n=300r/min。

（6）螺纹切削参数的确定　零件螺纹公差按 6g 处理，大径按 ϕ29.8mm 编程，小径为 ϕ28.376mm 用 G76 复合固定循环指令编程，第一刀背吃刀量取 0.25mm。切入长度取 3mm（2 倍的螺距），切出长度取 2mm。

（7）工件坐标系及相关位置点的选择　工件坐标系取在工件端面中，设置一个换刀点 A（160，200），详见图 5-29。

（8）加工工艺路线及走刀路径　加工工艺路线为：手工车端面，钻中心孔→G73+G70 粗、精车外圆轮廓→车螺纹。由于工件右端有顶尖，因此在刀具运动轨迹规划时注意进刀和退刀时 X 轴和 Z 轴动作分开，详见图 5-29。

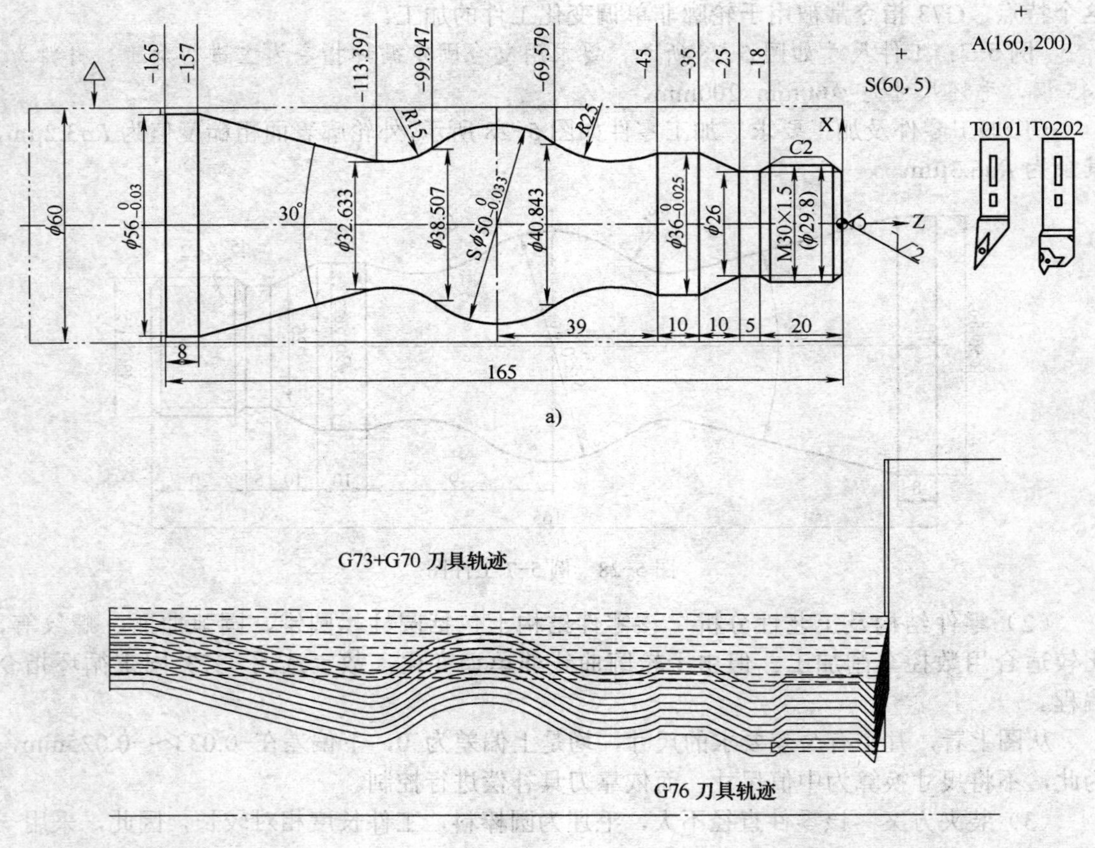

图 5-29　加工路径规划与走刀路径

a）加工轨迹规划　b）走刀路径

（9）数值计算　在图 5-29 中，相关节点的坐标值均是借助于 AutoCAD 作图获得，其尺寸值在图中均已标出。

（10）参考程序　如下所示。

程序	说明
%	程序开始符
O5029;	程序名
N10 T0101;	调用 1 号刀及 1 号刀补
N20 G97 S500 M03;	恒转速控制，主轴正转，转速为 500r/min
N30 G00 G54 X160. Z200.;	G54 设定工件坐标系，刀具快速移动至换刀点 *A*
N40 Z5.;	Z 轴快速移动至循环起始点 *S*
N50 G42 X60. M08;	启动刀具右补偿，X 轴快速移动至循环起始点 *S*，开切削液
N60 G73 U15.5 W0 R10;	定义循环参数，X 轴退刀量为 15.5mm，切削 10 刀
N70 G73 P80 Q200 U0.6 W0 F0.3;	循环程序段 N80～N200，单面余量为 0.3mm，进给量为 0.3mm/r
N80 G00 X21.8 Z2.0 F0.1 S900;	循环程序起始段 ns，精车参数 f=0.1mm/r，n=900r/min
N90 G01 X29.8 Z–2.;	车倒角
N100 Z–18.;	车螺纹大径
N110 X26. Z–20.;	车螺纹尾部倒角
N120 Z–25.;	车退刀槽，ϕ26mm
N130 X36. Z–35.;	车锥度
N140 Z–45.;	车圆柱，ϕ36mm
N150 G02 X40.843 Z–69.579 R25.;	车顺圆弧，*R*25mm
N160 G03 X38.507 Z–99.947 R25.;	车逆圆弧，*R*25mm（ϕ50mm）
N170 G02 X32.633 Z–113.397 R15.;	车顺圆弧，*R*15mm
N180 G01 X56. Z–157.;	车锥度，锥角 30°
N190 Z–166.;	车圆柱，ϕ56mm
N200 X62.;	X 轴车削退刀
N210 G70 P80 Q200;	精车轮廓循环
N220 G40 G00 X160. M09;	X 轴快速退刀，取消刀具右补偿，关切削液
N230 Z200. T0100;	Z 轴退刀至换刀点，取消 01 号刀补
N240 T0303 M05;	调用 03 号刀和 03 号刀补，主轴停转
N250 M00;	程序暂停，手工换档
N260 S300 M03;	降低主轴转速至 300r/min，主轴正转
N270 G00 Z3. M08;	Z 轴快速定位至车螺纹起点
N280 G00 X32.;	X 轴快速定位至车螺纹起点
N290 G76 P020060 Q100 R60;	定义车螺纹参数，精车 2 刀，最小切深 0.1，精车余量 0.06mm
N300 G76 X28.376 Z–22. R0 P974 Q300 F1.5;	定义终点坐标，牙深 0.974mm，第一刀切深 0.3mm，螺距 1.5mm
N310 G00 X160. M09;	X 轴快速退刀至换刀点，关切削液
N320 Z200. T0300;	Z 轴快速退刀至换刀点
N330 M30;	程序结束
%	程序结束符

程序说明：

1）程序采用了 G54 指令建立工件坐标系（也可用 G54～G59 指令中的任意一个）。程序执行之前确定一把基准刀，如 T01 号刀。则其他刀具为非基准刀，如本例的 T03 号刀具。

2）程序中采用了刀尖圆弧半径补偿，可有效地保证圆弧部分的加工精度。

3）程序采用了基于复合固定循环指令为主的编程方式，适合手工编程，且程序简短。

4）由于采用了尾顶尖辅助装夹，为防止刀具碰撞，其进刀轨迹 Z 轴先进刀，然后 X 轴进刀至循环起始点，退出时则相反。

5）程序中设置了一个换刀点，且固定循环设置了起始点。

6）零件中各径向尺寸均是上偏差为 0，其中 $\phi36_{-0.025}^{\ 0}$mm 尺寸的公差最小，加工时通过 01 号刀具补偿调整控制该尺寸即可达到控制所有径向尺寸的目的。同理，M30 螺纹也是通过 03 号刀具补偿借助螺纹环规控制尺寸的。

7）该程序的刀具路径可参阅图 5-29b。

8）本程序未考虑零件切断及其后续处理。

3．G71～G73+G79 固定循环指令综合应用示例

例 5-8： 以复合固定循环指令为主，编写图 5-30 所示零件的加工程序，材料为 45 钢，所有表面粗糙度值均为 $Ra3.2$～$6.3\mu m$，毛坯尺寸为 $\phi70mm\times76mm$。

（1）零件结构及工艺性分析　图 5-30 所示零件包括外轮廓和内轮廓，表面粗糙度要求不高，外轮廓存在中间凹陷。虽然轮廓形状不甚复杂，但仅用基本指令编程，程序段仍然较长，这里拟采用复合固定循环指令编程。从零件结构看，其左端可采用 G71+G70 指令粗、精车，右端外轮廓可采用 G73+G70 指令粗、精车，内轮廓采用 G72+G70 指令粗、精车。整个零件结构比较适合于复合固定循环指令的学习与实训。

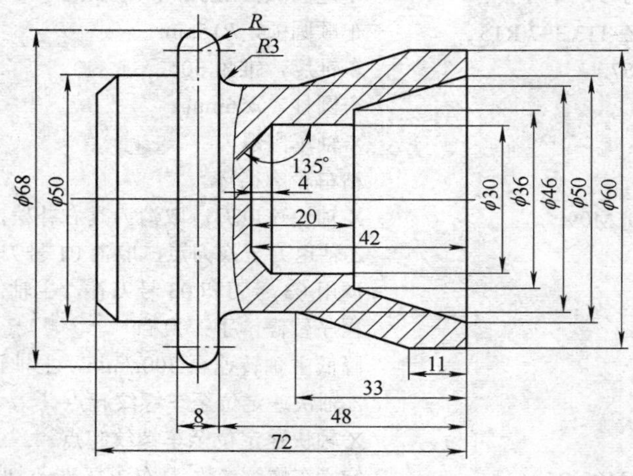

图 5-30　例 5-8 零件图

（2）加工工艺及装夹方案　如下所述。

1）考虑零件的结构及装夹方便性，制订的工艺方案为：车左端面→粗、精车左端轮廓→调头手工车端面，手工钻预孔→车端面→粗、精车外轮廓→粗、精车内轮廓。

2）装夹方案为：车左端时采用自定心卡盘装夹，车右端时采用左端外圆和端面定位，表面包裹铜皮夹紧。详见图 5-31 和图 5-32。

（3）加工刀具的选择　如下所示。

外圆粗车刀：T0101，刀尖半径 0.8mm（并用于车端面）。

外圆精车刀：T0202，刀尖半径 0.4mm，包括右端外凹轮廓的粗车。

内孔车刀：T0303，刀尖半径 0.4mm，用于内轮廓的粗、精车加工。

麻花钻头：ϕ12mm，用于内表面钻预孔。

（4）切削用量的选择　如下所示。

车端面：a_p 一刀完成，f=0.1mm/r，n=500r/min。

粗车：a_p=1～1.5mm，f=0.2～0.3mm/r，n=500r/min。

精车：a_p=0.3mm，f=0.1mm/r，n=900～1000r/min。

（5）工件坐标系及相关位置点的选择　工件坐标系设在工件端面，并留适当的加工余量，设置一个换刀点 A（200，200），详见图 5-31 和图 5-32。

左端几何参数及刀具路径图如图 5-31 所示。

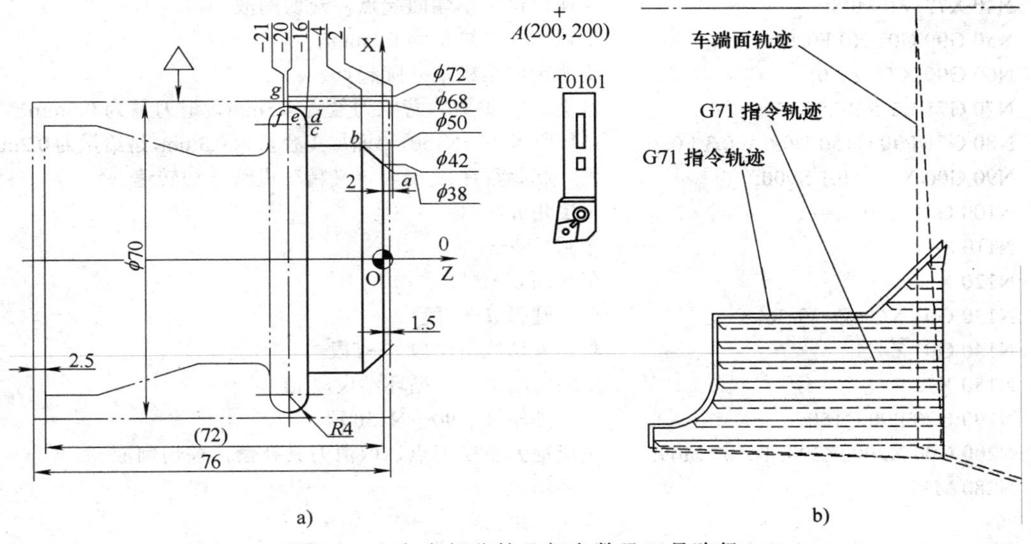

图 5-31　左半部分的几何参数及刀具路径

a）刀具路径规划与几何参数　b）刀具路径

右端几何参数及刀具路径图如图 5-32 所示。

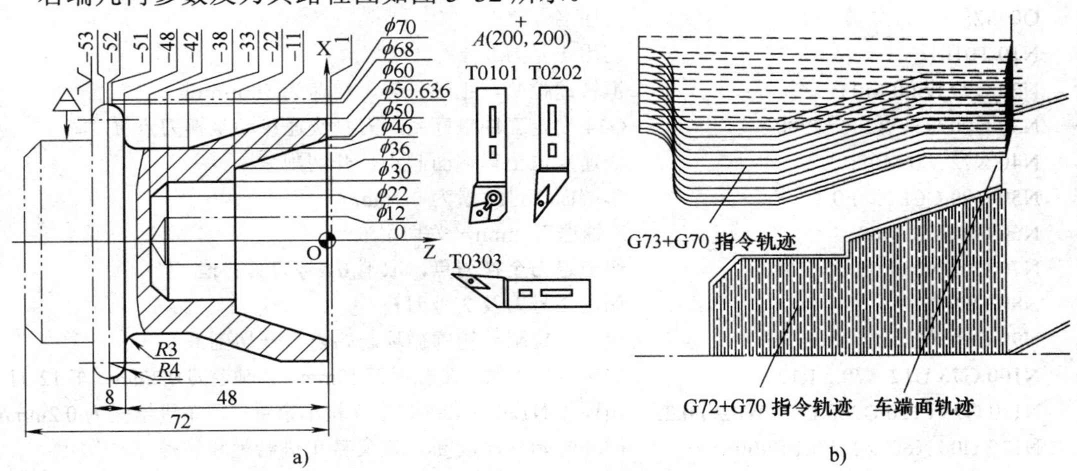

图 5-32　右半部分的几何参数及刀具路径

a）刀具路径规划与几何参数　b）刀具路径

（6）数值计算　在图 5-31 和图 5-32 中，相关节点的坐标值均是借助于 AutoCAD 作图获得，其尺寸值在图中均已标出。

（7）参考程序及分析　如下所示。

1）左半部分参考程序如下。

```
%                                          程序开始符
O0531;                                     程序名
N10 T0101;                                 调用1号刀及1号刀补
N20 G97 S500 M03;                          恒转速控制，主轴正转，转速为500r/min
N30 G00 G54 X200. Z200.;                   G54设定工件坐标系，刀具快速移动至换刀点A
N40 X72. Z0 M08;                           快速定位至车端面起点，开切削液
N50 G99 G01 X0 F0.1;                       车端面，进给量为0.1mm/r
N60 G00 X74. Z2.0;                         快速定位至粗车外圆起点
N70 G71 U1.5 R0.5;                         定义G71参数，背吃刀量为1.5mm，退刀量为0.5mm
N80 G71 P90 Q150 U0.6 W0.3 F0.2;           循环段N90～N150，单面加工余量为0.3mm，进给量为0.2mm/r
N90 G00 X38. F0.1 S900;                    循环起始程序段ns，定义精车进给量和转速
N100 G01 X50. Z-4.;                        车倒角a→b段
N110 Z-16.;                                车圆柱b→c段
N120 X60.;                                 车端面c→d段
N130 G03 X68. Z-20. R4.;                   车半圆弧d→e段
N140 G01 Z-21.;                            车圆弧切线引出段e→f段
N150 X72.;                                 X轴切削退刀，循环结束段nf
N190 G70 P90 Q150;                         精车外轮廓N90～N150段
N200 G00 X200. Z200. T0100 M09;            快速退刀至换刀点，取消刀具补偿，关切削液
N280 M30;                                  程序结束
%                                          程序结束符
```

说明：该程序比较简单，读者可按照前述程序的结构分析程序。

2）右半部分参考程序如下。

```
%                                          程序开始符
O0532;                                     程序名
N10 T0101;                                 调用1号刀及1号刀补
N20 G97 S500 M03;                          恒转速控制，主轴正转，转速为500r/min
N30 G00 G54 X200. Z200.;                   G54设定工件坐标系，刀具快速移动至换刀点A
N40 X72. Z0 M08;                           快速定位至车端面起点，开切削液
N50 G99 G01 X0 F0.1;                       车端面，进给量为0.1mm/r
N60 G00 Z2. M09;                           Z轴退刀2mm，关切削液
N70 G00 X200. Z200. T0100;                 快速退刀至换刀点，取消01号刀具补偿
N80 T0202;                                 调用2号刀及2号刀补
N90 G00 X72. Z2. M08;                      快速定位至外轮廓循环起始点，开切削液
N100 G73 U12. W0.2 R12;                    定义G73参数，X轴退刀12mm，Z轴退刀0.2mm，车12刀
N110 G73 P120 Q200 U0.6 W0.2 F0.2;         循环段N120～N200，定义精车余量，粗车进给量为0.2mm/r
N120 G00 X60. Z1. F0.1 S900;               循环起始程序段ns，定义精车进给量和转速
N130 G01 Z-11.;                            车圆柱，φ60mm
N140 X46. Z-33.;                           车锥面
N150 Z-45.;                                车槽底圆柱，φ46mm
```

```
N160 G02 X52. Z–48. R3.;                     车圆角 R3mm
N170 G01 X60.;                               车端面
N180 G03 X68. Z–52. R4.;                     车半圆弧 R4mm
N190 G01 Z–53.;                              车圆弧切线引出段
N200 X72.;                                   X 轴切削退刀，循环结束段 nf
N210 G70 P120 Q200;                          精车外轮廓 N120～N200 段
N220 G00 X200. M09;                          X 轴快速退刀至换刀点，关切削液
N230 Z200. T0200;                            Z 轴快速退刀至换刀点，取消 02 号刀具补偿
N240 T0303;                                  调用 03 号刀及 03 号刀补
N250 S500 M03;                               降低主轴转速至 500r/min
N260 G00 X0Z1. M08;                          快速定位至内表面循环起始点，开切削液
N270 G72 W1. R0.5;                           定义 G72 指令参数，背吃刀量为 1mm，退刀量为 0.5mm
N280 G72 P290 Q340 U–0.5 W0.2 F0.2;          循环段 N290～N340，定义精车余量，粗车进给量为 0.2mm/r
N290 G01 Z–42. F0.1 S1000;                   循环起始程序段 ns，定义精车进给量和转速
N300 X22.;                                   车底面
N310 X30. Z–38.;                             车 45° 锥面
N320 Z–22.;                                  车内圆柱面，φ30mm
N330 X36.;                                   车端面
N340 X50.636 Z1.;                            车锥面并延伸出约 1mm，循环结束段 nf
N350 G70 P290 Q340;                          精车外轮廓 N290～N340 段
N360 G00 Z200. M09;                          Z 轴快速退刀至换刀点，关切削液
N370 X200. T0300;                            X 轴快速退刀至换刀点，取消 03 号刀具补偿
N380 M30;                                    程序结束
%                                            程序结束符
```

说明：该程序用到了三个复合固定循环指令及其精车指令，读者可按照前述程序的形式分析程序，写出其参数设置值，重点注意 G72 指令精车内孔时留精车余量的方向符号。

4．G76 螺纹切削固定循环指令及与 G32 和 G92 指令的比较

例 5-9：以图 5-16 右端的 M30mm×1.5mm 外螺纹为例，用 G76、G92 和 G32 分别编写其螺纹部分的加工程序，并进行比较。

（1）加工部位及其装夹方案　如图 5-33 所示。

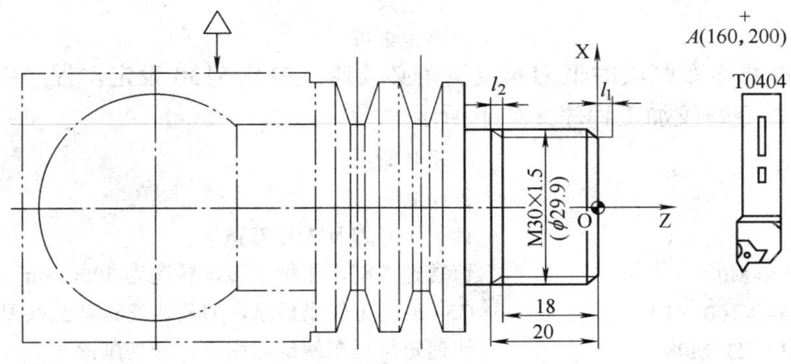

图 5-33　例 5-9 螺纹图

（2）76 指令螺纹加工程序　如下所示。

```
%                                  程序开始符
O1532;                             程序名
N10 T0101;                         调用 1 号刀及 1 号刀补
N20 G97 S300 M03;                  恒转速控制，主轴正转，转速为 300r/min
N30 G00 G54 X160. Z200.;           G54 设定工件坐标系，刀具快速移动至换刀点
N40 X34. Z3. M08;                  快速定位至车螺纹起点，开切削液
N50 G76 P021360 Q100 R60;          定义 G76 螺纹加工的参数，详见下面的说明
N60 G76 X28.376 Z-20. R0 P812 Q300 F1.5;
N70 G00 X160. Z200 M09;            快速退刀至换刀点，关切削液
N10 T0100;                         取消刀具补偿
N80 M30;                           程序结束
%                                  程序结束符
```

说明：定义 G76 螺纹加工参数为：精车 2 刀，倒角 2mm，60° 刀尖角度，最小切深 0.1mm，精加工余量 0.06mm，螺纹小径 28.376mm，牙高 0.812mm，第一刀切深 0.3mm，螺距 1.5mm。按此参数，粗加工约 5 刀，精加工约 2 刀，共 7 刀。

（3）G92 指令螺纹加工程序　查表 1-5 可知 1.5mm 螺距的螺纹需要车 4 刀，各刀的螺纹直径见表 5-3。

```
%                                  程序开始符
O2532;                             程序名
N10 T0101;                         调用 1 号刀及 1 号刀补
N20 G97 S300 M03;                  恒转速控制，主轴正转，转速为 300r/min
N30 G00 G54 X160. Z200.;           G54 设定工件坐标系，刀具快速移动至换刀点
N40 G00 X34. Z3. M08;              快速定位至车螺纹起点，开切削液
N50 G92 X29.21 Z-20. F1.5;         G92 指令车螺纹第一刀
N60 X28.6;                         G92 指令车螺纹第二刀
N70 X28.2;                         G92 指令车螺纹第三刀
N80 X28.04;                        G92 指令车螺纹第四刀
N90 G00 X160. Z200. M09;           快速退刀至换刀点，关切削液
N100 T0100;                        取消刀具补偿
N110 M30;                          程序结束
%                                  程序结束符
```

说明：G92 指令车螺纹时退刀螺纹倒角必须通过参数 5130 设定，程序中无法设置。

（4）G32 指令螺纹加工程序　如下所示。

```
%                                  程序开始符
O3532;                             程序名
N10 T0101;                         调用 1 号刀及 1 号刀补
N20 G97 S300 M03;                  恒转速控制，主轴正转，转速为 300r/min
N30 G00 G54 X160. Z200.;           G54 设定工件坐标系，刀具快速移动至换刀点
N40 G00 X34. Z3. M08;              快速定位至车螺纹起始点，开切削液
N50 X29.2;                         第一刀进刀 0.8mm
```

```
N60 G32 Z-18. F1.5;              G32 指令切螺纹
N70 G32 X30. Z-20. F1.5;         G32 指令切螺纹退刀段
N80 G00 X34.;                    X 轴退刀至起始点
N90 Z3.;                         Z 轴退刀至起始点
N100 X28.6;                      第二刀进刀 0.6mm
N110 G32 Z-18. F1.5;             G32 指令切螺纹
N120 G32 X30. Z-20. F1.5;        G32 指令切螺纹退刀段
N130 G00 X34.;                   X 轴退刀至起始点
N140 Z3.;                        Z 轴退刀至起始点
N150 X28.2;                      第一刀进刀 0.4mm
N160 G32 Z-18. F1.5;             G32 指令切螺纹
N170 G32 X30. Z-20. F1.5;        G32 指令切螺纹退刀段
N180 G00 X34.;                   X 轴退刀至起始点
N190 Z3.;                        Z 轴退刀至起始点
N200 X28.04;                     第一刀进刀 0.16mm
N210 G32 Z-18. F1.5;             G32 指令切螺纹
N220 G32 X30. Z-20. F1.5;        G32 指令切螺纹退刀段
N230 G00 X34.;                   X 轴退刀至起始点
N240 Z3.;                        Z 轴退刀至起始点
N250 G00 X160. Z200. M09;        快速退刀至换刀点，关切削液
N260 T0100;                      取消刀具补偿
N270 M30;                        程序结束
%                                程序结束符
```

说明：G32 指令车螺纹时退刀螺纹倒角和螺纹部分必须分开单独写在不同的程序段中。

（5）螺纹车削指令应用分析 如下。

1）螺纹编程时涉及螺纹大径和小径的计算或查表，螺纹大径减去两倍的牙高即为螺纹的小径。国家标准规定的牙高为 5*H*/8（*H* 为牙高，约等于 0.866*P*，*P* 为螺距，下同），而按表 1-5 的经验公式计算的牙高为 0.6495*P*，这两个牙高的差异主要表现在是否切去牙顶的 *H*/4。另外，螺纹小径的计算不同，国家标准是按切去 *H*/4 牙顶的外圆为螺纹公称直径，而经验公式是按未切去 *H*/4 牙顶的外圆为螺纹公称直径。两者计算加工出来的螺纹表面上存在直径误差，实际上，数控车削加工时工件的直径是可以通过刀具补偿进行控制和调节的，所以，这种误差不会影响螺纹加工的。

2）G76 指令粗加工刀数是按设置的参数自动计算的，且指令中还能指定精加工刀数。一般情况下，G76 指令的加工刀数略多，因此加工质量相对较高，特别是合理地选择精加工次数，可较好地提高螺纹加工质量。而 G92 和 G32 指令是通过程序指定的，其加工次数相对较少。

3）G76 指令粗加工时采用的是单侧刃切削，而 G92 和 G32 指令一般是双侧刃同时加工，相当于成形车削。

4）G76 指令最复杂，但程序段最短，且可设置的参数较多。G32 指令虽然简单，但所写的程序段较多，写起来很烦琐。G92 指令介于以上两者之间，每一刀一个程序段，但还是需要计算每一刀的背吃刀量。

5）由于国家标准规定的外螺纹大径公差带的上偏差一般大于或等于零，而螺纹大径圆柱的编程直径一般可取公差中值尺寸值，所以一般螺纹大径圆柱的编程直径略小于螺纹的公称直径。内螺纹刚好相反。

6）螺纹加工最终属于成形加工，牙型的控制主要还是靠螺纹车刀控制的，各人的编程方法按国标查表得到的螺纹直径参数和按经验公式计算的直径参数虽然有一点差异，但最终结果仅是切削次数的多少，主要影响螺纹的表面粗糙度和刀具的寿命，最终螺纹的径向尺寸还必须依靠刀具补偿控制和调整。

5．**实训七**

实训名称：复合固定循环指令阅读、编程和程序试运行。

实训目的：掌握 FUNAC 0i TC 数控车削系统复合固定循环指令的结果特点和参数计算与设置。阅读典型固定循环指令，参照相关资料编写 1～2 个复合固定循环指令的加工程序。掌握数控车床程序检查的方法——锁住运行、空运行、单段运行、图形显示以及快速与进给速度的倍率调整。

实训步骤：

1）阅读典型复合固定循环指令编写的加工程序，写出其中用到的指令及其参数设置，描述固定循环指令的刀具轨迹。

2）用复合固定循环指令编写 1～2 个加工程序，图形自定。个人读者可将图 5-7 作为 G71+G70 的练习图，用图 5-34 作为练习参考图。

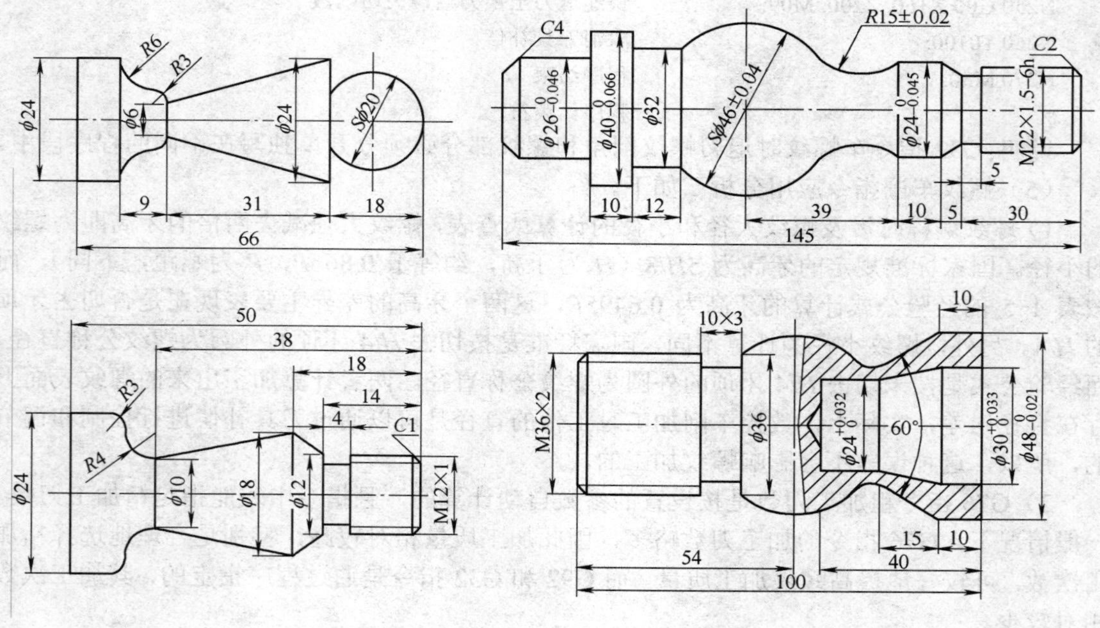

图 5-34　复合固定循环指令练习图

3）任选一个包含复合固定循环指令的数控程序，手工输入数控系统。

4）按机床**锁住**键，对数控程序进行锁住试运行，观察机床显示画面和机床各部分的动作。

5）设置工件坐标系，按机床空运行键，对数控程序进行空运行，观察机床显示画面和机床各部分的动作。

6）按机床单段+锁住键和单段+空运行键，分别进行单段锁住运行和单段空运行，观察显示画面和机床各部分动作，特别要注意固定循环指令单段执行时的动作情况。

7）不安装工件，对数控程序进行存储器运行，调节进给速度倍率旋钮和快速运动倍率键，观察刀架的运动速度变化。

8）在机床锁住运行状态下，按照 3.13 节的相关介绍，对刀具运动轨迹进行图形显示操作，观察程序执行期间和执行结束后的刀具运动轨迹。待图形显示操作熟练后，还可进行空运行、存储器运行和单段运行状态下的刀具轨迹的图形显示操作。

实训小结：

1）简述实训过程。叙述所阅读的复合固定循环指令程序中循环指令的特点、参数计算和设置，并描述循环指令的刀路轨迹。

2）编写 1～2 个复合固定循环指令的加工程序，并说明其中复合固定循环指令的设置参数。

3）叙述机床锁住运行时显示画面和机床各部分的动作特点。

4）叙述机床空运行时显示画面和机床各部分的动作特点。

5）叙述机床单运行时显示画面和机床各部分的动作特点。

6）叙述进给速度和快速运动速度倍率调整的方法及其对机床动作的影响。

5.4　数控车床的程序传输与 DNC（计算机辅助编程及应用）

5.4.1　RS232 通信参数的设定

RS232 通信口程序传输是指 PC（计算机）与数控系统之间的程序传输，传输线是必需的。另外，在计算机侧还必须有一款传输软件，这里以 Cimco Edit 软件为例进行介绍。

RS232 通信参数的设置包括数控系统和 PC 两部分，只有通信参数设置匹配才能实现正确的通信。

1．数控系统通信参数的设置（图 5-35）

图 5-35 所示为数控系统通信参数设置图解，其操作步骤如下。

1）按编辑键。

2）按功能键 **SYSTEM**。

3）按两次继续菜单键►，找到出现[ALL IO]软键的画面。

4）按[ALL IO]软键，出现读入/传出（参数）画面，在其中设置通信参数。

说明：

1）I/O 通道必须设置为 1，使得 RS232 通信口有效。

2）波特率是程序传输的速度，设置得太大虽然传输快，但容易出错。对于程序传输，一般设置为 4800 即可。在线加工可根据需要选择得大一点。

3）其余按图设置即可。

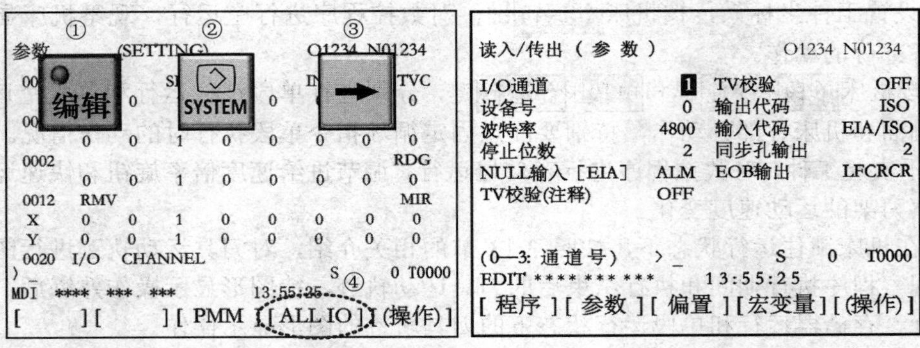

图 5-35 数控系统通信参数的设置

2. PC 侧通信参数（Cimco Edit 软件）的设置步骤（图 5-36）

（1）FANUC 数控系统的通信参数设置 一般按如下设置。

1）数据传输格式：选 ASCII。

2）端口：其设置应与 PC 的物理端口相对应，如 COM1。

3）奇偶效验位（同位检查）：FANUC 数控系统只支持 EVEN（偶）或者 NONE（无）。

4）数据位，FANUC 数控系统只支持 7 位。

5）停止位，FANUC 数控系统只支持 2 或者 1。

6）传输协议：选择软件或无。

7）波特率：选择 4800，其与数控系统侧必须相等（图 5-35）。

（2）PC Cimco Edit 的设置步骤 如图 5-36 所示。

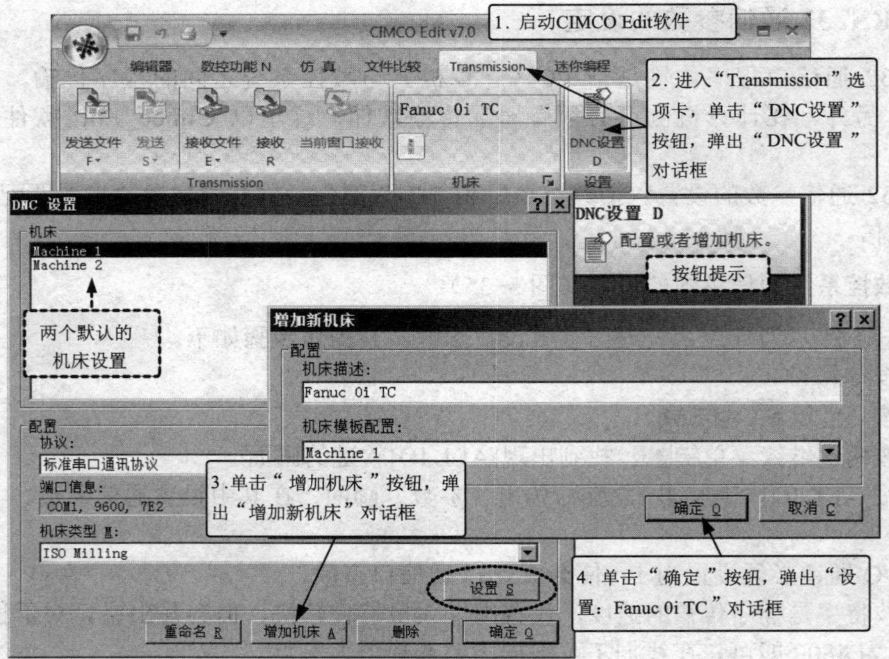

图 5-36 PC 侧参数设置

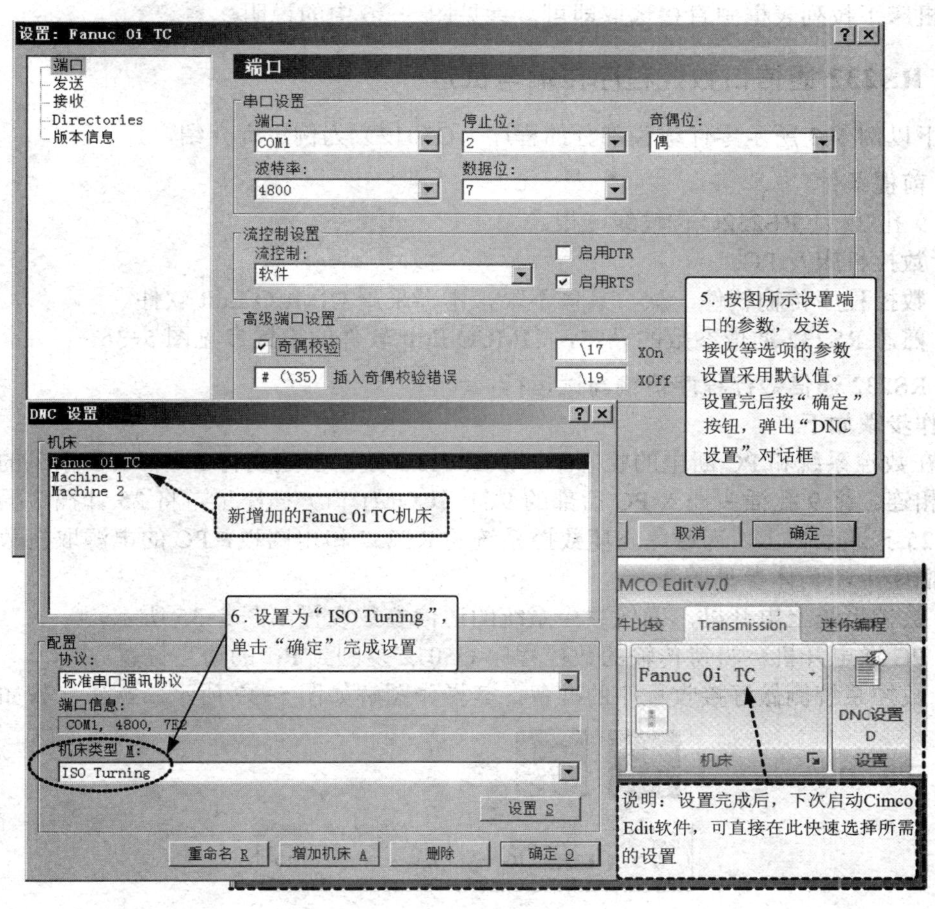

图 5-36　PC 侧参数设置（续）

1）起动 CIMCO Edit 软件。

2）进入 Transmission 工具栏，可见到“DNC 设置”按钮，鼠标悬停片刻会弹出按钮提示“DNC 设置 D 配置或增加机床”。单击“DNC 设置”按钮，弹出“DNC 设置”对话框，默认有两个机床设置，临时使用时可选择其中一个，单击右下角的“设置”按键，略作修改使用。若该两个默认的机床均删除，则会跳出一个对话框，提示“创建一个新的机床配置”。

3）单击“DNC 设置”对话框下部的“增加机床”按钮，弹出“增加新机床”对话框，在“机床描述”文本框中输入“Fanuc 0i TC”，“机床模板配置”用默认的 Machine 1。

4）“增加新机床”对话框设置完成后，单击“确定”按钮，弹出“设置：Fanuc 0i TC”对话框。

5）按图所示设置端口的参数，发送、接收等选项的参数设置采用默认值。设置完后按“确定”按钮，弹出“DNC 设置”对话框，可见新增加的 Fanuc 0i TC 机床传输参数设置。

6）在“DNC 设置”对话框中，将机床类型设置为“ISO Turning”，单击“确认”按钮，完成设置。

设置好的新机床一直有效，下次启动 CIMCO Edit 软件后，只需在“Transmission”工具栏的机床下拉列表框中直接选取即可，参见图 5-36 中的说明。

5.4.2 RS232 通信口数控程序传输与试运行

以下以例 5-3 所示零件球头部分的程序（O5012）为例进行介绍。

1．前提条件

1）9 孔 25 针 RS232C 传输线一根。

2）数控机床及 PC。

3）数控程序传输软件一款，具体不限，本书采用 CIMCO Edit 软件。

4）熟悉 RS232 通信参数的设定，CIMCO Edit 软件的设置参见图 5-36。

2．RS232 通信数控程序传输与试运行

操作步骤如下：

1）在数控系统和 PC 断电的状态下，用 RS232C 数据参数线将 PC 与数控系统的 RS232 通信口相连。将 9 孔插头插入 PC 后部的 9 针（COM1 口）插座上，将 25 针插头插入数控系统的 25 孔通信口上。为避免烧坏数控系统的 RS232 口电路板，PC 的电源取自数控系统的电源插座上，具体参见图 3-3。

2）数控系统上电开机，确保数控系统的通信参数设置如图 5-35 所示。

3）PC 通电开机，将待传输的数控程序 O5012 复制到 PC 的适当位置。

4）数控系统侧做好接收程序的准备，其操作图解如图 5-37 所示，操作步骤如下。

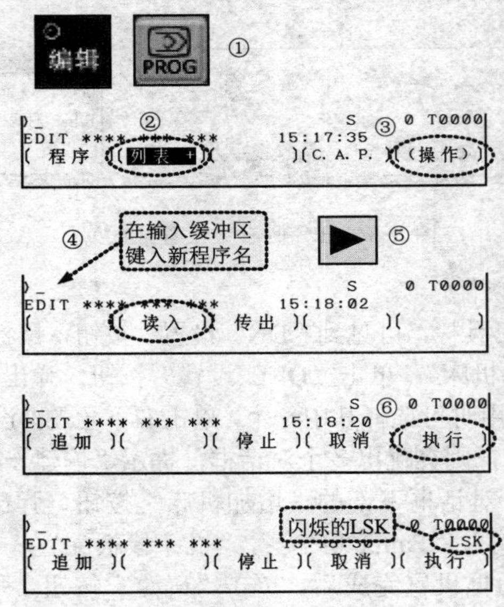

图 5-37　数控系统程序侧做好接收程序的准备

① 按编辑和 PROG 键，进入程序画面。

② 按［列表］软键，查询现有程序名。

③ 按［操作］软键。

④ 按继续菜单键▶，找到有［读入］软键的画面。

⑤ 键入新程序名（不允许与已存在的程序名重名），按［读入］软键，软键发生变化。

⑥ 按［执行］软键，画面右下角出现闪烁的“LSK”，表示数控机床侧已经做好了接收程序的准备。

5）PC 侧发送数控程序，其操作图解如图 5-38 所示，操作步骤如下。

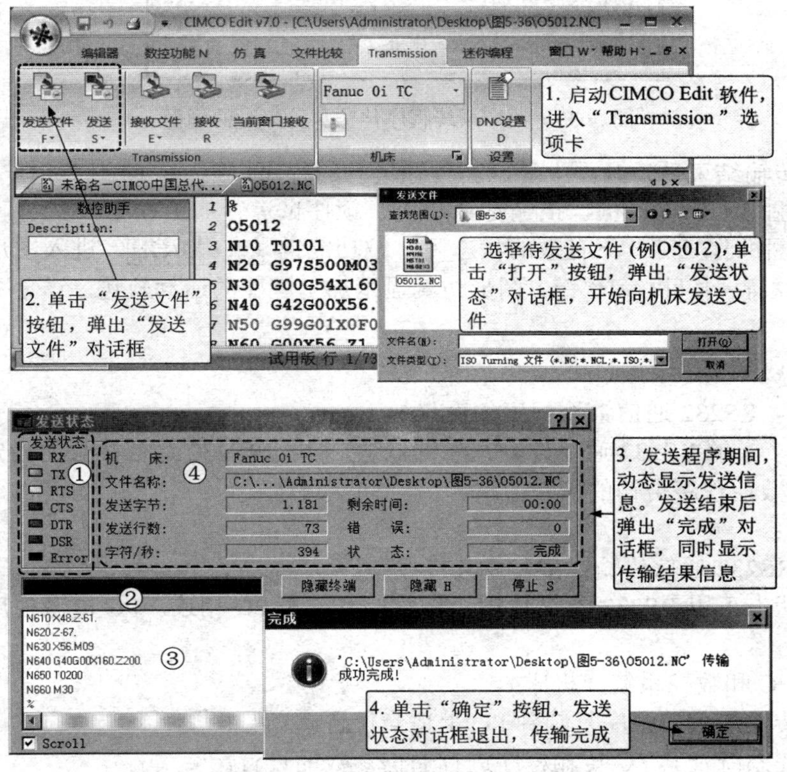

图 5-38　PC 机发送程序的操作步骤

① 启动 CIMCO Edit 软件，打开待传输程序 O5012。CIMCO Edit 软件传输程序的方法有两种，参见图 5-38 中左上角虚线框出的两按钮，左侧的“发送文件”按钮不需打开文件而直接发送本地机上的程序文件，而右侧的“发送”按钮则是发送当前开启激活的文件，如图 5-38 中的 O5012。

② 单击“发送文件”按钮，弹出“发送文件”对话框。选择待发送文件（例 O5012），单击“打开”按钮，弹出“发送状态”对话框，并开始传输文件。

若单击“发送”按钮，则直接弹出“发送状态”对话框，并开始传输当前激活的程序文件。

③ 程序传输状态对话框中，显示多种传输信息。程序传输期间：区域①动态显示传输信号状态；区域②进程条向右滚动，显示传输进程；区域③程序段不断向上滚动，显示传输进程的程序段。程序结束后：区域①停止闪烁；区域②进程条行进至结束；区域③可见程序结束指令 M30 和程序结束符%；区域④显示程序传输的结构信息。

④ 程序传输结束后，弹出“完成”对话框，单击“确定”按钮，发送状态对话框退出，程序传输结束。

6）程序传输期间，数控系统接收画面（图 5-37）右下角闪烁的“LSK”变为“输入”

闪烁，如图 5-39 所示，闪烁结束后“输入”字样消失，表示程序接收完毕，可以看到画面上显示新传输进来的程序。

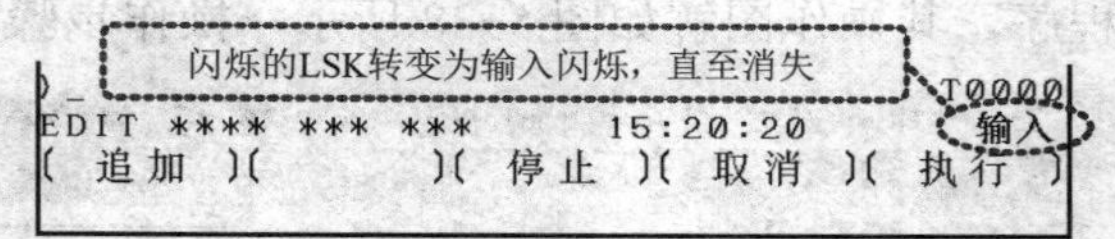

图 5-39 数控系统程序传输和结束时的画面

7）程序传输结束后，画面上显示新传输进来的程序。

8）按**锁住**键，按**自动**键，按**循环启动**键，锁住试运行加工程序。

9）在**锁住**和**自动**键按下有效的状态下，按功能键 **CSTM/GR**，进入图形参数显示画面，按[图形]软键，按[执行]软键，图形仿真显示加工程序的运动轨迹。详见 3.13.2 的相关内容。

3. 实训八

实训名称： RS232 通信数控程序传输与加工。

实训目的： 了解 RS232 通信传输程序的概念，掌握 RS232 通信参数的设定方法，掌握 RS232 通信口数控程序传输的操作方法。

实训步骤：

1）了解 RS232 通信传输线接口及其接线图。

2）断电状态下用 RS232 通信传输线将数控系统与 PC 相连。PC 电源使用数控系统提供的电源。

3）启动 PC 和数控系统（机床）。

4）将待传输的数控程序复制到 PC 上适当位置。

5）对数控系统及其 PC 传输程序进行通信参数的设置。

6）进行数控程序的传输操作，观察和记录传输过程及其 PC 侧和数控系统侧传输提示的显示变化。

7）借助数控车床程序检查的方法——锁住运行、空运行、单段运行、图形显示等检查传输程序的正确性。

8）数控程序的加工实训（条件不具备时可省略该步骤）。

实训小结：

1）简述实训过程，叙述 RS232C 通信传输线的接线图，叙述 RS232C 通信传输线的 PC 与数控系统的连接方式及 PC 电源为什么需要使用数控系统提供的电源，还有什么其他方法？

2）详述数控程序传输的操作步骤。

3）简述所传输程序的试运行的情况和数控程序的加工实训。

5.4.3 存储卡通信参数的设定及其程序的传输和试运行

存储卡又称 CF 卡，是一种类似于 U 盘的存储介质。

1. 前提条件

1）数控系统有存储卡插槽。

2）CF卡及其PCMCIA转接卡，用于与数控系统进行程序数据的传输。

3）CF卡读卡器，通过PC的U盘接口与PC进行程序数据的传输。

2．存储卡通信参数的设置

1）I/O通道设置为4，确保数控系统与CF卡接口进行数据传输。

2）参数0138第7位（MDN）设置为1，确保系统允许通过CF卡进行DNC操作。有关参数的设置详见3.4.4节的相关内容。若仅进行程序输入，只需设置I/O通道为4即可。

3．存储卡程序的传输操作步骤和试运行

1）将CF卡插入读卡器中，将读卡器插入PC的U盘插口，将待传输的程序复制到读卡器中，如O5012程序。

2）机床断电状态下，将CF卡插入PCMCIA转接卡，然后插入数控系统的CF插槽中。

3）机床通电，启动数控系统，确保存储卡通信参数设置的正确。

4）MDI键盘操作，将存储卡上的程序传入数控系统中，其操作图解如图5-40所示，操作步骤如下。

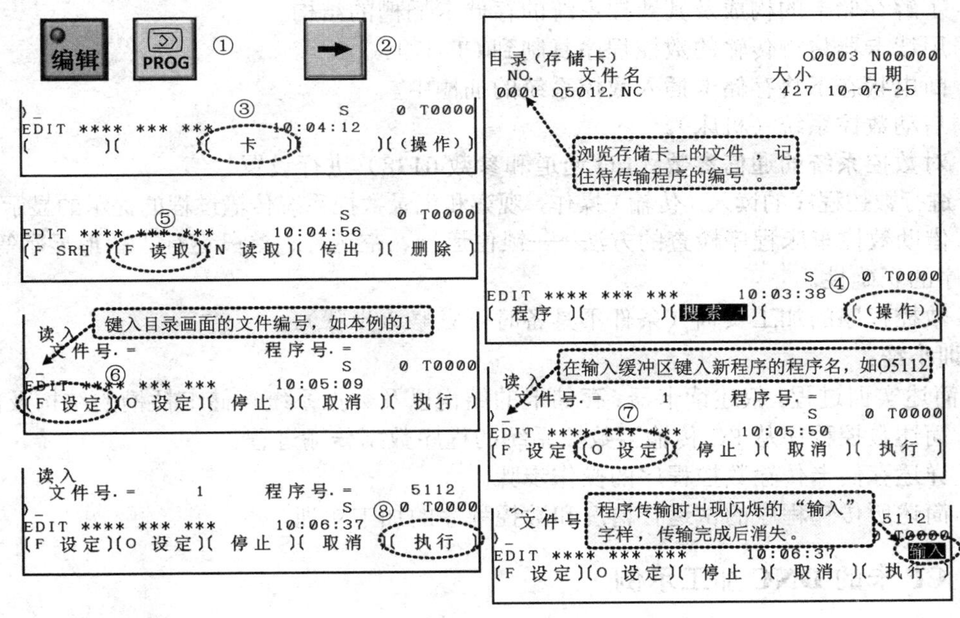

图5-40　存储卡程序传输的操作步骤

① 按编辑和PROG键，进入程序画面。

② 按继续菜单键►，找到具有［卡］软键的画面。

③ 按［卡］软键，进入目录（存储卡）画面，找到待传输的文件，并记住程序编号。

④ 按［操作］软键。

⑤ 按［F 读取］软键，进入传输文件号与程序名设定画面。

⑥ 在输入缓冲区键入存储卡上的文件编号，按［F 设定］软键，完成读取文件的设定。

⑦ 在输入缓冲区键入新存储的文件名，不能与CNC系统中已有的文件名重名。按［O 设定］软键，完成存储程序名的设定。

⑧ 按［执行］软键，开始程序传输输入。传输时，画面右下角出现短暂的闪烁的“LSK”

表示传输准备好，很快转为闪烁的“输入”字样，表示正在传输，传输结束后，“输入”字样消失。

⑨ 按 PROG 功能键进入程序画面，可以看到刚传输输入的程序 O5112 为当前程序。

⑩ 按［列表］软键，进入程序目录画面，可检索到新传入的程序。

5）按锁住键，按自动键，按循环启动键，锁住试运行加工程序。

6）在锁住和自动键按下有效的状态下，按功能键 CSTM/GR，进入图形参数显示画面，按下[图形]软键，按下[执行]软键，图形仿真显示加工程序的运动轨迹。详见 3.13.2 节的相关内容。

4．实训九

实训名称：CF 卡的程序传输与加工

实训目的：了解 CF 卡通信传输程序的概念，掌握 CF 卡程序传输通信参数的设定方法和数控程序传输的操作方法。

实训步骤

1）了解存储卡的构成及其数控系统的存储卡插槽的结构。

2）用读卡器将待传输的数控程序复制到 CF 卡上。

3）断电状态下将存储卡插入数控系统的插槽中。

4）启动数控系统（机床）。

5）对数控系统的通信参数（I/O 通道和参数 0138）进行设置。

6）进行数控程序的读入（传输）操作，观察和记录数控系统传输过程的提示的显示变化。

7）借助数控车床程序检查的方法——锁住运行、空运行、单段运行、图形显示等检查传输程序的正确性。

8）数控程序的加工实训（条件不具备时可省略该步骤）。

实训小结：

1）简述实训过程。叙述读卡器、存储卡的结构以及数控系统存储卡插槽的结构及部位。

2）简述数控程序从 PC 传输至数控系统的程序数据传输过程。

3）详述存储卡传输数控程序的操作步骤。

4）简述所传输程序的试运行情况和数控程序的加工实训。

5.4.4 CF 卡的 DNC 加工示例

以下以例 5-10 所示零件左端的数控加工程序（O5055）为例进行介绍。

1．前提条件（同存储卡程序的传输要求）

2．存储卡通信参数的设置

I/O 通道为设置 4，必须设置参数 0138 第 7 位（MDN）为 1，确保系统 CF 卡进行 DNC 操作有效。

3．存储卡 DNC 操作步骤和程序试运行

1）将 CF 卡插入读卡器中，将读卡器插入 PC 的 U 盘插槽，将待传输的程序复制到读卡器中。

2）机床断电状态下，将 CF 卡插入 PCMCIA 转接卡，然后插入数控系统的 CF 插槽中。

3）机床通电，启动数控系统，确保存储卡通信参数设置的正确。

4）存储卡 DNC 操作图解如图 5-41 所示，操作步骤如下。

① 开机后进入 MDI 方式下的位置画面。按 **DNC** 键，指示灯亮，DNC 方式有效，画面左下角的 MDI 提示会转为 RMT 运行方式提示。

② 按 **PROG** 键，进入程序画面。

③ 按两次继续菜单键▶，出现[DNC-CD]软键画面。

④ 按[DNC-CD]软键，进入 DNC 操作（存储卡）画面，显示出 CF 卡上的程序列表，同时画面下部出现空白的“DNC 文件名：”提示。

⑤ 在输入缓冲区键入待 DNC 运行的程序的编号，如 O5055 程序的编号 0004，这时画面下部软键发生变化，出现了[DNC-ST]软键。

⑥ 按[DNC-ST]软键完成程序输入，可以看到输入的程序显示在“DNC 文件：”提示处，同时该程序处于程序列表的最上部。

至此，若按循环启动键，系统便可开始执行 CF 卡上指定程序的 DNC 程序运行。

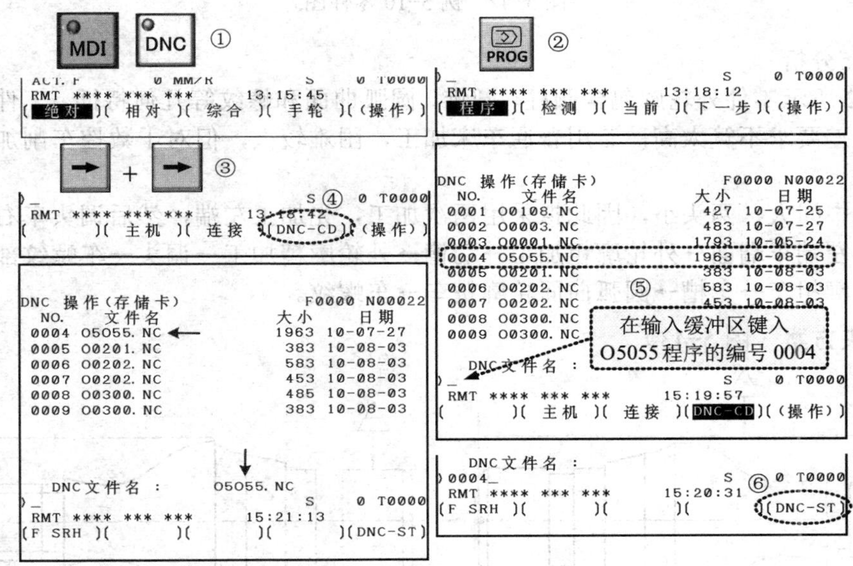

图 5-41　存储卡 DNC 操作步骤

5）按锁住键，按自动键，按循环启动键，锁住 DNC 试运行 CF 卡上的加工程序。

6）在锁住和自动键按下有效的状态下，按功能键 **CSTM/GR**，进入图形参数显示画面，按[图形]软键，按[执行]软键，图形仿真显示加工程序的运动轨迹。详见 3.13.2 的相关内容。

5.5　计算机辅助编程与加工示例

5.5.1　计算机辅助编程与程序修改

例 5-10：基于 Mastercam 软件编制图 5-42 所示零件的加工程序。工件材料 45 钢，毛坯尺寸 ϕ40mm×102mm，外轮廓表面表面粗糙度值 Ra3.2μm，其余 Ra6.3μm（注：该零件可用复合固定循环指令手工编程，读者可尝试左端轮廓用 G71+G70 指令、右端用 G73+G70 指令，螺纹用 G76 指令，两个槽可用 4mm 宽的切槽刀 G75 指令编程加工）。

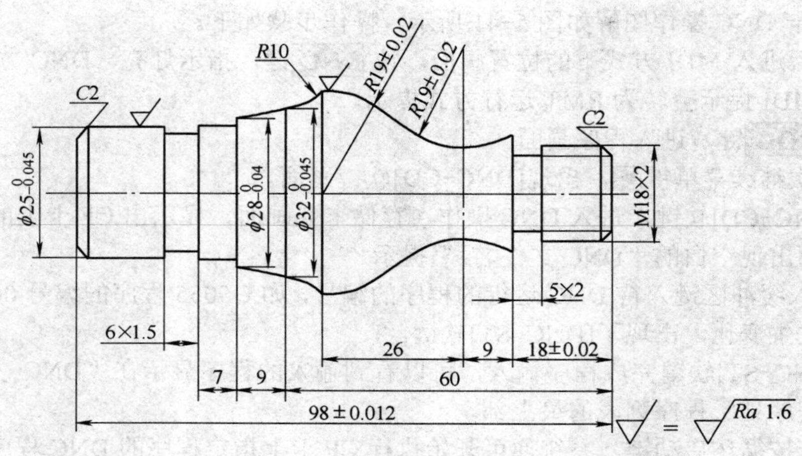

图 5-42 例 5-10 零件图

1．工艺分析

图 5-42 所示零件外轮廓包含圆柱、圆锥、圆弧曲面和螺纹等几何特征，工件上几个主要尺寸的公差要求不算太高，若用普通车床加工，困难较大，但对于数控车削加工则不存在问题。

该零件中间大、两头小，因此拟采用两次加工，先加工左端，然后调头车右端。其加工工艺为：左端车端面→外轮廓粗加工→切槽→外轮廓精加工→调头→车螺纹部分圆柱→圆弧曲面轮廓粗车→车槽→圆弧曲面轮廓精车→车螺纹。

2．装夹方案（图 5-43）

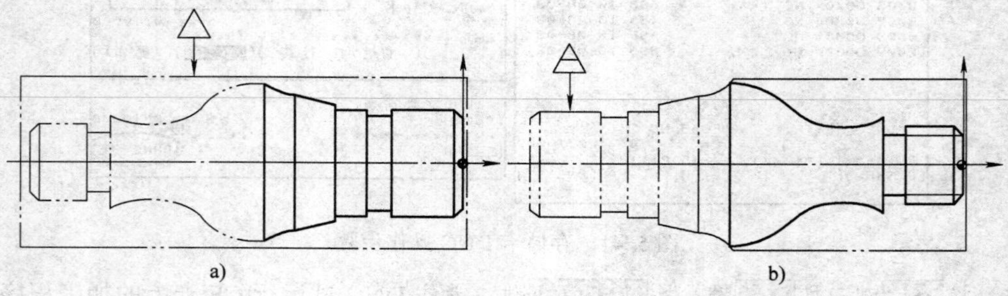

图 5-43 工件装夹图

a）左端加工 b）右端加工

3．刀具选择

粗车刀：T0101，刀尖圆角半径 0.8mm（并用于车端面）。

精车刀：T0202，刀尖圆角半径 0.8mm。

切槽刀：T0303，刀具宽度 B=4mm。

螺纹车刀：T0404，60° 螺纹车刀。

4．切削用量的选择

粗车外圆：a_p=1.5～2mm，f=0.2～0.3mm/r，n=500r/min。

精车外圆：a_p=0.3～0.5mm，f=0.1mm/r，n=900～1000r/min。

切槽：f=0.1mm/r，n=500r/min，刀宽 B=4mm。

车螺纹：n=300r/min。

5．工件坐标系及相关位置点的确定

工件坐标系选在外端面，如图 5-43 所示，端面留 1mm 的加工余量。另外，设置一个换刀点（X160，Z200），图中未示出。

6．自动编程过程

1）几何模型（图 5-44）。几何模型的造型过程依各人习惯而定，可在 Mastercam 环境中绘制，也可用 AutoCAD 绘图，导入 Mastercam 环境中。注意几何模型的右端绘制在系统坐标系原点。

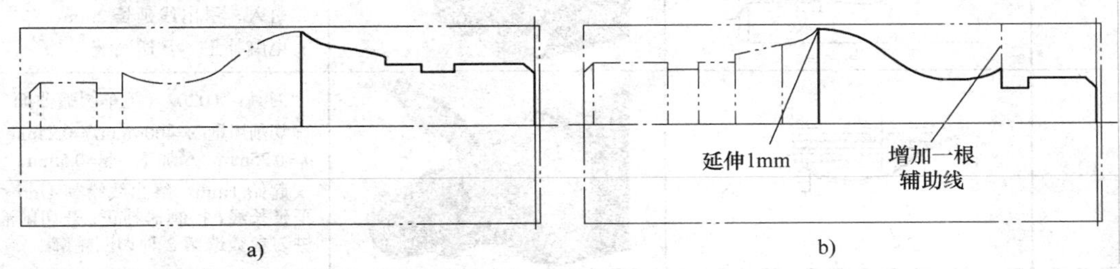

图 5-44　几何模型及毛坯边界

a）左端　b）右端

2）左端自动编程过程　见表 5-5。

表 5-5　左端编程过程

工　步	刀 具 路 径	实体仿真验证	说　　明
1			刀具：T0101 切削用量：n=500r/min，f=0.1mm/r 电脑补正，开切削液
2			刀具：T0101 切削用量：n=500r/min，f=0.3mm/r，a_p=0.3mm，精加工余量=0.5mm 引入、引出线延长 2mm 控制器补正，开切削液
3			刀具：T0303 切削用量：n=400r/min，f=0.1mm/r 起始、终止轮廓线延长 1mm 电脑补正，开切削液
4			刀具：T0202 切削用量：n=900r/min，f=0.1mm/r 起始、终止轮廓线延长 1mm 控制器补正，开切削液

3）右端自动编程过程　见表 5-6。

表 5-6　右端编程过程

工　步	刀具路径	实体仿真验证	说　明
1			刀具：T0101 切削用量：n=500r/min，f=0.1mm/r 电脑补正，开切削液
2			刀具：T0101（粗、精车） 切削用量：n=500r/min，f=0.3mm/r，a_p=0.3mm，精加工余量=0 引入、引出线延长 2mm 电脑补正，开切削液
3			刀具：T0202（粗车圆弧曲面） 切削用量：n=400r/min，f=0.25mm/r，a_p=0.25mm，精加工余量=0.5mm 起始 1mm，终止线绘制 1mm 水平延长线，控制器补正，开切削液，进刀参数选第 2 种切凹轮廓
4			刀具：T0303 切削用量：n=400r/min，f=0.1mm/r 起始、终止轮廓线延长 1mm 电脑补正，开切削液
5			刀具：T0202（精车圆弧曲面） 切削用量：n=1000r/min，f=0.1mm/r， 轮廓线同粗车，控制器补正，开切削液，进刀参数第 2 种切凹轮廓
6			刀具：T0404 切削用量：n=300r/min 引入长度 5mm，引出长度 2.5mm G92 指令切螺纹，开切削液

4）使用刀具的简图如图 5-45 所示。

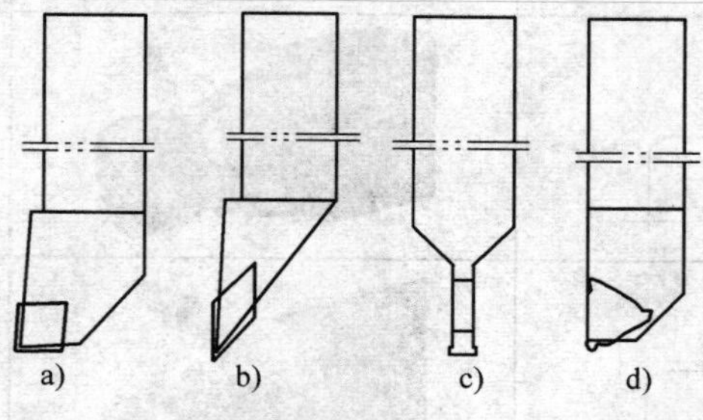

图 5-45　刀具简图

a）T0101　b）T0202　c）T0303　d）T0404

7．自动编程生成的程序

1）左端加工改程序（修改后的程序）如下。

```
%
O5055
N10 G0 T0101
N20 G97 S500 M03
N30 G0 G54 X160. Z200. M8
N40 Z0.
N50 X44.
N60 G99 G1 X-1.6 F.1
N70 G0 Z2.
N80 G42
N90 Z4.214
N100 X38.813
N110 G1 Z2.214 F.3
N120 Z-44.698
N130 G18 G2 X41.661 Z-45.828 R9.5
N140 G1 G40 X44.489 Z-44.414
N150 G0 G42 Z4.214
N160 X35.965
N170 G1 Z2.214
N180 Z-42.956
N190 G2 X39.213 Z-44.885 R9.5
N200 G1 G40 X42.042 Z-43.471
N210 G0 G42 Z4.214
N220 X33.118
N230 G1 Z2.214
N240 Z-38.922
N250 G2 X36.365 Z-43.257 R9.5
N260 G1 G40 X39.194 Z-41.843
N270 G0 G42 Z4.214
N280 X30.27
N290 G1 Z2.214
N300 Z-31.802
N310 X32.976 Z-37.892
N320 G3 X33. Z-37.993 R.5
N330 G2 X33.518 Z-40.065 R9.5
N340 G1 G40 X36.346 Z-38.65
N350 G0 G42 Z4.214
N360 X27.422
N370 G1 Z2.214
N380 Z-28.5
N390 X28.
N400 G3 X28.976 Z-28.892 R.5
N410 G1 X30.67 Z-32.702
N420 G40 X33.498 Z-31.288
N430 G0 G42 Z4.214
N440 X24.574
N450 G1 Z2.214
N460 Z-1.08
N470 X25.707 Z-1.646
N480 G3 X26. Z-2. R.5
N490 G1 Z-16.
N500 Z-22.
N510 Z-28.5
N520 X27.822
N530 G40 X30.65 Z-27.086
N540 G0 G42 Z4.214
N550 X21.726
N560 G1 Z2.214
N570 Z.344
N580 X24.974 Z-1.28
N590 G40 X27.803 Z.134
N600 G0 G42 Z4.214
N610 X18.879
N620 G1 Z2.214
N630 Z1.768
N640 X22.126 Z.144
N650 G40 X24.955 Z1.558 M9
N660 G0 X160.
N670 Z200. M05
N680 T0100
N690 M00
N700 G0 T0303
N710 G97 S300 M03
N720 G0 G54 X160. Z200. M8
N730 Z-21.8
N740 X30.
N750 G1 X22.4 F.1
N760 G0 X30.
N770 Z-20.2
N780 G1 X22.4
N790 X22.72 Z-20.36
N800 G0 X30.
```

```
N810 X31.
N820 Z-20.
N830 G1 X27.
N840 X22.
N850 X22.4 Z-20.2
N860 G0 X31.
N870 Z-22.
N880 G1 X27.
N890 X22.
N900 Z-20.
N910 X22.4 Z-20.2
N920 G0 X31. M9
N930 X160.
N940 Z200.M05
N950 T0300
N960 M00
N970 G0 T0202
N980 G97 S900 M03
N990 G42 G0 G54 X160. Z200. M8
N1000 Z3.414
N1010 X18.172
N1020 G1 Z1.414 F.1
N1030 X25. Z-2.
N1040 Z-16.
N1050 Z-22.
N1060 Z-29.
N1070 X28.
N1080 X32. Z-38.
N1090 G2 X41.117 Z-46.248 R10.
N1100 G1 G40 X45.117 M9
N1110 G0 X160.
N1120 Z200.
N1130 T0200
N1140 M30
%
```

2）右端加工程序（略）。

5.5.2 计算机辅助编程与存储卡 DNC 加工实训

实训十

实训名称：存储卡 DNC 设置与加工实训。

实训目的：了解计算机辅助编程的方法与过程，阅读和修改其自动生成的加工程序。了解存储卡（CF 卡）进行 DNC 加工的原理与数控系统的设置，掌握利用 CF 卡进行 DNC 加工的操作方法，全面了解从工件图至实物的生产工艺过程。

实训步骤：

1）工件图一张，进行数控加工程序的自动编程，并确定其中某一部分的加工程序用于 DNC 实训。

2）生成并修改确认后的数控程序，通过读卡器写入 CF 卡中。

3）断电状态下，将 CF 卡插入数控系统改的 CF 卡插槽中。

4）系统（机床）通电并启动。

5）存储卡 DNC 加工的相关参数。

6）按 5.4.4 节的相关内容 DNC 方式试运行加工程序。

7）安装毛坯和刀具，实际加工（条件不具备时可省略该步骤）。

实训小结：

1）简述实训过程，叙述计算机辅助编程（CAM）过程。

2）简述存储卡 DNC 加工的原理。

3）简述存储卡 DNC 加工的操作步骤。

4）简述 DNC 加工的试运行情况和数控程序的加工过程。

参考文献

[1] 全国工业自动化系统与集成标准化技术委员会．GB/T 19660—2005 工业自动化系统与集成机床数值控制坐标系和运动命名[S]．北京：中国标准出版社，2005．

[2] 中机生产力促进中心，等．GB/T24740－2009 技术产品文件 机械加工定位、夹紧符号表示法[S]．北京：中国国家标准化管理委员会，2010．

[3] 陈为国，陈昊．FANUC 0i 数控铣削加工编程与操作[M]．沈阳：辽宁科学技术出版社，2011．

[4] 陈为国，陈昊．数控车床操作图解[M]．北京：机械工业出版社，2012．

[5] 陈为国，陈为民．数控铣床操作图解[M]．北京：机械工业出版社，2013．

[6] 陈为国，等．数控加工编程技术[M]．2 版．北京：机械工业出版社，2016．

[7] 陈为国，陈昊．数控加工编程技巧与禁忌[M]．北京：机械工业出版社，2014．

[8] 陈为国．FANUC 0i 数控车削加工编程与操作[M]．沈阳：辽宁科学技术出版社，2010．

[9] 陈为国，陈昊．数控加工刀具材料、结构与选用速查手册[M]．北京：机械工业出版社，2016．

[10] 陈日曜，等．金属切削原理[M]．2 版．北京：机械工业出版社，1987．

[11] 徐洪海，等．数控机床刀具及其应用[M]．北京：化学工业出版社，2009．

[12] 邓建新，赵军．数控刀具材料选用手册[M]．北京：机械工业出版社，2005．

[13] 顾京，王振宇．图解数控加工编程方法与加工实例[M]．北京：中国电力出版社，2009．

[14] 叶晖，马俊彪，黄富．图解 NC 数控系统——FANUC 0i 系统维修技巧[M]．北京：机械工业出版社，2009．

[15] 孙德茂．数控机床车削加工直接编程技术[M]．北京：机械工业出版社，2006．

[16] 关颖，等．FANUC 系统数控车床培训教程[M]．北京：化学工业出版社，2007．

[17] 于久清，等．数控车床/加工中心编程方法、技巧与实例[M]．北京：机械工业出版社，2008．

[18] 刘蔡保．数控车床编程与操作[M]．北京：化学工业出版社，2009．

[19] 袁锋，等．数控车床培训教程[M]．北京：机械工业出版社，2008．

[20] 黎向容，等．数控机床编程与操作：数控车床分册[M]．北京：电子工业出版社，2009．

[21] 刘文．MastercamX2 中文版数控加工技术宝典[M]．北京：清华大学出版社，2008．

[22] 聂秋根，陈光明，等．数控加工实用技术[M]．北京：电子工业出版社，2007．

[23] 袁锋，等．数控车床培训教程[M]．北京：机械工业出版社，2008．

[24] 黄华，等．数控车削编程与加工技术[M]．北京：机械工业出版社，2008．

[25] 刘海涛，杨刚，姜海林．FANUC-0i 数控系统与笔记本电脑之间的串行通讯[J]．现代制造工程，2008（7）：16-17．